Maurice Merleau-Ponty
PHÉNOMÉNOLOGIE DE LA PERCEPTION
本书根据 Gallimard 出版社 1945 年版译出

汉译世界学术名著丛书
（120年纪念版·珍藏本）
增订本出版说明

2017年10月，为纪念商务印书馆创立120周年，本馆推出“汉译世界学术名著丛书”（120年纪念版·珍藏本），计七百种。近五六年来，仰赖学界同人倾力支持，订正旧译，增补新译，拓展新著，积累日多。为满足读者需要，本馆在七百种的基础上，继续推出“汉译世界学术名著丛书”（120年纪念版·珍藏本·增订本）三百种。至此，“汉译世界学术名著丛书”累计出版已达千种。

今后，本馆将继续推进丛书的翻译出版工作，在积累单本名著的基础上陆续分辑刊行，汇印出版。为促进中外文明互鉴、推动我国学术发展，使“汉译世界学术名著丛书”这项对我国学术文化有基本建设意义的重大工程发挥更大作用，诚望海内外学术界、翻译界继续给予支持，帮助我们把这套丛书出得更好。

商务印书馆编辑部

2024年2月

汉译世界学术名著丛书
（120年纪念版·珍藏本）
出版说明

2017年2月11日，商务印书馆迎来120岁的生日。120年前，商务印书馆前贤怀揣文化救国的理想，抱持“昌明教育，开启民智”的使命，立足本土，放眼寰宇，以出版为津梁，沟通中西，为中国、为世界提供最富智慧的思想文化成果。无论世事白云苍狗，潮流左右激荡，甚至战火硝烟弥漫，始终践行学术报国之志，无改初心。

逐译世界各国学术名著，即其一端。早在20世纪初年便出版《原富》《天演论》等影响至今的代表性著作，1950年代后更致力于外国哲学和社会科学经典的译介，及至1980年代，辑为“汉译世界学术名著丛书”，汇涓为流，蔚为大观。丛书自1981年开始出版，历时三十余年，迄今已推出七百种，是我国现代出版史上规模最大、最为重要的学术翻译工程。

丛书所选之书，立场观点不囿于一派，学科领域不限于一门，皆为文明开启以来，各时代、各国家、各民族的思想与文化精粹，代表着人类已经到达过的精神境界。丛书系统译介世界学术经典，引领时代思想，为本土原创学术的发展提供丰富的文化滋养，为推动中国现代学术和现代化进程做出了突出的贡献。

为纪念商务印书馆成立120周年，我们整体推出“汉译世界学术名著丛书”120年纪念版的珍藏本，寄望既利于文化积累，又便于研读查考，同时向长期支持丛书出版的译者、编者和读者致以敬意。

两甲子后的今天，商务印书馆又站在了一个新的历史时间节点上。我们不仅要铭记先辈的身影和足迹，更须让我们的步伐充满新的时代精神。这是商务人代代相传的事业，更是与国家和民族的命运始终紧密相连的事业。我们责无旁贷，必须做好我们这代人的传承与创造，让我们的努力和成果不仅凝聚成民族文化的记忆，还能成为后来人可以接续的事业。唯此，才能不负前贤，无愧来者。

商务印书馆编辑部

2017年10月

目　　录

第二部分 被知觉的世界

第三部分　为己存在与在世存在

前　　言 I

什么是现象学？在胡塞尔最初那些著作出版半个世纪之后，我们还要提出这个问题，或许显得有些奇怪。然而，这个问题远没有得到解决。现象学是关于本质的研究，据此所有问题都归结为对本质，例如对知觉的本质、意识的本质，加以界定。但现象学也是这样一种哲学：它把本质重新放回到实存之中，认为我们只能从人和世界的“人为性”出发理解人和世界。它是一种先验哲学，它为了理解人和世界而悬置自然态度的断言。但它还是这样一种哲学：对于它来说，世界总是在反思之前就作为一种不可让渡的在场“已经在此”，而全部的努力就在于恢复与世界的这种素朴的联系，以便最终给予这一联系一种哲学地位。它是作为一门“严格的科学”的哲学之雄心，但它也是对“被亲历的”空间、时间和世界的记录。这是按照我们的经验之所是对我们的经验进行一种直接描述的尝试，而没有考虑其心理的发生，没有考虑科学家、历史学家或社会学家能够为其提供的因果说明；然而，胡塞尔在其最后的著作中提到了一种“发生的现象学”，[1]甚至一种“建构的现象学”。[2] 有

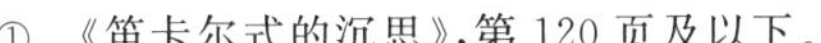

① 《笛卡尔式的沉思》，第 120 页及以下。

② 参贝尔热很乐意与我们交流的由欧根·芬克编辑的未刊的第六“笛卡尔式的沉思”。

人不是期望通过区分胡塞尔的现象学和海德格尔的现象学来消除这些矛盾吗？但整部《存在与时间》都出自胡塞尔的一个指示，而且从总体上看只不过是对他在其晚年将之当作现象学第一主题提出来的“自然的世界概念”(natürlichen Weltbegriff)或“生活世界”
II (Lebenswelt)的一种说明，由此矛盾再度出现在他本人的哲学之中。急切的读者会放弃对一种什么都说了的学说划定范围，并且会问，一种尚未对自己进行界定的哲学是否配得上我们围绕它而发出的全部声音，它是不是毋宁说关涉的是一种神话与时尚。

尽管如此，仍然需要理解这一神话的魅力和这一时尚的源起，而哲学的严肃性会表达这一处境说：**作为方式或作为风格而被实践和认识的现象学，在达到一种完全的哲学意识之前，已经作为运动而存在**。它很久以前就上路了，它的门徒们到处都发现它：在黑格尔那里和在克尔凯郭尔那里是当然的了，在马克思那里、在尼采那里、在弗洛伊德那里也是如此。对各个文本进行的语文学评注不会给出任何东西：我们在它们那里找到的只不过是我们置于其间的东西；而如果说历史呼唤过我们的解释，这当然是哲学的历史了。我们正是在我们自己这里找到了现象学的统一性及其真实意义。问题不在于考虑引文，而在于确定和具体化这一**为我们的现象学**，以便我们的许多同辈通过阅读胡塞尔和海德格尔，感受到的远不是接触一种新的哲学而是认出了他们所期待的东西。只有通过一种现象学方法，现象学才是可达及的。因此，让我们尝试精心地将那些著名的现象学主题如同它们在生活中自发地被联系起来的那样联系起来。这样我们也许就会理解现象学为什么长期以来始终停留在开始、问题和愿望的状态。

* * *

问题在于描述，而不在于说明和分析。胡塞尔给予初期现象
学的成为一种“描述的心理学”或回到“事物本身”的这个第一命
令，首先就是否认科学。我不是决定我的身体或者我的“心理”的
多重因果关系的结果或交织，我不能把自己看作是世界的一个部
分，看作生理学、心理学和社会学的单纯客体，也不能把自己封闭
在科学的世界之中。我就世界知道的一切，即便借助了科学，也是
我以一种自己的视点或一种世界经验——科学符号没有了它说不
出任何东西来——为起点才知道的。整个科学的世界是被建构在
被亲历的世界之上的；如果我们期望严格地思考科学本身，精确地 Ⅲ
评价其意义和范围，我们就应该首先唤醒科学只是其二阶表达的
这一世界经验。科学并不拥有、也永远不会拥有和被知觉世界一
样的存在意义，理由很简单：科学是对世界的一种规定或者一种说
明。我不是具有动物学、社会解剖学或者归纳心理学在“有生命的
存在”、“人”或“意识”这些或自然或历史的产物中认识到其全部特
征的一个“有生命的存在”、甚或一个“人”、甚或一个“意识”；我是
绝对的源泉，我的实存不是来自于我的既往经历、我的自然与社会
环境，我的实存通向并维持它们；因为，正是我让这个由我选择去
恢复的传统，或这一与我的距离被取消了的视域（如果我不在视域
中用目光扫过这一距离，该距离就不会作为一种属性隶属于该视
域）为我而存在，并因此在存在一词对我而言能够具有的唯一意义
上存在。科学的视点（根据它们，我是世界的一个环节）始终是既
素朴又虚伪的，因为它们没有提及地暗示了另外的视点，即意识的
视点（根据它，世界最初围绕着我被安置，并且为了我而开始存

在)。回到事物本身,就是要回到认识总是谈到的先于认识的世界;相对这一世界而言,任何科学的规定都是抽象的、意指的和从属的,如同地理学相对于景致一样:我们首先在景致中理解了什么是一片森林、一片牧场或一条河流。

这一运动绝对区别于向意识的观念主义回归,而纯粹描述的要求既排除了反思分析的方法,也排除了科学说明的方法。通过让我们明白,假如我没有首先认识到自己在把握的行为中是实存着的,我就不会把任何东西把握为实存着的,笛卡尔,尤其是康德已经让主体或意识摆脱了束缚;他们已经使意识(即自我对于自我的绝对确定性)作为缺了它根本就不存在任何东西的条件显现出来、使联结行为作为被联结者之基础显现出来。或许,联结行为没了它所联结的世界的场景就什么都不是:在康德那里,意识的统一与世界的统一是完全同时的;而在笛卡尔那里,方法论的怀疑没有让我们丧失任何东西,因为整个世界至少以我们的经验的方式被重新整合到我思之中,随着它而成为确定的,并且只是带上了
IV “……的思想”的标记。但主体与世界的关系并不是严格双向性的:如果它们是这样的,在笛卡尔那里,世界的确定性就会伴随我思的确定性一下子被给予,而康德就不会说什么“哥白尼式倒转”。从我们的世界经验出发,反思的分析回溯到主体,就像回到区别于世界经验的一种可能性条件,并且让我们看到普遍的综合,仿佛没有这种综合,就不会有世界。在这一范围内,反思的分析不再黏附

于我们的经验，它用重构替换了记录。我们由此明白了胡塞尔为何可以指责康德主张一种“心灵机能的心理主义”，[①]为何能够把自己的停留在客体中并且说明它的原初统一而非生产它的“意向对象反思”对立于一种让世界取决于主体的综合活动的意向活动分析。

世界在我能够对它进行任何分析之前就已经在那里了，让它派生自一系列的综合乃是人为的：这些综合把各种感觉、然后是客体的各种透视外观重新联结起来，可是它们恰恰都是分析的产物，不会在分析之前获得实现。反思的分析相信可以在相反的方向上走预先构造这一道路，并且就像圣奥古斯丁所说的在“内在的人”那里通向总是已经属于他的一种构造力量。于是反思自己卷走了自己，并且把自己放回到先于存在和时间的无懈可击的主体性之中。但这里有一种素朴性，或者你爱这么说也行，有一种未能意识到它自己的开始的不完全反思。我已经开始进行反思，我的反思是对一个未经反思者的反思。我的反思不会不理睬作为事件的自己，从此它作为一种真正的创造、作为意识之结构的一种变化出现，它应该先于它自己的那些运作认识到世界——世界被给予主体，因为主体被给予他自己。实在有待于去描述而不是去建构或构造。这意味着：我不能把知觉和综合视为相似的——综合属于判断、行为或述谓的秩序。我的知觉场每时每刻都充满了转瞬即逝的反光、撕裂声和触觉印象，我无法准确地将它们与被知觉的背景联系起来，可是我一下子就将它们置放在世界之中，从来不会把

① 胡塞尔：《逻辑研究》，“纯粹逻辑学导引”，第93页。

V 它们与我的梦幻搞混。我每时每刻也围绕各种事物而幻想，我想象一些物品或人物，它们在这里的在场与背景并非不相容，可是它们没有混杂在世界之中，它们在世界的前面，在想象物的舞台上。假如我的知觉的实在性只是被建立在各种表象的内在一致基础之上，它就应该始终是游移不定的，而且会听任于我的各种可能的猜测，我应该在每时每刻都瓦解那些虚假的综合，把我最初排斥了的那些不正常现象重新整合到实在之中。并非如此。实在是一种坚实的组织，它并不等待我们的判断来归并那些最出人意料的现象，或者来抛弃我们的那些最逼真的想象。知觉不是关于世界的科学，甚至不是行为，不是有意识的立场，它是全部行为突出于其上的基础，它被它们预设为前提。世界不是我拥有其构造规则的一个客体，它是自然环境，是我的全部明晰的思维和知觉的场域。真理并非仅仅“寓于”“内在的人”，①或毋宁说不存在内在的人，人是在世的，只是由于在世界之中，他才能认识自身。当我从常识的独断论或者科学的独断论回到自我时，我找到的不是内在真理的一个中心，而是一个注定在世的主体。

* * *

我们由此明白了著名的现象学还原的真正意义。或许用不着怀疑胡塞尔花了大量时间来理解它，也用不着怀疑他最经常地回到它那里，因为“还原的提问法”在那些未刊稿中占据了一个重要的位置。长期以来，而且直至最近的一些文本中，还原都被表述为向一种先验意识的回归：在先验意识面前，世界在一种绝对透明中

---

① 回到你自己，真理寓于内在的人（In te redi：in interior homine habitat veritas）。——圣·奥古斯丁

展开，并被哲学家负责从其结果出发进行重构的一系列统觉贯穿地赋予生机。于是我的红色感觉被统觉为某一被感觉到的红色的显示，被感觉到的红色被统觉为一个红色表面的显示，红色表面被统觉为一块红色纸板的显示，而红色纸板最终被统觉为某一红色 VI
的东西（即这本书）的显示或侧影。因此，可以对意识进行界定的正是让某种*质料*意指一种更高级现象的统握、意义给予（Sinngebung）、积极的含义运作，而世界不外乎就是“含义世界”。在把世界当作保罗和皮埃尔的共有价值之统一体的先验观念主义的意义上，现象学还原是观念主义的。保罗和皮埃尔的视角在统一体中彼此相交，统一体使“皮埃尔的意识”与“保罗的意识”沟通，因为“经由皮埃尔”的世界知觉并不是皮埃尔的行动，同样，“经由保罗”的世界知觉也并不是保罗的行动，相反在他们每一个人那里都是在其中沟通不构成为问题的前个人意识的行动——这为意识、意义或真理的界定本身所要求。由于我是意识，也就是说由于某物对于我具有意义，所以我既不在此也不在彼，既不是皮埃尔也不是保罗，所以我绝没有与一个“其他”意识区别开来，因为我们全都是在世的直接在场，而且根据定义，这一世界作为真理的系统是唯一的。彻底的先验观念主义剥去了世界的不透明性和世界的超越性。世界是我们向自己表象的那个世界：不是就我们作为经验的人或经验的主体，而是就我们全都属于唯一的光明、就我们分有却没有分化“一”而言的。反思的分析就像忽视世界问题一样忽视他人问题，因为随着意识的最初微光，它让按理走向一种普遍真理的能力出现在我这里；而且，既然他人本身也是没有此性、没有地方、没有身体的，那么**他人**和**自我**在真实的世界中就是唯一一个人，是精神之间的关系。不难理解**我**如何能够思考**他人**，因为**我**，并因此**他人**不是在现象的组织中被把握的，我和他人与其说实存不如说有价值。在这些面孔或这些姿势的背后没有任何被掩盖起来的东西，没有任何对于我来说难以通达的景致，仅有一点点只不过是由光明造成的阴影。相反地，我们知道，对于胡塞尔来说，存在着他人问题，而别的自我是一个悖谬。如果他人真的是为己，处在其为我的存在之外，如果我们是一个为另一个的，而非两者都是为神的，那么我们就应该一个向另一个显现，那么他就有、并且我就有一个外部。除了**为己**的视角（我对于我的视点、他人对于他自己的
VII 视点）之外，还存在一种**为他**的视角（我对于他人的视点和他人对于我的视点）。当然，这两个视角在我们每一个人那里都不会被简单地并置，因为由此他人看到的不会是我，我看到的不会是他。我应该是我的外部，而他人的身体应该是他自己。只有当**自我**和**别的自我**被它们的处境所界定却没有摆脱任何的内在性，也就是说只有当哲学并不随着向我回归而完成，只有当我通过反思不仅发现我对我自己的在场而且还发现有一个“陌生的旁观者”的可能性，也就是说还有，只有当我在体验到自己的实存的那一时刻而且直至反思的这一极点上仍然缺少让我走出时间的绝对密度，只有当我在我自身中发现一种内在的脆弱（它妨碍我成为绝对的个体，将我在他人的注视中暴露为众人中的一个人，或者至少是众意识中的一个意识）的时候，**自我**与**他人**的这一悖谬和辩证法才会是可能的。我思直到现在还在贬低他人的知觉，它教导我说：**我**只能为它自己所通达，因为它借助我拥有的，而且至少在这一最终意义上我明显独自拥有的关于我自己的思想来界定我。为了他人不成其

为一个空泛之词，我的实存永远不应该被还原为我对实存的意识，它还包含着人人可以拥有的实存意识，因此包含着我在某种自然中的肉身化，至少包含着一种历史处境的可能性。我思应当在处境中发现我，而且仅仅由于这个唯一条件，先验的主体性才如同胡塞尔所说的能够是一种主体间性。[①] 作为一个沉思的**自我**，我完全能够将我与世界及各种事物区别开来，因为我确实不以事物的方式实存。我甚至必须把我的被理解为众物中一物的、作为物理化学过程总和的身体与我分开。但是，我这样发现的我思活动(cogitatio)，它尽管在客观时间和客观空间中没有位置，但在现象学世界中却不会没有位置。我曾经把作为由因果关系联系起来的诸事物与诸过程的总和的世界与我相区别，我"在我这里"重新发现它是我的全部思考的永久视域，是我不停地根据它来处境化自己的一个维度。真正的我思不会按照它拥有的关于实存的思想去界定主体的实存，不会将世界的确定性转变成关于世界的思想的确定性，最后不会以含义世界取代世界本身。它相反地认识到我的思想本身是一种不可剥夺的事实，它通过发现我"在世界之中存在"而消除了任何类别的观念主义。 Ⅷ

正因为我们贯穿地与世界联系在一起，对于我们来说，我们统觉世界的唯一方式是悬置这一活动，拒绝我们与这一活动的共谋(胡塞尔经常说，以不参与的方式[ohne mitzumachen]注视这一活动)，或者使这一活动不再起作用。不是说我们抛弃了常识的可靠性和自然态度的可靠性——它们相反地成为哲学的持久主题，而

① 《欧洲科学的危机与先验现象学》，第三部分(未刊稿)。

是因为，正是作为所有思维的假定前提，它们“不言而喻”，它们不被觉察地发生；为了唤醒它们，为了使它们显现，我们不得不暂时放弃它们。还原的最好提法或许是胡塞尔助手欧根·芬克谈到在世界面前的一种“惊奇”时所给出的那个提法。[①] 反思不会从世界退隐到作为世界之基础的意识的统一性中，它退却是为了看到那些超越物的涌现，它放松那些把我们与世界重新联系起来的意向之线以便使它们显现，它仅仅是对世界的意识，因为它把世界揭示为陌生而悖谬的。胡塞尔的先验不是康德的先验，而且他指责康德哲学是一种“世界的”哲学，因为它利用作为先验演绎之动机的我们与世界的关系，并使世界内在于主体，而不是对世界感到惊奇并把主体构想为向着世界的超越。胡塞尔对他的那些解释者、对那些实存论的“持不同意见者”，最后对他本人的误解都源自这一点：正是为了看到世界并将之领会为悖谬的，就应当中断我们与它的熟悉，而且这一断裂除了告诉我们世界的没有理由的涌现之外，不会告诉我们任何其他的东西。还原的最大教益是完全还原的不可能性。这就是为什么胡塞尔总是要重新考问还原的可能性。如
IX 果我们是绝对精神，还原就不成其为问题。但是，既然我们相反地是在世的，既然甚至我们的各种反思也在它们寻求捕捉到的时间流中就位（既然像胡塞尔所说的，我们的反思在自身流动），那么就不存在包含了我们全部思想的思想。那些未刊稿还说，哲学家是一个永远的初学者。这意味着他绝不会把任何人或者说科学家相信知道的东西看作是既定的。这也意味着，哲学自身不应该把它

① 《当前批评中的胡塞尔现象学哲学》，第 331 页及以下。

真实地谈论的东西当作既定的，它是对它自己的开始的一种再次更新的经验，它整个地就在于描述这一开始，而最终说来，彻底的反思是意识到它自己对于作为其最初、持久和最终处境的未经反思的生活的依赖。现象学还原远不像有人相信的那样是一种观念论哲学的提法，它是关于一种实存哲学的提法：海德格尔的“在世界之中存在”（In-der-Welt-Sein）只有在现象学还原的基础上才能显现出来。

*　*　*

同样类型的一个误解搞混了胡塞尔的“本质”观念。胡塞尔说，任何还原在是先验的之同时，必然是本质的。这意味着，如果不中止与这一关于世界的论题的合而为一、与这一规定着我们对世界的兴趣的合而为一，如果没有从我们为了使世界本身作为场景显现而进行的介入退回，如果没有从我们的实存之事实过渡到我们的实存之本性、从此在（Dasein）过渡到本质（Wesen），我们就不能够让我们的世界知觉接受哲学的目光。但是，非常清楚的是，本质在此不是目的，它是一种手段；我们在世界之中的实际介入恰恰是应该获得理解、应该被导向概念的东西，而且将调动我们的全部概念规定。有必要经由各种本质并不意味着哲学把它们视为对象，相反，这意味着我的实存是如此紧密地被卷入到世界之中，以致它无法像它被投入到世界之际那样认识自己；意味着它需要理想性的场域来认识和克服其人为性。正如我们所知道的，维也纳学派最终承认：我们只能与各种含义保持关系。例如“意识”对于维也纳学派来说并不是我们所是的这件事本身。这是一种迟来而
复杂的、只有带着谨慎并且在说明了该词在语义演变进程中有助 X

于确定它的大量含义之后才能使用的含义。这种逻辑实证主义与胡塞尔的思想正好相反。不管最终把作为语言之获得的意识这个词和这个概念交付给我们的那些意义变动可能是怎么样的，我们都有一种通达它所指称的东西的直接手段，我们都有关于我们自身、关于我们所是的意识的经验；正是依据这一经验，语言的全部意义得以测度，而且正是这一经验使得语言恰好要对我们说点什么。“重要的在于把仍然缄默的……经验导向关于其固有的意义的纯粹表达。”[①]胡塞尔所说的那些本质必定与自身一起把经验的全部生动关系带回来，就像渔网从大海深处捕回那些颤动的鱼和海藻一样。因此不应该附和华尔[②]说“胡塞尔把本质从实存中分离出来”。被分离出来的本质是语言的本质。使本质在一种分离中实存（这真正说来只不过是表面的）是语言的功能，因为经由语言，本质仍然取决于意识的前述谓的生命。在原本意识的沉默中，我们看到显现出来的不仅有词要说出的东西，而且还有事物要说出的东西，即初始含义的核心——那些命名和表达的行为围绕这一核心而组织起来。

因此，寻求意识的本质不是要展开意识这个词义（Wortbedeutung）并从实存逃避到被说出来的事物的领域中，而是要恢复自我对自我的这种实际在场，即意识这个词和这个概念最终要说的我的意识这一事实。寻求世界的本质，并不是寻求一旦我们在话语主题中还原它时它在观念中之所是，而是寻求在任

① 《笛卡尔式的沉思》，第 33 页。

② “实在论、辩证法与神秘”，《弩》1942 年秋季号，没有标注页码。

何主题化之前它事实上于我们之所是。感觉主义“还原”世界，指
出我们毕竟从来都只能拥有我们自己的某些状态。先验观念主义
也“还原”世界，这是因为，如果说它让世界成为确定的，那是以世
界的思想或世界的意识的名义，世界只能是我们的认识的单纯相
关项，以致它成为内在于意识的，而事物的自存性由此被取消了。
至于本质还原，相反，它是让如其所是的世界在朝向我们的任何回 XI
归之前显现出来的解决，它是将反思与意识的未经反思的生命同
等看待的雄心。我瞄向并知觉到一个世界。如果我附和感觉主义
说只存在一些“意识状态”，如果我寻求依据一些“标准”把我的知
觉从我的梦幻中区别出来，我就会错失世界现象。我之所以能够
谈论“梦幻”和“实在性”、能够考问想象物与实在物的区别、能够对
“实在物”加以怀疑，是因为这一区分在分析之前就已经由我做出
了，是因为我拥有一种关于实在物以及想象物的经验；问题不在于
研究批判思维如何能够给出这一区分的一些第二位的等价物，而
在于说明我们关于“实在物”的原初知识、把世界知觉描述为永久
确立我们的真理观念的东西。因此不应该问我们是否真的知觉到
了一个世界，相反地，应该说：世界就是我们知觉到的那个。更一
般地说，不应该问我们的明证是否就是一些真理，或者问由于我们
精神的某种缺陷，对我们是明证的东西对于某种在己的真理而言
会不会是虚假的：我们之所以谈论错觉，是因为我们已经认识了一
些错觉，而且我们只有以在同一时刻被证实为真实的某种知觉的

名义才能如此做，以致怀疑或犯错误的担心同时肯定了我们揭露错误的能力，并因此不会使我们背离真理。我们处于真理之中，而明证是“真理的经验”。[①] 寻求知觉的本质，就是宣布知觉不是被假定为真实的，而是被界定为对我们来说的真理的通道。如果现在我愿意附和观念主义将这种事实的明证、这种无法抗拒的信念建立在一种绝对的明证，也就是我的思想对于自我而言的绝对明晰的基础之上，如果我愿意在我这里重新找到构成世界的框架或者贯穿地阐明世界的一种原生自然的思维，那我就再一次没有忠实于我的世界经验，我寻求使这一经验得以可能的东西而非这一经验是什么。知觉的明证不是充分的思维或绝然的明证。[②] 世
XII 界不是我所思考的东西，而是我亲历的东西，我向世界开放，我不容置疑地与它相通，但我并不拥有它，它是不可穷尽的。“有一个世界”或毋宁说“有这个世界”，我永远无法完全为我生活中的这个不变的论题提供理由。世界的这种人为性是构成世界的世界性(Weltlichkeit)的东西，是引起世界之为世界的东西，就像我思的人为性不是我思的缺陷，而是从我的实存方面为我提供确定性的东西一样。本质的方法是把可能建立在实在之上的一种现象学实证主义方法。

*　　*　　*

我们现在终于可以探讨经常作为现象学的主要发现而被引述的意向性概念了，而它只有借助还原才是可理解的。“任何意识都

---

① 真理的经验(《逻辑研究》，“纯粹逻辑学导引”，第 190 页)。

② 《形式的与先验的逻辑》(第 142 页)大体上说道：不存在绝然的明证。

是对某物的意识”并没有什么新奇之处。康德在“驳观念论”中已经指出，没有外部知觉，内部知觉是不可能的，作为各种现象之联结的世界在我的统一之意识中被预期，是我作为意识获得实现的手段。但是，使意向性和那种与可能的客体的康德式关系相区别的是，在通过认识并且借助一种明确的视为同一行为被设定之前，世界的统一被体验为已经形成或已经在那里了。康德本人在《判断力批判》中指出，存在着想象与知性的统一以及主体之间先于客体的统一；例如在关于美的经验中，我体会到了可感者与概念、自我与他人的一致，这种一致本身是无概念的。在此，如果主体应该能够构成一个世界，那么它就不是一个紧密地联结起来的客体系统的普遍思考者，不是使杂多服从知性法则的设定能力——它发现和评价自己是一种自发地符合知性法则的自然。但是，如果有一种主体的自然，那么被掩藏的想象的艺术必定限制范畴活动；不再只是审美判断，而且还有认识都取决于这一艺术，正是它确立了该意识与某些意识的统一。胡塞尔在谈到意识的目的论时重新提到了《判断力批判》。问题不在于为人的意识增加一种从外部规定其目的的绝对思维，而在于认识到意识本身是世界的筹划，注定属 XIII
于一个它既不能包纳也不能拥有、但不停地向之而趋的世界；并且认识到世界是前客观的个体——其绝对必要的统一为认识规定了目标。这就是为什么胡塞尔要区别行为的意向性和作用的意向性(fungierende Intentionalität)：前者是我们的判断和我们采取的志愿立场的意向性、《纯粹理性批判》中谈到的唯一的意向性，后者形成了世界与我们的生命之自然的、前述谓的统一，它在我们的欲望、我们的评价和我们的景致中比在客观认识中更明晰地显现出

来，它提供了我们的认识寻求作为其精确语言译本的原文。如同在我们这里不倦地被宣布出来的那样的与世界的关系，绝不是通过分析可以被弄得更加明晰的关系：哲学只能把这种关系重新置于我们的目光之下，把它提供给我们的观察。

通过这一扩大的意向性观念，现象学的“理解”与局限于考察“各种真实而不变的自然”的古典“理知”区别开来，而现象学可以成为一种发生的现象学。不管涉及一个被知觉的事物、一次历史事件，还是一种学说，“去理解”就是去重新抓住整体意向：不仅是它们对于表象而言之所是、被知觉事物的各种“属性”、某些“历史事实”的尘埃、由学说引入的各种“观念”，而且是在石子、玻璃或蜡块的属性中，在一场革命的全部事实中，在一位哲学家的全部思想中获得表达的独特的实存方式。在每一文明中，问题都在于重新发现黑格尔意义上的**观念**，即不是客观思维可以通达的一条数理类型的法则，而是针对他人、**自然**、时间和死亡的一种独一无二的行为准则，是历史学家应该能够复述和接受的为世界赋形的某种方式。这些就是历史的*各个维度*。与它们相关联，不管是习惯性的还是漫不经心的，任何一句话、任何一个人类姿势都不会没有含义。我认为自己是因为疲劳而一言不发，某某部长以为自己只不过说了一句应时的话；然而我的沉默和他的说话获得了一种意义，因为我的疲劳或部长的套话不是偶然的，它们表达了某种冷漠，因
XIV 此还是对处境采取了某种立场。在一个被详加考虑的事件中，在它被亲历的时刻，一切似乎都出自偶然：这个人的雄心，这样的幸运相遇，这般的局部环境似乎都已经是决定性的。但那些偶然之事相互弥补，于是无数的事实就堆积起来了，它们勾勒出某种针对

人类处境采取立场的方式，勾勒出其轮廓获得了界定、我们可以就它进行谈论的一个事件。应该要么从意识形态出发，要么从政治出发，要么从宗教出发，要么从经济出发来理解历史？应该要么由其显示出来的内容，要么由作者的心理以及他的各种生活事件来理解某一学说？应该同时用全部的方式来理解，全体具有一种意义，我们将在全部关系下面重新找到相同的存在结构。只要我们不把这些视点孤立开来，只要我们一直通达历史的深处，只要我们重返能够在每一视角中都获得阐明的实存含义的独特核心，全部这些视点就都是正确的。正像马克思所说的，历史不会用头走路，这是正确的；但同样正确的是，它不会用脚来思考。毋宁说，我们既没有必要关心其“头”，也没有必要关心其“脚”，我们关心其身体。对于一个学说的全部经济学的、心理学的说明都是正确的，因为思考者从来都从他自己之所是出发进行思考。只有在针对一个学说的反思成功地把自己与该学说的历史、与各种外部说明相结合，并且成功地把该学说的原因和意义放回到一种实存结构之中的时候，这一反思本身才是全面的。正像胡塞尔所说的，有一种“意义发生”(Sinngenesis)，[①]归根结底，只有它告诉了我们该学说“想说”什么。就像理解一样，批判应该在所有层面上继续进行；当然，为了批驳一个学说，我们不能满足于把它与作者生活中的某种偶然联系起来。它所意指的东西不止于此，而且不管在实存中还是在共存中，都不存在纯粹的偶然，因为它们两者都同化那些偶然事件，以便为它们提供理由。最后，正像历史在现在中是不可分割

① 这个术语在未刊稿中经常被用到，该观念在《形式的与先验的逻辑》(第184页及以下)中已经可以找到。

的一样，历史在持续中也是不可分割的。与它的那些基础维度相关联，所有历史时期都作为一个唯一实存的某些显示或者一出唯一戏剧的某些插曲而出现，我们不知道它是不是有一个结局。既
XV 然我们是在世的，我们就注定处在意义之中，我们既无法做出也无法说出不在历史中获得一个名称的任何事情来。

* * *

现象学最重要的收获或许是在其关于世界或合理性的观念中把极端的主观主义与极端的客观主义结合起来了。合理性精确地与它在其中获得揭示的那些经验相匹配。存在着合理性，也就是说，各个视角相互印证，各种知觉相互证实，一种意义显现出来。但这一意义不应该被分开提出来：被转变成绝对**精神**或实在论意义上的世界。现象学的世界并不是纯粹存在，而是在我的各种经验的交汇处以及我的经验与别人的经验的交汇处的、通过一些经验与另一些经验相互啮合而隐约显露出来的意义；主体性与主体间性因此是不可分割的，它们通过在我的现在经验中再现过去经验、在我的经验中再现他人的经验而形成它们的统一。哲学家的沉思第一次充分有意识地不在世界之中、不在沉思之前贴现它自己的各种结论。哲学家试图思考世界、他人和他自己，并且构想它们的关系。但是沉思的自我和“公正的旁观者”（uninteressierter Zuschauer）[①]并不会回到一种已经给定的合理性，它们借助一种首创性来“确立自己”[②]和确立合理性——这种首创性在存在中没有保障，它的权利完全取决于它给予我们的承担我们的历史的实

① 第六“笛卡尔式的沉思”（未刊稿）。
② 同上。

际能力。现象学的世界不是对一种预先的存在的说明，而是对存在的奠基，哲学不是对一种预先的真理的反映，而是像艺术一样是一种真理的实现。有人要问这一实现是如何可能的，它是不是在事物中与一种预先实存着的**理性**再次汇合了。但预先实存着的唯一逻各斯是世界本身，使之向明显的实存过渡的哲学并不通过可能的存在而开始：哲学就像它构成其一部分的世界一样是现实的或实在的，任何说明性假说都不比行为本身更明晰——我们藉助行为来恢复这一未完成的世界，以便全面考察它、思考它。合理性不是一个问题，在它的背后不存在一个我们必然演绎地确定或从它出发归纳地证明的未知者：我们每一时刻都参与到各种经验的 XVI
联系这一奇迹之中，没有人比我们能更好地知道这一奇迹是如何形成的，因为我们就是这些关系的纽结。世界和理性并不构成问题；如果我们愿意，我们可以说它们是神秘的，但这种神秘规定它们，以某种“解决”来消除神秘应该不是关键之所在，它不为那些解决所触及。真正的哲学要重新学会看世界，在这一意义上，一种被讲述的历史能够以一部哲学论著同样的“深度”意指世界。我们把我们的命运掌握在自己手中，我们应该通过反思、也应该通过把我们投入到我们的生活中去的决定来对我们的历史负责；在这两种情况下，都涉及一种在实施中获得证实的暴力行为。

作为对世界的揭示，现象学取决于它自己或者说自己为自己奠基。[①] 全部的认识都依赖于由一些假设构成的一片“土壤”，并最终依赖于作为合理性的最初确立的我们与世界的沟通。作为彻

① 未刊稿说：现象学返回它自身(Rückbeziehung der Phänomenologie auf sich selbst)。

底的反思，哲学原则上丧失了这一源泉。因为它存在，所以它也存在于历史之中，因为它利用，所以它也利用世界和已经被构成的理性。它因此应该向它自己提出它向全部知识提出的那种考问，它于是没有限定地自我倍增，就像胡塞尔所说的，它将是一种没有止境的对话或沉思，在它仍然忠实于它的意向的范围内，它永远不会知道它将走向何处。现象学的未完成和它的始动状态并不是一种失败的标志，它们是不可避免的，因为现象学把揭示世界的神秘和理性的神秘作为其任务。[①] 如果说现象学在成为一种学说或一个体系之前已经是一场运动，这既非偶然，也非欺骗。由于同样类型的关注与惊奇，由于同样的意识要求，由于领会初生状态的世界或历史之意义的同样意愿，现象学就如同巴尔扎克的工作、普鲁斯特的工作、瓦莱里的工作或者塞尚的工作一样勤勉。就这一方面来看，现象学与现代思想的努力融为一体了。

① 我们把后面这个表达归功于目前仍在德国监狱中的古斯道夫。另外，他或许是在另一种意义上使用该表达的。

导　论

古典成见与回归现象

第一章 “感觉” 9

在开始研究知觉时，我们会在语言中找到看起来直接而明晰的感觉概念：我感觉到红、蓝、热、冷。然而我们会看到，感觉是最模糊的，由于接受了它，古典的分析已经错失了知觉现象。

我可能首先会把感觉理解为我被感动的方式和对我自己的一种状态的体验。闭着双眼时没有距离地环绕着我的灰色、半睡眠状态时“在我脑子中”振动的那些声音，表明了纯粹的感觉活动可能是什么。恰恰在我与被感觉者相一致、在它不再在客观世界中有其位置、在它对我来说不意味着任何东西的范围之内，我在感觉。这就是承认，我们应当先于任何被定性的内容寻找感觉，这是因为，为了作为两种颜色彼此区别开来，红色和绿色应该已经在我面前构成哪怕没有精确的定位的画面，并因此不再属于我本身。纯粹的感觉是对一种无差别的、瞬间的、点状的“冲击”的体验。既然那些作者同意这一点，就没有必要证明这一观念不符合任何我们对其有经验的东西；没有必要证明我们在动物，如猴子和鸡身上了解到的那些最简单的**实际知觉**针对的是某些关系，而不是一些绝对项。[①] 但是，还需要问一问，为什么有人相信自己**有权利**在知

---

① 参《行为的结构》，第 142 页及以下。

觉经验中区分出一个“诸印象”的层面。假定有一个处在同质背景上的白斑。白斑全部的点共同具有把它们构成一个“图形”的某种“功能”。图形的颜色比背景的颜色更浓，而且似乎更坚实；白斑的边沿“归属于”白斑，不与背景连成一体却与之邻近。白斑看起来被放在了背景之上却没有阻断它。每个部分显示的东西都多于它所包含的东西，因此这一基础知觉已经具有一种*意义*。但是，假如图形和背景作为整体没有能够被感觉到，有人就会说，它们应该是在它们的每一点上被感觉到的。这就忘记了每一点相应地也只能被知觉为背景上的一个图形。当格式塔理论告诉我们背景上的图形是我们能够获得的最简单的感性所予时，这并不是让我们在一种理想的分析中随意地引入印象概念的实际知觉的一个偶然特性。它就是知觉现象的定义本身，如果没有它，一个现象不可能被说成是知觉。知觉的“某物”始终处于他物中间，它始终构成为一个“场域”的部分。一个不提供*任何需要去知觉的东西*的同质平面不会被给予*任何知觉*。实际知觉的结构独自可以告诉我们什么是知觉活动。因此，纯粹印象作为知觉的环节不仅是找不到的，而且是无法知觉到的，并因此是无法想象的。如果我们引入它，那么我们就不是在关注知觉经验，我们为了被知觉的对象而忘记了知觉经验。一个视觉场不是由一些局部视觉构成的。但被看到的对象是由一些质料片断构成的，而且那些空间点是相互外在的。如果我们至少要对知觉它形成心理经验的话，一个孤立的知觉所予是难以构想的。但是，在世界之中存在着一些孤立的物品或者一个物理虚空。

我因此要放弃用纯粹印象来定义感觉。但去看就是去获得一些颜色或者光，去听就是去获得一些声音，去感觉就是去获得一些性质；为了知道感觉活动是什么，难道已经看到红色和听到一声“啦”还不够吗？红色和绿色并不属于感觉，它们是可感者；性质不是意识的一个元素，它是物体的一种属性。如果我们在揭示性质的经验本身中来理解它，它并没有向我们提供一种划定各种感觉之界限的单纯手段，它与物体或者整个知觉的场景一样丰富、一样模糊。我在地毯上看到的这个红色斑点，只有考虑了横穿它的一道阴影才是红色的，它的性质只有相关于光线的作用、并因此作为空间构形的元素才会显现出来。此外，颜色只有展露在某个表面上才能被确定，而一个太小的表面可能是不够格的。最后，这种红色如果不是一块地毯的“羊毛的红色”，它严格地说就不是同一种红色。[①] 因此分析在每一性质那里都发现了一些寓于其中的含 11
义。我们要说，这涉及的只不过是被任何一种知识所覆盖的我们的实际经验的一些性质，而且我们仍然可以保有构想一种定义“纯粹感觉活动”的“纯粹性质”的权利吗？但我们刚才已经看到，这种纯粹感觉活动等于不感觉任何东西，并因此等于根本就不感觉。所谓的感觉活动的明证并不是以意识的见证、而是以世界的成见为基础。我们非常相信自己知道什么是“看”、“听”、“感觉”，因为长期以来知觉已经给予我们一些有颜色的或带声音的物体。当我们想要分析知觉的时候，我们将这些物体转移到了意识之中。我们犯了心理学家们所称的“经验错误”，即我们一开始就在对事物的意识中预设了我们知道存在于事物之中的东西。我们由于被知

① 萨特:《想象物》,第 241 页。

觉者而形成知觉。因为被知觉者本身显然只有通过知觉才可以通达，所以我们最后既不能理解前者也不能理解后者。我们被接纳到世界之中了，我们最终不可能摆脱世界以便过渡到世界意识。如果我们这样做，我们将看到，性质永远都不会被直接体验到，而且任何意识总是对某物的意识。此外，这一“某物”并不必然是一个可以辨别出来的对象。误解性质的方式有两种。一种是让它成为意识的一个元素，而它对于意识来说却是对象；把它当作一种缄默的印象，而它却总是有一种意义。另一种是相信这个意义和这个对象在性质的层次上是充分的和确定的。第二种错误和第一种错误都源自对世界的成见。借助光学和几何学，我们建构其形象每一时刻都能够在我们的视网膜上形成的世界的片断。一切处在这个周界线之外、不反射到任何感性表面的东西对我们视觉的作用，超不过光线对我们闭着的眼睛的作用。我们因此应当知觉被一些精确界线包围、被一个黑色区域环绕、无空隙地充满性质、以那些就像实存于视网膜上那样的确定的大小关系为基础的一个世界片断。然而，经验不会提供任何类似的东西，我们从世界出发永远也不会理解一个**视觉场**是什么。如果有可能通过从中心逐步地接近那些侧面的刺激来标出视觉的周界线的话，从一个时刻到另一个时刻，测度的结果会发生变化，我们永远不能确定一个最初被
12 看到的刺激不再是刺激的那个时刻。围绕视觉场的区域不容易获得描述，但它确实既不是黑色的也不是灰色的。在那里有一种**未定的视觉**，一种**不知什么的视觉**；如果我们达到其边界，在我背后的东西并非不受视觉影响地存在。缪勒-莱耶错觉（图形 1）中的两段直线既非相等也非不相等，正是在客观世界中，这种二者择一

才得以被强制规定。[①] 视觉场是一独特的环境，那些矛盾的观念在这里相互交织，因为那些对象——缪勒-莱耶的直线——并不是摆放在可以进行一种比较的存在的地带上的，而是每一个都在其独自背景中被抓住的，仿佛它们并不属于同一个场所。心理学家们长期以来都把自己的关心放在无视这些现象上。在被在己地把握的世界中，一切都是确定的。确实存在着一些模糊的场景，比如雾天的一道景致，但我们恰恰总是承认，没有任何真实的景致是在己地模糊的。它只是对于我们来说才是如此的。心理学家们说，物体从来都不是含混的，只是由于不注意，它才成为这样的。视觉场的那些边界本身不是可变的；存在着靠近的物体绝对开始被看到的某个时刻，只是我们没有“注意”[②]它。但就像我们将更充分地指出的那样，注意的概念对它自身来说没有任何意识的见证。它只不过是有人为了保全关于客观世界的成见而虚构的一个辅助假说。我们有必要把不确定的东西作为一种积极现象来认识。正是在这种氛围中，性质呈现出来了。性质包含的意义是一种含糊的意义。它涉及一种表达价值而不是一种逻辑含义。确定的性质——经验主义想要用它来界定感觉——是意识的一种对象而不是它的一个元素，而且它是科学意识后来才有的对象。在这两个名义之下，它都在掩饰而不是揭示主体性。

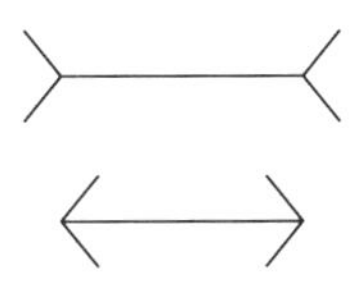
图形 1

我们刚才尝试就感觉进行的两种定义仅仅在表面上是直接

① 考夫卡:《心理学》，第 530 页。

② 我们翻译的是心理学家们使用的“take notice”或者“bemerken”。

13 的。我们刚才看到，它们以被知觉的对象为模子。它们由此与常识相一致——常识也通过它依赖的那些客观条件划定可感者的范围。可见者是我们**用**眼睛抓住的东西，可感者是我们**借助**感官抓住的东西。让我们追踪关于这一研究领域的感觉的观念，[①]并且让我们看看在科学所是的初级反思中，这种“借助”、这种“用”以及感觉器官的观念会变成什么。在缺乏感觉经验的情况下，我们至少能够在它的各种原因中、在它的客观发生中找到某些把它维持为说明的概念的理由吗？生理学——心理学家如同求助一个上级部门那样求助于它——就像心理学那样处在相同的困境之中。它同样开始于把其对象定位在世界之中并且把它当作广延的一个片断。因此，**行为**被反射（即对各种刺激的加工和塑形）、被关于神经机能的一种纵向理论（依据它，反应的每一要素原则上对应处境的一个要素）掩盖了。[②] 就像反射弧理论一样，知觉生理学开始于承认一个解剖学通道——它从由一个确定的**传导器**所规定的一个**接**

① 没有理由比如像雅斯贝尔斯（《关于错觉的分析》）所做的那样，通过把“理解”现象的描述心理学对立于考虑现象之发生的说明心理学而拒绝进行这一讨论。心理学总是把意识看作是被置于一个处在世界中间的身体中的，刺激–印象–知觉系列对它来说是知觉从它们的结束开始的一连串事件。每一意识都诞生在世界之中，每一知觉都是意识的一次新生。从这一视角看，知觉的“直接”所予总是可以被指责为是一些单纯的外表，是发生的各种复合产品。描述的方法只有从先验的视点看才能获得一种正当的权利。但是，即便从这一视点看，仍然需要理解意识如何把自身统觉为或显示为融入到了一种自然之中。因此，对于哲学家就如同对于心理学家一样，始终都有一个发生的问题，而唯一可能的方法是在其科学的展开中进行因果说明，以便明确其意义，并且把它放在它在真理之整体中的真正位置上面。这就是为什么我们在这里找不到任何的**反驳**，而只有理解因果思维的各种固有的困难之努力。

② 参《行为的结构》，第一章。

收器导向本身也是专门化的一个记录装置。[①] 一旦客观世界被给 14
予了，我们就得承认，它以在我们身上再现原文的方式，交付给感觉器官某些应当被接受、然后被释读的信息。由此原则上形成了刺激和基础知觉之间的一种点状对应和一种恒常联结。但这种“恒常性假说”[②]与意识的各种所予产生了冲突，那些承认这一假设的心理学家本身也认识到了它的理论特征。[③] 例如，在某些条件下，声音的强度使它丧失了音高；辅助线的添加使两个客观上相等的图形不相等了；[④]一个色彩区域在其整个表面上以同样的颜色向我们显现出来，尽管视网膜不同区域的颜色阈限使它在这里变成红色，在那里变成橙色，在某些情况下甚至是消色差的。[⑤] 现象与刺激不相符的这些例子是否应当被维持在恒常性规律范围之内，并且通过某些附加的因素——注意和判断——而获得解释呢？或者，我们应该抛弃规律本身吗？当一起显现出来的红色和绿色产生合成的灰色时，有人承认，刺激的中枢组合能够直接产生一种有别于客观刺激所要求的感觉。当一个物体的表观大小由于表观距离而变化时，或它的表观颜色由于我们对它的各种记忆而变化时，有人认识到“感觉过程并非不会受到中枢神经系统的各种影响”。[⑥] 因此，在这种情况下，“可感者”不再能够被定义为外部刺

① 我们大体上翻译的是 J. 斯坦因在《论感觉功能的改变和错觉的产生》中所说的“接收器-传导器-感受器”(Empfänger-Uebermittler-Empfinder)。

② 苛勒：《论没被注意的感觉和错觉判断》。

③ 施通普夫明确承认这一点。参苛勒，同上书，第 54 页。

④ 同上书，第 57－58 页，参第 58－66 页。

⑤ 德让：《视知觉的客观条件》，第 60 页和第 83 页。

⑥ 施通普夫，转引自苛勒，同上书，第 58 页。

激的直接结果。同样的结论难道不适用于我们前面引用的三个例子吗？尽管注意、一种更明确的命令、安宁以及长期的练习最终恢
15 复了与恒常性规律相符的知觉，这也没有证明该规律的普遍价值，因为在引用的那些例子中，最初的显象和最后得到的那些结果具有同样的感觉特征，而问题在于知道，注意的知觉、被试针对视觉场的某个点的全神贯注——例如缪勒-莱耶错觉中对两条主线的“知觉分析”——是否不仅没有揭示“正常感觉”，反而用一种例外的组合替代了原来的现象。[1] 恒常性规律不可能不顾意识的见证而利用它并没有被暗含在其中的任何一个判决性实验，在我们认为要确立它的随便哪个地方，它都已经被预设了。[2] 如果我们重新回到现象，它们就会向我们展示对任何一个与知觉背景相联系的性质的统握，确切地，比如对尺寸的统握。而刺激不再向我们提供我们寻求划定某些直接印象的一个层次之界限的间接手段。但是，当我们寻求一种关于感觉的客观定义时，不仅仅是物理刺激被回避了；现代生理学描述的感觉器官也不再能胜任古典科学让它扮演的“传感器”角色。触觉器官的非皮层损伤或许会减少能感受热、冷或压力的点，并且降低保存下来的那些点的感受性。但是，如果我们对受损伤的器官进行充分广泛的刺激，那么那些特定的感觉就会重新出现；阈限的提高被手的更有活力的探索抵消了。[3]

---

① 苛勒，《论没被注意的感觉和错觉判断》，第 58－63 页。

② 可以正当地补充的是：全部理论都是这样的，不存在判决性实验。出于同样的理由，恒常性假说也不可能在归纳的领域中被严格地反驳。它已经丧失其信誉，因为它无视各种现象，无法让我们理解它们。还有，为了认识这些现象和判断该假说，我们必须首先已经“悬置”它。

③ 斯坦因，《论感觉功能的改变和错觉的产生》，第 357－359 页。

我们在感受性的基础层次上隐约看出了某些局部刺激之间以及感觉系统与运动系统之间的一种合作——它能够在一个可变的生理系列中维持感觉为恒常的，它因此禁止把神经过程定义为某一给定信息的单纯传递。不管损伤在哪个位置，视觉功能的破坏都遵循相同的规律：首先是全部颜色都受到损害[①]并且丧失其饱和度； 16
接着是光谱被简化，被归结为四种颜色，旋即被归结为两种颜色；我们最终达到一种灰色的单色性，虽然病理颜色从来不会与无论哪一种正常颜色相等同。于是，在中枢神经损伤中，就如同在周围神经损伤中一样，“神经物质的丧失不仅以某些性质的缺失，而且以过渡到较少分化且比较原始的结构为其后果”。[②] 相反地，正常的机能应当被理解为一种整合，外部世界的文本在这里不是被抄写，而是被构成。如果我们尝试从酝酿“感觉”的身体现象的视角去领会感觉，我们找到的不是一个心理的个体、某些已知变量的功能，而是已经与一个整体相联系并且已经具有一种意义的一个构成，它只是在程度上与那些更复杂的知觉相区别，它因此不会让我们在自己对纯粹可感者的界限划定中有任何的进展。不存在关于感觉的生理学定义，更一般地说，不存在自主的生理心理学，因为生理事件本身服从于一些生物学和心理学规律。长期以来，有人就相信在周围神经的条件制约中找到了一种定位那些“基础”心理功能、并把它们与那些并不怎么严格地与身体基础联系在一起的

① 天生色盲本身并不证明某些器官负责并且仅仅负责红色和绿色的“视觉”，因为如果我们向一个色盲患者显示一块大的彩色平面或延长颜色显现的时间，他会成功地辨认出红色。

② 魏茨泽克，转引自斯坦因，《论感觉功能的改变和错觉的产生》，第 364 页。

“高级”功能相区别的可靠方式。一种更精确的分析发现，两种功能是相互交织的。基础的东西不再是那种通过相加而组成整体的东西，而且也不是整体得以被组成的单纯契机。基础事件已经具有一种意义，而通过利用和升华那些从属的活动，高级功能只不过实现了一种更加整合的实存模式或一种更加有效的适应。相应地，“感性经验是一种生命过程，就像生殖、呼吸或生长一样”。[①]心理学和生理学因此不再是两门平行的科学，而是关于行为的两
17 种规定：第一种是具体的，第二种是抽象的。[②] 当心理学家“依据他的各种理由”向生理学家要求关于感觉的定义时，我们要说他在这一领域中会发现他自己的那些困难，而且我们现在明白了为什么。生理学家为了自己的缘故摆脱了全部科学借自于常识的、阻碍它们的发展的实在论成见。“基础”和“高级”两个词在现代生理学中的意义变化宣布了一种哲学变化。[③] 科学家本人也应当学会批评关于一种在己的外部世界的观点，因为各种事实本身建议他放弃身体是信息传导器的观点。可感者是我们用各个感官抓住的东西，但我们现在知道，这一“用”并不单纯是工具性的，感觉器官并不是一个导体，甚至在周围神经中，生理印象也参与到其他时候被认为属于中枢神经的某些关系之中。

反思——即使是科学的二阶反思——又一次把我们相信是明晰的东西弄模糊了。我们认为自己知道什么是去感觉、去看和去听，这些词现在却成了难题。为了重新定义它们，我们被要求回到

① 《论感觉功能的改变和错觉的产生》，第 354 页。

② 关于所有这些论点，参《行为的结构》，特别是第 52 页及之后、第 65 页及之后。

③ 盖尔布：《视觉事物的颜色恒常性》，第 595 页。

它们所指示的经验本身。古典的感觉概念本身并不是一个反思概念，而是朝向各种物体的思维后来才有的一个产物，是关于世界表象的最后的、最远离构造的源泉并因为这个理由最不明晰的术语。在其客观化的一般努力中，科学终于不可避免地把人的机体表象为面对那些通过它们的物理化学属性而获得定义的刺激物本身的一个物理系统，它寻求在这一基础之上重构有效的知觉[①]并封闭科学知识的循环——通过发现知识本身得以产生所借助的那些规 18
律、通过创立一门关于主体性的客观科学。[②] 但这一尝试也不可避免地遭到了失败。如果我们参照那些客观研究本身，我们首先会发现，感觉场的那些外部条件并不是部分对部分地决定它，它们只有通过使一种本地构造得以可能才会起作用(格式塔理论要展示的正是这一点)；随后会发现，结构在机体中依赖于那些不再是物理变量的作为处境的生物学意义的变量，以至整体避开了向另一种理智类型开放的数理分析的那些众所周知的工具。[③] 就像有人在这里所做的那样，如果现在我们返回知觉经验，我们将注意到，科学成功地建构的只不过似乎是主体性：它引入了那些属于事物之列的感觉——在经验证明存在着一些意义整体的地方，它使现象的领域服从一些只能从科学的领域中获得理解的范畴。科学要求被知觉到的两条线就像两条真正的线那样是相等的或不相等

① “各种感觉确实是一些人工产物，但并不是任意的，它们是一些最后的局部整体，那些自然结构在它们那里可能被‘分析的态度’所分解。从这一视点来考虑，它们有助于对结构的认识，因此，感觉研究的那些获得正确解释的结果乃是知觉心理学的一种重要元素。”考夫卡：《心理学》，第 548 页。

② 参纪尧姆：《心理学中的客观性》。

③ 参《行为的结构》，第三章。

的，要求一个被知觉到的水晶有确定数量的边[①]，而不明白被知觉者的特性就是接纳含混性、“抖动”，就是让自己通过背景而成形。在缪勒-莱耶错觉中，两条线中的一条不再与另一条相等却没有变成“不相等”：它变成“不同的”。也就是说一条被分离出来的客观的线和在一个图形中被把握的同一条线对于知觉来说不再是“同一条”。只是对于一种并非自然的分析的知觉来说，它在这两个功能中才可以被视为是相同的。同样，被知觉者包含有一些并非出自那些单纯“非知觉”的缺陷。我可以通过视觉或触觉认识到晶体是一个“有规则的”形体，用不着哪怕默默地数它有多少边；我可以熟悉一个容貌，用不着曾经为此知觉到眼睛是什么颜色。感觉理论（它构成了关于那些确定的性质的整个知识）为我们建构出一些
19 清除掉了任何模糊性的、纯粹而绝对的客体（它们与其说是它的各种实际论题，不如说是认识的理想），它只适合于意识的后来的高级结构。正是在这里，“感觉的观念接近于获得了实现”。[②] 本能在自己面前投射的那些形象、传统在每一代人那里创造的那些形象，或者单单那些梦想，首先以同等的权利随着严格意义上的知觉而显现出来，真正的、现实的、明晰的知觉则通过一种批判工作逐步与那些错视区别开来。知觉这个词指示一个*方向*而不是一种原始功能。[③] 我们知道，物体的表观大小对于可变距离来说的恒常

① 考夫卡：《心理学》，第530和549页。

② 舍勒：《知识的形式与社会》，第412页。

③ 同上书，第397页。“人比动物，成人比儿童，男人比女人，个人比一个集体的成员，历史地、系统地思考的人比受传统推动（‘被卷入’在传统中并且不能通过记忆的构造把他被卷入其中的环境转化成客体、客观化它、在时间中定位它、并且在过去的距离中拥有它）的人更能接近理想而准确的形象。”

性或它们的颜色对于不同亮度而言的恒常性在儿童那里比在成人那里更完善。[①] 这意味着，知觉在其后来状态中比在其早先状态中更严格地与局部刺激相联系，在成人那里比在儿童那里更符合感觉理论。它就如同一张其网结越来越明晰地显现出来的网。[②] 有人已经给出了一幅关于“原始思维”的图画，只有当他把原始人的回应、他们的陈述和社会学家的解释与它们全都寻求表达的知觉经验的基础联系起来的时候，这幅图画才能获得很好的理解[③]。阻碍空间、时间和数量的各种整体以可操控的、分明的、可辨别的方式连接起来的东西，有时是被知觉者对其背景的黏附并且就像其黏度一样，有时是一种积极的不确定者在它那里的在场。如果想要理解感觉活动，我们必须在我们自己这里探索这一前客观的领域。

① 海林、杨施。

② 舍勒：《知识的形式与社会》，第 412 页。

③ 参韦特海默：“论原始民族的思维”，收入《关于格式塔理论的三篇论文》。

20 # 第二章 “联想”与“记忆投射”

感觉概念一经引入就歪曲了整个的知觉分析。我们曾经说过，在一个“背景”上的一个“图形”所包含的，已经远不止于现实地被给予的那些性质。它有一些不“属于”背景且“突出于”背景之上的“轮廓”，它是“稳定的”并有“密集的”颜色；背景则是无界线的且有不确定的颜色，它在图形下面“延续”。因此，整体的不同部分，比如图形的那些最接近背景的部分，除一种颜色和各种性质之外，还拥有一种特殊的**意义**。问题在于知道这一意义是由什么构成的，“边沿”和“轮廓”这些词想要表达的是什么，当性质的整体被**统握**为一个背景上的图形时发生了什么。但是，感觉一旦作为认识的元素被引入，就不会为我们留下回答的选择了。一个能够在与一个印象或一种性质绝对相一致的意义上感觉的存在不会有其他的认识方式。一种性质、一个红色平面意指某个东西，比如它被理解为一个背景上的一个斑点，这想要说的是，红色不再只是我迷失于其中的被感受到和体验到的这一暖色，它宣布了某个其他东西却没有包含之，它发挥一种认识功能，它的各部分共同包含了每个部分都与之相联系却不离开自己位置的一个整体。从此，红色不再仅仅是在场的，而且向我显现某个东西，它所显现的东西不是作为我的知觉的一个“实在的部分”被拥有，而仅仅是作为一个“意向

的部分”被瞄向。[①] 我的目光并不像它消失在质料地被把握的红色中那样消失在轮廓或斑点中：它浏览它们或俯视它们。为了在 21
它自己那里接受一种真正渗透它的含义，为了融入到一个与“图形”的整体相联系并且独立于“背景”的“轮廓”中，点状感觉应该不再是一种绝对相符，并因此不再是作为感觉。如果我们承认一种古典意义上的“感觉活动”，那么可感者的含义只能由其他在场的或潜在的感觉构成。看一个图形，这只可能是同时拥有构成这一图形之部分的各种点状感觉。它们中的每一个都始终停留为它之所是，一种盲目的联系，一个印象；整体形成为“视觉”，并且在我们面前构成一幅图画，因为我们学会了最快地从一个印象过渡到另一个印象。一个轮廓不外是局部视觉之和，而对于一个轮廓的意识是一种集合的存在。构成它的那些可感的元素不会丧失不透明，这种不透明把它们定义为可感的，以便向一种内在的关联开放，向一种共同的构造规则开放。假定从一个图形的轮廓线上取了三个点 A、B 和 C，它们在空间中的次序是它们在我们眼中共存的方式，而这种共存（不管我选择的这些点是多么地靠近）是它们的单独实存之和：A 的**位置**加 B 的**位置**加 C 的**位置**。经验主义可能会放弃这种原子主义的语言，谈论空间整体或绵延整体，把关于关系的经验添加给关于性质的经验。这丝毫不会改变该学说。要么这一空间区域被精神浏览和审视，

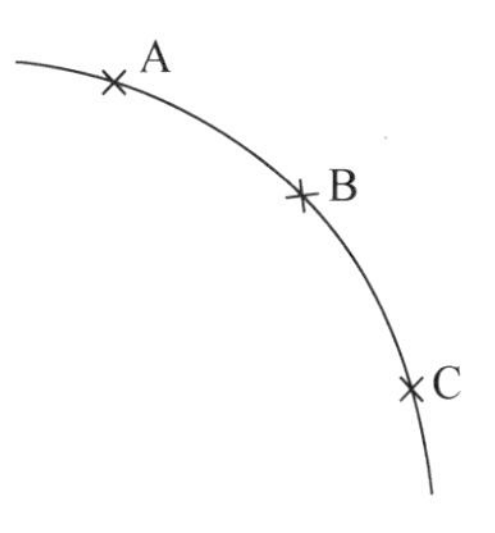

① 该表达出自胡塞尔。该观念在普拉蒂纳那里以深化的形式被重新采用。《感觉哲学》，第一卷，尤其是第 152 页及以下。

于是我们放弃了经验主义，因为意识不再是通过印象而获得界定的；要么这一空间区域本身是以印象的方式被给予的，这样，它就排除了一种比我们刚开始谈到的点状印象更广泛的协调。但一个轮廓不仅仅是某些在场的所予的集合，它们召唤那些将补充它们的所予。当我说我在自己面前有一个红斑的时候，斑点这个词的
22 意义是由一些先前的经验提供的，我在这些经验过程中学会了使用它。A、B 和 C 三个点在空间中的分布召唤其他类似的分布，而我要说我看到了一个圆。求助既有经验还是一点也没有改变经验主义的论题。把过去的经验带回来的“观念的联想”只能再现一些外在的联系，它本身只能是一种这样的联系，因为原本经验没有包含其他的联系。一旦我们将意识定义为感觉，任何意识样式都必须从感觉获得其明晰性。**圆**这个词、**次序**这个词在我与之相联系的那些先前经验中只能指称我们的感觉在我们面前分布的具体方式、某种实际的排列、一种感觉方式。如果 A、B 和 C 三点在一个圆上，那么轨迹 AB“相似”于轨迹 BC，但这种相似要说的仅仅是：实际上一个让我们想到另一个。轨迹 A、B、C 相似于我的注视跟随的一些其他圆形轨迹，但这仅仅想说，它唤醒了对于它们的记忆，使它们的形象显现出来。从来都没有两项可以被**辨识**、被统觉或被理解为**相同**，那得假定它们的此性被克服了；它们两者只能到处都不可分离地被联想并且彼此替代。知识作为各种替代的一个系统出现：一个印象在这里宣告其他印象，却从来没有为这一宣告提供理由；词在这里让我们期待感觉，就像黄昏让我们期待夜晚一样。被知觉者的含义不外是没有理由地开始显现的一系列形象。那些最单纯的形象或感觉最终说来是通过词获得理解的一切，那

些概念是指称它们的一种复杂的方式；由于它们本身是难以说出的印象，理解就是一种欺骗或者错觉，认识从来都没有把握住它的那些相互驱动的对象，精神则作为不知道为什么其结论为真的一部计算机器运行着。[①] 感觉不承认唯名论——即从意义到混乱相似的*反意义*或者到接近联想的*无意义*的还原——之外的其他哲学。

然而，那些应当开始和结束全部认识的感觉和形象从来都只在一种意义视域中呈现，并且被知觉者的含义远不是产生自一种联想，相反，不管涉及对当前图形的综观还是对先前经验的追忆， 23
它在所有联想中都已经被预设了。我们的知觉场是由一些“事物”和“各个事物之间的那些空无”构成的。[②] 一个事物的各部分并不是通过一种单纯的外在联想连接起来的——这一联想产生自它们在物体发生各种运动期间获得确认的相互关联。最初，我把自己从来都没有看到在运动的一些整体看作是事物：房子、太阳、群山。如果有人希望我把从一些移动物体的经验中获得的一个概念延伸到不动的物体中，当然需要山脉在其实际的外观中表现出某种特征（它为山脉作为事物获得承认提供了依据，并且为这一迁移说明了理由）。这一特征真的无需任何迁移就足以说明场域的分离。甚至儿童可以操作和移动的日常物品的统一都不能归结为对它们的相互关联的确认。如果我们让自己把事物之间的那些间隔看作是事物，那么世界的外观就像在我发现“兔子”或“猎人”时谜面的外观改变一样明显地被改变了。这不是以不同方式联系起来的各

① 胡塞尔：《逻辑研究》，“纯粹逻辑学导引”，第68页。

② 参比如苛勒：《格式塔心理学》，第164－165页。

种相同元素、以不同方式联想到的各种相同感觉、具有另一种意义的相同文本、在另一种形式中的相同质料，而真的是另外一个世界。并不存在一些因为事实上的接近或相似使它们被联想、从而开始共同形成一个事物的互不相干的所予；相反，正因为我们把一个整体知觉为一个事物，分析的态度才能随后在那里辨识出相似或接近。这并不仅仅是说，没有对全体的知觉，我们就别想认出其元素的相似或接近；而是严格地说，这些元素并不构成同一个世界的部分，相似和接近根本就不存在。总在思考在世界之中的意识的心理学家，把刺激物的相似和接近放到那些决定了一个整体的构造的许多客观条件中。他说[①]，那些最接近或最相似的刺激物，或那些集合起来给予景致以最佳平衡的刺激物，对于知觉来说趋向于在相同的构形中结合起来。但这一说法是骗人的，因为它把隶属于被知觉世界、甚至隶属于科学意识所建构的从属世界的客
24 观刺激物与心理学应当依据直接经验进行描述的知觉意识相对比。心理学家的两栖思维总是冒着把隶属于客观世界的那些关系重新引入他的描述中的危险。于是我们可以认为韦特海默的接近律与相似律把联想主义者们的客观接近和相似恢复为知觉的构造原则。实际上，对于纯粹描述——完形理论想要成为一种纯粹描述——来说，刺激的接近和相似并不先于整体的构成。“好形式”并非因为它在一种形而上学天空中是在己地好的才获得了实现；它是好的，因为它在我们的经验中获得实现。只有当我们不是把知觉现象描述为向着客体的最初开放，而是围绕它假定一个环境

① 比如韦特海默（接近律，相似律，“好形式”律）。

（知觉分析将会获得的全部说明和全部印证在这里已经获得描述，实际知觉的全部指标在这里已经获得了证实）、一个真理场所、一个**世界**的时候，知觉的那些所谓条件才会成为先于知觉本身的。这样做的时候，我们就取消了知觉确立或开创认识的本质功能，而且我们是透过它的那些结果来看它的。如果我们仅止于各种现象，那么事物在知觉中的统一就不是由联想建构的，相反，作为联想的条件，它先于那些证实它、规定它的印证，它先于它自己。如果我在一片海滩上走向一条搁浅的船，如果其烟道或桅杆与处在沙丘边上的树木彼此相混，那么就会出现这些细节生动地汇聚于那条船并且与之连接在一起的一个时刻。随着我走近，我没有能够知觉到本来应该最终在一幅连续的画面中把这条船的船楼统一起来的相似或接近。我只是感觉到了物体的外观将会改变。某种东西在这种张力中临近，就像狂风暴雨在乌云中临近一样。突然，场景完成了重组，满足了我模糊的期待。作为改变的证实，事后我认识到了我所谓的“刺激物”——即短距离获得的、我用以组成“真实”世界的那些最确定现象——的相似和接近。“为什么我没有看

到这几棵树木与船连成一体呢？它们无论如何与它颜色相同，并 25
且与它的船楼非常协调。”但这些有关清楚地去知觉的理由并不是作为先于正确知觉的理由被给予的。物体的统一是依据对一种临近次序的预期（它将一下子就对仅仅存在于景致中的问题做出回应）而确立起来的，它解决了只能以一种含糊的不安的形式提出来的一个难题，它组织了到那时为止还不隶属于相同领域、并由于这个原因像康德所说的那样不可能被联想起来的一些元素。在相同的地带、独一无二的物体的地带设定它们，综观使它们之间的邻近

与相似得以可能，而一种印象永远不可能通过它自己联想到另一个印象。

一个印象更没有力量唤醒其他印象。只有以它首先**被包括**在过去经验(它在那里与它要唤醒的那些印象碰巧共存)的视角中为条件，它才能唤醒其他印象。假定一个成对的音节系列，[①]其中的第二个音节是第一个音节的柔和的押韵(比如 dak-tak)；而在另一个系列中，第二个音节是通过颠倒第一个音节获得的(比如 ged-deg)；如果两个系列已经被熟记在心，而且，如果我们在一临界实验中总是给出“寻找柔和的押韵”的指令，那么我们确实会看到，被试为 ged 找到柔和的押韵比为一个中性音节找到柔和的押韵要困难得多。但是，如果指令是要改变在那些提供出来的音节中的元音，这一工作就不会有任何延迟。因此并不是一些联想力量在第一个临界实验中起作用，因为如果它们存在的话，那么它们应当在第二个中也起作用。真实的情况是，被置于经常联想到一些柔和的押韵的那些音节面前，被试不是真的去押韵，而是利用他的既有知识并且启动一种“再现的意图”，[②]以致当他接触第二个系列的音节(现在的指令不再与在那些训练的经验中获得实现的搭配相一致)时，再现的意图只会导向各种各样的错误。当我们向被试建议在第二个临界实验中改变诱发音节的元音，仿佛涉及在那些训
26 练的经验中从来都没有出现过的一个任务时，他不会使用再现的迂回，并且在这些情况下，那些训练的经验保持为毫无影响的。联想因此从来都不会作为一种自主的力量起作用，从来都不是作为

① 勒温:《心理力量和能量以及心灵结构引论》。

② “开始再现”(set to reproduce)，考夫卡:《格式塔心理学原理》，第 581 页。

动力因被提出的那个词“诱发了”反应；它只有通过让一种再现的意向成为可能的或诱人的才会活动起来，它只是根据它在先前经验的背景中已经获得的意义并且通过让人想到求助这一经验才会起作用；它在被试认识到它、在过去的外观或外貌中抓住它的范围内是有效的。如果我们最终不是让单纯邻近而是相似联想起作用，我们还会看到，为了唤起它事实上与之相似的一种先前形象，当前知觉应当**被赋形**，以至它变得能够支撑这一相似。不管一个

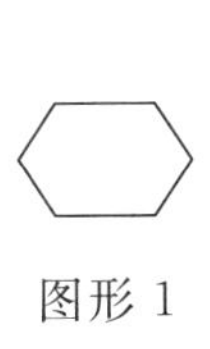

图形 1

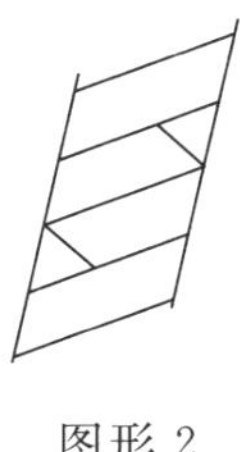

图形 2

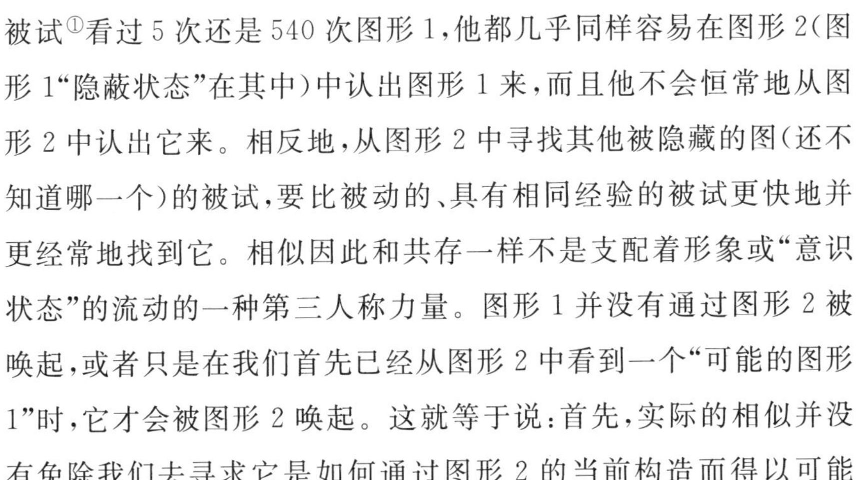

被试[①]看过 5 次还是 540 次图形 1，他都几乎同样容易在图形 2（图形 1“隐蔽状态”在其中）中认出图形 1 来，而且他不会恒常地从图形 2 中认出它来。相反地，从图形 2 中寻找其他被隐藏的图（还不知道哪一个）的被试，要比被动的、具有相同经验的被试更快地并更经常地找到它。相似因此和共存一样不是支配着形象或“意识状态”的流动的一种第三人称力量。图形 1 并没有通过图形 2 被唤起，或者只是在我们首先已经从图形 2 中看到一个“可能的图形 1”时，它才会被图形 2 唤起。这就等于说：首先，实际的相似并没有免除我们去寻求它是如何通过图形 2 的当前构造而得以可能

① 戈特沙尔特：《论经验对图形知觉的影响》。

的；其次，“诱发的”图形在唤醒其记忆之前应该与被诱发的图形具有相同的意义；最后，实际的过去并没有通过一种联想机制被引入现在知觉中，而是被现在的意识本身所展开。

我们由此可以看出那些涉及“记忆在知觉中的角色”的通常提
27 法有什么价值。甚至在经验主义之外也有人谈论“记忆力的种种作用”。[①] 有人反复说“知觉就是回忆”。有人证明，在对一个文本的阅读中，注视的迅速导致了视网膜印象的空白，感觉所予**因此**应当被记忆的投射补全。[②] 倒过来看到的一道景致或一张报纸向我们表象了原本视觉，正常看到的景致或报纸只是由于记忆在那里补充的东西才是更加明晰的。“由于对印象的非习惯性的处置，心理原因的影响不再能够发挥出来”。[③] 我们不会问为什么一些被不一样地安排的印象使报纸是无法阅读的，或景致是无法被认识的。这是因为，为了补全知觉，记忆需要通过所予的外貌而得以可能。被看到的东西应当先于记忆的任何贡献，当场按照向我提供一幅图画的方式被组织起来，我在这幅图画中可以认出我的先前经验。由此，援引记忆就预设了这一援引被认为要说明的东西：为所予赋形，强加给可感的混乱一种意义。在记忆的唤起得以可能的那个时刻，唤起变成多余的，因为我们从中期待的工作已经做过了。有人就“记忆颜色”(Gedächtnisfarbe)说了同样的东西，而按照其他心理学家，它最终替换了物品现在的颜色，以至我们将“透

① 布伦茨威格：《人类经验与物理因果性》，第 466 页。
② 柏格森：《精神能量》，比如“理智的努力”，第 184 页。
③ 参比如艾宾浩斯：《心理学概论》，第 104－105 页。

过”记忆的“眼镜”看这些物品。[①] 问题在于知道是什么东西现实地唤醒了“记忆的颜色”。海林说，每当我们重新看一个已认识的物品或“以为在重新看它”的时候，它就被想起。但我们依据什么相信这呢？在实际的知觉中，既然按照假说物品的属性改变了，是什么东西告诉我们它涉及的是一个已被认识的物品呢？如果我们希望对形状或大小的认识会引起对颜色的认识，我们就陷入到一个循环中了，因为表观大小和表观形状本身也改变了，这里的认识仍然不能产生自对记忆的唤醒，而是应当先于它。认识因此不会在任何地方从过去走向现在，而“记忆的投射”只不过是一种掩盖 28
了更深刻的、已经完成的认识的坏隐喻。同样，最终说来，校对员的错觉不能被理解为几个真正被读到的元素与将和它们混杂到不再能够彼此区分之程度的记忆相融合。记忆的唤起如何能不用被那些严格的感性所予的外观引导而得以进行？如果它被引导，既然这个词在它从记忆的宝库中什么都没有获得之前已经有其结构和外貌，它有什么帮助呢？显然正是对错觉的分析使我们相信了“记忆的投射”，依据的是有些近似于如下的一个简便推理：错误的知觉不能依赖于那些“在场的所予”，因为我在文稿提供“destruction”（毁灭）的地方读出“déduction”（推断）。因此，并非由视觉提供的替换字母群 str 的字母 d 必定来自别处。有人会说它来自记忆。同样，在一幅平面画上面，几丝阴影或几缕光线就足以形成一个凸起，在一个谜面中，几条树枝就暗示了一只猫，在云中，几条模糊的线就暗示了一匹马。但过去的经验只是在事后才

① 海林：《光觉学基础》，第 8 页。

作为错觉的原因显现，现在的经验确实有必要首先获得形式和意义，以便恰好唤醒了这一记忆而不是其他记忆。因此正是在我现实的目光下，马、猫、被替换的词以及凸起产生了。画的阴影和光线通过模仿“凸起的原本现象”[①]而产生了一个凸起，它们在这一凸起中被赋予了一种原本的空间含义。为了我能够在谜面中找到一只猫，“猫”这个含义统一体必须已经以某种方式规定了协调活动应当保留的所予的那些元素和它应当忽略的那些元素。[②] 错觉正是在让我们把它当作一种本真的知觉的时候，欺骗了我们——在本真的知觉中，含义是在可感者的摇篮中产生的，而不是来自别处。错觉模仿这种意义在其间完全覆盖可感者的优先经验，在这种优先经验中可见地陈述自己、说出自己；它暗含了知觉的这种正常状态；它因此不会从可见者与各种记忆之间的*相遇*中产生出来，
29 知觉更不会。“记忆的投射”使两者都难以理解。这是因为，如果一个被知觉的东西是由感觉和记忆组合成的，它就只会被记忆的补充所决定，因此在它自己那里不会有任何东西能够限定记忆的侵入，它不仅具有它始终有的这一“抖动”的晕，而且我们已经说过，它还会是难以抓牢的、流逝的、始终处在错觉的边缘。错觉*更加*不会提供一个事物最终呈现的牢固而确定的外观，因为知觉本身没有这一外观，所以错觉骗不了我们。最终说来，如果我们承认记忆并不从它们本身投射到感觉，而且意识把它们与现在的所予相对照以便只保留那些与它相一致的记忆，那么我们就认识到了一个在它自身中带有其意义并且与记忆的意义对立起来的原本的

① 舍勒：《自身认识的偶像》，第 72 页。

② 同上。

文本:这一文本就是知觉本身。我们确实错误地相信我们通过“记忆的投射”在知觉中引入了一种心理活动并且处在经验主义的对立面。该理论只不过是经验主义的一个结论,一种后来才有的并且无效的矫正,它承认经验主义的那些假设,它分担经验主义的那些困难,并且像经验主义一样掩饰现象而不是使它们获得理解。假设一如既往地在于从各种感觉器官可提供的东西中*推断*出所予。例如,在校对员错觉中,我们依据眼睛的运动、阅读的速度和视网膜印象所必需的时间重构了实际所见的元素。然后,通过从整体知觉中删除这些理论所予,我们就得到了那些会被当作心理的东西对待的“被想起的元素”。我们用一些意识状态建构知觉,就像用一些石头建构一座房子一样,而且我们想象一种使这些质料融合成了一个紧密的全体的心理化学。就像任何经验主义理论一样,这一理论描述的只不过是永远不可能成为认识之等价物的一些盲目的过程,因为在这堆感觉和记忆中,没有*任何在看的人*、没有任何能够体验到在所予和所想起的东西之间的一致的人,以及相应地被抵制记忆之充斥的一个感官所捍卫的任何坚实的客体。因此必须拒绝把一切都模糊化的假设。依据各种客观原因在所予和被想起的东西之间进行的区分是任意的。通过回到现象,我们发现了一个作为基础层的已经孕育了一种无法还原的意义的整体:不是记忆必定嵌入其间的一些有空隙的感觉,而是自发地与当前意向以及先前经验相符的外貌——景致或词的结构。于是, 30
与知觉意识的一般问题相联系的知觉中真正的记忆问题就被发现了。问题在于理解:通过自己的生命、不用在一种神秘的无意识中提供一些补充质料,意识如何能够借助时间改变它的各种景致的

结构；它的旧经验在每一瞬间如何能够以一种它可以重新开启的视域的形式向它显现——如果意识在一种记忆行为中把这当作认识的论题的话，但这一视域也可能被它放置“在边缘”，从而能够直接向被知觉者提供一种在场的氛围和一种在场的含义。一个总是受意识支配并因为这一理由围绕和包围意识的全部知觉的场域、一种氛围、一个视域，或者你爱这么说也行，一些给定的“蒙太奇”，为意识规定了一种时间处境，这乃是使关于知觉和记忆的各种区分行为得以可能的过去之在场。知觉并非体验许多印象（它们带有一些能够补充它们的记忆），而是看到一种内在意义从一系列所予中涌现出来：没有这种意义，对记忆的任何唤起都是不可能的。回忆并不是把在己地滞留的过去的图画重新带回到意识的目光之下，而是推进到过去视域的深处，并且逐步展开它的那些被嵌入的视角，直至它所概括的那些经验仿佛在它们的时间位置上被重新亲历。知觉并不是回忆。

因此，“图形”与“背景”，“事物”与“非事物”的关系以及过去的视域，可能是不能被还原为在它们中显现的性质的一些意识结构。经验主义将始终维护把这种先天当作某一心理化学之结果的能力。它将承认，任何事物都会在一个不是事物的背景上为自己提供处在过去和未来两个不在场的视域之间的现在。但是，它将重复说，这些含义是次级的。“图形”和“背景”，“事物”和它的“周围”，“现在”和“过去”，这些词概括了关于一种时空视角的经验，这一经验最终归结为抹去记忆或抹去边缘印象。即使一旦在实际知觉中得以形成，结构拥有比性质能够为它们提供的更多的意义，我
31 也不应该满足于意识的这种见证，我应该借助它们表达了其实际

关系的那些印象从理论上重构它们。在这一层面上，经验主义是无法驳倒的。既然它拒绝反思的见证，既然它通过联合一些外部印象产生了我们有意识地从整体到部分地理解的那些结构，那就不存在我们能够将其作为一种对抗它的关键证据来引用的任何现象。一般地说，我们不能通过描述某些现象来驳倒一种没有认识到它自己并且处在各种事物之中的思维。只要我们寻求建构这一世界的图形、生命、知觉和精神，而不是承认我们拥有的关于它们的经验是完全接近的源泉，是我们关于它们的论题之知识的最后权威，物理学家的原子就总是显得比这个世界的历史的和定性的图形更实在，物理-化学过程比有机形式更实在，经验主义的心理原子比被知觉现象更实在，属于维也纳学派的各种“含义”的理智原子比意识更实在。颠倒了明晰与模糊的各种关系的这种目光转变，必定通过每个人而得以实现，只是在随后这一转变才会被它使之获得理解的现象的丰富性所证明。但在这一转变之前，这些现象是无法通达的，而且经验主义总是把它不理解的东西与人们对这一转变进行的描述相对比。在这一意义上，反思是一种如同疯癫一样封闭的思维体系，不同就在于这一点：它能够理解它自己和疯子，而疯子却不能理解疯癫。但是，即使现象场的确是一个新的世界，它也从来不会完全被自然思维所忽视，它作为视域出现在自然思维中，而经验主义学说本身确实是意识分析的一种尝试。因此，以“神话故事”的名义去揭示那些经验主义建构使之无法理解的一切以及它们所掩饰的全部原本现象是有益的。它们首先向我们掩盖了我们几乎全部的生活都在其中渡过的“文化世界”或“人类世界”。对于我们中的大部分人来说，自然只不过是受到城镇、

街道、房子，尤其是其他人抑制的一种模糊而遥远的存在。可是，对于经验主义来说，那些“文化”客体和那些面孔的外貌、它们的神奇力量都归因于记忆的一些迁移和投射，人类世界只是由于偶然
32 才具有意义。在一道景致、一个物品或一个身体的感性方面没有任何东西预先注定它有“快乐的”或“悲伤的”，“活泼的”或“忧郁的”，“优雅的”或“粗俗的”样子。又一次用那些可能作用于我们的感觉器官的刺激物的物理和化学属性来界定我们所知觉到的东西，经验主义从知觉中排除了我可是能够从一张面孔上面读出的愤怒或痛苦、我可是能够在一种犹豫或一阵沉默中捕捉到其本质的宗教、我可是能够在城市官员的一种态度中或在一座纪念碑的风格中认识到其结构的城市。在那里不再会有**客观精神**：心理生活退隐到一些孤立的意识中，并且被交付给独自的内省，而不是就像它表面上发生的那样展开在那些我与之争论的人或我与之生活的人所组成的人类空间中、我工作所在的地方或我的幸福所在的地方。快乐与悲伤、活泼与迟钝乃是内省的一些所予，而我们之所以把它们赋予给景致或其他人，是因为我们已经在我们自己这里确认了这些内在知觉与由于我们的构造的各种偶然而与它们联合起来的一些外在迹象的重合。如此贫化的知觉变成一种纯粹的认识活动，变成各种性质及其最寻常的展开的一种记载，而知觉主体面对着世界，正像科学家面对着他的各种实验。如果相反地我们承认所有这些“投射”、所有这些“联想”、所有这些“迁移”是被建立在客体的某个固有特征之上的，那么为了重新成为它实际上之所是、重新成为环境并且仿佛重新成为我们的思想的**故乡**，“人类世界”就不再是一个隐喻。知觉主体不再是一个无世界的思维主体，

而行动、感觉、意志还有待于作为设定一个客体的一些原本的方式来探索，因为“在显现为黑或蓝、圆或方之前，一个物品显现为迷人的或遭人厌恶的”。[①] 但是，通过使文化世界——虽然它是我们的实存的养料——成为一种错觉，经验主义并不只是曲解了经验。自然世界随后被歪曲了，并且是基于一些相同的理由。我们之所以指责经验主义，并不在于它把自然世界当作分析的第一论题。因为确实真实的是，任何文化客体都求助于一种它在其上显现的、可能混乱而遥远的自然基础。我们的知觉在绘画下面推测到了画 33
布的邻近在场，在纪念碑下面推测到了风化的水泥的临近在场，在人物下面推测到了疲倦的演员的临近在场。但是，经验主义所谈论的自然是一些刺激物和性质的总和。对于这种自然，哪怕只是在意向中声称它是我们的知觉的第一客体也是荒谬的：它确实后于关于文化客体的经验，或毋宁说它是文化客体中的一种。我们因此也不得不重新发现自然世界以及它的没有与科学客体的实存样式相混淆的实存样式。背景在图形下面延续，它在图形下面被*看到*，图形却覆盖了它，这种掩盖了客体之*在场*的整个难题的现象本身也被经验主义哲学掩盖起来了：这一哲学依据视觉的生理学定义把背景的这一部分当作是不可见的，并且通过假定它是由一种形象给予的、是由一种变弱了的感觉给予的，来把它归结为简单的感性性质的条件。更一般地说，并不构成我们的视觉场之部分的那些实在的物体只能通过一些形象被显现给我们，而这就是为什么它们只不过是“感觉的一些恒常的可能性”。如果我们放弃经

① 考夫卡：《心智的成长》，第320页。

验主义的内容优先的假定，我们就会自由地认识到在我们后面的物品的独特的实存样式。回头“去看其身后的世界是不是还在那里”[①]的患癔症的儿童并不缺乏形象，但被知觉到的世界对他来说已经丧失了原本的结构（它使被知觉世界的被掩盖的那些方面在正常人看来就如同其可见的那些方面一样确定）。再说一次，经验主义者总是能够通过集合一些心理的原子来建构全部这些结构的一些近似的等价物。但是，随后各章对被知觉世界的清点会使经验主义越来越作为一种心理盲、作为最不能详尽地论述被揭示的经验的体系呈现，而反思将通过把被揭示的经验放在其位置上而理解其从属的真理。

① 舍勒：《自身认识的偶像》，第 85 页。

第三章 “注意”与判断 34

到此为止，对古典成见的探讨已经被引向了抵制经验主义。实际上，我们瞄准的并不仅仅是经验主义，现在必须让大家看到，它的理智主义的反题处在与它相同的地面上。它们两者都把不管依据时间还是依据其意义均非首要的客观世界作为分析的对象，两者都不能表达知觉意识构造其对象的特殊方式。两者都保持它们与知觉的距离而不是与知觉紧密相连。

我们可以通过研究注意概念的历史来表明这一点。对于经验主义来说，这一概念是从“恒常性假说”中，也即，正像我们已经说明过的，从客观世界的优先性中推演出来的。即使我们知觉到的东西并不符合刺激物的客观属性，恒常性假说仍迫使我们承认各种“正常的感觉”已经在那里了。因此它们一定是没有被觉察到的，而我们将显示它们——就像一盏探照灯照亮一些在阴影中预先实存着的物品那样——的功能称为注意。注意的行为因此什么也没有创造，而且大体上就像马勒伯朗士所说的，是一个自然的奇迹刚好让那些能够回答我向自己提出的问题的知觉或观念涌现出来了。既然“注意”（Bemerken 或 take notice）并不是它使之显现的观念的有效原因，它在全部的注意行为中就是相同的，就像不管被照亮的景致是什么，探照灯的光都是相同的一样。因此，在它在

每一时刻都会不加区别地指向全部意识内容这一意义上，注意是一种一般的、无条件的能力。它到处都不产生任何东西，不会在任何地方是*有利害关系的*。为了把它与意识生命联系起来，必须表明知觉是如何唤醒注意的，然后表明注意是如何发展知觉、丰富知
35 觉的。必须描述一种内在关联，而经验主义只能把握外在关联，它只能并置各种意识状态。经验主义的主体，一旦我们给予他一种首创性（这正是一种注意理论的存在理由），他就只能接受一种绝对自由。理智主义相反地从注意的生育力出发：因为我有意识地通过它获得客体的真理，所以它并没有让一幅图画偶然地接续另一幅图画。客体的新外观让旧外观从属于自己并且表达它打算说的一切。蜡从一开始就是柔软的、易变的广延的一个片断，我只是“依据我的注意或多或少地指向在它那里的、它由以构成的那些东西”[①]才明晰地或模糊地知道这一点。既然我在注意中体会到了对客体的一种澄清，那么被知觉的客体必定已经包含了注意引出的理智结构。意识之所以在一个盘子的圆形外观中发现了几何学的圆形，是因为它已经把它放置到那里了。为了拥有注意的知识，它重新回到自身就足够了——在一个昏迷不醒的人苏醒过来这一意义上。相应地，不注意的或谵狂的知觉是一种半睡眠。它只能通过各种否定获得描述，其客体是没有稳定性的，我们可以谈论的仅有的一些客体是觉醒意识的客体。我们确实带有心不在焉和眩晕的稳定起源，那就是我们的身体。但是，我们的身体并不具有使我们看到并不存在的东西的能力；它只能让我们相信自己看到了

① 第二“沉思”，AT(Adam and Tannery)版，第十卷，第25页。

它。地平线上的月亮不比天顶上的月亮更大,也不会看起来比天
顶上的月亮更大:如果我们注意地看它,比如透过一个纸筒或一副
望远镜,我们将看到,它的表观直径保持稳定。[①] 与注意的知觉相
比,分心的知觉并没有包含任何更多的东西或任何不同的东西。
因此,哲学没有必要重视外表的幻象。纯粹的、清除了自己同意引
起的各种障碍的意识,以及与梦幻没有任何混杂的真实世界,可以
为每一个人所支配。我们没有必要把注意行为分析为从混乱到明
晰的过渡,因为混乱什么都不是。意识只有通过规定一个客体才
能开始存在,甚至关于“内在经验”的那些错觉都只有借助外在经
验才是可能的。因此不存在私下的意识生命,而意识除了算不了 36
什么的混乱外,没有其他障碍。但在构造一切或毋宁说永恒地拥
有其全部客体的理智结构的意识中,就像在什么都不构造的经验
主义意识中一样,注意停留为一种抽象的、无效的能力,因为它在
那里毫无作为。与它对之感兴趣的那些客体相比,意识与它对之
心不在焉的那些客体并非不那么密切地联系在一起,注意行为的
光明之剩余并没有开创任何新关系。它因此重新成为一束并不随
着它澄明的那些客体而多样化的光,而我们再一次以注意的空洞
行为取代“意向的那些特殊模式和方向”。[②] 总之,注意行为是无
条件的,因为它不加区分地拥有受其处置的全部客体,就像经验主
义者的注意所是的那样——因为全部客体对于它来说都是超越
的。既然意识拥有全部客体,全体中的一个现实的客体如何会刺
激一个注意行为呢?经验主义所欠缺的是客体与客体引起的行为

① 阿兰:《美术体系》,第 343 页。

② 卡西尔:《符号形式的哲学》,第三卷,《知识现象学》,第 200 页。

之间的内在关联，理智主义所欠缺的则是思考的各种契机的偶然性。意识在第一种情形中过于贫乏，在第二种情形中丰富到了没有现象能够**吸引**它的程度。经验主义没有看到我们有必要知道我们所寻找的东西，不然我们无法寻找它；理智主义没有看到我们有必要不知道我们寻找的东西，不然我们还是无法寻找它。它们在如下这一点上是一致的：不管前者还是后者都没有抓住**在学习过程中的**意识，没有考虑到这一受到限制的无知，这一仍然“空洞”但已经确定的意向，它就是注意本身。不管注意是通过一种更新的奇迹获得了它所寻找的东西，还是它事先就拥有它，在两种情形中，客体的构造都在沉默中被忽视了。不管它是性质的总和还是关系的系统，只要它存在，它就必须是纯粹的、透明的、非个人的，而且并非不完满的；就像它向意识涌现的那样，它对于我的生活和我的知识的某一时刻来说是真理。知觉意识与科学意识的各种精确形式混杂在一起，不确定的东西没有能够进入到精神的定义之
37 中。尽管理智主义有各种各样的意图，但两种学说共同拥有如下这一观念：注意没有产生任何东西，因为一个在己的印象世界或一个进行规定的思维领域同等地摆脱了精神的作用。

与这种关于一个自满自得主体的概念相反，心理学家的注意分析获得了意识觉醒的价值，对“恒常性假说”的批判深化为对在经验主义那里被理解为在己的实在、在理智主义那里被理解为认识的内在项的“世界”的独断信念的批判。注意首先假定了心理场的一种转变、假定了意识面对其对象而在场的一种新方式。假定有我借以明确某人触摸我身体的一个点的位置的注意行为。对导致定位不可能的中枢起源的某些障碍的分析揭示了意识的深层次运

作。海德概要性地谈到了“注意的局部减弱”。这实际上既不涉及一个或多个“局部标记”的瓦解，也不涉及第二位的统握能力的减弱。障碍的首要条件是感觉场的瓦解——它在被试进行知觉时不再保持固定，它随着各种探索的活动而变动，并且在我们考察它时会收缩。[①] 一个**模糊的位置**，这一矛盾现象揭示了一个前客观的空间，在其中确实有广延，因为一起被触摸的多个身体点并没有被被试所混淆（虽然它们还没有单独的位置），因为没有任何一个固定的空间框架能够从一个知觉持续到另一个知觉。因此，注意的最初运作是为自身产生我们能够“综览”(dominer，Ueberschauen)的一个知觉的或心理的**场域**，探索器官的一些活动、思想的一些演变在这里是可能的，意识却没有逐渐丧失其成果并丧失自身于它引起的各种转变之中。被触摸点的精确位置将是我根据我的四肢和身体的定向对于它的各种感受的不变量，注意行为可以固定和客观化这一不变量，因为它对于外表的各种改变已保持距离。因此，作为一般的、形式的活动的注意并不实存。[②] 在每一情形中， 38
都存在某种要去获得的自由，某种要去安排的心理空间。需要让注意的对象本身显现出来。严格地说，在这里涉及一种创造。例如，我们很久以来就知道，在生命的最初九个月期间，儿童只能总体上区分有色的东西和消色差的东西；随后，颜色区间通过“暖”色和“冷”色获得表达，最后，他们掌握了各种颜色的详情。但是，心理学家[③]假定，唯有对名称的无知和混淆才会妨碍儿童区分颜色。

① 斯坦因:《论感官性能的变化和错觉的产生》，第 362 页和 283 页。

② 鲁宾:《注意的非实存》。

③ 参例如皮特斯:《论颜色知觉的发展》，第 152－153 页。

儿童在**有绿色**的地方应该正确地看出绿色，他欠缺的只是对它加以注意并且掌握它特有的现象。这是因为，心理学家还不能想象诸种颜色在那里尚不确定的一个世界、不能想象并非是一种精确性质的一种颜色。对这些成见的批评相反地让我们觉察到，颜色的世界是建立在一系列的“外貌”区分——各种“暖”色和各种“冷”色的区分、“有色”与“无色”的区分——之上的一种从属的构成。我们无法把在儿童那里替代颜色的现象与任何确定的性质相比较，同样，病人的各种“奇特”颜色不能被等同于光谱颜色中的任何一种。[①] 因此，对那些严格意义上的颜色的最初知觉是意识结构的一种改变，[②]是经验的一个新维度的确立，是对一种**先天**的展开。然而，注意正是应该依据这些原本的行为的模式来构想的，因为局限于唤起一种已经获得的知识的一种第二位的注意，让我们求助于已经获得的东西。予以注意，这不仅仅是更多地澄清预先存在的一些所予，而且是通过把它们当作**图形**在它们那里实现一种新的连接。[③] 它们只是作为一些**视域**而被预先形成，它们真正构成为在整体世界中的一些新区域。恰恰是它们提供的原本的结构使得客体的同一性在注意行为之前和之后显现出来。颜色性质
39 一旦是既定的，而且只是由于颜色性质，先前的那些所予就作为性质的一些准备显现出来。等式的观念一旦是既定的，算术的相等就作为同一个等式的一些变量出现。恰恰是通过混淆所予，注意行为才与那些先前的行为联系起来，而意识的统一才由此逐步通

① 参前面第 16 页(中文版参前面第 31 页——译者)。

② 苛勒:《论无注意的感觉……》，第 52 页。

③ 考夫卡:《知觉》，第 561 页及以下。

过“过渡综合”得以建构起来。意识的奇迹通过注意使各种现象显现出来:在它们要中断客体的统一的那个时刻,它们在一种新的维度中重建客体的统一。因此注意既不是形象的一种联想,也不是已经掌控其客体的一种思维向自身的回归,而是积极构造一个新客体——它阐明并且论题化直到那时只是以未定的视域的名义被提供的东西。客体在其驱动注意的同时,在每一瞬间都以其依附性被重新抓住并且被再度设定。它只是通过仍然含混的意义——它把这一意义提供给注意去确定——来引起将要改造它的“认知事件”,因此它是这一事件的“动机”[①]而不是其原因。但是,至少注意行为扎根在意识生命中,而且我们最终明白了,它为了给自己提供一个现实的客体而走出了其漠然的自由。从不确定的东西到确定的东西的这一过渡、在每一瞬间对它在一种新意义的统一中的它自身历史的这种重新开始,就是思维本身。“精神的作品只实存于行为之中”。[②] 注意行为的结果并不在其开始之中。当我用望远镜或透过一个纸筒看的时候,如果地平线上的月亮在我看起来并不比天顶的月亮更大,我们不能由此得出结论说[③]其显象在不受约束的视觉中是不变的。经验主义相信这一点,因为它关心的不是我们看到的东西,而是我们依据视网膜形象应当看到的东西。理智主义相信这一点,因为它依据“分析的”和注意的知觉(月亮在这种知觉中实际上恢复了它真实的表观直径)的所予来描述实际知觉。精确的、完全确定的世界仍然首先被设定为或许不再

① 斯坦因:《关于心理学和人文精神之哲学基础的论文集》,第 35 页及以下。

② 瓦莱里:《诗学导论》,第 40 页。

③ 就像阿兰所做的那样,《美术体系》,第 343 页。

是我们的各种知觉的原因，而是它们的内在目的。如果世界必定
40 是可能的，那它一定就像先验演绎[①]非常有力地表明的那样，已经被包含在意识的最初的毛坯中了。而这就是为什么月亮从来不应该在地平线上显得更大。心理学反思迫使我们相反地把精确世界重新放回到其意识的摇篮里，问问自己精确世界或精确真理的观念是如何可能的，去探求其向意识的最初涌现。当我以自然的态度随意瞧瞧的时候，场域的各个部分相互作用并且**引起了**地平线上的这一巨大的月亮、这一仍然是一种大小的没有尺度的大小。应该使意识面对其在事物中的未经反思的生活而在场，并且在它忘记了的其自身历史中唤醒它，这乃是哲学反思的真正角色。我们正是由此达到了一种真正的注意理论。

理智主义确实期望通过反思发现知觉的结构，而不是通过各种联想能力与注意的联合运作来说明它，但它朝向知觉的目光还不是直接的。在考察**判断**概念在理智主义分析中所扮演的角色时，我们将更好地看清这一点。**为了使一种知觉得以可能**，判断常常作为**感觉所欠缺的东西**被引入。感觉不再被假定为意识的实在元素。但是，当我们期望勾画知觉的结构时，我们是通过重新回到各种感觉的点状特征而做到的。分析受到这种经验主义观念的支配，尽管它只是作为意识的限度被接受，并且只是有助于显示它为其对立面的一种联结能力。理智主义沉湎于反驳经验主义，而判

① 我们在随后的页面中将更好地看清康德哲学为什么像胡塞尔所说的那样是一种“世界的”而且独断的哲学。参芬克：《当前批评中的胡塞尔现象学哲学》，第531页及以下。

断在此常常扮演消除各种感觉可能的扩散的功能。[①] 通过把实在论和经验论的那些命题一直推进到它们的结论、通过用归谬来证
明其反题，反思的分析得以确立。但在这种归谬还原中，并不必然 41
产生与意识的实际活动的接触。仍然可能的是，如果知觉理论理想地从一种盲目的直观出发，它通过补偿将通向一种空的概念，而作为纯粹感觉的对等物的判断将重新落入到一种不在乎其客体的联结的一般功能中，或者甚至重新变成一种通过其效果可以觉察的心理力量。著名的蜡块分析从诸如气味、颜色和味道之类性质跳跃到无数的形式和位置的力量，而这种力量自己超出于被知觉的客体，只能界定物理学家的蜡。对于知觉而言，当全部感性属性都消失了后，就不再有蜡，是科学假定那里有某种质料保留下来。“被知觉的”蜡本身及其原本的实存方式、其还不是科学的精确同一性的持久性、其依据形状和大小可能变化的“内在视域”[②]、其显示出柔软的无光泽的颜色、其当我拍打时显示出一种沉闷声音的柔软，最后还有客体的知觉结构，我们并没有看见它们，这是因为，为了把完全客观的、封闭在自身中的一些性质联系起来，必须有对谓词秩序的一些规定。我从一扇窗户看到的那些人被他们的帽子和大衣掩盖了，他们的形象不会显示在我的视网膜上。我因此没

① “休谟的自然需要一种康德式的理性……，而霍布斯的人需要一种康德式的实践理性，如果它们两者都应当靠近实际的自然经验的话”。舍勒：《伦理学中的形式主义》，第 62 页。

② 参例如胡塞尔的《经验与判断》，第 172 页。

有看见他们，我判断他们在那里。[①] 视觉一旦以经验主义的方式被定义为对通过刺激记载在身体上的一种性质的占有，[②]最小的
42 错觉——既然它把客体在我的视网膜上没有的一些属性给予了客体——就足以确定知觉是一种判断。[③] 既然我有两只眼睛，我应该看到双重客体，而我之所以只知觉到了一个客体，是因为我借助两个形象建构了一个有距离的单一客体的观念。[④] 知觉变成了对

---

① 笛卡尔第二“沉思”。“……我不能不说我看到了一些人，完全就像我说我看到了蜡一样；而在我从这扇窗户看的时候，看到的除了是一些帽子和大衣——它们可能遮盖着一些幽灵或一些只能通过弹簧才能移动的假人——还会是什么呢？但我判断这些是真正的人……”AT 版，第 10 卷，第 25 页。

② “在这里，凸起似乎仍然跃入双眼；可是它是从压根就不像一个凸起的一种显象推出来的，即从对于我们的每只眼睛来说的那些相同的东西的诸显象之间的一种差异中推出来的。”阿兰：《论精神和激情八十一章》，第 19 页。另外阿兰（同上书，第 17 页）参考了赫尔姆霍茨的《生理光学》，在那里总是暗含了恒常性假说，而判断只是为了填补生理学说明的漏洞才起作用。还是参上一本书，第 23 页：“对于这一森林视域相当显然的是，由于诸个空气层的插入，我们看到的不是它很遥远而是它带青色。”如果我们用它的身体刺激或对一种性质的占有来定义视觉，这将是不言而喻的，因为要不然它就能够给予我们蓝色而不是作为一种关系的距离。但这并不是严格显然的，即被意识所证实的。意识恰恰惊讶地在距离知觉中发现了一些先于任何估计、任何计算、任何结论的关系。

③ “证明我在这里是在做判断的东西，是画家们完全能够通过在画布上模仿那些显象给予我对一个远山的知觉。”阿兰，同上书，第 14 页。

④ “我们会看到各种双重客体，因为我们有两只眼睛，但是，如果不是为了从它们那里引出一些涉及我们通过它们而知觉到的单一客体的距离或凸起的认识，我们不会注意这些双重形象。”拉缪：《经典课程》，第 105 页。还有一般地：“应该首先寻找什么是属于人的精神之本性的基础感觉；人的身体向我们表现这一本性。”同上书，第 75 页。——“我认识某人，”阿兰说，“他不愿意承认我们的眼睛向我们显现了每一事物的双重形象；然而，为了让远处的那些物体的形象立刻是双重的，双眼凝视一个比较靠近的物体，比如一支铅笔，就够了”（《论精神和激情八十一章》，第 23－24 页）。这并不证明它们先前是双重的。我们认识到了恒常法则的成见，它要求相应于身体印象的那些现象甚至在我们不能证实它们的地方也被给予。

感受性依据身体刺激提供的某些迹象的一种“解释”[1]、变成了精神为“说明它的各种印象”而提出的一种“假设”。[2] 但是，为了说明知觉对于视网膜印象的超出而被引入的判断，不是变成了通过一种本真的反思从内部被抓住的知觉活动本身，而是重新变成了知觉的一个简单“元素”，负责提供身体不能提供的东西——不是 43
作为一种先验的活动，它重新变成一种得出结论的单纯逻辑活动。[3] 由此我们被吸引到了反思之外，我们建构知觉而不是揭示其固有的机能，我们再度错失了让可感者充满一种意义、并且全部逻辑中介以及全部心理因果关系都以之为前提的原初运作。由此可以得出结论：理智主义的分析以搞得它被认为要去澄清的知觉现象难以理解告终。当判断丧失其构造功能并且变成一种说明原则时，“看”、“听”、“感觉活动”这些词就丧失了全部含义，因为最少的视觉都超出于纯粹印象并因此进入“判断”的一般栏目之下。共同经验在感觉活动和判断之间做出了一种非常清晰的区分。对于它来说，判断就是采取立场，它旨在认识某种对于我生命的全部时刻的我、对于全部现存的或可能的其他精神都有价值的东西；相反地，感觉活动乃是重新回到显象而不寻求占有它、并不寻求知道其真理。这种区别在理智主义那里被抹去了，因为判断在纯粹感觉不存在的任何地方，即它无处不在。现象的证据因此在所有地方

① “知觉是对原始直观的一种解释，表面上直接的，但实际上是通过习惯获得的、被推理纠正的解释……”拉缪：《经典课程》，第 158 页。

② 同上书，第 160 页。

③ 参比如阿兰：《论精神和激情八十一章》，第 15 页：凸起是被“思考出、推论出、判断出的或像人们愿意说的那样”。

都将被摈弃。一个大的纸箱在我看来比一个用相同的纸板做成的小纸箱更沉重，局限在现象的范围之内，我要说我事先就*感觉*它在我手里是沉重的。但是，理智主义借助一个实在的刺激对于我身体的作用划定了感觉活动的界限。因为在这里不存在这种情况，因此应当说箱子没有被感觉为而是被判断为更沉重，并且看起来是为了证明错觉的感性外观才举的这个例子，相反地有助于证明不存在感性认识，并且我们感觉就如同我们判断。[①] 一个画在纸上的立方体依据它从一个边和上面被看到或从另一个边和下面被看到而改变样子。即使我*知道*它可以从两个面被看到，有时也会出现图形拒绝改变结构，而且我的知识必须等待其直观的实现。在此，我们再次应该得出结论说：做判断并不是去知觉。但在感觉
44 和判断之间的二者择一迫使我们说，并不取决于“感性元素”（它们就像刺激物一样保持恒常）的图形之变化只能取决于解释中的一种变化，而且最终说来“精神概念修正了知觉本身”，[②]“显象依据命令获得了形式和意义”。[③] 然而，如果我们看到了我们所判断的东西，如何区分真实的知觉和虚假的知觉？我们在这之后如何能够说有幻觉者和疯子“相信看到了他们根本没有看到的东西”[④]呢？“看到了”和“相信我们看到了”之间的不同在哪里呢？如果我们回答说健全的人只根据一些充分的迹象并且只对一种充实的质料进行判断，这是因为在由真实知觉推动的判断和来自虚假知觉

---

① 阿兰：《论精神和激情八十一章》，第 18 页。

② 拉缪：《经典课程》，第 132 页和 128 页。

③ 阿兰：《论精神和激情八十一章》，第 32 页。

④ 蒙田，转引自阿兰：《美术体系》，第 15 页。

的空判断之间存在着一种差异，并且由于差异不是在判断的形式中而是在它赋予形式的感性文本之中，与想象对立的、在知觉一词的充分意义上的知觉就不是判断，而是先于任何判断领会一种内在于可感者的意义。真实知觉的现象因此提供一种内在于各种迹象的、判断只不过是其随意表达的含义。理智主义既不能让我们理解这一现象，此外也不能让我们理解错觉对它进行的模仿。更一般地说，它无视被知觉的客体的实存和共存模式、无视贯穿视觉场并且把视觉场各个部分秘密地联系起来的生命。在左氏错觉中，我“看到”诸多相互倾斜的主线。理智主义把这一现象归结为一种简单的错误：一切出自我使那些辅线以及它们与主线的关系 45
起作用了，而不是比较那些主线本身。其实，我搞错了命令，我比较两个整体而不是比较那些主要因素。[①] 仍然需要知道的是，为什么我会搞错命令。“问题应该被提出来：在左氏错觉中，孤立地比较那些应当依据给定的命令进行比较的直线本身是非常困难的，这是怎么形成的呢？为什么它们由此拒绝与那些辅线相分离呢？”[②]必须认识到，通过接受一些辅线，那些主线不再是平行的，它们丧失了这里的意义以便获得另一种意义，辅线把一种新的含义引入到图形中——这一含义从此以后延伸在图形中并且不再能够与它分开。[③] 正是这一依附于图形的含义、正是现象的这一改

① 参比如拉缪：《经典课程》，第 134 页。

② 苛勒：《论无注意的感觉和判断错觉》，第 69 页。

③ 参考夫卡：《心理学》，第 533 页。“我们想要说：一个四边形的边确实是一条线。——但作为现象、同时作为功能元素被隔离的一条线却是有别于一个四边形的边的东西。为了让我们局限于一个属性，一个四边形的边有一个内面和一个外面，被隔离出来的线相反地有两个绝对等值的面。”

变引起了错误判断并且可以说*处在*其*后面*。与此同时，正是它超出于性质或印象，在判断这边提供给“看”这个词一种意义，并且使知觉问题重新显露出来。如果我们同意把对一种关系的任何知觉都称为判断并且把视觉的名称保留给点状印象，那么错觉确实是一种判断。但是，这一分析至少理想地假定了一个印象层(那些主线在这里就像它们在世界之中，也就是说在我们通过各种测量构造的环境中那样将是平行的)和一种次要的操作(这一操作通过让辅线起作用而改变印象并因此歪曲了主线的关系)。然而，第一阶段出于纯粹猜测，伴随它的是产生第二阶段的判断。我们建构错觉，我们并不理解错觉。在这种太一般的、完全流于形式的意义中的判断除非依据各种现象的自发构造和特殊构形获得引导，否则就无法说明真的或假的知觉。错觉确实就在于让图形的那些主要元素受到一些破坏平行的辅助关系的约束。但是，它们为什么会破坏平行呢？为什么一直平行的两条直线不再成对并且被我们给予它们的直接环境带到了一个倾斜的位置上呢？一切似乎是这样发生的：它们不再构成相同世界的部分。两条真实的斜线被定位在作为客观空间的相同的空间中。但是，这两条线并不在现实中彼此向对方倾斜，如果我们注视它们，就不可能*看到*它们是倾斜的。正是在我们的注视离开它们时，它们才暗中趋向于这一新的关系。在客观关系下面有一种依据其固有的规则而获得陈述的知
46 觉句法：旧关系的断裂、新关系的建立以及判断表达的只不过是这一深层运作的结果，并且是其最终的确认。不管假的还是真的，知觉必须首先被构成以便一种述谓得以可能。确实正确的是，一个客体的距离或其凸起并不像其颜色和重量那样是其属性；确实正

确的是，它们是一些被插入到一个总体构形（它还包含了重量和颜色本身）中的关系；但说这一构形是被一种“精神审视”所建构的并不正确。这等于说精神透过那些孤立的印象并且逐渐发现全体的意义，就像科学家根据问题的各种所予来确定未知的东西一样。然而，问题的各种所予在这里并不先于其解决，而知觉恰恰是这样一种行为：它一下子就通过所予系列产生了把它们联系起来的意义；这种行为不仅发现**它们拥有的**意义而且还使**它们拥有一种意义**。

这些批评确实只是指向反思分析的开端，而理智主义会回应说我们当然不可避免地首先要说常识的语言。有关判断是心理力或逻辑中介以及知觉理论是“解释”的看法——心理学家的这种理智主义——实际上只不过是经验主义的一种对等物，但它预备了一种真正的意识觉醒。我们只能在自然的态度中带着它的各种假设开始，直至它们的内在辩证法毁坏它们。知觉一旦被理解成解释，作为起点的感觉就确定性地被超越了，任何知觉意识都已经在它之外了。感觉没有被感觉到①而意识总是对一个对象的意识。当我们反思我们的各种知觉，愿意表达说它们绝对不是我们的作品时，我们就达到了感觉。由**刺激**对我们的身体的作用来定义的纯粹感觉是认识，尤其是科学认识的“最新结果”，正是由于一种错觉，而且是由于一种自然的错觉，我们才把它置于开端，并且相信它先于认识。它是一个精神表象它自己的历史的必然的，而且必 47

① “真正说来，纯粹印象是被构想出来的而不是被感觉到的。”拉缪：《经典课程》，第 119 页。

然骗人的方式。[①] 它属于被构造者的领域而不是构造的精神。正是依据世界或意见，知觉才会作为一种解释出现。对于意识本身来说，既然不存在能够充当其前提的感觉，它如何会是一种推理呢？既然绝对不存在任何有待于去解释的先于它的东西，它如何会是一种解释呢？在我们借助一种关于感觉的观念由此超越一种关于单纯逻辑活动的观念的同时，我们刚才进行的那些驳难消失了。我们要问什么是看或什么是感觉活动，即那种把这一仍然在其对象中被把握的、内在于一个时间和空间点的认知与概念区别开来的东西。但是，反思表明，这里没有任何需要理解的东西。我相信我首先被我的身体所环绕，被接纳到世界之中，在这里和在现在被处境化。但是，当我进行反思时，这些词的每一个都缺乏意义，并因此不会提出任何问题：如果我不是同时在它那里也在自身中，如果我本身没有思考这一空间关系并因此没有避开内在于我表象它的那一时刻本身，我就不会觉察到我"被我的身体所环绕"吗？如果我真的已经被接纳并且被处境化，我会知道我被接纳到世界中并且我在那里被处境化吗？我在那时局限于在我作为一个东西所在的地方存在，而且既然我知道我处在何处并看到我自己处在各种事物之中，这是因为我是一个意识，一个不会寓居于任何地方但在意向中可以让自己到处在场的独特存在。任何实存的东西都作为事物或作为意识而实存，并且不存在介于两者之间的东

① "当我们通过科学认识和反思获得这一概念后，在我们看来，作为认识的最新结果的东西，即表达一个东西与其他存在的关系的东西，实际上是其开端；但这是一个错觉。我们借以表象感觉相对于认识的先在性的这一时间观念乃是精神的一种建构。"拉缪：《古典课程》，第 119 页。

西。事物处在一个地方，但知觉并不处在任何地方，因为如果它被处境化的话，它就不能使其他事物*为了它自身而实存*——既然它以那些事物的方式停留于自身。因此，知觉是关于知觉活动的思想。反思分析的肉身化没有提供任何需要说明的积极特征，而它 48
的此性只不过是它对它自己的无视。反思分析变成了一种纯粹逆退的学说，依据它，任何知觉都是一种混乱的理知，任何规定都是一种否定。它因此消除了全部问题，只有一个例外：它自己的开始这个问题。一种向我提供——正像斯宾诺莎所说的那样——一些“没有前提的结论”的知觉的有限性，意识对于一个视点的内在性，这一切都归结于我对我自己的无视、归结于我的不能进行反思的完全消极的能力。然而，这种无视本身又是如何可能的呢？回答说它从来都不*是*可能的，这将消除作为一个进行探究的哲学家的我。没有哪种哲学能够无视有限性问题，否则就会无视自己是哲学，没有哪种知觉分析能够无视作为原本现象的知觉，否则就是无视自己是分析；而且，无限思维——我们发现它内在于知觉——不会是意识的最高点，相反地是一种无意识的形式。反思的活动掠过了目标：它把我们从一个凝固的、确定的世界转移到一个没有缝隙的意识，而被知觉的客体被一种秘密的生命赋予了生机，而作为统一体的知觉不停地自我瓦解和自我恢复。只要我们没有紧跟那种实际的活动（意识在每一时刻借助这一活动重新抓住它的各种步骤，使它们收缩和固定为一个可以辨识的对象，逐步从“看”过渡到“知”并且获得它自身生命的统一体），我们拥有的就只不过是意识的一种抽象本质。如果我们用一个绝对透明的主体取代意识的充分的统一体、用一种永恒思想取代使一种意义在“自然的种种深度”中涌现的“被掩盖的艺术”，我们就还没有达到这一构造的维度。理智主义的意识觉醒不会通达这一束活跃的知觉，因为它寻找使它**可能的**或者没有它们它就不会可能的条件，而不是揭示使它成为**现实的**或它借以获得构造的活动。在实际知觉中并且在初生状态中来把握，在有任何言语之前，可感的迹象及其含义甚至不是理想地可分离的。一个客体就是具有依据实在的逻辑（科学的功能是说明它，但远没有完成其分析）相互象征、相互修正和彼此一致的颜色、味道、声音、可触外表的一个机体。关于这种知觉生
49 命，理智主义是不充分的，这要么是由于欠缺，要么是由于过度：它以限度的名义回想起那些只不过是客体之外壳的各种复杂性质，而且它由此过渡到了一种拥有客体的法则或秘密，并因此消除了经验之成长的偶然性、消除了客体的知觉特征的客体意识。这种从正题到反题的过渡、这种作为理智主义的始终如一之姿态的从赞成到反对的颠倒，让分析的出发点没有改变地持续下去；我们从一个作用于我们的双眼以便让自己被我们看到的在己世界出发，我们现在有了关于世界的一种意识或思想，但这一世界的本性本身没有被改变：它始终通过各个部分的绝对外在性获得界定，只是在其全部广延之上增加了一种对于它的思想。我们从绝对的客观性过渡到绝对的主观性，但是，这第二个观念恰恰等值于第一个，并且只有靠着它、也就是借助它才能支撑下去。因此，理智主义与经验主义的亲缘关系远没有我们相信的那么明显，但远比我们相信的要深刻。它并不仅仅取决于两者都利用的关于感觉的人类学定义，而且取决于两者都捍卫的自然的或独断的态度，感觉在理智主义中的残存只不过是这一独断主义的征象。理智主义把意识的

构造工作在其中获得实现和概括的关于真实和关于存在的观念接受为绝对有理由的，而其所谓的反思就在于把通达这些观念所必须的一切都设定为主体的能力。自然的态度通过把我投射到事物世界中，从而给予我超出显象而把握“实在”、超出错觉而把握“真实”的自信。这些观念的价值并没有受到理智主义的质疑：问题只不过在于赋予一个普遍的原生自然认识实在论素朴地安置在一个给定的自然中的相同的绝对真理的能力。理智主义或许常常把自己表述为一种科学学说而非一种知觉学说，它相信自己的分析建立在数学真理的检验之上而不是世界的素朴的明证之上：我们拥有一个真观念(habemus ideam veram)。但在实际上，如果不能通过记忆把现在的明证与已逝时刻的明证联系起来、通过言语对证把我的明证与他人的明证联系起来，我就不会知道我拥有一个真观念，因此斯宾诺莎主义的明证预设了回忆和知觉的明证。相反 50
地，如果我们想要把过去的构造和他人的构造建立在我认识观念的内在真理的能力之上，我们确实就会取消他人问题和世界问题，但这是因为我们停留在把它们看作给定的自然的态度中，因为我们利用了素朴确定性的各种力量。因为正像笛卡尔和帕斯卡尔已经看到的，我永远不可能一下子就与构造了一种哪怕单纯的观念的纯粹思维相一致，我的清楚分明的思想总是利用由我或他人已经形成的思想，并且信赖我的记忆，即*我的精神的本性*，或者思想者共同体的记忆，即*客观精神*。把我们拥有一种真观念视为适合的，这完全就是不加批评地相信知觉。经验主义停留在世界就是时空事件之整体的绝对信念中，并且把意识当作是这一世界的一个角落。反思的分析完全取消了在己的世界，因为它通过意识的活动构造它；但这一构造意识不是被直接领会的，而是以使一种被绝对地规定的存在之观念得以可能的方式被建构的。它是宇宙的相关项，是拥有获得了完全实现的、我们的实际知识为其粗坯的全部知识的主体。这是因为，我们假定对于我们来说还只是在意图中的**某个部分**获得了实现：一个能够协调全部现象的绝对正确的思想体系，一张能够澄清全部视角的平面实测图，一个全部主体性都向之开放的纯粹客体。为了摆脱恶灵的威胁并且保障我们拥有真观念，确实需要这种绝对的客体和这种神圣的主体。然而，确实有一种人类行为，它一下子就穿透全部可能的怀疑以便定居在真理的腹地：这一行为在宽泛的实存认识的意义上就是知觉。当我着手知觉这张桌子时，我果断地使自从我注视它以来流逝了的时间的厚度收缩，我通过把客体作为所有人的客体来把握而走出我的个体生命，因此，我一下子就将一些和谐但分离的、在多个时间点且在多种时间性中分布的经验汇合在一起了。关于在时间深处担负斯宾诺莎主义的永恒性之功能的这一决定性行为，即这一“原本的意见(doxa)”[①]，我们指责的不是理智主义利用了它，而是心
51 照不宣地利用了它。在那里有一种实际的力量，正像笛卡尔所说的，一种无法简单地抗拒的明证，它通过祈求绝对真理把分开我的现在与过去、我的绵延与他人的绵延的各种现象集中起来，但它不应当被割断其知觉起源，不应当远离其“人为性”。哲学的功能就是把它重新置于它在那里涌现的私人经验场中并宣布它的诞生。相反，如果我们利用它而不把它作为论题，我们就变得不能透过那

① 胡塞尔：《经验与判断》，例如第 331 页。

些分离的经验之撕裂看见知觉现象以及在知觉中诞生的世界，我们使被知觉世界融解到只不过是被割断了其构造源泉、并且因为我们忘记了这些源泉而成为明证的这一世界本身的宇宙之中。因此理智主义把意识留在了与绝对存在的一种具有熟悉性的关系之中，而一个在己世界的观念作为视域或作为反思分析的引导线索得以滞留。怀疑确实已经中断了涉及世界的各种明确的断定，但一点也没有改变在绝对真理的理想中获得升华的世界的这一沉闷的在场。反思于是给出了我们独断地接受的意识的一种本质，却没有问一问什么是一种本质，也没有问一问思维的本质是不是穷尽了思维的事实。它丧失了一种确认的特征，而从此以后问题不在于描述一些现象：各种错觉的知觉外表作为错觉的错觉被摒弃，我们能够看到的只是实存着的东西，视觉本身和经验不再能够区别于概念。由此有了一种在任何知性学说中都可以注意到的分成两个部分的哲学：我们由此从表达我们的实际状况的一种自然主义视点跳到一种先验的维度，全部的奴役在这里按理都被解除了，我们从来都没有必要问一问同一个主体如何会是世界的部分和世界的原则，因为被构造者从来都只是对于构造者而言的。实际上，一个被构造世界（我在这里连同我的身体只不过是其他客体中的一个客体）的形象与一个绝对的构造意识之观念只在表面上构成为对比：它们两次表达了一个非常明确的在己宇宙的成见。本真的反思不是以知性哲学的方式使它们两者都作为真的交替出现，而是把它们都作为假的予以抛弃。

确实，我们或许再度歪曲了理智主义。反思的分析通过预期实现了在现实的知识之上的任何可能的知识，它把反思封闭在它 52

的各种结论中并且取消了有限性现象，当我们这样说的时候，或许这仍然只不过是一幅关于理智主义的漫画、以世界为依据的反思、洞穴囚犯（喜欢自己习惯了的那些阴影，不明白它们是从光明中派生出来的）所看到的真理。我们或许仍然没有理解判断在知觉中的真实功能。蜡块分析不是想说理据被掩盖在自然后面，而是想说理据根植在自然之中；"精神审视"并不是下降到自然之中的概念，而是上升到概念之中的自然。知觉是一种判断，但它是不知道自己的理据的判断，[①]这等于说被知觉的客体在我们领会其理智法则之前就作为全体或作为统一体给出自己了，等于说蜡块并非原本地是一种有弹性的、可变的广延。通过说出自然判断没有"空闲去思考和考虑任何理据"，笛卡尔让我们明白，他以判断的名义瞄向被知觉者——它并不先于知觉本身而且似乎出自于知觉——的意义之构造。[②] 这种生命认识或这种"自然倾向"告诉我们的是心灵与身体的结合，而当自然之光把心灵与身体的区分告诉我们时，通过神圣的真实性（它只不过是观念的内在明晰或者无论如何只能证实一些明证的真理）来确保它，看起来是矛盾的。但是，笛卡尔哲学或许就在于接受这一矛盾。[③] 当笛卡尔说知性承认自己

① "……我注意到我习惯于就这些客体做出的那些判断，在我有空闲去权衡和考虑任何推动我不得不去做出它们的任何理由之前就在我这里形成了。"第四"沉思"，AT 版，第九卷，第 60 页。

② "……在我看来，我已经从自然中明白了我判断与我的感官对象有关系的全部其他东西……"同上。

③ "……在我看来人类精神似乎不能完全分明地既构想心灵与身体的区分又构想它们联合，因为为此必须把心身既构想成一种单一的东西，又构想成两种东西，这自相矛盾。"《致伊丽莎白的信》，1643 年 6 月 28 日，AT 版，第三卷，第 690 页及以下。

不能认识心灵与身体的联合并且让生命去认识它时，[①]这意味着理解行为呈现为对于它既未据实又未按理消除的未经反思者的反 53
思。当我再现蜡块的理智结构时，我并没有把自己重新放回到蜡块相对于它不过是一个结果的一种绝对思维之中，我没有构造蜡块，我重构它。“自然判断”不外乎是被动性现象。对知觉进行认识总是将归属于知觉。反思从来都不会把自己带到整个处境之外，知觉分析不会让知觉的事实、被知觉者的此性、知觉意识对于一种时间性和地点性的内在性消失掉。反思对于它自己并不是绝对透明的，它总是在一种**经验**（在这个词的康德式的意义上）中被给予它自己，它总是涌出而不知道自己从哪里涌出，并且始终把自己作为一种自然的礼物提供给我。但是，如果对于未经反思者的描述在反思之后仍然有效，第六沉思在第二沉思之后仍然有效，那么相应地这一未经反思者本身只能通过反思被我们认识，并且不应当在反思之外作为一个不可认识的项被提出来。在分析知觉的我与知觉的我之间，总是有一段距离。但是，在反思的具体行为中，我跨越了这一距离，我通过事实证明我能够**知道**我所**知觉**的东西，我事实上支配着两个自我的不连续性，而我思的意义最终不是揭示一个普遍的构造者或者把知觉恢复为理智，而是确认反思既支配又维护知觉的不透明性这一**事实**。这完全符合把理性与人的状况相等同的笛卡尔式的解决方案，而我们可以确信笛卡尔主义的最后含义就在于此。于是，理智主义的“自然判断”预期了使其意义在个别客体中产生出来而不是作为完全既定的提供给个别客

① 《致伊丽莎白的信》，1643 年 6 月 28 日，AT 版，第三卷，第 690 页及以下。

体的这种康德式判断。[①] 笛卡尔主义以及康德主义本应该已经充分地明白了知觉问题：这个问题就在于知觉是一种**原本的**认识。
54 存在着一种经验的或次要的知觉，即我们在每一瞬间都在进行的知觉，它向我们掩盖了这一基础现象，因为它完全充满了各种先前的获得并且可以说运作在存在的表面之上。当我快速地看那些环绕我的物体以便确定我的位置并且在它们之中辨认方向时，我勉强通达了世界的即时外表，我在这里辨认出大门，在别处辨认出窗户，在别处辨认出我的桌子，它们只不过是指向别处的一种实践意向的支撑和引导，于是它们只不过作为一些含义被给予了我。但是，当我凝视一个物体，只关心看到它实存着并且在我面前展开其绚丽时，它不再是对一个一般类型的一种暗示；我觉察到每一知觉、而不仅仅是对我第一次发现的那些景致的知觉，都为了自己的缘故重新开始了智力的诞生，并且拥有带着一种天才发明的某个东西：为了我能够把树作为一棵树来认识，在这一既有含义的下面，感性景致的暂时安排应该像在植物界开始的那一天一样重新开始勾勒这棵树的个体观念。这一自然判断就是这样，它还不能认识到自己的理据，因为它产生它们。但是，即使我们同意实存、个体性、人为性处在笛卡尔式思想的视域里，仍然需要知道它是不是已经把它们当作论题。然而，必须认识到它只有通过深刻地转变自己，才能如此做。为了使知觉成为一种原本认识，应当赋予有

① （判断机能）“本身因此应该提供一个概念，该概念实际上没有使任何东西获得认识，它只是充当了这一机能的规则，但不是充当它的判断要去适应的客观规则；因为那就必需另一种判断机能，以便能够识别这是抑或不是规则适用的情形。”（《判断力批判》，前言，第 11 页）

限性一种积极的含义，并且严肃对待第四沉思的那一使我成为“在神与虚无之间的一个中介”的奇特句子。但是，如果虚无就像第五沉思让它获得理解的那样、就像马勒伯朗士所说的那样不具有属性，如果它什么都不是，那么关于人的主体的这一定义只不过是一种说话方式，而有限就没有任何积极的东西。为了在反思中看到一种创造的事实，即逝去的思想的重构（它不是在逝去的思想中被预先形成的，却有效地决定之，因为它独自把其观念给予我们，而在己的过去对于我们来说似乎是不存在的），必须开展出对时间的一种直观，而《沉思集》对时间只有一个简短的暗示。“就让能骗我者骗我吧，只要我想到自己是某种东西，他就不能让我什么都不是；或者既然我实存着在目前是真实的，他就不能使得某一天我从来没有实存过成为真实的。”[①]关于现在的经验是一劳永逸地奠定
的、没有任何东西能够阻止其曾经存在过的一个存在的经验。在 55
关于现在的确定性中有一种超越于现在之在场的意向，它事先把现在设定为在回忆系列中的不可怀疑的一种“从前的现在”，而知觉作为对现在的认识乃是中心现象，它使**我**的统一性得以可能，并由于这种统一性使客观性和真理得以可能。但是，在文本中，这种确定性只不过是作为仅仅事实上难以抗拒的、并且仍然受到怀疑的明证之一被给出的。[②] 笛卡尔式的解决方案因此不是把处在其实际状况中的人的思想当作它自己的保证，而是使它依赖于一种绝对自身拥有的思想。本质与实存的联系不是在经验中，而是在无限性的观念中被找到的。最终说来真实的是，反思的分析整个

① 第三“沉思”，AT 版，第九卷，第 28 页。

② 理由与“2 加 3 等于 5”相同。同上。

地取决于一种关于存在的独断观念，在这一意义上，它并不是一种已经完成的意识觉醒。①

① 依据它自己的路线，反思的分析并不会使我们重新回到本真的主体性；它向我们掩盖了知觉意识的生命纽结，因为它探索绝对确定的存在的可能性的诸条件，并且借助神学的这种伪明证性让自己尝试接受虚无什么都不是。然而，那些实践过这一神学的哲学家们总是已经感觉到有必要在绝对意识之下去寻找。我们刚刚在涉及笛卡尔时看到了这一点。我们也在涉及拉缪和阿兰时证明了这一点。被导向其终点的反思分析，只应该让一个普遍的原生自然（经验的系统，包括通过物理的和心理生理的法则与世界联系起来的我的身体和我的经验自我在内，都为了它而实存）在主体边上继续存在。我们将之作为感官刺激的"心理"延伸来建构的感觉并不明显地属于普遍的原生自然，而关于精神发生的任何观念都是一种混杂的观念，因为它把时间为之而实存的精神重新放回到了时间之中，并且把两个自我混淆在一起了。然而，如果我们是这种没有历史的绝对精神，如果没有任何东西能把我们与真实的世界分开，如果经验自我是由先验的**我**构造并展开在它面前的，我们就应当穿透它的不透明性，我们无法看出错误是如何可能的，更无法看出错觉、任何知识都不能使之消失的"反常知觉"是如何可能的（拉缪：《经典课程》，第 161 - 162 页）。我们完全可以说（同上）错觉和知觉全都在真理之下、在错误之下。这无助于我们解决问题，因为于是就得知道一种精神如何会是在真理之下和在错误之下的。当我们感觉的时候，我们没有觉察到我们的感觉是一个处在心理生理关系的网络中的被构造的客体。我们并不拥有感觉的真理。我们并不面对真实的世界。"说我们是个体和说在这些个体中有一种感性自然——某种东西在感性自然中并不产生自环境的作用——是同一回事。如果在感性自然中的一切都服从必然性，如果对于我们来说有一种感觉方式是真实的，如果在每个瞬间我们的感觉方式都产生自外部世界，我们就不会感觉了"（《经典课程》，第 164 页）。因此感觉活动不属于被构造者的类别，**我**并没有发现感觉在它面前是展开的，感觉逃离了**我**的注视，它似乎汇聚在**我**后面，它在那里似乎构成使错误得以可能的一种厚度或一种不透明，它划定了主体性或孤独的一个区域之界限，它向我们表象"先于"精神的东西，它唤起精神的诞生，它呼唤一种将澄清"逻辑的谱系"的最深刻的分析。精神意识到自己"被建立"在这一**自然**之上。因此在顺生自然和原生自然之间、在知觉和判断之间有一种辩证法，它们的关系在这一辩证法的进程中产生了颠倒。相同的变动在阿兰的知觉分析中也可以找到。我们知道一棵树在我看起来总是比一个人要大，即使树离我非常远而人离我很近。我想说"这里再次是一个判断使物体显得高大。但是，让我们更专注地考察。物体一点也没有被改变，因为一个物体在它自身中没有任何的大小；大小总是要比较的，因此这两个物体以及所有物体的大小形成了一个不可分割的、真的没有部分的全体；各种大小是一起被判断的。从这里我们看到不应该把总是分离的、由彼此外在的部分构成的物质事物与任何的分化在其中都是不能被接受的关于这些事物的思想相混淆。就算这种区分现在是非常模糊的，就算应该始终保持对它进行思考是非常困难的，您还得在过渡中记住这一区分。在一种意义上，被当作物质来考虑，事物被区分为部分，并且一个不是另一个；但在另一种意义上，被当作思想来考虑，关于事

当理智主义重新恢复关于感觉的自然主义概念时，一种哲学 56
被包含在这一姿态中了。相反地，当心理学明确地排除这一概念 57
时，我们可以期待在这一改革中找到一种新的反思类型的开端。在心理学的层次，对“恒常性假说”的批判仅仅意味着我们在知觉理论中放弃了作为说明因素的判断。怎么能够断言距离的知觉是从对象的表观大小、视网膜形象的差异、眼球晶状体的调节、双眼的辐合推出来的，怎么能够断言凸起的知觉是从右眼提供的形象和左眼提供的形象之间的差异推出来的——既然（如果我们依赖各种现象）这些“迹象”中没有哪一个被清晰地给予意识，既然不应该在缺少前提的地方进行推理？但是，对理智主义的这一批判只触及到了它在心理学家那里的通俗化。而且，正像理智主义本身一样，这一批判应当被移转到反思的层面，哲学家在那里不再寻求说明知觉，而是与知觉活动相一致并理解它。在此，对恒常性假说的批判表明，知觉并不是一种知性行为。我只需要把一张风景画

物的知觉是不可分的、是没有部分的”（《论精神和激情八十一章》，第18页）。查看它们并且根据一个来确定另一个的精神审视，并不是真正的主体性，它向那些被视为在己的事物借用的还是太多。知觉并不从人的大小推出树的大小，或者从树的大小推出人的大小，也不从这两个物体的意义推出这两个物体，但它同时做成了全部：树的大小、人的大小以及它们作为树和人的含义，以致每一元素都与全部其他元素相一致，并与它们构成全体在那里共存的一道景致。我们因此进入对那种使大小、更一般地说述谓秩序的各种关系或属性得以可能的东西的分析之中，进入阿兰宣称不可认识的“先于任何几何学”的主体性之中（同上书，第29页）。这是因为反思的分析变得更严格地意识到它自己是分析。它觉察到它已经离开了它的对象，即知觉。它在它阐明的判断的背后认识到了一种比判断更深刻并使之可能的功能，它找到了先于一些事物的各种现象。心理学家在谈论一种关于景致的格式塔时，他们看到的正是这种功能。通过用差不多是阿兰的术语把现象严格地与被构造的客观世界分开，他们向哲学家提醒的正是关于那些现象的描述。

倒过来看，就足以不再从中认出任何东西。可是“高”和“低”对于知性只具有一种相对的意义，知性不会像碰到一个绝对障碍那样
58 碰到景致的朝向。在知性面前，一个正方形始终是一个正方形，不管它取决于其底部之一还是其顶部之一。对于知觉来说，正方形在第二种情形中几乎是无法认识的。**对称物悖谬**使知觉经验的原本性对立于逻辑主义。这一观念应当被重新采纳并且一般化：存在着在知性领域没有相等物的被知觉者的一个含义，一个还不是客观世界的知觉环境，一种还不是被规定的存在的知觉存在。只是，进行现象描述的心理学家通常没有觉察到他们的方法的哲学意义。他们没有看出向知觉经验的回归——如果这一改革是一贯的、彻底的——将责难实在论的全部形式，即责难放弃意识并把它的其中一个结果视为给定的之全部哲学；没有看出理智主义的真正缺陷恰好是把被规定的科学世界看作是给定的；没有看出这一指责更有理由适用于心理学思维，因为它把知觉意识置于一个完全既成的世界的中心；没有看出对恒常性假说的批判——如果它被进行到底——获得了一种真正的“现象学还原”的价值。[①] 格式塔理论已经完全证明了：关于距离的那些所谓的迹象（物体的表观大小、居于它和我们之间的物体的数量、各种视网膜形象的差异、调节和辐合的程度）只能在一种分析的或被反思的知觉（它背离物体并且指向其展示样式）中才能被明确地认识到，并因此我们不能经由这些中间状态以认识距离。不过格式塔理论由此仅得出结论说：场域中的那些身体印象或者那些居间物体不是我们的距离知

---

① 参古尔维奇：《胡塞尔〈我的观念后记〉校订》，第 401 页及以下。

觉的一些迹象或理据，只能是这种知觉的原因。[①] 我们因此回到格式塔理论从来都没有抛弃其理想的一种说明的心理学，[②]因为就像心理学一样，格式塔理论从来都没有与自然主义决裂。与此同时它变得不忠实于它自己的那些描述。一个其动眼肌肉麻痹了的被试，当他相信自己把眼睛转向左边的时候，看到那些物体向左 59
边移动。古典心理学认为，这是因为知觉在推理：眼睛被认为转向左边，但由于视网膜形象没有移动，所以景致必定已经滑向左边以便维持它们在眼中的位置。格式塔理论让我们明白，关于物体位置的知觉并不经由一种明确的身体意识之迂回：我没有哪个时刻知道那些形象在视网膜上是保持为不动的，我直接看到景致移动到了左边。但意识并不局限于把在它之外由某些生理学原因产生的一种错觉现象接受为完全既成的。错觉要能够产生，被试必须有朝左边看的意向，而且他已经想到移动他的眼睛。涉及本己身体的错觉把运动的外表带到了物体之中。本己身体的运动被自然地赋予了某种知觉含义，它们与各种外部现象形成了一个如此完全关联的系统，以至外部知觉“考虑了”各个知觉器官的移动，在它们那里找到了如果说不是明确的说明，至少也是在场景中起作用的那些变化的动机，并因此能够立刻理解它们。当我有向左边看的意向时，这一注视活动在它那里把视觉场的一种摆动当作其自然的表达提供出来：那些物体停留在原地，但是在已经振动一会儿之后。这一结果不是习得的，它构成心理-物理被试的自然装配的

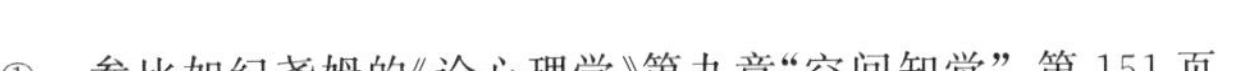

① 参比如纪尧姆的《论心理学》第九章“空间知觉”，第 151 页。

② 参《行为的结构》，第 178 页。

一个部分，我们将看到，它是我们的"身体图式"的一个附件，它是"目光"移动的内在含义。当它缺失时，当我们有意识地移动眼睛而场景没有受到其影响时，这一现象没有任何明确推断地通过物体向左边的表面移动获得了表达。目光和景致仍然保持为仿佛彼此胶合的，没有任何颤动会分开它们，目光在其错觉的移动中随之带走景致，而景致的滑动从根本上说不外*是*它被固定在了我们认为正在运动的一个目光的末端。因此形象在视网膜上的不动性和动眼肌肉的麻痹不是决定错觉并且完全现成地把它提供到意识中的客观原因。移动眼睛的意向和景致对这一运动的顺从更不是错
60 觉的前提或理据。但它们是其*动机*。在同样的方式上，在我与我凝视的东西之间的那些居间物体并不是为了它们自己而被知觉到的，但它们仍然被知觉到了，而我们没有任何理由拒绝接受这一边缘知觉在距离视觉中扮演了一个角色，因为，一旦一道屏障掩饰了那些居间的物体，表观距离就收缩了。充满场域的那些物体并不像原因作用于其结果那样作用于表观距离。当我们移开屏障后，我们看到远离就从那些居间物体那里产生了。这就是知觉向我们说的沉默的语言：一些居间客体在这一自然的文本中"想说"一段更大的距离。然而，它并没有涉及客观逻辑，即被构成的真理逻辑认识到的那些联系之一：这是因为，从我能够最好地详尽看到把我和一座钟楼分开的斜坡和田野的那一刻起，它在我看起来更小或更远是没有*任何理据*的。不存在任何理据，但有一个动机。正是格式塔理论使我们意识到了这些张力，它们作为力线穿透了视觉场和本己身体-世界系统，而且通过在这里或那里强加一些扭力、一些收缩和一些膨胀，以一种暗中的、神奇的生命来赋予它们以生

机。视网膜形象的差异、居间物体的数量既不作为从外部产生我的距离知觉的一些单纯客观原因,也不作为证明我的距离知觉的一些理据起作用。它们无言地被它以一些隐晦的形式认识到,它们以一种无言的逻辑证明它。但是,为了充分地表达这些知觉关系,格式塔理论需要更新一些范畴:它已经承认它们的原理,它已经将其运用到一些特例中,它没有觉察到,如果我们要精确地表达各种现象,知性的整个改革是必要的,而为了达此目的,必须针对古典逻辑和古典哲学的客观思维重新提出问题,必须悬置那些关于世界的范畴,必须在笛卡尔意义上怀疑实在论的那些所谓的明证,并且着手进行一种真正的“现象学还原”。客观思维,即那种适用于宇宙而不是各种现象的思维,只能认识一些二者择一的观念;以实际经验为起点,它界定一些相互排斥的纯粹概念:广延的概念(它是关于各个部分之间的绝对外在性的概念)和思维的概念(它是汇集在它自身中的一个存在的概念);作为与某些思维任意地联系起来的物理现象之声音符号的概念和作为对于自身完全清楚的思维的含义的概念,作为结果的外在决定者的原因的概念和 61
作为现象的内在的构造法则的理据的概念。然而,我们刚才看到,本己身体知觉和外在知觉为我们提供了一种非论题意识的例子,即一种并不拥有对于其对象的充分规定的意识,那种对某一被亲历的逻辑(它并不记录它自己)的意识,那种对某一内在含义(它对于自身来说并不清晰,并且只能通过经验某些自然符号才能认识自己)的意识。这些现象对于客观思维来说是无法同化的,而这就是为什么格式塔理论就像任何心理学一样是科学和世界的那些“明证”的囚徒,只能在理据与原因之间进行选择;这就是为什么对

理智主义的任何批判在客观思维手中都通向实在论和因果思维的恢复。相反地，如果我们想要回到现象的话，**动机**的现象学概念就是应该正确地形成的“流动的”[①]概念之一。一个现象引发另一个现象，不是通过就像把各种自然事件联系起来的那样的客观有效性，而是通过它提供的意义——有一种引导着现象的流动却没有明确地在它们任何一个中被设定的存在的理据，一种生效的理据。因此正是向左看的意向和景致对看的黏附引起了物体运动的错觉。随着被推动的现象获得了实现，它与起引起作用的现象的内在关系出现了，它并非只是继之而来，而是说明之并使之获得理解，以至它似乎已经以它自己的动机的方式预先实存着。由此有距离的物体及其向视网膜的物理投射说明了形象的差异，而借助一种回顾的错觉，我们与马勒伯朗士一道谈论关于知觉的自然几何学，我们事先把一门依据知觉而建构出来的科学置入知觉之中，
62 而我们未能看到原本的动机关系——先于任何科学，距离在此不是从对于“两个形象”（因为它们并不是数量上相区别的）的判断，而是从“移动”的现象，从那些停留在这一开端中、寻求平衡并且把它导向最确定的力量中涌现出来。对于一种笛卡尔主义学说而言，这些描述从来都不具有哲学的重要性：它们被当作对未经反思者的一些暗示，它们原则上说永远不会成为陈述，而且就像任何心理学一样，它们在知性面前是没有真理的。为了完全承认它们有

① “流动的”(Flieszende)，胡塞尔：《经验与判断》，第 428 页。正是在其最后的时期，胡塞尔充分地意识到了回归现象想要说的是什么并且心照不宣地取消了本质哲学。他所要做的不过是说明并主题化他长期以来所运用的一些分析方法，就像我们在《观念》之前的他那里已经找到的动机概念表明的那样。

理，必须证明意识在任何情形中都既不会完全停止它在知觉中之所是，即一个事实，也不会完全占有它的各种活动。因此，对现象的承认最终暗含了一种反思理论和一种新的我思。[①]

① 参下面第三部分。完形心理学已经实践了胡塞尔现象学为其提供理论的一种反思。试图找到一种整个暗含在“恒常性假说”批判中的哲学，我们有错吗？尽管我们没有必要在此进行历史的清理，还是让我们揭示格式塔理论与现象学之间同样已经被一些外在标记证实的同源关系。如果说苛勒把“现象学描述”当作心理学的目标（《论无注意的感觉和判断错觉》，第 70 页）；如果说胡塞尔从前的学生考夫卡把其心理学的那些指导观念与这一影响联系起来并寻求证明对心理主义的批判并不指向格式塔理论（《格式塔心理学原理》，第 614－683 页）——格式塔不是印象类型的一个心理事件，而是开展出了一个内在构造法则的一个集合；如果最终说来胡塞尔——在其最后时期总是最远离他在别处在批判心理主义的同时批判过的逻辑主义——恢复了“构形”、甚至格式塔概念（《欧洲科学的危机与先验现象学》，第一卷，第 106、109 页），这并非是偶然的。就像我们可以通过其素朴的实在论认识看到的，正确的地方就在于，对抗自然主义和因果思维在格式塔理论中既不是一以贯之的，也不是彻底的（参《行为的结构》，第 180 页）。格式塔理论没有看到心理学的原子主义不过是一种更一般的成见（关于确定的存在的成见或世界的成见）的一个特例，这就是为什么当它寻求给出一种理论构架时忘记了它的那些最有价值的描述。它只是在反思的各个中间区域才是没有缺
陷的。当它打算反思它自己的那些分析时，它不顾其原则把意识当作是“诸形式”的一 63
种装配。这足以为胡塞尔在一个他仍然把事实与本质相对立，还没有获得关于一种历史构造的观念并因此在心理学和现象学之间强调断裂而非平行的时期明确针对完形理论（就像针对整个心理学）进行的那些批评作出辩护。我们在别处（《行为的结构》，第 280 页）已经引述过芬克的一个恢复平衡的文本。至于主要的问题——即面对自然态度的先验态度问题，只能在最后的部分中获得解决，我们在那里将考察时间的先验含义。

64 # 第四章　现象场

我们现在明白了随后各章应该从哪个方面进行探求。“感觉活动”对于我们来说重新变成了问题。经验主义已经通过把它归结为对一种性质的占有而消除了它的全部神秘。它只有通过让自己远远地避开通常的词义才能做到这一点。在感觉活动与认识活动之间，公共经验确立了一种并不是性质与概念之差异的差异。这一丰富的感觉活动概念仍然处在浪漫主义的使用中，比如在赫尔德那里。它指称一种经验，我们在这一经验中不是被给予一些“僵死的”性质而是一些活的属性。*对于视觉来说*，一个被摆放在地上的木轮并不是一个负重的木轮。一个因为没有力量作用于它而处在静止状态的物体，对于视觉来说不是各种对立的力量在其中形成平衡的一个物体。[①] 在烧伤一次后，烛光对于儿童来说改变了外观，它不再吸引他的手，并且完全变成令人讨厌的。[②] 视觉已经被一种意义萦绕，这种意义在世界的场景中以及在我们的实存中给予视觉一种功能。只有在世界是一个场景而本己身体是不偏不倚的精神能够对之进行认识的一部机械装置的情况下，纯粹

---

① 考夫卡：《知觉，格式塔理论导论》，第 558－559 页。

② 考夫卡：《心理发展》，第 138 页。

感受质(quale)才能被给予我们。[①] 感觉活动相反地赋予性质一种生命的价值,首先在性质对于我们、对于是我们的身体的这堆沉重的东西的含义中抓住它,感觉活动由此总是包含着对身体的一种参照。问题是要去理解这些独特的关系,它们在景致的诸部分之间或者在它与作为肉身化主体的我之间形成,一个被知觉的客体可以通过这些关系在它自身中集中整个一个场面,或者变成整个一段生命的意象(imago)。感觉是与世界的这种有生命的沟通,它使世界作为我们生命的熟悉场所呈现出来。被知觉的客体和知 65
觉主体正是由于它才有了其厚度。它乃是认识的努力将寻求分解的意向结构。伴随感觉活动问题,我们将重新发现联想和被动性问题。它们已经不再成为问题,因为那些古典哲学或处在它们之下或处在它们之上,并且要么给予它们一切,要么什么都不给予它们:有时联想被理解为一种简单的实际共存,有时它是从一种理智建构中派生出来的;有时被动性被从事物中引进到精神中,有时反思的分析在它那里重新找到了一种知性的活动性。如果我们把感觉活动与性质区别开来的话,这些概念相反地会获得其充分的意义:于是联想或毋宁说康德意义上的"亲和性"乃是知觉生命的中心现象,因为它是对一个有意义的整体的没有理想模子的构造,而知觉生命与概念、被动性与自发性的区分不再被反思的分析抹掉,因为感觉的原子主义不再迫使我们在一种连接活动中寻找一切协调的起源。最后,在感觉活动之后,知性本身也需要被重新界定,因为康德最终赋予它的一般的连接功能现在是共同于全部意向生

① 舍勒:《知识形式与社会》,第408页。

命的，并因此不再足以指称它。我们寻求在知觉中让本能的基础结构和通过智力的发挥建立在它之上的那些上层结构被同时看到。就像卡西尔所说的，经验主义通过从上面肢解知觉，也从下面肢解了它[①]：印象既缺乏本能的和情感的意义，也缺乏理想的含义。我们可以补充说，从下面肢解知觉，一下子就把它当作为一种认识并且忘记其实存基础，这乃是从上面肢解它，因为这是把知觉的决定性环节——一个**真实**而**精确**的世界的涌现——视为既得的并且不予理会。如果反思能够同等地澄清知觉的有生命的内在性和合理的意向，那么它会确信已经完全找到了现象的中心。

因此，“感觉”和“判断”一并丧失了它们的表面明晰性：我们已
66 经觉察到它们只有借助关于世界的成见才会是清楚的。只要我们寻求依靠它们来表象正进行知觉的意识，把它们定义为知觉的环节，唤醒被忘记的知觉经验，并且让它们与之对证，我们就会发现它们是难以想象的。通过展开这些困难，我们不言明地参考了一种新的分析类型、它们应当在那里消失的一种新维度。对恒常性假说批判，更一般地说对“世界”观念的还原开启了一个我们现在应当更好地为其划定界限的**现象场**，并且敦促我们恢复一种必须至少暂时与科学知识、心理学反思和哲学反思相比来定位的直接经验。

科学和哲学在几个世纪里已经获得了知觉的原本信念的支撑。知觉向事物开放。这要说的是，它就像指向其目标那样指向全部显象的理由都处于其中的一个**在己的真理**。缄默的知觉论题

① 卡西尔：《符号形式的哲学》，第三卷，《知识现象学》，第 77 - 78 页。

就是每一瞬间的经验都能够与先前瞬间的经验以及随后瞬间的经验、我的视角都能够与其他意识的视角协调起来，就是所有的矛盾都能够被消除，就是单子经验和主体间经验是一个没有缝隙的单一文本，——就是目前在我看来不确定的东西对于似乎事先就在事物中获得了实现的，或毋宁说就是事物本身的更完全的认识而言成为确定的。科学首先只不过是针对各种被知觉事物的构造活动的延续和扩大。就像事物是个体的全部感觉场和全部知觉场的不变量，科学概念是固定和客观化各种现象的手段。科学界定没有受到任何力的作用的物体的理论状态，由此甚至界定力并且借助这些理想构成成分重构被实际观察到的那些运动。它统计学地确定纯粹物体的各种化学属性，它从中推演出经验物体的化学属性，并且似乎由此把天地万物维持在相同层面上，或无论如何重新找到了一种内在于世界的理性。关于一个与其内容无关的几何空间的概念、关于一种并不由于它本身而改变物体的属性的纯粹位移的概念为各种现象提供了一个惰性环境，每一个事件在此都能够与作为发生的那些变化的原因的一些物理条件重新联结起来，
并因此有助于作为物理学之任务出现的对存在的这一确定。在这 67
样展开事物的概念的时候，科学知识没有意识到是在依据一个预设进行工作。正因为知觉（在它的各种生命蕴含中并且先于任何理论思维）是作为对一个存在的知觉而被给予的，所以反思并不认为有必要形成一种关于存在的谱系学，并且满足于研究使存在得以可能的各种条件。即使我们考虑了进行规定的意识的各种变

形，[1]即使我们承认客体的构造从来都没有完成，对于客体除了科学所说的那些之外，没有什么可说，自然客体对于我们来说保持为一种理想的统一体，而按照拉舍利埃的著名提法，是一般属性的一种交织。有人徒劳地取消科学原理的任何存在论价值，并且只留给它们一种方法论价值，[2]这一保留对于哲学来说没有改变任何实质性的东西，因为唯一可以思考的存在保持为是由各种科学方法来界定的。在这些条件下，活的身体无法逃避唯有它们才使客体成为一个客体、没有它们客体在经验系统中不会有位置的那些规定性。反思判断赋予给客体的那些价值谓词在存在中应当被物理-化学属性的一个最初层次所支撑。共同经验在一个说话的人的姿势、微笑和口音之间找到了一种契合、一种意义关系。但是，在机械生理学看来，使人的身体作为在世界之中存在的某种方式的外在显示出现的这种相互表达关系，应当被分解为一系列因果关系。必须把表达的离心现象与一些向心条件联系起来，把行为所是的这一对待世界的特殊方式还原为一些第三人称过程，把经验拉平到物理自然的高度，并且把活的身体转变成一种没有内在的事物。活的主体面对世界采取的情感和实践立场因此被吸收在一种心理-生理学的机制中。任何评价都应当从一种移情中产生出来，借助这种移情，某些复杂的处境变得能够唤醒那些本身严格地与一些神经器官联系在一起的有关愉快和痛苦的基本印象。有
68 生命者的各种运动意向被转变成客观运动：我们只能给予意志一种瞬间的决心，行为的执行被整个地交付给神经的机械装置。以

---

① 像布伦茨威格所做的那样。

② 参例如《人类经验与物理因果性》，第 536 页。

如此方式疏远情感性和运动性的感觉活动变成了对一种性质的单纯接受，而生理学相信能够从那些感受器直至神经中枢追踪外部世界在有生命者中的投射。为了成为所有其他客体中的一个客体，被如此转变的活的身体不再是我的身体：一个具体的**自我**的可见表达。与此相应，他人的身体不能作为一个其他**自我**的外壳向我显现出来。他人的身体只是一部机器，关于他人的知觉不可能真的是关于他人的知觉，因为它产生自一种推理，并因此只不过在自动装置背后安置了一个一般意识、先验的原因，而不是它的那些运动的居民。因此，我们不再拥有共存于一个世界中的一系列**自我**。依据心理-生理学和心理学的各种法则产生自一种宇宙决定论的各种“心理”的全部具体内容，碰巧被整合成了在己。在科学家的思维之外没有真正的为己，科学家的思维统觉这一系统，并且唯有它不再在这一系统中有位置。因此，当活的身体变成一个没有内部的外部时，主体性变成了一个没有外部的内部，一个公正的旁观者。科学的自然主义和科学反思所通向的普遍构造主体的精神主义，在它们都拉平经验这一点上是共同的：在构造的**我**面前，经验**自我**属于客体。经验**自我**是一个混合的概念，是在己和为己的一种混杂，反思哲学是不会给予它以地位的。由于它有一个具体内容，它被塞入到经验的系统中，它因此不是主体，——就它是主体而言，它是空的并且被归并为先验主体。客体的观念性，活的身体的客观化，精神在一个与自然没有共同尺度的价值维度中的地位，如此乃是我们通过延续由知觉开创的认识运动而达到的透明的哲学。我们完全可以说知觉是初始的科学，科学是有条理的、

69 全面的知觉，[①]因为科学只不过让被知觉事物所确立的认识理想不加批判地获得了遵循。

不过，在我们眼里，这种哲学毁掉了它自己。先是自然客体躲开了，而物理学本身，通过强制修改和混杂它已经给出的那些纯粹概念，认识到了它的那些规定性的种种限度。机体接下来不是把一个复杂客体的那些实际困难而是一个有意义的存在的原则困难对立于物理-化学分析。[②] 更一般地，关于全部思想生活都在其中获得对质与和解的一个思想世界或一个价值世界的观念受到了质疑。自然并非在己地是几何学的，它只是向一个满足于宏观所予的谨慎观察者显现为是几何学的。人类社会并不是理性精神的一个共同体，我们因此只能在生命的和经济的平衡已经局部地、暂时地达到了的那些幸运社会中理解它。在思辨层面以及他者层面上，关于混沌的经验敦促我们在一种历史的视角中洞察声称原则上要避开这一视角的理性主义，寻求一种让我们懂得理性涌现在一个并不是由它造成的世界中的哲学、让我们预备好理性和自由缺了它就会被掏空和被瓦解的有生命的基础结构。我们不再说知觉是一种初始的科学，相反我们说古典科学是一种忘记了其起源并且自以为完成了的知觉。因此，第一位的哲学行为是回到客观世界之前的生活世界(因为我们只有在它那里才能理解客观世界的权利及其界线)，是为事物恢复其具体外貌、为各种机体恢复它们对待世界的固有方式、为主体性恢复其历史的一致性，是重新发

① 参比如阿兰的《论精神和激情八十一章》第 19 页和布伦茨威格的《人类经验和物理因果性》第 468 页。

② 参《行为的结构》以及后面第一部分。

现各种现象、他人和各种事物最初透过它而被给予我们的活的经验层次、初生状态的“**自我-他人**-各种事物”系统，是唤醒知觉和挫败狡计(知觉藉此为了自己向我们提供的客体、为了自己所奠基的理性传统而让自己忘记了自己是事实和知觉)。

这一现象场并不是一个“内在世界”，“现象”并不是一种“意识状态”或一种“心理事实”，关于各种现象的经验并不是一种内省或 70
柏格森意义上的一种直观。长期以来，大家都说心理学的客体是“非广延的”和“只能为单独一人所通达的”，藉此来界定它，并由此推出，这一独特的客体只有借助一种完全特殊类型的一个行为(主体和客体在这一行为中是混在一起的，而认识是通过巧合到达的)才能被“内在知觉”或内省所领会。回到“意识的直接所予”于是变成一种没有希望的运作，因为哲学目光寻求成为它原则上不能看到的东西。困难不仅仅在于摧毁关于外在的成见，就像所有的哲学都敦促初学者去做的那样，或者在于在一种为了表达事物而形成的语言中去描述精神。困难远为根本，因为由印象所界定的内在性原则上避开了任何表达的尝试。以各种哲学直观与其他人进行的沟通变得困难了(或更准确地说，被还原成了一种注定在它们那里引入类似于哲学家的经验的一些经验的符咒)，而且哲学家本人无法记录他在瞬间中所看到的东西，因为他必定要思考它，即规定它、歪曲它。直接的东西因此是一种孤独的、盲目的、沉默的生命。回到现象性的东西没有提供这些特殊性中的任何一种。对恒常性假说的批判使之在我们的目光下显现的一个客体或一种姿势的感性构形，并不是在一种说不出的巧合中被抓住的，它是通过一种占为已有被“理解”的——当我们说我们已经“找到了”在谜面叶

从中的兔子，或者我们已经“模仿”了一个动作时，我们全都有这样的经验。感觉的成见一旦被摆脱了，一张面孔、一个签名、一种行为就不再是我们必须在我们的内在经验中寻找其心理学含义的单纯“视觉所予”，而他人的心理变成了作为浸透了一种内在含义的整体的一个直接客体。更一般地说，正是直接性的概念本身被转化了：自此以后，直接的不再是印象（只能与主体合而为一的客体），而是意义、结构以及各个部分的自发排列。我的本己“心理”并不以另外的方式被给予我，因为对恒常性假说的批判仍然教导
71 我把自己的各种行为的关联、富有旋律的统一作为内在经验的原本所予来认识，而被归结为它积极地拥有的东西之内省本身也在于说明一种行为的内在意义。[①] 因此，我们在超越客观世界成见时发现的东西，并不是一个隐秘的内在世界。而且这一生活世界并不像柏格森式的内在性那样绝对不为素朴意识所知。在对恒常性假说进行批判的时候，在揭示各种现象的时候，心理学家或许会反对认识的自然运动——它盲目地穿过各种知觉活动以便径直通向它们的目的论结论。没有比准确地知道我们看到的东西更困难的事情了。“在自然直观中存在着我们应当予以中断以便到达现象存在的一种‘隐-机制’”[②]，甚或还有知觉借以向它自己掩盖自己的一种辩证法。但是，如果意识的本质是遗忘它的各种本己现象并因此使得各种“事物”的构成得以可能，那么这种遗忘就不是一种单纯的不在场，而是意识能够使之在场的某种东西的不在场；

① 我们也可以在随后各章中不加区别地求助于我们的知觉的内在经验和各个知觉主体的“外在”经验。

② 舍勒：《自身认识的偶像》，第 106 页。

换言之，意识之所以能够忘记那些现象，只是因为它也能够重新唤醒它们，它之所以为了事物而忽视它们，只不过因为它们是事物的摇篮。例如，它们从来都不是绝对不为科学意识所知：科学意识从被亲历的经验的各种结构中借用自己的全部样式，只是，它并不“论题化”它们，它并不说明知觉意识的诸视域：它被它们包围、它寻求客观表达它们的各种具体关系。因此，关于现象的经验就像柏格森的直观那样，不是对没有合适的通道通达的未知实在的检验，而是对意识的前科学生命——它独自赋予科学操作以其完全的意义，而它们又总是求助于它——的说明或揭示。这并不是一种非理性的皈依，而是一种意向性分析。

正像我们看到的，现象学心理学之所以根据其全部特征与内
省心理学区别开来，是因为它在原则上就与之不同。内省心理学 72
在物理世界的边缘区分出物理概念不再有效的一个意识区域，但心理学家仍然相信意识只不过是存在的一个领域，而且他决定像物理学家探索自己的领域那样去探索这一领域。他尝试描述意识的各种所予，但并不认为围绕意识的世界的绝对实存有什么问题。认同科学家和常识，他暗示客观世界是其全部描述的逻辑框架和其思想的环境。他没有觉察到这一预设支配着他给予“存在”一词的意义，引起他在“心理事实”的名下认识意识，让他因此背离一种真正的意识觉醒或名符其实的直接性，并使他为了不至于歪曲“内在”而增加的那些预防措施成为可笑的。这就是当经验主义用内在事件的世界取代物理世界时在它那里发生的事情；这就是当柏格森把“融合的多样性”与“并置的多样性”对立起来的那一时刻在他那里发生的事情。因为这里仍然涉及两种类型的存在。他只是

用精神能量取代了机械能量，用流动的存在——但他说它自己流动而且我们用第三人称描述它——取代了经验主义的不连续的存在。通过把格式塔作为其反思的论题提供出来，心理学与心理主义决裂，因为被知觉者的意义、联系和真理不再产生自我们的各种感觉的偶然相遇（就像我们的心理-生理学本性把它们提供给我们的那样），而是规定了它们的空间价值和性质价值，[①]并且就是它们无法消除的构形。这就是说，先验的态度已经包含在心理学家的各种描述中了——只要这些描述是忠实的。作为研究对象的意识提供了这种甚至不能被素朴地分析的特殊性，却没有把它带到常识的假设之外。如果比如说我们期望形成一种积极的知觉心理学，与此同时承认意识被封闭在身体中并且透过它服从一个在己世界的作用，我们就会受引导按照客体和世界向意识显现的那样去描述它们，并因此要问一问这一直接在场的世界、我们认识的唯
73 一世界是否也是我们有必要谈论的唯一世界。一门心理学总是被导向世界的构造问题。

因此，心理学反思一被开启就会通过它自己的运动而自我超越。在认识到各种现象相对于客观世界的原本性（因为客观世界正是通过它们才被我们认识的）之后，心理学反思被导向让现象接纳任何可能的客体并且探求这一客体是如何透过它们而得以构成的。在同一时刻，现象场变成了先验场。既然现在是各种认识的普遍焦点，意识决定性地不再是一个特殊的存在区域、一些“心理”内容的集合，它不再寓居于或者不再被局限于心理学反思首先已

---

① 参《行为的结构》，第 106 - 119 页和第 261 页。

经认识到的那些“形式”的领域，相反，就像所有的事物一样，那些
形式为它而实存。问题不再是把意识在自己那里承载的生活世界
描述为一种不透明的所予，应该构造之。那种已经阐明了在客观
世界下面的生活世界的说明，是相对于生活世界本身进行的，并且
阐明了现象场下面的先验场。自我-他人-世界系统相应地被当作
分析的对象，而现在的问题是唤醒思想——它们是他人、作为个体
主体的我自己以及作为我的知觉之中心的世界的构成成分。这种
新的“还原”因此认识到的只是一个真正孤单的主体，沉思的**自我**。
这一从顺生自然向原生自然，从被构造者向构造者的过渡完成了
由心理学开始的论题化，在我的认识中不再留下任何暗含的或暗
示的东西。它使我整个地占有了我的经验并且实现了从反思者到
被反思者的一致。如此乃是一种先验哲学的通常视角，而这也
是——至少从表面上看——一种先验现象学的筹划。[①] 可是，现
象场，就像我们在这一章中已经发现的，把一种原则的困难与直接
的、总体的说明对立起来了。心理主义或许被超越了，被知觉者的
意义和结构对于我们来说不再是心理-生理学事件的简单结果，合
理性并不是一种使一些分散的感觉相一致的幸运的偶然性，格式 74
塔被承认为原本的。但是，如果格式塔可以通过内在法则获得表
达，那么这一法则不应当被看作是各种结构现象依据之获得实现
的一种样式。它们的显现并不是预先实存的理性向外部的展开。
这不是*因为*“形式”实现了某种平衡状态，消解了一个最大的难题，
并且在康德的意义上，使一个世界得以可能，而是因为形式在我们

① 它在胡塞尔的多数文本中，甚至在他最后时期出版的那些文本中通过这些术语获得了阐述。

的知觉中是在先的；它是世界的显现本身，而不是它的可能性条件；它是一种规范的诞生而不是依据一种规范实现自身；它是外部与内部的同一，而不是内在在外在中的投射。因此，如果说它不是从在己的心理状态的流动中派生出来的，它更不是一种观念。一个圆的格式塔并不是其数学法则，而是其外貌。对作为原本的秩序的各种现象的承认，确实否定了作为通过与各种事实的相遇、通过自然的各种偶然对秩序和理性的*说明*的经验主义，但为理性和秩序本身保留了人为性的特征。如果一种普遍的构造意识是可能的，事实的不透明性就会消失。因此，如果我们希望反思维持它所指向的客体的各种描述性特征并真正地理解客体，我们就不应该把它看作是向一种普遍理性的简单回归、不应当在未经反思者中事先实现它，我们应当把它看作是一种本身参与到了未经反思者的人为性中的创造活动。这就是为什么在全部哲学中唯有现象学谈论一种先验的*场域*。这个词意指反思从来都没有在其目光下拥有整个世界以及众多展开的、客观化的单子，意指它从来都只能具有一种特殊的视点和一种有限的能力。这也就是为什么现象学是一种现象学，即研究存在向意识的*显现*，而不是为它假定事先给定的可能性。我们惊奇地看到，各种古典类型的先验哲学从来都没有考问过实现它们始终假定*在某个部分已经完成*的整体说明的可能性。对于它们而言，这一说明是必要的就足够了，它们由此借助应该存在的东西、借助知识的观念所要求的东西来判断存在的东西。实际上，沉思的**自我**永远不能取消它对于在一种特殊的视角中认识全部事物的一个个体主体的内在性。反思永远不能让我停
75 止在一个薄雾天知觉两百步远的太阳，停止看太阳“升起”和“落

下”，停止借助我的教育、我先前的各种努力和我的历史已经为我准备好的各种文化工具进行思考。我因此从来都没有实际地回到、从来都没有在同一时间唤醒有助于我的知觉或我的目前信念的全部原本思想。一种作为批判主义的哲学，最终不会赋予被动性的这种抵抗以任何重要性，仿佛没有必要变成先验主体以便拥有肯定它的权利。因此，它暗示哲学家的思想不会受制于任何处境。从世界场景——它是向众多思维主体开放的一个自然场景——出发，它探求使这一被提供给许多经验自我的独特世界得以可能的条件，并且在它们全都分有而未分化它的一个先验的**我**（因为它不是一个**存在**，而是一种**统一性**或一种**价值**）中找到了这一条件。这就是为什么关于他人认识的问题从来都没有在康德哲学中被提出来：它所说的先验的**我**同等地是他人的和我的**我**，分析一上来就被置于我之外，只需要担保让一个世界对于一个**我**（我自己或者还有他人）得以可能的那些条件，而从来都不会遇到“谁在沉思？”这个问题。相反当代哲学之所以把这一事实当作主要论题，他人对它来说之所以变成了一个问题，是因为它想要实现一种更彻底的意识觉醒。如果反思不在意识到它的那些结论的同时意识到它自身，那么它就不可能是充分的，它就不可能是对其对象的一种整体的澄清。我们应该不仅让自己处在一种反思的态度中、一种无懈可击的我思中，而且要对这一反思进行反思，理解它有意识地接替的并因此构成其定义的一部分的自然处境；我们不仅从事哲学，而且还要意识到它给世界的场景和我们的实存的转变。只有在这一条件下，哲学知识才会成为一种绝对知识并且不再是一种专长或技术。这样的话，我们不再肯定一种绝对的**统一性**，它

没有必要在**存在**中获得实现也更加不那么让人怀疑；哲学的中心不再是被定位在无处不在却又不在任何一处的一个自主的先验主体性，它处在反思的永远开始中，处在一个个体生命开始反思它自
76 己的这个点上。反思只有在它没有被带到它自身之外的情况下才真正是反思，它认识到自己是对-一个-未经反思者-的-反思，并因此是对我们的实存之结构的一种改变。我们前面指责柏格森式的直观以及内省凭巧合来探求一种知识。但在哲学的另一端，在关于一种普遍的构造意识的概念中，我们会发现一种对称的错误。柏格森的错误是相信沉思的主体能够与它沉思的客体相融合，知识能够通过与存在融合而扩大；各种反思哲学的错误是相信沉思的主体能够把它沉思的客体吸收到它的沉思中或者能够毫无遗漏地抓住它，我们的存在可以被归结为我们的知识。作为沉思的主体，我们从来都不是我们寻求认识的未经反思的主体；但我们更不
77 会整个地变成意识，即把我们归结为先验意识。如果我们是意识，我们应当在我们面前拥有在其独特性中作为一些透明的关系系统的世界、我们的历史和各种被知觉的物体。然而，即使在我们不从事心理学的时候，即使在我们尝试着通过一种直接反思、不借助归纳思维的各种各样的协调来帮助我们理解什么是一种被知觉的运动或什么是一个被知觉的圆的时候，我们也只有通过在想象中使这一独特事实产生变更并且在思想中固定这一心理实验的不变量，才能阐明该独特事实；只有借助事例的折中手段，即通过剥去其人为性才能深入到个体。因此，这是一个想要知道思维是否会完全停止成为归纳的，并且吸收无论什么样的一种经验以便重新把握和占有其结构的问题。一种哲学变成先验的，即彻底的，不是

通过扎根在绝对意识中却不提及把它导向绝对意识的那些步骤，而是通过把它自己作为一个问题来考虑；不是通过假定对知识的整体说明，而是通过认识到理性的这一**假定**是基本的哲学问题。

这就是为什么我们应当经由心理学来开始关于知觉的探究。如果不这样做，我们就不能明白先验问题的全部意义，因为我们不能有条理地遵循那些从自然态度出发引导到此的步骤。如果我们 78
不愿意像反思哲学那样一下子就把自己安置在一种先验维度（我们应当永远假定其为既定的）之中，不愿意错失真正的构造问题，就必须经常接触现象场并且借助一些心理学描述来认识现象的主体。然而，我们不应当开始心理学描述而不让自己看出，一旦纯化了整个心理主义，这种心理学描述可以变成一种哲学方法。为了唤醒深埋在它自己的那些结论中的知觉经验，出示那些关于它们的可能没有获得理解的描述是不够的，必须通过一些哲学参照和一些哲学预期来确定它们可以从中显得真实的视点。因此，我们不能没有心理学地开始，而且我们不能只从心理学开始。经验预期了一种哲学，正如哲学只不过是一种获得了阐明的经验。既然现象场已经被充分地圈定，让我们进入这一含混的领域并且在这里和心理学家一道确保我们最初的那些步骤，直至心理学家的自我批评通过一种二阶的反思把我们导向现象的现象，并且决定性把现象场转变成先验场。

第一部分

身　　体

我们的知觉通达一些客体，而客体一旦被构成，就显现为我们对于它已经有的或能够有的全部经验的原因。比如，我从某个角度看附近那座房子。我们可以不一样地从塞纳河右岸、不一样地从房子内部，甚至不一样地从空中看它。房子本身不是这些显现中的任何一个，就像莱布尼茨所说的，它是这些视角以及所有可能的视角的实测平面图，也就是说，它是我们能够由之得到所有视角的无视角极，它是不从任何视角被看到的房子。但是，这些话意味着什么呢？看不是总要从某个地方去看吗？说这座房子本身没有从任何视角被看到不就是说它是不可见的吗？然而，当我说我通过我的眼睛在看这座房子时，我当然不是在说任何有争议的东西：我并不是想说我的视网膜和我的眼球晶体，也即我的作为物质器官的眼睛在起作用并让我看到了它：仅仅考问我自己的话，我对此一无所知。我由此想表达某种通达客体的方式，即“注视”，它就像我自己的思维一样不可怀疑，一样直接为我所知。我们必须弄清楚，视觉如何能够在某个地方发生而又不被限制在其视角中。 81

看一个客体，就是要么在视觉场的边缘拥有它，并且能够凝视它，要么通过凝视它而实际地回应这一扰动。当我凝视它时，我锚定在它上面，但目光的这种“停留”仅仅是其运动的一种样式：我在一个客体内部继续进行刚才浏览它们全体的那种探索，通过这同一个运动，我关闭了景致并打开了客体。两个活动并不是偶然地

重合在一起了：不是我的身体构造的各种偶然性，比如我的视网膜结构，迫使我模糊地看周围环境，尽管我想清楚地看客体。即使我对视锥细胞和视网膜杆状体一无所知，我也会明白，有必要暂不考虑周围环境以便更好地看客体，而且有必要在背景中遗忘我们将
82 在图形中获得的东西，因为注视一个客体就是专注于它，因为各种各样的客体构成了一个系统，其中一个客体如果不遮隐其他客体就不能从中展现它自己。更确切地说，如果围绕它的那些客体不变成视域，一个客体的内部视域就不能成为客体，因此看是一种两面行为。因为我并没有把我现在拥有的带细节的客体——通过明确比较这些细节和对最初全貌的一种回忆——与我的目光刚才掠过的客体等同起来。在电影中，当镜头对准并接近一个客体，从而给我们一个特写镜头时，我们确实可以提醒自己这涉及一个烟灰缸或一个人物的手，但我们并没有实际地辨识出它。这是因为屏幕没有视域。相反，在视觉中，当我将我的目光朝向景致的一个部分时，这一部分就活了起来、展现开来，其他客体则退到边缘，进入沉睡状态，但它们并没有停止在那里存在。于是，连同它们，我也掌握了它们的视域，而我现实地通过边缘视觉凝视的客体被包含在这些视域中了。因此，视域是探索过程中确保客体的同一性的东西，它是我的目光保留在它刚刚浏览过的那些客体之上的直接力量、它对于它将要发现的各种新细节已经拥有的直接力量的相关项。任何明晰的回忆，任何明确的猜测都不能扮演这一角色：它们只能给出一个可能的综合，而我的知觉则将自己呈现为实际的。因此，当我想看客体的时候，客体-视域这一结构，也就是视角，并不妨碍我看：如果说它是那些客体具有的遮掩自己的方式，它也是

它们具有的揭示自己的方式。看就是进入到由一些**在自我展示的**存在构成的一个世界之中，如果它们中的一些不能被遮掩在另一些的后面或我的后面，它们就不能自我展示。换言之，注视一个客体，就是去寓于其中，并且从那里按照所有事物朝向它的那一面抓住它们。不过，在我也在看它们的范围内，它们向我的目光保持为一些开放的寓所，而且，我由于虚拟地处在它们那里，已经从一些不同角度觉察到了我的现实的看的中心客体。因此，每一个客体都是所有其他客体的镜子。当我注视那盏放在我桌子上的灯时，我不仅把从我的位置可见的那些性质，而且还有壁炉、墙、桌子能够“看到”的那些性质赋予它；我的灯背面无非是它“展示”给壁炉的那一面。因此，只要各种客体构成为一个系统或一个世界，只要它们中的每一个能够将围绕它的其他客体作为它的那些隐藏面的 83
旁观者和作为它们的持久性之保证来安排，我就能够看一个客体。我对一个客体的任何看都立即在被理解为共存者的全部世界客体之间重复进行，因为它们中的每一个就是其他客体从它那里“看到”的一切。因此，我们刚才的说法就需要修正：房子本身不是没有从任何部分被看到的房子，而是从所有部分被看到的房子。完美的客体是半透明的，它被无数现实的目光从各个方面渗透，这些目光在它的深处相互交叉，没有为它留下任何隐藏的东西。

我刚才从空间视角所说的东西也可以从时间视角来说。如果我专注且不经思考地打量这座房子，它有一种永恒的样子，而且某种惊愕从它那里散发出来。无疑，我是从我的时间的某一点看它的，然而它是我昨天看到的、少旧一天的同一座房子，是一位老人

和一个小孩都在凝视的同一座房子。无疑它自身有其年岁和各种变化，然而，即使它明天会倒塌，它今天存在过都会始终保持为真实的；时间的每一时刻作为所有其他时刻的见证者出现，而且通过突然出现，它展示出“这个如何应该转向了”，“那个将如何已经结束了”；每个现在都确定性地确立了一个要求所有其他时间点承认的时间点，因此，客体是从所有时间被看到的，就像它是从所有部分被看到的一样，而且是通过相同的方式：视域结构。现在仍然把最近的过去掌握在自己手中，没有将其当作客体，就像最近的过去以同样的方式掌握着已经在它之前的最近的过去一样，整个流逝的时间都在现在中被恢复和抓住。临近的将来也一样，它也会有其临近视域。但是，伴随最近的过去，我也有围绕着它的将来视域，因此，我有自己的作为这一过去之将来而被看到的实际的现在。伴随临近的将来，我有将会围绕着它的过去视域，因此，我拥有作为这一将来之过去的实际的现在。这样，由于滞留和前摄的双重视域，我的现在能够不再是被时间的流逝马上卷走和消除的实际的现在，并且成为客观时间中的一个固定的、可视为同一的点。

然而，再说一遍，我的人类目光从来都只能**落在**客体的一个面，尽管借助视域，它可以瞄向其他所有的面。只有通过时间和语
84 言的中介，它才能面对先前的视觉或其他人的视觉。如果我按照自己的目光的形象来构想从各个部分探索这座房子并确定房子本身的那些目光，那么我还是只有一系列对于客体的一致的、未定的视点，我并不拥有处在其充实中的客体。同样，尽管我的现在将逝去的时间和即将来临的时间缩合在它自身之中，它也只是意向地

拥有它们，而且如果我现在对于我的过去具有的意识显得完全涵盖了它曾经之所是，那么我试图重新抓住的这个过去就不是过去本身，它是我现在看到的那个样子的我的过去，我也许已经改变它了。同样，在将来我也许认不出我亲历的现在。因此，各种视域的综合只是一种假设的综合，它只是在客体的直接环境中才确定地、准确地起作用。我不再掌握远处的环境：它不再是由仍然可视为同一的客体或记忆构成的，它是不再提供确切证据的匿名视域，它让客体就像它在知觉经验中实际上所是的那样处于未完成的、开放的状态。通过这种开放，客体的实体性流逝了。如果客体应该达到一种完美的密度，换句话说，如果应该有一个绝对的客体，那么它一定是被压缩成了一种严格的共存的无限多的不同视角，而且它一定仿佛是通过一个由成千上万目光构成的唯一视觉给出的。房子*有它的*那些水管、*它的*地基，或许还有它的那些在天花板里面暗暗扩大的裂缝。我们从来没有看到这些，但是房子在有我们能够看见的窗户或壁炉的同时，也*拥有它们*。我们将会忘记对房子的当下知觉：每当我们能够将自己的各种记忆同它们所指涉的客体进行比较时，就算考虑到了出错的其他原因，我们也都会对客体由于它们自己的持续而产生的一些变化感到吃惊。但是，我们相信存在着关于过去的真理，我们让我们的记忆依靠一个巨大的世界**记忆**，那座就像它在那一天真正所是的那样的、奠定了它目前的*存在*之基础的房子出现在这一世界记忆之中。在它自己那里被把握的客体——客体作为客体要求我们这样把握它——没有隐藏过任何东西，它被完全展现出来，当我们的目光依次越过它的各个部分的时候，它们是共存着的，它的现在并不消除其过去，它的

将来也不会消除其现在。因此,客体的设定使我们超越我们的蜷
85 缩在一个陌生存在中的实际经验的种种局限,以致最后经验相信它从客体那里得到了它告诉我们的一切。正是经验的这种绽出使得任何知觉都是对于某物的知觉。

被存在所困扰,并且由于忘记了我的经验的视角性,我从此以后把我的经验作为客体看待,并且把它从客体之间的关系中推演出来。我把自己的身体——它是我对于世界的视点——看作是这个世界中的客体之一。我压制自己对作为认知手段的我的目光的意识,我把自己的双眼看作是一些物质片断。从那时起,它们就处在我在那里寻求定位外部物体、我相信由物体向我的视网膜的投射而被知觉到的视角在那里得以产生的同一个客观空间。同样,我把我自己的知觉史看作是我与客观世界的各种关系的一个结果,作为我对于时间之视点的我的现在变成了所有其他时刻之中的一个时刻,我的绵延变成了普遍时间的一种反映或一个抽象的方面,就如同我的身体变成了客观空间的一种样式。同样,最终说来,如果围绕房子或处在房子中的各种客体保持为它们在知觉经验(即受某个视角限制的各种目光)之中之所是,那么房子就不能被设定为自主的。这样一来,一个充分意义上的单一客体之设定就要求在一个唯一的多论题行为中构成所有这些经验。在这方面,它超越了知觉经验和视域综合,就像关于一个*宇宙*(即各种关系在其中相互规定的一个完成的、确定的整体)的观念超越了关于一个*世界*(即各种关系在其中相互蕴含的一个开放的、无限的杂

多)的观念那样。[1] 我离开我的经验而走向**观念**。就像客体一样，观念企图对所有的人都是相同的、在所有时间和地点都是有效的，而且客体在一个客观的时空点上的个体化最终作为一种普遍的设定能力的表达而出现。[2] 我不再像我在前述谓的知识中，在与我的身体、时间、世界的内在沟通中亲历它们那样亲历它们中的无论哪一种。我只谈论观念中的我的身体、观念中的宇宙、空间的观念 86
和时间的观念。这样，最终会让我们不再与知觉经验相联系的一种克尔凯郭尔意义上的“客观”思想——即常识的“客观”思想、科学的“客观思想”，它只是知觉经验的结果和自然延续——就形成了。整个意识生命都倾向于设定一些客体，因为只有在一个可视为同一的客体那里再现自己和沉思自己，它才是意识，也即自身认识。然而，一个唯一客体的绝对设定乃是意识的死亡，因为它使整个经验凝固起来，如同放入溶液中的一个晶体使溶液一下子就结晶了那样。

我们不能停留在这种要么一点不理解主体、要么一点不理解客体的二者择一之中。我们应该在我们经验的深处重新找到客体的起源，应该描述存在的显现，应该理解**对我们来说**怎么会悖谬地存在着**在己**。不打算作任何预判，我们将严格地对待客观思想，我们不对它提出它没有向自己提出的那些问题。如果我们被引向恢复它后面的经验，那么这一转变将只能由它特有的那些困境所引起。因此，让我们思考它在将我们的身体构成为客体时是如何运

① 胡塞尔：《哥白尼理论的倒转：作为原初方舟的大地是不动的》(未刊稿)。

② “我单凭寓于我心中的判断力就明白了我以为是由我的眼睛看到的东西。”参第二“沉思”，AT版，第九卷，第25页。

作的，因为这是客观世界之发生的关键时刻。我们将会看到，本己身体在科学本身中也躲避我们强加给它的处理。由于客观身体的发生只是客体构造中的一个环节，通过从客观世界中退回来，身体将驱动把它与其周围环境联系起来的各种意向之线，并且最终会向我们揭示知觉主体和被知觉世界。

第一章　作为客体的身体和机械生理学 87

我们已经看到，客体的定义就是：它**一些部分外在于另一些部分地**实存着；因此，它只承认在其各部分之间或者说在它自身和其他客体之间有一些外在的和机械的联系——要么在被接收和传输的运动的狭义上，要么在从函项到变量的关系的广义上。如果我们想把机体融入到那些客体的宇宙之中，并且通过它封闭这一宇宙，那么就要用关于在己的语言来表达身体的机能，并且在行为下面发现刺激和接收器、接收器和感受器之间的线性依赖。[①] 我们当然完全知道，一些新的确定性在行为环路中涌现出来，比如，关于神经的特殊能量的理论确实承认机体有改变物理世界的能力。但是，它确切地说给予神经器官产生我们的经验的各种不同结构的神秘能力，而且即使视觉、触觉、听觉是如此多的通达客体的方式，这些结构还是被转变成了一些紧密的、来自于已经被启动的那些器官的局部差异的性质。因此，刺激和知觉之间的关系能够保持为清楚的和客观的，心理物理事件与“世界的”各种因果关系属于相同的类型。现代生理学不再诉诸于这些人为的把戏。它不再将同一感官的各种不同性质和不同感官的各种所予与一些分开的

① 参《行为的结构》，第一、二章。

物质工具联系起来。实际上，一些中枢、甚至一些传导组织的各种损伤并不是通过某些感性性质或某些感觉所予的缺失，而是通过
88 功能的一种去分化作用获得表达的。我们前面已经指出过，比如，不管损伤定位在感觉通路的什么地方、不管损伤如何发生，我们都能够看到颜色感受性的瓦解：起初，所有的颜色都发生改变，虽然它们的基本色调保持不变，但它们的饱和度下降了；接下来，色谱被简化并归结为四种颜色：黄、绿、蓝、紫红，甚至所有短波颜色都趋向某种蓝色，所有长波颜色都趋向某种黄色，另外，视觉能够根据疲劳程度不时地变化；最后，我们在灰色中达到单色视，尽管一些有利的条件（如对比、长时间感光）能够暂时地恢复二色视。[①]因此，神经物质损伤的过程并不是逐个地破坏一些已经完全形成的感觉内容，而是让作为神经系统的基本功能呈现的各种兴奋的主动区分变得越来越不确定。同样，在触觉感受性的各种非皮质损伤中，如果某些内容（温度）更不稳定并最先消失，这并不是因为在病人那里已遭到破坏的一个确定的区域有助于我们感受到热和冷（因为，如果我们施加一种足够广泛的刺激，特定的感觉将会获得恢复），[②]而毋宁是因为兴奋只对一种更有力的刺激成功地呈现出其典型的形式。那些中枢神经损伤看来没有让各种性质受到损害，它们相反地改变了所予的空间构造以及对客体的知觉。正是这一点使人们假定存在着专门的认识中枢，它确定性质所处的位置，并对性质进行解释。实际上，现代研究已经表明，中枢神经的损伤尤其通过提升各种时值——它们在病人那里达到二、三十

① 斯坦因：《感觉病理学》，第365页。

② 同上书，第358页。

倍——产生影响。兴奋产生的效果越是缓慢,它们延续的时间就越长,例如,对粗糙的东西的触知觉受到了损害,因为它假定了受限制的一系列印象或者对于手的各个不同位置的一种准确意识。[①] 刺激的模糊定位不能用某一定位的神经中枢的破坏、而要用那些不再成功组成一个稳定整体(每个兴奋都在这里得到一个 89
唯一的值,并且只有通过一种受限制的变化才能被传达给意识)的兴奋的平均化来说明。[②] 这样,同一个感官的各种兴奋的不同与其说在于它们所利用的物质工具,不如说在于那些基础刺激在它们自己之间自发地被组织起来的方式,而且这一组织不论在诸感觉“性质”的层次,还是在知觉层次都是决定性的因素。使一个刺激引起触感觉或热感觉的仍然是它而非被考察的器官的特殊能量。如果我们用一根头发多次刺激皮肤的一个给定的区域,我们最初会有一些点状的、完全分明的、每次都定位在同一点上的知觉;随着兴奋的重复,定位变得不那么精确,知觉在空间中展开,同时感觉不再是特定的了——它不再是一种触觉,而是一种时冷时热的灼烧感;再后来,被试会觉得刺激在移动,并且在其皮肤上划了一个圆圈;最后,什么都感觉不到了。[③] 这意味着,“感性性质”、被知觉者的各种空间规定性,甚至一种知觉的在场或不在场,并不是外在于机体的实际处境的一些效果,而是表现了机体面对刺激并且与它们相关联的方式。在一个兴奋到达与之并不“相配”的一个感官时,它是不会被知觉到的。[④] 因此,机体接受刺激的功能可

① 斯坦因:《感觉病理学》,第 360 - 361 页。

② 同上书,第 362 页。

③ 同上书,第 364 页。

④ 刺激遇到了一个不匹配的反应器官。同上书,第 361 页。

以说是“构想”某种兴奋形式。[①] 因此，“心理物理事件”不再属于“世界的”因果关系类型，大脑变成了“赋形”的场所——这种赋形甚至在皮质阶段之前就已经开始起作用，并且自神经系统的输入端开始，它就使刺激和机体之间的关系变模糊了。兴奋被一些使它相似于它将引起的知觉的横向功能捕捉到并获得重组。在神经
90 系统中出现的这一形状，即一种结构的这一展开，我不会将它表象为一系列第三人称过程、运动的传递或一个变量被另一个变量所规定。我不会获得关于它的一种超然的认识。我之所以猜测到了这一形状可能是什么，是因为我把作为一些部分外在于另一些部分的客体的身体丢在一边，并且想到了我对其有现实经验的身体（比如以这种方式：我的手通过抢先于各种刺激、通过自己勾勒出我将要知觉到的形状来确定它触摸到的客体的范围）。只有通过完成自己，并且在我是一个起身走向世界的身体的范围内，我才能理解活的身体之功能。

因此，外感受性要求给各种刺激赋形，身体意识蔓及身体，心灵散布在它的所有部分，行为溢出它的中心区域。然而，我们可以回应说：这种“身体经验”本身是一种“表象”、一个“心理事实”；照此理由，这一经验处在那些唯有它们才能被看作是“实在的身体”的一系列物理和生理事件的末端。完全就像各种外部物体一样，我的身体难道不是一个作用于一些感受器并最终引起身体意识的客体？难道不存在一种“内感受性”，就像存在一种“外感受性”那样？我不能在身体之中找到各种内部器官向大脑延伸的、自然为

① “感官……通过最初的形式概念使人认识到形式。”斯坦因：《感觉病理学》，第353页。

了给心灵提供感觉其身体的契机而设置的一些导线吗？这样，身体意识和心灵都被放逐了，身体重新成为含混的行为概念差点让我们忘记了的被彻底清洗过的机器。例如，在一个截肢者那里，如果不是对大腿，而是对从残肢到大脑的通道进行刺激，被试就会感觉到一条幻腿，因为心灵直接与大脑相连，而且只与它相连。

现代生理学会对此说些什么呢？可卡因导致的感觉缺失并没有消除幻肢，存在着一些没有任何截肢的、源于大脑损伤的幻肢。[①] 最后，幻肢常常保留在实肢受伤时所占据的位置：一个在战争中受伤的人在其幻肢中还感觉到炸伤他的实胳膊的那些弹片。[②] 那么，应该用一种“中枢理论”替代“外周理论”吗？但是，如果一种中枢理论只是为幻肢的那些外周条件补充了一些大脑痕 91
迹，它是不会让我们得到什么的。因为大脑痕迹的集合不能表现在幻肢现象中起作用的各种意识关系。实际上，这一现象依赖于一些“心理的”决定因素。一种情绪、一个唤起受伤情景的情景都会使一个幻肢出现在那些没有过幻肢的被试那里。[③] 术后的巨大幻胳膊，偶尔会在后来“随着病人同意接受其截肢”而变小，以至最终没入到残肢之中。[④] 在这里，幻肢现象是藉由明显要求一种心理学解释的疾病感缺失现象得到阐明的。那些老是不知道其瘫痪的右手、当我们要他们伸出右手时伸出左手的被试，把他们瘫痪的胳膊说成是“一条冰冷的长蛇”。这就排除了有关一种真正的感觉

---

① 莱密特：《我们身体的形象》，第 47 页。

② 同上书，第 129 页以下。

③ 同上书，第 57 页。

④ 同上书，第 73 页。莱密特指出，被截肢者的错觉与被试的心理构造有关：它更多地出现在那些受过教育的人那里。

缺失的假设，并且暗示了关于不接受缺陷的假设。[①] 那么，我们应该说幻肢是一种记忆、一个意愿或一个信念，并且在生理学说明失败时，给予它一个心理学说明吗？然而，任何心理学说明都不能无视切断那些通向脑的感觉传导组织会消除幻肢。[②] 因此，我们应该懂得心理的决定因素和生理的条件是如何相互啮合在一起的：如果幻肢依赖于某些生理条件、如果它因此是一种第三人称因果关系的结果，我们无法构想它怎么会**从另一方面来看**属于病人的个人经历、他的记忆、他的情感或他的意愿。因为，两个系列的条件为了能够像两个构成成分决定一个结果那样一起决定该现象，它们需要一个相同的作用点或一个共有的地带，而我们看不出什么可能是为各种处在空间之中的“生理事实”和各种不处于任何地方的“心理事实”所共有的地带，或者为像属于在己秩序的神经冲
92 动之类的客观过程和像属于为己秩序的拒绝与接受、过去意识与情感之类的我思活动所共有的地带。因此，一种承认两个系列条件的关于幻肢的混合理论[③]作为一些已知事实的陈述或许是有效的，但它从根本上是模糊的。幻肢不是一种客观的因果关系的单纯结果，更不是一种我思活动。只有当我们找到了把“心理现象”和“生理现象”，“为己”和“在己”彼此连接起来，并且在它们之间设置一种交汇的手段的时候，只有当各种第三人称过程和各种个体行为能够在它们共有的一个环境中获得整合的时候，幻肢才可能是两者的混合。

① 莱密特：《我们身体的形象》，第 129 页以下。

② 同上书，第 129 页以下。

③ 幻肢既不能由纯粹生理学来解释，也不能由纯粹心理学来解释，这乃是莱密特的结论。参《我们身体的形象》，第 126 页。

为了描述对幻肢的相信和对截肢的拒认，作者们谈到了一种“压抑”或“器质性抑制”。[①] 这两个不那么笛卡尔主义的术语迫使我们形成关于器官思维的观念，“心理现象”和“生理现象”的关系藉之成为可以构想的。我们在别处、通过各种各样的替代情形，已经碰到一些超越了心理现象与生理现象之间、明确目的论与机械论之间的二者择一的现象。[②] 当昆虫在一个本能行为中以健全的腿替代被切掉的腿时，我们已经看到，这并不是预先安排的备用装置通过自动开启替代了刚刚不再起作用的环路。但是，这更不是昆虫意识到了它要达到的一个目标，并且将它的各个肢体作为不同的手段来使用，因为，这样的话，每当行为受阻时，替代就必定发生，而我们知道，如果腿只是被捆住的话，替代并不会发生。动物只是继续处在同一个世界之中，以其全部的力量在其中活动。被捆住的肢体没有被自由的肢体所替代，因为它仍被动物看作是存在的，因为通向世界的活动趋势仍然要经由它。在这里不比在利用自己的全部内在力量实际地解决向它提出的最大和最小问题的 93
一滴油那里有更多的选择。不同仅仅在于：油滴适应于一些给定的外部条件，而昆虫则自己投射其环境的各种规范，并且自己设定其生命问题的各种界限；[③]但是，这涉及的是物种的先天而非个体的选择。因此，我们在替代现象后面发现的是在世的活动。现在是清楚地界定这个概念的时候了。当我们说一个动物实存，它有一个世界，或者它属于一个世界时，我们并不想说它有关于这个世

① 施尔德：《身体图式》；门宁格-莱辛塔尔：《自身形象的错觉》，第 174 页；莱密特：《我们身体的形象》，第 143 页。

② 参《行为的结构》，第 47 页及以下。

③ 同上书，第 196 页及以下。

界的知觉或客观意识。就像本能的各种错误和盲目所充分表明的那样，引起那些本能活动的处境并不是完全清晰的和确定的，其整体意义也没有被掌握。它只给出一种实际含义，它只引起一种身体认识，它被亲历为“开放”的处境，并唤起动物的各种活动，就像旋律的那些最初音符唤起某种解决模式而这并不为它自己所知那样。而且正是这一点使各个肢体能够相互替代，能够在任务的显而易见面前是等价的。如果“在世”使主体扎根在一个确定的“环境”中，那么它是否就是某种像柏格森的“关注生命”或者雅内的“实在的功能”那样的东西呢？关注生命是我们对我们身体中的那些“初始活动”形成的意识。然而，一些或初始的或完成的反射活

94 动仍然只是一些客观的过程，意识能够观察到其展开和结果，但并没有介入其中。[①] 实际上，各种反射从来都不是盲目的过程：它们

① 当柏格森强调知觉和行动的统一，并为了表达它而造出“感觉-运动过程”这一术语时，他显然寻求让意识介入到世界之中。但是，如果去感觉就是去表象一种性质，如果运动就是在客观空间中的一种位移，那么，在即使在其初始形态下被把握的感觉和运动之间的任何折中都是不可能的，而且它们被区别为为己和在己。总的来说，柏格森确实已经看到，身体和精神通过时间的中介相联系，成为一个精神就是去支配时间的流逝，有一个身体就是有一个现在。他说，身体是针对意识的生成的一种瞬间切割（《物质与记忆》，第 150 页）。然而，对于他来说，身体仍然是我们曾经称为客观身体的东西，意识仍然是一种认识，时间仍然是一系列“现在”，不论它“和它自己”滚“雪球”，还是在空间化的时间中展开自己。因此，柏格森只能收紧或松开“现在”系列：他从来没有通达时间三维借以被构成的独特的运动，而且我们看不出为什么绵延被压缩到了一个现在之中，为什么意识介入到了一个身体和一个世界之中。

至于“实在的功能”，雅内把它当作一个实存概念来使用。正是这一点使他能够酝酿一种关于作为我们习惯的存在之崩溃、作为从我们的世界之逃离并因此作为我们的在世存在之变化的情绪的深刻理论（参比如《从焦虑到绽出》对歇斯底里发作的解释，第二卷，第 450 页及以下）。但是，这一情绪理论没有坚持到底，而且，就像萨特让我们看到的那样，它在雅内的那些著作中与非常接近于詹姆士的机械论概念的一种机械论概念相竞争：我们的实存在情绪中的崩溃被看作是一些心理力量的单纯的偏差，情绪本身被看作是对这一第三人称过程的意识，因此不再有必要为作为某些倾向的盲目动力之结果的各种情绪性行为寻找一种意义，这样我们重新回到了二元论（参萨特：《情绪理论纲要》）。另外，雅内明确地把心理的张力，也即我们藉之把我们的“世界”展现在我们面前的运动，看作是一种表象的假设，因此，他远没有在一般论题中把它看作为人的具体本质，尽管他在那些特殊分析中不言明地这样做了。

根据处境的“意义”调整自身，它们完全同等地表达我们的朝着“行为环境”的定向和“地理环境”对于我们的作用。它们有距离地勾勒客体的结构，而不期待它的各种点状刺激。正是处境的这种整体在场给予各个局部刺激一种意义，并使它们对于机体而有重要性、有价值或实存。反射并不来自于各种客观刺激，它转向它们，赋予它们一种它们并非逐个地且作为物理动机把握到的、它们仅仅作为处境拥有的意义。它使它们作为处境而存在，它与它们处于一种“认知”关系中，就是说，它将它们揭示为它注定会面对的东西。反射（只要它向处境的意义开放）和知觉（只要它并不首先设定一个认识的对象、只要它是我们的整体存在的一个意向）属于我们称之为在世存在的一种前客观的看的一些样式。应该认识到在 95
各种刺激和感觉内容下面，有一种内在的隔膜，它远比它们更能决定我们的反射和我们的知觉在世界之中、在我们可能的活动领域之中、在我们生命的范围之内能够瞄向的东西。某些被试可能接近于失明却并没有改变“世界”：我们看到，他们到处撞上各种物体，但他们并没有意识到自己不再有视觉能力，而且他们的行为结构没有改变。另外一些病人则相反，内容一消失，他们就失去了他们的世界；他们甚至在其通常生活成为不可能之前，就放弃了它；他们在未定型之前就让自己成了废人，并且在失去感觉联系之前就断绝了与世界的生命联系。因此，我们的世界有相对独立于各种刺激的某种稳固性（它阻止我们把在世存在看作是各种反射的总和）；实存的脉搏有某种相对独立于我们的各种自愿思维的能量（它阻止把在世存在看作是一种意识行为）。在世存在正因为是一种前客观的看，所以才能区别于任何的第三人称过程、广延之物的

任何样式，以及任何的我思活动、任何的第一人称认识，所以才能实现“心理现象”和“生理现象”的汇合。

让我们现在回到我们由之出发的问题。疾病感缺失和幻肢不接受生理学说明、不接受心理学说明，也不接受混合的说明，尽管我们可以把它们与两个条件系列联系起来。生理学说明将疾病感缺失和幻肢解释为内感受性刺激的单纯消失或单纯延续。按照这一假设，既然相应的肢体仍然存在着，疾病感缺失就是应该给定的一部分身体表象的不在场；而既然相应的肢体不存在了，幻肢就是不应该给定的一部分身体表象的在场。如果我们现在给予这些现象一种心理学说明，幻肢就变成一种回忆、一种肯定的判断或一种知觉，疾病感缺失则是一种遗忘、一种否定的判断或是一种非知觉。在第一种情况下，幻肢是一种表象的实际在场，疾病感缺失则是一种表象的实际不在场。在第二种情况下，幻肢是对一种实际

96 在场的表象，疾病感缺失则是对一种实际不在场的表象。在两种情况下，我们都没有走出客观世界的范畴，而在客观世界中不存在在场和不在场之间的中间物。实际上，疾病感缺失患者并非单纯地不知道瘫痪了的肢体：只是因为他知道在什么地方他有遇到缺陷的危险，他才能忘记这一缺陷，就像在精神分析中，被试知道什么是他不想当面看到的东西，否则的话，他就不能如此出色地避开这个东西。只是在我们期待一个朋友的回应并且我们认识到不再有这样的回应的时候，我们才会明白一个朋友的不在场或死亡；这样，我们首先要避开进行追问，以免非得觉察到这一沉默不可；我们避开我们生命的我们可能会在其中遇到这一虚无的一些区域，但这意味着我们隐约地感觉到它们。同样，疾病感缺失患者使其

瘫痪了的胳膊不再起作用，以免非得认识到他的缺陷不可，但这意味着他对此有一种前意识的认识。在幻肢的情况中，被试看起来确实不知道截肢，并且就像指望他的实肢一样指望他的幻肢，因为他试图用他的幻腿走路，即使摔倒也不气馁。另外，被试还非常好地描述了幻腿的各种特性，如其独特的运动机能，而且，他之所以事实上把它当作实肢，是因为就像正常被试一样，他不需要对其身体有一种清楚分明的知觉以便动身：他只需要把身体当作一种不可分割的力量“由其处置”、只需要觉得幻腿模糊地包含在身体中就足够了。因此，幻腿意识本身停留为模糊的。被截肢者就像我能够生动地感觉到不在我眼前的一个朋友的实存那样感觉到自己的腿。他没有失去它，因为他继续重视它，就像普鲁斯特完全知道祖母去世了，却仍然没有失去她一样——只要他把她保持在其生活视域之中。幻胳膊不是胳膊的一个表象，而是一只胳膊的双重性的在场。在幻肢病例中对截肢的否认或在疾病感缺失病例中对缺陷的否认，都不是细致考虑的决定，都不是在论题意识——它在考虑了各种不同的可能性之后明确地采取立场——层次上发生的。拥有一个健康身体的意愿或对患病身体的否认并不是为了它们自身而获得表述的，关于被截去的胳膊是在场的或损坏了的胳膊是不在场的之经验并不属于“我认为……”的秩序。

各种生理学说明和心理学说明都歪曲了的这一现象，相反地
可以在在世存在的视角中获得理解。在我们这里否认伤残和缺陷 97
的是一个参与到某个物理的和人际关系的世界中的**我**，它毫不顾及各种缺陷或截肢地继续走向它的世界，并且它在这一范围内没有在法理上（de jure）承认它们。否认缺陷只不过是对我们内在于

一个世界的反转，只不过是对那种对立于自然动作（它将我们抛入我们的任务、我们的操心、我们的处境、我们习惯的视域之中）的运作的不言明否定。有一个幻胳膊，就是对胳膊独自能够进行的全部活动保持开放，就是保留一个人在伤残之前所具有的实践场。身体是在世存在的载体，有一个身体对于一个有生命者来说，就是加入一个确定的环境，就是与某些筹划融为一体并且持续地参与其中。在各种上手的物体仍然出现在其中的这一完整世界的明证中，在通向这个世界的、写作和弹钢琴的筹划仍然在其中出现的运动力量中，病人觉得其完整性是确定的。但是，在他向世界隐瞒其缺陷的时候，世界不会忘记将之揭示给他。这是因为，如果我确实透过世界而意识到了我的身体，如果它在世界的中心确实是全部客体都面向的未被看出项，那么出于同样的理由，我的身体确实是世界的枢纽：我知道客体有许多面，因为我能够围绕它们转圈，在这个意义上，我通过我的身体意识到了世界。当我的习惯世界在我这里引起一些习惯意向的时候，如果我被截肢了，我就不再能够实际地参与其中；各种上手的客体正因为它们表现为上手的，就会考问一只我不再有的手。于是，某些沉默的区域就会在我的身体整体中被划定出来。因此，病人恰恰因为不知道其缺陷而知道其缺陷，恰恰因为知道其缺陷而不知道其缺陷。这一悖谬是整个在世存在的悖谬：通过走向世界，我把我的知觉意向和实践意向挤压到一些客体中——它们最终向我显现为是先于和外在于这些意向的，与此同时，只是因为在我这里引起了某些思想或意愿，它们才是为我存在的。在我们所关心的事例中，认知的含混性就在于，我的身体包含着两个不同的层面：习惯身体的层面和现实身体的层

面。某些在第二层面已经消失的上手姿势出现在第一层面，而知
道我怎么会觉得有我实际上不再有的一个肢体这一问题，相当于 98
知道习惯身体怎么会充当现实身体的保证者。在我不再能够操控一些客体的时候，我怎么会觉得它们是上手的呢？上手的东西必定已经不再是我现实地操控的东西，而是变成了**大家**能够操控的东西；它必定已经不再是**对我来说的上手的东西**，而是变成了一个**在己的上手的东西**。相应地，我的身体必定不仅在瞬间的、独特的、完全的经验中被抓住，而且还从一个一般性的角度、作为一种非个人的存在被抓住。

由此，幻肢现象与将会阐明它的压抑现象汇合了。因为精神分析所说的压抑在于，被试进入某条道路（情爱、职业、写作之类事情），他在这条道路上遇到了一个路障，由于既没有力量克服障碍也没有力量放弃这个事情，他就被卡在这个企图中了，并且无限期地运用自己的力量在精神中重新开始这一企图。流逝的时间没有随之带走那些不可能的筹划，没有愈合创伤经验，被试即使不是在其各种明确的思想中，至少在其实际的存在中始终对同一个不可能的将来保持开放。因此，全部现在中的一个现在获得了一种例外的价值：它转移其他现在，并免除它们作为本真现在的价值。我继续是那个有一天陷入了青春期恋爱中的人或那个有一天生活在这一父母世界中的人。一些新的知觉替代了那些先前的知觉，甚至一些新的情感替代了那些从前的情感，但这种更新只涉及我们经验的内容，而不涉及其结构；非个人的时间继续流逝着，但个人的时间却像打了结似地凝固了。当然，这种凝固并没有与回忆相混杂，它甚至排斥回忆，因为回忆像展现一幅画那样将一种过去经

验展现在我们面前，相反，这一仍然是我们的真正现在的过去并没有远离我们，它始终隐藏在我们目光的后面，而不是展现在它的面前。创伤经验不是作为表象以客观意识的样式并且如同一个有其时期的时刻那样继续存在；只作为一种存在方式并且以某种程度的一般性继续存在对于它来说是最重要的。我让渡了我把一些“世界”给予我的持久能力，为的是它们中的一个，而这一优先世界
99 由此同样失去了其根据，并最终只能成为**某种焦虑**。因此，任何压抑都是从第一人称实存向关于这一实存的某种繁琐哲学的过渡，它依靠先前的经验或毋宁说依靠有过这种经验的回忆来维持，然后依靠有过这一回忆的回忆，并如此继续下去，直至它最终只不过记住了经验的典型形式。然而，作为非个人的东西之来临，压抑是一种普遍的现象，通过将我们的肉身化存在的条件与在世存在的时间结构联系起来，它使我们能够理解这种条件。只要我有类似于其他人的一些“感官”、一个“身体”和一些“心理功能”，我的经验的每一时刻就不再是其各个部分只能依据全体而实存的一个完整的、严格唯一的整体，我成了许多“因果关系”相互交织的场所。只要我寓于一些恒常刺激和一些典型处境会在那里重新出现的一个“物理世界”中，而不仅仅寓于各种处境在那里从来都不相似的历史世界中，我的生活就具有一些节奏——它们在我选择成为的东西中没有其**理由**，但在环绕我的平凡环境中有其**条件**。因此，围绕我们的个人实存出现了一个**几乎**非个人的实存边缘（它可以说是不言而喻的，而且我把维系自己于生命中的关怀重新托付给它），——围绕我们每一个人所构成的人类世界出现了一个一般的世界，为了能够把自己封闭在一种爱情或一个抱负的特殊环境中，

我们必须首先属于这个一般的世界。当我通过时间维持我曾经经历过的、我使之成为我整个生活之形式的一个瞬间世界时，我们谈论的是一种严格意义上的压抑；同样，我们可以说，作为对世界的一般形式的前个人的黏附，作为匿名的和一般的实存，我的机体在我的个人生活之下扮演着一个**天生的情结**之角色。它并非似乎是一个惰性的事物，它本身也开始了实存活动。有时甚至出现这样的危险：我的人类处境抹去了我的生物处境，我的身体毫无保留地投入到行动之中。[①] 然而，这些时刻仅仅只是一些时刻，[②]而在大 100
部分时间里，个人的实存都压抑机体，既没有能够超越它自己，也没有能够抛弃它自己，——既没有把机体还原为它，也没有把它自己还原为机体。当我被哀伤所压垮，并完全沉浸在自己的悲痛之中时，我的目光已经在自己面前飘忽不定，它们暗地里对某个明亮的客体感兴趣，重新开始了其自主的实存。在我们想关闭自己的整个生活的这一时刻之后，时间、至少是前个人的时间重新开始流逝，它即使没有卷走我们的决心，也至少卷走了支撑这一决心的炽热感情。个人的实存是断续性的，当这一潮汐退去时，这一决断能够给予我的生命的只是一种强制的含义。心灵和身体在行为中的结合，生物实存升华为个人实存和自然世界升华为文化世界，它们

---

① 因此，在阿拉斯上空，被火力包围着的圣-埃克絮佩里不再感觉到他刚才似乎离开了的这一身体是与他自己有别的："我的生命似乎在每一秒钟都被给予我，我的生命似乎在每一秒钟对我来说都变得更加明显。我曾经活着。我现在活着。我仍然活着。我始终活着。我只是一个生命之源。"《作战飞行员》，第 174 页。

② "但确实，在我的生命历程中，当没有什么紧迫的事情支配着我的时候，当还没有危及我的意义的时候，我看不出有比我的身体问题更重要的问题。"同上书，第 169 页。

被我们的经验的时间结构恢复为既是可能的，又是不稳定的。每一个现在都通过其最近的过去和临近的未来之视域逐渐地抓住可能的时间之整体；它因此克服了各个瞬间的离散，它能够把其确定的意义给予我们的过去本身，能够把直至各种机体刻板症使我们在自己的意愿存在之起源中推测到的全部过去中的这一过去重新整合到个人实存之中。在这一范围内，甚至各种反射也都有一种意义，而且每一个体的风格在这些反射中仍然是可见的，就像心脏的跳动在身体的外周也能被感觉到一样。但是，这种能力恰恰属于所有的现在，同等地属于旧的现在和新的现在。即使我们声称我们对自己的过去的理解要好过它对它自己的理解，可它总是能够拒绝我们现在的判断，并且坚持它自己的明证。就我认为它是一个旧的现在来说，它甚至必然会如此做。每一个现在都可以声称确定了我们的生活，这正是那种把它界定为现在的东西。只要它呈现为存在的整体，只要它在某一瞬间充实了意识，我们就永远不能完全摆脱它，时间也永远不会完全对它关闭，它仍然是我们的
101 力量流经的一个伤口。更不用说的是，我们身体所是的特定的过去之所以能够被一个个体生命重新抓住并且接受下来，只不过因为这一个体生命从来都没有超越它，因为这一个体生命暗中养育它并将自己的一部分力量用到它那里，因为它仍然是这一个体生命的现在，就像我们在疾病那里看到的那样(各种身体事件在那里变成了每天的事件)。使我们能够集中于我们的实存的东西也是妨碍我们绝对集中于它的东西，而且我们身体的匿名性不可分割地既是自由又是约束。因此，我们可以总结说，在世存在的含混性通过身体的含混性获得表达，而后者通过时间的含混性获得理解。

我们在后面会回到时间上面。我们现在只限于指出，从这一中心现象出发，“心理现象”和“生理现象”之间的关系成为可理解的。首先，为什么我们向截肢者提醒的那些记忆会让幻肢出现呢？幻胳膊不是一种回忆，而是一个准现在，残疾者实际地感到了幻胳膊就在他的胸口上，完全没有觉得它已经不在了。我们更不能假设，这是一个在意识中游荡的胳膊的形象将自己加在了残肢之上：因为如此的话，这就不是一种“幻觉”，而是一种再生的知觉了。幻胳膊必定是被弹片炸掉的、其可见表皮的有些部分被烧焦了或腐烂了的同一胳膊，它纠缠着现在的身体却不与它融为一体。因此，就像被抑制的经验一样，幻胳膊是一个先前的现在，它还没有决定成为过去。我们在截肢者面前唤起的那些记忆引出一个幻肢，不是由于联想主义那里的一个形象唤起了另一个形象，而是因为每个记忆都重新开始已流逝的时间，并且要求我们恢复它所唤起的处境。普鲁斯特意义上的理智记忆，满足于过去的一种指示，满足于观念中的过去，它与其说要发现过去的结构，不如说要从中提取各种“特征”或可传达的含义；但是，如果它所建构的客体尚未通过一些意向之线与被亲历的过去视域、与我们通过沉入这些视域中和通过重新开启时间而重新发现的过去本身联系起来，那么它就还不是记忆。在同样的方式上，如果我们把情绪放回到在世存在之中，我们就会理解它可能是幻肢的根源。情绪激动，就是我们发现自己介入到了一个不能成功面对而又不愿意离开的处境之中。102

在这样一种实存绝境中，被试不是接受失败或者往回走，而是粉碎阻碍其道路的客观世界，并且在一些神奇行为中寻找一种象征的满足。[①] 在幻觉本身也以实在的消失为前提的范围内，客观世界的碎灭、真正行为的放弃和在孤僻中的逃避是有利于截肢者们产生幻觉的一些条件。回忆和情绪之所以能够使幻肢出现，这不是由于一个我思活动必然引起另一个我思活动，或者由于一个条件决定其结果，——这不是因为观念的因果关系在此与生理的因果关系重合了，而是因为一种实存态度引起了另一种实存态度，因为对在世存在来说，回忆、情绪、幻肢是同等的东西。最后，为什么切断某些传入传导组织会消除幻肢？从在世存在的角度看，这一事实意味着那些来自残肢的兴奋将被截去的肢体保存在实存的环路中了。它们标示并保留它的位置，它们使得它没有被消除、使得它在机体中仍然有重要性，它们准备好了被试的历史将要填充的一个空无，它们使他能够形成为幻觉，就像各种结构障碍使精神错乱的内容形成为一种谵狂那样。从我们的视点看，感觉-运动环路在我们的全面在世存在之内是一个相对自主的实存趋势。并不是因为它总是给我们的整体存在带来一种可以分开的贡献，而是因为，在某些条件下，阐明那些本身恒常的刺激的恒常反应是可能的。因此，问题在于知道，为什么否认缺陷（这是我们的实存的一种整体态度）需要一个感觉-运动环路所是的这种非常特别的模式来获得实现，为什么赋予我们全部的反射以意义、并通过这一关系为反射奠基的我们的在世存在却要将自己交付给反射，并且最终以反

① 参萨特：《情绪理论纲要》。

射为自己的基础。事实上，我们在别处已经表明，感觉-运动环路因为我们与某些更整合的实存有关系而更清晰地显示出来，并且纯粹状态的反射几乎只存在于不仅有一个周围世界（Umwelt），而且还有一个世界（Welt）的人那里。[①] 从实存的视点看，科学的归 103
纳满足于将之并置的这两个事实是内在地相互关联的，并且通过同一个观念获得理解。如果人不应该被局限在动物似乎以绽出状态生活于其中的混沌的周围世界之杂质中，如果他应该意识到一个作为所有周围世界的共同理由和所有行为的舞台的世界，那么在他自己和召唤其行动的东西之间必定要确立一种距离；就像马勒伯朗士说过的那样，那些来自外部的刺激必定只会带着“尊重”触及他，每一个瞬间处境都必定不再对他来说是整体的存在，每一个特殊的回应都必定不再占据他的整个实践场，这些回应必定不是形成于其实存的中心而是发生在外周，最终说来，这些回应必定不再每一次都要求采取独特的立场并且按照其一般性一劳永逸地被描述出来。因此，正是通过放弃其一部分的自发性，正是通过借助某些稳定的器官和某些预先确立的环路介入到世界之中，人才能获得将使他原则上挣脱其周围世界、将使他**观看**其周围世界的心理空间和实际空间。因此，只要把甚至对一个客观世界的意识觉醒都放回到实存的秩序中，我们就不再会发现在实存和身体的条件制约之间的矛盾：给予自己一个习惯的身体对于更加整合的实存而言乃是一种内在的必然。我们之所以能够把“生理现象”和“心理现象”彼此连接起来，是因为被重新整合进实存之中后，它们

① 《行为的结构》，第 55 页。

不再被区分为属于在己的秩序和为己的秩序，因为它们两者都被引导到一个意向极或一个世界。或许这两种历史不会完全重合：一种是平凡的和周期性的，另一种可能是开放的和独特性的；如果历史是一系列不仅具有意义，而且自己为自己提供意义的事件，那么就应该把历史这一术语留给第二序列的那些现象。然而，除非发生一场打碎直到那时仍然有效的各种历史范畴的真正革命，历史的主体不会彻底地创造其角色：面对各种典型的处境，他做出各种典型的决定；完全重复路易十四言论的尼古拉二世扮演的是旧政权面对新政权时已经注定的角色。他的那些决定表达了受到威
104 胁的王子的一种先天，就像我们的各种反射表达了一种特定的先天一样。另外，这些刻板行为并不是一种宿命；衣服、首饰、爱恋在它们出现之际就让各种生物需要改观了，同样，在文化世界内部，历史的先天只在一个给定的阶段是恒定的，并且以各种**力量**的平衡使同样的**形式**能继续存在下去为条件。因此，历史既不是一种永恒更新，也不是一种永恒重复，而是创造一些稳定形式并予以摧毁的**独特**运动。因此，机体及其各种单调的辩证法并不是无关乎历史的、似乎不能被它同化的。被具体地把握的人不是附属于一个机体的一个心理，而是有时让自己作为身体、有时走向各种个人行为的实存的往复运动。各种心理动机和各种身体契机可以交织在一起，因为没有一个在活的身体中的独一无二的活动相对于心理意向来说是一种绝对的偶然，也没有一个独一无二的心理行为不能在各种生理原因中至少找到其萌芽或其一般轮廓。这从来都不涉及两种因果关系的不可理解的相遇，也不涉及在原因秩序和目的秩序之间的冲突。但是，通过一种难以觉察的转变，一个有机

过程走向了一种人的行为，一种本能行为转向并变成了感情，或者反过来，人的行为变得迟钝，并且漫不经心地以反射状态延续下去。在心理现象和生理现象之间可能有某些互通关系，它们几乎总是阻止将一种精神障碍要么定义为心理的、要么定义为身体的。所谓的身体障碍就有关机体意外的论题初步提出了一些心理评价，而“心理”障碍则局限于展开身体事件的人类意义。一个病人在自己身体里感觉到了被植入的另一个人。他在其一半身体里是男人，在另一半里是女人。如何在这一症状中区分出那些生理原因和那些心理动机呢？如何能够简单地将这两种说明联系在一起呢？如何在这两种决定因素之间构想一个接合点呢？“在这种类型的一些症状中，心理和物理是如此内在地相连，以至我们不再认为能用另一个功能领域来补全一个功能领域，以至两者全都应该被一个第三领域所接受……（应该）……从认识到一些心理事实和 105
生理事实过渡到承认万物有灵事件是内在于我们的实存的生命过程。”[①]这样，对于我们提出的问题，现代生理学给出了一个非常明确的回答：心理物理事件不再能够仿效笛卡尔主义生理学被构想为一个在己的过程和一个我思活动的毗连。心灵和身体的统一不是通过在其一为客体、另一为主体的两个外在项之间的一种专断命令来保证的。它在实存运动中的每一瞬间获得实现。通过借助第一条路径，即生理学路径接近身体，我们在它那里找到的正是实存。因此，我们现在能够通过就实存本身考问实存，也即通过求助于心理学来印证和明确这一最初的结论。

① 门宁格-莱辛塔尔：《自身形象的错觉》，第174－175页。

106

第二章　身体经验和古典心理学

在描述本己身体的时候，古典心理学已经给予它与客体地位不相容的一些“特征”。古典心理学首先说，我的身体有别于桌子或台灯，因为它总是被知觉到，而我却能够离开它们。因此，它是一个不能够离开我的客体。但是，它由此还是一个客体吗？如果说客体成为了一个不变的结构，那它也不是*不顾*各个视角的变化而成为的，而是*在*这一变化之*中*或*透过*之才成为的。对于它来说，那些常新的视角并不是显示其持久性的单纯契机、不是把它自己呈现给我们的偶然方式。客体只是因为是可观察的，也就是说，位于我们的各个手指或各种目光的尽头，不可分割地被它们的每一活动所扰乱和恢复，才是一个客体，即在我们面前。否则的话，它将作为一个观念是真实的，而非作为一个事物是在场的。尤其是，除非它能够被移开、并因此在极端情况下从我的视觉场消失，客体才是客体。它的在场属于如此类型，以致其进行不可能不具有一种可能的不在场。然而，身体的持久性属于一种完全有别的类型：它不是在无限探索的极限处，它拒绝探索并且总是以相同的角度把自己呈现给我。身体的持久性不是在世界之中的一种持久性，而是属于我这方面的持久性。说它总是靠近我，总是为我而在此，就是说它从来都不真的在我面前，我不能把它展示在我的目光之

下，它停留在我的所有知觉的边缘，它**和我一道**。各种外部客体确
实也只有通过向我掩藏它们的其他面才能向我显示其中的一个
面，但是，我至少能够按照我的愿望选择它们向我显示的面。它们
只能在视角中显现给我，但是，我每一时刻从它们那里获得的特定
视角都只是由一种物理必然性，即我能利用的且不会束缚我的一 107
种必然性造成的：从我的窗口，我只能看到教堂的钟楼，可是这一
限制同时允许我从别处看到整个教堂。还有，如果我囚在屋里，教
堂对我来说确实会缩减为一座被截去一段的钟楼。如果我不脱掉
我的衣服，我就永远知觉不到它的里面，而且我们会恰恰看出我的
那些衣服似乎可以成为我身体的一些附属物。然而，这个事实并
没有证明：我的身体的在场可以比之于某些客体事实上的持久性，
器官可以比之于一件随时可以使用的工具。它相反地表明，我习
惯于参与的各种活动与它们的那些工具混合在一起，并且使它们
分有本己身体的原本结构。至于本己身体，它是原初习惯，是制约
其他所有习惯的，而且其他习惯藉之获得理解的习惯。它的靠近
我的持久性、它的不变的视角并不是一种事实的必然性，因为事实
的必然性以它们为前提：为了我的窗口能够给我规定一个朝向教
堂的视点，我的身体首先必须给我规定一个朝向世界的视点；第一
种必然性只可能是物理的，因为第二种必然性是形而上学的；只有
我属于这样一种对我来说存在着一些实际处境的本性，这些实际
处境才能够影响我。换句话说，我用我的身体观察外部客体，我使
用它们，我审视它们，我围着它们转一圈；至于我的身体，我却不能
观察它：为了能够观察，就必须有本身不可能被自己观察的另一个

身体。因此，当我说我的身体总是被我知觉的时候，这些词不应该单纯在统计的意义上被理解；在本己身体的呈现中，必定有某种使身体的不在场甚或其变化难以想象的东西。那么，这是什么东西呢？我的头只能通过我的鼻尖和我的眼眶线被给予我的视觉。我当然能在一个三面镜中看到我的双眼，但这是某个在观察的人的双眼，而当街道上的一面镜子突然把我的形象反射给我时，我几乎不能无意地发现我的活的注视。我在镜子中的身体不停地跟随我的各种意向，就像它们的影子一样，如果观察就在于在保持客体固定的同时不断地改变视点，那么它就躲避了被观察，而且呈现为我的可触摸的身体的一个模仿者，因为它模仿这一身体的各种首创性，而不是通过自由地展示各种视角回应它们。我的视觉身体在
108 那些远离我的头部的部分中确实是客体，但是，随着我们靠近双眼，它就与那些客体分开了，它在它们中间设立了一个它们无进入通道的准空间；而当我想借助镜中形象来填充这一空无时，该形象让我求助于身体的一个原本：它不在那边、不处于众物之中，它属于我这边、不为任何视觉所及。尽管有各种各样的外表，我的触觉身体并没有什么不同，因为，在我的右手触摸一个客体时，如果我能用我的左手触摸我的右手，那么作为客体的右手就不是在触摸的右手：前者是被挤压在一个空间点上的骨、肌和肉的交织，后者则像火箭那样穿过空间去揭示在它那里的外部客体。因为我的身体在看或触摸世界，所以它就不能被看或被触摸。阻止我的身体成为一个客体、成为“完全被构造者”的东西，就是各种客体藉之而

存在的那个东西。[①] 在我的身体是那个在看和在触摸的东西的范围内，它既不是可触摸的，也不是可见的。因此，身体不是仅仅呈现出总是在此这一特性的那些外部客体中的随便一个客体。如果说它是持久的，这出自于充当那些会消失的客体、那些真正的客体的相对持久性之基础的一种绝对持久性。外部客体的在场和不在场只不过是我的身体能够支配的一个原初的在场之场、一个知觉领域之内的某些变化。不仅我的身体的持久性不是外部客体世界中的持久性的一个特例，而且后者只有通过前者才能获得理解；不仅我的身体的视角不是客体的视角的一个特例，而且客体的视角呈现只有通过我的身体对于任何视角变化的抗力才能获得理解。各种客体之所以必定只能向我显示其诸面中的一面，是因为我自己处在某个我能够从它那里看到客体却不能看到所处地方的地方。尽管如此，我之所以相信它们的那些被隐藏的面，就像相信一个包含它们并与它们共存的世界一样，是因为我的始终对我在场，
却又通过如此多的客观关系介入到它们之中的身体，维持它们与 109
它的共存，并且使它的绵延的脉动在它们全体之中跳动。因此，如果古典心理学分析过，这种持久性就能够把它引导到不再是作为世界之客体的身体，而是作为我们与世界沟通之手段的身体，引导到不再是作为被规定的客体之总和的世界，而是作为我们的经验之潜在视域的、本身也先于任何进行规定的思想而不断在场的世界。

① 胡塞尔：《观念》，第二卷，（未刊稿）。多亏了诺埃尔阁下、多亏了整套遗稿的保存机构卢汶高等哲学研究所，尤其是多亏了凡·布雷达的关照，我们才得以查阅一定数量的未刊稿。

我们用来定义本己身体的其他“特征”同样值得关注，且出于相同的理由。我们会说，我的身体是通过它把一些“双重感觉”给予我这一点而被认识的：当我用我的左手触摸我的右手时，作为客体的右手本身有也在感觉这一独特的属性。我们刚才已经看到，两只手从来都不是一个相对于另一个同时是被触摸者和触摸者。当我用我的两只手相互按压时，涉及的并不是我同时体验到的两种感觉——就像我们知觉到两个并置的客体那样，而是两只手可以在此轮换“触摸者”和“被触摸者”功能的含混的构造。通过谈论“双重感觉”，我们想说的是，在从一个功能向另一个功能的过渡中，我能认出被触摸的手是马上就要成为触摸者的同一只手，——在我的右手对于我的左手而言所是的这团骨头和肌肉中，我立即猜出了我们为了探索客体而伸向它们的这另一只灵活的、充满活力的右手的外廓或肉身化。身体在发挥一种认识功能时从外面突然发现了自己，它试图触摸到自己在触摸，它开始了“一种反思”[①]，而这足以把它和各种客体区分开来：就此我完全可以说，它们“触摸”我的身体，但只是在它是无生气的时候，因此它们从来都不会在它的探索功能中突然发现它。

我们还说身体是一个情感客体，而那些外部事物仅仅被表象给我。这是第三次提出本己身体的地位问题。如果我说我的脚让我感到疼痛，我并非简单地想说，它和那枚划破它的钉子在同样意义上是疼痛的原因，只是更加直接而已；我并非想说，它是外部世
110 界的最后客体，然后就开始了一种内感官疼痛、一种只有通过一个

① 胡塞尔：《笛卡尔式的沉思》，第 81 页。

因果决定并且只有在经验系统中才会与脚相连的就其本身来说没有地点的疼痛意识。我想说，疼痛指示着它的地点，它是由一种“疼痛空间”构成的。“我的脚疼”意指的不是“我认为我的脚是疼痛的原因”，而是“疼痛来自于我的脚”或者“我的脚有疼痛”。这正是心理学家们所说的“疼痛的原始容积度”清楚地表明的东西。因此，我们认识到，我的身体不是以外感官对象的方式呈现出来的，而且它们或许只能在原本地把意识投射到它自身之外的这一情感背景上显示自己的轮廓。

最后，当心理学家想把各种“运动觉”保留给本己身体（它们全面地把它的各种运动给予我们），却又把外部客体的各种运动归因于一种间接知觉、归因于各个连续位置的比较时，我们完全可以反驳他们说，作为一种关系的运动是不能被感觉到的，而且需要一个心理进程；这一反驳只对他们的用语做出了指责。他们用“运动觉”——真正说来很糟糕地——表达的东西，乃是我用自己的身体所进行的各种运动的原本性：它们直接预料到了最终的处境，我的意向只是为了达到一开始就在它的场所那里被给定的目标才开始了一个空间旅程，似乎存在着一个只是在后来才发展成了客观进程的运动胚芽。我借助我的本己身体移动各种外部客体，它在一个场所抓住它们，为的是把它们带到另一个场所。但是，我可以直接移动我的身体，我不需要在客观空间的一处找到它，以便把它搬到另一处，我不需要寻找它，它已经和我在一起，——我不需要把身体带到运动的终点，它从一开始就触及到这一终点，它要投入到的正是这一终点。我的决定和我的身体在运动中的关系是一些神奇的关系。

如果古典心理学对本己身体的描述已经给出了把它与各种客体区别开来所必需的一切，为什么心理学家们却没有做出这种区分，或者，为什么无论如何他们未曾从中得出哲学结论呢？这是因为，借助一种自然的步骤，他们把自己置于科学——在它相信在各
111 种观察中能够把属于观察者之处境的东西与纯粹客体的各种属性区分开来的范围内——所援引的无人称思想的场所之中。对于活的主体而言，本己身体当然能够区别于所有的外部客体；对于心理学家的非处境化的思想来说，活的主体之经验反过来变成了一个客体，而且它远不是要求一种关于存在的新定义，而是在普遍存在中就位。它是“心理”，我们将它对立于实在，但又把它视为第二实在性，视为必须服从各种规律的科学客体。我们假定，在涉及各门科学的体系完成之后，我们的已经被物理学和生物学包围的经验必定会完全变成客观知识。从之以后，身体的经验降级为身体的“表象”，它不是一种现象，而是一个心理事实。在生命的显象中，我的视觉身体在头部层次上有一个巨大的空隙；但是，生物学在这儿要填补这个空隙，要用眼睛的结构说明它，以便告诉我身体确实是什么；告诉我，我就像其他人以及我所解剖的那些尸体一样有视网膜、有大脑；最后告诉我，外科大夫的器械一定会在我头部的这一未定区域揭示出那些解剖学插图的完全相似物。我将自己的身体领会为一个客体-主体，领会为能够“看”和能够“忍受痛苦”，但这些混乱的表象是那些心理学好奇的一部分，是心理学和社会学研究其规律并且使之以科学客体的名义回到真实世界系统之中的神奇思想的一些样品。因此，我的身体的不完整、它的边际展示、它作为触摸的身体和被触摸的身体的含混性，不可能是身体本身

的结构的特征，它们不会影响到身体的观念，它们变成了构成我们的身体表象的意识内容的一些“有区别的特征”：这些内容是恒常的、情感的、并且被奇怪地配对成了“双重感觉”，但除此之外，身体表象是一种像其他表象一样的表象，相应地，身体是一个像其他客体一样的客体。心理学家没有觉察出，以如此方式看待经验，他们与科学一样，只不过拖延了一个不可避免的问题。我的知觉的不完整被理解为我的感觉器官的构造所导致的一种事实上的不完整；我的身体的在场被理解为身体对神经接收器的持续作用导致的事实上的在场；最后，这两种说明所假定的心灵和身体的统一，112
按照笛卡尔的思想，被理解为其原则上的可能性并不需要被确立的一种事实上的统一，因为作为认识之出发点的事实已经被排除在它的那些最终结果之外了。不过，心理学家确实可以在某一时刻仿效科学家，通过他人的眼睛把自己的本己身体和通过自己的眼睛把他人的身体看作是一部没有内在的机器。外来经验带来的东西模糊了他自己的经验的结构，相应地，由于丧失了与自身的关联，他变得对他人的行为视而不见。他就这样把自己安置到了既抑制自己的他人经验也抑制自己的自身经验的普遍思想之中。但是，作为心理学家，他已经投入到一项把自己召回到自身的任务之中，他不可能停留在这个无意识的点上。因为，物理学家不是他自己谈论的对象，化学家也不是；相反，心理学家本身原则上就是他要探讨的这一事实。他以超然的态度着手探讨的这一身体表象、这一神奇经验，就是他，他在思考它的同时亲历它。无疑，就像有

人已经清楚地表明的[①]，为了认识心理而成为它对于他而言是不够的，这种知识就像所有其他知识一样，只有通过我们与他人的各种关系才能获得，我们所参照的并不是内省心理学的理想，心理学家能够并且应该在他自己和他人之间就像在他自己与他自己之间那样，重新发现一种前客观的关系。但是，作为谈论心理的心理，他*就是*他所*谈论*的一切。对于他在客观态度中所展开的这一心理史，他已经把它的各种结果掌握在自己手中，或毋宁说，他自己的实存就是它的浓缩结果和潜在记忆。心灵和身体的统一不是一劳永逸地在一个遥远的世界中获得实现，它每一瞬间都在心理学家的思考下面重新出现，而且不是作为自我重复的、每次都突然袭击心理的一个事件，而是作为心理学家既通过认识予以证实又在自己的存在中知道的一种必然性。从各种“感觉所予”直至“世界”，知觉的发生都必定在每一个知觉活动中被更新，否则的话，感觉所予就会失去它们由于这一演变而获得的意义。因此，“心理”不是
113 如同其他客体一样的一个客体：在我们谈论它之前，它已经实现了我们将就它谈论的一切，心理学家的存在对他的知道甚过他对自己的知道，照科学看来曾经发生或正发生在他那里的事情，没有哪一件是绝对外在于他的。因此，被应用于心理后，事实上的概念接受了一种改变。事实的心理及其各种“特性”不再是客观时间和外部世界中的一个事件，而是我们从内部触及的一个事件：我们是它的持续实现或持续涌现，它不断地将其过去、其形体、其世界汇集在它那里。因此，在成为一个客观事实之前，心灵和身体的统一应

① 纪尧姆：《心理学中的客观性》。

该是意识的一种可能性，而提出的问题就在于知道，如果知觉主体应该能够体验它自己的身体那样的身体，那么知觉主体是什么。在那里不再有被接受下来的事实，而只有一个被承担起来的事实。成为一个意识或毋宁说成为一个经验，就是内在地与世界、身体以及其他人沟通，就是和它们一起存在，而不是在它们边上存在。从事心理学研究，必然会在活动于各种现成事物中的客观思维之下遇到通向事物的第一入口，没有它，就不可能有客观的认识。在心理学家想把自己统觉为诸客体中的一个客体的时候，他不必定重新发现自己是经验，也就是说，是没有距离地面对过去、世界、身体和他人的在场。因此，让我们回到本己身体的各种“特征”并且从我们已经丢在一边的地方重新开始研究。通过这样做，我们将重新描绘现代心理学的各种进展，并且和它一起实现向经验的回归。

114 第三章　本己身体的空间性和运动机能

让我们首先描述本己身体的空间性。如果我的胳膊放在桌子上，我从来不会想到说，它就像烟灰缸在电话机边上那样**在**烟灰缸**边上**。我身体的轮廓是各种通常的空间关系不会越过的界限。这是因为它的各个部分以一种原本的方式相互关联：它们不是一些被展开在另一些旁边，而是一些被包含在另一些之中。例如，我的手不是一系列的点。在那些感觉左右倒错的例子中[①]（在它们那里，被试在其右手上感觉到了我们对其左手进行的各种刺激），不能假定刺激中的每一个都为了自己而改变了空间值，[②]左手上那些不同的点被迁移到了右手上，因为它们属于一个整体器官，属于突然就被移动了位置的一只没有部分的手。因此，它们构成为一个系统，而我的手的空间不是各种空间值的组合。同样，我整个的身体对于我来说并不是在空间中并置的各种器官的组合。我对它保持着一种不可分割的拥有，我通过自己的全部肢体都包含在其中的**身体图式**知道它们每一个的位置。然而，身体图式的概念就像在科学的那些转折点上出现的所有概念一样是含混的。只能通

---

① 参比如海德：《论与内脏疾病的疼痛特别有关的感觉错乱》。

② 同上。我们在《行为的结构》（第 102 页及以下）讨论了局部记号的概念。

过方法的变革，它们才可能充分地获得发展。因此，它们最初是在一种并非是它们的充分意义的意义上被运用的，而且正是它们的内在发展使先前的各种方法的局限显露了出来。我们最初将“身体图式”理解成我们身体经验的一个**概要**，它能够说明目前的内感受性和本体感受性并赋予它们以含义。它必定会给我提供我的身体各部分每次活动的位置变化，每一局部刺激在身体整体中的位 115
置，每一复合姿势在每一时刻所完成的某些活动的统计情况，以及最后，当前的各种运动印象和关节印象在视觉语言中的持续表达。在谈论身体图式时，我们最初只是认为引入了一个方便的名称来指称大量的形象联想，而且我们想表达的只是：这些联想已经牢固地确立起来了，随时准备发挥作用。身体图式应该是在童年进程中，随着触觉内容、运动内容、关节内容之间的相互联想，或者它们与视觉内容的相互联想而逐渐形成的，并且更容易地唤起这些内容。[①] 那么，它的生理学表象只能是古典意义上的一个形象中心。然而，我们清楚地看到，心理学家对它的使用超出了这一联想主义的定义。比如，为了身体图式能让我们更好地理解感觉左右倒错，左手的每一感觉被确定在、被定位在身体的所有部分的那些同类形象中是不够的（它们相互联想以便在左手周围形成身体的一个重影**轮廓**）；这些联想必定在每一时刻都受到一个唯一的规律的支配、身体的空间性必定从整体下降到部分、左手及其位置必定被包含在身体的一个总体**意图**中并必定起源于那里，以至左手不仅一

① 参比如海德：《大脑损伤造成的感觉错乱》，第 189 页；皮克：《本己身体中的定位障碍》；甚至施尔德：《身体图式》，尽管施尔德承认“某某复合体不是它的各个部分的总和，而是对于它们而言的一个新的整体”。

下子就能够叠加在右手上面或者不得已接受它，而且还成了右手。当我们打算通过把幻肢现象与被试的身体图式联系起来而阐明该现象时，[①]只有在身体图式不是日常的一般肌体觉的残余，而是变成了其构造法则时，我们才能通过那些大脑痕迹和那些再生的感觉对古典说明做某种补充。我们之所以觉得需要引入这一新词，是为了表达：空间和时间的统一、身体的感觉间统一或感觉-运动
116 统一可以说是理所当然的，这种统一并不局限于在我们的经验过程中实际地或偶然地联想到的那些内容，它以某种方式先于它们并使它们的联想成为可能。因此，我们通向了身体图式的第二个定义：它不再是已经在经验中确立的那些联想的简单结果，而是对我在感觉间世界中的姿势的全面意识觉醒，是格式塔心理学意义上的一个“形式”。[②] 然而，这第二个定义随后也被心理学家的各种分析超越了。说我的身体是一个形式，即我的身体是一种在其中整体先于各部分的现象，这是不够的。这样一种现象为什么是可能的呢？这是因为，与物理-化学身体的装配或“一般肌体觉”的装配相比，形式是一种新的实存类型。疾病感缺失者瘫痪的肢体之所以在被试的身体图式中不再具有重要性，是因为身体图式既不是实存着的各个身体部分的简单复本，甚至也不是对它们的全面意识，是因为身体图式按照身体各部分对于机体的各种筹划之价值主动地把它们整合在一起了。心理学家常常说身体图式是动

① 比如莱密特：《我们身体的形象》。

② 科纳德：《身体图式，批判的研究和修正的尝试》，第 365 页和第 367 页。比尔格-普林茨和凯拉把身体图式定义为“关于作为整体项的本己身体以及它的各个肢体和各个部分之间的相互关系的知识”。同上书，第 365 页。

态的。[①] 归并为一个确切的意义,这一术语想表达的是:我的身体作为为了某个现实的或可能的任务的姿势向我呈现出来。实际上,它的空间性不像外部客体的空间性或“空间感觉”的空间性那样是一种位置的空间性,而是一种处境的空间性。如果我站在我的书桌前并且通过双手支撑在它上面,那么仅有我的双手得以被突出,而我的整个身体就像彗星的尾巴那样拖在它们后面。我并非不知道我的肩膀或腰的位置,它只不过被覆盖在我的双手的位置中了,而我的整个姿势可以说在我的双手在桌子上的这一支撑中显示出来。如果我站着并且用合拢的手拿着我的烟斗,我的手的位置不是通过烟斗与前臂、前臂与后臂、后臂与躯干、躯干与地面的角度推论地获得确定的。我绝对地知道我的烟斗在何处,由此我知道我的手、我的身体在何处,就像沙漠中的原始人随时能够一下子定位而不需要回忆和累加出发以来走过的路程和偏离的角度那样。用到我身体上的“此”这个词,并非指示一个相对于一些其他位置或相对于一些外在坐标得以确定的位置,而是指示一些初始坐标的设置、活动的身体在一个客体中的锚定、身体面对它的各种任务的定位。身体空间能够与外部空间相区别,并且包住自己的各个部分而不是摊开它们,因为它是表演的明亮所必需的剧场的黑暗,是姿势及其目标突出于其上的蛰伏的背景或模糊的力量储备,[②]是一些确定的存在、一些图形和一些点能够在它面前显现出来的非存在区域。总之,之所以说我的身体能够是一个“形

117

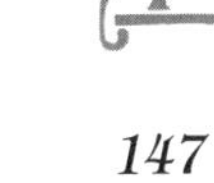

① 参比如科纳德,上面所引著作。

② 格林鲍姆:《失语症与运动机能》,第 395 页。

式”，之所以说在它面前能够有出现在一些无关紧要的背景上的一些优先图形，是因为它被自己的各种任务所吸引、因为它**朝向**它们**而实存**、因为它为了达到其目标而汇聚于自身，而“身体图式”最终说来是表达“我的身体是在世界之中的”的一种方式。① 就涉及我们现在唯一感兴趣的空间性方面来说，本己身体始终不言而喻地是图形和背景结构中的第三项，任何图形都显现在外部空间和身体空间的双重视域中。因此，我们应当把任何仅仅考虑一些图形和一些点的身体空间分析当作抽象的抛弃掉，这是因为，没有视域，这些图形和点既不能被构想，也不能存在。

有人也许会回应说，图形和背景结构或点-视域结构本身预设了客观空间的概念；为了将一种灵活的姿势体验为**在**笨拙的身体背景**上面**的图形，完全有必要通过这种客观的空间性关系将手与身体的其余部分关联起来，这样，图形和背景结构就重新变成了空间的普遍形式的偶然内容之一。但是，对于一个没有通过其面对世界的身体被处境化的主体来说，“在……上面”这个词能够有何种意义呢？它蕴含着一个上面与一个下面的区分，也就是说，一个
118 “有向空间”。② 当我说一个客体**在**桌子**上面**时，我总是在思想上将自己置于这张桌子或这个客体中，我把原则上适合于自己身体和一些外部客体的关系的范畴应用于它们。去除这种人类学的含义，“在……上面”这个词就不再能够区别于“在……下面”这个词或“在……旁边”这个术语。即使空间的普遍形式对于我们来说是

① 我们已经看到（参前面第 97 页，中文版第 124 页），作为身体图式的一种样式的幻肢，可以通过在世存在的一般活动获得理解。

② 参贝克：《论几何学及其物理学应用的现象学根据》。

那种没有它就没有身体空间的东西，它也不是那种藉之就有一个身体空间的东西。即使这一形式不是内容在其中被设定的媒介，而是内容藉之被设定的手段，它在涉及身体空间方面也不是这一设定的充分手段，而且在这一范围内，身体内容相对于它来说仍然是某种不透明的、偶然的和难以理解的东西。这条道路上唯一的解决办法应该是，承认身体空间性没有任何特有的、区别于客观空间性的意义，这就消除了作为现象的内容，由此消除了内容与形式的关系问题。但是，我们能够假装在“在……上面”、“在……下面”、“在……旁边”这些词中，在有向空间的各个维度中没有发现任何有区别的意义吗？即使分析在所有这些关系中都重新发现了外在性的普遍关系，对于寓于空间中的人来说，上与下、左与右的明证也会阻止我们将所有这些区分当作无意义的，并且敦促我们在各个定义的明确意义下面寻找各种经验的潜在意义。因此，这两种空间之间的关系将会是这样的：只要我想论题化身体空间或展开其意义，我在它那里就只能找到理智空间。但是，与此同时，这一理智空间并没有摆脱有向空间，它恰好只是对有向空间的说明；脱离这一根基，它绝对没有任何意义，以至同质空间之所以能够表达有向空间的意义，只是因为它从它那里得到了这一意义。内容之所以真的可以被归入形式之下并且作为这一形式的内容呈现，是因为只有透过它，形式才是可通达的。身体空间只有在其独特性中包含着把它转变为普遍空间的辩证因素，才会真正变成客观空间的一部分。这就是当我们说点-视域结构是空间的基础时试图表达的东西。视域或背景如果不与图形属于相同的类别，如 119
果它们不能通过目光的移动被转变成一些点，它们就不能延伸到

图形以外或图形周围。但是，点-视域结构只有通过在它前面设置点在其中可以被看到的身体性区域、在它周围设置作为这一看的对应物的各种不确定区域，才能告诉我什么是一个点。原则上，多种多样的点或“此”只有通过一个经验链条才能被构成：每一次，它们中的单独一个被给定为客体，它并且把自己构成为这一空间的核心。最终说来，我的身体对于我而言远不是空间的一个部分，如果我没有身体，对我来说也就不存在什么空间。

如果身体空间和外部空间构成为一个实践系统，前者是作为我们行动之目标的客体能够在其上面清楚地显现的背景，或者是它能够在其前面呈现的空无，那么身体空间性显然是在这一行动中获得实现的，而对本己运动的分析必定让我们能够更好地理解它。通过考察运动中的身体，我们可以更清楚地看到它是怎样寓于空间（或时间）中的，因为运动不满足于接受空间和时间，它主动承担它们，恢复它们在一些既有处境的平庸中已经被抹去了的原本含义。我们下面将详细地分析一个有关病态的运动机能的例子，它可以揭示身体和空间的各种基本关系。

传统精神病学将其归类到精神性盲中的一个病人，[①]不能闭着眼睛进行一些“抽象的”动作，即一些不针对任何实际处境的动作，诸如根据指令活动胳膊或腿、伸展或弯曲手指之类。他不再能够描述其身体甚或其头的位置，也不能描述其四肢的各种被动动作。最后，当人们摸他的头、胳膊或腿时，他不能说出人们摸到的是他身体的哪个部位；他不能区分其皮肤上相距甚至达到80毫米

① 盖尔布和戈尔德斯坦：《论视觉想象力的完全丧失对触觉识别的影响——脑疾病病例的心理学分析》，第二章，第157－250页。

的两个触点，他分辨不出我们用到他身体上的物品的大小或形状。只有当人们允许他注视着要做出动作的那个肢体，或允许他以整个身体进行各种准预备动作时，他才能够进行抽象动作。借助预 120
备动作，各个刺激的定位和各种触觉对象的识别变成可能的。病人甚至能够闭着眼睛非常快速和准确地完成生活所需的各种动作，只要它们对于他来说是习惯性的：他从口袋里掏出手帕擤鼻涕，从火柴盒里取出火柴点灯。他以做皮包为业，其劳动的产出可以达到一个正常工人的四分之三。他甚至不用做任何预备动作，就可以根据指令做这些“具体的”动作。[①] 在这同一个病人以及一些小脑性共济失调患者那里，我们都观察到了指示行为和一些握或抓的反应之间的分离：不能根据指令用手指指示其身体的一个部分的这同一个被试，却能迅速地把手伸向蚊子叮咬他的部位。[②] 因此，各种具体动作和抓的动作具有优先地位，我们应该为之找出原由。

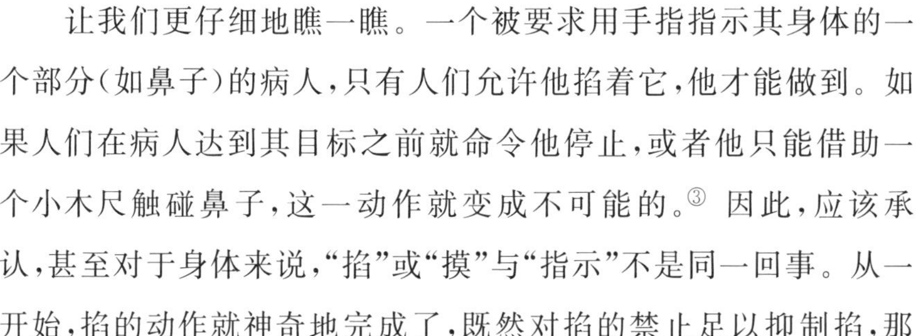

让我们更仔细地瞧一瞧。一个被要求用手指指示其身体的一个部分（如鼻子）的病人，只有人们允许他掐着它，他才能做到。如果人们在病人达到其目标之前就命令他停止，或者他只能借助一个小木尺触碰鼻子，这一动作就变成不可能的。[③] 因此，应该承认，甚至对于身体来说，“掐”或“摸”与“指示”不是同一回事。从一开始，掐的动作就神奇地完成了，既然对掐的禁止足以抑制掐，那

① 戈尔德斯坦：《论活动对视觉过程的依赖性》，这第二部著作利用了对同一个病人施耐德进行的一些观察，它们比前面引用的著作所收集的观察要晚两年。

② 戈尔德斯坦：《指示与抓住》，第 453－466 页。

③ 同上，这里涉及的是一个小脑性共济失调患者。

它就只有通过预期其目标才能开始。而且应该承认，我身体上的一个部位能够作为一个有待去掐的部位被呈现给我，而不是在这个预期的把握中有待指示的部位被提供给我。但这是如何可能的呢？如果说在涉及掐我的鼻子的时候，我知道它在哪里，在涉及指示我的鼻子的时候，我怎么会不知道它在哪里呢？这也许是因为
121 对一个地点的知道可以从多个意义上来理解。古典心理学没有任何用来表达地点意识的这些多样性的概念，因为地点意识对于它来说始终是一种设定意识、一种表象、一种前-置（Vor-stellung），因为它以此名义将地点作为客观世界的规定性给予我们，因为这样的表象要么存在要么不存在，但是，如果它存在，它就会将其客体毫无含混地并且作为可以透过其全部显现获得辨识的项交付给我们。相反，我们在此不得不构造一些必要的概念以便表达：身体空间可以在一种把握意向中被给予我，而不是在一种认知意向中被给予我。病人对其习惯行为的外壳而非客观环境的身体空间有意识，他的身体作为进入到一个熟悉的环境中的手段而非作为表达一种无动机的、不受约束的空间思维的手段受他支配。当人们要求他做一个具体动作时，他首先以一种疑问的语气重复指令，然后把本己身体安顿在任务所要求的协调位置上，最后做出这个动作。人们注意到，他的整个身体协作完成这一动作，病人不能像正常被试那样将其化简到那些严格说来必不可少的行动。伴随行军礼会出现其他一些表示尊敬的外在标志，伴随右手假装梳头的姿势会出现左手拿着镜子的姿势，伴随右手钉钉子的姿势会出现左手扶钉子的姿势。这是因为指令获得严肃对待，因为只有在精神上置自身于各种具体动作所对应的实际处境中，病人才能根据指

令成功地做这些具体动作。正常被试在根据指令行军礼时，看到的只不过是一个实验处境，因此他将这一动作化简为它最有意义的一些元素，而不会整个地投入其中。[①] 他通过本己身体进行表演，他喜欢扮演士兵，他在士兵的角色中“非真实化”自身，[②]就像演员悄悄地把真实的身体塞进要扮演的人物的“庞大幽灵”中一样。[③] 正常人和演员不会把一些想象的处境当作真实的，相反，他们将自己真实的身体与其生命攸关的处境分离开来，以便让它在 122
想象的处境中呼吸、说话，并在必要的情况下哭泣。这是我们的病人不再能够做到的事情。他说，在生活中，“我感觉到各种动作是处境的结果、是各种事件本身之连续的结果；可以说，我和我的各种动作只不过是整体进程中的一个环节，我几乎意识不到自愿的主动性，……一切都完全独自运行”。同样，为了根据指令做一个动作，他置自己于“协调的情感处境中，就像在生活中一样，动作来自于这一处境”。[④] 如果我们打断他的操练，提醒他这是一个实验的处境，他全部的灵活性便消失不见了。运动的引发重新变得不可能，病人必须首先“找到”其胳膊，“找到”各种预备动作所要求的姿势，姿势本身丧失了它在日常生活中呈现出来的富有旋律性的特征，明显变成了费力地发动起来的一些首尾相接的局部动作的汇集。因此，借助作为一定数量的熟悉活动之能力的我的身体，我可以把自己安顿在我的作为**被操作物**之集合的周围环境中，无需

① 戈尔德斯坦：《论活动对视觉过程的依赖性》，第 175 页。
② 萨特：《想象物》，第 243 页。
③ 狄德罗：《演员的荒谬》。
④ 戈尔德斯坦：《论活动对视觉过程的依赖性》，第 175、176 页。

把我的身体或我的周围环境当作一些康德意义上的客体，即当作由理智的法则联系起来的一些性质系统，当作透明的、摆脱了任何地点和时间黏附而且适合于命名或至少适合于被一个指示动作指向的一些存在物。存在着作为我完全认识的这些行为之支柱的我的胳膊、作为我事先知道其场域或范围的确定的行动能力的我的身体，存在着作为这一能力的一些可能应用之处的集合的我的周围环境；——而且另一方面，存在着作为肌肉和骨骼机器的、作为弯曲和伸展装置的、作为被铰接起来的客体的我的胳膊，存在着我不是融入其中，而是对之进行凝思并且用手来指示的纯粹场景的世界。就涉及身体空间方面而言，我们明白存在某种关于场所的知识——它被还原为与身体空间的共存，它并不是一种虚无，尽管它不能借助于描述，甚至不能借助于一个姿势的沉默指示获得表达。被蚊子叮咬的病人，不需要寻找就能一下子找到被叮咬的部

123 位，因为对于他来说，问题不在相对于客观空间中的一些坐标轴来定位它，而是用其现象之手返回到其现象身体上的某个疼痛部位，因为在作为有挠痒能力之手与作为需要去挠痒的部位的那个被叮咬的部位之间，一种亲历关系在本己身体的自然体系中被给出了。活动完全发生在现象之物的秩序中，它没有经由客观世界；只有那个把其有关活的身体之客观表象归于活动中的被试的旁观者，才会相信叮咬被知觉到了，才会相信手在客观空间里移动，并因此才会对这同一个病人在各种指示实验中的失败感到奇怪。同样，被置于其熟悉的剪刀、针和工作面前的被试，不需要去找自己的手或手指，因为它们不是需要在客观空间中去找到的一些客体，不是一些骨骼、肌肉、神经，而是一些已经被剪刀或针的知觉所调动起来

的能力，是把他与那些给定的客体联系起来的“意向之线”的中心部分。我们移动的从来都不是我们的客观身体，而是我们的现象身体，而这是没有什么神秘的，因为恰恰是作为世界的这个那个区域之能力的我们的身体，已经起身朝向那些需要被抓住的客体，并且知觉它们。[①] 同样，病人不需要为展开各种具体动作寻找一个场景和空间，这个空间本身也是给定的，它是实际的世界，是“要去切割”的那块皮革，是“要去缝制”的那个衬里。那个工作台、那些剪刀、那些皮块作为一些活动中心被呈现给被试，它们通过其组合价值确定了某种处境，而且是一种要求某个解决方案、某项工作的开放处境。身体只不过是被试和他的世界这一系统中的一个元素，而任务借助一种有距离的吸引力从他那里得到了各种必需的动作，就像在我的视觉场中运作的各种现象性力量，无需算计就从 124
我这里得到了在这些力量之间确立最佳平衡的那些运动反应一样；或者，就像我们所处环境通常的情况那样，我们的很多听众直接从我们这里得到了适合于他们的那些言语、那些态度和那种语调，不是因为我们寻求掩盖自己的思想或取悦他们，而是因为我们严格地是他人认为我们之所是和我们的世界之所是。在具体动作中，病人既没有对于刺激的论题意识，也没有对于反应的论题意

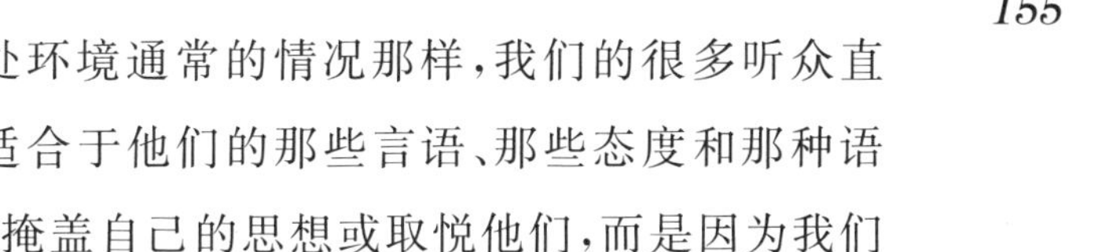

① 因此，问题不在于知道心灵如何作用于客观身体，因为心灵并不是作用于客观身体，而是作用于现象身体。从这个观点看，问题被转移了；现在的问题是要知道为什么存在着关于我和我的身体的两个视点：我的为我的身体和我的为他的身体，以及这两个系统怎么会是共同可能的。实际上，仅仅说客观身体属于“为他”，我的现象身体属于“为我”是不够的，我们无法拒绝提出它们之间的关系的问题，因为就像我关于一个他人——他立刻把我置于对他而言的客体的地位——的知觉所证明的那样，“为我”和“为他”共存于同一个世界。

识：他仅仅是他的身体，而他的身体则是针对某个世界的能力。

反过来说，在病人未能成功的那些实验中发生了什么呢？如果人们触摸其身体的一个部分，并要求他定位那个接触处，他从活动整个身体开始，并因此粗略地定位，然后，他会移动相关的肢体来更准确地定位，最后，通过抖动被触摸部位邻近的皮肤而完成定位。[①] 如果人们让被试的胳膊处于水平伸展状态，那么他只有在做了一系列使他知道他的胳膊相对于躯干、前臂相对于后臂、躯干相对于垂直线的位置的摆动动作之后，才能描述他的胳膊的位置。在被动活动的情况下，被试感觉到做出了动作，却不能说出是什么动作、在什么方向。在这里，他仍然求助于一些主动活动。病人由床垫对其背的压力推断出自己的卧姿，由地面对其脚的压力推断出自己的站姿。[②] 如果人们把圆规的两个尖放在他的手上，他只有在能够摆动手并且一会儿让一个尖、一会儿让另一个尖接触皮肤时，才能够区分它们。如果人们在他手上画一些字母或数字，他只有在能够自己活动其手时，才能够识别它们，而且他知觉到的不是圆规尖在其手上的运动，相反地是其手相对于圆规尖的运动；人们通过在其左手上画一些正常字母（它们从来都不会被认出来），然后画这些相同字母的镜像（它立刻就能获得理解）证明了这一点。单纯接触纸上的一个长方形或椭圆形不会产生任何认识，相反，如果人们允许被试进行他用来“拼读”这些图形、标记它们的

① 戈尔德斯坦：《论视觉想象力的完全丧失对触觉识别的影响》，第 167－206 页。

125 ② 同上书，第 206－213 页。

“特征”并从它们推断出其客体的那些探索活动，他就能认出它们。[①] 如何协调这一系列事实，如何透过它们来领会在正常人那里实存着、在病人那里却阙如的功能呢？问题不可能在于简单地将病人所没有并且试图重新获得的功能移转到正常人那里。就像儿童和“原始人”的状态那样，疾病是一种完整的实存形式，它用来替代已损坏的正常功能的种种举动本身也是一些病理现象。我们不能根据症状的简单变化，就从病理状态中推出正常状态，从某些替代中推出各种缺陷。应该把那些替代理解成一些替代，理解成它们试图替代却没有能够将其直接形象给予我们的一个基本功能的一些暗示。真正的归纳法不是一种“差异法”，它在于正确地解读各种现象，抓住它们的意义，也就是说把它们当作被试的整个存在的一些样式和变异来对待。我们观察到，被问及其肢体的位置或一个触觉刺激的位置时，病人力图通过一些预备动作使其身体成为实际知觉的一个客体；被问及与其身体相接触的一个客体的形状时，他寻求按照客体的轮廓来把它勾勒出来。没有比假设在正常人那里也有这些相同的活动，只是由于习惯而被省略掉了更错误的了。病人只是为了替代身体以及在正常人那里被给予的且有待于我们去重构的客体的某种在场，才会去寻找这些清楚的知觉。在静止状态中，正常人对于身体以及与身体相接触的那些客

① 比如，被试多次在一个角上移动其手指，他说：“手指一直向前移动，然后停了下来，然后在另一方向上再次移动；这是一个角，这应该是一个直角。”——“两个、三个、四个角，每个边都有两厘米长，因此它们是等长的，所有的角都是直角……这是一个骰子。”同上书，第 195 页，参第 187－206 页。

体的知觉或许是模糊的。[1] 尽管如此，正常人无论如何不用活动就能区分出对其头部进行的刺激和对其身体进行的刺激。我们要
126 去假设[2]正常人的外感受兴奋或本体感受兴奋在他那里已经唤起了一些取代各种实际运动的“运动觉残余”吗？但是，如果触觉所予并不带有使它们能够唤起一些确定的“运动觉残余”的某种特性，如果它们自身不具有一种或确定或模糊的空间意义，它们如何能够唤起它们呢？[3] 因此，我们至少可以说，正常被试在其身体上面直接拥有一些“把手”。[4] 他不仅把其身体当作包含在一个具体环境中的来支配、他不仅处在与一个职业给定的某些任务有关的处境中、他不仅向各种实实在在的处境开放，而且除此之外，他还拥有其作为没有实际意义的各种纯粹刺激之相关项的身体，他还向他可以自己选择的或实验人员可以向他提出的各种言语的和虚拟的处境开放。施耐德的身体并不是通过触觉作为每一个刺激都在其上有一确定位置的一幅几何图画被给予了他，恰恰是他的病需要把其身体的被触摸部分转换成图形状态，以便知道人们是在什么地方触摸他。在正常人那里，每一身体刺激都引起一个“虚拟动作”而非现实动作，被察看的身体部分摆脱了匿名，它通过一种特别的紧张并且作为解剖装置范围内的某种行动能力显示出来。正常被试的身体不只是能够被那些吸引它的真实处境所调动，它

① 戈尔德斯坦:《论视觉想象力的完全丧失对触觉识别的影响》，第 206－213 页。

② 就像戈尔德斯坦认为的那样。同上书，第 176－206 页。

③ 参前面关于“观念的联想”的一般讨论，第 25 页及以下(中文版参前面第 41 页及以下——译者)。

④ 我们从病人施耐德那里借用了这个词：他说，他需要一些把手(Anhaltspunkte)。

还能离开世界,使其行动专注于处在其感官表面的那些刺激,顺从
地接受一些实验,更一般地说,处于虚拟的处境中。正因为被限制
在现实的处境中,所以其不正常的触觉需要一些特有的动作来定
位各种刺激;出于相同的原因,病人通过费力地辨认各种刺激、通
过推断各个客体来替代触觉认识和触知觉。比如,为了一把钥匙
能够作为一把钥匙呈现在我的触觉经验中,需要一种触觉范围,需
要一个触觉场(各种局部印象能在这里被整合成一个构形),就像
各种音符只不过是旋律经过的各个点一样;使身体从属于一些实 127
际处境的那些触觉所予的黏性把客体还原成各种连续"特征"的总
和,把知觉还原成抽象的指示,把认知还原成理性的综合、可能的
推测,并且消除了客体的物质层面的在场和人为性。在正常人那
里,每一个运动事件或触觉事件都使大量的意向在意识中产生出
来,这些意向从作为虚拟行动之中心的身体或是朝向身体本身,或
是朝向客体,相反,在病人那里,触觉印象仍然是不透明的,仍然封
闭在自身之中。触觉印象当然能够把进行一个抓的动作的手吸引
向自己,却不能作为我们可以指出的某个东西被摆在手的面前。
正常人**重视**那些可因此获得一种现实性却没有放弃其可能地位的
可能物,相反,在病人那里,现实物的场域局限于在实际的接触中
遇到的东西或通过一种确定的推断与这些所予联系在一起的
东西。

对病人的"抽象动作"的分析还使我们更加明白了这种空间占有、这种作为所有活的知觉之原初条件的空间实存。假定我们要求病人闭着双眼做一个抽象动作,那么为了"找到"实际的肢体、动作的方向或样子,以及最后,动作在其中展开的平面,一系列预备

动作对于他来说是必要的。假定比如说我们吩咐他活动其胳膊，却不告诉他别的细节，他一开始会不知所措。然后他会活动整个身体，后来动作缩小到被试最终“找到”的胳膊上。如果涉及“举起胳膊”，被试也必须通过一系列的摆动（它们在动作的整个期限内都持续着，并且为动作规定了目标）“找到”他的头（它于他而言是“高”的象征）。如果我们要求被试在空中画一个正方形或一个圆，他先是“找到”自己的胳膊，然后将手伸向前方，就像一个正常被试在黑暗中为了确定一堵墙的位置所做的那样，最后，他按照直线和不同的曲线开始做许多的动作；如果这些动作中的一个碰巧是圆形的，他就快速地画好圆。再者，他只有在某个不完全与地面垂直的平面上才能成功地找到那个动作，离开这一优先平面，他甚
128 至不知道如何开始该动作。[①] 很明显，病人只是将他的身体作为无定形的一团来支配，唯有实际动作能够将一些区分和连接引入其中。他小心翼翼地依靠自己的身体做动作，就像一位演说家不靠事先写好的文稿就讲不出一句话来那样。病人没有自己寻找动作，也没有自己找到动作，他只是晃动其身体，直到动作出现。我们向他发出的指令并非对他没有意义，因为他能够认识到在他的那些最初动作有不完善的地方，而且如果姿势偶然地导致了所要求的动作，他也能够认识到这一点，并且迅速地利用这一机会。但是，如果指令对他具有一种**理智意义**，对他就没有一种**运动意义**，对作为一个运动主体的他就不会有说服力。他完全能在一个实际动作的痕迹中重新找到发出的指令的例证，却永远不能将关于一

① 戈尔德斯坦：《论视觉想象力的完全丧失对触觉识别的影响》，第 213－222 页。

个动作的思想展开为实际的动作。他所缺少的既不是运动性，也不是思想，而且我们被要求认识到在作为第三人称过程的动作和作为动作的表象的思想之间，有一种对作为运动能力的身体本身所保证的结果的期待或领会、一种“运动筹划”(Bewegungsentwurf)、一种“运动意向性”，如果没有它们，指令就会停留为一纸空文。病人有时思考动作的理想方式，有时将本己身体投入到一些盲目的尝试中，相反，在正常人那里，任何动作都不可分割地既是动作又是动作意识。有人说，在正常人那里，任何动作都有一个**背景**，而且动作及其背景是“一个独特整体的一些环节”，表达的就是这一点。[①] 动作的背景不是外在地与动作本身相结合或相联系的一种表象，它内在于动作，它每一时刻都激发动作、支撑动作。对于被试来说，运动的引发和知觉有同样的资格成为一种关涉客体的原本的方式。抽象动作和具体动作的区别由此被弄清楚了：具体动作的背景是给定的世界，相反，抽象动作的背景是被建构出来的。当我示意一个朋友靠近我的时候，我的意向不是我在自己这里已 129
经预备好了的思想，而且我并没有在自己的身体中知觉到这个示意动作。我透过世界示意，我向我朋友所在的那边示意，把我与他分开的距离、他的赞同或拒绝直接显示在我的手势中，并不存在跟随在一个动作之后的一个知觉，知觉和动作构成为一个整体地变化的系统。例如，如果我觉察到有人不愿服从我，如果我因此改变自己的姿态，这里并不存在两个不同的意识行为；相反我看到了同伴的不愿意，而我不耐烦的姿态来自于这一处境，不需要通过任何

① 戈尔德斯坦：《论活动对视觉过程的依赖性》，第161页。动作和背景是相互规定的，它们实际上只是某些相同的整体的两个单独因素。

中间的思想。① 如果我现在做“同样的”动作，但并不针对任何在场的、甚或想象的同伴，并且视之为“一系列在己的动作之结果”，②也就是说，如果我通过胳膊的“旋后”和手指的“弯曲”做出前臂朝着胳膊“弯曲”的一个动作，那么刚才还是动作之载体的我的身体，现在自己成了动作的目标，其运动筹划不再指向世界中的某个人，而是指向我的前臂、我的胳膊和我的手指；只要它们能够中断其在给定世界中的嵌入，能够围绕着我勾画出一个虚构的处境，甚或只要我能够在没有任何虚构的同伴的情况下好奇地考虑这一奇特的意指机器，并且出于高兴使之运转，该运动筹划就会指向它们。③ 抽象动作在具体动作发生于其中的充实世界之内挖掘出了一片反思的和主体性的区域，它将一个虚拟的或人类的空间重叠在物理空间之上。因此，具体动作是向心的，而抽象动作是离心的，前者发生在存在或现实之中，后者则发生在可能或非存在之中，前者黏附于一个给定的背景，后者自己展开其背景。使抽象动作得以可能的正常功能是一种“投射”功能，做这一动作的被试通过它能够在自己前面安排一个自由的空间，本来并不实存的东西
130 可以在其中呈现出一副实存的样子。我们知道一些病得没有施耐德严重的病人，他们能够知觉到各种形式、各种距离、各种物体本身，但却既不能在这些物体上勾画出要用于行动的方向，也不能按

---

① 戈尔德斯坦：《论活动对视觉过程的依赖性》，第 161 页。

② 同上。

③ 戈尔德斯坦(同上书，第 160 页以下)满足于说，抽象动作的背景是身体；就身体在抽象动作中不再仅仅是载体，而是变成了动作的目标而言，这种说法是正确的。尽管如此，在改变功能的时候，身体也在改变实存的样式，并且从现实走向了虚拟。

照一个给定的原则来分类排列它们，一般地说，不能把那些使空间场景变成我们行动之景致的人类规定性添加给空间场景。例如，这些被置于一个迷宫中面对一条死胡同的病人，找到“相反的方向”是非常艰难的。如果我们在他们和医生之间放一把尺子，他们不能根据指令布置“他们旁边”的东西或“医生旁边”的东西。他们非常费劲地在别人的胳膊上指出他们自己身上受到刺激的那个部位。尽管他们心里知道日期和月份的序列，但在知道今天是三月和星期一的情况下，他们却难以说出前一天是星期几，前一月是几月。他们不能比较放在他们面前的两组小棒中包含的单位数量：他们有时把同一根小棒算两遍，有时在计算一组小棒时把属于另一组的小棒也算了进来。[①] 这是因为这些活动都要求同一种能力：在一个给定的世界中标出一些边界和方向、确定一些力线、布置一些视角，总之，根据此一时刻的各种筹划来组织给定的世界，在地理环境之上构造一个行为环境、一个在外面表达主体的内在活动的含义系统。对于他们来说，世界只是作为一个完全现成的或凝固的世界实存着，而在正常人那里，各种筹划极化了世界，变戏法似地使无数引导行为的符号——就像博物馆里各种引导观众的指示牌——出现在世界之中。这种“投射”或“召唤”(在通灵者召唤一个不在场者并使之出现的意义上)的功能也是使抽象动作得以可能的东西：这是因为，为了在任何紧急任务之外拥有我的身体，为了在我的想象中运转它，为了在空中描述只能由一个口头指令或一些道德需要所界定的动作，我也应该颠倒身体和环境

① 凡·沃尔康姆：《论空间概念(几何学的方向)》，第113－119页。

的自然关系，而且一种人类生产力应该穿透存在的厚度显露出来。

正是通过这些术语，我们可以描述引起我们关注的运动障碍。131 但是我们也许会发现，就像我们常常对精神分析进行的评说那样，这种描述只告诉了我们疾病的意义或本质，而没有告诉我们其原因。[①] 科学只能开始于一种说明，而这种说明必须按照已经获得证明的归纳方法在现象下面寻找现象所依赖的条件。比如，在这里，我们知道施耐德的那些运动障碍是与一些广泛的视觉功能障碍相一致的，而后者本身又与作为疾病之起因的枕叶损伤联系在一起。单靠视觉，施耐德认不出任何物体。[②] 他的视觉所予是一些几乎没有形状的斑点。[③] 至于不在场的那些物体，他不能给予它们一种视觉表象。[④] 另一方面，我们知道，只要被试眼睛盯住承

① 参比如勒萨乌罗："一位面对精神分析的哲学家"，载《新法兰西杂志》，1939 年 2 月号。"对于弗洛伊德来说，通过一些说得过去的逻辑关系已经把各种症状联系起来了这一单独事实，就是可以用来证明精神分析(即心理学)的解释有根据的一个充分证明。作为解释的准确性之标准提出来的这一逻辑一致性特征，使弗洛伊德的证明更近似于形而上学的推演而不是科学的说明……在心理医学寻找病因的时候，心理的相似几乎没有任何价值。"(第 318 页)

② 只是在人们允许他做一些重新勾勒物体的不完美轮廓的头、手或手指的"模仿动作"时，他才能认出物体。盖尔布和戈尔德斯坦：《论视知觉和认识过程的心理学，脑疾病病例的心理学分析》，第一章，第 20－24 页。

③ "病人的视觉所予缺乏一种特别的、有特征的结构。病人的不像正常人的印象那样具有牢固的构形，比如它们没有'四方形'、'三角形'、'直线'、'曲线'的典型外观。他面前只有一些斑点——只有通过诸如高、宽以及它们之间的关系等一些非常广泛的特征，他才能抓住它们"(同上书，第 77 页)。在五十步外扫地的园丁(对于他来说)是"一条有某种东西在它下面来来回回的长线"(第 108 页)。在大街上，病人能把人和车区分开来，因为"人全都是一样的：细长；车则是宽大的，大家是不会搞错的，车要粗很多"(同上)。

④ 同上书，第 116 页。

担任务的那个肢体，那些“抽象”动作就成为可能的。[①] 因此，自愿 132
的运动性剩下的部分依赖于视觉识别剩下的部分。密尔的那些著名方法使我们能够在此得出结论说：各种抽象动作和指示(Zeigen)依赖于视觉表象的能力，而病人保持的那些具体动作就像他在别处用来补偿视觉所予之贫乏的那些模仿动作一样，来自于施耐德明显运用的运动感官或触觉感官。具体动作和抽象动作的区分，就像抓住(Greifen)和指示的区分一样，被归结为触觉和视觉的古典区分，我们刚才阐明的投射功能或召唤功能被归结为知觉、被归结为视觉表象。[②]

实际上，按照密尔的那些方法进行的归纳分析没有得出任何结论。因为那些有关抽象动作和指示的障碍不仅在精神性盲的各种例子中，而且也在那些小脑性共济失调症以及其他许多疾病那里存在。[③] 在所有这些相合中，不能取其中的一个为决定性的，并且通过它来“说明”指示行为。面对各种事实的含混性，我们只能放弃关于那些相合的单纯的统计标记，并寻求“理解”通过它们而得以揭示出来的关系。在那些小脑性共济失调症者的情形中，有人注意到，与声音刺激物不同，视觉刺激物只引起一些不完全的运动反应，然而，我们没有任何理由假设他们有视觉功能的原发性障

① 盖尔布和戈尔德斯坦：《论视觉想象力的完全丧失对触觉识别的影响——脑疾病病例的心理学分析》，第二章，第 213 - 222 页。

② 在盖尔布和戈尔德斯坦对施耐德进行的那些最初研究（《论视知觉和认识过程的心理学》和《论视觉想象力的完全丧失对触觉识别的影响》）中，他们正是在这个意义上解释他的病例的。我们将会看到，他们后来（《论活动对视觉过程的依赖性》，尤其是《指示与抓住》，以及他们主编的贝纳里、霍赫海默和斯坦因费尔德的一些著作）如何扩展了他们的诊断。他们的分析的进展是心理学进展的一个特别明显的例子。

③ 《指示与抓住》，第 456 页。

碍。不是因为视觉功能受到了损害，所以那些指示动作成了不可能的，而是因为指示的姿势是不可能的，所以视觉刺激物只能引起
133 一些不完全的反应。我们应该承认，声音由其本身引起的毋宁是一种抓的动作，而视知觉唤起的是一种指示的动作。“声音总是把我们引向它的内容，引向它对于我们而言的意义；相反，在视觉表象中，我们可以非常容易地‘撇开’内容，我们毋宁被引向客体所处的空间地盘。”[①]因此，一种意义与其说是通过它的各种“心理内容”的不可描述的性质，不如说是通过呈现其客体的方式、通过其认识论结构（其性质是这一结构的具体实现，用康德的话说，是其展现）获得界定的。对病人进行“视觉刺激”或“听觉刺激”的医生相信自己在检验病人的“视觉感受性”或“听觉感受性”，相信自己在调查构成病人之意识的一些感性性质（用经验主义的语言来说），或病人的认识所拥有的一些材料（用理智主义的语言来说）。医生和心理学家从常识那里借来了“视觉”和“听觉”的概念，而常识认为它们是单义的，因为我们的身体事实上包含着一些在解剖上有别的视觉器官和听觉器官，并且意识可区分的内容按照一种“恒常”的普遍设定被认为是与它们相对应的，而这种设定表明我们对自己是天然地无知的。[②] 但是，这些被科学系统地采纳和应用的模糊概念会阻碍研究，并最终引起对各种素朴范畴的全面修正。实际上，对各个阈限的测量所要检验的，乃是先于感性性质的各种规定以及先于认识的展开的一些功能，乃是被试使围绕着他的东西——要么作为活动的极点以及采纳或排斥行为的极限，要

① 戈尔德斯坦，《指示与抓住》，第 458－459 页。
② 参前面的引论，第 14 页。

么作为认识的场景和论题——为他而存在的方式。只有当我们不是用大量感性性质，而是用赋予周围环境以形式或结构的某种方式来界定活动的背景和视觉时，小脑性共济失调症的运动障碍和精神性盲的运动障碍才会是一致的。因此，通过归纳法的运用，我们被重新引向实证主义想避免的这些“形而上学”问题。归纳法只有在不局限于记录一些共同在场、共同不在场和共同变化时，只有在用不包含在事实中的一些观念来构想和理解事实时，才能达到 134
其目标。我们并不需要在把疾病的意义提供给我们的关于疾病的描述和把疾病的原因提供给我们的说明之间进行选择，而且不存在没有理解的说明。

不过，还是让我们明确地表达我们的不满。分析起来，这可以分为两个方面。(1)一个“心理事实”的原因从来都不是通过简单的观察就能发现的另一个“心理事实”。例如，视觉表象不能说明抽象动作，因为它本身就寓有投射一个显示在抽象动作和指示动作中的场景的同一种能力。然而，这一能力并不属于各个感官，甚至不属于内感官。让我们暂且说，只有通过我们将进一步明确指出其性质的某种反思，它才能被发现。由此立刻可以得出结论，心理学的归纳并不是对一些事实的简单统计。心理学不是通过指出它们中的不变的、无条件的前提而进行说明。它构想和理解各种事实，完全就像物理学的归纳那样，不局限于记录各种经验的连续，并且构建能够协调各种事实的一些概念。这就是为什么和物理学中的归纳一样，心理学中的任何归纳都不能利用判决性实验的原因。由于说明不是被发现的而是被发明的，因而它从来都不是和事实一起被给予的，它始终是一种或然的解释。到此为止，我

们只是把有人就物理学的归纳所充分地证明过的东西应用到心理学,[①]而我们的第一个不满针对的是经验主义构想归纳的方式,针对的是密尔的那些方法。——(2)可是,我们将会看到,这第一个不满包含着第二个不满。在心理学那里,应该拒绝的不只是经验主义,更应该一般地拒绝归纳方法和因果思维。心理学的对象具有这样的性质:它不能通过一些有关可变函项的关系获得规定。让我们更详尽地确立这两点。

(1)我们注意到,施耐德的那些运动障碍伴有一种广泛的视觉认知缺陷。因此,我们曾经尝试把精神性盲看作是纯粹触觉行为的一个差别的例子,而且,既然身体空间意识和以虚拟空间为目标

135 的抽象动作在那里几乎是完全欠缺的,我们就倾向于得出结论说,触觉本身不能给予我们任何客观空间的经验。[②] 我们于是说,触觉本身没有能力为动作提供一个背景,也就是说,没有能力在做出动作的被试面前严格同时地安排动作的起点和终点。病人尝试通过各种预备动作给予自己一个“运动觉背景”,他就这样成功地“标出”了其身体在起点上的位置,并且成功地开始活动;然而,这一运动觉背景是不稳定的,它不能像视觉背景那样,在整个活动期间为我们提供运动物体相对于其起点和终点的方位。运动觉背景被活动本身所扰乱,它需要在每次活动之后被重建。我们要说,这就是为什么施耐德的那些抽象动作丧失了抽象活动富有旋律的特征,

① 参布伦茨威格:《人类经验和物理因果性》,第一部分。

② 盖尔布和戈尔德斯坦:《论视觉想象力的完全丧失对触觉识别的影响》,第227－250页。

为什么它们是由一些首尾相接的片断构成的，为什么它们往往在进行之中“脱轨”。施耐德所缺少的实践场就是视觉场。[①] 但为了能够将精神性盲的运动障碍与视觉障碍联系起来，将正常人的投射功能与视觉联系起来（如同与其恒常的、无条件的前提联系起来），必须确保唯有视觉所予被疾病所伤及，而行为的其他全部条件，尤其是触觉经验仍然保持为它们在正常人那里所是的那样。我们能肯定这一点吗？正是在这里我们将会看到，就像事实是含混的一样，没有任何实验是判决性的，没有任何说明是确定性的。如果我们观察到，一个正常被试能够闭着眼睛做抽象动作，正常人的触觉经验足以控制运动机能，那么我们总是可以回答说，正常人的各种触觉所予恰好按照旧的感官训练模式从视觉所予那里获得了它们的客观结构。如果我们观察到，盲人中除了有做各种预备动作的一些例子，还有一个盲人能够定位对其身体的**刺激**，并且做出一些抽象动作，那么我们总是可以回答说，各种联想的反复出现已经把运动觉印象的定性色彩传达给触觉印象，并且准同时性地 136
把它们连接起来。[②] 真正说来，在病人们的行为中，很多事实让人预感到了触觉经验的一种原发性变异。[③] 比如，一个被试会敲门，但是，如果门是隐藏着的，或者如果门只是处在他摸不着的地方，他就不会敲了。在后一种情形中，病人不能在空中做敲门和开门

① 戈尔德斯坦：《论活动对视觉过程的依赖性》，第 163 页及以下。

② 戈尔德斯坦：《论视觉想象力的完全丧失对触觉识别的影响》，第 244 页及以下。

③ 这涉及到 S 的病例，戈尔德斯坦在其著作《论活动对视觉过程的依赖性》中对这一病例和施耐德的病例进行了对照。

的动作，**即使他的眼睛是睁开着的并且盯着门的**。[①] 在病人拥有一种通常或多或少足以指引他的各种动作的目标视知觉时，如何能够在此将病人的不能归之于各种视觉缺陷呢？难道我们没有阐明一种原发性的触觉障碍吗？很明显，一个物体如果能够引起一个动作，它必须包含在病人的运动场之中，障碍则在于运动场的缩小，从此以后被限制在那些实际可触摸到的物体那里，排除了在正常人那里围绕着它们的可能的触觉视域。缺陷归根结底与比视觉、触觉（作为被给予的性质之总和）更深层次的功能相关联，它涉及被试的生命区，即朝向世界的开口：这一开口使一些实际上不在把握之中的物体对于正常人来说仍然重要，仍然可以触摸得到地为他实存着，并构成其活动领域的一部分。按照这一假说，当病人们在整个活动期间留心自己的手和目标时，[②]我们不应该把这种

情况看作是一个正常过程的简单放大，对视觉的这种求助只是因为虚拟触觉有了缺陷才是必要的。但是，在严格归纳的层面上，这一对触觉加以质疑的解释仍然是随意的，我们总是可以附和戈尔德斯坦而倾向于另一种解释：为了敲门，病人需要一个在触得到距离之内的目标，这是因为，有缺陷的视觉在他那里不再足以给动作提供一个坚实的背景。因此，不存在一个可以决定性地证明病人的触觉经验是否与正常人的触觉经验相同的事实，就像物理理论一样，借助某种辅助假说，戈尔德斯坦的看法总是能够被处理成与
137 事实相一致。就像在物理学中一样，任何绝对排他性的解释在心

① 《论活动对视觉过程的依赖性》，第 178－184 页。

② 同上书，第 150 页。

理学中都是不可能的。

尽管如此，如果我们更仔细地瞧瞧，就会看到，在心理学中，一种判决性实验的不可能性是建立在一些特殊的理由之上的，它与要认识的客体——也就是行为——的本性本身相关，并且有一些更加决定性的后果。在一些其中没有任何一个完全被排除，也没有任何一个严格为事实所确立的理论之间，物理学仍然能够依据逼真度，选择一个能解释更多事实，而自己又没有为了解释而构设出来的辅助假说。在心理学中，我们缺乏这个标准：我们刚才已经看到，为了用视觉障碍来说明不能在门前做出“敲”的动作，有必要不用任何辅助性假说。我们不仅从来没有达至一种排他性的解释（虚拟触觉的缺陷或视觉世界的缺陷），而且我们还必然要回应一些同样逼真的解释，因为“视觉表象”、“抽象动作”和“虚拟触觉”只不过是同一种中心现象的一些不同的名称。所以，心理学在这里并不处在与物理学相同的处境中，即心理学局限在各种归纳的概率中，它不能——哪怕依据逼真性——在那些从严格归纳的角度看仍然保持为不相容的假说中进行选择。为了一个哪怕仅仅概率性的归纳保持为可能的，“视觉表象”或“触知觉”就应该是抽象动作的原因，或者最终它们两者都应该是一个其他原因的结果。这三项或四项应该能够从外面获得考虑，而且我们也应该能够辨别出它们的相应的变化。但是，如果它们是不可分离的，如果它们中的每一项都预设了其他各项，那么这种失败就不是经验主义的失败或判决性实验的尝试的失败，而是心理学中的归纳方法或因果思维的失败。因此，我们到达了我们想确定的

第二点。

(2)就像戈尔德斯坦认识到的那样，如果正常人的一些触觉所予与一些视觉所予的共存相当深刻地改变了前者，以至它们能够
138 充当抽象动作的基础，那么病人的被切断了这种视觉所予的触觉所予，就不再能够被视作与正常人的那些触觉所予是相同的。戈尔德斯坦说，触觉所予和视觉所予在正常人那里不是并置的，前者因为与后者的邻近而具有它们在耐德那里已经丧失了的“性质上的细微差异”。他补充说，这意味着研究正常人的纯粹触觉是不可能的，唯有疾病给出了一幅关于被还原到它自身的触觉经验是什么的图画。[①] 这一结论是正确的，然而它相当于说：用于正常被试和用于病人的“触摸”一词并不具有相同的意义；“纯粹触觉”是一种并不作为构成成分进入正常经验的病理学现象；疾病在破坏视觉功能时并没有揭示出触觉的纯粹本质；疾病改变了被试的整个经验，或者如果我们愿意这样说的话，在正常被试那里，并不存在一种触觉经验和一种视觉经验，而只存在不可能在其中确定各种不同的感觉贡献之分量的整全经验。那些在精神性盲中以触觉为中介的经验与那些在正常被试那里以触觉为中介的经验没有任何共同之处，而且不管前者还是后者都不配被称为“触觉”所予。在我们使“视觉”经验发生变化以便辨别属于触觉经验和视觉经验各自特有的因果关系时，触觉经验并不是一种我们可以保持其不变的分开的条件，而且行为不是这些变量的一个函项：它在这些变量的定义中已经被预设了，就像它们中的每一个已经在另一个的定

① 戈尔德斯坦：《论视觉想象力的完全丧失对触觉识别的影响》，第227页及以下。

义中被预设了一样。[1] 精神性盲、触觉缺陷和运动障碍是它们借 139
以获得理解的一种更根本的障碍的三种表达，而不是病态行为的三个构成成分；视觉表象、触觉所予和运动机能是行为统一体中的三种被分割开的现象。如果因为它们表现出一些相关变化，我们就想用其中一个来说明另一个，那么我们就是忘记了，比如说，就像小脑性共济失调症的例子所表明的，视觉表象行为已经预设了在抽象动作和指示动作中也表现出来的相同的投射能力，如此一来，我们是把需要说明的东西当作前提给出了。通过将投射能力限制在视觉或触觉或某种实际所予中（这种寓于它们所有之中），归纳思维和因果思维对我们隐瞒了这一能力，使我们无视正好是心理学维度的行为维度。在物理学中，一条定律的建立确实要求科学家构想各种事实藉之得以协调的观念，而这一并不处在事实

① 关于运动机能对于感觉所予的条件制约，参《行为的结构》第 41 页以及表明一只被拴住的狗不像一只自由的狗那样知觉到自己的活动的各种实验。在盖尔布和戈尔德斯坦那里，古典心理学的那些方法奇怪地与格式塔心理学的具体灵感混合在一起。古典心理学方法完全认识到了，进行知觉的被试作为一个全体进行反应的，但整体性被构想成一种混杂，并且触觉从其与视觉的共存中只是获得了一种"性质上的细微差异"，而按照格式塔心理学的精神，只有作为不可分割的环节被整合到一个感觉间的组织，这两个感觉领域才能产生联系。然而，如果说触觉所予与视觉所予构成了一个整体构形，这显然以它们自己在各自的领地中实现了一种空间构造为条件，否则的话，触觉和视觉的关联将是一种外在联想，而且触觉所予在整体构形中停留为它们被孤立地把握成的东西：这两种结果都被完形理论排除掉了。

做出如下的补充是正当的：在另外一部作品（慕尼黑第九届实验心理学大会报告"空间知觉病理障碍的心理学意义"）中，盖尔布自己指出了我们刚才所分析的研究的不足。他说，甚至不应该谈论正常人的触觉和视觉的融合，甚至不应该在对空间做出的各种反应中区分出这两种构成成分。如同纯粹的视觉经验，纯粹的触觉经验连同它的并置的空间和被表象的空间，都是分析的产物。存在着对所有感官在其中以一种"未经分化的统一体"协同作用的空间的具体使用（第 76 页），触觉的意义只是没被空间的主题认识恰当地理解。

之中的观念将永远不会被一个判决性实验所证实，将永远只是或然的。但是，它仍然是函项与变量关系意义上的因果关系的观念。大气压应该是我们发明出来的，但是，它最终仍然是一个第三人称过程，是一定数量的变量的函项。如果行为是一种形式，各种“视觉内容”和各种“触觉内容”、感受性和运动性在其中仅仅作为一些不可分离的环节出现，那么它仍然不能通过因果思维获得理解，
140 它只是对于另一种思维来说才是可以领会的，——这另一种思维接受初生状态的客体（就像它向亲历它的人显现的那样），连同它那时被笼罩在其中的意义氛围，并且寻求进入这一氛围之中，以便在各种散乱的事实和症状背后找到被试的整体存在（如果涉及一个正常人的话），找到他的根本障碍（如果涉及一个病人的话）。

如果我们不能用各种视觉内容的缺失来说明抽象动作障碍，因此也不能用这些内容的实际在场来说明投射的功能，那么还有一种方法似乎仍然是可能的：它不是通过把症状回溯到一个本身可观察的**原因**，而是回溯到一个可知的**理由**或一个可能性的条件来重构根本的障碍，也就是说把人类主体当作一个不可分割的、其每一个显示都是完全在场的意识。如果障碍不应该与内容相联系，那就应该与认识的形式相联系，如果心理学不是经验主义的和说明的，它就应该是理智主义的和反思的。完全就像命名行为一样，[①]指示行为假定：客体不是被身体所接近、抓住和吞没，而是与

① 参盖尔布和戈尔德斯坦：《论颜色名称遗忘症》。

身体保持着距离，并且在病人面前形成图像。柏拉图仍然承认经验主义者用手指示的能力，但真正来说，如果这一沉默的动作所指示的**东西**尚未从瞬间实存、单子实存中被夺取出来，被当作先前在我这里显现的东西和同时在他人那里显现的东西的代表，即被归入一个范畴或被提升为概念的话，也是不可能的。病人之所以不再能够用手指指示我们触摸的其身体的一个点，是因为他不再是面对一个客观世界的一个主体，是因为他不再能够采取“范畴的态度”。[①] 同样，抽象动作只要预设了目标意识、只要被这一意识所支撑、只要是为己的活动，就会受到损伤。实际上，它不是由任何实存着的客体所引起的，它显然是离心的，它在空间中勾画了一种无根据的意向：这一意向朝向本己身体，并且把它构成为客体，而不是穿透它以便透过它通达各种事物。因此，抽象动作中寄寓着一种客观化的能力，寄寓着一种“象征功能”[②]、一种“表象功能”[③]、 141
一种“投射”能力[④]——这一能力已经在一些“事物”的构造中起作用，它把各种感性所予看作是一些代表另一些的、全部一起代表一个本质的，它给予它们一种意义，内在地赋予它们以生机，将它们整理成系统，使许多经验围绕着同一个可知的核心，使一种可以从各个不同视角识别的统一性呈现在它们那里，总之，就在于在印象流背后安排一个给予它们以根据并赋予经验材料以形式的不变者。然而，我们不能说意识**有**这一能力，它**就是**这一能力本身。只

① 盖尔布和戈尔德斯坦：《指示与抓住》，第 456－457 页。

② 海德。

③ 布曼和格林鲍姆。

④ 凡·沃尔康姆。

要存在着意识，并且为了存在着意识，就需要存在着意识就是关于它的意识的某一个东西，即一个意向性对象，而且，意识只有“非实在化”自身并投入到客体之中、只有整个地处在对某物……的这种参照中、只有是一种纯粹的意指行为，才能够朝向这一客体。如果一个存在是意识，那么它应该不外乎就是诸意向的组织。如果它不再能够由意指行为来界定，那么它就会回到事物的状态：事物正好是那种不能进行认识的东西，是那种对自己和世界处于一种绝对无知状态的东西，因而是那种并非真正的“自身”，也即“为己”，而是只拥有时-空个体化和在己实存的东西。[①] 因此，意识不会包含多与少。如果病人不再作为意识而实存，他就必定作为事物而实存。要么活动是为己的活动，于是“刺激”不是其原因，而是其意向对象；要么活动被分割并散布到在己的实存之中，变成了身体中的一个其各阶段相继而来却互不相识的客观过程。具体动作的优势能够在疾病中获得说明，因为它们是古典意义上的反射。病人
142 的手能够摸到自己身体上蚊子所在的那个部位，因为预先确立的一些神经环路调整的是反应而不是兴奋。他之所以仍然能从事职业活动，是因为这些活动依赖于一些牢固地建立起来的条件反射。尽管存在着各种心理缺陷，它们仍然能够继续存在，因为它们是一些在己的活动。具体动作与抽象动作、抓与指示的区别是生理与

① 我们常常把做出这一区分的荣誉归于胡塞尔。实际上，这一区分在笛卡尔和康德那里已经存在。在我们看来，胡塞尔的原创性不在于提出了意向性概念，而在于对这一概念的精心设计，在于在表象的意向性之下发现了一种更加深刻的、其他人所说的实存的意向性。

心理、在己存在和为己存在的区别。[1]

我们将会看到，实际上，第一个区别与它远没有覆盖的第二个区别是不相容的。一切“生理学说明”都倾向于一般化。如果抓的动作或具体动作是由皮肤上的每个部位和那些把手引向它的运动肌之间的实际连接所保证的，那么我们就看不出来，为什么控制同样的肌肉来做几乎没有什么差别的活动的同一个神经环路却不能确保指示动作和抓的动作。在叮咬皮肤的蚊子和医生放到相同地方的小木尺之间物理的差别不足以说明抓的动作是可能的、指示动作是不可能的。只有在我们考虑这两种“刺激”的情感价值或其生物学意义的情况下，它们才能够真正被区分开来；只有在我们把指示和抓视为与客体相关联的两种方式、在世存在的两种类型的

---

① 盖尔布和戈尔德斯坦有时倾向于在这一意义上解释这些现象。为了超越自动行为和意识之间的古典的二者择一，他们比任何人做的都要多。但是，他们从未给予他们的分析总是把他们引向的，我们称为实存的这一在心理和生理之间、在为己和在己之间的第三项以名称。因此，他们最早期的那些工作常常落入身体和意识的古典二分之中：“抓的动作远远要比指示行为更直接地由机体与围绕机体的场域的关系所决定……；重要的不在于随着意识而展开的那些关系，而在于那些直接的反应……，我们以一种更加具有生命力的——用生物学的术语来说，原始的——方式与它们打交道”(《指示与抓住》，第 459 页)。“抓的行为对那些关系到行为的实施的有意识构成成分的各种变化、对同时统握的各种缺陷(在精神性盲中)、对被知觉空间的逐渐变化(在小脑性共济失调症中)、对各种感受性障碍(在某些皮质损伤中)仍然是完全不敏感的，因为它不是在这一客观的领域中展开的。只要那些周围兴奋仍然足以准确地指引它，它就能够被保留”(同上书，第 460 页)。盖尔布和戈尔德斯坦确实怀疑定位反射活动的存在(亨利)，但只是就人们想把它们看作是天生的而言。他们坚持“一种不包含任何空间意识的自动定位”的观念，“因为它甚至发生在睡眠中”(由此被理解成绝对无意识)。在婴儿那里，它确实是基于整个身体对一些触觉刺激物的整体反应而“习得”的——但这一习得被构想为在正常成人那里将被外部兴奋所“唤醒”、并引导他走向那些合适的出路的“运动觉残余”的积累(《论视觉想象力的完全丧失对触觉识别的影响》，第 167－206 页)。施耐德之所以能够正确地进行那些为其职业所必需的活动，是因为它们全都是习惯性的，不要求任何的空间意识(同上书，第 221－222 页)。

143 情况下，这两种反应才会停止彼此相混。但是，一旦我们把活的身体还原为客体状态，这正好就成了不可能的事情。即使我们只是一次承认它是第三人称过程的所在地，我们就不再能够在行为中为意识留下任何地盘。各种姿势以及各种动作既然利用的是相同的器官-客体，相同的神经-客体，就应该被展示在无内在的过程的平面之上，被塞进“生理条件”的没有空隙的组织之中。当从事其职业的病人将手伸向放在桌子上的一件工具时，他难道没有完全就像做一个抽象的伸展动作所必需的那样移动其胳膊的各个部分吗？一个成天在做的姿势难道不包含一系列的肌肉收缩和神经支配吗？因此，不可能划定生理学说明的界限。另一方面，也不可能划定意识的界限。如果我们把指示的姿势与意识相关联，如果刺激甚至有一次可以为了变成反应的意向对象而停止成为反应的原因，那么我们就不能构想刺激在任何情况下都可以作为纯粹原因起作用，也不能构想动作永远可以是盲目的。因为，如果在其中有起点意识和终点意识的“抽象”动作是可能的，那么在我们生活的每一时刻，我们确实一定会知道我们身体在何处，而不用像寻找我
144 们不在时被移走的一个物品那样寻找它；因此，甚至各种“自动”的动作也一定会向意识显现，也就是说，在我们身体中从来都没有在己的动作。如果整个客观空间只是为理智意识而存在的，那么我们甚至在抓的动作中都一定会重新找到范畴态度。[①] 就像生理的

① 倾向于将抓与身体、将指示与范畴态度联系起来的戈尔德斯坦(我们从前面的注释中已经看到了这一点)被迫重新回到这一“说明”上来。他说，抓的行为可以“按照指令获得执行，而且病人想去抓。为了去抓，不需要意识到他伸手所及的那个空间点，但他仍然感觉到了一种空间定位……”(《指示与抓住》，第 461 页)。如同在正常人那里一样，抓的行为“仍然要求一种范畴的、有意识的态度”(同上书，第 465 页)。

因果关系一样，意识觉醒不会不开始于任何地方。必须要么放弃生理学说明、要么承认它就是全部，——要么否认意识、要么承认它就是全部；我们不能把一些动作与身体机制联系起来、把另一些与意识联系起来；身体和意识并不相互限定，它们只能是平行的。任何生理学说明都在机械生理学中被一般化，任何意识觉醒都在理智主义心理学中被一般化，而机械生理学或理智主义心理学都将行为平均化，并且消除了抽象动作和具体动作之间、指示和抓之间的分别。这一分别要获得维持，除非存在着**身体成为身体的许多方式、意识成为意识的许多方式**。只要身体是由在己实存来界定的，它就作为一部机器均匀地运作；只要心灵是由纯粹的为己实存来界定的，它就只能认识一些展现在它面前的客体。因此，抽象动作和具体动作的分别不能被混同于身体和意识的分别，它不属于相同的反思维度，它只能在行为的维度中找到其位置。各种病理现象使不是客体的纯粹意识的某种东西在我们眼里发生变化。就像经验主义心理学对一些内容的诊断一样，理智主义心理学对病理现象的诊断——意识的瓦解和自动行为的释放——，并没有触及根本的障碍。

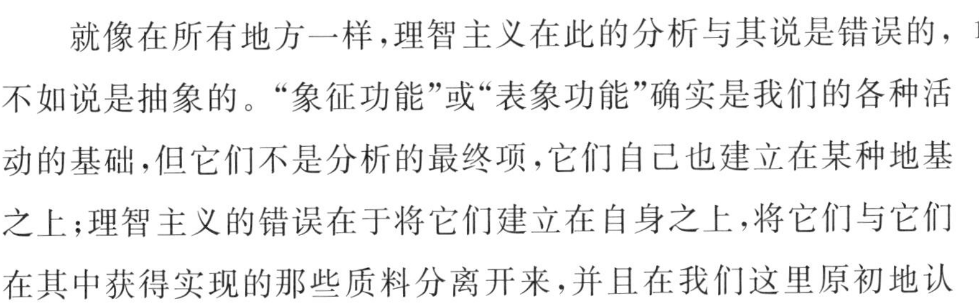

就像在所有地方一样，理智主义在此的分析与其说是错误的， 145
不如说是抽象的。“象征功能”或“表象功能”确实是我们的各种活动的基础，但它们不是分析的最终项，它们自己也建立在某种地基之上；理智主义的错误在于将它们建立在自身之上，将它们与它们在其中获得实现的那些质料分离开来，并且在我们这里原初地认识到一种没有距离的面对世界在场，这是因为，从这一不带不透明性的意识、这一不包含多和少的意向性出发，一切将我们与真实的

世界分离开来的东西——错误、疾病、疯癫，总之，肉身化——都被归结为单纯显象的状态。无疑理智主义没有脱离意识的质料而实现意识，比如，它明确反对在言语、行为和知觉后面引入一种作为语言、知觉和运动质料之共同的，且数量上唯一的形式的“象征意识”。卡西尔说过，不存在“一般的象征能力”，[①]反思的分析不是寻求在涉及知觉、语言和行动的病理现象之间建立一种“存在方面的一致”，而是寻求建立一种“意义方面的一致”。[②] 理智主义心理学正因为确定性地超越了因果思维和实在论，所以能够看出疾病的意义或本质，并且能够认识一种不是在存在的层面上被确认，而是在真理的层面上自我证实的意识的统一性。但是，存在方面的一致和意义方面的一致之间的分别、从实存秩序向价值秩序的有意识过渡，以及使我们能够断定意义和价值为自主的那种倒转，实际上恰恰就相当于一种抽象，因为，从我们最终采取的立场来看，现象的多样性变成无关紧要和不可理解的了。如果意识被置于存在之外，它就不会受到存在的损害，诸种意识的经验的多样性——病态意识、原始意识、儿童意识、他人意识——就不会获得严肃对待，其中不存在任何有待认识和理解的东西，唯一一种可理解的东
146 西就是意识的纯粹本质。这些意识中的每一种都不会错过实现我思。在其各种谵狂、强迫症和谎言的背后，疯子知道自己在发狂、在强迫自己、在说谎，最终说来，知道他不是疯子，知道他认为自己是疯子。因此，一切都是就更好而言的，疯癫只不过是不良意志。

① Symbolvermögen schlechthin，卡西尔：《符号形式的哲学》，第三卷，第 320 页。

② “存在方面的一致，意义方面的一致”（Gemeinsamkeit im Sein，Gemeinsamkeit im Sinn），同上。

如果对疾病意义的分析获得的是一种象征功能，那么这一分析就把所有的疾病都视为同一的，就把失语症、失用症和失认症都归于统一了，[①]甚至或许不能将这些疾病与精神分裂症区别开来。[②] 这样我们就会明白为什么医生和心理学家会婉拒理智主义的敦请，并由于没有更好的办法而重新回归因果说明的各种尝试，因为它们至少具有考虑到了在该疾病以及每一疾病那里存在着特别之处的优势，而且它们由此至少给予了我们一种实际知识的幻象。现代病理学指出，从来都不存在严格的选择性障碍，但它也指出，每一障碍按照其主要损害的行为领域是有细微差别的。[③] 即使更仔细地观察，任何失语症都包含着一些辨识障碍和运用障碍，任何失用症都包含着一些语言障碍和知觉障碍，任何失认症都包含着一些语言障碍和行动障碍，各种障碍的中心仍然是在这里处于语言区域，在那里处于知觉区域，在别处处于行动区域。当我们在所有的情况中都追究象征功能时，我们确实在描述各种有别的障碍的共同结构，然而这一结构不应脱离它每次都在其中就算不是选择性地、也至少是主要地获得实现的一些质料。总之，施耐德的障碍首先不是形而上学的，因为正是一块弹片损伤了他的枕叶区；他的各种视觉缺陷很严重；我们曾经说过，将视觉缺陷当作其他缺陷的原因从而说明它们是荒谬的，但认为弹片与象征意识相关并非不那么荒谬。在他那里，**精神**正是由于视觉而受到了损害。只要我

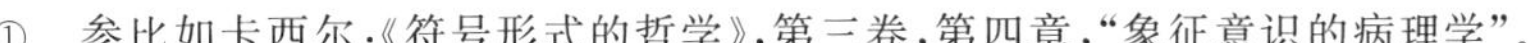

① 参比如卡西尔：《符号形式的哲学》，第三卷，第四章，“象征意识的病理学”。

② 人们实际上构想了一种关于精神分裂症的理智主义解释，这一解释把时间的断裂和未来的丧失归结为范畴态度的瓦解。

③ 《行为的结构》，第 91 页及以下。

147 们还没有找到把障碍的起因、本质或意义联系在一起的办法，只要我们还没有界定疾病的既表达其一般性又表达其特殊性的**具体的本质、结构**，只要现象学还没有变成发生的现象学，因果思维或自然主义的各种咄咄逼人的回归就仍然是正当的。因此，我们的问题变得明确了。对于我们来说，关键就在于在各种语言的、知觉的和运动的内容与它们所具有的形式或激活它们的象征功能之间设想一种既不把形式还原为内容，也不把内容归入自主形式之下的关系。因此，我们必须既要理解施耐德的病怎么在所有方面都超出了其经验的各种特殊的——视觉的、触觉的和运动的——内容，又要理解它怎么只透过那些特定的视觉质料来损害象征功能。各个感官，以及更一般地说本己身体，显示了一个整体的神秘：它不用摆脱自己的此性和特殊性，就在自身之外表达了一些能够为整个一系列的思想和经验提供框架的含义。尽管施耐德的障碍就像涉及知觉一样涉及运动性和思想，但它总的来说在思想方面尤其损害了抓住各种同时发生的整体的能力，在运动性方面尤其损害了俯视动作并将它投射到外部的能力。因此，从某种意义上说，正是心理空间和实际空间遭到了破坏或损害，而且这些词清楚地揭示了障碍的视觉谱系。视觉障碍不是其他障碍的原因，尤其不是思维障碍的原因。但是，它更不是它们的一个简单的结果。各种视觉内容不是投射功能的原因，但是，视觉更不是**精神**展示它自身中的无条件能力的一个契机。各种视觉内容在思维的层次上被一种超越它们的象征力量恢复、利用和纯化，但是，这一力量正是在视觉的基础上才得以构成的。质料与形式的关系是现象学称之为一种奠基(Fundierung)关系的那种关系：象征功能就像依赖地基那样依赖视觉，这不是因为视觉是其原因，而是因为视觉是**精神**应该在一切希望之外加以利用的天赋：**精神**应该给予它一种全新的、不仅为了肉身化自己，而且也为了存在所必需的意义。形式与内容合为一体，以至后者最终呈现为前者本身的一种简单样式，而思 148
想的那些历史准备呈现为伪装成**自然**的**理性**的狡计；但是，反过来说，直至在其理智的升华中，内容都停留为根本的偶然性，停留为认识和行动的最初确立或奠基，①停留为对存在或价值的最初领会——认识和行为永远无法穷尽价值或存在的具体丰富性，而且它们会处处更新价值或存在的自发的方法。我们必须重建的正是这一形式和内容的辩证法，或毋宁说，由于“相互作用”仍然只不过是一种与因果思维的妥协、仍然是关于一种矛盾的表述，所以，我们必须描述这一矛盾可以在其中被构想的环境，也就是说实存：事实和偶然事件的无休止的重演（由于一个在这种重演之前不会存在、没有它也不会存在的理由）。②

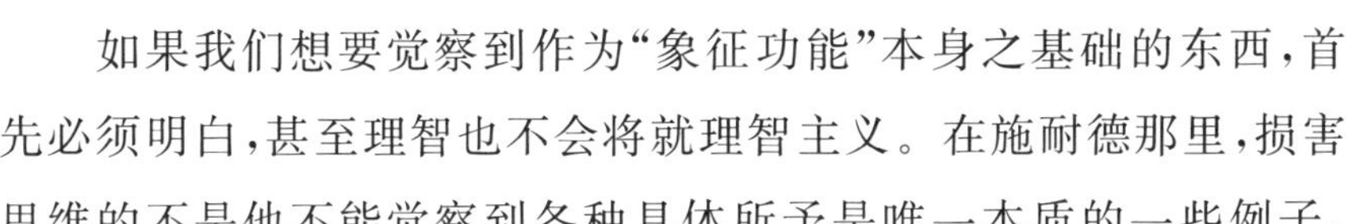

如果我们想要觉察到作为“象征功能”本身之基础的东西，首先必须明白，甚至理智也不会将就理智主义。在施耐德那里，损害思维的不是他不能觉察到各种具体所予是唯一本质的一些例子，

① 我们翻译的是胡塞尔所喜欢的用词 Stiftung。

② 参后面第三部分。——当卡西尔指责康德大部分时间里分析的只是“经验的理智纯化”时（《符号形式的哲学》，第三卷，第 14 页），当他寻求通过象征的完整倾向的概念表达质料和形式的绝对同时性时，或者，当他从自己的角度重拾黑格尔所说的精神在其现在的深处携带和捍卫其过去时，他显然提出了一个类似的目标。但是，不同的象征形式之间的各种关系仍然是含混的。有人总是会问，表达（Darstellung）功能是不是一种永恒意识向自身回归的一个环节、含义（Bedeutung）功能的影子，——或者相反，含义功能是不是构造的初“潮”的一种不可预见的扩大。卡西尔在重拾康德关于意识只能分析它所综合的东西这一说法时，明显回到了理智主义，尽管其书中包含着我们还会用到的一些现象学的、甚至实存的分析。

或者不能把它们归入一个范畴之中，相反的是，只有通过一种明确的归并，他才能将它们联系起来。我们注意到，比如病人不能理解
149 这样一些简单的类比：“皮毛之于猫就像羽毛之于鸟一样”，或者“光之于灯就像热之于炉一样”，或者“眼睛之于光线和颜色就像耳朵之于声音一样”。同样，他不能在其隐喻的意义上理解像“椅子的脚”或“钉子的头”之类的日常术语，尽管他知道这些词指的是物品的哪个部分。有时会出现同样文化程度的一些正常被试更加不能**说明**这种类比的情况，但这是因为一些相反的理由。对于正常被试来说，理解类比要比分析类比更容易，相反，只有在通过概念分析弄清楚了类比之后，病人才能理解类比。“他寻找……他可以从中——就像从一个中项中——推断出两个关系的同一性的共同的具体特征。”[①]比如，他思考关于眼睛和耳朵的类比，并且他显然只是在能够说“眼睛和耳朵都是感觉器官，因此，它们应该能够产生某种相似的东西”的时候，才理解这个类比。如果我们把类比描述为在协调两个给定项的一个概念下对它们的觉察，我们就将这样一个过程当作正常的了：这一过程只是病理的，并且代表着病人为了替代对类比的正常理解必定会经历的迂回的进程。“病人选择一个**比较的第三项**(tertium comparationis)的自由，完全对立于正常人对形象的直观规定：正常人抓住了各种概念结构中的特定的同一性，对于他来说，活的思维步骤是对称的、匹配的。他由此‘逮住了’类比的最主要的东西，而我们总是会问，一个被试是否仍然不能够理解，即使这一理解不是他所提供的说法和阐释充分表

① 贝纳里：《对一个精神性盲病例的智力检查的研究》，第262页。

达的。”[①]因此，活的思维不在于用一个范畴来归并。范畴将一个外在于它所归并的项的含义强加给这些项。正是通过在被构造的语言中、在它所包含的各种意义关系中吸取，施耐德终于能够把作为“感觉器官”的眼睛和耳朵联系起来。在正常思维中，眼睛和耳朵是根据它们的功能的类比一下子就被抓住的；它们的关系之所以能够被固定为一个“共同的特征”并且被记录在语言中，只是因 150
为这一关系首先是以其在视觉和触觉的独特性中的初生状态被觉察到的。也许有人会回应说，我们的批评只是针对一种将思维看作与单纯的逻辑活动相似的粗浅的理智主义，而反思的分析恰恰要回溯到述谓的基础，要在属性判断背后找到关系判断，要在作为机械活动和形式活动的归并背后找到思维借以把在谓词中获得表达的意义赋予给主词的范畴活动。这样的话，我们对范畴功能的批评就没有其他的结果，而只是在范畴的经验使用背后揭示一种先验的使用——没有这一使用，前一使用实际上是不可理解的。然而，经验的使用和先验的使用之区分与其说解决了困难，不如说掩盖了困难。批判哲学为思维的各种经验活动增加了一种先验活动，我们让它负责实现经验思维为之提供零件的全部综合。但是，当我现时地思考某物时，要确立我的思想，保证一种非时间的综合是不充分的，甚至是不必要的。应该在目前、在活的现在实现综合，否则的话，思维与它的各种先验的前提就会相分离。当我思考时，我们不能说我重新回到了我从来没有不是的永恒主体之中，因为思维的真正主体是那个实现了改变和现时恢复的主体，正是它

① 贝纳里：《对一个精神性盲病例的智力检查的研究》，第 263 页。

将其生命气息传递给了非时间的幽灵。因此，我们应该明白时间思维是如何依据它自身而建立的，是如何实现它自己的综合的。正常被试之所以一下子就能明白眼睛和视觉的关系与耳朵和听觉的关系是一样的，是因为眼睛和耳朵是作为进入同一个*世界*的手段一下子被给予他的，是因为他拥有一个唯一的世界的前述谓的明证，以致诸“感官”的等值及其类比可以依据各种事物获得读解，而且可能在被构想出来之前就被亲历到了。康德式的主体设定了一个世界，但为了能够断定一个真理，实际的主体必须首先拥有一个世界或在世界之中存在，也就是说，在自己周围带有一个含义系统（它的各种对应、各种关系和各种参与不需要阐明就能够被利用）。当我在自己的房子里走动的时候，我不用任何推论就一下子
151 知道，走向卫生间意味着要从卧室旁边经过，瞧见窗户意味着壁炉在我的左边；在这个小小的世界里，每一个动作、每一个知觉都通过与成百上千的潜在坐标的关联而获得定位。当我与一位非常熟悉的朋友聊天的时候，他说的每一句话和我所说的每一句话，在其对于所有人来说的含义之外，还包含有对于他的性格和我的性格的主要方面的许多参照，用不着我们回忆起以前的交谈。这些提供了我的经验的次要意义的获得的世界，本身是从一个奠定其首要意义的原初世界之中切割出来的。同样，存在着一个“思想世界”，也就是说，存在着我们的心智活动的一种积淀，它使我们能够信任我们既有的概念和判断，就像信任那些就在那里并且完全被给出的事物那样，用不着我们每时每刻重新对它们进行综合。就这样，可能存在着一种对于我们而言的带有其突出区域和模糊区域的心智全景，存在着一副关于像探究、发现和确定之类的理智问题和

理智处境的外貌。但是,“积淀”一词不会把我们引入歧途:这种浓缩的知识不是处在我们意识深处的一堆惰性的东西。我的房间对于我来说不是一系列严格联想的形象,只有我“手上”或“脚上”仍然有它的各种主要的距离和方向,只有我的身体向它发出大量的意向之线,它才能作为熟悉的领域在我周围继续存在。同样,我那些获得的思想也不是一种绝对的获得,它们每时每刻都从我现在的思想中吸收营养,它们把一种意义提供给我,但我把它还给它们。实际上,我们的可以支配的获得每时每刻都在表达我们的在场意识的能量。有时,比如在疲倦的情形中,这种能量变弱了,于是我的思想“世界”变得贫乏,甚至只剩下一两种萦绕在心头的观念;有时则相反,我沉入自己的全部思想之中,大家在我面前说的每一句话都会引发一些问题、一些观念,都会重新集合和重新组织心智全景,而且都会以清晰的外貌呈现。因此,获得要真正成为获得,除非它在一种新的思维活动中被恢复;一种思想要成为处境化的,除非它本身安于自己的处境。意识的本质就在于给予自己一个或一些世界,也就是说,使它自己的思想就像一些事物那样**在**它自己**面前**存在,而
且它通过不可分地向自己勾勒这些景致和离开它们来证明自己的 152
活力。带着它的积淀和自发性的双重因素的世界的结构处于意识的中心,正是由于对“世界”的拉平,我们能够同时理解施耐德的各种智力障碍、知觉障碍和活动障碍,而不用把一些归结为另一些。

对知觉的古典分析[①]区分了感性所予和它们从知性行为中获

① 我们把关于知觉的一种更准确的研究留给第二部分,我们在这里只谈它对于阐明施耐德的根本障碍和运动障碍来说所必要的方面。就像我们寻求表明的那样,如果本己身体的知觉和经验相互蕴含,这些提前和重复就是不可避免的。

得的含义。从这一视点看，知觉障碍只可能是一些感觉缺陷或一些识别障碍。然而，施耐德的病例相反地表明了涉及感受性与含义的汇合、并且揭示了两者的实存条件的一些缺陷。如果人们向病人出示一支设法让笔夹无法被看见的钢笔，那么认识会有如下几个阶段。病人说："它是黑色的、蓝色的、浅色的。它上面有一个白斑，它是长的。它有一根棍子一样的形状。它也许是一个无论什么样的工具。它发亮。它有光泽。它也可能是一个有色玻璃制品。"我们在这时把钢笔移近一些，并把笔夹朝向病人。他接着会说："它应该是一支铅笔或钢笔。（他摸摸自己的上衣口袋。）它被插在这里，它用来记某种东西。"①很显然，通过为实际被看到的东西提供一些可能的含义，语言在认识的每一阶段都起了作用，而且依循语言的各种联系，认识从"长的"进展到"呈棍子形状"、从"棍子"进展到"工具"、从"工具"进展到"记某种东西的工具"，并且最后进展到"钢笔"。各种感性所予局限于暗示这些含义，就像一个事实向物理学家暗示一个假说那样；病人像科学家那样通过各种事实的印证间接证实并明确表达假说，他盲目地走向协调全部事
153 实的那一假说。这一进程通过对比来突出正常知觉的自发方法、突出这种类别的含义生活（它使客体的具体本质直接就是清楚的，并且甚至让客体的"感性属性"只通过它显现出来）。正是这种熟悉性、这种与客体的联系在这里被中断了。在正常人那里，客体是"会说话的"和有含义的，颜色的搭配一开始就"想说"某种东西，而在病人那里，含义必须由一种真正的解释行为从别处带来。相应

① 霍赫海默：《对语言精神性盲的分析》，第49页。

地，在正常人那里，主体的各种意向被直接反映在知觉场中，极化它：要么给它标上它们的印记，要么最终毫不费力地让一种含义波在它那里产生出来。在病人那里，知觉场已经失去了这种可塑性。当人们要求他用与一个给定的三角形相等的四个三角形来构成一个四方形时，他回答说这是不可能的：人们用四个三角形只能构成两个四方形。人们坚持让他看到一个四方形有两条对角线、总是能够被分成四个三角形。他回答说："确实如此，但这是因为四方形的各个部分必然是相互契合的。当我们把一个四方形分成四部分时，如果我们将这些部分正确地再合在一起，必定会形成一个四方形。"[①]因此，他知道四方形或三角形是什么，他——至少在医生做了说明之后——甚至没有忘记这两种含义的关系，而且他明白任何四方形都可以分为三角形；但他却不能由此得出，所有的三角形（等腰三角形）都能用来构成一个四倍面积的四方形，因为这一四方形的构成要求那些给定的三角形以不同的方式被组合起来，要求那些感性所予成为一个想象的意义的例证。总的来说，世界不再向他暗示任何含义，相应地，他自己提出的那些含义也不再具体化在给定的世界中。我们用一句话来说就是：世界对他来说不再有**外貌**。[②] 正是这一点让我们明白了他的绘画的种种特点。施耐德从来不**按照**模特作画（nachzeichnen，临摹），知觉不直接延伸为动作。他用左手触摸客体，认出某些特征（一个角、一条直线）， 154
表达他的发现，最后在没有模特的情况下勾画出一个相应于语言

① 贝纳里，前引著作，第 255 页。

② 施耐德能听别人读或读一封他自己写的信，却不能认出是自己写的。他甚至表示，如果没有签名，我们无法知道一封信是谁写的（霍赫海默，前引著作，第 12 页）。

表达的图形。[①] 被知觉者被表达为动作要经由语言的各种明确的含义，正常被试则通过知觉进入到客体之中，并且同化客体的结构，而客体透过他的身体直接调整他的各种动作。[②] 主体和客体的这一对话，即主体对分散在客体中的意义和客体对主体的一些意向的这一恢复（这就是面部知觉），在主体周围准备了一个向他谈论他自己的世界，并且把他的各种思想安置在世界之中。假如在施耐德那里这一功能受损了，我们可以预见，对各种人类事件的知觉和对他人的知觉尤其表现出缺陷，因为它们都预设了外部在内部中和内部通过外部的相同的恢复。实际上，如果我们向病人讲述一个故事，就会看到，他不是把它领会为伴有其强拍、弱拍、节奏或特有进程的富有旋律的一个整体，他只记住它是应当被一个接一个地记录下来的一系列事实。这就是为什么只有在叙事中安排一些停顿，并利用这些停顿用一句话概括刚才向他讲的主要的东西时，他才能理解它。当轮到他讲述这个故事的时候，他永远不会是按照人们向他叙述的那样（nacherzählen，复述）：他不做任何强调，他只是随着他对故事的讲述才能理解故事的进展，因此，叙事好像是一部分一部分地被重构出来的。[③] 在正常被试那里存在着叙事的本质，它无需任何明确的分析就在叙事的进展中显示出来，而且它随后会引导叙事的重复。对于他来说，故事是某种可以

① 贝纳里，前引著作，第 256 页。

② 在默想几个小时之后，塞尚获得的正是对充分意义上的“动机”的掌握。他说：“我们在酝酿。”然后突然说：“一切突然就变得妥妥的了。”加斯凯：《塞尚》，第二部分，“动机”，第 81－83 页。

③ 贝纳里，前引著作，第 279 页。

由其风格获得认识的人类事件；被试在此能够“理解”，是因为他有能力在其直接经验之外，体验到叙事所表现的那些事件。总的来说，唯有直接被给予的东西对病人才是在场的。由于他没有直接 155
体验到他人思想，他人的思想就永远不会对他是在场的。[①] 对于他来说，他人的言语是一些必须逐一辨识的符号，而不像在正常人那里那样，是他能够生活**在其中**的一种意义的透明外壳。就像各种事件一样，这些言语对病人来说不是某一重述或投射的动机，而仅仅是一种有条理的解释的契机。就像客体一样，他人不会向他“说”任何东西，无疑向他呈现的幻觉所缺乏的不是可以通过分析得到的这一理智含义，而是可以通过共存得到的这一原初含义。

各种确切意义上的智力障碍——判断障碍和含义障碍——不能够被视为最终的缺陷，它们应该被放回到同样的实存背景之中。以“数盲症”为例。[②] 我们已经能够证明，可以对放在他面前的客体做加减乘除运算的病人却不能构想数，他的所有计算结果都是通过与他没有任何意义关联的一些仪式化的方法获得的。他一边用手指表示那些要去数、要去做加减乘除的客体，一边在心里知道了数列，并且默背它：“对于他来说，数只隶属于数列，它没有任何像固定的数量、群、确定的尺度的含义。”[③]对他来说，两个数中大

① 对于对他来说非常重要的一次交谈，他只能记住其总的主题以及最后做出的决定，而不能记住他的对话者说的那些话：“根据我说那些话的理由，我知道我在交谈中说了什么；至于记住别人说了什么，要更困难一些，因为我没有任何把手让我记起他说了什么”（贝纳里，前引著作，第 214 页）。我们在别处看到，病人重构和推断自己在交谈时的态度，他甚至不能直接地“重述”他自己的思想。

② 贝纳里，前引著作，第 224 页。

③ 同上书，第 223 页。

的那个是数列中“后”出现的数。当人们让他算一算 5+4-4 时，他分两步做这一运算，没有“注意到任何特别的东西”。只有在人
156 们要他看到剩下的是数字 5 时，他才赞同剩下的是 5。他不理解一个给定的数的“一半的两倍”是这个数本身。[①] 我们因此就说他遗忘了作为范畴或图式的数吗？但是，当他的眼睛扫过那些要去数的客体（通过用手指“表示”它们中的每一个）时，尽管他常常把已经数过的和没有数过的混在一起，尽管其综合是混乱的，他显然有综合运算——这刚好就是计数——的概念。相反地，在正常被试那里，作为几乎没有真正数的意义的运动旋律的数列常常替代了数的概念。数从来不是一个其缺失让我们可以确定施耐德的心理状态的纯粹概念，它是一种包含着多和少的意识结构。真正的计数行为要求被试：他的运算（随着它们的展开而且不再占据其意识的中心）对于他来说并没有停止在那儿存在，它们构成了各种后来的运算建立于其上的基础。意识在自己背后保存着那些实现了的综合，它们仍然是可用的，它们可以被重新激活，并且因此在整个计算行为中被恢复和被超越。人们所说的纯粹的数或真正的数，只是借助于循环的构成活动对整个知觉的推进或扩展。只是在数的概念完全假定了一种展开过去以便走向未来的能力的范围内，它在施耐德那里才会受到影响。智力的这一实存基础受到的影响远远大于智力本身受到的影响，因为就像人们观察到的，[②]施耐德的一般智力没有受到损害：他做出的那些反应很慢，但它们从来都不是无意义的，它们是一个成熟的、思考的、对医生的实验感

① 贝纳里，前引著作，第 240 页。

② 同上书，第 284 页。

兴趣的人的反应。应该认识到在作为匿名功能或范畴活动的智力之下，一个作为病人的存在、他的实存能力的个人内核。施耐德仍然想形成一些政治的或宗教的观点，但他知道做这种尝试是徒劳的。“他现在应该仅限于有很多信念，没有能力将它们表达出 157
来。”[①]他从来都既不主动地唱，也不主动地吹口哨。[②] 我们后面会看到，他在性方面从来不采取主动。他出门从来不是为了散步，而总是为了做某件事，他在路过戈尔德斯坦教授的房子时没有认出它是教授的房子，“因为他不是带着去那儿的意图出门的”。[③] 他在做一些事先没有在一个习惯的处境中做过的动作之前，需要通过一些预备动作在他本己身体上获得一些“抓手”，同样，对他来说，和他人的交谈并不构成一个要求一些即兴回答的自身有意义的处境；他只能按照一个预先确定的筹划说话：“他不能依赖现在的灵感去找到面对交谈中的复杂处境所需的各种思想，而且不论涉及新的观点还是旧的观点，都是如此。”[④]他的所有行为中都有某种小心谨慎、严肃认真的东西，这源于他不能玩游戏。玩游戏就是暂时置自己于一个想象的处境中，就是在改变“环境”中找到乐趣。相反，病人不可能进入一个虚构的处境中而不将它转变成真实的处境：他不能把一个谜与一个难题区别开来。[⑤] “在他那里，可能的处境每一时刻都是如此地狭小，以至环境的两个区域——

① 贝纳里，前引著作，第 213 页。

② 霍赫海默，前引著作，第 37 页。

③ 同上书，第 56 页。

④ 贝纳里，前引著作，第 213 页。

⑤ 同样，对于他来说，不存在双关语或语言游戏，因为对他来说那些词在同一次只有一种意义，现实的东西是没有可能性的视域的。同上书，第 283 页。

如果它们对于他来说没有某种共同的东西的话——不能同时成为处境。”[①]如果人们和他交谈，他就听不到隔壁房间里另一交谈的声音；如果人们把一个盘子拿到桌子上来，他从来不会问盘子来自何处。他说人们只能在人们在那里注视的方向上看，并且仅仅看人们凝视的客体。[②] 将来和过去对于他来说只是现在“萎缩了的”延伸。他已经丧失了“我们的按照时间矢量注视的能力”。[③] 他不
158 能俯瞰自己的过去，并通过从整体走向部分毫不犹豫地恢复它：他从一个保存了它的意义并为他提供“支撑点”的片断出发来重构它。[④] 由于他抱怨天气不好，有人就问他是否觉得冬天更好。他回答说：“我现在不能说。我暂时什么都不能说。”[⑤]因此，施耐德的所有障碍都可以被归为统一的东西，然而，这不是“表象功能”的抽象的统一：他被现实的东西“束缚”，他“缺少自由”，[⑥]缺少由置自己于处境之中的普遍能力构成的这种具体自由。就像在知觉之下一样，我们在理智之下也会发现一种更加根本的功能，一种在所有方向上都像探照灯那样的运动矢量——我们通过它能够把自己引向在我们这里或我们之外的无论什么东西，并且拥有一种针对这一客体的行为。[⑦] 探照灯的比喻还不是恰当的比喻，因为它暗含着探照灯将其光照于其上的那些客体是给定的，而我们所说的

① 霍赫海默，前引著作，第 32 页。
② 同上书，第 32、33 页。
③ Unseres Hineinsehen in den Zeitvektor。同上。
④ 贝纳里，前引著作，第 213 页。
⑤ 霍赫海默，前引著作，第 33 页。
⑥ 同上书，第 32 页。
⑦ 同上书，第 69 页。

中心功能在使我看到或认识那些客体之前，已经使它们更加隐秘地为我们而实存了。因此，我们更愿从其他著作中借用术语说[①]：意识生命——认识生命、欲望生命或知觉生命——是以“意向弧”为其基础的，这一意向弧在我们周围投射我们的过去、我们的将来、我们的人类环境、我们的物理处境、我们的意识形态处境、我们的伦理处境，或更准确地说，它使我们处在所有这些关系之中。正是这一意向弧构成了各个感官的统一，感官和理智的统一，感受性和运动性的统一。正是这一意向弧在疾病中“松弛了”。

因此，对一个病例的研究使我们能够觉察到一种新的分析（实存的分析）方式，它超越了经验主义和理智主义、说明和反思的古典的二者择一。如果意识是心理事实的集合，那么每一个障碍就应该是选择性的。如果它是一种“表象的功能”、一种纯粹的意指 159
能力，它（以及伴随它的所有事物）就会存在或不存在，但不会在存在过之后停止存在，或成为有病的，也就是说变质。最终说来，如果它是一种投射活动（它将客体作为自己的各种行为的一些痕迹放置在自己周围，但它依赖它们以便过渡到其他的自发性行为），那么我们就能够同时理解：“内容”的任何缺陷都会对经验的整体产生影响，并且开始瓦解它；任何病理退化都会关系到整个意识；与此同时，疾病每一次都会从某个“方面”损害意识；在每一病例中，某些症状在疾病的临床观察表中都是主导性的；最后，意识是脆弱的，它自身会遭受疾病。在侵袭“视觉领域”时，疾病不会局限于破坏意识的某些内容，即“视觉表象”或本义的视觉，它还影响转

① 参费舍：《精神分裂症的时空结构和思维障碍》，第 250 页。

义的视觉（前者只是它的范例或象征），——那种“综览”各种共时杂多的能力[①]、设定客体或意识到客体的方式。但是，由于这种类型的意识无论如何只是感性视觉的纯化，由于它每时每刻都在视觉场的各个维度（的确是通过赋予它们以新的意义）中图解地表示自己，因此我们可以明白这种一般功能有其各种心理的根源。意识把视觉所予自由地展开到超出于它们的本义之外，并且用它们来表达它的各种自发性的行为，就像语义的发展——它赋予直观、明证或自然之光这些术语一种越来越丰富的意义——已经充分地表明的那样。然而，反过来说，如果不参照视知觉的各种结构，那么这些术语（在历史已经赋予它们的最终意义上）中没有一个能获得理解。因此，我们不能说人能看，因为他是**精神**，另外也不能说人是**精神**，因为他能看：像一个人在看那样去看与作为**精神**是同义的。在意识只有让其痕迹在它之后延伸才是对于某物的意识的范围内，在必须依靠先前已经建立起来的“思想世界”去思考一个客体的范围内，在意识的核心中总是存在着一种非个人化；由此，有
160 关外部干预的原则被给予了：意识可能是病态的，它的思想世界有可能会崩塌为碎片，——或毋宁说，由于被疾病分离出来的“内容”不作为部分出现在正常意识之中，而只是充当超越它们的一些含义的支撑者，所以我们看到意识试图在它的上层结构的基础崩塌时维持上层结构，它模仿它的习惯性的动作，却不能直观地实现它们、不能掩盖使它们丧失其完整意义的特定缺陷。心理疾病也与身体的偶性相关联，这一点原则上可以通过同样的方式获得理解；意识

① 参《行为的结构》，第 91 页及以下。

投射自身于一个物理世界之中并拥有一个身体，就像它投射自身于一个文化世界之中并拥有一些习惯一样：因为意识只有通过作用于一些在自然的绝对过去中或在它个别的过去中被给定的意义，它才会是意识，因为任何被亲历的形式——不论它是我们的各种习惯的形式还是我们的各种“身体功能”的形式——都趋向于某种一般性。

这些澄清使我们最终能够毫无歧义地把运动机能理解为原本的意向性。意识原本地不是“我思”，而是“我能”。[①] 施耐德的运动障碍不比视觉障碍更能够被归结为一般表象功能的衰退。视觉和动作是我们和客体相关联的特殊方式，如果说一种独特的功能透过所有这些经验获得了表达，它乃是实存的动作，它没有取消内容的根本的多样性，因为它不是通过将它们全都置于一个“我思”的控制之下，而是通过把它们引向一个“世界”的感觉间的统一来连接它们的。动作不是关于动作的思想，身体空间不是被思考或被表象的空间。“每一意志动作都发生在一个环境之中，都发生在由动作本身所决定的一个背景中。……我们不是在一个‘空的’、与我们的各种动作没有关系的空间中，而是在一个与它们有非常确定的关系的空间中做那些动作的：真正说来，动作和背景只不过是一个独特的整体的一些人为地分开的环节。”[②]在伸向一个客体 161
的手的姿势中，包含着对一个不是作为被表象的客体，而是作为这个非常确定的东西——我们向它投射自己，我们预先处在它的附

① 这一术语在胡塞尔的未刊稿中是常用的。

② 戈尔德斯坦：《论活动对视觉过程的依赖性》，第 163 页。

近，我们纠缠着它——的客体的一种参照。[①] 意识是通过身体的

① 揭示纯粹的运动意向性并不容易：它隐藏在它协助构成的客观世界背后。失用症的故事表明了，对于实践的描述怎么会几乎总是受到表象观念的影响、并且最终变得不可能。利普曼（《论脑疾患者的行动障碍》）把出自行为的各种认知障碍的失用症（在这种病例中，客体不能被辨识，但行为却与客体的表象相一致）和出自某些涉及“行为的观念性准备”的障碍的失用症（忘记目标，将两个目标混淆起来，过早做动作，借助一种介入的知觉转换目标）严格地区分开来（前引著作，第 20－31 页）。在利普曼的被试（国务顾问）那里，观念性的过程是正常的，因为被试能够用左手做他的右手被禁止做的一切事情。另外，手没有瘫痪。“国务顾问的病例表明，在所谓的高级心理过程和运动神经冲动之间，还有另一种缺陷，这一缺陷使行动的筹划（Entwurf）不能应用于这个或那个肢体的运动性……。可以说，一个肢体的所有感觉–运动器官都是与整个生理过程脱节的（exartikuliert）”（同上书，第 40－41 页）。因此，在正常情况下，任何动作程式在作为一种表象呈现给我们的同时，也作为一种确定的实际可能性呈现给我们的身体。病人保持了作为表象的动作程式，但它对于他的右手来说不再有意义，甚或他的右手不再有行动的领域。“他保留着在一个行动中可以传达的一切东西、一个行动提供的对于他人来说是客观的和可以知觉的一切东西。病人所缺乏的东西，即按照初步形成的筹划运用其右手的能力，是不可表达的、不能成为一个陌生意识的客体的某种东西，是一种能力（Können），而不是一种知识（Kennen）”（同上书，第 47 页）。但是，当利普曼想更进一步明确其分析的时候，他回到了古典的观点，并且把动作分解为表象（伴随主要目标给出各种中间目标的“动作程式”）和一个自动行为系统（它使那些合适的神经冲动对应于每一个中间目的）（同上书，第 59 页）。上面提到的“能力”变成了“神经物质的属性”（同上书，第 47 页）。人们重新回到了人们认为借助活动筹划（Bewegungsentwurf）观念已超越的意识和身体的二者择一。如果涉及的是一种简单动作，对目标及各种中间目标的表象就转变成了动作，因为表象启动了一劳永逸地获得的一些自动行为（第 55 页），如果涉及的是一种复杂动作，表象就唤起“对组合动作的运动觉回忆：就像动作是由各个局部行为组合而成的那样，动作的筹划是由它的各个部分或一些中间目标的表象组合而成的。我们称为动作程式的正是这种表象”（第 57 页）。实践被肢解为各种表象和各种自动行为。国务顾问的病例变得不可理解了，这是因为，他将不得不把他的那些障碍要么与动作的观念性准备、要么与自动活动的一种缺陷联系起来，而这是利普曼一开始就将之排除在外的。运动失用症要么被归为观念性失用症，即一种形式的失认症，要么被归为瘫痪。只有要做的动作能够被预期、而且无需借助表象被预期，我们才能让失用症成为可理解的，才能正确看待利普曼的观察；而且甚至，只有意识不是被定义为对它的各种客体的明确设定，而是更一般地被定义为对一个既实践的又理论的客体的参照、被定义为在世界之中存在，除非身体从它的角度看不是被定义为所有客体中的一个客体，而是被定义为在世界之中存在的载体，这才是可能的。只要我们用表象来定义意识，对于意识来说唯一可能的运作就是形成一些表象。在它给予自己一个“动作表象”的范围内，它将是运动的。因此，在按照意识给予它的表象、按照从意识那里获得的动作程式来模仿动作时，身体做出了动作（参考西蒂希：《论失用症》，第 98 页）。一个动作的表象通过何种神奇的运作在身体中恰恰引起了这一动作本身，这仍然有待于理解。只有我们不再区分作为在己机械的身体和作为为己存在的意识时，这一问题才能获得解决。

中介而朝向事物的存在。当身体理解了一个动作时，也就是说，当身体将动作吸收到自己的“世界”之中时，这一动作就被习得了；移动本己身体，就是经由它而朝向各种事物，就是让它回应它们没有表象地施加给它的吸引。因此，运动机能并不是作为意识的一个女仆把身体运送到我们一开始就将其表象给自己的那个空间点。为了我们能把自己的身体移向一个物体，这个物体必须首先为我们的身体而实存，我们的身体因此必须不属于“在己”的区域。各种物体不再为失用症患者的胳膊而实存，而正是这一点使胳膊成为不能动的。各种纯粹失用症病例（在它们那里，空间知觉没有受到损伤，甚至“关于要做的姿势的理智概念”似乎也没有被扰乱，但病人却不能临摹一个三角形）[①]和各种作图失用症病例（在它们那 162
里，除了不能确定一些对其身体的刺激的位置之外，被试没有显出任何的辨识障碍，但他却不能临摹一个十字标志，一个 υ 或一个 o）[②]充分表明，身体有自己的世界，客体或空间能够被呈现给我们的认识，但不能呈现给我们的身体。

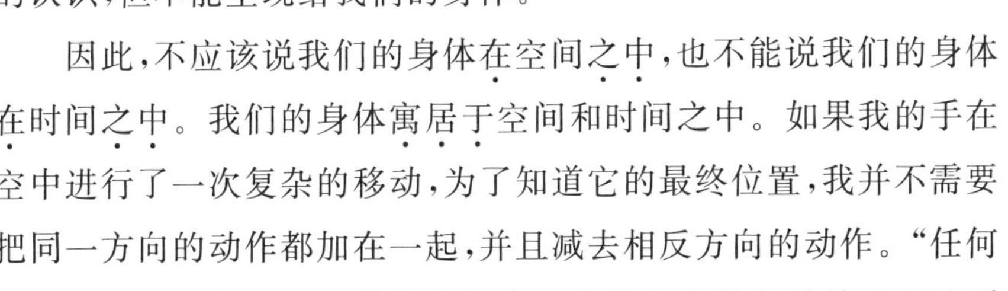

因此，不应该说我们的身体**在空间之中**，也不能说我们的身体**在时间之中**。我们的身体**寓居于**空间和时间之中。如果我的手在空中进行了一次复杂的移动，为了知道它的最终位置，我并不需要把同一方向的动作都加在一起，并且减去相反方向的动作。“任何可识别的变化都已经承载着它与先于它的变化的各种关系而达到 163
意识，就像里程在出租车的计价器上已经转换成先令和便士而呈

① 莱密特、列维、基里亚科：《失用症患者的空间表象的错乱》，第 597 页。

② 莱密特、特雷尔：《论作图失用症、失用症中的空间思维障碍和身体认知障碍》，第 428 页，参莱密特、德·马萨里、基里亚科：《失用症中空间思维的作用》。

现给我们一样。”[①]在每一瞬间，先前的姿态和动作都会提供一个总是预备好的测量标准。问题不在于手的初始位置的视觉的或运动的“记忆”：一些大脑损伤能够在让视觉记忆不受影响的同时，消除动作意识；而至于“运动记忆”，很明显，如果它由之而产生的知觉本身未曾包含一种对“这里”的绝对意识（没有这一绝对意识，我们就会被送回到记忆的记忆，我们就永远不会有现实的知觉），它就无法确定我的手的目前位置。身体必然在“这里”，同样它也必然实存于“现在”；它永远不会变成“过去”；我们即使不能在健康状态中保持对于疾病的生动的记忆，或者，不能在成年时保持对于我们还是儿童时的身体的记忆，这些“记忆缺失”也只不过是让我们
164 身体的时间结构获得了表达。在一个动作的每一瞬间，先前的瞬间并没有被忽视，相反，它似乎被嵌入到了现在之中，而且现在的知觉总的来说就在于，依靠现时的位置，重新抓住前面的位置系列。然而，临近的那个位置也被包含在现在之中，而且，通过它，直至动作结束要达到的全部位置都将如此。动作的每一时刻包含了动作的整个动作过程，尤其是最初的时刻，这一时刻作为动作的发端，开启了其他的时刻只限于加以展开的一个这里和一个那里、一个现在和一个未来的联系。因为我有一个身体、因为我通过身体在世界之中活动，所以空间、时间对于我来说不是一些并置的点的总和，更不是我的意识对之进行综合的、我的意识在其中蕴含了我的身体的无限多的关系；我不是处在空间和时间之中，我并不思考空间和时间；我以空间的方式和时间的方式存在，我的身体黏附它

① 海德、霍尔姆斯：《大脑损伤造成的感觉错乱》，第 187 页。

们并包含它们。对时间和空间的掌握的范围可以测度我的实存的范围，但这一掌控无论如何从来都不会是全部：我寓居其中的空间和时间彼此总有一些包含着其他视点的不确定的视域。和空间的综合一样，时间的综合总是要重新开始。我们的身体的运动经验不是认识的一个特例；它为我们提供了进入世界和客体的一种方式，一种应该被承认是原本的或原始的“实际知识”（praktognosie）。[①] 我的身体有自己的世界，或者说，它不用必须经由“表象”、不用依赖“象征的功能”或“客观化的功能”就能理解自己的世界。有某些病人，如果是坐在医生的旁边，并且从镜子中看医生的各种动作的话，就能模仿它们，能用他们的右手碰他们的右耳，用他们的左手碰他们的鼻子；如果他们与医生面对面的话，则不能。海德用病人的“表达”的不充分来说明其模仿的失败：姿势的模仿要经由言语传达的中介。实际上，表达可能是准确的，模仿却不成功，没有任何表达，模仿却成功了。因此，一些作者[②]要让即使不是言语的象征体系，至少也是一种普遍的象征功能，一种“转换”的能力（模仿 165
就像知觉或客观思维一样只不过是其一个特例）起作用。但是，这一普遍的功能并不能说明适应的行动。因为病人不仅能够表达要完成的动作，而且还能够把它表象给自己。他们非常清楚地知道他们要做的是什么，可是，他们不是用右手去碰右耳，用左手去碰鼻子，而是用每只手去摸他们的一只耳朵，甚或去摸他们的鼻子和他们的一只眼睛，或者他们的一只耳朵和一只眼睛。[③] 恰恰是动

① 格林鲍姆：《失语症和运动机能》。

② 戈尔德斯坦、凡·沃尔康姆、布曼、格林鲍姆。

③ 格林鲍姆，前引著作，第 386－392 页。

作的客观定义在他们的本己身体上的应用和协调变得不可能了。换句话说，右手和左手、眼睛和耳朵仍然作为绝对位置被给予他们，而没有被纳入把它们与医生的身体的对应部位相联系的，并且在医生和病人面对面时也使它们能够被用来进行模仿的一个对应系统中。为了能够模仿某个面对我的人的姿势，我并非有必要明确地知道“出现在我视觉场右边的手对于我对面的人来说是左手”。只有病人才会求助于这些说明。在正常的模仿中，被试的左手直接被视为与对面的人的左手相同，被试的行动直接加入了其模特儿的行动；被试在他那里投射或非实在化自己，视自己和他为同一的；而且这种坐标变换明显包含在这一实存的活动中。这是因为，正常被试拥有不仅是作为当前位置系统的，而且还是、正因此是作为其他方位中无限多的等值位置的开放系统的自己的身体。我们所说的身体图式恰恰就是这一诸等值者的系统，就是各种运动任务藉之能够瞬间调换的直接地被给予的不变者。也就是说，这不仅是我的身体的经验，而且是我的在世界之中的身体的经验，正是这一点给予言语指令一种运动意义。因此，在失用症障碍中受到破坏的功能确实是运动功能。“在这种类型的一些病例中，
166 受到损害的不是一般的象征功能或含义功能，而是一种更为原本的、有运动特性的功能，即动态身体图式的运动区分能力。”[①]与具体空间连同它的各种绝对位置相对比，正常模仿在其中活动的空间不是建立在思维行为之上的“客观空间”或“表象空间”。它已经在我的身体结构中形成，它是我的身体的不可分割的相关者。“以

① 格林鲍姆，前引著作，第 397－398 页。

纯粹状态呈现的运动性具有给予意义(Sinngebung)的基本能力。”[1]即使空间思维和空间知觉后来脱离了运动性、脱离了朝向空间的存在,为了能够向我们自己表象空间,我们也首先必须已经通过我们的身体被接纳到空间中,而且我们的身体应该已经为我们提供了各种调换、等值和同化(它们使一个空间成为一个客观的系统,并让我们的经验能够成为关于客体的经验、能够向一个“在己”开放)的第一样式。“运动性是原发性的领域,被表象的空间领域中的全部含义的意义(der Sinn aller Signifikationen)都首先在此产生。”[2]

对作为身体图式进行修正和更新的习惯的获得,带给始终倾向于把综合构想为理智综合的古典哲学一些巨大的困难。确实,在习惯中,将基本活动、反应和“刺激”联系在一起的并不是外在的联想。[3] 任何一种机械论的理论都会与学习是系统的这一事实相抵触:被试不是把一些个别的动作与一些个别的刺激连接在一起,而是获得了借助某种类型的解决办法来回应某种形式的处境的能力:各种处境彼此之间可以有非常大的不同,各种回应的动作可以有时托付给一个效应器官、有时托付给另一个效应器官,处境和回应在各种不同情况中的相似,与其说是由于元素的局部同一,不如说是由于它们的意义的相同。那么,我们应该把组织习惯的各种元素以便随后摆脱它的一种知性行为置于其源头吗?[4] 例如,获 167

① 格林鲍姆,前引著作,第 394 页。

② 同上书,第 396 页。

③ 关于这一点,参《行为的结构》,第 125 页及以下。

④ 就像比如在柏格森把习惯定义为“一种精神活动的化石残余”的时候认为的那样。

得一种舞蹈的习惯，不就是通过分析发现动作程式，并且按照这种理想的线路引导自己，在已经获得的一些动作（一些走和跑的动作）的帮助下，重新组织动作吗？但是，新的舞蹈程式为了能够整合一般运动机能的某些元素，它首先应该已经接受比如一种运动仪式。就像我们经常说过的那样，正是身体会“抓住”(kapiert)并“理解”动作。习惯的获得确实是对一种含义的抓住，但这是对运动含义的运动抓住。我们由此想准确地说什么呢？一个女人不用计算就能在其帽子的羽毛和可能弄坏它的那些物体之间保持一段安全距离，她感觉到羽毛在什么地方，就像我们感觉到我们的手在什么地方一样。[①] 如果我习惯了开一辆车，我把它开到一条路上，不用比较路的宽度和挡泥板的宽度就能看出“我能开过去”，就像我跨进一道门而不用比较门的宽度和身体的宽度一样。[②] 帽子和汽车不再是其大小和体积要通过与其他物体相比较才能被确定的物体。它们变成了一些巨大的力量、变成了对某种自由空间的要求。相应地，地铁门和道路变成了限制性的力量，并且立即向我的身体及附属物体显示为可通行的或不可通行的。盲人的手杖对他来说不再是一个物体，它对他来说不再是被知觉者，它的末端变成了有感觉能力的区域，它扩大了触觉活动的规模和范围，它变成了目光的相似物。在探寻一些物体的时候，手杖的长度并非明确地且作为中间项起作用：盲人更多地是通过物体的位置去知道手杖的长度，而非通过手杖的长度去知道物体的位置。物体的位置是由达到该位置的姿势的幅度立即给出的，除了手臂伸展的力量外，

① 海德：《大脑损伤造成的感觉错乱》，第 188 页。
② 格林鲍姆：《失语症和运动机能》，第 395 页。

手杖作用的范围也包括在这一幅度中。如果我想习惯于一根手杖，我就试用它，我触碰一些物体，过了一段时间之后，我就将它掌握“在手”了，我就会看出一些物体在我的手杖的“能及范围之内” 168
还是在能及范围之外。这里并不涉及对手杖的客观长度与要达到的目标的客观距离进行一种快速估量、进行一种比较。空间中的场所并没有被界定为是相对于我们的身体的客观位置的一些客观位置，相反它们在我们周围划出了我们的瞄向或姿势的可变范围。习惯于一顶帽子、一辆汽车、一根手杖，就是安顿在它们那里，或者反过来，使它们分有本己身体的容积度。习惯表达了我们扩张自己的在世存在的能力，或通过占有一些新工具来改变自己的实存的能力。[①] 有人可能会打字，却不能指出构成词的字母在键盘上的位置，因此，会打字不是认识键盘上每个字母的位置，甚至也不是获得了每一字母在其向我们的目光呈现时所引起的条件反射。如果习惯既不是一种认识，也不是一种自动行为，那么，它是什么呢？它涉及一种在手中的、只被提供给身体努力的、不能用一种客观的名称来表达的知识。被试知道字母处在键盘上的什么地方，就像我们通过并不为我们提供一个在客观空间中的位置的一种熟悉的知识，知道我们的某一肢体处在什么地方一样。打字员各个手指的移动不是作为我们可以描述的空间轨迹，而只是作为运动机能的以其外貌有别于任何其他调制的某种调制被给予打字员的。我们常常这样提出问题，好像对于写在纸上的字母的知觉唤

① 习惯由此阐明了身体图式的本性。当我们说身体图式把我们身体的位置直接给予了我们时，我们并不是想以经验主义者的方式说，它是“一些外延感觉”的拼凑。它是一个向世界开放的、与世界相关联的系统。

起了对于同一字母的表象，而这一表象又唤起了对于在键盘上敲击这一字母所必需的动作的表象。但是，这种说法是神话性的。当我的眼睛扫视被呈现给我的文本时，并不存在一些唤起表象的知觉，而只有一些具有典型的或熟悉的外貌的被现实地构成的整体。当我坐在自己的打字机前的时候，一个运动空间展开在自己
169 的手下，我将在那里把自己读到的东西打出来。被读的词是可见空间的一种调整，运动的进行是手动空间的一种调整，整个问题就在于知道各个“视觉”整体的某种外貌如何能够唤起某种类型的运动反应，每一“视觉”结构如何能够最终给出自己的活动本质，而不需要我们为了把词转换成动作而拼读词、拼读动作。但是，习惯的这一能力并不有别于我们身体上的一般能力：如果有人命令我摸我的耳朵或膝盖，我会以最短距离把手伸向我的耳朵或膝盖，无需表象我的手开始时的位置、我的耳朵的位置，以及从前者到后者的路径。我们前面说过，在习惯的获得过程中正是身体“在理解”。如果去理解就是将某一感性所予归并到一个观念之下，如果身体是一个物体，那么，这种说法就会显得是荒谬的。但是，习惯现象恰恰要求我们修正我们的“理解”概念和我们的身体概念。去理解就是去体会我们瞄向的东西和被给予的东西之间、意向和实现之间的一致，而身体是我们在一个世界之中的锚地。当我把手伸向我的膝盖的时候，在动作的每一时刻，我都体会到了一种意向的实现——它瞄向的不是作为观念甚或作为客体的膝盖，而是作为我的活的身体之现在的、实在的部分，即最终作为我的通向世界的持久动作的过渡点的膝盖。当打字员在键盘上进行必要的动作时，这些动作是由一个意向所引导的，但这一意向并不把键盘上的那

些键设定为一些客观的位置。严格地说，那个学习打字的被试真的把键盘空间整合到自己的身体空间中了。

乐器演奏者的例子更好地表明了习惯如何既不寓于思想之中，也不寓于客观身体之中，而是寓于作为世界的中介的身体之中。我们知道[①]，一个熟练的管风琴演奏者能利用一架他不了解的、其琴键数目要么多要么少、其音栓排列与他习惯的乐器的音栓排列不同的管风琴。他只需要一个小时的练习就能够演奏他的曲目了。如此短的学习时间使我们不能假设一些新的条件反射在这 170
里取代了那些已经确立的连接，除非前者和后者构成了一个系统，除非改变是全面的，这让我们摆脱了机械论的理论，因为要不然的话，各种反应都要经由对乐器的某种全面领会。因此，我们能因此说管风琴演奏者分析了管风琴，即他形成和保持了关于音栓、踏板、琴键以及它们在空间中的关系的表象吗？但是，在音乐会前的短暂排练中，他并不像一个想要制定计划的人那样做。他坐在凳子上，踩着踏板，拉开音栓，用本己身体测度乐器，加入到各个方向和各个维度中，就像安顿在一幢房子之中那样安顿在管风琴之中。对于每一音栓和每一踏板，他习得的不是它们在客观空间中的位置，他也不把它们托付给自己的“记忆”。在排练中就像在演出中一样，那些音栓、踏板、琴键只是作为产生如此情感的或音乐的时值之潜力呈现给他，而它们的位置只是作为这种时值由之出现在世界之中的场所呈现给他。在一段乐曲的音乐本质（如它在乐谱中被标示的）与在管风琴周围实际地产生回响的音乐之间，一种如

① 参谢瓦利埃：《习惯》，第 202 页及以下。

此直接的关系被建立起来了，以致管风琴演奏者的身体和乐器只是这一关系过渡的场所。从此，音乐通过自身而实存，一切其他的东西则通过它而实存。[①] 在这里，没有音栓位置“记忆”的任何地盘，管风琴演奏者不是在客观空间中演奏的。实际上，他在排练中的那些姿势是一些获得认可的姿势：它们张开了一些情感矢量，它们发现了一些情绪资源，它们就像占卜者的姿势划定**神庙**的范围那样创造了一个表达的空间。

在这里，习惯的整个问题就在于知道姿势的音乐含义如何能够凝结到某一地方，以致管风琴演奏者通过完全沉浸在音乐中，正
171 好触碰到了那些将要实现音乐的音栓和踏板。然而，身体完完全全是一个表达的空间。我想拿一个物品，而在我并没有对之进行思考的空间的一个点上，我的手所是的这种抓取能力已经朝向该物品。我移动我的双腿，这不是就它们处在离我的头部八十厘米的空间中而言，而是就它们的移动能力把我的运动意向向下延伸而言。我的身体的主要区域都致力于一些行动，它们分有这些行动的价值；常识为什么认为把思维的所在地放在头部和管风琴演奏者如何在管风琴空间中分布各种音乐含义，这两者所问的是同样的问题。但是，我们的身体不仅仅是所有其他表达空间中的一个表达空间。它在那里只不过是被构成的身体。它是所有其他表达空间的起源，是表达的动作本身，它通过给予各种含义一个场所而将它们投射到外面，它使得它们就像一些事物那样在我的手中、

① 参普鲁斯特：《在斯旺家那边》，第二卷，“仿佛乐器演奏者们与其说是在演奏警句，不如说是在为让它显现出来而表演它所要求的仪式……”（第187页）。“警句的那些喊叫是如此的突然，以致小提琴演奏家不得不猛拉琴弓，以便能够接住它们”（第193页）。

在我的眼前开始实存。即便我们的身体没有从一出生就强加给我们一些确定的本能(就像动物的身体对动物那样),但是,它至少给予我们的生命以一般性的形式,并且使我们的各种个人行为发展成了一些稳定的禀性。我们的本性在这个意义上不是一种旧的习惯,因为习惯预设了本性的被动性的形式。身体是我们拥有世界的一般手段。有时,它局限于生命的保存所必需的那些行为,并相应地在我们周围设定了一个生物的世界;有时,它依靠原初的姿势并且从它们的本义过渡到一种转义,透过它们显示出一个新的意义核心:像舞蹈这样的一些运动习惯就是这种情况;最后,有时,所瞄向的含义不能通过身体的自然手段达到,身体于是就必须为自己构造一个工具,并且在自己周围投射一个文化世界。在所有这些层次上,它都发挥着同样的功能:就是为那些自发性的即时动作提供"少量可重做的行动和独立的实存"。[①] 习惯只是这种基本能力的一个模式。当身体让自己被一个新的含义所渗透的时候,当它同化了一个新的含义核心的时候,我们就说,它已经理解了,习惯已经被获得的。

总之,我们通过研究运动机能发现了"意义"这个词的一种新意义。理智主义心理学和观念主义哲学的力量来自于这一点:它 172 们毫无困难地表明,知觉和思维有一种内在的意义,而且不能被偶然地集合在一起的内容的外在联想所说明。我思是意识到这一内在性。然而,任何含义由此也都被看作是一种思维行为,是一个纯粹的**我**的活动,而且,即便理智主义很容易战胜经验主义,它也不

① 瓦莱里:《莱奥纳多·达·芬奇方法引论》(杂集),第177页。

能说明我们的经验的多样性，不能说明经验中没有意义的东西，不能说明各种内容的偶然性。身体经验使我们认识到对意义强制规定（它不是一个普遍构造意识的强制规定），认识到一种依附于某些内容的意义。我的身体是这一含义核心，它像一般功能那样运行，然而它实存着，并且容易受到疾病的影响。在它那里，我们学会去认识我们一般地在知觉中重新发现的、因此不得不更完备地加以描述的本质和实存之间的这一纽结。

第四章　本己身体的综合 173

对身体空间性的分析将我们引向了一些可加以概括的结论。关于本己身体，我们第一次确认对于所有被知觉的事物都真实的东西：对空间的知觉和对事物的知觉、事物的空间性及其作为事物的存在并不构成为两个不同的问题。笛卡尔主义和康德主义传统已经告诉了我们这一点：它把一些空间规定性看作是客体的本质，它用一些部分外在于另一些部分的实存、用空间的分布来表明在己实存的可能的唯一意义。它用空间知觉阐明客体知觉，而本己身体的经验教导我们要让空间扎根在实存之中。理智主义完全明白，"事物的动机"和"空间的动机"[①]是交织的，却把前者还原为后者。在身体最终在其中占据位置的客观空间之下，经验发现了客观空间只不过是其外壳而且与身体的存在融为一体的原初空间性。我们已经看到，作为身体就是与某个世界联系在一起，而我们的身体并不首先在空间之中：它以空间的方式存在。严格地说，那些说自己的胳膊像一条冰冷的长"蛇"的疾病感缺失患者[②]并非不知道其胳膊的客观轮廓，甚至在病人寻找其胳膊却没有找到或将

① 卡西尔：《符号形式的哲学》，第三卷，第二部分，第二章。

② 莱密特：《我们身体的形象》，第 130 页。

它绑住以免失去它的时候，①他也确实**知道**其胳膊在什么地方，因为他正是在那里寻找它、在那里绑住它。然而，病人之所以体会到其胳膊的空间是陌生的，一般地说我之所以违背自己的感官证据感觉到自己的身体空间是巨大的或微小的，是因为存在着客观的
174 空间性不是其充分的条件（就像疾病感缺失表明的那样），甚至不是其必要条件（就像幻胳膊表明的那样）的情感在场和情感延伸。身体的空间性是它的身体存在的展开，是它作为身体获得实现的方式。通过寻求对它进行研究，我们要做的只不过是预期我们不得不就一般意义上的身体综合要说的东西。

我们在身体的统一性中重新发现了我们就空间已经描述过的蕴含结构。我的身体的不同部分，其视觉的、触觉的和运动的各个方面不是简单地协调一致的。假如我坐在我的桌子旁边，想去拿电话，那么，手伸向物品的动作、躯干的伸直、腿部肌肉的收缩是相互包含的；我想要某个结果，实现这个结果的各个任务就自行分配到了涉及的各个部分中，任务的各种可能的组合作为等价物事先就给定了：我仍然可以背靠椅子，前提是更加伸直手臂，或者向前倾身，甚或半站起来。所有这些动作都以其共同含义为起点接受我们的支配。这就是为什么在其最初的抓取尝试中，儿童不是看自己的手而是看物品：身体的各个不同部分只能通过其功能价值获得认识，它们的协调一致不是习得的。同样，当我坐在我的桌子旁边的时候，我能立即“看出”我的身体被它遮掩住的那些部分。我在鞋子中收缩我的脚的同时，看到了它。甚至对于自己身体的

① 凡・博加特：《自我形象的病理学》，第541页。

那些我从来没有看到过的部分，我也有这种能力。因此，一些病人有*从内部看到的*自己的面孔的幻觉。[①] 有人已经能够证明，我们认不出在照片上的我们自己的手，许多被试甚至迟疑于从其他笔迹中辨认自己的笔迹，相反，每个被试都能认出自己的侧影或自己被拍下的步态。这样，我们不是通过视觉认出我们经常看到的东西，相反，我们是一下子就认出了自己身体中对我们来说不可见的东西的视觉表象。[②] 在自体幻视症中，被试在自己面前看到的复本并不总是在某些可见的细节上被认识的，然而，被试绝对觉得它 175
就是他自己，并因此声称他看到了自己的复本。[③] 我们每个人似乎都在通过一只内在之眼看自己——它在几米远的地方从头部到膝盖看我们。因此，我们身体的各个部分的连接、我们的视觉经验和触觉经验的连接不是一步一步累积地实现的。我不“用视觉语言”来表达各种“触觉所予”，或者相反——我并不把自己身体的各个部分逐一地组合起来；这种表达和组合在我这里是一劳永逸地完成的：它们就是我的身体本身。因此，我们要说我们是根据自己身体的建构法则来知觉身体的，就像我们是根据一个立方体的几何结构来预先认识其全部的可能角度的吗？但是——暂且不谈那些外部物体——本己身体告诉我们一种并不归入一条法则之下的统一性模式。在外部物体处在我的面前，并且将它的各种系统的变化呈现给观察的范围内，外部物体把自己的各种元素提供给一次心理之旅，而且它至少最初近似于可被界定为它们的各种变化

① 莱密特：《我们身体的形象》，第 238 页。

② 沃尔夫：《在意识到和没有意识到的试验中的自我评价和他人评价》。

③ 门宁格-莱辛塔尔：《自身形象的错觉》，第 4 页。

的法则。但是，我不在我的身体面前，我在我的身体之中，或毋宁说，我就是我的身体。因此，不论它的各种变化还是这些变化的不变者都不能被明确地设定。我们不只是思考自己身体各个部分的关系、视觉身体与触觉身体的关联：我们自身就是那个把这些胳膊和这些腿维系在一起的人，那个既看又触摸它们的人。用莱布尼茨的话说，身体是身体的各种变化的“动力法则”。如果我们还能说在本己身体的知觉中有一种解释，那就应该说本己身体自己解释自己。在此，“视觉所予”只能透过它们的触觉感官而呈现，触觉所予只能透过它们的视觉感官而呈现；每一局部动作只能在一个整体位置的背景上呈现，每一身体事件（不论揭示它的“分析者”是什么）只能在含义的背景上呈现（在这一背景上，事件的各种最遥远的回响至少被指示出来了，而且感觉间等价的可能性被直接提供了）。将我的手的各种“触觉”统一起来、并且把它们与同一只手
176 的各种视知觉以及身体其他部分的各种知觉联系起来的东西，乃是我的手的某一类型的姿势，它意味着我的各个手指的某一类型的动作，并且从另一个方面促成了我的身体的某种姿态。[①] 可以与身体相比较的与其说是物理客体，毋宁说是艺术作品。在一幅画中或一段音乐中，除了借助颜色和声音的展开，观念无法获得传达。如果我没有看过塞尚的画，那么对其作品的分析就会让我在多个可能的塞尚之间进行选择，正是对那些画的知觉才给予我唯一实存着的塞尚，而且正是在知觉那里，各种分析才会获得其充分的意义。一首诗或一部小说的情况并不会与此不同，尽管它们是

---

① 即使在科学的层面，骨骼力学也不能说明我身体的各种优先位置和优先动作。参《行为的结构》，第 196 页。

由词构成的。众所周知,一首诗尽管包含着一种可以用散文表达出来的原初含义,它仍然带给读者的精神一种把它界定为诗的第二位的实存。言语不仅通过词,而且还通过重音、音调、各种姿势和面部表情来意指,这种附加的意义揭示的不再是说话主体的思想,而是其思想的源泉、其根本的存在方式;同样,尽管诗歌偶然会是叙事的和有所意指的,它本质上仍是实存的一种转调。诗歌区别于喊叫,是因为喊叫利用自然给予我们的身体,也就是说,利用缺乏表达手段的身体,而诗歌则利用语言,甚至利用特定的语言,以至实存的变调没有在它被表达的瞬间消失,而是在诗歌装置中获得了永存的手段。然而,尽管诗歌摆脱了我们的有生命的姿势,它仍然没有完全摆脱物质的支撑,而且如果其文本没有被准确地保存下来的话,它将难以恢复地消失;它的含义不是自由的,并不寓于观念的天空中:它的含义包含在写在易碎的纸上的那些词之间。在这个意义上,就像所有艺术作品一样,诗歌以一种事物的方式实存,而不是以一种真理的方式永恒地存在下去。至于小说,尽管它任人概括,尽管小说家的"思想"任人抽象地表述,但是,这一概念含义仍然是从一种更宽泛的含义中抽取的,就像一个人的体 177
貌特征是从其具体外貌中抽取的一样。小说家的作用不是阐述一些观念,甚或分析一些性格,而是描绘人际间的事件,使它不带意识形态地成熟并涌现出来,以至叙事秩序或视角选择中的任何变化都会改变事件的*传奇性*意义。一部小说、一首诗、一幅画、一段音乐是一些个体,即一些我们不能在其中把表达与被表达者区分开来的存在——它们的意义只有通过直接的接触才是可以理解的,而且它们不用离开其时空位置就能够传播其含义。正是在这

个意义上，我们的身体可以与艺术作品相比。它是一些活的含义的纽结，而不是一定数量的协变项的法则。胳膊的某种触觉经验指的是前臂和肩部的某种触觉经验，指的是同一胳膊的某个视觉方面，这不是因为各种不同的触知觉、各种触知觉和各种视知觉全都分有了一个共同的可知的胳膊——就像一个立方体的各个视角分有立方体的观念那样，而是因为就像胳膊的各个不同部分一样，被看到的和被触摸到的胳膊共同*形成了*同一个姿势。

就像在前面运动习惯揭示了身体空间的特殊本性一样，在这里一般习惯使我们能够理解本己身体的一般综合。而且，如同对身体空间性的分析预示了对本己身体的统一性的分析一样，我们可以把我们就一些运动习惯所说的扩展到所有习惯那里。真正说来，每一习惯都既是运动的又是知觉的，因为，就像我们已经说过的那样，它寓于确定的知觉和实际的动作之间，寓于同时限定我们的视觉场和我们的活动场的根本功能之中。我们刚才把它当作运动习惯提出来的例子——用一根手杖探寻一些物体——，同样也是知觉习惯的一个例子。当手杖变成一个熟悉的工具时，触觉对象构成的世界就退隐了，它不再开始于手的皮肤，而是开始于手杖的末端。有人曾要说，盲人透过手杖对于手的压力而产生的各种感觉，建构了手杖以及它的各个不同位置，这些位置反过来间接表明了一个第二位的物体，即外部物体。知觉始终是对一些相同的
178 感性所予的解读，它只是越来越快地借助一些越来越微弱的符号实现自己。然而，习惯不*在于*把手杖对手的各种压力解释成手杖的某些位置的符号、把这些位置解释成一个外部物体的一些符号，因为习惯使我们*不用*这样做了。对手的各种压力以及手杖不是给

定的，手杖不再是盲人知觉到的一个物体，而是他以之进行知觉的一个工具。手杖是身体的一个附件、是身体综合的一种延伸。相应地，外部物体不是一系列视角的实测图或不变者，而是手杖把我们导向的一个事物，而且，根据知觉的明证，这些视角不是一些标记，而是一些外观。理智主义只能把从视角到事物本身、从标记到含义的过渡构想成一种解释，一种统觉，一种认识意向。各种感性所予和各个视角在每一层次上都被领会为（aufgefasst als）同一个可知核心的各种显示的内容。[①] 但这一分析同时歪曲了符号和含义；它通过客观化已经“孕育了”一种意义的感性内容和不是一条法则而是一个事物的不变核心，把这两者分割开了：它掩盖了主体和世界的有机关联，掩盖了意识的主动的超越性，掩盖了意识借以通过其器官和工具投入到事物和世界中的动作。因此，对作为实存之延伸的运动习惯的分析延伸成了对作为一个世界之获得的知觉习惯的分析。反过来，任何知觉习惯都仍然是运动习惯，而且对一个含义的领会在此仍然是由身体进行的。当儿童习惯于区分蓝色和红色的时候，我们就会看到相关于这两种颜色而获得的习惯有利于全部其他颜色的习惯的获得。[②] 那么，儿童透过蓝-红两种颜色已经意识到“颜色”的含义了吗？习惯的决定性环节是否就在 179

① 比如，胡塞尔很长时间都用领会-内容（Auffassung-Inhalt）这一图式来定义意义意识或意义规定，并且将之定义为富有生机的领会（beseelende Auffassung）。从《关于时间的讲座》起，通过承认这种活动预设了内容本身藉之为这一领会做好了准备的另一种更深刻的活动，他迈出了决定性的一步。“并非任何一个构造都是依据领会内容-领会（Auffassungsinhalt-Auffassung）图式构成的。”《内时间意识现象学讲座》，第5页，注释1。

② 考夫卡：《心智的成长》，第174页及以下。

于这一意识觉醒、就在于这一“颜色观”的来临、就在于这种把所予归入一个范畴之下的理智分析？但是，儿童为了能够在颜色范畴之下意识到蓝和红，这一范畴必须植根于所予之中，否则的话，没有哪种归入能够在所予中认出范畴来——在呈现给儿童的那些“蓝的”和“红的”牌子上，我们称之为蓝色和红色的振动和影响目光的特殊方式必须显示出来。通过目光，我们拥有了一种可以比之于盲人的手杖的自然工具。目光按照它考问各种事物的方式、它附在或靠在它们上面的方式或多或少地得到了它们。学会看各种颜色，就是获得某种看的方式、获得本己身体的一种新的使用，就是丰富和重组身体图式。作为运动能力或知觉能力的系统，我们的身体不是“我思”的对象：它是走向其平衡的一组被亲历的含义。有时会形成含义的一个新的纽结：我们的那些旧动作融入到了一个新的运动存在物中，那些最初的视觉所予融入到了一个新的感觉存在物中，我们的那些自然能力突然就契合了一种更加丰富的含义：它直到那时还只是在我们的知觉场或实践场中获得显示，只是由于某种缺失才出现在我们的经验之中，而且它的降临突然重组了我们的平衡，满足了我们盲目的期待。

第五章 作为性欲化存在的身体 180

我们的持久目标是阐明我们藉之使空间、客体或工具为我们而实存，藉之接受它们的原初功能，是把身体描述为这种占为己有的场所。然而，只要我们关注的是空间或被知觉的事物，就不容易重新发现肉身化主体和其世界之间的关系，因为这一关系被转变成了认识论的主体与客体的纯粹沟通。事实上，自然界在它的为我的实存之外，表现为在己地实存着，主体藉之向它开放的超越行为由此带走了它自己，而我们发现自己面对着不需要被知觉以便实存的自然。因此，如果想要阐明为我们的存在的发生，我们最后必须考虑我们的显然只对我们具有意义和实在性的我们的经验区域，即我们的情感领域。让我们来看看一个客体或一个存在如何通过欲望或爱开始为我们而实存，而我们由此能够更好地理解一些客体和一些存在如何能够一般地实存。

我们通常把情感性构想为不能被理解，只有通过我们的身体构造才能够获得说明的一些封闭在自身中的情感状态、快乐和痛苦的拼凑。如果我们承认，情感性在人那里“被理智所渗透”，我们由此想要说的是：一些单纯的表象能够依据观念联想律或条件反射律迁移快乐和痛苦的自然刺激，这些替代将快乐和痛苦与我们本来无关的一些环境联系起来，而且通过这种一个接一个的迁移，

一些与我们自然的快乐和痛苦没有明显关系的第二级或第三级的价值被构成了。客观世界越来越少地直接在“基础”情感状态的键盘上演奏，但价值仍然是快乐和痛苦的一种持久可能性。假如不是处在快乐和痛苦的体验中（对此没有什么好说的），主体就通过
181 其表象能力界定自己，情感性就不会被承认为意识的一种原本的模式。如果这一想法是正确的，任何性欲减退都应该要么被归结为某些表象的丧失，要么被归结为愉快的减弱。我们将会看到，事情并非如此。有一个病人不再主动寻求性行为。[①] 淫秽画面、关于性话题的交谈、对身体的知觉在他那里不会导致任何性欲产生。该病人从不拥抱，而接吻对他来说没有性刺激的价值。各种反应完全是局部的，不会没有接触就开始。如果前戏在这一时刻被中断了，他不会寻求继续完成整个性过程。在性行为中，插入从来都不是自发的。假如性高潮首先出现在伴侣那里，并且假如她推迟了，刚开始的欲望也就消失了。事情在每一时刻的发生都似乎是，被试不知道要做什么。除了非常短暂的性高潮之前的几个瞬间外，没有什么主动的动作。遗精很少见，而且往往不会有梦相伴。我们要尝试用视觉表象的消失来说明这种性无力，就像前面用它说明运动主动性的丧失吗？但是，我们将难以坚持认为不存在性行为的任何触觉表象，因此有待于理解的是，为什么在施耐德那里，触觉刺激（而不仅仅是视知觉）已经大大地丧失了它们的性含义。如果我们现在想假定既是触觉的又是视觉的表象的普遍减

① 这涉及病人施耐德，即我们在前面已经讨论过其运动机能缺陷和智力缺陷，其情感行为和性行为已经被斯坦因费尔德分析过的那个病人。《论性功能分析》，第175－180页。

弱，那么就需要描述这种完全形式的减弱在性欲领域中呈现出的具体方面。因为最终说来，比如，很少遗精是不能用表象的减弱来获得说明的，后者是前者的结果而非原因，并且似乎表明了性生活本身的改变。那么，我们要假定正常的性反应或快感状态的某种减弱吗？但是，这个例子更适宜于证明，不存在一些性反应、不存在纯粹的快感状态。因为，我们想起了，施耐德的全部障碍都来自于限定在枕叶区的损伤。如果性欲是人的一个自动的反应器官， 182
如果性欲的对象将影响某个解剖上确定的快感器官，那么，大脑损伤就会使这些自动行为不受约束并且以确定的性行为表现出来。病理学表明，在自动行为和表象之间有一个极为重要的区域，病人的性欲的各种可能性就在这里形成，就像前面所说的他的各种运动的、知觉的可能性，甚至他的各种理智的可能性在这里形成那样。应该存在着一种内在于性生活的确保其展开的功能，而性欲的正常展开取决于构造主体的内在力量。应该存在着给予原本的世界以生机，赋予各种外部刺激以性价值或性含义，并且为每个被试勾画出如何使用其客观身体的爱洛斯或力比多。在施耐德那里，正是知觉或性爱经验的结构本身被改变了。在正常人那里，身体不仅仅被知觉为一个随便什么客体，而且这一客观的知觉还被一种更隐秘的知觉所萦绕：可见的身体被一种严格个体的性图式——它突出那些激起性欲的区域，勾画出一幅性欲外貌，唤起融入这一情感整体的男性身体本身的各种动作——所支撑。对于施耐德来说，相反，一个女人的身体是没有什么特殊本质的：他说，使一个女人有吸引力的主要是其性格，她们在身体方面全都是相似的。亲密的身体接触只能产生一种“模糊的感受”，即“对某一个不

确定的东西的知识”，而这从来不足以“引起”性行为，不足以产生一个唤起一种确定的解决方式的处境。不管依据空间还是时间，知觉都已经丧失了其性爱结构。在病人那里消失的是一种能力：它把一个性欲世界投射到他面前，将他置于性爱处境之中，或者一旦处境开始出现，维持之或延续之直至获得满足。由于他没有引起性动作和状态、“使”这些动作和状态“成形”、并在它们那里实现性的满足的意向和主动性，满足这个词本身对于他来说不再意味着任何东西。病人之所以在其他一些场合极好地利用的触觉刺激丧失了它们的性含义，是因为可以说它们不再向他的身体说话、不再将他的身体置于性欲关系之中，或换句话说，是因为病人不再向
183 周围的人提出正常性欲归属的这一沉默而永恒的问题。施耐德和大多数阳痿的被试都“不能专注于他们所做的事情”。但是，心不在焉和各种不适当的表现不是其原因，而是其结果；被试之所以对处境无动于衷，首先是因为他没有亲历它，他没有介入其中。我们在此推测到与客观知觉不同的一种知觉、与理智含义不同的一种含义、不是纯粹的“对某物的意识”的一种意向性。性爱知觉不是指向我思对象（cogitatum）的我思活动，它透过一个身体瞄向另一个身体，它在世界之中而不是在意识之中形成。一个场景对我来说具有性含义，不是在我哪怕模糊地向自己表象它与性器官或快感状态的可能关系时，而是在它为我的身体，为这种总是准备好把给定的刺激结成性爱处境、随时准备在这一处境中调整性行为的能力而实存时。存在着不属于知性秩序的性爱的“理解”，因为知性是通过把经验统觉到一个观念之下来进行理解的，欲望则是通过把一个身体和另一个身体连接起来而盲目地理解的。即使在性

欲方面（它长期以来被视为身体功能的典范），我们接触到的也不是外周的自动行为，而是紧随实存的一般活动而来、并且和它一道减弱的意向性。施耐德不再能够置自己于性爱处境中，就像他一般不再处在情感的或意识形态的处境中一样。各种面孔对他来说既不是令人高兴的，也不是让人讨厌的；只有他直接与人们交往而且根据他们对他采取的态度、他们向他表明的注意和关心，他们才具有令人高兴或令人讨厌的品质。阳光和雨水既不是令人高兴的，也不是让人悲伤的，心情只取决于一些基本的器官功能，世界在情感方面是中性的。施耐德从不扩大他的人类环境，而且，即使他结下了一些新的友谊，它们的结局有时也不好：这是因为，人们通过分析发现，它们从来都不是来自于一种自发的活动，而是来自于一种抽象的决定。他希望能够思考政治和宗教，但他甚至没有尝试过，他知道这些领域是他弄不懂的，而且我们已经看到，一般来说，他从来不进行任何真正的思维活动，他用符号操作和“支撑 184
点”技术来替代数目直观或含义领会。[①] 我们通过使所有这些“过程”依赖于一个“意向弧”（它在病人那里减弱了，而它在正常人那里将其生命力和生殖力的程度提供给经验），既重新发现了作为一种原初意向性的性生活，又重新发现了知觉、运动机能和表象的种种生命根基。

因此，性欲不是一个自主的循环。它内在地与所有认识的、行动的存在联系在一起，行为的这三个方面显示为一个独一无二的典型结构，这三个方面处于一种相互表达的关系之中。在这里，我

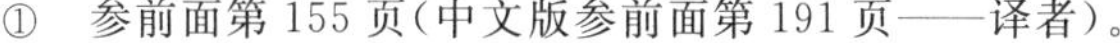

① 参前面第155页（中文版参前面第191页——译者）。

们与精神分析的那些最经久的收获会合了。不论弗洛伊德的原则宣言是什么，精神分析研究实际上不是用性的底层结构来说明人，而是在性欲中重新发现以前被当作*有意识的*关系和态度的那些关系和那些态度；精神分析的含义不是使心理学变成生物学的，而是在大家认为是“纯粹身体的”功能中发现一种辩证的运动，并且将性欲重新整合到人的存在之中。弗洛伊德的一个持不同看法的弟子[①]指出，比如性冷淡与解剖上和生理上的条件几乎没有任何关联，它最经常表达的是对性高潮、对女性状态或性欲化的存在状态的拒绝，而这种拒绝又表达的是对其性伴侣以及他代表的目标的拒绝。要是有人认为精神分析，甚至是弗洛伊德的精神分析，排斥对各种心理动机进行描述并且对立于现象学方法，那就错了：相反，通过断定人的任何行为“都有一种意义”（依据弗洛伊德的说
185 法）[②]、通过到处寻求理解事件而不是将其与一些机械的条件联系起来，精神分析有助于发展现象学方法（但对此毫无所知）。在弗洛伊德本人那里，性并不是生殖，性生活不是生殖器官为其发生场所的过程的一个简单结果；力比多不是一种本能，即不是自然地被导向一些确定目标的活动，它是心理生理主体黏附于各种不同的环境、通过各种不同的经验确立自己、获得一些行为结构的一般能

① 斯特克尔：《患性冷淡症的妇女》。

② 弗洛伊德：《精神分析引论》，第 45 页。弗洛伊德在让我们明白各种症状总是有多种意义，或者就像他说的，是“复因决定的”的时候，他就在具体的分析中放弃了因果思维。因为，这就相当于承认，一个症状在其被确立的时候，总是在被试那里找一些*存在的理由*，以至生活中的任何事件严格地讲都不是由外部决定的。弗洛伊德将外在的偶然事件比之为外来的身体（它对于牡蛎来说仅仅是分泌珍珠的契机）。参《精神分析五讲》，第一章，第 91 页，注释 1。

力。它是那种让一个人具有一段历史的东西。一个人的性史之所以提供了其生活的钥匙，是因为在人的性欲中投射着他对待世界，也即对待时间和对待他人的存在方式。所有神经官能症在其根源处都有一些性症状，但是，如果我们正确地解读它们，就会看出这些症状象征着整个一种态度，要么比如是一种征服的态度，要么是一种逃避的态度。在被构想为生活的一般形式之设计的性史中，所有心理动机都可能被悄悄塞进来，因为不再有两种因果关系的干扰，因为生殖生活被连接到了被试的整个生活上。问题不在于知道人的生活是否建立在性欲之上，而在于知道什么是大家所理解的性欲。精神分析表现了思想的双重运动：一方面，它强调生命的性基础，另一方面，它“扩大”了性欲的概念，以至将整个实存都纳入到性欲中。然而，正是由于这一原因，它的那些结论和我们前一段中的那些结论一样，仍然是含混的。当人们把性欲概念一般化的时候，当人们将这一概念变成在物理世界和人际世界中存在的方式时，人们想说的不就是，归根结底，任何实存都有一种性意义，或者任何性现象都有一种实存意义吗？按照第一个假设，实存将会是一种抽象，将会是指称性生活的另外一个名称。但是，由于性生活不再能够被划定界限，由于它不再是一个单独的、可以按照一个机体器官特有的因果联系来确定的功能，说整个实存可以通过性生活而获得理解就不再有任何意义，或毋宁说，这一命题成了一种同语反复。那么是否应该倒过来说，性现象只是我们投射自己环境的一般方式的表达呢？但是，性生活不是实存的一种简单反映：一种比如说在政治秩序和意识形态秩序中有效的生活，可能 186
伴有受到损伤的性欲，它甚至有可能得益于这一损伤。相反，比如

在卡萨诺瓦那里，性生活可能拥有一种并不对应于在世存在的特殊活力的技巧上的完美。即使性器官被一般的生命之流所渗透，它仍然可以为了有利于自己而将之据为己有。生命在那些分离之流中显出其特性。要么这些词没有任何意义，要么性生活指称的是我们生命中与性的实存有各种特殊关系的一个区域。不能让性欲淹没在实存之中，好像它只不过是一种副现象。正因为我们承认神经官能症患者的各种性障碍表达了他们的根本戏剧，并且以夸张的方式将它提供给我们，所以仍然需要知道为什么这一戏剧的性表达比其他表达更早熟、更经常、更醒目，为什么性欲不仅仅是一种迹象，而且是一种优先的迹象。我们在此重新发现了我们已经多次遇到的问题。我们借助完形理论指出，我们不能确定直接依赖于某些感官的一个感性所予的层次：最少的感性所予也必须被整合到一个构形中，并且已经“被赋形”，才能被提供出来。但是，我们仍要说，这并不妨碍“看”和“听”等词有一种意义。我们已经在别处指出，[①]大脑的各个专门区域，比如“视觉区域”，从来都不是孤立地运作的。我们仍要说，依据各种损伤所处的区域，这并不妨碍视觉方面或听觉方面在疾病表中占主导地位。最后，我们刚才说过，生物的实存是与人的实存联系在一起的，而且从来不是与人类特有的节奏无关的。我们现在要补充说，这并不妨碍“生活”(leben)是由之能够“体验”(erleben)这个或那个世界的原初活动；在知觉到并通向关系生活之前，我们必定要吃东西和呼吸；在通向人类关系生活之前，我们必定通过视觉朝向颜色和光线，通过

① 《行为的结构》，第 80 页及以下。

听觉朝向声音，通过性欲朝向他人的身体。因此，视觉、听觉、性欲、身体不仅仅是个人实存的过渡点、工具和显示：个人实存在自身接纳和恢复了它们的被给定的、匿名的实存。当我们说身体或肉体的生命和心理处于一种相互的*表达*关系中的时候，或者当我们说身体事件总是有一种心理*含义*的时候，这些说法需要加以说 187
明。它们对于排除因果思维是有价值的，但是，它们并不想说身体是**精神**的透明外壳。回到实存，回到身体和精神的联系在其中获得理解的环境，并不是回到**意识**或回到**精神**，实存的精神分析不应当充作精神主义复活的借口。通过弄清楚属于已经被构成的语言和思想的世界的“表达”和“含义”概念（我们刚才不加批判地把它们运用到身体和心理的关系上了，而身体经验相反地一定会让我们学会更正它们），我们可以更好地理解这一点。

一个被母亲禁止再见她所爱的年轻男孩的年轻女孩失睡、厌食，最后不能说话了。[①] 有人发现，她第一次出现失音症是在童年时期的一次地震之后，后来在一次极度恐惧之后又复发了。严格弗洛伊德主义的解释会将之归因于性欲发展的口腔期。然而，在口腔中被“固定的”不仅仅是性的实存，而且更一般地说是以话语为载体的与他人的各种关系。情绪之所以选择以失音症的形式表达自己，是因为在身体的所有功能中，言语是与共同的实存，或我们所说的共存最紧密地联系在一起的。因此，失音症代表了对共存的拒绝，就像在其他被试那里，癔症是逃避处境的手段一样。病人中断了家庭环境中的关系生活。更一般地说，病人想要中断生

① 宾斯万格：《论心理治疗》，第 113 页及以下。

活：她之所以不再能够吞咽食物，是因为吞咽象征着被各种事件所渗透并同化它们的实存活动；严格地说，病人不能“吞下”施加给她的禁令。[①] 在被试的童年时期，焦虑通过失音症被表达出来，因为死亡的临近猛烈地中断了共存，将被试带回到她个人的命运中。
188 失音症的症状再次出现，因为母亲的禁令以转义的方式恢复了相同的处境，此外还因为，禁令通过关闭被试的未来，重新把她导向她所偏爱的那些行为。这些动机利用了我们的被试的喉咙和口腔的可能与其力比多的历史、与性欲的口腔期联系在一起的特殊感受性。这样，透过这些症状的性含义，我们就会隐隐约约地发现，相对于过去和未来、相对于自我和他者，也就是说相对于实存的各种根本维度，它们更一般地意味着什么。但是，就算身体在每一时刻都表达着实存的各种样式，我们也会看出，这并不就像条纹意味着军衔，或者就像一个门牌号代表着一座房子一样：符号在此不仅仅指示其含义，它还被含义寓居，它在某种方式上是它所意指的东西，就像皮埃尔的一幅画像是不在场的皮埃尔的准在场一样，[②]或者就像魔法中的那些蜡像是它们所代表的东西一样。病人并不用其身体模仿一出“在其意识中”发生的戏剧。在失音的时候，病人并没有把一种“内在状态”传达到外面，她并没有像与火车司机握手、与农民拥抱的国家元首，或不再和我说话的一个生气的朋友那样做出“显示”。失音并不是保持沉默：只有当一个人能够说话时才会保持沉默。失音症无疑不是瘫痪，其证据是，在经过心理治疗

① 宾斯万格(《论心理治疗》，第 188 页)指出，一位病人在他恢复一个创伤记忆并告诉医生的那一时刻，体验到了括约肌的放松。

② 萨特：《想象物》，第 38 页。

之后、在家人允许她重见她所爱的那个人之后，年轻女孩恢复说话了。然而，失音症更不是一种慎思的或有意的沉默。我们知道，癔症理论如何借助暗示病的概念，超越了在瘫痪（或感觉缺失）和装病之间的二者择一。如果癔症患者是一个装病者，那么，他首先是对自己装病，以致不可能区分他**真正**体验到或想到的东西与他向外表达的东西。暗示病是我思的一种疾病，是变成情绪矛盾的意识，而不是故意拒绝承认他所知道的东西。同样，这位年轻女孩在这里没有**停止**说话，她就像我们失去记忆那样“失去了”声音。还是像精神分析表明的那样，失去了的记忆确实不是偶然地失去的；只是就它属于我所拒绝的自己的生活的某个领域而言，只是就它 189 有某种含义而言，它才失去了，而且像所有的含义一样，这一含义只为某个人而实存。因此，遗忘是一种行为；我与这一记忆保持距离，就像我不看一个我不想看的人一样。然而，就像精神分析也很好地证明的那样，就算抗拒确实预设了与我们所抗拒的记忆的一种意向性的联系，它也不会把这一记忆当作一个客体放在我们面前，不会明确地拒绝之。它瞄向我们经验的一个区域、某种范畴、某类记忆。那个将其妻作为礼物送给他的一本书忘在了抽屉里，一与她和好就重新找到它的被试，[①]没有绝对地丢失这本书，而是不再**知道**它在哪里了。与妻子有关的东西对他来说不再实存，他将其排除出自己的生活，他一下子切断了与她有关的全部活动的关联，因此他处于谈不上知与无知、有意的肯定与有意的否定之状态。这样，在癔症和压抑之中，我们在完全知道某个东西的同时又

① 弗洛伊德：《精神分析引论》，第 66 页。

不知道它，因为我们的记忆和身体不是在一些独特的、确定的意识行为中呈现给我们，而是被包含在一般性中。透过这种一般性，我们仍然“拥有”我们的记忆和身体，但这正好足以让它们远离我们。我们由此发现，各种感觉信息或记忆只有一般地黏附于它们所属的我们的身体和生活的区域，才能被我们确定地抓住和认识。这种黏附或这种拒绝将被试置于一种确定的处境中，并且为他限定了一个直接可用的心理场，就像一个感觉器官的获得或丧失将物理场中的一个客体提供给或不提供给他的各种直接把握一样。我们不能说被如此建立起来的事实上的处境是对一种处境的单纯意识，因为这样说就意味着，“被遗忘的”记忆、胳膊或腿，完全像我的过去或我的身体的“被保存的”区域那样，被展示在我的意识面前，被呈现给我、临近于我。我们更不能说失音症是故意的。意志假定存在着我们要在它们之间做出选择的一些可能性的场域：这是皮埃尔，我可能和他说话或不和他说话。相反，如果我变成了失音
190 的，那么，皮埃尔就不再作为被期望或被拒绝的对话者为我而实存了，这是因为各种可能性的整个场域崩塌了；我甚至退出了沉默这种沟通和含义模式。当然，我们可以在这里谈论虚伪和自欺。但是，我们随后就得区分心理学的虚伪和形而上学的虚伪。前者通过向其他人隐瞒被试明确地知道的各种思想来欺骗他们。这是一件很容易避免的偶然之事。后者以一般性为手段欺骗自己，它由此通向一种不是注定的，但也不是被肯定和自愿的状态或处境，它甚至出现在“真诚的”或“本真的”人那里：每当他企图毫无保留地成为无论什么的时候。它构成为人类状况的一部分。当神经病发作达到其极点时，被试即使将它当作逃避一种困境的手段，并且像

躲入一个避难所那样躲入其中，他也几乎不再听到什么，几乎不再看到什么，几乎变成了在床上挣扎的痉挛的、气喘吁吁的实存。赌气导致的晕眩达到如此程度，以至变成了对无论什么的赌气、对生活的赌气、绝对的赌气。在流逝着的每一瞬间，自由都在降低价值，并且变得越来越不可能。自由即使从来都不是不可能的并且总是能够打败自欺的辩证法，一宿睡眠无论如何仍具有同样的能力：能够被这一匿名的力量所克服的东西确实应该和这一力量是同性质的。因此，至少应该承认：赌气或失音症随着其持续，变成像事物那样坚实的了；它们变成结构；打断它们的决定出自比“意志”更低层的东西。病人与自己的声音分离了，就像有些昆虫被切去了其爪子一样。病人完全保持没有声音的状态。相应地，心理医学不是通过让病人认识到其病因来对他产生作用的：有时手的一次接触就会使挛缩停止，并让病人恢复说话，[①]而且变成常规了的相同手法足以在后来控制新的发作。无论如何，尽管意识觉醒在心理治疗中停留为纯粹认知的，如果没有病人与医生结成的个人关系，没有病人给予医生的信任和友谊以及由这一友谊引起的生活改变，病人就不会接受我们刚才向他揭示的他的那些障碍的意义。症状就像痊愈一样，不是在客观意识的或论题意识的层次，191
而是在下面的层次酝酿出来的。作为处境的失音症还可以被比之于睡眠：我左侧朝下、双膝弯曲躺在床上，我闭着双眼，我缓慢呼吸，我远离我的各项计划。但是，我的意志或意识的能力在那里停止了。就像在狄奥尼索斯秘密祭礼中，信徒们通过模仿神的各种

① 宾斯万格：《论心理治疗》，第 113 页及以下。

生活场景祈祷他一样，我通过模仿睡眠者的呼吸和姿势召唤睡眠的来访。当信徒们不再把自己与他们所扮演的角色区别开来时，当他们的身体和他们的意识停止将这种角色与他们特殊的不透明对立起来、并且完全融入到神话中时，神就出现在那里了。存在着睡眠"到来"的一个时刻；它停留在我向它呈现的对它的模仿上面，我成功地成为了我假装要成为的东西：一团没有目光、几乎没有思想、待在某一空间点上、只是通过诸感官的匿名警觉才处于世界之中的物质。无疑这后一关联使醒来成为可能：通过这些半开的门，各种事物将会归来，睡眠者将重回世界。同样，与共存断绝了联系的病人仍然能够知觉到他人的感性外表，仍然能够比如借助日历抽象地构想未来。在这个意义上，睡眠者从来没有完全封闭在自身之中，从来不完全是睡眠者，病人从来没有绝对脱离主体间的世界，从来不完全是病人。但在他们那里使他们回到真实世界得以可能的仍然只是一些非个人的功能：各个感觉器官、语言。在我们总是保持着进入醒觉和健康状态的范围内，我们在睡眠和疾病上是自由的，我们的自由建立在我们的处境中的存在之上，而它本身是一种处境。睡眠、醒觉、疾病、健康不是意识或意志的一些样式，它们预设了一种"实存的步骤"①。失音症并不仅仅代表拒绝说话，厌食症并不仅仅代表拒绝活下去，而且代表拒绝他人或拒绝未来，这一他人和未来没有"内在现象"的传递性质，是一般化的、已实现的和变成了实际处境的。

身体的角色是确保这种变形。它将各种观念转变为事物，将

① 宾斯万格：《论心理治疗》，第188页。

我对睡眠的姿势模仿转变为实际的睡眠。身体之所以能够象征实存,是因为它实现实存,是因为它是实存的现实性。它促进了实存 192
的收缩和舒张的双重运动。一方面,我的实存确实可能脱离它自身、变成匿名的和被动的、在一种繁琐哲学中获得确定。在我们谈到的那个女病人那里,朝向未来、朝向活的现在或朝向过去的活动,以及学习、成熟、与他人进行交往的能力,似乎已被阻塞在身体症状中了,实存已经缠绕在一起了,身体变成了"生命的隐藏处"。[1] 对于病人来说,不再有任何事情会发生,没有什么东西会获得意义和形式——或更准确地说,发生的是一些始终同样的"目前",生命朝着它自身回流,历史在自然的时间之中瓦解。即使是正常的人、即使是处在一些人际处境中的人,只要有一个身体,都会在每一瞬间保有摆脱这种情况的能力。我在世界之中生活的一瞬间,在朝向自己的各种筹划、自己的各种事业、自己的各位朋友、自己的各种回忆的一瞬间,我可以闭上双眼,躺下来,听血液在耳边跳动,把自己融入到快乐或痛苦中,将自己封闭在支撑着我的个人生活的匿名生活中。但是,正因为我的身体能够对世界关闭,它也是那个使我向世界开放的东西,并且在那里将我置于处境之中。朝向他者、朝向未来、朝向世界的实存活动,可以像一条解冻的河流那样重新开始。病人恢复他的声音,不是通过一种理智的努力或意志的一个抽象决定,而是通过他的整个身体都在其中集结的一次转变,通过一种真正的动作,就像我们不是"在我们的精神中",而是"在我们的脑袋中"或"在我们的嘴唇上"寻找并重新找到

① 宾斯万格:《论心理治疗》,第182页。

忘记的名字一样。当身体再次向他人或向过去开放时，当它让自己被共存穿透时，当它再次（在主动的意义上）在自己之外意指时，记忆和声音就被恢复了。进而言之：哪怕从实存的回路中被切割出来了，身体也永远不会完全重新回到它自身。即使我专注于对自己身体的体验、专注于各种感觉的孤独，我也不能消除自己的生活对一个世界的整个参照；在每一瞬间，某个意向都重新从我这里涌现，它可能只是朝向那些围绕着我并且落入我的眼帘的事物，或者朝向那些突然出现并且把我刚才亲历的东西推向过去的瞬间。
193 我从来不会完全变成世界中的一个事物，我总是缺乏像事物那样的实存的饱满，我自己的实质由内部逃离我，某种意向总是显露出来。只要身体的实存带有一些"感觉器官"，它就永远不会静息在它自己那里，它总是被一种积极的虚无所烦扰，它不断地为我做出生活的主张；而自然时间在出现的每一瞬间都不停地勾勒出真实事件的空的形式。毫无疑问，这一主张始终没有获得回应。自然时间的瞬间没有确立任何东西，它要立刻重新开始，而且它确实是在另一个瞬间重新开始的，各种感官功能不能独自使我在世界之中存在：当我专注于我的身体时，我的眼睛只给予我各种事物的感性外表以及其他人的感性外表，事物本身受到非实在性的冲击，行为变样为荒谬，甚至现在（就像在错误认识中那样）也丧失了其坚实性、转变成为永恒性。透过我而蔓延却没有获得我的共谋的身体实存只不过是真正的面对世界在场的开端。这一开端至少奠定了这一在场的可能性，它建立了我们与世界的第一个协约。我确实能够缺席人类世界、离开个人的实存，但是，这只不过是为了在我身体中重新找到我藉之被判定给存在的相同的能力（它这一次没有名称）。有人会说，身体是“成为自身的隐藏形式”，[1]或者相反，个人实存是一种在给定的处境里的存在的恢复和显示。因此，如果我们说身体在每一时刻都表达了实存，这是在言语表达思想的意义上说的。我们将会看到，在通常的表达手段——它们只是把我的思想显示给了他人，因为对每一个符号来说，一些含义在我这里和在他那里都是给定的，在这个意义上，它们并没有实现真正的沟通——下面，确实应该有一种原初的含义活动（被表达者在这里不会脱离表达而实存，而符号本身在这里将从外部引出它们的意义）。身体正是以这种方式表达了整个实存，不是因为它是实存的外部伴随物，而是因为实存在它那里获得实现。这一肉身化的意义是中心现象，身体和精神、符号和含义则是它的一些抽象环节。

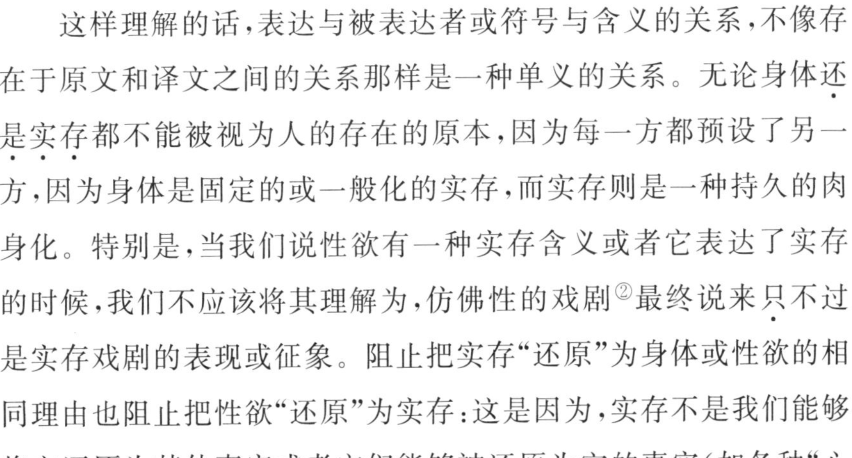

这样理解的话，表达与被表达者或符号与含义的关系，不像存 194
在于原文和译文之间的关系那样是一种单义的关系。无论身体还是实存都不能被视为人的存在的原本，因为每一方都预设了另一方，因为身体是固定的或一般化的实存，而实存则是一种持久的肉身化。特别是，当我们说性欲有一种实存含义或者它表达了实存的时候，我们不应该将其理解为，仿佛性的戏剧[2]最终说来只不过是实存戏剧的表现或征象。阻止把实存“还原”为身体或性欲的相同理由也阻止把性欲“还原”为实存：这是因为，实存不是我们能够将它还原为其他事实或者它们能够被还原为它的事实（如各种“心

① 宾斯万格：《论心理治疗》，eine verdeckte Form unseres Selbsteins，第 188 页。

② 就像波利策所做的那样（《对心理学基础的批判》，第 23 页），我们在此在词源意义上使用该词，没有任何浪漫的回响。

理事实”)的秩序,而是它们的相互关联的模糊地带,是它们的界限在那里变得模糊起来的地方,或者还可以说,是它们的共同内容。因此,不存在让人的实存“在头脑中”运行的问题。毫无疑问应该认识到,害羞、欲望和爱一般来说有一种形而上学含义,也就是说,如果我们把人看作是一部受各种自然规律支配的机器,甚至是“一堆本能”,那么它们就是不可理解的;它们关涉的是作为意识和作为自由的人。人通常不会露出自己的身体,当他露出它时,他要么是由于害怕,要么是想让人着迷。在他看来,扫视其身体的外来目光从他那里偷走了其身体,或者相反,其身体的暴露会把他人毫不防备地交付给他,那时候,他人将会沦为奴隶状态。因此,害羞和无耻就在作为主人与奴隶的辩证法的自我与他人的辩证法中占据了一席之地:只要我有一个身体,我就可能被他人的目光还原成客体,并且对他来说不再作为人而有重要性;或者相反,我能够变成他的主人,并且我反过来注视他;但这种主宰是一条死胡同,因为,在我的价值被他人的欲望所承认的时候,他人就不再是我想通过他而获得承认的那个人了,他是一个被迷住的、没有自由的存在,

195 并且在这一名义下对我来说就不再重要了。因此,说我有一个身体,就是一种说我可以被看作一个客体、我寻求被看作主体、他人可以是我的主人或我的奴隶的方式,以致害羞和无耻表达了意识的多样性的辩证法,以致它们具有一种形而上学含义。我们可同样地谈论性欲:它之所以不适合一个见证的第三者在场,它之所以把被欲求的存在的过于自然的态度或过于淡漠的话体会为敌意的标志,是因为它希望我们着迷,是因为,如果旁观的第三者或被欲求的存在在精神上过于自由,就会摆脱这种着迷。因此,我们寻求

拥有的不是一个身体，而是被意识灵性化了的一个身体，而且就像阿兰所说的那样，我们是不会爱一个疯子的，除非在她发疯之前已经爱上了她。因此，身体带有的重要性、爱的种种矛盾就与一出更一般的戏剧相关了，而后者又与我的对于他人来说是客体、对于我来说是主体的身体的形而上学结构相关。如果性经验不是像被给予所有人的、始终可以得到的对处在其自主和从属的最一般环节中的人类状况的体验一样，那么性快乐的强烈就不足以说明性欲在人类生活中的位置，就不能说明比如色情现象。因此，我们不能通过把人的行为与性忧虑相联系来说明它的各种痛苦和焦虑，因为性忧虑已经包含了它们。相应地，我们也不能通过把性欲和身体的含混性相联系来把性欲还原为有别于它自己的东西。因为在思想面前，身体作为客体不是含混的；只是在我们对它的经验中，尤其是在性经验中，而且经由性欲的事实，它才会变成含混的。把性欲看作是一种辩证法，这既不是把它归结为一个认识过程，也不是把一个人的历史归结为其意识的历史。辩证法不是一些相互矛盾又不可分离的思想之间的关系：它是从一个实存到否定它的另一个实存的趋向，前者没有后者就不能维持下去。形而上学——自然的彼岸的出现——不是被定位在认识的层次上的：它开始于向一个“他者”的开放，它无处不在，而且已经处在性欲固有的展开之中。我们确实已经附和弗洛伊德将性欲概念一般化了。那么，我们如何能够谈论性欲的一种固有的展开呢？我们如何能够把一种意识内容刻画为性的呢？我们实际上不能这样做。性欲在一般 196
性的面具下隐藏自己，它不停地试图摆脱它所确立的张力和戏剧。然而，我们从何处得到权利说它隐藏自己，仿佛它保持为我们生活

的主体呢？难道不应该简单地说它在实存的更一般的戏剧中被超越和被淹没了吗？这里有两个错误要避免：一个错误是不承认实存中有与其显在的、在分明的表象中获得展现的内容不同的内容，就像各种意识哲学所做的那样；另一错误是用本身也由表象构成的潜在的内容替代这一显在的内容，就像各种无意识心理学所做的那样。性欲既没有在人的生活中被超越，也没有通过无意识表象出现在人的生活的中心。性作为一种氛围一直呈现在人的生活之中。做梦者不是开始于向自己表象其梦的潜在内容，即“第二次叙述”借助一些适当的形象揭示的内容；他不是开始于把生殖器起点的各种兴奋清晰地知觉为生殖器的，以便随后用转义的语言来翻译这一原文。但是，对于离开了清醒时的语言的做梦者来说，这样的生殖器兴奋或这样的性冲动，一开始**就是**人们在显内容中发现的人们攀登的一堵墙或人们爬上的一个建筑物的正面的形象。性欲弥漫在性欲只从之得到某些典型关系、只从之得到某种情感的外貌的形象中。做梦者的阴茎**变成了**出现在显内容中的那条蛇[①]。我们刚才就做梦者所说的，对于我们在自己的各种表象下面感觉到的我们的总是尚带睡意的这个方面，就我们透过它而知觉世界的个别的神志迷糊也为真。在那里存在着一些绝非“无意识的”模糊形状、一些优先的关系，我们非常清楚地知道它们是不确定的，它们与性欲有关系，却没有明确地提及之。就像一种气味和一个声音那样，性欲从它特别地寓居的身体区域辐射出去。我们在这里再次发现了我们研究身体图式时已经在身体中认识到的

① 拉夫尔格：《波德莱尔的失败》，第 126 页。

一般的沉默转换功能。当我将手伸向一个物品的时候，我不言明地知道我的胳膊在伸展。当我转动双眼的时候，我没有明确意识 197
地知道它们的活动，并且由此知道了视觉场的混乱只不过是表面的。同样，不用成为一种明确的意识行为的对象，性欲就能激发我那些优先的经验。被如此理解的性欲，也即被理解为含混的氛围的性欲与生命是同外延的。换句话说，模棱两可对于人的实存是本质性的，我们所亲历或思考的一切总是有多种意义。一种生活方式——逃避的态度和对孤独的期望——或许是对某种性欲状态的概括表达。通过以这样的方式形成实存，性欲充满了如此一般的含义，以致对于被试来说，性的论题可以成为非常多的自身正确而真实的意见的契机、成为非常多的建立在理性基础上的决定的契机；这一论题在进程中是如此地承担重负，以致不可能在性欲的形式中寻找对于实存的形式的说明。这种实存无论如何是对一种性处境的恢复和阐明，因此它总是至少有双重意义。性欲和实存是相互渗透的，也就是说，如果实存弥漫在性欲之中，那么相应地，性欲也弥漫在实存之中，以致不可能为一个决定或一个给定的行动指定出自性动机的部分和出自其他动机的部分，不可能把一个决定或一个行为刻画为“性的”或“非性的”。因此，在人的实存中存在着一条不确定的原则，而这种不确定不只是对我们而言的，它并非来自于我们的认识的某种不完善；不应该相信一个神能够探查心脏和肾脏、能够为我们的来自自然的东西和我们的来自自由的东西划界。实存由于其基本结构——它是没有意义的东西借以获得一种意义、仅有性意义的东西借以获得更一般的意义、偶然借以变成了原因的活动，它是某一实际处境的重新开始——在己地

是不确定的。我们把实存借以重新开始并且改变实际处境的活动称作超越。正因为它就是超越，所以它从来都没有确定地超出任何东西，因为这样的话，对它加以界定的那种张力就消失了。它从来都不会离开自己。它所是的东西从来都不对它停留为外在的和偶然的，因为它将之纳入到了自身之中。因此，一般地说，和身体
198 一样，性欲不应该被看作是我们经验的偶然内容。实存没有偶然的属性，没有不有助于给予它以形式的内容，它不承认在它自己那里有纯粹事实，因为它是事实借以被接受的活动。有人也许会回应说，我们的身体的构造是偶然的，我们可以“构想一个没有手、没有脚、没有头的人”，[①]更不必说可以构想一个没有性、通过插枝或压条而进行繁殖的人。但是，唯有我们抽象地考虑手、脚、头或性器官，也就是说，把它们看作是一些质料片段，而不是考虑它们的活的功能，唯有我们就人形成一个我们只够让我思活动进入其中的抽象概念，这才是真实的。相反，如果我们用人的经验，也就是说用人特有的为世界赋形的方式来定义人，如果我们将各种“器官”重新整合成它们在其中显现的功能整体，那么，一个没有手或没有性系统的人和一个没有思维的人一样是难以构想的。有人还可能回应说，我们的命题只有成为一种同语反复才不再是悖谬的：我们总结性地断定，如果一个人缺乏他实际地拥有的那些关系系统中的一个，他就将不同于他之所是，并因此将不再是一个人。但是，有人可能会补充说，这是因为我们用经验的人（如同他实际地实存那样）来定义人，因为我们用一种本质的必然性并且在一种人

① 帕斯卡尔：《思想录和著作集》（布伦茨威格编），第六节，编码 339，第 486 页。

类先天中来连接给定的这一全体的诸特征(它们只是由于多种原因的相遇、只是由于自然的反复无常才在这里被汇聚起来了)。实际上,我们并不是通过一种回溯性的幻觉来想象一种本质的必然性,我们是确认一种实存关联。就像我们前面通过分析施耐德的病例已经指出的那样,既然从性欲到运动机能再到智力的全部“功能”在人那里都是严格相关联的,那就不可能在人的整体存在中区分出人们将之当作偶然事实的身体构造和必然属于它的其他属性。在人那里,一切都是必然性,而且,比如,并不是由于一种单纯的巧合,理性的存在也是直立的或有一个可与其他手指对置的拇指的存在,同样的实存方式在两者中都表现出来。[①] 在这种人类实存方式不是通过任何人类儿童在其出生时已经获得的某种本质 199
而保证给他的意义上、在它必定不断地透过客观身体的各种偶然性而在他那里重新形成的意义上,一切在人那里都是偶然性。人是一种历史观念而不是一个自然物种。换句话说,在人的实存中没有任何无条件的拥有,不过也没有任何偶然的属性。人的实存将迫使我们修正我们通常的必然性和偶然性概念,因为它就是通过反复的行为从偶然性变为必然性。以我们为自己形成的,我们借助于**逃避**(它从来都不是一种无条件的自由)不停地改造的实际处境为基础,我们是我们所是的一切。没有哪种说明把性欲它还原为有别于它自己的东西,因为它已经是有别于它自己的东西,如果你爱这么说也行,已经是我们整个的存在。我们说性欲是戏剧性的,**因为**我们把自己的全部个人生活都投入进去了。但是,为什么我们要这样做呢?如果不是因为我们的身体是一个**自然的自**

① 参《行为的结构》,第160－161页。

我、是一种给定的实存之流，以致我们从来都不知道支撑我们的力量是它的力量还是我们的力量，或毋宁说这些力量从来都既不完全是它的力量也不完全是我们的力量，我们的身体对于我们来说怎么会是我们的存在之镜呢？不存在性欲的超越，一如不存在向着自身封闭的性欲。没有人获得拯救，没有人是完全堕落的。[①]

---

① 以一种描述的、现象学的方法的名义责难各种“还原论的”概念和因果思维，我们不能摆脱历史唯物主义，就像不能摆脱精神分析一样，因为就如同后者一样，前者并不与我们可以给予它的那些“因果”表述联系在一起，而且它们都可以通过另一种语言获得阐述。历史唯物主义既在于将经济变成历史的，也在于将历史变成经济的。它在其上奠定历史之基础的经济不像在古典经济学中那样是各种客观现象的一个封闭的圆圈，而是各种生产力和各种生产方式的一种对抗，只有前者摆脱了它们的匿名状态，意识到了自身，并因此变得能够赋予未来以形式时，这一对抗才最终走向其结束。然而，觉醒明显是一种文化现象，全部心理动机由此可以被引入到历史的内容之中。1917 年十月革命的“唯物主义的”历史不在于用当时的零售价格指数来说明革命的每

200 一次突发，而在于把它放回到各阶级的动力中，放回到从二月到十月在无产阶级的新政权和保守的旧政权之间变化的意识关系之中。经济回到了历史之中，而非历史被还原成了经济。“历史唯物主义”其所启发的那些著作中，常常只不过是一个具体的历史概念，“历史唯物主义”在它的显示内容——比如，在一个民主社会中的“公民”之间的各种官方关系——之外，还要考虑它的潜在内容，即诸如在具体生活中实际地建立起来的各种人际关系。“唯物主义”的历史在将民主刻画成“形式的”政体，并且描述纠缠着这一政体的种种冲突时，寻求在公民法权的抽象概念下恢复的真实的历史主体不仅仅是经济主体、作为生产要素的人，而且更一般地，是活的主体、作为生产力的人，就他期望赋予自己的生活以形式、他爱、他恨、他创造或不创造艺术作品、他有孩子或没有孩子而言。历史唯物主义并不是一种排他的经济因果关系。我们想说它没有把历史和各种思维方式建立在生产和劳动方式之上，而是更一般地建立在实存和共存的方式之上、建立在各种人际关系之上。它没有将观念史归结为经济史，而是将它们放回到它们共同表达的唯一历史，即社会实存的历史之中。唯我论作为一种哲学理论不是私有财产的一个结果，而是一种孤立和不信任的相同的实存偏见投射到了经济制度和世界观中。

然而，这种对于历史唯物主义的表达或许显得有歧义。像弗洛伊德“扩大”了性概念一样，我们扩大了经济概念，除了生产过程以及经济力量对经济形式的斗争之外，我们还把共同决定这一斗争的一堆道德的和心理的动机放入这一概念中。但是，这样一来，经济一词不就失去了全部可以确定的意义吗？如果说在共在(Mitsein)的方式中获得表达的不是各种经济关系，难道在各种经济关系中获得表达的不是共在的方式吗？当我们把私有财产(就像唯我论一样)与共在的某种结构联系起来的时候，我们难道不是再一次在脑袋中运行历史吗？难道不应该在如下的两个论题之间进行选择：要么共存的戏剧只有纯粹经济的含义，要么经济的戏剧消解在一般的、并且只有实存含义的戏剧中，而这带回的是精神主义？

实存概念(如果它被正确地理解的话)使得我们能够超越的正是这种二者择一，而
201 且我们前面就“表达”和“含义”的实存论看法之所说仍然应该用在这里。一种关于历史

的实存论的理论是含混的，但这种含混性不应该受到指责，因为它处在各种事物之中。只是在革命临近时，历史才会更加靠近经济，而且就像在个体生活中，疾病使人服从其身体的生命节奏一样，在一种革命处境中，比如在一次总罢工的运动中，各种生产关系显露出来了，它们显然被视为决定性的。我们刚才还看到，出路取决于出场的各种力量相互看待对方的方式。更何况在那些萧条时期，各种经济关系只有在它们被一个人类主体所亲历或利用，也就是说通过一个欺骗的过程，或毋宁说通过构成历史一部分的、有自身分量的一种持久的模棱两可被包裹在意识形态的碎片中时，才是有效的。不管守旧者还是无产者都没有意识到他们只是卷入到了一场经济斗争之中，而且他们总是赋予其行动一种人类的含义。在这个意义上，从来不存在纯粹经济的因果关系，因为经济不是一个封闭的系统，它是整体的、具体的社会存在的一部分。但是，一种关于历史的实存概念并没有消除经济处境作为动机的力量。如果实存是人借以重新开始并担负某种实际处境的持久活动，那么他的思想中没有哪一种能够完全脱离他生活在其中的历史背景，尤其不能脱离其经济处境。正因为经济不是一个封闭的世界、正因为所有的动机都与历史的核心关联在一起，所以外在的东西变成了内在的、内在的东西变成了外在的，而且我们的实存的任何构成成分永远都不会被超越。把瓦莱里的诗看作是经济异化的一个简单插曲是荒谬的：纯粹的诗会有一种永恒的意义。但是，在社会的、经济的戏剧中，在我们共在的方式中寻找这种觉醒的动机却并非是荒谬的。就像我们已经说过的，我们的整个生活都散发着一种性气氛，我们无法确定一个单独的意识内容是“纯粹地性的”或根本就不是性的；同样，经济的和社会的戏剧为每一意识提供了意识将以自己的方式解读的某种背景甚或某种意象，并且在这个意义上，它是与历史同外延的。艺术家和哲学家的行为是自由的，但并非是无动机的。他们的自由就寓于我们刚才谈到的模棱两可的力量之中，或者寓于我们前面谈到的逃避的过程之中；他们的自由在于通过赋予某一实际处境其本义之外的一个转义来承担这一处境。这样，不满足于做律师的儿子和哲学学生，马克思把自己的处境作为“小资产阶级知识分子”的处境，在 202
阶级斗争的新视角中来加以思考。这样，瓦莱里就把大家对之没有任何作为的疾病和孤独转变成了纯粹的诗。思想是它本身所理解和解释的那样的人际生活。在这一自愿的重新开始中、在从客观到主观的这一过渡中，不可能说出历史的力量会在哪里终结，我们的力量会从哪里开始，在严格的意义上，这一问题不打算说出任何东西，因为只存在对于一个亲历历史的主体而言的历史，只存在历史地处境化的主体。历史没有一个唯一的含义，我们所做的事情总是有多种意义，这就是为什么历史的实存概念不同于唯物主义以及精神主义。但是，任何文化现象在其诸多其他含义中都有一种经济的含义，而历史就像不能还原为经济那样，原则上也从不超越经济。就像身体的各部分在一种姿势的**统一**中相互蕴含一样，或者就像“生理的”、“心理的”和“道德的”动机在一个行动的**统一**中联结起来一样，法律的概念、道德、宗教、经济结构在社会事件的**统一**中相互意指。就像不可能把个体生活要么还原为身体的功能，要么还原为我们对这一生活的认识一样，不可能要么把人际生活还原为经济关系，要么还原为我们所思考的法律的和伦理的关系。但在每一情况中，含义秩序之一可以被看作是主要的，此姿势被看作是“性的”，彼姿势被看作是“爱的”，再一个姿势被看作是“好斗的”，甚至在共存中，一个历史时期可以被看作尤其是文化的，首先是政治的或首先是经济的。想要知道我们时代的历史是不是在经济中有其主要的意义，我们的意识形态是不是只显示了派生的或第二位的意义，这是不再属于哲学，而是属于政治的一个问题，是我们通过研究经济的剧本或意识形态的剧本哪个能够更全面地复原事实来加以解决的一个问题。哲学只能表明，从人类的状况出发，这是可能的。

203 第六章　作为表达的身体与言语

我们已经在身体中认识到了与科学客体的统一性不同的一种统一性。我们刚才甚至在它的“性功能”中发现了一种意向性和一种含义能力。通过寻求描述言语现象和明确的含义行为，我们将有机会确定性地超越古典的主体和客体的二分法。

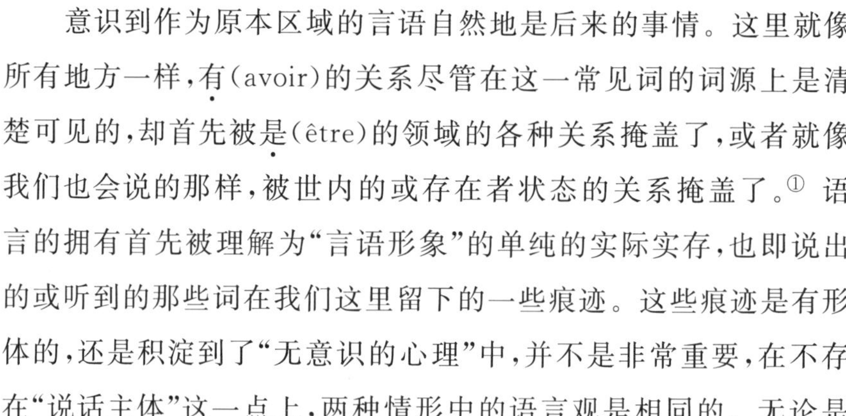

意识到作为原本区域的言语自然地是后来的事情。这里就像所有地方一样，有(avoir)的关系尽管在这一常见词的词源上是清楚可见的，却首先被是(être)的领域的各种关系掩盖了，或者就像我们也会说的那样，被世内的或存在者状态的关系掩盖了。[①] 语言的拥有首先被理解为“言语形象”的单纯的实际实存，也即说出的或听到的那些词在我们这里留下的一些痕迹。这些痕迹是有形体的，还是积淀到了“无意识的心理”中，并不是非常重要，在不存在“说话主体”这一点上，两种情形中的语言观是相同的。无论是

① “有”与“是”的这种区分并不跟马塞尔(《是与有》)的区分相一致，尽管它并不排斥他的区分。马塞尔在“有”指示一种所有关系(我有一座房子，我有一顶帽子)时具有的弱的意义上使用“有”，并且一上来就在“属于……”或“承受”的实存意义上使用“是”(我是我的身体，我是我的生命)。我们更愿意考虑如下用法：它给“是”这个术语一种就像事物或述谓一样的弱的实存意义(桌子是，或桌子是大的)，并且用“有”这个术语来指示主体与它投射于其中的项的关系(我有一个观念，我[有]嫉妒，我[有]害怕)。因此，我们的“有”差不多相应于马塞尔的“是”，我们的“是”差不多相应于他的“有”。

刺激根据神经力学诸定律启动了各种能够引起词的发音的兴奋，还是各种意识状态按照一些既有的联想引起了合适的言语形象的显现，在这两种情况中，言语都在第三人称现象的流通中就位，不 204
存在说话的人，存在的是大量的词（它们出现了，却没有任何支配它们的说话意向）。词的意义被认为是随着要被命名的刺激或意识状态一起被给出的；词的发声的或发音的构形是与大脑的或心理的各种痕迹一起被给出的；言语不是一种行动，它不显示主体的内在可能性：人能够说话，就像电灯能够变成白炽的一样。既然存在着一些损害口头语言而不损害书面语言，或损害书面语言而不损害口头语言的选择性障碍，既然语言可以被分解为各个片段，那么语言就是由一系列独立的成果构成的，一般意义上的言语就是一种理性存在。

当我们被导向在影响词的发音的皮质性发音困难之上再区分出没有智力障碍就永远不会发生的真正失语症的时候，在实际上是第三人称运动现象的自动语言之上再区分出只在大多数失语症中受到影响的意向语言的时候，失语症和语言的理论似乎发生了彻底的转变。“言语形象”的个体性实际上被瓦解了。病人失去的和正常人拥有的并不是某个词库，而是某种使用它的方式。在自动语言层面仍然受病人支配的同一个词，在自发语言的层面上却逃离了他，——可以毫不困难地找到“不”这个词来拒绝医生的问题（也就是说，当它意指一个现时的、亲历的否定时）的同一个病人，在涉及一个与情感利益和生命利益无关的练习时，却说不出这个词来。因此，我们在词的背后发现了制约着词的一种态度、一种言语功能。我们区分了作为行动的工具的词和作为基础的命名手

段的词。如果“具体的”语言保持为一个第三人称过程，那么自发的语言、本真的命名就变成一种思维现象，而且正是应该在思维障碍中寻找某些失语症的起源。比如，放回到病人的整体行为中，颜色名称遗忘症就显得是一个更一般的障碍的特殊表现。那些不能命名我们呈现给他们的颜色的病人同样也不能按照一个给定的指令对它们进行分类。比如，如果我们要求他们按照基本色调对一
205 些样本进行分类，我们首先会看到，他们做的要比正常人慢得多、仔细得多：他们把需要比较的那些样本相互对照，不能一眼就看出哪些样品是“般配的”。更有甚者，在已经正确地将许多蓝色带子放在一起后，他们又犯了一些难以理解的错误：比如，如果最后一条蓝带子是浅色的，他们接下来会把一种浅绿色或一种浅红色带子添加到“蓝色”带子堆上，——似乎他们不能坚持已经确定的分类原则，不能一直从颜色的视点来考虑样本。因此，他们变得不能将各种感性所予归入一个范畴，不能一下子就看出那些样本是蓝的**本质**的代表。甚至当他们在试验之初正确地做的时候，引导他们的也不是样本和观念的对应，而是对直接相似的经验，由此，只有在把样本进行了相互对照之后，他们才能对它们进行分类。分类试验表明，在他们那里有一种根本的缺陷，颜色名称遗忘症只是它的另外一种表现。因为，命名一个客体就是剥夺其个体地、独一无二地拥有的东西，以便在它那里看出一种本质或一个范畴的代表；病人之所以不能给样本命名，不是因为他丧失了红这个词或蓝这个词的言语形象，而是因为他丧失了把感性所予归入范畴的一般能力，是因为他从范畴态度重新回到了具体的态度。[①] 这些分

① 参盖尔布和戈尔德斯坦：《论颜色名称遗忘症》。

析及其他相似的分析似乎把我们引向了言语形象理论的反面，因为现在看来语言是受到思维制约的。

实际上，我们将再一次看到经验主义心理学或机械论心理学和理智主义心理学之间的亲缘关系，而且我们不能通过从正题走向反题来解决语言的难题。刚才，词的再现，即言语形象的恢复是最重要的事情；现在，言语形象只是真正的命名和作为一种内在活动的本真的言语的外表。可是，这两种看法在下面这一点上是一致的：词都具有含义。这在前者那里是很明显的，因为词的唤起不以任何概念为中介；因为各种给定的刺激或“意识状态”要么根据 206
神经力学定律、要么根据联想律来唤起词；因为这样一来词并不带有自己的意义，没有任何内在的力量，只不过是与其他现象并置的、并通过客观因果关系的作用获得揭示的心理、生理，甚至物理现象。当人们用范畴活动替代命名时，情况并没有什么两样。词仍然没有自己的效用，这一次是因为它只不过是一种内在知识——这种知识不需要它就可以形成，它对这种知识也没有什么贡献——的外在符号。它不是没有意义，因为在它后面存在着一种范畴活动，但它并不具有这一意义，它并不拥有这一意义，拥有意义的是思想，而词仍然为一个空洞的外壳。它不过是一种发音的、发声的现象，或对于这一现象的意识，但在所有的情况下，语言都只不过是思想的外在伴随物。按照第一种看法，我们尚未达到有含义的词，按照第二种看法，我们已经超出于它，——按照第一种看法，不存在说话的人，按照第二种看法，确实存在着一个主体，但它不是说话主体，而是思维主体。就涉及言语本身来说，理智主义很难区别于经验主义，而且和它一样没能超出借助自动行为进

行的说明。范畴活动一旦形成，有待于说明的就是完成它的词的出现，而且我们仍然是借助生理的或心理的机制来说明的，因为词是惰性的外壳。因此，我们通过**词有意义**这一简单的说法既超越了理智主义，又超越了经验主义。

如果言语以思想为前提，如果说话就是首先通过认识意向或通过表象通达对象，那么我们就无法理解为什么思想就像趋向其完成一样趋向表达，为什么我们最熟悉的对象只要我们还没有重新发现其名字就会显得是不确定的，为什么只要没有将自己的各种思想系统地向自身表述出来，甚或说出来和写出来，思维主体就不知道这些思想，就像开始写一本书却不确切地知道他们将在其中写些什么的许多作家的例子所表明的那样。一种摆脱了言语和沟通的束缚、满足于为己地实存的思维，一出现就落入无意识之中，这等于说它甚至没有为己地实存过。对于康德的著名问题，我

207 们可以回答说，在我们通过内部言语或外部言语把我们的思想给予自己这一意义上，思想实际上是思维的经验。它确实在每一瞬间、就像一道道闪电那样进展，但是，我们随后无论如何要把它占为己有，而且它是通过表达成为我们的。对各种客体的命名并不出现在认识之后，它就是认识。当我在微光中凝视一个客体并说“它是一把刷子”时，在我的精神中并没有一个我会把该客体归于其下的，而且另一方面通过经常的联想与“刷子”这个词处于联系中的刷子的概念，但是，“刷子”这个词带有意义，而且通过把它加之于客体，我意识到自己通达了客体。就像有人常说的那样，[1]对

---

① 比如，皮亚杰：《儿童的世界表象》，第 60 页及以下。

于儿童而言，一个客体只有在被命名后才能被认识，名称是客体的本质，就像它的颜色和它的形状那样存在于它那里。对于前科学思维来说，命名客体就是使它实存或改变它：神通过命名各种存在而创造了它们，巫术通过说出它们而作用于它们。如果言语取决于概念，那么这些“错误”就是难以理解的，因为概念总是应该认识到自己是不同于言语的，而且应该认识到言语是一种外在的伴随物。如果有人回应说：儿童透过各种语言名称来学习认识客体，因此，首先作为一些语言存在而被给出的客体只不过从属地获得了其自然的实存，而且最终说来，一个语言共同体的实际实存说明了一些儿童信念，那么这种说明没有能够触动问题。这是因为，如果说儿童能够在认识到自己是对于**自然**的思维之前认识到自己是一个语言共同体的成员，这是有如下前提条件的：主体可以没有认识到自己是普遍的思维，而且可以把自己领会成言语；远不是客体和含义的单纯符号的词萦绕着各种事物、承载着各种含义。因此，在说者那里，言语并不传达一种已经形成的思想，而是实现它。[①] 更何况应该承认，听者从言语本身那里获得了思想。初看起来，一个人会相信被听到的言语没有带给他任何东西：是他自己给予词和 208
句子以意义，而且词和句子的组合不是出自外来的东西，因为它如果在听者那里没有遇到自发地实现它的能力，就不能获得理解。在这里和在所有地方一样，一开始看起来正确的是，意识在其经验中只能找到它本身已经放入的东西。因此，沟通的经验会是一种

① 当然有必要在第一次进行表述的本真言语和构成经验语言的常例的二阶表达、关于言语的言语之间进行区分。唯有前者是与思想一致的。

幻觉。一个意识为 X 制造了将给予另一个意识实现各种相同的思想之契机的语言机器，但是，并没有任何东西从一个意识真正传递到另一个意识。然而，假如问题就在于知道意识如何依据显象能够得知某个事物，那么其解决不可能是说意识事先知道了一切。事实是我们具有在我们自发地思考的东西之外进行理解的能力。人们只能向我们说一种我们已经理解的语言，一个难懂的文本中的每一个词都在我们这里唤醒某些预先已经属于我们的思想，但是，这些含义有时会联结成一种修改它们的新的思想；我们被送到书本的中心，我们重新回到起源处。在那里没有任何可以与问题的解决相比较的东西，我们在那里通过一个未知项与一些已知项的关系发现了这一未知项。因为，问题只有在是确定的时，也就是说，只有对各种所予的印证为未知项规定了一个或多个确定的值时，才能得到解决。在对他人的理解中，问题始终是不确定的，[①]因为只有问题的解决才会使所予回溯性地显现为汇聚的，只有哲学的中心主题（一旦获得理解）才给予哲学家的文本以各种恰当的符号价值。因此，存在着他人的思想透过言语的恢复、存在着在他人那里的反思、存在着可以丰富我们自己的各种思想的**依据他人**而思考的能力。[②] 词的意义在此确实必须是由词本身而来的，或
209 更准确地说，它们的概念含义是通过抽取本身内在于言语的一种**姿势含义**而形成的。就像在陌生国度，我借助词在行动背景中所

① 再说一遍，我们在这里所说的只适合于原本的言语——说出其第一个词的儿童的言语，吐露其感情的恋人的言语，“第一个说话的人”的言语，或唤醒了先于各种传统的原初经验的作家或哲学家的言语。

② 胡塞尔的 nachdenken（后思），nachvollziehen（后施），《几何学的起源》，第 212 页及以下。

处的位置、通过参与公共生活来理解词的意义；同样，尚未很好地获得理解的一个哲学文本至少向我们揭示了作为其意义的最初轮廓的某种“风格”（一种无论斯宾诺莎主义的、批判主义的还是现象学的风格），我通过溜进一种哲学思想的实存方式之中，通过再现哲学家的语气、语调开始理解一种哲学。总之，任何语言都是自己教自己的，并且把其意义输入到听者的精神之中了。一开始不被理解的一首乐曲或一幅画如果真的说出了某种东西，会以自己产生其公众而结束，也就是说，会以自己释放出其含义而结束。在散文或诗歌的情况中，言语的力量不是那么明显，因为我们产生了我们借助词的普通意义已经拥有了理解无论什么文本所必须的东西的幻觉；相反，非常明显的是，自然知觉给予我们调色板的各种颜色或乐器的各种原始声音，不足以形成一首乐曲的音乐意义，不足以形成一幅画的图像意义。真正说来，一部文学作品的意义与其说是由词的通常意义形成的，不如说它有助于改变它们的通常意义。因此，要么是在听或读的人那里，要么是在说或写的人那里，存在着理智主义完全没有想到的一种在言语中的思想。

如果我们打算对此加以考虑，我们就应当回到言语现象，并且对通常的那些描述加以质疑——它们固化思想和言语，并且使得我们只能构想它们之间的外在关系。首先应该承认，在说话主体那里，思想不是一种表象，也就是说，它没有明确地设定一些客体或一些关系。演说家在说话之前、甚至在说话期间并不思考，他的言语就是他的思想。同样，听众并不会想到符号。演说家的“思想”在他说话期间是空的；当我们读自己面前的一个文本时，如果表达是成功的，我们就不会在文本本身的边缘拥有一种思想，词占

据着我们整个的精神，它们将完全满足我们的期待，而我们将体会到话语的必然性，但是，我们不能预知它，我们被它迷住了。话语
210 或文本的结束将会是一种魔力的结束。正是在这个时候才能突然出现对话语和文本的思考，在这之前话语是即席的，文本不带任何思考地被理解，意义在到处都是在场的，但没有在哪个地方是为它自己设定的。如果说话主体不思考他所说的东西的意义，那么他更不会向自己表象他所使用的那些词。我们已经说过，认识一个词或一种语言，并不是支配一些先定的神经组合，但也不是保持对词的某种“纯粹记忆”、对它的某种微弱知觉。柏格森的习惯记忆和纯粹记忆的二者择一没有考虑到我知道的词的临近在场：就像在我背后的物体或者就像我房子周围的城市地平线，这些词处在我的后面，我重视它们，或者我依赖它们，但是，我没有任何“言语形象”。如果它们在我这里持续存在，那么它们毋宁像弗洛伊德式的无意识意象——它与其说是一种旧知觉的表象，不如说是脱离了它的经验起源的一种非常确定、非常一般的情绪本质——那样存在。已经习得的词留给我的是其发音的和发声的风格。应该像我们前面谈论“动作表象”那样谈论言语形象：我并不需要向自己表象外部空间和我的本己身体，以便把一个移动到另一个之中，只要它们为了我而实存、只要它们构成某个在我周围延伸的活动场就足够了；同样，我不需要向自己表象一个词，以便认识它、以便发出其音来，只要我拥有了作为我身体的调制之一、作为其可能的运用之一的词的发音和发声的本质就足够了。我回想起词，就像我的手伸向我身体被某人刺激到的那个地方一样，词在我的语言世界的某个地方，它构成我的装备的一部分，我只有一种向自己表象

它的手段，那就是发出其音来，就像艺术家只有一种向自己表象他所做的作品的手段：把它做出来。当我想象不在场的皮埃尔时，我不是有意识地在数量上有别于皮埃尔本人的形象中冥想皮埃尔；无论他离得多远，我都在世界之中瞄向他，我的想象能力不外乎是我的世界在我周围的持续存在。[①] 说我想象皮埃尔，这相当于说，我通过启动“皮埃尔的行为”得到了皮埃尔的假在场。被想象的皮埃尔只是我的在世存在的诸样式之一，同样，言语形象只不过是和其他姿势一起在我的身体的整体意识中被给定的我的发音姿势的 211
诸样式之一。这明显是柏格森谈论回忆的“运动框架”时想要说的东西，但是，如果关于过去的一些纯粹表象将会融入到这一框架中，我们就看不出来为什么它们需要这一框架才能重新成为现实的。只有记忆不是构造过去的意识，而是一种以现在的各种蕴含为起点重新开启时间的努力时，只有作为我们“采取态度”并因此总是作为为我们制造假现在的手段的身体是我们与时间和空间沟通的手段时，身体在记忆中的角色才能被理解。[②] 身体在记忆中的功能，与我们在运动的引发中已经遇到的投射功能是同一的：身

① 萨特：《想象》，第 148 页。

② “当我这样醒来之后，我的精神开始活动，想知道自己在什么地方却没有成功；在黑暗中，各种事物、乡村、岁月全都在我周围旋转着。我的麻木得不能动弹的身体，试图根据其疲劳的情况确定四肢的位置，以便由此推出墙的方向和家具的位置，以便重构出它所在的住所并叫出其名字。它的记忆，两肋、膝盖和肩膀的记忆不断地向它呈现它曾经睡过的几个房间，看不见的那些墙按照想象的房间的形状变化着位置，在黑暗中围绕它旋转……我的身体，我躺着的身体那一边，我的精神永远不应忘记的过去的那些忠实守护者，使我想起了在贡布雷我外祖父母家里，我那卧室中用链子吊在天花板上的瓮形波希米亚玻璃吊灯，以及锡耶纳大理石壁炉；那已经过去很久了，我现在似乎身临其境，却没能准确地表象它们。”普鲁斯特：《在斯旺家那边》，第一卷，第 15－16 页。

体把某种运动本质转变为喊叫，在各种发声现象中展开一个词的发音方式，把它恢复的先前态度展开在过去的全景中，把一种动作意向投射在实际的动作中(因为它是一种自然表达的能力)。

这些评说使我们能够恢复说话行为的真实面貌。首先，言语不是思想的“符号”，如果我们把这理解为一种现象预示另一种现象，就像烟预示着火那样的话。言语和思想不接受这一外在关系，除非它们两者是以论题的方式被给出的；实际上，它们是一个被包
212 含在另一个中，意义被纳入到言语之中，而言语是意义的外部实存。我们更不能像有人通常所做的那样，承认言语是确定思想的一种单纯手段，或者，是思想的外壳和外衣。如果所谓的言语形象每次都需要被重建，为什么想起一些词或一些句子比想起一些思想更容易一些呢？如果一串喊叫在它们自身中不带有、不包含有自己的意义，为什么思想要用它们来替代自己或覆盖自己呢？只有言语本身就是一种可理解的文本，只有言语拥有属于它自己的一种含义能力，词才会是“思想的堡垒”，思想才会寻找表达。为了成为这一思想在感性世界中的在场(不是思想的外衣，而是其标记或形体)，词和言语应该以一种方式或另一种方式不再是指称客体或思想的方式。一定存在着像心理学家们所说的那样的“语言概念”(Sprachbegriff)[①]或言语概念(Wortbegriff)，必定存在着“被听到、被说出、被读出、被写下来的声音全凭它而变成语言事实的内在中枢区的专属言语的经验”。[②] 通过“增添语调”，有些病人能够

① 卡西尔：《符号形式的哲学》，第三卷，第 383 页。

② 戈尔德斯坦：《对失语症的分析和语言的本质》，第 459 页。

阅读一个文本，却不能理解它。这是因为言语或词带有一个黏附于它们，并且给出作为风格、情感价值、实存姿势的思想而非作为概念陈述的思想的原初含义层次。在这里，我们在言语的概念含义下面发现了一种实存含义：它不仅被言语表达，而且寓于它们、与它们不可分割。表达的最大好处不是把一些有可能消失的思想记录在一部著作中，作家几乎不会重读自己的作品，伟大的作品第一次被阅读就将我们后来从它们那里得到的东西寄放在我们这里了。表达活动在其取得成功的时候，不仅仅留给读者和作家本人一份备忘录，它还让含义像一个事物那样实存在文本的中心，它使之在词构成的一个机体中存活，它将之作为诸感觉的一个新器官 213
安置在作家或读者那里，它向我们的经验开启了一个新的场域或一个新的维度。表达的这种力量在艺术中，比如在音乐中非常明显。奏鸣曲的音乐含义与承载奏鸣曲的声音是分不开的：在我们听到奏鸣曲之前，任何分析都不能让我们猜想到它；演奏一旦结束，我们对音乐做的理智分析，只是把自己带回到经验的那个时刻；演奏期间，各种声音不仅仅是奏鸣曲的“符号”，而且奏鸣曲透过它们而存在，奏鸣曲深入它们之中。[①] 以同样的方式，女演员成为不可见的了，出现的是菲德拉。含义吞没了符号，菲德拉是如此地迷住了贝尔马，以致贝尔马对菲德拉的出神在我们看来是天性和天赋的顶点。[②] 审美表达赋予它所表达的东西以在己的实存，将其当作所有的人都能够通达的被知觉的事物安置在自然之中，

① 普鲁斯特：《在斯旺家那边》，第二卷，第 192 页。

② 普鲁斯特：《盖尔芒特家那边》。

或者相反，将符号本身(演员的外表、画家的颜料和画布)从其经验实存那里拿走，并且把它们强制带入到另一个世界中。没有人会否认，表达活动在这里实现或完成了含义，而不是局限于传达它。言语对思想所做的表达尽管显得不同，实际上与此没有什么两样。思想不是什么“内在的”东西，它并不在世界之外、词之外实存。在这方面欺骗我们的东西，让我们认为思想在表达之前为己地实存着的东西，乃是我们能够沉默地提醒自己注意的，而且藉之给予自己以内在生活的幻觉的已被构成、已被表达的思想。然而，这种所谓的沉默是言语的微声，这种内在生活是一种内在语言。“纯粹”的思想被归化为意识的某种空无和即刻的心愿。只有通过包含一些已经可以利用的含义(先前的表达行为的结果)，新的含义意向才能认识自己。各种可利用的含义按照一条未知的法则突然交织在一起，一种新的文化存在已经一劳永逸地开始实存。因此，当我

214 们的文化成果被用来为这一未知的法则服务时，思想和表达被同时构成了，就像我们的身体在习惯的获得中突然接受了一个新的姿势一样。言语是一种真正的姿势，它包含着自己的意义，就像姿势包含着自己的意义一样。这正是使沟通得以可能的东西。我要能够理解他人的言语，他的词汇和语法显然就必须“已经”被我“所知”。但是，这并不是想说，言语是通过在我这里引起与它们相联系的、其集合最终会在我这里再现说话主体的原初“表象”的一些“表象”而起作用的。我首先不是与一些“表象”或一种思想，而是与一个说话主体、与某种存在方式、与主体所瞄向的“世界”进行沟通。启动他人的言语的含义意向并不是一种明确的思想，而是寻求自我填充的某种欠缺，同样，我对这一意向的恢复也不是我的思

想的一种活动，而是我的本己实存的一种同步变调、我的存在的一种改变。我们生活在言语已经在那里被*确立*的一个世界中。对于所有这些寻常的言语，我们在自己这里拥有一些已经形成的含义。这些寻常的言语在我们这里只能引起一些派生的思想，而这些派生的思想又通过另外一些既不要求我们任何真正的表达努力、也不要求我们的听众任何理解的努力的言语获得表达。因此，语言和语言的理解看起来是不言而喻的。语言的、主体间的世界不再会令我们惊奇，我们不再把它与世界本身区分开来，我们是在一个已经被言说并且能言说的世界中进行反思的。我们没有意识到，或是在学习说话的儿童那里，或是在第一次说出和思考某种东西的作家那里，总之，在所有那些将某种沉默转变成言语的人那里，在表达和沟通中都存在着偶然的东西。可是，非常清楚的是，被构成的言语——就像它在日常生活中运作的那样——假定了表达的决定性步骤的完成。只要我们没有回到这一起源，只要我们没有在各种言语的噪音下面重新找到原初的沉默，只要我们没有描述中断了这一沉默的姿势，我们关于人的看法就将停留为表面的。言语是一种姿势，其含义则是一个世界。

现代心理学[①]已经很好地表明，一个旁观者不在自己那里、不 215
在自己的内在经验中寻找他是其见证者的那些姿势的意义。假定有一个发怒或威胁的姿势，理解这一姿势我不需要回忆起我为了自己做同样的姿势时所体验到的各种感受。我很难从内部认识到愤怒的姿势，因此，相似联想或类比推理还缺少一个决定性的因

① 比如，舍勒：《同情的本性与形式》，第 347 页及以下。

素，——另外，我没有把愤怒或威胁知觉为被隐藏在姿势后面的一个心理事实，我在姿势中读出愤怒，姿势**没有让**我**想到**愤怒，它本身就是愤怒。然而，姿势的意义不是像比如地毯的颜色那样被知觉的。如果它像一个事物那样被给予我，那么我们就不明白为什么我对各种姿势的理解大部分时间局限于人类的姿势。我不能“理解”狗的性姿势，更不能理解金龟子或螳螂的性姿势。我甚至不能理解原始人的或者与我的环境非常不同的环境中的一些情绪的表达。如果一个儿童偶然看到了一个性交的场景，在没有欲望经验以及一些表达欲望的身体姿态的情况下，他也能够理解这一场景；但是，如果儿童尚未达到这一行为对于他来说成为可能的性成熟的阶段，性交场景将只是一个奇特的和令人不安的场景，它将没有任何意义。确实，他人认识常常会启示自身认识：外部场景通过给儿童自己的冲动提出一个目标，向他揭示了它们的意义。但是，如果范例与儿童的各种内在可能性不一致，就不会被注意到。姿势的意义不是被给出了，而是被理解了，也就是说，被旁观者的一个行为重新抓住了。全部的困难就在于适当地构想这一行为，就在于不把它与一种认识活动混淆起来。姿势之间的沟通和理解是通过我的各种意向与他人的一些姿势之间、我的各种姿势与他人举止中一些明显的意向之间的相互性而获得的。一切似乎是这样发生的：他人的意向寓于我的身体之中或我的各种意向寓于他人的身体之中。我是其见证者的姿势隐约可见地勾画了一个意向
216 对象。当我身体的各种能力与它一致并且覆盖它时，它就变成了实际的对象，它就完全被理解了。姿势作为一个问题处在我的面前，它向我指出世界的某些可感的点，它要求我与它们汇合。当我

的举止在这一道路上找到了它自己的道路时，沟通就实现了。存在着他人被我证实和我被他人证实。在这里，应该重建被理智主义分析所歪曲的关于他人的经验，就像我们应该重建对于事物的知觉经验一样。在我知觉一个事物——以一个壁炉为例——的时候，并不是它的不同外表之间的协调使我推断出作为实测图以及这些视角的共同含义的壁炉的实存，而是相反，我在事物自身的明证中知觉事物，而且正是这一点让我确信，通过知觉经验的展开，我将从事物中获得一个无限系列的协调视点。事物的透过知觉经验的同一性只不过是各种探索活动过程中的本己身体的同一性的另一面，因此，前者和后者属于相同的类型：就像身体图式一样，壁炉也是一个等值的系统，它不是建立在对某个法则的认识之上，而是建立在对一种身体在场的体验之上。我和自己的身体一同进入到各种事物之中，它们与作为肉身化主体的我共存，而这一处于各种事物之中的生活与科学客体的建构没有任何共同之处。同样，我不能通过理智的解释行为来理解他人的各种姿势，意识之间的沟通不是建立在它们的经验的共同意义之上的，相反却是共同意义建立在交流之上：应该认识到我借以将自己交给场景的活动是不可还原的，我是通过先于对意义的界定和理智转化的一种盲目认识与该场景相汇合的。在哲学家[1]定义性行为的理智含义——它把被动的身体封闭在它自身之中，使它一直处在快乐的睡眠之中，中断它借以将自己投射到事物之中并走向他人的持续的活动——之前，一代又一代的人已经“理解”和完成了各种性行为，比

① 萨特：《存在与虚无》，第 453 页及以下。

如爱抚的行为。我是通过我的身体理解他人的，就像我是通过我的身体知觉到“事物”的一样。这样被“理解”的姿势的意义不是处
217 在姿势的后面，它与姿势所勾画的、我为自己而恢复的世界结构混合在一起，它就展现在姿势本身中，——就像在知觉经验中，壁炉的含义并不在感性场景之外、不在我的目光和我的各种活动在世界之中发现的壁炉之外一样。

语言姿势就像所有其他姿势一样，自己勾勒自己的意义。这一看法一开始令人震惊，然而，如果想理解语言的起源这个总是很迫切的问题，我们确实不得不得出这一点，尽管心理学家和语言学家以实证知识的名义一致拒绝这一观点。似乎不可能一开始就给予词以及姿势一种内在的含义，因为姿势局限于指示人和感性世界之间的某种关系，因为这一世界是通过自然知觉被给予见证者的，因为这样一来意向对象是与姿势本身同时被提供给旁观者的。相反，言语姿势瞄向的是一开始没有被给予每个人的心理景致，而且言语姿势恰恰以沟通为其功能。但是，自然没有给出的东西，文化在这里提供了。那些可利用的含义，也即那些先前的表达行为，在说话主体之间建立了现时的和新的言语可以像姿势参照感性世界一样参照的一个共同世界。言语的意义不是别的，而是它支配这个语言世界的方式，或者它在已获得的各种含义的键盘上进行调制的方式。我在就像一声喊叫这样短暂的一个未分化的行为中抓住这一意义。问题确实只是被转移了：这些可以利用的含义，它们本身是如何被构成的呢？语言一旦形成，我们就会设想言语能够像姿势那样在共同的心理基础上意指。但是，这里所假定的各种句法形式和词汇形式，它们有自己的意义吗？我们确实看到存

在着共同于姿势及其意义的东西，比如共同于情绪的表达和情绪本身的东西：微笑、放松的面孔和姿势的轻快实际上包含着恰恰就是快乐本身的行动节奏和在世存在方式。相反，就像许多种语言的实存充分地表明的那样，言语符号及其含义之间的联系难道不是完全偶然的吗？在“第一个说话的人”和第二个说话的人之间，语言要素的沟通不是必然出自与通过各种姿势进行的沟通完全不同的一种类型吗？这就是我们说姿势或情绪的手势表达是“自然 218
的符号”、言语是“约定的符号”时通常所要表达的东西。但是，约定是在人们之间的一种后来才有的关系样式，它们假定了一种在先的沟通，而且必须把语言放回到这一沟通进程之中。如果我们只考虑各个词的概念的、最终的意义，那么言语形式（词尾除外）看起来确实是任意的。如果我们把词的情绪意义（我们前面称为其姿势意义的东西，它在比如说诗歌中是最为重要的）考虑在内，事情就不再是这样的了。于是我们就会发现，词、元音、音素全都是歌唱世界的方式，它们注定是要表象各种客体的，但并非像关于拟声词的素朴理论所认为的那样是由于客观的相似，而是因为它们提取客体，并且在词的本义中表达其情绪本质。如果我们能够从词汇表中去掉归因于语音的各种机械规律、归因于外来语的各种污染、归因于语法学家的理性化、归因于语言被自己所模仿的东西，我们或许就会在每一语言的起源处发现一个充分简化的表达系统，但它会比如是如此这般的：如果我们把夜晚称为夜晚，那么把光明称为光明就不是任意的。一种语言中元音占主导地位、另一种语言中辅音占主导地位，以及各种结构和句法的系统，这些代表的并不是表达相同的思想的大量任意约定，而是人类身体颂扬

世界并最终亲历它的多种方式。因此，一种语言的充分意义完全不可能翻译到另一种语言去。我们可以说多种语言，但其中一种始终保持为我们生活于其中的语言。为了完全掌握一种语言，应该接受它所表达的世界，一个人从来都不同时属于两个世界。[①]如果存在着一种普遍的思想，我们通过恢复已经借助一种语言被尝试过的表达和沟通的努力，通过接受一种语言传统在其中得以
219 形成的、能够精确地测度其表达能力的全部歧义、全部意义滑移，就可以获得这一思想。一种约定的算法（它只拥有与语言联系在一起的意义）永远只表达没有人的**自然**。因此，严格地说，并不存在约定的符号，即对它自身来说纯粹而清楚的思想的单纯记号；只存在语言的整个历史都浓缩在它们那里，并且它们在语言的一些不可思议的偶然事件中毫无保证地实现了沟通的言语。我们之所以觉得语言总是比音乐要透明，是因为我们大部分时间都停留在已被构成的语言之中，我们已经给予自己一些可以利用的含义，而且在我们的各种定义中，我们就像词典一样仅限于指出它们之间的各种等值。一个句子的意义在我们看来是完全可知的，甚至可

① "……一种延续多年的穿阿拉伯人服装生活并且模仿他们的心理模型的努力已经让我放弃了英格兰人的个性：我因此能够用一些新的眼光看待西方人及其各种习俗：实际上不再相信它们了。但是，如何能够让自己成为一个阿拉伯人呢？这在我看来纯粹是装模作样。要让一个人放弃他的信仰是容易的，然而，随后让他转宗另一种信仰却是困难的。放弃了一种形式的信仰却没有接受一种新的形式，我变得类似于传说中的穆罕默德的棺材……由于被同等延续的一种身体用力和一种孤独弄得精疲力竭，一个人已经认识到了这种超然的冷漠。在他的身体像一部机器前行的时候，他的理性精神抛弃了他，为的是向他投来一种批评的目光，问问成为一个如此杂物堆的目的和理由是什么。有时候，甚至这些人物会进行一种空洞无物的交谈：精神错乱于是就来临了。我相信，它将走近任何能够透过两种习俗、两种教育、两种环境的面纱同时看宇宙的人。"劳伦斯：《智慧的七根柱》，第 43 页。

以脱离这一句子,并且在一个可知世界中获得界定,因为我们预设这一句子归因于语言史的、有助于确定其意义的所有东西都是给定的。相反,在音乐中,没有任何词汇被预设,意义是与一些声音的经验在场联系在一起的,这就是为什么音乐在我们看来是缄默的。但实际上,就像我们已经说过的,语言的明晰是建立在一个模糊的背景之上的,如果我们把研究推进得足够远,最终就会发现,语言也只是在谈它自己,或者说,它的意义与它是不能分离的。因此,应该在情绪的手势表达(通过它,我们把依人而定的世界叠加到了既定的世界之上)中寻找语言的最初显露。这里绝没有与那 220
些著名的自然主义观念相似的东西:自然主义的观念将人工符号归结为自然符号,并且试图把语言还原为关于各种情绪的表达。人工符号不能被归结为自然符号,因为在人那里不存在自然符号。假如对于包含在我们身体中的一些机械装置来说,作为我们的在世存在之变式的情绪确实是偶然的、确实显示了为各种刺激和各种处境赋形的相同能力(这一能力在语言层次上达到了其顶点),那么,在把语言与一些情绪表达进行对照的时候,我们并没有损害它特有的东西。只有我们身体的解剖构造使一些确定的姿势与一些给定的“意识状态”对应时,我们才能谈论各种“自然符号”。然而,实际上,愤怒的手势表达或爱的手势表达在一个日本人和一个西方人那里是不一样的。更准确地说,手势表达之间的不同包含了情绪本身之间的不同。对于身体构造来说,不仅姿势是偶然的,而且接受处境并亲历它的方式本身也是偶然的。日本人愤怒时会笑,西方人则会红脸和跺脚,或者脸色发白并带着嗞声说话。两个有意识的主体有相同的器官和相同的神经系统并不足以使相同的

情绪在他们那里产生相同的表达。重要的是他们运用本己身体的方式，是在情绪中使他们的身体和他们的世界同时成形。人的生理心理配备让许多的可能性开放出来，不管是在这里还是在本能的领域中都没有一种一劳永逸地给定的人性。对于仅仅作为生物存在的身体来说，人对本己身体的使用是超越的。愤怒时叫喊或恋爱时拥抱[①]和把一张桌子叫作桌子同样是不自然的、同样是约定的。感情和激情行为就像词一样是被创造出来的。甚至那些看起来铭刻在人的身体上的东西，比如亲子关系，实际上也是一些制
221 度。[②] 在人这里把一个我们称为“自然的”行为的最初层次和一个被创造出来的文化的或精神的世界叠加起来是不可能的。在人这里，一切都是创造出来的，一切又都是自然的，这是因为就像我们想要说的，这是因为没有一个词、没有一种行为不从单纯生物的存在那里获得了某种东西，与此同时，没有一个词、没有一种行为不通过可以用来对人加以界定的**逃避**和模棱两可来摆脱动物生活的简单性，不把它们的方向转向生命行为。一个有生命的存在的单纯出场就已经改变了物理世界，它使一些“食物”出现在这里，某个“藏身处”出现在别处，它给予“刺激”一种它们以前所没有的意义。更不用说一个人在动物世界的出现了。行为创造了对于解剖装置而言是超越的、却又内在于如此这般的行为的含义，因为它自我教育并且自我理解。我们不能省略掉这种创造含义并且沟通它们的

① 我们知道在日本的传统习俗中是不兴接吻的。

② “特罗布里安岛的土著居民不知道亲属关系。孩子们是在舅舅的监护权下面被养育大的。一个长期出门在外之后回家的丈夫，看到家里有新的孩子会很高兴。他就像对待自己亲生的孩子一样关心他们、照看他们和爱他们。”马林诺夫斯基：《原始心理学中的父亲》，转引自罗素：《婚姻与道德》，伽利玛出版社，1930 年，第 22 页。

非理性的能力。言语只是它的一个特例。

唯一真实的并且能够为我们通常给予语言的特殊情境做辩护的东西是，在所有表达活动中，唯有言语能够积淀下来、能够构成主体间的习得。我们不能通过说言语可以被记录在纸上，而姿势或行为只有通过直接模仿才能被传达来说明这个事实。因为音乐也可以被写下来，而且，尽管在音乐中有某种作为传统的东西，尽管音乐不经由古典音乐或许不能达至无调音乐，每个艺术家仍然是从其任务的开始重新开始的，他有一个新的世界要交付出来；但是，在言语的秩序中，每个作家都有意识地瞄向其他作家已经关心的同一个世界，巴尔扎克的世界和司汤达的世界并不是像没有相互沟通的行星，言语会把假定为其努力的限度的真理观念安置在我们之中。言语忘记了作为偶然事实的它自身，它建立在它自身之上，而且我们已经看到，正是它给予我们一种无言语的思想的理

想，然而，一种没有声音的音乐则是荒谬的。即使那只涉及一种极 222
限观念和一种反意义，即使言语的意义从来都不能脱离其对于言语的黏附，言语情形中的表达活动无论如何仍可以被无限地重复，我们无论如何仍能够对言语进行言说，却不能对绘画进行绘画，总之，任何哲学家无论如何仍能够梦想一种终结所有言语的言语，而画家或音乐家从不期望穷尽所有可能的绘画或音乐。因此，存在着**理性**的一种优先性。然而，正是为了更好地理解它，就应该通过将思想放回到各种表达现象之中开始。

这种语言观延伸了我们前面只利用了其中一部分的关于失语症的最好的和最新的分析。我们在一开始就已经看到，在经过一个经验主义阶段之后，失语症理论从皮埃尔·玛丽开始似乎过渡到了

理智主义，它把语言障碍溯因到“表象功能”(Darstellungsfunktion)或“范畴”活动，[1]并且使言语依赖于思想。实际上，该理论走向的并不是一种新的理智主义。不论这些作者认识到与否，他们都在试图表述一种我们称之为关于失语症的实存理论，也就是说，一种把思想和客观的语言看作是人借以把自己投射到“世界”中去的基本活动的两种表现的理论。[2] 不妨以颜色名称遗忘症为例。通过各种分类测验，我们证明遗忘症患者丧失了将一些颜色归入一个类别的能力，而且认为言语缺陷也是因为丧失了这种能力。但是，如果我们参照各种具体的描述就会觉察到，在成为一种思想和一种知识之前，范畴活动是某种与世界相关联的方式，相应地是经验
223 的一种风格或构形。在一个正常被试那里，对一堆样本的知觉是按照给出的指令组织起来的：“那些隶属于和示范样本相同的类别的颜色突出在其他颜色的背景之上”，[3]比如，所有的红色构成为一个集合，被试只需要分割出这一集合，就可以把构成为它的一部分的全部样本集中在一起。相反，在病人那里，样本中的每一个都被限制在它自己的个别实存之中。它们以一种黏性或惰性对立于依据一个给定原则的一个集合的构成。当两种客观上相似的颜色被呈现给病人时，它们看起来并非必然是相似的：有时可能会出现在一种颜色中基本色调占主导地位，在另一种颜色中明亮度和冷

① 这一类观念见于海德、凡·沃尔康姆、布曼和格林鲍姆，以及戈尔德斯坦的著作中。

② 比如格林鲍姆(在《失语症和运动机能》中)指出，失语症障碍既是一般障碍，也是运动障碍，换言之，他把运动机能看作是意向性或含义的原初模式(见此书第166页)，总之，这等于把人构想为不再是意识，而是实存。

③ 盖尔布和戈尔德斯坦：《论颜色名称遗忘症》，第151页。

暖度占主导地位的情况。[1] 以被动知觉的态度把自己置于一堆样本面前，我们就可以获得这一类型的经验：相同的颜色集聚在我们的目光之下，但是，仅仅相似的颜色在它们自己之间只建立了一些不确定的关系，“样本堆看起来是不稳定的，它在变动，我们会看到一种不停的变化、会看到在依据不同视点的许多可能的组合之间的某种争斗。”[2]我们被迫直接经验一些关系（Kohärenzerlebnis，Erlebnis des Passens），而这或许就是病人的处境。我们说病人不能坚持一个给定的归类原则、说他从一个原则走到另一个原则，这种说法是错误的：实际上他从来都没有采用任何的归类原则。[3]障碍涉及“颜色为观察者而组合起来的方式、视觉场从颜色的角度被表达出来的方式”。[4] 这里涉及的不仅是思想或知识，而且涉及对颜色的经验本身。我们也许可以赞同另一位作者说：正常的经验包含着一些“圆圈”或“旋涡”，在它们内部，每一元素都可以代表所有其他元素，并且似乎都带有将它和它们联系在一起的各种“矢量”。在病人那里，“……这种生活被封闭在一些更狭窄的限度之内，而且较之于正常人的被知觉世界，它活动在一些更微小、更狭隘的圆圈之内。发生在旋涡边缘的活动不是立即蔓延到其中心， 224
它可以说停留在兴奋区的内部，或者说，它只被传送到其直接的周围。一些更具包容性的意义单元不再能够在被知觉世界之内被构成。……还是在这里，每一个感觉印象都被规定了一个‘方向矢

① 盖尔布和戈尔德斯坦：《论颜色名称遗忘症》，第 149 页。

② 同上书，第 151－152 页。

③ 同上书，第 150 页。

④ 同上书，第 162 页。

量’，但是，这些矢量不再有共同的方向，不再朝向一些确定的主中心，它们比在正常人那里要发散得多。”[1]这乃是我们在遗忘症深处发现的“思维”障碍；我们看到，它涉及的与其说是判断，不如说是判断在其中得以产生的经验环境；与其说是自发性，不如说是这种自发性对感性世界的把握以及我们在这一世界中想象一种不管什么样的意向的能力。用康德的术语来说，它影响的与其说是知性，不如说是创造性的想象力。因此，范畴行为不是一种最终事实，它是在某种态度（Einstellung）中形成的。言语也是建立在这一态度之上的，以致问题可能不在于使语言依赖于纯粹思想。“范畴行为和有含义的语言之拥有表达的是一个唯一的、相同的基本行为。两者中没有哪一个是原因或结果。”[2]首先，思想不是语言的一个结果。某些不能通过比较各种颜色和一个给定的样本来对它们进行归类的病人，确实借助于语言实现了归类：他们说出范例颜色的名称，然后不用看范例就把适合同一名称的全部样本都集中到一起了。[3] 一些不正常的儿童确实也能将一些甚至不同的颜色归类在一起，前提是我们教会他们用相同的名称来指示它们。[4]然而，这些恰恰是一些不正常的举动；它们表达的不是语言和思想的本质关系，而是语言和思想的病态关系或偶然关系，而这种语言与思想同等地脱离了其活生生的意义。实际上，大量的病人能够重复颜色的名称却不能对它们进行归类。在各种遗忘性失语症的

① 卡西尔：《符号形式的哲学》，第三卷，第258页。

② 盖尔布和戈尔德斯坦：《论颜色名称遗忘症》，第158页。

③ 同上。

④ 同上。

病例中，“使范畴行为变得困难或不可能的因此不是在其本义上被 225
把握的词的缺乏。那些词必定已经丧失了通常属于它们的、使它们适宜于被运用到与范畴行为的关系中的某种东西。”[①]那么，它们丧失的是什么呢？是它们的概念含义吗？应该说概念已经从它们那里退出，并因此使思想成了语言的原因吗？但清楚的是，词在失去其意义的时候，甚至它的感性方面都会发生改变，它被掏空了。[②] 被告诉一个颜色名称并被要求选择一个相应的样本的遗忘症患者会重复名称，仿佛他期待着从中得到某种东西。但是，名称对他不再有任何帮助，不再向他说任何东西，它是陌生的、荒谬的，就像我们重复太长时间的那些名称对我们来说的那样。[③] 词在他们那里丧失了其意义的那些病人，有时却最大程度地保存着联想各种观念的能力。[④] 因此，名称并没有脱离原先的“联想”，它改变了它自己，就像是一个无生命的物体一样。词与其活生生的意义的关联不是联想的外在关联，意义寓于词中，语言“不是一些理智过程的一个外在伴随物”。[⑤] 因此，就像我们前面说过的那样，我们确实被引向了承认言语的一种姿势含义或实存含义。语言当然有其内在，但这一内在不是封闭在自身中的、意识到自身的思想。如果语言不表达思想的话，那么它表达什么呢？它呈现或毋宁说它就是主体在他的含义的世界中采取立场。“世界”这一术语在此

① 盖尔布和戈尔德斯坦：《论颜色名称遗忘症》，第 158 页。

② 同上。

③ 同上。

④ 我们看到，面对一个给定的样本（红色），他们会唤起对同样颜色的一个客体（草莓）的记忆，并且以此为起点，恢复颜色的名字（草莓红，红）。同上书，第 177 页。

⑤ 同上书，第 158 页。

不是一种说话的方式：它意味着“心理的”或文化的生活从自然生活那里获得了自己的各种结构，意味着思维主体应该建立在肉身化主体之上。语音姿势既为说话的人也为听他说话的人带来了某种经验的结构、带来了某种实存的转调，完全就像我的身体的行为
226 既为我也为他人给了我周围的客体以某种含义一样。姿势的意义不像物理现象或生理现象那样被包含在姿势之中。词的意义不像声音那样被包含在词之中。但是，在未定的一系列不连续活动中把超越和改变身体的各种自然能力的一些含义占为己有，乃是对人类身体的界定。这种超越活动首先在行为的习得中存在，然后在姿势的无声的沟通中存在：正是通过相同的能力，身体向一种新的举止开放，并且使之为一些外在见证者所理解。一系列确定的能力突然在这里和那里偏离中心，自身瓦解，并且根据不为主体或外在见证者所知的、却在这同一时刻向他们显示的规律重组自身。比如，根据达尔文的看法，皱眉头以防止眼睛受阳光伤害或者收敛眼睛以便看得更清楚，变成了人的沉思行为的组成部分并且将它指示给了旁观者。语言也没有提出不同的问题：喉咙的一次收缩、舌头和牙齿之间发出的一次嘘气声、运转我们身体的某种方式，突然被赋予了一种*转义*，并且脱离我们外指示它。这与爱在欲望之中涌现出来、姿势在生命之初的那些不协调的动作中涌现出来是同样的奇迹。为了产生这一奇迹，发音姿势必定利用已经获得了各种含义的一张字母表，言语姿势必定在对话者们共同的某个全景中进行，就像对其他姿势的理解假定了一个它在那里展开自身并展现其意义的、共同于所有人的被知觉世界一样。但是，这一条件并不够充分：言语如果是本真的言语，就会引起一种新的意义，

就像一个姿势如果是一个起始的姿势，就会第一次将一种人类的意义赋予给客体一样。此外，现在已经获得的那些含义确实应该曾经是一些新含义。因此，应该认识到这一开放的、未定的意指能力（即同时领会和沟通意义的能力）是一个最后的事实，人借助它透过本己身体和言语或是向着一种新的行为、或是向着他人、或是向着他自己的思想自我超越。

当这些作者试图借助一种一般的语言观念来总结失语症分析时，[①]我们会更清楚地看到他们抛弃了他们追随皮埃尔·玛丽并 227
且为了反对布罗卡的观念而采纳过的理智主义语言。我们既不能说言语是一种“理智活动”，也不能说它是一种“运动现象”：它完全就是运动机能并且完全就是理智。言语是内在于身体的，能够证明这一点的是：语言的各种缺陷不是统一的，原初的障碍或者与词的主体，即言语表达的物质工具有关；或者与词的面貌，即词的意向有关——这是我们以之为起点正确地说出和写出一个单词的整体层面；或者与词的直接意义（即德国研究者所说言语概念）有关；最后，或者与整个经验的结构而不仅仅是语言经验的结构有关，就像在我们前面已经分析过的遗忘性失语症病例中那样。因此，言语依赖于那些相对可分离的能力的一种分层。但是，与此同时，不可能在任何地方找到一种“纯粹运动的”并且不在某种程度上影响到语言的意义的语言障碍。在单纯的失读症中，被试之所以不再能够认识一个词的字母，是因为他没有能力赋予视觉所予以形式、没有能力构成词的结构、没有能力理解它的视觉含义。在运动性

① 戈尔德斯坦：《对失语症的分析和语言的本质》。

失语症中，被忘记了的和被保留下来的词的清单不是对应于它们的各种客观特征（长度或复杂性），而是对应于它们对于被试来说的价值：由于没有能力区别“图形”和“背景”、没有能力自由地赋予这个单词或那个字母以图形的价值，病人不能在一个熟悉的运动系列中孤立地念出一个字母或一个词来。发音的正确和句法的正确始终是相互成反比的，这表明一个词的发音不仅仅是一种运动现象，而且还诉诸于同样的组织句法秩序的能力。在涉及言语意向障碍时更是如此，问题不是记忆印迹的毁坏了，而是图形和背景变得无差异了，是不能给予词以结构并且抓住其发音外观特征，就像字母在其中被遗漏、被移位、被添加，词的节奏在其中被改变的书面语言错乱中那样。[①] 如果我们想概括这两个系列的看法，就
228 应该说任何语言活动都假定了对意义的统握，但是，意义在这里和那里似乎都是特定的；存在着不同的含义层——从词的视觉含义经由言语概念直至其概念含义。如果我们继续摇摆于“运动机能”概念和“理智”概念之间，如果我们不能发现一个能将它们整合起来的第三概念、一种在所有层次上都相同的功能（它既在言语的各种被隐藏的准备中起作用，也在各种发音现象中起作用，它承载着整个语言建筑，然而又在相对自主的过程中稳定下来），我们就永远不能同时理解这两种观念。在思维和“运动机能”都没有受到明显的影响，然而语言“生活”却被改变了的那些病例中，我们将有机

① 戈尔德斯坦：《对失语症的分析和语言的本质》，第460页。戈尔德斯坦在这里与格林鲍姆（《失语症和运动机能》）是一致的，赞成超越在传统的观念（布罗卡）和一些现代的工作（海德）之间的二者择一。格林鲍姆对现代工作的指责是“没有把运动的外在化以及它依赖的心理-生理结构，当作支配失语症图像的一个根本领域放在第一平面”。（第386页）

会觉察到这种为言语所必不可少的能力。有时候，除了主要分句占据主导地位，词汇、句法和语言的主体看起来都没有问题。但是，病人不像正常被试那样使用这些材料。除非我们向他提问，他才说话；如果他自己主动提问，涉及的从来都只是一些一成不变的问题，诸如他每天在孩子们放学回来后向他们提出的那些问题。他从来都不用语言来表达一种只是可能的处境，而各种伪命题（如天是黑色的）对他来说是没有意义的。他只有在准备好自己的句子后才能说话。[①] 我们不能说语言在他那里变成自动的了，他没有一般智力衰退的任何迹象，而且词也是按照它们的意义被组织起来的。但是，这种意义似乎是固定的。施耐德永远不会体验到有说话的需要，他的经验永远不会以言语为目标，永远不会在他那里引发一个问题，不会停止拥有抑制任何质疑、任何对可能的参照、任何惊奇和任何即兴的实在的自明性和充分性。我们通过对比洞察到了正常语言的本质：说话的意向只能存在于开放的经验 229
之中，当一些空无的区域被构造出来并且被移动到外面时，它就像在一种液体中的沸腾那样在存在的厚度中出现了。“一旦人用语言来确立与自身或他的同类的活生生的关系，语言就不再是一种工具，**不再是一种手段，它是一种显示，是对内在存在以及把我们与世界、与我们的同类结合在一起的心理联系的一种揭示**。病人的语言尽管揭示了大量的知识，尽管可用于一些确定的活动，它仍然完全欠缺构成人的最深层本质的生产性，这种生产性也许在文

① 贝纳里：《从语言角度对一个精神性盲患者的分析》。这里涉及的仍然是我们从运动机能和性欲的关系角度分析过的施耐德的病例。

明的任何创造中都不如在语言的创造中明显。”[①]通过恢复一个著名的区分，我们可以说：各种**语言**，即已经构成的词汇和句法系统、各种经验地实存着的“表达手段”，是各种**言语**行为（未获得表达的意义不但在它们那里找到了向外传达自己的手段，而且还为自己获得了实存，并作为意义被真正地创造出来）的沉积和积淀。或者我们还可以区分一种**言说的言语**和一种**被言说的言语**。前者是含义意向在其中处于初生状态的言语。在那里，实存被极化在不能为任何自然物体所界定的某种“意义”上，这寻求达到的是超越于存在，而且这就是为什么它创造了作为它自己的非存在的经验支撑的言语。言语是我们的实存对于自然存在的超越。但是，表达行为构成了一个语言世界和一个文化世界，它使趋向于超越的东西重新回到存在。因此就有了像享有一种既得财富那样享有一些可利用的含义的被言说的言语。从这些既得物出发，其他一些真正的表达行为，作家、艺术家或哲学家的表达行为就成为可能的了。这种始终在存在的充实中被重新创造的开放是制约儿童最初的言语以及作家的言语的东西，是制约词的构造以及概念的构造的东西。这乃是我们透过语言推测到的功能，它自我重复、以自身为基础，或者它就像一个波浪那样集结并重新开始，以便把自己投
230 射到自身之外。

我们对言语和表达的分析比我们对于身体的空间性和统一性的那些看法还要好地让我们认识到了本己身体的谜一般的本性。

① 戈尔德斯坦：《对失语症的分析和语言的本质》，第 496 页。着重号是我们加的。

它不是各自保持为在己的一些微粒的组合，也不是一劳永逸地获得界定的一些过程的交织；它不在它之所在，它不是它之所是，因为我们看到它在它那里散发出一种不来自它的任何部分的“意义”，并将其投射给它的物质环境并且把它传达给其他肉身化主体。人们总是已经注意到姿态或言语会使身体变样，但是，人们却满足于说它们发展或显示了另一种力量，即思想或心灵。人们没有看到，为了能够表达这一点，身体最终说来应该变成它意指给我们的思想或意向。正是身体在展示，正是身体在说话，这就是我们在这一章中得知的东西。塞尚曾经这样谈到一幅肖像画：“如果说我画出了所有这些微不足道的蓝色和所有这些微不足道的栗色，我是为了让肖像就像他实际在看那样被看……如果他们还在怀疑我们通过把有色调差别的绿色与红色相调和，如何能够使一张嘴变得忧伤或使一张脸带着笑意，那就见鬼了。”[①]对内在于或诞生在活的身体中的一种意义的这一揭示，这像我们看到的那样，延伸到了整个感性世界之中；受到本己身体的经验的提醒，我们的目光将在所有其他“客体”中重新发现表达的奇迹。巴尔扎克在《驴皮记》中描写了一块“像刚刚落下的一层雪那样的白色桌布，上面对称地出现了由金黄色小面包装饰成王冠的餐具”。塞尚说过：“在我整个的青春岁月里，我都希望画这个，画这块刚落下的雪一般的桌布……我现在知道只应该画‘那些餐具对称地出现’，以及‘那些金黄色的小面包’。如果我要画：装饰成王冠的，

① 加斯凯：《塞尚》，第 117 页。

我就完蛋了，您明白吗？如果我真的能够像它们自然的那样平衡我的餐具和我的面包并表达它们之间的细微差别，您会确信那些王冠，雪以及诸如此类的东西就都在那儿了。”[①]世界问题——而且为了开启本己身体问题——是由**一切都停留在世界之中**这一点构成的。

＊　＊　＊

由于笛卡尔主义传统，我们已经习惯于从客体中挣脱出来：通
231 过把身体定义为没有内在性的一些部分的总和、把心灵定义为没有距离地完全面对它自己在场的存在，反思的态度同时纯化了身体的通常观念和心灵的通常观念。这两个对应的定义在我们这里和我们之外确立了明晰性：没有皱褶的一个客体的透明，只不过就是它想要成为的东西的一个主体的透明。客体贯穿地是客体，意识贯穿地是意识。实存一词有两种意义且只有两种意义：一个人要么作为事物而实存，要么作为意识而实存。相反，本己身体的经验向我们揭示了一种含混的实存模式。如果我尝试把它构想成第三人称进程——“视觉”、“运动机能”、“性欲”——的群集，我就会洞察到，这些“功能”不能借助一些因果关系相互联系起来并且与外部世界联系起来，它们全都被混杂地重新纳入和包含在一出单一的戏剧中。因此，身体不是一个客体。基于同样的理由，我们对它的意识不是一种思想，也就是说，我们不能为了形成关于它的一个明晰的观念而分解和重组它。它的统一始终是不言明的、混杂

① 加斯凯：《塞尚》，第123页及以下。

的。它始终是与它所是的东西不同的东西，始终同时是自由和性欲，在被文化改造的那一时刻扎根在自然之中，从来没有被封闭在自身之中且从来没有被超越。不论对于他人的身体，还是对于我自己的身体，除了亲历它，也就是说从自己的角度重新开始那出贯穿它的戏剧，并且与它融为一体，我没有其他的办法认识人的身体。因此，至少在我具有一种既得，相应地我的身体似乎是一个自然主体、似乎是我的整体存在的暂时轮廓的整个范围内，我是我的身体。这样，本己身体的经验对立于反思的活动，后者把客体与主体、把主体与客体分离开来，给予我们的只是关于身体的思想或观念中的身体，而不是身体的经验或实际的身体。笛卡尔完全知道这一点，因为他致伊丽莎白的一封著名的书信，把像生活习惯所构想的身体与像理智所构想的身体区分开来。[①] 但是，在笛卡尔那里，我们仅仅因为我们是身体而获得的关于本己身体的这种独特知识，仍然从属于经由各种观念的知识，因为，在他实际地所是的人的后面，存在着作为我们的实际处境的理性作者的神。依靠这 232
种超越的保证，笛卡尔能够安然地接受我们的非理性状况：负责提供理性的并不是我们，一旦我们在各种事物的深处认识到了它，我们就只需要在世界之中行动和思考了。[②] 但是，如果我们与身体

① 1643年6月28日致伊丽莎白的信，AT版第三卷，第690页。

② “总之，就像我认为的那样，在我们的一生中，能够清楚地理解一次形而上学的原理是非常必要的，因为正是它们给予我们关于神和我们的心灵的知识；我也认为，经常把我们的知性用于沉思它们是极其有害的，因为知性不能很好地行使想象力和各种感官的功能；我们最好是满足于把自己一度已经得出的那些结论保存在记忆和信念中，然后把我们拥有的其余时间用来研究理智与想象力、与感官在其中一起起作用的各种思想。”同上。

的结合是实体性的，我们如何能够在我们自己这里体验到一个纯粹的心灵，并由此通达一个绝对的**精神**呢？在提出这一问题前，让我们首先看清楚在本己身体的再发现中所包含的一切。本己身体不仅仅是所有客体中的一个抗拒反思，而且保持为可以说附着于主体的客体。模糊性蔓延到了整个被知觉世界。

第二部分

被知觉的世界

本己身体在世界之中，就像心脏在机体之中：它持续地使可见 235
的场景保持着生命，它予之以生机并内在地滋养之，它与之形成一个系统。当我在自己的公寓中踱步时，如果我不知道各个不同的外观都代表了从此处或彼处被看到的公寓，如果我没有意识到我自己的活动以及透过这一活动的诸阶段而保持为同一的我的身体，公寓借以把自己呈现给我的那些不同外观就不会向我显现为同一个东西的诸侧影。我显然能在思想中俯视公寓，想象它，或在纸上画出其平面图，但即便在那时，如果没有身体经验的中介，我也不能抓住这个客体的统一性，因为我所谓的平面图只不过是一个更大幅度的视角而已：这是“从高处看到的”公寓，而如果说我能把所有的日常视角都归结于它，这是以我知道同一个肉身化主体能依次从不同的位置看为条件的。有人也许会回答说，当我们把客体作为身体经验的极点之一放回到这一经验中时，我们就消除了它那里的恰恰构成其客观性的东西。从我的身体的视点来看，我从来不会把立方体的六个面看作是均等的，即使它是用玻璃制成的；然而，“立方体”这个词有一种意义，立方体本身，即处在它的那些感性外表之外的真实的立方体有它的均等的六个面。随着我围绕它转一圈，我看到这个本来是正方形的正面开始变形，然后就消失了，与此同时其他面显现出来，依次变成正方形。但是，这一经验的展开对我来说只不过是思考整体的立方体连同其六个均等

且同质的面的契机，是对立方体予以解释的可知结构。同样，为了我围绕这个立方体的踱步能够引发“这是一个立方体”的判断，我的移动本身应该在客观的空间中得到定位；远非本己活动的经验制约着一个客体的位置，相反地，只是通过把我的身体本身思考为一个移动的客体，我才能辨识知觉的显象，并建构真实的立方体。
236 因此，本己活动的经验只会是知觉的一种心理状况，无助于规定客体的意义。客体和我的身体确实会构成一个系统，但是，这涉及的是一束客观的关联，而不是像我们刚才讲到的那样是一系列被亲历的联系。客体的统一性被思考为、而不是被体验为我们的身体的统一性的相关项。但是，客体能够因此摆脱它由之被给予我们的一些实际条件吗？我们可以推论地把数字六的概念、“面”的概念和均等的概念集中在一起，并在一个就是立方体的定义的表述中把它们联系起来。但是，这个定义向我们提出了一个问题，而不是向我们提供了某个有待思考的东西。只有当我们察觉到了同时承载着这些谓词的独特的空间存在时，我们才会走出这种盲目的、符号的思维。问题在于在思想中勾勒出封闭在六个等面之间的一个空间片断的这一特殊形式。然而，“封闭”和“在……间”这些词对我们来说之所以有一种意义，是因为它们从我们关于那些肉身化主体的经验中获得了它。在空间*本身*中，在没有一个心理物理主体在场的情况下，不存在任何方向、任何内部、任何外部。一个空间被“封闭”在一个立方体的六个面之间，就像我们被封闭在我们房间的四面墙之间一样。为了能够思考这个立方体，我们要在空间中占据位置，有时在它的表面，有时在它里面，有时在它外面，从此，我们从某个视角看它。六等面的立方体不仅是不可见的，而

且还是不可思议的;它是如同它可能对自己而言所是的那样的一个立方体;但是,立方体不是对自己而言的,因为它是一个客体。存在着反思的分析让我们摆脱了的一种原初独断论,它就在于肯定客体在己地或绝对地存在,而没有问问它是什么。但是,还存在着另一种独断论,它就在于肯定客体的推定的含义,而没有问问这一含义是如何进入我们的经验的。反思分析以关于一个绝对客体的思想替代了客体的绝对实存,并且通过俯视这个客体,无视点地思考它,破坏了它的内在结构。对我来说之所以有一个六等面的立方体,我之所以能够达到这个客体,不是因为我从内部构造了它,而是因为我通过知觉经验深入到了世界的厚度之中。六等面立方体是极限观念,我用它来表达那个在那儿、在我眼前、在我手 237
中、在其知觉明证中的立方体的物质方面的在场。立方体的各个面不是它的一些投射,而恰恰是它的一些面。当我依据视角的显象,逐个地察看它们时,我并没有建构用来说明这些视角的实测图的观念,而这个立方体在我面前已经在此,并且透过这些视角获得揭示。我不需要对我自己的活动采取一种客观的视点并对它加以考虑,以便在显象后面重构客体的真正形式:这种考虑已经做出了,新的显象已经进入到了与亲历的活动的结合之中,并且作为一个立方体的显象被提供出来。事物和世界伴随我的身体的各个部分被给予我,这不是通过一种“自然的几何学”,而是通过一种类似于或毋宁说等同于在我的身体本身的各部分之间实存着的联结的活的联结。

外部知觉与本己身体的知觉一同变化,因为它们是同一个行为的两面。长期以来,我们一直试图通过假定各个手指的不寻常

位置使得它们的知觉的综合变得不可能来说明亚里士多德的著名错觉：中指的右侧与食指的左侧通常不能一起“工作”，如果两个手指同时被触碰，那么一定有两个弹子球。实际上，两个手指的知觉不仅仅是分离的，而且还是颠倒的：就像我们通过把两个不同的刺激（比如一个是点状的，一个是球状的）施加给这两个手指能够证明的，被试把被中指触碰的东西归因于食指，反之亦然。[①] 亚里士多德的错觉首先是一种身体图式的障碍。使得对一个仅有的客体的两种触知觉的综合不可能的，主要不是因为两个手指的位置是不寻常的或从统计学上来说是罕见的，而是因为中指的右侧与食指的左侧不能共同致力于对客体进行一种合作探索，是因为手指的会合就像强制活动一样，超出了手指本身的那些活动的可能性，而且不能在一个活动筹划中被瞄向。因此，客体的综合在这里是透过本己身体的综合才得以形成的，它是本己身体的综合的复制品或相关项；知觉单独一个弹子与把两个手指作为一个唯一的器
238 官来用，这严格说来是同一回事。身体图式的障碍甚至无需任何刺激的支持就能在外部世界中获得直接表达。在自体幻视症中，被试在看到他自己之前，总是要经历一种空想、梦幻或焦虑的状态，他自身的向外显现的形象只不过是这种人格解体的反面。[②] 病人在这个外在于他的复制品中感觉到自己，就像在一架上升过

---

① 塔斯特万、切尔马克、施尔德，转引自莱密特：《我们身体的形象》，第 36 页及以下。

② 同上书，第 136－188 页。参第 191 页：“在自我幻视症期间，被试沉浸在一种极度忧郁的情绪中，这种情绪的扩散向外辐射，以致渗透到复本的形象本身之中，后者似乎被原本所感受到的相同的一些情感震颤赋予了生机”；“他的意识似乎游离于他自身之外”。亦参门宁格－莱辛塔尔：《自身格式塔的错觉》，第 180 页：“我突然有了我在我的身体之外的印象。”

程中突然停止的电梯里，我感到自己身体的实质通过我的头离我而去，超出了自己的客观身体的各种限制那样。正是在其本己的身体中，病人感觉到了他从来没有眼见过的这一他者的临近，就像正常人从其颈项的某种灼热中感觉到他后面的某人在看着他一样。[1] 反过来，外部经验的某种形式隐含并引起本己身体的某种意识。许多病人都谈到了一种使他们产生幻觉的“第六感”。其视觉场已经被客观地颠倒的斯特拉顿的被试，最初看到的是那些头着地的客体；在实验的第三天，当各个客体开始恢复它们的平衡时，他充满了“从脑背后看火的奇异印象”。[2] 这是因为，在视觉场的定向与作为这一场域之能力的本己身体的意识之间有一种直接的对等，以至实验的混乱可以不加分别地借助一些现象客体的颠倒或身体中的一些感觉功能的重新分布而获得表达。如果一个被试在视觉方面适应了远距离，那么他对自己的一个手指，就像对所有近处客体一样，会产生一种双重形象。如果有人触碰它或刺它，他会知觉到双重的触碰或刺痛。[3] 因此，复视扩展成身体的一种
分裂。任何外部知觉和我的身体的某种知觉都是直接同义的，因 239
为我的身体的任何知觉都可以用外部知觉的语言来说明。就像我们已经看到的那样，如果身体现在不是一个透明的客体，不是像几何学上的圆那样是由其构成规则提供给我们的，如果它是我们只有接受下来才能学会认识它的一个表达的统一体，那么这种结构就将与感性世界相通。身体图式的理论不言明地是一种知觉理

① 雅斯贝尔斯，转引自门宁格-莱辛塔尔，前引著作，第 76 页。

② 斯特拉顿：《视网膜形象没有颠倒的视觉》，第 350 页。

③ 莱密特：《我们身体的形象》，第 39 页。

论。我们已经重新学会去感受我们的身体，我们已经在关于身体的客观而疏远的知识之下重新发现了我们对它具有的这另一种知识，因为它始终和我们在一起，因为我们就是身体。应该用同样的方式去唤醒对如其向我们显现的那个样子的世界的经验，因为我们是通过我们的身体在世的，因为我们通过我们的身体去知觉世界。但是，在与身体、与世界如此恢复联系的时候，我们将要重新发现的还是我们自己，因为，如果一个人以其身体去知觉世界，那么，身体就是一个自然的我，而且作为知觉主体。

第一章　感觉活动 240

客观思维忽视了知觉主体。这是因为它自认为世界是完全现成的，是任何可能事件的环境，它并且把知觉看作是这些事件之一。比如说，经验主义哲学家思考一个正在知觉的主体X，并寻求描述所发生的事情：**存在着**就是主体的存在的状态或方式的一些感觉，并因此存在着一些真正的心理事物。知觉主体是这些事物的场所，哲学家描述各种感觉及其基质，就像我们描述一个遥远国度的农牧神那样，却没有察觉到：他知觉到的是他自己，他是知觉主体，如他亲历到的那样的知觉揭穿了他关于一般知觉所说的一切。因为，从内部来看，知觉一点也没有得益于我们从别处知道的关于世界、关于如同物理学描述的那样的**刺激**和关于生物学所描述的那样的感觉器官的东西。它首先不是作为我们可以对它运用诸如因果关系这样的范畴的世界中的一个事件，而是作为世界每时每刻的一种重新创造或重新构造而被给出的。我们之所以相信世界的过去、相信物理世界、相信各种“刺激”、相信像我们的各种书本所描述的那样的机体，这首先是因为我们拥有一个在场的、现时的知觉场，一个与世界接触或永久地扎根在世界之中的面，因为世界不断地缠绕和围困主体性，就像一波波海浪环绕着海滩边上的一只沉船一样。一切知识都安扎在由知觉所开启的那些视域之

中。问题可能不在于把知觉本身描述为在世界之中自行产生的事实之一，因为我们永远不能在世界的画图中抹去我们之所是的、世界正是经由它才开始为了某人而实存的这一罅隙，因为知觉是这块“巨大的宝石”的“瑕疵”。理智主义确实代表了在意识觉醒中的一种进步：经验主义哲学家为了描述知觉事件而暗中假定并心照不宣地把自己置于其中的这个世外场所，现在获得了一个名称，它
241 出现在描述之中。它就是先验**自我**。由此，所有经验主义的论题都被颠倒过来了，意识状态成了对一种状态的意识，被动性成了对被动性的设定，世界成了一种关于世界的思想的相关项并且只是为了一个构造者而实存。然而，如下这样说仍然是正确的：理智主义本身也认定世界是完全现成的。因为如它构想的对世界的构造是一种简单的俗套：我们为经验主义的每个描述项加上“……的意识”的标志。我们使整个经验体系——世界、本己身体、经验自我——都从属于一个负责承载这三项之间的各种关系的普遍思想者。但是，由于这个思想者没有介入到它们之中，所以它们仍然保持为它们在经验主义那里之所是：展现在各种宇宙事件的层面上的一些因果关系。然而，如果本己身体与经验自我都只是经验体系中的一些因素，是在真正的**我**的目光下的其他客体中的客体，那么我们怎么能够与我们的身体相融合呢？我们怎么能够相信我们用自己的双眼看到了我们事实上通过一种精神审视才抓住的东西呢？世界在我们面前怎么会不是完全明晰的呢？为什么它只是逐渐地而从来不是“整个地”展开自己呢？最后，我们进行知觉又是如何发生的呢？我们要明白这些，除非经验自我和身体一开始就不是客体、永远也不会完全成为它；除非说出我用双眼看到了这块

蜡块有某种意义；相应地，除非反思在我们深处所开启的，我们所谓的先验之**我**的这种不在场的可能性、这一逃逸和自由的维度不是一开始就被给定的，并且永远不可能是绝对获得的；除非我永远不能绝对地说“**我**”；并且除非任何的反思行为、自愿立场的任何采取都建立在一种前个人的意识生命的背景和命题之上。只要我们不能避免在顺生自然和原生自然之间、在作为意识状态的感觉与作为一种状态的意识的感觉之间、在在己实存与为己实存之间的二元选择，知觉主体就仍然会被忽视。因此，让我们重新回到感觉，并让我们如此仔细地瞧瞧它，以至它会告诉我们进行知觉的人与其身体、与其世界之间的活的关系。

通过证明感觉既不是一种状态或一种性质，也不是对一种状态或一种性质的意识，归纳心理学有助于我们为它寻求一种新的
地位。事实上，那些所谓的性质的每一种——红、蓝、颜色、声 242

音——都融入到了某种举止之中。在正常人那里，一个感觉器官的兴奋，尤其是那些在实验室产生的对他来说不怎么具有生命含义的兴奋，几乎不会改变一般的运动机能。但是，小脑或额叶皮质的各种疾病表明了一些感觉器官兴奋对于肌肉紧张可能产生的影响——如果它们没有被整合到一个整体的处境中、如果正常人的肌肉紧张没有根据某些优先的任务进行调节的话。我们视为运动紊乱之标记的举手臂姿势，会依据一个红色、黄色、蓝色或绿色的视觉场在它的幅度和它的方向上有不同的改变。红色和黄色尤其有利于各种平滑的运动，蓝色和绿色则有利于各种颠动的运动，比如说，用来刺激右眼的红色有利于相应的手臂朝向外部的伸展运

动，而绿色则有利于手臂朝向身体的曲折运动。[①] 在病人那里比在正常人那里更远离身体的手臂的优势位置——被试在那里感觉到他的手臂处于平衡状态或休息状态的位置——通过一些颜色的展示会发生改变：绿色能够重新让它邻近身体。[②] 假如执行一个指定幅度的动作，或用手指指示一段规定的长度，视觉场的颜色可以使被试的各种反应变得更精确或更不精确。对于一个绿色视觉场，被试的评估是准确的，而对于一个红色视觉场，则是极其不准确的。那些向外的活动会因绿色而加快、因红色而变慢。皮肤上的各种刺激的定位在外展方向上会由于红色而改变。黄色和红色加剧了在重量和时间估测方面的各种错误，而在小脑性共济失调症病人那里，蓝色，尤其是绿色则有助于弥补这些错误。在这些不同的实验中，每一种颜色始终都在同一个方向上起作用，以致我们可以赋予它一种确定的运动值。总体上说，红色和黄色有利于外展，蓝色和绿色有利于内收。然而，一般说来，内收意味着机体转向刺激物并且被世界所吸引，而外展则意味着它离开刺激物并退
243 回其中心。[③] 各种感觉、各种“感性性质”因此远不能被还原为对难以描述的某种状态或某种感受质的体验，相反它们随同一种活动的面貌被提供出来，它们被一种生命含义笼罩着。我们长久以来就知道：存在着各种感觉的一个“运动伴随物”，各种刺激引发了与感觉或性质联系在一起的一些“初始运动”并围绕它形成了一道光晕，行为的“知觉面”与“运动面”彼此相通。但是，我们在大多数

① 戈尔德斯坦和罗森塔尔：“关于颜色对机体的影响问题”，第 3－9 页。

② 同上。

③ 《行为的结构》，第 201 页。

时候认为这一关系似乎对它在其间得以被建立起来的关系项没有任何改变。因为在我们前面给出的那些例子中，并不涉及一种使感觉本身不受影响的外部因果关系。由蓝色，即“蓝色导管”所引发的各种运动反应不是由某一波长和某一强度所界定的颜色在客观身体中的一些结果：一种通过比较得到的、因而没有任何物理现象与之对应的蓝色会被同样的运动光晕环绕。[1] 颜色的运动外貌不是在物理学家的世界中并通过某种隐藏的过程的作用而被构成的。那么，它是“在意识中”？并且应该说作为感性性质的蓝色的经验引起了现象身体的某种改变吗？然而，我们不明白为什么对某种感受质的意识觉醒会改变我对一些大小的评估，另外，颜色的*被感觉的*效果并不总是精确对应于该颜色对行为施加的影响：红色能强化我的反应，而我对此毫无觉察。[2] 只有当颜色不再是一些自身封闭的状态，或不再是被提供给一个思维主体的观察的难以描述的性质时，只有当它们在我这里触及到了我借以能够适应世界的某种一般组合时，只有当它们要求我以一种新的方式对世界作出评估时，另一方面，只有当运动机能为了成为在每时每刻都确立着我的大小标准、确立着我的在世存在的变化范围的功能而不再是对我目前的或临近的地点变化的单纯意识时，颜色的运动含义才能获得理解。蓝色是从我这里引发某种注视方式的东西，是让自己被我的注视的一个确定的活动触摸到的东西。这是被提供给我的双眼以及我的整个身体的能力的某个场域或某种氛围。244
在这里，颜色的经验确证了并且使我们理解了归纳心理学建立起

① 戈尔德斯坦和罗森塔尔，前引文章，第 23 页。

② 同上。

来的各种关联。绿色通常被看作是一种“使人安宁的”颜色。一位女病人说：“它把我限制在我自身之中，并且给我以安宁。”[①]康定斯基说，它“对我们无所问，也无所求”。歌德说，蓝色似乎“顺从于我们的目光”。与此相反，歌德还说，红色“深入眼睛之中”。[②] 戈尔德斯坦的一位病人说，红色“撕心裂肺”，黄色则是“扎人的”。一般而言，我们一方面对红色和黄色有“一种连根拔起、一种远离中心的运动的经验”，另一方面对蓝色和绿色有“心平气和，全神贯注”的经验。[③] 通过运用一些微弱的或短促的刺激，我们可以揭示那些性质的植物性的、运动性的背景，其生命含义。在被看到之前，颜色就已经通过身体所采取的只适合于它且准确地规定它的某种态度的经验而被宣告出来了：“在我的身体中有一种从高到低的滑移，因此，这不可能是绿色，只可能是蓝色；但事实上，我并没有看到蓝色。”[④]一位被试这样说。另一位则说：“我咬紧了牙关，我由此知道这是黄色。”[⑤]如果我们从一个阈下值开始，逐步增强亮度的刺激，那么首先会有对身体的某种倾向的经验，然后突然感觉延伸出来了，并且“蔓延到了视觉领域”。[⑥] 在专注地凝视雪的时候，我分解出了它的融入到一个反光和透明的世界中的表面的“白”，同样，我们能够在声音的内部发现一种“微调”，而声音的间

① 戈尔德斯坦和罗森塔尔，前引文章，第 23 页。

② 康定斯基：《绘画中的形式和颜色》；歌德：《色彩学》，尤其参第 293 段；转引自戈尔德斯坦和罗森塔尔，同上。

③ 戈尔德斯坦和罗森塔尔，前引文章，第 23－25 页。

④ 韦尔纳：《感觉与感觉活动研究》，第一卷，第 158 页。

⑤ 同上。

⑥ 同上书，第 159 页。

隔只不过是某种最初在整个身体中被体验到的紧张的最后赋形。[①] 在丧失了色彩之表象的一些被试那里，通过在他们面前展 245
示一些不管什么样的实际颜色，就会使它又有了可能。实际颜色在被试那里产生了一种“对色彩经验的全神贯注”，这让他能够把“各种颜色重新集中在他的眼睛里”。[②] 这样，在成为一种客观的场景之前，性质就已经让自己被本质上是瞄向它的一种行为类型认识到了，而这就是为什么，一旦我的身体采取了蓝色的态度，我就会获得蓝色的一种准在场。因此，不必问红色如何和为何意味着努力或暴力，而绿色意味着安宁与和平，必须重新学会就像我们的身体亲历这些颜色那样亲历它们，也就是说，把它们作为暴力或和平的具体化。当我们说红色扩大了我们的反应范围时，不应该把这理解为好像在这里涉及了两种不同的事实：一种红色的感觉和一些运动反应；应该明白，红色通过自己的结构（我们的目光追随并贴合它）已经是我们的运动存在的扩大。感觉的主体既不是一个注意到了一种性质的思维者，也不是受它感动或改变的一个惰性环境，它是与某个实存环境一同诞生或与之同步的一种能力。感觉者与可感者的关系可类比于睡眠者与其睡眠的关系：当某种自愿的态度突然从外部获得了它所期待的确认后，睡眠就降临了。我缓慢地、深深地呼吸以召唤睡眠，蓦然间，据说我的嘴与外面某个引起和抑制我的呼吸的巨肺互通了，我刚才还在期待的某种呼吸节律变成了我的存在本身，迄至那时还作为含义被瞄向的睡眠

① 韦尔纳：《论声音形成的清楚显示》。

② 韦尔纳：《感觉与感觉活动研究》，第一卷，第160页。

突然就变成了处境。同样，我在对一种感觉的期待中竖起耳朵或凝目注视，突然之间，可感者就占据了我的耳朵或我的目光，我把自己身体的一部分，甚至自己整个身体都交付给这种让作为蓝色或红色的空间颤动并使之充溢的方式。正像圣事不仅仅通过一些可感的圣餐物象征着圣宠的一种运作，而且还是神的实际在场，它使这种在场寓于空间之一隅，并且传达给那些内心已准备好领吃圣饼的我们一样，可感者不仅具有一种运动的和生命的含义，而且
246 它只不过就是某种在世界之中存在的方式——这个世界是从一个空间点向我们呈现的，我们的身体尽其所能地接收和承受它，而感觉严格地说就是一种领圣体。

从这一视点看，赋予“感官”概念一种理智主义拒绝接受的价值就变成可能的了。根据这一视点，我的感觉和我的知觉只有作为对某物的感觉或知觉（如对蓝色或红色的感觉、对桌子或椅子的知觉）时才是可以指明的，并因此才是为我而存在的。然而，蓝色和红色不是当我与它们融为一体时所亲历到的这种难以描述的经验，桌子或椅子不是这种受我的目光摆布的转瞬即逝的显象；客体只是作为一个透过一系列敞开的可能经验仍然可被视为同一的存在才能获得规定，只是对于一个进行这种被视为同一的活动的主体来说才实存。存在只是对于能够收回其目光、并因此本身绝对处在存在之外的某人而言的。正因为此，精神变成了知觉的主体，而“感官”概念变得不可思议了。如果说去看或去听就是脱离印象以便将其投入到思想中，就是为了去认识而不再存在，那么，说我用我的眼睛去看或我用我的耳朵去听就是荒谬的，因为我的眼睛、我的耳朵仍然是世内存在者，它们当然不能因此先于世界安排世

界将从中被看到或听到的主体性区域。我甚至不能为我的双眼或我的双耳保留某种使它们成为我的知觉的工具的认识能力，因为知觉这个概念是含混的，它们只是身体兴奋的工具，而非知觉本身的工具。在在己与为己之间没有居间场所，而且既然我的感官有多个，那么它们就不是我本身，它们只可能是一些客体。我说，我的双眼在看，我的手在触摸，我的脚在疼痛，但这些素朴的表达没有传达出我的真实经验。它们提供给我的已经是对这一经验的使它脱离了其原来的主体的解释。因为我知道光线照着我的双眼、各种接触经由皮肤进行、我的鞋弄痛了我的脚，所以我把属于我的心灵的各种知觉分散到我的身体之中，我把知觉置于被知觉者那里。但是，这在那里只不过是一些意识行为的时空痕迹。如果我从内部考察这些意识行为，我将发现一种没有地点的独特认识，一个没有部分的心灵，将发现在思考和知觉之间一如在看和听之间没有任何差别。——我们能坚持这种观点吗？如果我确实不用我 247
的双眼看，那我如何能够一直不知道这个真理？——就算我不知道我说了什么，难道我未曾进行过反思吗？但是，我如何能够竟然不进行反思呢？既然根据定义，我的思维是为它自己的，那么精神审视如何、我的本己思维的活动如何能够瞒过我呢？如果反思想证明自己是反思，也就是说是朝向真理的进步，那么它就不应该局限于用一种世界观取代另一种，它应该向我们表明，关于世界的素朴观点在反思的观点中是如何被理解和被超越的。反思应该澄清它所接替的未经反思者，并表明这种接替的可能性，以便能够把它自身理解为开端。说仍然是自我把自己看作是处境化在一个身体中的，是具有五官的，显然只是一种言语上的解决，因为作为在进

行反思的自我，我不能在这个肉身化的**我**中认出自己，因此，肉身化原则上停留为一种幻觉，而且这种幻觉的可能性仍然是难以理解的。我们应该重新质疑为己与在己的二者择一——它把诸“感官”抛置在客体世界中，把主体性作为绝对的非存在从任何的身体内在性中抽离出来。这就是当我们把感觉定义为共存或领圣体时所做的事情。对蓝色的感觉不是对某种感受质（它透过我拥有的关于蓝色的全部经验可被视为同一的，就像几何学的圆在巴黎和东京是相同的一样）的认识或设定。它无疑是意向性的，也就是说，它不像一个事物那样停息在自身中，它瞄向并意指它自身之外的东西。但是，它所瞄向的项只是借助于我的身体与之亲近才盲目地获得了认识，它不是充分明晰地被构造起来的，它是通过一种停留为潜在的、让它保留其不透明性和此性的知识，才得以被重构或被恢复的。感觉是意向性的，因为我在可感者中发现了某种实存节奏（外展或内收）的呈示，因为通过确认这一呈示、通过滑入到被如此暗示给我的实存形式之中，我与一种外部存在联系在一起了——不管这是为了让我向它敞开，还是让我对它封闭。各种性质之所以围绕着它们自身辐射出某种实存模式，它们之所以拥有一种令人着迷的力量和我们刚才称为一种圣事价值的东西，是因为感觉的主体不是把它们设定为客体，而是与它们相一致，使它们成为它的，并在它们那里发现它的暂时法则。让我们说得更明确一些。感觉者与可感者不是像两个外在项那样彼此面对面，而感
248 觉不是可感者在感觉者中的一种侵入。提供颜色之基础的是我的目光，提供客体之形状的是我的手的动作，或毋宁说我的目光与颜

色、我的手与坚硬和柔软成对连接；在感觉的主体与可感者的这种交流中，我们不能说一个能动、另一个受动，一个给予另一个以意义。如果没有我的目光或我的手的探索，在我的身体与它同步之前，可感者只不过是一种模糊的呼求。“如果一个被试试图体验一种确定的颜色，如蓝色，与此同时却又寻求给予他的身体一种适合于红色的态度，那么就会产生一种内部冲突，一种只要他采取与蓝色相应的身体态度就立刻停止的痉挛。”[①]这样，一个将要被感觉到的可感者向我的身体提出了一个混乱的问题。我应该找到将为它提供规定自身并成为蓝色的方式的态度，我应该为一个表达不清的问题找到答案。然而，只是出于它的呼求我才这样做的，我的态度绝不足以使我真正看到蓝色或真正触摸到一个坚硬的表面。可感者把我给它的东西还给我，但是，我原先正是从它那里得到这一东西的。凝望着天空的蓝色的我并不是一个面对着它的无世界的主体，我没有在思想中拥有它，我并没有在它面前展开将把它的秘密提供给我的蓝色观念；我沉没在蓝色之中，我深陷在这一秘密之中，它“在我这里思考”，我就是那个集结、静心、开始为己地实存的天空，我的意识被这一无垠的蓝色所充溢。——但是，天空不是精神，而说它为己地实存没有任何意义吗？——当然，地理学家或天文学家的天空并不为己地实存。但是，对于被知觉或被感觉的、以我的扫视它并寓居其中的目光为基础的天空，我的身体采纳的某种生命律动的场所，我们可以说，它在如下意义上为己地实存着：它不是由一些外在的部分构成的，整体的每一部分对于在所有

① 韦尔纳：《感觉与感觉活动研究》，第一卷，第158页。

其他部分中发生的事情都是"有感觉的"并"充满活力地认识"它们。[1] 至于感觉的主体,它不需要成为一个没有任何地面重量的
249 纯粹虚无。只有当它作为构造意识,应该同时处处在场、与存在共外延并思考宇宙的真理时,这一点才是必要的。但是,被知觉场景并不属于纯粹存在。严格地像我所看到它的那样来把握,它只是我的个体历史的一个环节。既然感觉是一种重构,它就假定了在我这里有一种预先构造的各种积淀;作为感觉的主体,我整个地充满了我最初对之感到惊讶的各种自然能力。因此,我不是黑格尔所说的"存在的窟窿",而是已经自己形成并可以自行瓦解的一个凹陷、一个褶皱。[2]

让我们强调这一论点。我们如何能够避免为己与在己的二者择一?知觉意识如何会被其客体所充塞?我们如何能够区分感性意识和理智意识?这是因为:第一,任何知觉都发生在一个一般性的氛围中,并作为匿名者呈现给我们。我不能在我说我理解了一本书甚或我决定献身于数学这样一种意义上说*我*看到了天空的蓝色。我的哪怕是从内部看到的知觉都表达了一种给定的处境:我看到了蓝色,因为我对那些颜色是*有感觉的*;相反,各种个人行为创造了一个处境:我是数学家,因为我决定成为数学家。因而,如果我想准确地表达知觉经验,我就应该说,某*人*在我这里知觉,而不是我在知觉。就像我们在我们真正活在感觉层次上时通过感觉置我们于其中的惊愕体验到的,任何感觉都包含着一粒梦幻的、人

① 苛勒:《物理格式塔》,第 180 页。

② 我们已经在别处表明,从外部来看的意识不可能是一种纯粹的为己(《行为的结构》,第 168 页及以下)。我们开始看到,从内部来看的意识也没什么两样。

格解体的种子。认识或许确实告诉了我，没有我的身体的一种适应，感觉就不可能发生，比如，没有我的手的一种活动，就不会有任何确定的接触。但是，这种活动在我的存在的外围展开，我对成为我的感觉的真正主体并不比对我的出生或我的死亡有更多的意识。不管我的出生还是我的死亡都不可能作为我的经验向我呈现，因为，如果我那样构想它们，那么为了能体验它们，我就要假定自己先于我自身而实存，或者在我自身之后继续存在；因此，我不能真正地思考我的出生或我的死亡。因此，我只能把自己领会为“已经出生”和“仍然活着”，——把我的出生和我的死亡领会为前 250
个人的视域：我知道某人出生了、某人死了，但我不能认识我的出生和我的死亡。作为严格意义上的自己类别的最初者、最后者和唯一者，每一种感觉都是一种出生和一种死亡。有感觉经验的主体和感觉一道开始、一道结束，由于他既不能领先于自己也不能在自己之后继续存在，感觉就必然在一个一般性的场所中向它自身显现，它来自于我自身这一边，它归属于一种领先于它并在其后继续存在的感受性，就如我的出生和我的死亡隶属于一种匿名的出生率和死亡率一样。通过感觉，我在我的个人生命和我的各种本己行为的边缘抓住了一种它们从中出现的给定的意识生命，我的双眼、我的双手、我的双耳（它们是足够多的自然的**自我**）的生命。每当我体验到一种感觉的时候，我就体验到它关涉的不是我自己的存在，我对之负责并对之作出决定的那一存在，而是已经对世界采取立场、已经向世界的某些方面开放并与它们同步的另一个自我。在我的感觉与我之间，总是存在着一种原本的获得的厚度，它阻止我的经验对它自身是明晰的。我把感觉体验为一种已经必然

属于一个物理世界的、透过我进行扩散却不需要我为其作者的一般实存的样式。第二，感觉只因为是局部的，才可能是匿名的。那个在看的人和那个在触摸的人并不完全是我本身，因为可见的世界和可触知的世界并不是整个世界。当我看到一个客体时，我总是觉得还有在我现时地看到的东西之外的存在；不仅有可见的存在，而且还有通过听觉可触知的或可抓住的存在；不仅有可感的存在，而且还有任何感官的提取都不能穷竭的客体的一种深度。相应地，我并不整个地在这些活动之中，它们停留为边缘性的，它们在我面前产生出来，在看的自我或在听的自我在某种程度上是一个专门化的、与存在的一个单独区域亲近的自我，而目光和手正是以此为代价才能猜测到将使知觉明确化的活动，才能表现出赋予它们自动行为的外表的这一预见。——我们可以总结这两个观点说：任何感觉都属于某个**场域**。说我有一个视觉场，就是说我通过
251 我的位置有达至一系列存在，即可见的存在的入口和开口：这些存在根据一种原初契约并通过一种自然赠与处于我的目光的支配之下，无需来自我的任何努力；因此，这就是说视觉是前个人的；——这同时也是说它始终是受限制的，围绕着我的现时视觉，始终存在着没有被看到的甚至不可见的一些事物的一个视域。视觉是**被固定在某个场域的一种思想**，而这就是那种我们称为**感官**的东西。当我说我有一些感官并且它们使我通达世界时，我并不是一种混乱的牺牲品，我没有把因果思维与反思混杂在一起，我只是表达了这一要求一种整全的反思的真理：我能够通过共自然性在存在的某些方面发现一种意义，而不是我自己通过一种构造性的活动已经把它给予了它们。

伴随各个感官与理知之间的区分，不同感官之间的区分也有了根据。理智主义不谈论感官，因为对它来说，只是在我回到具体的认识行为以便分析之时，感觉和感官才会出现。我于是在这一行为中区分了一种偶然的质料和一种必然的形式，但是，质料只是一个理想的环节，而不是可以与整体行为分离的一个因素。因此，感官是不存在的，只存在着意识。例如，理智主义拒绝提出关于感官对空间经验的贡献的著名问题，因为就像认识的质料那样，感性性质和各个感官不可能拥有它们自己的空间——空间一般地说是客观性的形式，特殊地说则是一种性质意识得以可能的手段。如果一种感觉不是对某物的感觉，那么它就是感觉的一种虚无；最广义上的一些“事物”，比如一些确定的性质，只有当一团混乱的印象被空间纳入视角之中并且获得协调时，才能从这一团混乱的印象中浮现出来。这样一来，所有感官都是空间性的——只要它们必定使我们通达存在的一种无论什么样的形式，也就是说，只要它们是感官。而且，基于同样的必然性，这些感官也应该向相同的空间开放，否则，它们使我们与之沟通的那些感觉存在就只是为自己所属的感官而实存的，就好像幽灵只在夜晚才显现一样；它们欠缺存在的充实，而我们不能真正对它们有意识，即把它们设定为真正的存在。经验主义徒劳地试图用一些事实来反对这种推演。例如，如果有人想指出触觉就其本身来说并不是空间性的，如果有人试 252
图在盲人们那里或各种精神性盲病例那里找到一种纯粹的触觉经验并表明它不是依据空间获得清楚表达的，那么，这些实验证据就要预先假定它们要确立的东西。如何事实上知道失明和精神性盲是不是局限于从病人的经验中减去了那些“视觉所予”呢？它们是

不是也影响到了他的触觉经验的结构呢？经验主义把第一个假设看作是既定的，只是基于这一前提，事实才能被看作是决定性的，但是，它本身由此假定了恰恰需要去证明的感官之间的分离。更确切地说，如果我承认空间原本地属于视觉，并且它从这里进入到触觉和其他感官，就像在成人那里表面上看有对空间的触知觉一样，那么，我至少应该承认，那些“纯粹的触觉所予”已经被一种源自视觉的经验取代和覆盖了，它们被整合到了它们在其中最终变得难以分辨的一种整体经验之中。但如此一来，还有什么权利在这种成人的经验中区分一种“触觉的”贡献呢？我通过诉诸盲人而试图重新发现的所谓“纯粹触觉”，难道不是一种非常特殊的、与整合的触觉功能毫无共同之处并且不可能有助于对整合的经验进行分析的经验吗？我们不能通过归纳法、通过出示一些“事实”——比如盲人的一种无空间的触觉——来确定感官的空间性，因为这种事实需要得到解释，因为，依据我们就一般感官以及它们在整体意识中的关系形成的观念，我们恰好要把它看作是一个有含义的、揭示了触觉的一种固有本质的事实，或者是一个偶然的、表达了病态触觉的各种特殊属性的事实。这个问题确实属于反思，而不属于经验主义意义（这也是那些梦想着一种绝对的客观性的科学家所持的意义）上的经验。因此，我们有充分理由先天地说：所有感官都是空间性的；假如我们要反思什么是一个感官的话，想知道是哪一个感官把空间提供给了我们这一问题就必定被认为是难以理解的。然而，这里有两种反思是可能的。一种是理智主义的反思，它把客体与意识主题化，重新采纳康德的一个表达来说就是，它把它们“导向概念”。客体于是就变成了**存在着的东西**，并因此成了为所有人且在任何时候都存在的东西(即使只是作为昙花一现的 253 插曲,它曾经在客观的时间中实存这一点也始终为真)。被反思主题化的意识则是为己的实存。借助这种意识的观念和这种客体的观念,我们可以很轻易地指出,任何感性性质都只有在一些宇宙关系的背景中才完全是客体,而感觉只有在为了一个中心的、独一无二的**我**而实存的前提下才能存在。如果我们想要在反思的运动中指出一个停顿,谈论比如说一个局部的意识或一个孤立的客体,那么我们就具有一种在某种程度上不知道它自身并因此不成其为意识的意识;具有一个到处都无法通达并因此在这一范围内不成其为客体的客体。但是,我们总是可以问理智主义,它是从哪里获得关于意识和客体的这种观念或这种本质的。如果主体是纯粹的为己,那么“我思应该能够伴随我的所有表象”。“如果一个世界应该能够被思维”,那么性质就必定在胚芽中包含着世界。但是,首先我们从哪里知道有纯粹的为己,我们从哪里发现世界应该能够被思考呢?我们也许会回答说,从关于主体和世界的定义:如果不这样理解它们,那么在谈论它们时,我们就不再知道我们在谈论什么。实际上,在已经构成的言语的层次上,这确实就是世界和主体的含义。但是,这些言语本身是从哪里获得它们的意义的呢?彻底的反思是当我开始去形成和表述关于主体的观念和关于客体的观念时那种重新抓住我的反思,它揭示了这两种观念的来源,它不仅仅是一种活动的,而且还是在其活动中意识到其自身的反思。我们可能还可以回答说,反思分析不仅仅“在观念那里”抓住主体和客体,它还是一种经验,在反思的时候,我把自己放回到我已经是的这一无限主体之中,我把客体放回到那些作为其基础的关系

之中，总之，没有必要问我从哪里获得了这种关于主体的观念和这种关于客体的观念，因为它们都是关于一些条件的简单表述，如果没有这些条件，对人来说就没有任何东西存在了。但是，至少在如下这一点上，反思的**我**不同于非反思的**我**，即它已经被主题化了，那被给予者既不是意识，也不是纯粹存在——就像康德本人深刻地谈到的，是经验；换言之，是一个有限主体与一种它从中涌现且仍然参与其中的不透明存在的沟通。“需要被引向关于其自身意
254 义的纯粹表达的”正是“纯粹的，并且可以说仍然沉默的经验”。①我们有关于不是在完全规定了每一事件的各种关系的系统意义上的，而是在其综合不可能完成的开放整体意义上的一个世界的经验。我们有关于不是在绝对主体性的意义上的，而是被时间之流不可分割地瓦解和重构的一个**我**的经验。主体的统一性或客体的统一性不是一种实在的统一性，而是一种在经验的视域中的推定的统一性，应当在主体观念和客体观念之下重新找到我的主体性的事实和处于初生状态的客体，重新找到各种观念以及各种事物在其中诞生的原初层。在涉及意识的时候，只有通过把我首先带回到这一我之所是的意识，我才能形成它的概念，尤其是，我不应该一开始就界定感官，而是要与我从内部亲历的感受性恢复接触。我们并不是被迫先天地把世界没有它们就不能被思考的那些条件赋予给它，因为，为了能够被思考，它首先应该没有被忽视，应该为我而实存，也就是说，应该被给予；除非我是设定这个世界的神而不是一个被抛在它之中的、在全部意义上“取决于它”的人，先验感

① 胡塞尔：《笛卡尔式的沉思》，第 33 页。

性论和先验分析论才可能相混在一起。我们没有必要追随康德对一个唯一空间的演绎。唯一空间是我们没有它就不能思考客观性之充实的条件；而确实真实的是，如果我试图把多个空间主题化，它们就会被归结为单一性，它们中的每一个都与其他空间处于一种位置关系之中，并因此只能与它们合为一体。然而，我们知道完满的客观性是不是能够被思考吗？所有的视角是不是共同可能的吗？它们是不是都能够在某个地方一起被主题化吗？我们知道触觉经验和视觉经验是不是无需一种感觉间经验就能够严格地接合在一起吗？我的经验与他人的经验是不是能够在一个主体间经验的唯一系统中被结合起来吗？也许，要么在每一感觉经验中，要么在每一意识中，都存在一些任何合理性都不能消除的“幽灵”。整个先验演绎都取决于对一个完备的真理体系的肯定。如果我们想要进行反思的话，应该追溯的正是这种肯定的各种源泉。在这个

意义上，我们可以附和胡塞尔说[1]，休谟已经远比任何人更有意地 255
做这种彻底的反思了，因为他真正想把我们带回到那些我们对之有经验的、处在任何观念学之下的现象中——尽管他在别的地方损害并瓦解了这一经验。尤其是，关于唯一空间的观念和关于唯一时间的观念，它们由于取决于康德在先验辩证论中正好批判过的关于存在的总和的观念，所以应该被放入括号，并从我们的实际经验出发出示它的谱系。作为现象学概念的这种新的反思概念，换句话说就是给出了先天的一种新的界定。康德已经指出，在经验之前，也就是说在我们的人为性视域之外，先天是不可认识的；

① 《形式的与先验的逻辑》，例如第 226 页。

问题也许不在于区分认识的两种实在因素，其中一种是先天，另一种是后天。如果说在他的哲学中先天维护的是与实际地并作为人类学规定而实存的东西相反的*应当*存在的东西的特征，这只是就如下一点而言的：他没有把他的规划——它就是通过我们的实际条件来界定我们的各种认识能力，而且它必定迫使他把任何可以构想的存在都放回到此岸世界的基础之上——贯彻到底。从经验——即向我们的实际世界开放——被看作是认识的开端的那一时刻开始，就不再有任何手段来区分先天的真理层次与实际的真理层次、世界应该是的东西和它实际上是的东西了。被视作先天的真理的诸感官的统一性只是一种根本的偶然性——即我们是在世的这一事实——的形式表达；被视作后天给予的感官多样性，包括这种多样性在一个人类主体中所呈现的具体形式，对这个此岸世界，亦即我们能够推论地加以思考的仅有的世界来说，看起来是必然的；因此，它成了一种后天真理。任何感觉都是空间性的，我们赞同这一论断，不是因为作为一种客体，性质只能在空间中被思考，而是因为，作为与存在的原初接触，作为感觉的主体对由可感者表示的一种实存形式的恢复，作为感觉者与可感者的共存，感觉
256 自身就是由一个共存的环境，即一个空间构成的。我们先天地说，任何感觉都不是点状式的，任何感受性都假定了某个场域、因此假定了一些共存；我们将由此得出与拉舍利埃相反的结论：盲人有关于空间的经验。但是，这些先天真理不外是对一个事实，即感觉经验是对一种实存形式的恢复这一事实的阐明，而这种恢复也意味着，在每一瞬间，我能差不多完全地触摸和看，意味着，如果我的意识没有在某种程度上被堵塞并失去受它支配的某种东西，我就绝

不能看和触摸。这样，诸感官的统一性和多样性是同一序列的一些真理。先天是在其沉默的逻辑的全部推论中被理解、阐明和遵循的事实，后天则是孤立并且隐含的事实。说触觉没有空间性是矛盾的，触摸却不在空间中触摸是先天地不可能的，因为我们的经验是关于一个世界的经验。但是，触觉视角在一个普遍的存在中的这种插入没有表明任何外在于触觉的必然性，它是依据它自己的方式在触觉经验本身中自发地产生的。经验所交付给我们的感觉，不再是一种无足轻重的质料和一个抽象的环节，而是我们与存在的诸接触面之一，是一种意识结构；我们通过它们中的每一个拥有的不是一个唯一的空间，即所有性质的普遍条件，而是一种空间地存在且几乎可以说形成空间的特殊方式。每一种感官都在大的世界内部构造出一个小世界，这既不矛盾，也不是不可能；而且正是由于它的特殊性，它对全体来说才是必要的，它才向之开放。

总之，一旦先天的与经验的之间、形式与内容之间的区分被抹去，各种感官空间就成了作为唯一空间的整体构形的一些具体环节，通向它的能力与在一个感官的分离中切断同它的联系是不可分割的。在音乐厅中，当我重新睁开双眼时，可见的空间相较于刚才音乐在其中展开的另一空间来说显得狭小；即使我让自己的双眼在有人演奏乐曲时保持睁开，音乐似乎也没有被真正地包含在这个确定而促迫的空间里。音乐穿透可见的空间慢慢进入一个它得以飞扬的新维度，正如在有幻觉者那里，那些被知觉事物的光明
空间神秘地叠加了一个使其他事物的在场得以可能的“黑暗空 257
间”。如同他人的视角对为我的世界那样，每一感官的空间领域对于其他感官来说是一个不可认识的绝对，并相应地限制了它们的

空间性。对于批判哲学来说这些只显示了一些经验的好奇却无损于各种先天确定性的描述，为我们恢复了一种哲学的重要性，因为空间的统一只有在一些感官领域的一个与另一个的啮合中才可能被发现。正是在这一点上，对于非空间性知觉的那些著名的经验主义描述仍然是正确的。那些动过白内障手术的天生盲人的经验从来都没有证明、也永远不可能证明空间对他们来说始于视觉。但是，病人对于这个他刚刚得以进入的视觉空间惊叹不已，与之相比，触觉经验在他看来过于贫乏，以致他很自然地认为，他在手术之前从未有过关于空间的经验①。病人的惊异，他在进入视觉新世界时的犹豫，表明触觉不是像视觉那样是空间性的。有人说："在手术后，由视觉给出的形式对病人们来说是某种全新的东西，他们无法把它与他们的触觉经验联系起来。"②"病人确认他看见了，但不知道他看见的是什么……。他从来没有像这样辨认过自己的手，他只讲一个在运动中的白斑。"③为了通过视觉把一个圆与一个长方形区别开来，他需要让自己的眼睛顺着图形的边沿，就像他用手所做的一样。④ 他总想抓住我们呈现给他的目光的那些物品。⑤ 由此能得出什么结论呢？触觉经验没有为空间知觉做好

① 一个被试声称，他在手术前曾经认为自己具有的空间概念并没有提供给他一种真正的空间表象，而只不过是一种"通过思维活动获得的知识"（冯·森丹：《动过手术的先天性盲人在手术前后对空间和形状的理解》，第23页）。视觉的获得导致了也影响到触觉本身的一种全面的实存重组。世界的中心移位了，触觉图式被遗忘，借助触觉的认识不太可靠了，实存之流从此以后经由视觉，病人所谈论的正是这种弱化了的触觉。

② 同上书，第36页。

③ 同上书，第93页。

④ 同上书，第102－104页。

⑤ 同上书，第124页。

准备吗？可是，如果它根本就不是空间性的，被试能把他的手伸向 258
我们指给他的物品吗？这一姿势假定了触觉向一个至少与视觉所予的环境相似的一个环境开放。各种事实尤其表明，没有目光的某种使用，视觉什么都不是。病人"首先看到颜色，就像我们闻到一种气味：气味浸染着我们，作用于我们，然而并不是用一种确定的广延填满一种确定的形式。"[①]一切最初都是混杂在一起的，一切似乎都在运动之中。只是到后来，当被试已经明白"什么是看"[②]时，也就是说，当他把他的目光作为一道目光而不再是一只手来驾驭和引导时，那些彩色表面的区分和对运动的正确掌握才会出现。这证明感觉器官中的每一个都以它自己的方式考问客体，它是某种综合方式的施动者，但是，如果不借助名义界定来保留"空间"这个词以便指称视觉综合，我们就不能拒绝接受触觉在抓住各种共存的意义上的空间性。如果不存在最初的视知觉可以进入其中的一个准空间性的触觉场的话，真正的视觉在一个转换阶段的进展中并且通过一种经由眼睛的触觉才得以预备好这一事实就无法被理解。如果（即使被人为地孤立出来的）触觉没有被组织起来以便使共存得以可能，视觉就永远不会像它在正常的成年人那里发生的那样直接与触觉相通。这些事实远没有排除关于触觉空间的观念，它们相反地证明有一个如此严格的触觉空间，以致它的各种明确表达一开始没有、甚至永远不会与视觉空间的那些明确表达处于一种同义关系之中。经验主义的那些分析以混乱的

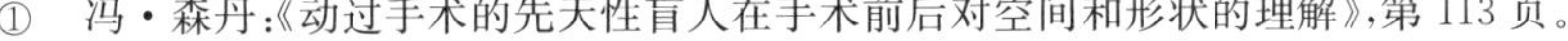

① 冯·森丹：《动过手术的先天性盲人在手术前后对空间和形状的理解》，第 113 页。

② 同上书，第 123 页。

方式提出了一个真正的问题。比如说，触觉只能同时把握少量的广延——身体及其工具的广延，这个事实不仅仅涉及触觉空间的表象，它还改变了触觉空间的意义。对于某种智力来说，或至少对于古典物理学的某种智力来说，同时性是同一的——无论是发生在相邻的两点之间还是相隔很远的两点之间，并且在无论哪种情况下，我们都能用短距离的同时性来逐步构造长距离的同时性。
259 然而，对于经验来说，被这样引入活动中的时间厚度会改变结果，导致处于同时性中的诸极点的某种“移动”；而且在这一范围内，视觉角度的广度对于动过手术的盲人来说将是一种真正的揭示，因为它第一次展示了远距离同时性**本身**。动过手术的人说，触觉客体不是一些真正的空间整体，对客体的统握在这里只是“各部分的相互关系”的一种简单“知识”，圆形和正方形不是真的通过触觉被知觉的，而是依据某些“迹象”——一些“尖角”的在场或不在场——被辨识的。[①] 我们要明白：触觉场没有视觉场的广度，触觉客体绝不像视觉客体那样整个儿地呈现出它的每一部分，总之，触摸不是看。交谈无疑可以在盲人和正常人之间进行，哪怕是在颜色词汇表中，也不可能找到盲人不能成功给予它至少一种简要意义的一个独一无二的词来。一个十二岁的盲童能够很好地界定视觉的各个维度。他说：“那些在看的人通过一种未知的感官与我产生关系，这种感官远距离地完全包围我、伴随我、穿透我，并且从起床到睡觉可以说都把我维持在它的控制之下(mich gewissermassen

① 冯·森丹：《动过手术的先天性盲人在手术前后对空间和形状的理解》，第29页。

beherrscht)。”[①]但是，这些标示对于盲人来说停留为概念性的、有问题的。它们提出了一个只有视觉才能回答的问题。这就是为什么动过手术的盲人发觉这个世界不同于他原本期待的世界，[②]就像我们总是觉得一个人不同于我们对他的了解一样。盲人的世界和正常人的世界不仅由于他们各自掌握的材料数量，并且由于其整体的*结构*而有不同。一个盲人通过触摸准确地知道什么是树叶和树枝，什么是手臂和手指。在手术之后，他惊奇地发现在一棵树和一个人体之间有“如此多的差异”。[③] 显然，视觉不只是把一些新的细节添加到了对树的认识中。这涉及使客体改变面貌的一种
新的表象方式和一种新的综合类型。例如，亮度-被照亮的客体这 260
一结构在触觉领域里只能找到一些相当含糊的类比。这就是为什么一个在失明十八年后动了手术的病人试图去触摸一缕阳光。[④]如果我们被剥夺了视觉，我们生命的整个含义——概念含义从来都只不过是它的一个摘要——都将发生变化。存在着一种一般的替代和置换功能，它使我们能够通达那些我们没有亲历过的经验的抽象含义，比如说谈论我们没有看到过的东西。但是，由于置换的功能在机体中从来都不是某些受损伤的功能的精确等值物，并且只显示出表面的完整性，所以智力只能保证不同的经验之间的一种表面交流；而且在动过手术的天生盲人那里，视觉世界与触觉世界的综合，即一个感觉间世界的构成，必定在感觉领域本身中获

---

① 冯·森丹：《动过手术的先天性盲人在手术前后对空间和形状的理解》，第45页。

② 同上。

③ 同上书，第50页及以下。

④ 同上书，第186页。

得实现，两种经验之间的含义一致不足以保证它们能融为一种唯一的经验。诸感官是彼此相分别的、是与理知相分别的，因为它们中的每一个都自身带有一种永远不可完全转换的存在结构。我们能够认识到这一点，因为我们已经抛弃了意识的形式主义，并且使身体成为知觉主体。

我们可以承认这一点而无损于诸感官的统一性。因为各个感官是相通的。音乐并不处在可见的空间之中，但暗中破坏它，包围它，使它移动，只一会儿工夫，穿戴非常整齐的听众们——他们装出鉴赏家的样子，并通过语言和微笑相互交流着，却没有察觉到他们脚下的土地在晃动——就像是在暴风雨的海面上东倒西歪的全体船员。这两个空间只有在一个共同世界的背景上才能被区别开来，只是由于它们两者对整体存在有着相同的企图才会进入到竞争之中。它们恰恰是在彼此对立的那一时刻结合在一起了。如果我想把自己封闭在我的诸感官之一中，比如，我整个地把自己投射到双眼之中，我沉浸在天空的蓝色中，那么我很快就不再意识到在注视；在我想使自己整个儿地成为视觉的那一时刻，天空为了成为我在该时刻的世界不再是一种“视知觉”。感官经验是不稳定的，
261 它与那种同我们的整个身体一道形成并向一个感觉间的世界开放的自然知觉无关。同关于感性性质的经验一样，关于孤立的“感官”的经验只会发生在一种非常特殊的态度中，它不能用于对直接意识的分析。我坐在自己的房间里，我注视着放在桌子上的很多张白纸，一些通过窗户而被照亮，另一些则处在阴影之中。如果我不分析我的知觉，如果我着眼于整个场景，那么我可能会说所有的纸张在我看来都是一样白的。然而，它们中的一些处在墙壁的阴

影之中。它们怎么会不和另一些一样白呢？我决定好好瞧一瞧。我让自己的目光凝视它们，也就是说，我限定我的视觉场。我甚至能够透过一个把它们从场域的其余部分分离出来的火柴盒或透过一扇窗户上的一个有孔的“屏障”来观察它们。不管我使用这些装置中的一个还是满足于用肉眼来观察，在一种“分析的态度”[①]中，这些纸张的外表都会变化：它不再是被一道阴影覆盖的白纸，而是一种灰色或微蓝的、有厚度且难以定位的物质。如果我重新考虑场景的整体，我就会发现被阴影覆盖的那些纸张过去不相同于、从来都不相同于被照亮的那些纸张，此外也不是客观地有别于它们。被阴影覆盖的纸张的白色并没有让自己被精确地归入黑-白系列之中。[②] 它不是任何确定的性质，而我是通过让自己的双眼凝视视觉场的一个部分使性质显现出来的：那时并且只是在那时，我才发现自己面对自己的目光深入其中的某种感受质而在场。然而，什么是凝视呢？从客体方面来看，凝视就是把被凝视的区域与场域的其余部分分离开来，就是中断场景的整体生命，它在考虑亮度的情况下赋予每一可见的表面一种确定的色彩；从主体方面来看，凝视就是用一种观察（即我们的目光随意地控制的一种局部视觉）来替代整体视觉（我们的目光在其中把自己给予整体场景，并且让自己被它侵入）。远非与知觉共外延的感性性质是一种好奇或观察的态度的特殊产物。当我不是将我的整个目光交付给世界，而是转向这一目光本身时，当我问自己**我确切地看到了什么**时，它就出现了。它不是出现在我的视觉与世界的自然交流之中，它是对

① 盖尔布：《视觉事物的颜色恒常性》，第 600 页。

② 同上书，第 613 页。 262

我的目光的某个问题的回答，是试图在其特殊性之中认识自己的一种二阶的或批判性的视觉的结果，是我在要么担心弄错要么打算着手对视觉进行科学的研究的时候“对纯粹视觉事物”产生的一种“注意”[1]的结果。这种态度使场景消失了：我透过减光屏看到的那些颜色或画家眯起双眼时所捕获的那些颜色不再是一些颜色-客体——墙壁的颜色或纸张的颜色，而是并非没有厚度、全都模糊地处在一个虚拟平面上的一些彩色区域。[2] 因此，存在着一种自然的视觉态度，我在其中与我的目光结成同盟、通过它把自己交付给场景：于是，场域的各个部分就在一个使它们可以被辨识和可以被视为同一的组织中联系起来了。当我打破我的视觉的这种整体结构化时，当我不再粘着我自己的目光时，当我考问视觉而不是体验它时，当我想要检测我的各种可能性时，当我想解开我的视觉与世界、我自己与我的视觉之间的联系以便捕捉它和描述它时，性质这种分离的感受性就展示出来了。通过这一态度，在世界碎化为各种感性性质的同时，知觉主体的自然统一性也破碎了，我最终没有认识到自己是一个视觉场的主体。然而，如同有必要在每一种感官的内部重新发现自然的统一性一样，我们将使先于诸感官之分化的感觉活动的一个“原初层”显现出来。[3] 根据我凝视一个客体，还是我让自己的目光发散开去，或者最后我把自己整个地投入到事件中去，同一种颜色也就相应地向我显现为表面颜色（Oberflächenfarbe），它处在一个确定的空间场所，它延展在一个

① 卡茨：《对纯粹光学的看法》，转引自盖尔布，前引著作，第 600 页。

② 同上。

③ 韦尔纳：《感觉与感觉活动研究》，第一卷，第 155 页。

客体上面,——或者它变成了氛围颜色(Raumfarbe)并整个地围绕客体而扩散;或者我在自己的眼里感觉到它是我的目光的一种振动;或者最后它向我的整个身体传递了一种相同的存在方式,它充满我,不再称得上是颜色。同样,存在着一种在我之外回荡在乐器里的客观声音,一种萦绕在客体和我的身体之间的氛围声音,一 263
种在我这里振动的声音("我仿佛成了笛子或摆钟");在最后一个阶段,声音因素消失并变成为我的整个身体的一种变化的非常确定的经验。[①] 感觉经验只支配一个狭窄的边缘:要么声音和颜色通过它们自身的排列构成了一个客体:烟灰缸、小提琴,而且这个客体一开始就向所有感官说话;要么在经验的另一端,声音和颜色被接纳到了我的身体中,要把我的经验限定在单独一种感觉储存器中变得困难了:它自发地向所有其他的感觉储存器漫溢。在我们刚才描述的第三阶段,只是通过一种毋宁指示了声音的方向或颜色的方向的"腔调",感觉经验才得以被详细说明。[②] 在这一层次,经验是如此含混,一种听觉节奏使一些电影画面融合在一起了,并产生了一种运动知觉,而如果没有这种听觉支持,相同的一连串画面将过于缓慢,难以产生频闪运动。[③] 声音改变了那些颜色的各种连续的画面:一种强音强化了它们,声音的中断使它们颤动,一种低音则使蓝色更深或更暗。[④] 我们越是接近自然知觉,为每一刺激规定一种而且仅仅一种感觉的恒常性假设[⑤]就越是得不

① 韦尔纳,前引著作,第 157 页。

② 同上书,第 162 页。

③ 齐茨和韦尔纳:《运动的动力结构》。

④ 韦尔纳,前引著作,第 163 页。

⑤ 参前面"导论"第一章。

到证实。“正是在行为是理智的、无偏见的(sachlicher)之范围内，恒常性假设——就其涉及刺激与特定感觉反应的关系而言——才成为可以接受的，而且比如声音刺激才会局限在专门的领域，在这里即听觉的领域。”[①]麦司卡林中毒，因为它能削弱无偏见的态度并且发动被试的活力，因此应该有利于联觉。事实上，借助麦司卡林，一种笛声会引起一种碧绿色的感觉，一个节拍器的响声在黑暗
264 中通过一些灰色的斑点表现出来，视觉的各种空间间隔相应于声音的各种时间间隔，灰斑的大小相应于声音的强度，灰斑在空间中的高度相应于声音的高度。[②] 在麦司卡林作用下的一个被试找到一块铁，用它砸窗台，并且说道，“这就是魔法”：那些树木变得更绿了。[③] 一只狗的叫声以一种难以名状的方式带来了明亮感，并且在右脚上回荡。[④] 一切的发生仿佛就是他看到了“在进化过程中诸感官之间形成的屏障有时消失了”。[⑤] 从客观世界及其各种不透明的性质，以及客观身体及其各个分离的感官的视角来看，联觉的现象是矛盾的。因此，有人寻求不触及感觉的概念来说明它：比如，应该假设通常被限定在大脑的一个区域——视觉区或听觉区——的各种兴奋变成能够在这些限度之外起作用，于是能够由一种专门的性质联想到一种非专门的性质。不管这种说明能不能在大脑生

① 韦尔纳，前引著作，第 154 页。

② 斯坦因：《感觉病理学》，第 422 页。

③ 梅耶-格罗斯和斯坦因：《麦司卡林毒品作用下感觉活动的一些变化》，第 385 页。

④ 同上。

⑤ 同上。

理学中为自己找到一些论据，[1]它都无法解释联觉经验，因此，这是对感觉概念和客观思维重新提出质疑的一个新的契机。因为被试不仅仅对我们说他同时有一种声音和一种颜色：他在颜色形成的地方看到的是声音本身。[2] 如果有人用视觉感受质来定义视觉，用声音感受质来定义声音，那么这种说法严格来说是毫无意义的。但是，的确是我们在构造我们的各种定义，以便为联觉经验找到一种意义，因为对于各种声音的视觉或对于各种颜色的听觉作 265
为一些现象实存着。它们甚至不是一些例外现象。联觉性知觉就是法则，而我们之所以没有察觉到这一点，是因为科学知识转移了经验，因为为了从我们的身体构造和物理学家所构想的世界中推断出我们应该看到、听到和感觉到的东西，我们已经不会去看、去听、更一般地说去感觉了。有人说，视觉只不过给我们提供了一些颜色或一些光线，伴随它们的还有作为颜色之轮廓的一些形状和作为色斑之位置变化的一些运动。但是，如何在颜色的范围内定位透明或“模糊”的颜色？实际上，就其最隐秘地拥有的东西而言，每一颜色都只不过是事物的向外显现出来的内在结构。金子的锃亮明显地将其同质构成呈现给我们，树木的灰暗向我们呈现的则是其异质构成。[3] 各个感官通过向事物的结构开放而彼此相通。

① 比如说，有可能我们能够观察到在麦司卡林毒品作用下时值的某种变化。正如我们将要指出的，如果多种感性性质的并置不能使我们理解在联觉的经验中的那样的知觉双重性，那么这个事实就绝不构成为借助客观身体对联觉的说明。时值的变化不应该是联觉的原因，而是一个更全局、更深层的事件的客观表达或迹象——这一事件在客观身体中没有其位置，它与作为在世存在的承载者的现象身体有关。

② 韦尔纳，前引著作，第 163 页。

③ 夏普：《知觉现象学论稿》，第 23 页及以下。

我们看到了玻璃的坚硬和易碎，而当它伴随着清脆的声音碎裂时，这一声音是由可见的玻璃承载的。[①] 我们看到了钢的弹性、烧红的钢的延展性、刨子刀刃的坚硬、刨花的柔软。客体的形状并不是客体的几何轮廓：它与客体固有的本性有某种关系，并且在向视觉诉说的同时向我们的所有感官诉说。一件亚麻织品或棉织品的皱褶的形状让我们看到了纤维的柔顺或干燥，织料的沁凉或温暖。总之，可见物的运动不是视觉场中与它们对应的各种色斑的单纯移位。从鸟儿刚刚飞离的树枝的晃动中，我们读出了它的柔韧性或弹性，苹果树的树枝和桦树的树枝于是就被立刻区分开来了。我们看到一大块深陷沙中的铸铁的重量、水的流动性、浑水的黏稠。[②] 同样，我从一辆汽车的噪音中听出了一些路面的硬度和不平整，而且我们有理由谈论“柔弱的”、“平淡的”或“生硬的”声音。
266 即使我们可以怀疑听觉给予了我们一些真正的“东西”，至少可以确定，除了在空间中的声音之外，它也能够为我们提供某种“发声”的东西，它由此与其他感官相通。[③] 最后，如果我闭着眼睛弯一根钢丝和一根椴树树枝，那么我就在自己的两只手之间知觉到了金属和树木的最隐秘的结构。因此，如果被视为一些不可类比的性质的那些“来自不同感官的所予”属于许多分离的世界（每一个从其特殊的本质看都是调节事物的一种方式），那么它们全都通过各自的含义核心而相通。

只是还应该明确感性含义的本性，否则我们就会重新回到我

① 夏普：《知觉现象学论稿》，第 11 页。

② 同上书，第 21 页及以下。

③ 同上书，第 32－33 页。

们前面已经摆脱的理智主义分析。我触摸到的和看到的是同一张桌子。但是,正如有人已经做过的,还应该补充说我听到的和海伦·凯勒触摸到的是同一首奏鸣曲,我看到的和一位盲人画家画的是同一个人吗?[①] 渐渐地,在知觉综合和理智综合之间不再有任何的不同。诸感官的统一与科学客体之间的统一属于相同的秩序。当我同时触摸和注视一个客体时,这个单一的客体可能是这两种显象的共同原因,就像金星是晨星和昏星的共同原因一样;而知觉或许是一门初始的科学。[②] 不过,如果说知觉把我们的各种感觉经验汇聚成了一个唯一的世界,那么这不是像科学的综合那样把一些客体或一些现象组合在一起,而是像双目视觉那样抓住一个唯一的客体。让我们仔细地描述这种“综合”。当我的目光关注于无限远处的时候,我对近处客体有一种双重形象;当我转而凝视它们时,我看到这两个形象一起向那个即将成为一个唯一客体的东西靠近,并消失于其中。不应该在这里说综合就在于把它们一起构想成一个唯一客体的诸形象;如果涉及一种精神行为或一种统觉,我一注意到这两个形象的同一性,它就应该能够产生出来;但在事实上,客体的统一让我们等待了相当长的时间:直到凝视把这两个形象掩盖掉为止。单一客体不是思考这两个形象的方式,因为它们在它出现的那一时刻不再被给予。因此,“两个形象 267
的融合”是通过神经系统的某种天生装置获得的吗?我们想说,最终说来,如果不是在外周,至少是在中枢,我们只具有以双眼为中

① 斯佩西:《论病理性错觉的现象学与形态学》,第 11 页。

② 阿兰:《论精神和激情八十一章》,第 38 页。

介的一种单一的兴奋吗？但是，一个视觉中枢的单纯实存不能说明单一客体，因为复视有时也会产生出来，就像在别处视网膜的单纯实存不能说明复视一样，因为复视不是恒常的。[①] 假如说我们在正常视觉中能够同样地理解复视和单一客体，这将不是借助于视觉器官的解剖布局，而是借助于它的功能、借助于心理物理主体对它的使用。因此，我们可以说复视的产生是**因为**我们的双眼没有向着客体辐合，是因为客体在我们的视网膜上形成了一些非对称的形象吗？两个形象是因为凝视把它们重新引向视网膜的一些对应点上才融合为一的吗？但是，双眼的发散和辐合是复视和正常视觉的原因或结果吗？在那些动过白内障切除手术的天生盲人那里，我们无法说出，在手术后的那段时期内，是双眼的不协调妨碍了视觉还是视觉场的混乱促成了这种不协调——是双眼因为无法凝视而不能看，还是因为没有某种可看的东西而不能凝视。当我注视无限远处时，并且当（比如说）我的放在双眼面前的手指之一把其形象投射到我的视网膜的一些非对称点上时，这些形象在视网膜上的排列不可能是导致复视结束的凝视活动的**原因**。因为正如有人观察到的那样，[②]形象的不一致并不在己地实存。我的手指在我的左眼视网膜的某个区域和在与前者不对称的右眼视网膜的某个区域形成其形象。但是，右眼视网膜的对称区域本身也
268 充满了一些视觉兴奋；各种**刺激**在这视网膜上的分布只是相对一

① “某些传导器的如其实存着的那样的辐合，并不会制约形象在单纯的双目视觉中的无区分，因为单目视觉的竞争有可能发生，而当这种竞争发生时，视网膜的分离并不能说明形象的区分，因为通常一切在接收器和传导器中都保持为相同的，这种区分不会产生出来。”德让：《对视觉中的距离的心理学研究》，第74页。

② 考夫卡：《关于空间知觉的某些问题》，第179页。

个比较这两个系列并视它们为同一的主体而言才是“不对称的”。在被当作客体来看待的视网膜本身上面，只存在两组不可比较的刺激。有人或许会回答说，如果没有凝视活动，这两组刺激就既不能重叠，也不能产生对任何事物的视觉；而在这个意义上，只有它们的呈现才会产生一种不平衡状态。但是，这正好承认了我们寻求证明的东西：对一个唯一客体的视觉并不是凝视的一种单纯结果，它是在凝视行为本身中被预料到的，或者就像有人说过的，目光的凝视是一种“前瞻活动”。[①] 为了使我的目光转向近处的客体并集中双眼于它们，我的目光应该体会到[②]复视是一种不平衡或者是一种不完善的视觉，它朝向单一客体，就像朝向这种紧张的解除和视觉的完成。“有必要为了看而‘注视’。”[③]因此，客体在双目视觉中的统一，并不产生自通过融合两个单目形象以最终形成一个唯一形象的某种第三人称过程。当我们从复视过渡到正常视觉时，单一客体取代了两个形象并且明显不是它们的简单叠合：它属于不同于它们的另一种秩序，并且比它们牢固得多。在双目视觉中，复视的两个形象不是重合成了一个唯一形象，而客体的统一确实是意向性的。但是——我们已经到达我们想要达到的那个点——这并不是概念的统一。不是通过一种精神审视，而是当双

---

① 德让，前引著作，第 110－111 页。作者说的是“精神的一种前瞻活动”，而关于这一点，大家将看到，我们不会追随他的看法。

② 我们知道，格式塔理论让这一定向过程取决于“组合区”中的某个物理现象。我们已经在别处讲过，既提醒心理学家注意各种各样的现象或结构，又用它们中的一些（这里是一些物理形式）来说明它们，这是自相矛盾的。由于全部形式都属于现象世界这一简单的理由，作为时间形式的凝视就不是一个物理的或生理的事实。关于这一点，参《行为的结构》，第 175 页及随后部分、第 191 页及随后部分。

③ 德让，前引著作，第 110－111 页。

269 眼不再各自单独起作用并且作为一个唯一器官被一种独特的目光使用时，我们才从复视过渡到单一客体。实现这一综合的不是认识论的主体，而是身体——当它摆脱自己的弥散，自身辐合，尽一切手段趋向其运动的一个唯一极时，当一种单一意向通过协同现象在它那里被构想出来时。我们把综合从客观身体那里撤回，这只是为了将其给予现象身体，即给予身体——只要它围绕自己投射某种“环境”，[①]只要它的“各个部分”生机勃勃地相互认识，只要它的那些感受器按照通过它们的协同作用使客体知觉得以可能的方式被排列。说这种意向性不是一种思想，我们想要表达的是，它不是在意识的透明中获得实现的，它把我的身体具有的关于它自身的全部潜在知识当作既得的。依赖于身体图式的前逻辑统一性，知觉的综合拥有的关于客体的秘密并不多于关于本己身体的秘密；这就是为什么被知觉的客体始终是作为超越的被给出的；这就是为什么综合看起来像是针对客体本身在世界之中进行的，而不是在思维主体所是的这个形而上点上进行的；知觉综合区别于理智综合的地方就在这里。当我从复视过渡到正常视觉时，我不仅仅意识到我通过双眼看同一个客体，我也意识到我逐步进展到客体本身并最终拥有了它的物质方面的在场。那些单目形象模糊地飘忽在各种客体前面，它们在世界之中没有位置，它们突然就向世界的某处退隐并消失在那里，就像幽灵在天亮时回到了它们从中冒出来的地缝里面一样。双目视觉客体吞并了单目形象，而综合正是在它那里进行的，正是在它的明晰中，单目形象最终作为该

① 因为身体有一种环境意向性(Umweltintentionalität)。拜顿迪克和普莱西纳：《表情表达的意义》，第 81 页。

客体的一些显象获得认识。我的各种经验之系列呈现为协调一致的，它们的综合发生了，不是就它们全都表达某种不变量并且处在客体的同一性中而言，而是就它们全都被它们中的最后一个接纳并且处在事物的自身性中而言。当然，自身性从来都没有被**达到**：进入我们知觉的事物的每一外观仍然只不过是更远地知觉的一种敦促，只不过是知觉过程中的一个暂时停顿。如果事物本身被达 270
到了，它从此以后就被展现在我们面前，毫无秘密可言。在我们以为拥有它的那一时刻，它就不再作为事物而实存了。因此，造就事物之“实在性”的东西恰恰就是使它脱离我们之拥有的东西。事物的自存性，即它的不容置疑的在场和它以之为掩护的持久不在场，是超越性的不可分割的两个方面。理智主义忽视了这两个方面，而如果我们想说明作为一个开放系列的经验之超越极的事物，那就应该把身体图式的开放的、未定的统一性本身给予知觉主体。这就是双目视觉的综合告诉我们的东西。让我们把这一点用到诸感官的统一性问题上。它不是通过它们被归并到一种原本意识之下，而是通过它们的从未完成的被整合成一个唯一的认识机体而被理解的。感觉间客体之于视觉客体，就如视觉客体之于复视的单目形象；[1]而诸感官在知觉中相通，就像两只眼睛在视觉中合作

① 确实，不应该把各个感官置于同一层面上，仿佛它们全都同等地能够具有客观性、全都能被意向性所渗透似的。经验不会把它们当作等价物提供给我们：在我看来视觉经验比触觉经验更真实，它将自己的真理聚集在自身中并补充给触觉经验，因为它的更丰富的结构向我呈现了一些对于触觉来说不容置疑的存在样式。由于它们自身的结构，诸感官的统一性是横向地获得实现的。但是，如果我们的确有一只使另一只服从的“指导眼睛”的话，我们在双目视觉中就会重新发现某种类似的东西。这两个事实——各种感觉经验在视觉经验中的再现，一只眼睛的功能通过另一只眼睛的再现——证明：经验的统一性不是一种形式的统一性，而是一种本地的组织。

一样。针对声音的视觉或针对颜色的听觉获得实现，就像目光的统一透过双眼获得实现一样：只要我的身体不是一些并置的器官的一个总和，而是其所有功能都在在世存在的一般运动中被重复和联系起来的一个协同作用系统，只要它是实存的固定形象。如果视觉或听觉不是对一种不透明的感受质的单纯拥有，而是对实存的一种样式的体验，是我的身体与实存的同步，那么说我看到了
271 一些声音或听到了一些颜色就有了一种意义；如果对性质的经验是对某种运动方式或一种行为的经验，那么有关各种联觉的问题就获得了解决的开端。当我说我看到了一种声音时，我想说的是，通过我的整个感觉存在，尤其是通过我自己能够看到各种颜色的这一区域，我对声音的振动作出了响应。运动——不是被理解为在空间中的客观运动和位移，而是运动的筹划或“虚拟运动”[①]——是诸感官的统一性的基础。众所周知，有声电影不只是给场景增添了声音伴随物，而且也改变了场景本身的内容。当我看一部用法语配音的电影时，我不仅注意到言语和画面之间的不一致，而且我突然觉得它在那儿说的是**别的东西**；尽管放映厅和我的耳朵里充斥着配音文本，但它对我来说甚至没有听觉上的实存，我的耳朵只是为了听来自银幕的无声的别的言语。当声音的中断突然让那个继续在银幕上指手划脚的人没了声音时，不仅仅是其言语的意义突然逃离了我，场景本身也改变了。刚刚还充满生机的脸就像一个发愣的人的脸那样呆板起来了、凝固不动了，而声音的中断以一种惊愕的形式侵袭银幕。在观众那里，那些姿势和言语并不是被归入一种理想的含义之下的，但是，言语再现姿势且姿

① 帕拉格依，斯坦因。

势再现言语，它们透过我的身体而相通；作为我的身体的感性外观，它们直接是彼此的象征，因为我的身体恰恰就是感觉间的等价与对换的一个现成系统。诸感官不需要一位翻译就能相互传达，不必经由观念就能彼此理解。这些说法使我们得以赋予赫尔德的这句话以其完整意义：“人是一个永远的共通的感觉中枢，它有时从这一面，有时从那一面受到触动。”①借助身体图式的概念，不仅身体的统一性以一种新的方式获得了描述，诸感官的统一性和客体的统一性也透过它获得了描述。我的身体是表达现象的场所或毋宁说其现实性本身；比如说，视觉经验和听觉经验在它那里是相 272
互孕育的，它们的表达价值奠定了被知觉世界的前述谓的统一性、并通过它奠基了言语表达和理智含义。② 我的身体是所有客体的公共结构，至少对被知觉世界而言，它是我的“理解”的一般工具。

正是它不仅把意义赋予给自然客体，而且还赋予给像各种词之类的文化客体。即使我们在非常短的一段时间内向一个被试呈现一个词（比如“热”这个词）以致他无法辨识出它，“热”这个词也会引起像一个含义晕圈那样围绕他的一种灼热的经验。③ “硬”这个词④引起了背部和颈部的一种僵硬感，而它被投射到视觉场或听觉场中并呈现出其符号或文字的形象则是第二位的。在成为概念的标记之前，词首先是抓住我的身体的一个事件，它对我的身体的各种把握划定了它与之相联系的含义区域。一个被试声称，面

① 转引自韦尔纳，前引著作，第 152 页。

② Ausdruck（表达）、Darstellung（言语表达）和 Bedeutung（含义）的区分是由卡西尔做出的，见《符号形式的哲学》，第三卷。

③ 转引自韦尔纳，前引著作，第 160 页及以下。

④ 或德语的 hart（硬）一词。

对出示的“潮湿的”(feucht)一词,除了一种潮湿和寒冷的感觉外,他还体验到身体图式的完全重组,仿佛身体的内部涌向了外周,仿佛直到那时为止还集中在胳膊和腿上的身体实在寻求把自己重新拉回中心。于是,词并非不同于它所引起的态度,而只是当它的在场得以延伸时,它才显现为外部形象,它的含义才显现为思想。词有一种外貌,因为我们有某种对于它们的举止,就像有对于每个人的举止那样,它们一被给出,举止就一下子呈现了。“我试图在其活生生的表达中抓住红的(rot)这个词;但是,它对我来说首先只是外围的,只是带着关于其含义的知识的一个符号。它不是红本身。然而,我突然注意到该词在我的身体中开辟了一条通道。正是一种(难以描述的)减弱了的胀满侵袭了我的身体,同时让我口腔的洞孔呈现为球形。正是在这一时刻,我觉察到在纸上的这个词获得了它的表达价值,它带着一道阴沉的红晕向我扑面而来,而
273 字母 o 直观地呈现出我之前在我的口腔里已经感受到的这种球形洞孔。”[①]对于词的这种举止尤其能够让我们明白,词难以区分地是我们说出的、我们听到和我们看到的某种东西。“被读到的词不是处在视觉空间之一隅的一个几何结构,它是一种行为以及一种充满活力的语言活动的体现。”[②]不管涉及对各种词还是更一般地

① 韦尔纳:《感觉与感觉活动研究》,第二卷,《语感在所亲历之词的适度表达的形成过程中的作用》,第 238 页。

② 同上书,第 239 页。我们刚才就词之所言用在句子上还要更加真实。甚至在真正读句子之前,我们就可以说这是“报刊文体”,或这是“一个插入句”(同上书,第 251 - 253 页)。通过从整体到部分,我们能够理解一个句子,或至少给予它某种意义。正如柏格森所说的,这不是因为我们对最初的那些词形成了一个“假设”,而是因为我们有一个语言器官——它与被呈现给它的语言构形结合在一起,就像我们的感觉器官朝向刺激并与之同步一样。

对各种客体的知觉，“都存在某种身体态度、一种充满活力的特殊紧张方式（它是让形象结构化所必不可少的）；为了在作为心理物理的机体之一部分的视觉场中勾画一个形状，作为有活力和有生命的整体的人应该给自己赋形。”[①]总之，我的身体不仅仅是所有其他客体中的一个客体、所有其他感性性质的复合体中的一个感性性质的复合体，它还是一个**能感受**所有其他客体的客体，它向所有的声音发出回响，它向所有的颜色颤动，它通过它接受那些词的方式把它们的原初含义赋予它们。这里涉及的不是按照经验主义的表述把“热”这个词的含义归结为关于热的一些感觉。因为我在读“热”这个词时感觉到的热不是实际的热。只有身体对热做好了准备并且可以说为它勾画了形状。同样，当有人在我面前说出我的身体的一个部分的名称或者当我自己表象这个部分时，我都在相应的部位上体验到一种接触的准感觉——它仅仅是我的身体的这个部分在整个身体图式中的突然出现。因此，我们不把词的含义、甚至不把被知觉者的含义归结为各种“身体感觉”的总和；但 274
是，我们要说，身体——只要它有一些“举止”——是这样一种奇特的客体，它把它自己的各部分作为世界的一般象征来使用，因此，我们可以通过它“经常出入于”这个世界、“理解”之并为其找到一种含义。

有人会说，所有这一切作为关于显象的描述或许有某种价值。但是，如果这些描述归根结底想说的不外是我们能够思考的东西，如果反思最终让我们确信它们是无意义的，那它们对我们有什么

① 韦尔纳：《感觉与感觉活动研究》，第230页。

用呢？在意见的层次上，本己身体同时是被构造的客体和相对其他客体而言的构造者。但是，如果我们想知道我们在谈论什么，那就应该作出选择，并且最终把身体放回到被构造的客体一边。实际上，只能在两个东西中选择一个。要么我认为自己处在世界的中间，经由我的让自己被各种因果关系所包围的身体而被嵌入世界，于是“诸感官”和“身体”都是物质器官，根本不能认识任何东西。客体在视网膜上形成一个形象，视网膜的形象在视觉中枢被重复为另一个形象，但是，在那里只存在一些有待于去看的东西却不存在在看的人。我们被不定地从一个身体阶段打发到另一个身体阶段，我们假设在人那里有一个“小人”，在“小人”那里又有另一个“小人”，却永远到达不了视觉。要么我想真正地理解为什么有视觉，但是，这样一来，我就应该走出被构造者，离开那在己地存在着的东西，并且通过反思去抓住客体可以为之实存的一个存在。然而，为了客体从主体的角度看能够实存，这一“主体”用目光去拥抱它或就像我的手抓住一块木头那样去抓住它是不够的，他还应该知道自己在抓它或注视它，他应该认识到自己在抓或注视，他的行为应该整个地被呈现给他自身，总之，这个主体应该不外就是他有意识地之所是。不然的话，我们确实有对于一个第三方见证者而言的对客体的抓住或注视，而所谓的主体，由于没有意识到自身，就消散在他的行为之中了，并且没有意识到任何东西。为了有对客体的视觉或对客体的触知觉，诸感官将始终需要这一不在场的维度，即主体借以或许能够知道自身和客体借以或许能够为他而实存的这一非实在性。对被联结者的意识预设了对联结者及其联结活动的意识，对客体的意识预设了对自身的意识，或毋宁说，它们是同义的。因此，之所以存在着对某物的意识，是因为主体绝不是乌有，而各种“感觉”或认识的“质料”不是意识的一些环节或 275
寓居者，它们属于被构造者一边。我们的各种描述能够不顾这些明证做点什么呢？它们如何避开这种二者择一呢？让我们重新回到知觉经验。我知觉这张我在上面写字的桌子。这意味着，在各种其他东西之中，我专注于我的知觉行为，而且我专注到如此程度，以至我在实际地知觉这张桌子时没有能够察觉出我在知觉它。当我想要察觉出的时候，我可以说就停止了把我的目光延伸到桌子上，我转向正在知觉的我，我于是想起我的知觉已经应该穿过某些主观的显象，已经应该解释我的某些“感觉”，最终说来，它出现在我的个人历史的视角中。正是从被联结者出发，我才二阶地意识到一种联结活动；当我采取分析的态度把知觉分解为一些性质和一些感觉时，当我从它们出发以便回到我最初被投入的客体时，我不得不假定一种只不过是我的分析的对立面的综合行为。我的在其素朴性中被把握的知觉行为并没有实现这一综合，它利用一种已经完成的工作，一种一劳永逸地被构成的一般综合，这就是当我说我用我的身体或我的感官知觉时所表达的东西；我的身体、我的诸感官恰恰是这种关于世界的习惯知识，这种不言明的或积淀的科学。如果我的意识现实地构造了它所知觉的世界，那么，从它到世界就不会有任何距离，在它们之间也没有任何可能的不一致，它能渗透世界直至其最隐蔽的那些关节，意向性能把我们送到客体的核心，同时，被知觉者也不会有一个现在的厚度，意识不会消散在、不会黏附在被知觉者中。相反，我们意识到一个不可穷竭的客体，我们深陷其中，因为在它与我们之间，存在着我们的目光利

用的这种潜在的知识，我们只是推测它的合理展开是可能的，而且它始终处于未及知觉的状态。之所以就像我们说过的那样，任何知觉都有某种匿名的东西，是因为它重新利用了一种它不会质疑的既得。那个在知觉的人不会像意识应该是的那样展开在他自己面前，他有一种历史的厚度，他恢复了一种知觉传统，并且他面临着一个现在。在知觉中，我们不思考客体，我们不会想到自己在思考它，我们朝向客体并且与这个比我们更知道世界、更知道大家具
276 有的对世界进行综合的各种动机和各种手段的身体交融。这就是为什么我们会附和赫尔德说：人是一个共通的感觉中枢。在这个只要我们真正地与知觉行为相一致并且抛开批判的态度就能重新发现的感觉活动的原本层中，我亲历了主体的统一性和事物的感觉间统一性，我不像反思分析和科学所做的那样思考它们。但是，没有联结的被联结者是什么呢？这个还不是某人的客体之客体是什么呢？心理学反思（它把我的知觉行为设定为我的历史的一个事件）很可能是二阶的。但是，先验反思（它把我揭示为客体的无时间性的思维者）不会把任何不已经在此的东西引入到思维者那里：它局限于表述把一种意义给予了"桌子"和"椅子"的东西，使它们的结构变得稳定并且使我关于客观性的经验成为可能的东西。最终说来，什么是亲历客体或主体的统一性，如果不是完成之？即使我们假定它与我的身体现象一道呈现，难道我就不应该在我的身体现象中构想它以便在那里找到它吗？难道我就不应该对这一现象进行综合以便对它有经验吗？——我们不打算从在己中引出为己，我们也不会回到无论哪种形式的经验主义；我们把被知觉世界的综合托付给的身体不是一个纯粹的被给予者，不是一个被动

地被接受的东西。但是，知觉的综合对我们来说是一种时间的综
合；在知觉层次上的主体性不外是时间性，它是那个使我们能够留
住知觉主体的不透明性和历史性的东西。我睁开双眼看我的桌
子，我的意识充满了模糊的颜色和反光，它勉强地把自己与被给予
它的东西区分开来，它透过自己的身体在还不是任何东西的场景
之场景中展开自身。突然，我凝视尚未在那里的桌子，我有距离地
注视着，然而还不存在深度，我的身体向着一个仍然虚拟的客体集
中，并且以让它成为现实的方式处置它的那些感性表面。我由此
可以把触碰我的某种东西放回到它在世界之中的位置，因为我能
够在退守将来的时候把世界对我的感官的最初冲击推回到直接的
过去中，并且使自己就像朝向一个临近的将来一样朝向确定的客
体。注视行为不可分割地既是前瞻的（因为客体处在我的凝视活
动的末端），又是回顾的（因为就像它自其开始的整个进程的“刺 277
激”、动机或第一原动力一样，它将显示为是先于自己的显现的）。
空间综合和客体综合是建立在时间的这种展开之上的。在每一凝
视活动中，我的身体都把一个现在、一个过去和一个将来连接在一
起，它分泌时间，或毋宁说它变成了这一自然场所，各种事件头一
次在那里不是在存在中一个推动另一个，而是围绕着现在投射出
过去和未来的双重视域，并且获得一种历史的定向。在这里当然
存在着祈求，却不存在关于一种永恒的原生自然的经验。我的身
体占有时间，它使一个过去和一个将来为一个现在而实存，它不是
一个事物，它产生时间而不是经受时间。但是，任何的凝视行为都
应该被更新，要不然它就会进入无意识。客体只是在我用双眼扫
视它时才会在我面前保持清晰，易逝性是目光的一种本质属性。

目光给予我们的对一个时间节段的把握和它所实现的综合本身就是时间现象，它们不断流逝，只有在一种本身也是时间性的新的行为中被重新抓住才能继续存在。每一知觉行为的客观性奢望都被下一个知觉活动恢复，依旧失败并再度被恢复。知觉意识的这种持久失败从其开端就是可预见的。我之所以只有把客体疏远到过去中才能看到它，是因为如同客体对我的各个感官的最初冲击一样，继之而来的知觉也占据并阻塞了我的意识，因为它也将轮到进入过去，因为知觉主体从来都不是一种绝对主体性，因为它注定要成为一个后来的**我**的客体。知觉始终处于“人们”的方式中。它不是我自己借以把一种新的意义赋予给自己的生命的一种个人行为。在感觉的探索中，那个把一个过去给予现在并且把它导向将来的，并不是作为自主主体的我，而是在我有一个身体且我能“看”范围内的我。与其说知觉是一部真正的历史，不如说它在我们这里证实并更新了一部“前历史”。这一点对时间来说仍然是本质性的。如果知觉——采用黑格尔的说法——不把一个过去保持在、浓缩在它现在的深度中，那就不可能有现在，亦即这个带着其厚度、其不可穷尽的丰富性的可感者。知觉并没有现实地对其客体进行综合，这不是因为它以经验主义的方式被动地接受客体，而是
278 因为客体的统一性是通过时间显现的，因为时间恰恰在被重新抓住时逃离了。由于时间，我确实把一些先前的经验嵌入后来的经验中了，并使之在那里获得恢复，但是，我没有在任何地方对自己有绝对的拥有，因为将来的空洞总是被一个新的现在填满。不存在没有联结活动和没有主体的被联结的客体，不存在没有统一活动的统一性；但是，任何综合都既被时间松解又被时间重建：在一

个唯一的活动中，时间既质疑又证实了综合，因为它产生了一个留住过去的新的现在。因此，顺生自然和原生自然之间的二者择一被转换成了被构造的时间和构造的时间之间的辩证法。如果我们应该解决我们对自己提出的问题（感受性问题，即有限主体性问题），那么就需要反思时间，需要证明时间怎么会只为了一种主体性而存在（因为没有主体性，在己的过去不再存在，在己的将来尚未存在，也就不可能存在着时间），与此同时，需要证明这种主体性怎么会是时间本身，我们怎么能够附和黑格尔说时间是精神的实存，或者附和胡塞尔谈论时间的一种自我构造。

就目前而言，前面那些描述和将要进行的各种描述将使我们熟悉一种新的反思类型，我们可以从中期待我们的各种问题的解决。对理智主义来说，进行反思就是疏远或客观化感觉，并且使面对感觉的一个空无的主体（它可以扫视这种多样性，而后者为了它而实存）呈现出来。理智主义在通过清空意识的任何不透明性来纯化之的范围内，把*质料*构成为一种真正的事物，而对各种具体内容的统握，即这一事物与精神的相遇就变得难以想象了。如果有人回答说，认识的质料是分析的一个结果，不应该被当作一种实在的元素，那么就应该承认，统觉的综合统一性相应地也是对经验的一种概念表述，它不应该获得原本的价值，总之，认识的理论有待于重新开始。就我们来说，我们承认认识的质料和形式是分析的结果。当我放弃知觉的原本信念，对它采取一种批判的态度时，当我问自己“我真正看到了什么”时，我就设定了一种认识的质料。一种彻底的反思，即一种想要理解自身的反思的任务，就在于以一种悖谬的方式重新找到未经反思的对世界的经验，以便把证实的  279

态度和反思的运作重新置入其中，以便使反思作为我的存在的诸种可能性之一呈现出来。那么，我们一开始拥有什么呢？不是一种给定的杂多连同贯穿地扫视和渗透它的一种综合的统觉，而是在世界背景上的某个知觉场。在这里没有任何东西被主题化。不管客体还是主体都没有被设定。我们在原本场域中拥有的不是诸性质的合成，而是依据整体的要求来分布各种功能值的一个整体构形，比如，正像我们已经看到的，阴影中的一张“白”纸在客观性质的意义上说并不是白的，但它具有白的价值。大家称为感觉的东西只不过是最简单的知觉，而作为实存的样式，它同任何知觉一样，不能脱离一个说到底就是世界的背景。相应地，每一个知觉行为看起来都是从一种对世界的全面黏附中被提取出来的。在这个系统的中心，存在着一种通过让我们注视场景的一个部分并且把整个知觉场都用之于它而悬置或至少限制生命交流的力量。我们已经看到，既不应该在最初的经验中实现将在批判的态度中获得的那些规定性，也不应该因此在杂多尚未瓦解之时谈论一种现实的综合。那么，应该抛弃关于综合的观念和关于认识的质料的观念吗？我们要说知觉揭示各种客体，就像一束光线在黑夜中照亮它们一样吗？应该为了我们而恢复这种实在论（马勒伯朗士说，它想象心灵通过眼睛走出去并造访世界中的客体）吗？这甚至没有让我们摆脱综合的观念，因为，比如说为了知觉一个表面，单单去造访它是不够的，必须保持巡视的各个环节，并且把表面的各个点一个一个地连接起来。但是，我们已经看到，原本知觉是一种非论题的、前客观的和前意识的经验。因此，让我们暂且说，存在着一种仅仅可能的认识的质料。一些空洞的和确定的意向以原初场域的每个点为起点；通过实现这些意向，分析将通达科学的客体、通达作为私人现象的感觉、并且通达设定这两者的纯粹主体。这三项都只不过是在原初体验的视域之中。正是在关于事物的经验中，论题思维的反思理想将被建立起来。因此，反思本身只有提及 280
它预设的未经反思的基础，才能抓住自己的充分的意义：它利用这一基础，而这一基础就像一个原本的过去，将为它构造一个从来都没有成为现在的过去。

281

第二章　空间

我们刚才认识到，分析没有理由把认识的质料设定为理想地可分的环节，而这一质料，在我们通过一种明确的反思活动认识到它时，已经与世界联系在一起了。反思并不在相反的方向上重走已经被构造走过的道路。从质料到世界的自然参照把我们引向一种新的意向性概念，因为把对世界的经验当作构造意识的纯粹行为的古典概念，[①]只是在如下这一确定范围之内——即它把意识界定为绝对的非存在，并相应地让各种内容后退到一个属于不透明存在的“质料层”中——才能成功地做到这一点。现在，我们应该通过考察某一知觉形式的对称概念，尤其是空间概念，来更直接地切近这种新的意向性。康德已经尝试在作为外部经验的形式的空间和在这一经验中被给予的那些东西之间划出一条严格的分界线。当然，这里涉及的不是一种从容器到内容的关系，因为这种关系只实存于各个客体之间，涉及的甚至也不是一种逻辑的包含关系，如同实存于个体和阶级之间的那种关系，因为空间是先于它的那些所谓部分的，它们始终是在它那里被切分出来的。空间不是

① 我们借此理解要么是拉歇兹-雷(《康德式的观念论》)这样一个康德主义者的意向性概念，要么是胡塞尔在其哲学的第二个时期(《观念》时期)的意向性概念。

各种事物得以在其中分布的（实在的或逻辑的）环境，而是这些事物的位置借以变得可能的方式。也就是说，我们不应该把它想象成所有事物都浸没于其中的一种天空，或抽象地把它构想为它们共有的一种特性，而应该认为它是它们的各种联系的普遍能力。因此，要么我不进行反思，我生活在各种事物当中，我模糊地有时认为它是这些事物的环境，有时认为它是它们的共同属性；要么我 282
进行反思，我在其起源处重新抓住空间，我现实地思考处在这个词下的各种关系，我于是发现它们只有通过一个描述它们和提供它们的主体才能存在，我从被空间化的空间过渡到空间化的空间。在第一种情形中，我的身体和各种事物依据上和下、右和左、近和远而形成的具体关系，可以向我呈现为一种不可还原的多样性；在第二种情形中，我发现一种描述空间的独一无二的、不可分割的能力。在第一种情形中，我与物理空间以及它的那些被有区别地定性的区域打交道；在第二种情形中，我与其各个维度可以被替代的几何空间打交道，我拥有均质的、各向同性的空间性，我至少能够想到一种不会改变运动物体的纯粹地点变化，并因此想到与处在其具体背景中的客体的**位置**有别的一种纯粹**位置**。在关于空间的各种现代概念中，我们知道这种区分是如何在科学知识本身的层次上变得模糊起来的。我们在这里想把该区分与我们的空间经验（根据康德本人的看法，它是所有涉及空间的认识的终审）进行比较，而不是与现代物理学已经给出的各种技术工具进行比较。难道我们真的面临着这种二者择一：要么知觉一些在空间里的事物，要么（如果我们进行反思，如果我们想要知道我们自己的那些经验意味着什么）认为空间是由一个构造的精神所实现的一些联结行

为的不可分割的系统？难道空间经验不能通过一种完全不同类型的综合来建立其统一性？

让我们在任何的概念规划之前考虑这一空间经验。比如我们关于“上”和“下”的经验。在生活的常规中，我们不可能抓住这一经验，因为它那时被掩藏在它的各种各样的获得中。我们应该求助于它在我们眼前自我瓦解和自我重组的例外情形，比如求助于视网膜形象并不颠倒的视觉例子。如果我们让一个被试戴上使视网膜形象变正的眼镜，那么，整个景致在他最初看来是不真实的、颠倒的；在实验的第二天，正常的知觉开始恢复，只是被试感到他
283 自己的身体是颠倒的。[①] 在持续八天的第二个系列的实验过程中，[②]客体一开始看起来是颠倒的，但不像第一次那么不真实。第二天，景致不再是颠倒的，但觉得身体处于不正常状态。从第三天到第七天，身体逐渐获得调整，并且最终看起来处于正常状态，尤其是在被试处于活动中时。当他一动不动地伸展在沙发上时，身体表现为还是处在旧的空间背景中，对于身体的那些不可见的部分来说，右和左一直到实验的最后都保持着旧的定向。外部客体越来越具有“实在”的样子。从第五天起，那些最初受到新视觉方式的欺骗、需要通过考虑视觉颠倒来加以纠正的姿势，毫无错误地达到了它们的目标。那些一开始根据从前的空间背景被隔离出来的新的视觉显象，先是（第三天）经过有意识的努力、随后（第七天）无需任何努力，就被像它们一样的定向视域环绕了。在第七天，如

① 斯特拉顿：《关于没有视网膜形象颠倒的视觉的一些初步实验》。

② 斯特拉顿：《没有视网膜形象颠倒的视觉》。

果一个有声的客体在被听到的同时也被看到了，那么对声音的定位就是正确的了。但是，如果有声的客体不能出现在视觉场中，那么这一定位就以其双重表象仍然是不确定的，甚至是不正确的。在实验的最后，当被试取下眼镜时，客体看起来或许不是颠倒的，但却是“古怪的”，而且那些运动反应都是颠倒的：当被试应该伸出左手时，却伸出了右手。心理学家最初倾向于说，[①]在戴上眼镜后，视觉世界刚好像是已经旋转了180度后被呈现给被试的，并因此对他来说是颠倒的。我在看别处时，如果有人和我开玩笑，把一本书“头朝下”放，它的那些插图在我们看起来就是颠倒的；同样，构成全景的一组感觉已经被翻转了，也是被“头朝下”地放置的。但是，在这段时间里，作为触觉世界的另一组感觉仍然为“正的”；它不再能够与视觉世界相一致，尤其是被试通过他的身体得到了两个难以协调的表象，一个表象是通过他的各种触感觉和通过他
在实验之前能够保存下来的那些“视觉形象”提供给他的，而另一 284
个表象，当前的视觉表象，却向他呈现出他的“双脚朝天”的身体。只有当两个相互对抗的表象中的一个消失时，形象之间的这种冲突才可能结束。知道一个正常的处境如何被恢复，也就等于知道关于世界和本己身体的新形象如何能够让另一个形象“弱化”[②]或“移位”。[③] 有人注意到，被试越是积极，比如才两天就洗手，恢复越是能够获得成功。[④] 因此，正是受视觉控制的活动之经验教会

① 这至少是斯特拉顿没有言明的解释。

② 斯特拉顿：《没有颠倒的视觉》，第350页。

③ 斯特拉顿：《一些初步实验》，第617页。

④ 斯特拉顿：《没有颠倒的视觉》，第346页。

被试去协调各种视觉所予和触觉所予：比如，他注意到，要碰到他的腿所必需的动作，那种直到那时是一种“向下”的动作，在新的视觉场景中被形象地表现为一种以前是“向上”的动作。通过把那些视觉所予看作是一些有待释读的单纯符号，并且把它们转译成旧的空间的语言，这种类型的一些观察首先使我们能够纠正各种不合适的姿势。一旦成为“习惯的”，[①]它们就在旧的方向和新的方向之间产生出一些为了后者而最终消除前者的稳定的“联想”，[②]后者是主导性的，因为它们是由视觉提供的。由于腿一开始就在其中出现的视觉场的“上”经常被视为与对于触觉而言的“下”是相同的，所以被试从一个系统过渡到另一个系统，很快就不再需要一种受控制的动作的中介，他的腿处在他称之为视觉场的“上”的地方，他不仅在那里“看到”它们，而且他还在那里“感觉到”它们，[③]最后，“从前是视觉场的‘上’的东西开始产生一种非常类似于隶属视觉场的‘下’的印象，反之亦然”。[④] 在触觉身体与视觉身体相遇

285 的时刻，被试的脚出现于其中的视觉场区域不再被界定为“上”。这一指定重新回到了头部在那里出现的区域，而脚的区域重新变成为“下”。

但是，这种解释是难以理喻的。人们通过假定上和下相互混淆并且随着*在形象中被给出*的头和脚的表面方向而变化，通过假定它们可以说在感觉场中是通过各种感觉的实际分布而被标示出

① 斯特拉顿：《触觉和视觉的空间协调》，第 492 - 505 页。

② 同上。

③ 斯特拉顿：《一些初步实验》，第 614 页。

④ 斯特拉顿：《没有颠倒的视觉》，第 350 页。

来的，来说明景致的颠倒及随后的正常视觉的恢复。但是，在每一种情形中——不管在实验开始当世界被“颠倒”时，还是在实验结束当世界开始被“扶正”时——，场域的方向都不可能是由出现在场域中的内容，即头和脚给予的。因为要能够给场域以方向，这些内容本身应该有一个方向。在己的“颠倒”、在己的“正”显然不意味任何东西。人们将回答说，戴上眼镜后，视觉场相对于触觉身体场，或相对于日常的视觉场——我们根据正常的界定认为它们是“正的”——显得是颠倒的。但是，也可以就这些场域-方位标提出同样的问题：它们的单纯在场不足以给出无论什么样的一个方向。在各个事物中，只需要两个点就能确定一个方向。只是我们并不处在那些事物之中，我们还只有一些感觉场，这些感觉场不是被摆在我们面前的有时“头朝上”、有时“头朝下”的一些感觉集合体，而是一些其定向在实验过程中产生变化（哪怕在一组**刺激**中没有任何改变）的显象系统；问题正好在于知道当这些游移不定的显象突然被固定下来，并被定位在“上”和“下”的关系中时（要么在实验的开始当触觉身体场显得是“正的”，而视觉场是“颠倒的”时，要么在随后当前者被颠倒，而后者却被扶正时，要么最后在实验结束当两者都差不多是“正的”时），发生了什么。我们不能把世界和有向空间视为随同感性经验的内容或随同在己的身体一道被给予的，因为实验正好表明同样的内容可以轮流被定向在这个方向上或那个方向上，由物理形象的位置记载在视网膜上的各种客观关系并不规定我们的“上”和“下”的经验；问题恰恰在于知道为什么一个客体在我们看来是“正的”或“颠倒的”，以及这些词想表达的是什么。286
问题不仅向经验主义心理学（它把空间知觉当作是我们对一个实

在空间的接受，把客体的现象性定向看作是它们在世界之中的定向的一种反映)，而且也向理智主义心理学(对于它来说，“正的”和“颠倒的”是一些关系，取决于我们所求助的一些方位标)提出来了。因为选定的不管什么样的坐标轴，它都只是通过与另一个方位标的各种关系才仍然被定位在空间中，并依次类推，所以对世界的整理是不定地推延的，“上”和“下”丧失了任何可确定的意义，除非通过一种不可能的矛盾，我们承认某些内容本身就有在空间中安置自身的能力，这就又回到了经验主义及其面临的各种困难。证明一个方向只能为描述它的主体而存在是十分容易的，而一个构造的精神完全有能力勾画出空间中的所有方向；但是，由于没有一个实际的出发点、一个能够逐渐给予全部空间规定性以方向的绝对的这里，这一精神并不现实地有任何方向，因此也没有任何空间。完全就像经验主义，理智主义仍然没有触及有向空间的问题，因为它甚至不能提出这个问题：和经验主义一样，问题就在于知道在己地被颠倒的世界形象对我来说怎么变正。理智主义甚至不会承认戴上眼镜后的世界形象是颠倒的。因为对于一个构造的精神来说，不存在任何能够区别戴上眼镜前后这两种经验的东西，或者说，不存在任何能够使“颠倒的”身体的视觉经验和“正的”身体的触觉经验不相容的东西，因为它不是从任何位置出发去考虑景致的，因为身体和周围环境的所有客观关系都被保留在新的场景中了。因此，我们看出了问题：经验主义乐意借助我的身体经验的实际定向给出我们所需要的这一固定点(如果我们想弄明白对我们来说存在着一些方向的话)，——但是，经验和反思同时表明，任何内容都不是自己在己地定向的。理智主义从上和下的这种相对性出发，但却不能走出它，以便说明一种实际的空间知觉。因此，我们既不能通过考虑内容，也不能通过考虑纯粹的联结活动来理解 287
空间经验；我们面对着我们刚才所预示的这种第三空间性，它既不是在空间中的事物的空间性，也不是空间化的空间的空间性，因此，它避开了康德主义的分析，并且被其预设为前提。我们需要一种相对中的绝对，需要这样一种空间：它并不滑行在显象之上，而是锚定在它们之中并与它们形成相互关联，但它同时不是以实在论的方式随同它们一道被给予的，它就像斯特拉顿的实验所证明的，能够在它们的混乱中继续存在。我们应该探究这种先于形式和内容之区分的原本的空间经验。

如果我们这样来安排，使被试只能借助一面镜子看到他所在的那个房间（镜子以与垂直线倾斜四十五度的方式映照它），那么被试首先看到房间是“倾斜的”。一个在房间里动来动去的人似乎是侧身走路的。沿着门框掉下的一块纸板似乎是朝着倾斜方向坠落的。整体都是“奇特的”。几分钟后，一种突然的变化出现了：四面墙壁、在房间里走来走去的人、纸板坠落的方向都变成垂直的了。[1] 这个与斯特拉顿实验相类似的实验，有利于阐明上和下的一种无需任何运动探索的即时调整。我们已经知道，说倾斜的（或颠倒的）形象带来了我们通过对新场景的运动探索认识到的上和下的重新定位，是没有任何意义的。但是，我们现在看到，这种运动探索同样不是必要的，因此定向是通过知觉主体的整体行为构成的。我们要说，知觉在实验之前就已接受了某个**空间水平面**，实

① 韦特海默：《运动视觉的实验研究》，第 258 页。

验的场景相对于它来说一开始显得是倾斜的，而在实验过程中，这个场景引进了另一个水平面，整个视觉场相对于这个水平面能够重新显得是正的。一切的发生仿佛是，相对于一个给定的水平面被确定为倾斜的某些客体（房间里的那些墙壁、那些门和人的身体）趋向于由自己提供一些占优势的方向，把垂直线引向它们自
288 己，扮演“一些锚定点”①的角色，并使先前确定的水平面失去平衡。在这里，我们没有陷入认为空间中的各个方向随着视觉场景而被给予的实在论错误，因为实验场景对我们来说只是相对于某个水平面才是有向的（倾斜的），因为它并不从自己那里给予我们上和下的新方向。仍有待于知道的是：这个总是先于自身的水平面究竟是什么（既然一个水平面的构成预设了另一个预先建立的水平面）；那些“锚定点”如何从它们的稳定性由之受益的某个空间的环境要求我们为它形成另一个空间；最后，“上”和“下”如果不是用来指称那些感觉内容的在己的定向的一些单纯名称，那它们是什么。我们坚持认为，“空间水平面”不能与本己身体的定向相混淆。如果本己身体意识毫无疑问地有助于水平面的构成（一个歪着头的被试把一根我们要求他垂直放置的可移动的绳子放到了偏斜的位置上），②那么它在这一功能中将同经验的其他部门竞争，并且只有当视觉场为空的时候、只有当那些“锚定点”缺失（如我们在黑暗中活动）时，垂直线才会倾向于跟随头的方向。作为一团触觉的、迷路的、运动觉的所予，身体不比其他内容有更确定的定向，

---

① 韦特海默：《运动视觉的实验研究》，第 253 页。

② 内格尔，转引自韦特海默，同上书，第 257 页。

它自己也接受经验的这种一般水平面的定向。韦特海默的观察正好证明了视觉场如何能够规定一种并不属于身体定向的定向。但是，如果作为给定的感觉之合成的身体不规定任何方向，那么相反地，作为施动者的身体在一个水平面的确立中就会扮演最重要的角色。即使伴有一个充实的视觉场，肌肉紧张度的各种变化也会改变视垂直线，以致被试歪着头以便使之与这个偏斜的垂直线保持平行。[①] 有人也许想说，垂直线是由作为协同作用系统的我们的身体的对称轴所规定的方向。但是，我的身体不需要带有上和下也能移动，例如当我躺在地上的时候，而且韦特海默的实验证明，我的身体的客观方向能够与场景的视垂直线形成一个可感觉 289
到的角度。对于场景的定向来说，重要的不是我的如其实际存在那样（就像在客观空间里的事物那样）的身体，而是作为各种可能活动系统的我的身体，即一个其现象“场所”是由其任务和其处境来确定的虚拟身体。我的身体处在有某事要做的地方。当韦特海默的被试在为他准备的装置中就位时，他的各种可能活动——如走动、打开衣橱、使用桌子、坐下——的区域会在他面前形成一种可能的居住条件，即使他闭上了双眼。开始时，镜子中的形象呈现给他一个有不同定向的房间，也就是说，被试没有与该房间含有的那些用具接触，他不寓居其中，他没有与他看见的那个走来走去的人合住一起。几分钟之后，只要他不强化他最初的锚定，把双眼投向镜子之外，如下这一奇迹就发生了：被映照的房间召唤一个能在那里生活的被试。这个虚拟的身体移动实在的身体，以致被试不

① 《行为的结构》，第 199 页。

再感觉到他在他实际所在的世界中，他不是感觉到他的真实的腿和胳膊，而是感觉到为了在被映照的房间里行走和行动所必须有的腿和胳膊，他寓居在场景中了。正是在那时，空间水平面切换了，并在其新的位置上建立起来了。因此，它是我的身体对世界的某种拥有，是我的身体在世界上的某个**把手**。在缺少锚定点时，被我的身体的单一姿态所投射（就像在内格尔的实验中那样），在身体昏昏沉沉时，由场景的各种单独的要求所决定（就像在韦特海默的实验中那样），这个空间水平面通常在我的实际身体碰巧与被场景要求的虚拟身体相一致时、在实际场景碰巧与我的身体围绕它而投射的环境相一致时，出现在我的运动意向与我的知觉场的连接处。当我的身体（它是某些姿势的能力和某些优势平面的要求）和被知觉的场景（它是对那些相同的动作的邀请、是那些相同的行动的舞台）之间确立起一个条约（它给予我以空间享用，就像给予各种事物以直接作用于我的身体的能力）时，它就被安置了。一个空间水平面的构造只不过是一个充实世界的构造的手段之一：当我的知觉尽可能地向我提供一个既变化多样又清晰连贯的场景
290 时、当我的各种运动意向通过自身展开而从世界那里接收到它们所期待的那些反应时，我的身体就与世界相联系了。知觉和行动中的这种最大程度的清晰界定了知觉的**土壤**、我的生活的一个背景、我的身体与世界共存的一个一般环境。借助空间水平面、借助作为空间主体的身体概念，我们明白了斯特拉顿已经描述过却没有加以说明的现象。如果场域的“变正”来自于新位置和老位置之间一系列联想的结果，那么这种运作怎么会有一种系统的特征呢？知觉视域的一些完整区域如何会一下子把自己添加给已经“变正”

的客体呢？相反，如果新的定向是思维的运作的结果、是由坐标的某种改变组成的，那么听觉场或触觉场如何能够抵御变换呢？构造的主体一定是由于奇迹才与它自身相分离，并且能够在此处忽视他在彼处所做的事情。[①] 变换之所以是系统性的，并且同时是局部的和渐进的，是因为我从一个位置系统通向另一个位置系统却没有掌握两个中任何一个的钥匙，就像一个人用另一种调子唱他听到的歌曲却没有任何音乐知识一样。拥有一个身体带来的是拥有改变水平面和“理解”空间的能力，就像拥有声音带来的是拥有变化调子的能力一样。知觉场自动变正，在实验结束时，我不需要概念就能辨认出它，因为我生活在其中，因为我整个地走向新的场景，我可以说把自己的重心放置在其中了。[②] 在实验开始时，视觉场看起来既是颠倒的又是**非实在**的，因为被试不是生活在其中、 291
没有与它发生关系。在实验过程中，我们观察到触觉身体看起来是颠倒的、而景致是正的这样一个中间阶段，因为我由于已经生活在景致中而把它知觉为正的，因为实验的干扰被归因于本己身体（它由此不是一团实际的感觉，而是为了知觉一个给定的场景所必需的身体）。这一切都把我们带回到主体和空间的各种有机的关系，带回到主体对作为空间之起源的他的世界的这种把握。

① 有声现象中的水平面改变是很难取得的。如果一个人借助一个假声器设法让来自左边的那些声音在到达左耳之前先到达右耳，那么他就能够达到与斯特拉顿实验中视觉场颠倒相似的听觉场颠倒。然而，即使经过了一段漫长的适应，他仍然没有“变正”听觉场。一直到实验结束，单靠听觉来定位声音仍然是不准确的。只有当客体在被听到的同时被看到，声音的定位才是准确的、声音听起来才是来自位于定位在左边的客体。扬:《双耳听觉变换的听觉定位》。

② 在关于听觉倒置的实验中，当被试看到有声客体时，会产生准确定位的错觉，因为他抑制了他的那些声音现象并“生活”在视觉现象中。扬，同上书。

然而，我们想把分析推进得更远。我们要问，为什么清晰的知觉和可靠的行动只有在一个定向的现象空间中才是可能的呢？只有当我们假定知觉和行动的主体面对一个已经有一些绝对方向的世界，以致他必须调整自己的行为的诸维度以适合于世界的各个维度时，这一点才是明证的。但是，我们自己处在知觉的内部，我们恰恰要问知觉怎么能够通达一些绝对的方向，因此，我们不能假定它们是在我们的空间经验的发生中被给予的。——这种反对意见等于在说我们一开始就说过的话：一个水平面的构成总是假定了另一个已经给定的水平面，空间总是先于它自身。但是，这一看法并不是对一种失败的简单确认。它把空间的本质和使我们能够理解它的唯一方法告诉了我们。总是“已经被构成了”对于空间是本质性的，我们永远不可能通过退回到一种无世界的知觉中来理解它。不应该问为什么存在是有向的，为什么实存是空间性的，为什么我们的身体用我们刚才的话来说没有在所有的位置上都与世界相联系，为什么它与世界的共存会极化经验并使一个方向涌现。只有当这些事实是突然发生在与空间无关的一个主体和一个客体那里的一些偶然事件时，问题才会被提出来。知觉经验相反地向我们表明，这些事实在我们与存在的原初相遇中就被预设了，存在与被定位是同义的。对思维主体来说，一张被“正”看的脸和同一
292 张被“倒”看的脸是难以区分的。对知觉主体来说，被“倒”看的脸是难以辨认的。如果某人躺在一张床上，而我立在床头注视他，这张脸暂时是正常的。那些面部轮廓确实有某种杂乱，而且我难以把微笑理解为微笑，但是我感觉到，我可以绕床转一圈，我将用一个站在床尾的旁观者的眼睛来看它。如果这一场景持续下去，脸

就会突然改变外观：脸变得非常可怕，表情变得很吓人，睫毛和眉毛呈现为一种我从未发现过的物质性的样子。我第一次真正地看到这张倒脸，仿佛这是它的“自然”姿态：我在自己面前看到的是一个光秃的尖头，前额有一个血红的、布满牙齿的洞孔，在嘴巴所在的地方则是被发亮的长毛包围并被浓密粗毛突出的两颗转动的眼球。我们可能会说，在一张脸的所有可能的外观中，“正”脸是最经常地呈现给我的，倒脸之所以使我感到惊讶，是因为我很少看到它。但是，脸通常不会在完全垂直的位置上呈现出来，“正脸”没有任何统计上的优势，问题恰恰在于知道，在这些情况下为什么正脸通常比倒脸更多地呈现给我。如果我们承认我的知觉给予它一种优先地位，并出于对称的原因把它作为标准来参照，那么，我们会问，为什么超出一定的倾斜度，“变正”就不起作用了。我的目光——它扫视这张脸，它有自己偏爱的行进方向——只有在某种不可逆的次序中看到这张脸的各种细节时，才会认出这张脸来；客体（在这里是脸及其表情）的意义本身应该与其定向联系在一起，正如“sens”一词的双重含义所表明的。颠倒一个客体就是剥夺它的含义。因此，它的客体存在不是一种为思维主体的存在，而是一种为目光的存在：目光从侧面遭遇它，不能以其他方式认出它。这就是为什么每一客体都有“它的”上和“它的”下来为一个给定的水平面指出其“自然的”位置，其“应该”占据的位置。看一张脸，不是去形成客体在其所有可能的定向中都要不变地遵循的某种构造法则的观念，而是对它有某种把握，能够在它的表面依照它的那些起
伏来追随某种特定的知觉路线，而如果我从相反的方向去看它，它 293
就如同我刚刚费劲爬上的山，在我大步下山时就变得难以辨认了。

一般说来，如果知觉主体不是只在事物的某种方向上把握事物的一种目光，那么我们的知觉就不会拥有各种轮廓、各种图形、各种背景和各种客体，由此它不会是对任何东西的知觉，而且最终它不会是知觉。空间中的定向不是客体的一种偶然特征，它是我借以认出它、我借以意识到它是一个客体的手段。我或许能够在一些不同的定向中意识到同一个客体，而且正如我们刚才所说的，我甚至能够认出一张倒脸。但是，这始终以面对它在思想上采取了一种确定的态度为条件，有时，我们甚至实际地采取了这种态度，比如，当我们低下头去看旁边的人拿在他面前的一张照片的时候。因此，既然任何可构想的存在都直接或间接地与被知觉世界相联系，既然被知觉世界只有通过定向才能被抓住，我们就不能把存在与有向存在分开，没有必要去为空间"奠基"，或者去问哪一个是所有水平面的水平面。原初水平面处在我们的所有知觉的视域内，但这是一个原则上不可能在一种明确的知觉中被通达、被主题化的视域。当我们锚定在呈现给我们的某个"环境"中时，我们生活在其中的水平面的每一个就会依次呈现。这一环境本身只是对于一个事先给定的水平面而言才能在空间上被界定。因此，我们的一系列经验，直至最初的经验，都传递着一种已经获得的空间性。我们的最初知觉也只有通过参照在它之前的一个定向才可能是空间的。因此，它应该发现我们已经在一个世界中劳作。不过，这不可能是一个确定的世界，一个确定的场景，因为我们让自己处在一切的起源处。最初的空间水平面不可能在任何地方找到它的那些锚定点，因为它们也需要一个在最初水平面之前的水平面，以便能够在空间中被确定。然而，由于水平面不会是"在己地"有向的，所以我的最初知觉和我对世界的最初把握在我看来应该是对 X 与一般世界之间缔结的一个早先约定的执行，我的历史应该是一部史前史(我的历史利用了其既有成果)的续篇，我的个人实存应该是一种前个人的传统的重新开始。因此，存在着在自我之下的另 294 一个主体，一个世界在我存在于其中之前为它实存着，而且它在那里标出了我的位置。这个被囚禁的或自然的精神是我的身体，不是作为我的各种个人选择之工具并且凝视着这个或那个世界的暂时的身体，而是把任何特殊的凝视都覆盖在一个一般筹划中的一些匿名"功能"的系统。这种对世界的盲目黏附，这种为了存在而采取的立场并不只是在我的生命之初起作用。正是它把自己的意义给了后来的一切空间知觉，它在每时每刻都重新开始。空间，一般而言知觉，在主体的心中标记了其出生的事实、其身体性的持久贡献、比思想更古老的与世界的交流。这就是为什么它们阻塞意识并且对反思来说是不透明的。水平面的不稳定性不仅仅产生了对于紊乱的理智经验，也产生了对于眩晕和恶心的生命经验，[①]即对我们的偶然性的意识和恐惧。对一个水平面的设定是对这种偶然性的遗忘，而空间建立在我们的人为性之上。空间既不是一个客体，也不是主体的一种联结行为；我们既不能观察它，因为它已经在一切观察中被假定了，我们也不能把它看作出自于一种构造活动，因为已经被构成对它来说是本质性的；正是如此，它能神奇

① 斯特拉顿：《没有颠倒的视觉》，实验第一天。韦特海默谈到一种"视觉眩晕"(《实验研究》，第 257－259 页)。我们不是通过骨骼的机械装置，甚至不是通过肌肉紧张的神经调节来保持直立的，而是因为我们介入到了一个世界之中。如果这一介入瓦解了，身体就会崩溃，重新成为客体。

地把它的各种空间规定性给予景致，自己却从来不显现。

*　*　*

关于知觉的各种古典概念一致否定深度是可见的。贝克莱指出，它由于不能够被记录而不会被提供给视觉，因为我们的视网膜只能从场景中接受一种明显的平面投影。如果我们反驳他说，在批判了“恒常性假设”之后，我们不能再拿显露在我们的视网膜上的东西来判断我们看到的东西，贝克莱或许会回应说，不管深度的视网膜形象是什么，它都不可能被看到，因为它并不是展现在我们
295 的目光面前，而是只能大概地向之显现。在反思的分析中，深度则由于一个原则上的原因而是不可见的：即使它能被记录在我们的眼睛里，感觉印象也只不过提供了一种有待去扫视的在己的多样性，这样一来，同所有其他空间关系一样，距离只为一个对它进行综合、对它加以思考的主体而存在。这两种学说尽管是彼此对立的，但都暗中同样压制我们的实际经验。在两者那里，深度都心照不宣地被等同为**从侧面看的宽度**，而正是这一点使它成为不可见的。贝克莱的论证——如果我们把它完全弄清楚了的话——差不多就是这个论证。我称之为深度的东西实际上是一些可以与宽度相比的点的并置。只是由于我所处的位置不对，不能看到它罢了。如果我处在一个侧面旁观者的位置，那么我就能看到它：他能一览无遗地看到排列在我面前的一系列客体，而这些客体对我来说则是互相遮掩的；或者他能看到从我的身体到第一个客体的距离，而这个距离在我看来聚集成了一个点。使深度对我而言不可见的东西，恰恰是使它能以宽度的面目为旁观者所见的东西：一些同时的点并置在一个就是我的目光的方向的唯一方向上。因此，大家声

称的不可见的深度是一种已经被等同于宽度的深度，如果没有这一条件，论证甚至没有勉强的可靠性。同样，理智主义只是因为反思一种已经实现的深度、反思那些同时点的并置（这一并置不是如其呈现给我那样的深度，而是对于一个侧立的旁观者而言的深度，说到底就是宽度），[①]它才能使一个对深度进行综合的思维主体呈现在深度的经验之中。由于一开始就把深度和宽度等同起来，这两种哲学都把一种我们必须描述其各个阶段的构造工作的结果看作是不言而喻的。为了把深度视为一种从侧面看的宽度，为了达到一个各向同性的空间，主体应该离开他的位置、他在世界上的视点，并且想象自己无所不在。对无所不在的神来说，宽度直接等同于深度。理智主义和经验主义没有为我们提供关于世界的人类经 296
验的说明；它们就世界所谈论的东西是神可能就世界思考过的东西。无疑是世界本身要求我们替换掉那些维度、要求我们没有视点地思考它。所有人都不假任何思索地承认深度和宽度的等同；这一等同是一个主体间世界的明证性的一部分，而就是这一点使哲学家像其他人那样会忽视深度的原本性。然而，我们对于客观世界和客观空间仍然一无所知，我们寻求描述世界的现象，亦即它在这一场域中（每一知觉都把我们重新放回这里，而且我们独自在这里，那些他者只在后来才出现在这里，知识，尤其是科学在这里还没有消除和拉平个体的视角）对于我们而言的诞生。正是透过、正是经由这一个体视角，我们才得以进入一个世界。因此，首先应

① 各种事物相对于我的深度和两个客体之间的距离的区分是由帕利亚尔（《塞因德顿错觉与知觉蕴含问题》，第 400 页）和斯特劳斯（《论感官的感觉》，第 267－269 页）做出的。

该描述它。深度比其他空间维度更直接地要求我们拒绝关于世界的成见，要求我们重新发现世界在其中显现的原初经验；它在所有维度中可以说是最“实存的”，因为——这是贝克莱的论证中正确的地方——它并没有被标记在客体本身上面，它显然属于视角而不属于事物；因此，它既不可能由意识从它们那里抽取出来，也不可能由意识放置到它们那里；它显示的是事物与我之间的我借以处在它们面前的某种无法解除的关系，而宽度乍看起来可以被看作是在事物自身之间的、知觉主体并不被包含在其中的一种关系。通过重新发现关于深度——即一种尚未被一些相互外在的点客观化和构成的深度——的视觉，我们将再一次超越古典的二者择一，而且我们将明确说明主体与客体的关系。

这里是我的桌子，**稍远处**是钢琴或墙壁，或者还有，一辆停在我面前的汽车已经发动，并且**离去了**。这些词想要表示什么？为了唤起知觉经验，让我们从迷恋于世界和客体的思想给予我们的关于它们的肤浅阐述着手。它说，这些词意指在桌子和我之间有一个间距，在汽车和我之间有一段正在扩大的间距（我不能从我所在的地方看到它，但它通过客体的表观大小显示给我）。正是桌子、钢琴和墙壁的与其实际大小相比较的表观大小安排了它们在
297 空间中的位置。当汽车慢慢地出现在地平线上并且丧失其大小时，为了说明这种显象，我依照我从飞机高度上观察时知觉到的宽度（它说到底构成了关于深度的整个意义）来建构这一位移。但是，我还有其他的距离标记。随着客体的临近，我凝视它的双眼进一步辐合。距离是其底边以及底边的两个角被呈现给了我的一个

三角形的高，[①]而当我说我看远处时，我想说的是三角形的高是由它和这些给定的大小的关系决定的。依照那些古典的看法，深度经验就在于通过把某些给定的事实——双眼的辐合、形象的表观大小——放回到能够说明它们的那些客观关系的背景中来解读它们。但是，如果说我能够从表观大小回溯到它的含义，这是以知道存在着由一些不会扭曲的客体构成的一个世界、知道我的身体像一面镜子那样面对着这个世界、知道在身体屏幕上形成的形象就像镜子中的形象一样严格地与分开身体和客体的间距成正比为条件的。如果说我能够把辐合理解为距离的一种迹象，这是以我把自己的目光表象为盲人的两根手杖为条件的——客体越是趋近，它们越是彼此靠拢；[②]换言之，以把我的双眼、我的身体和外物放在同一个客观空间中为条件的。因此，那些根据假设本应该把我们引向空间经验的“符号”，除非已经被纳入到空间中而且空间是已知的，才能意指空间。因为知觉是世界的入门，因为正如有人深刻地指出的那样，“在它之前不存在任何属于精神的东西”，[③]所以我们不能把尚未在它那个层次上形成的客观关系置于它之中。这就是为什么笛卡尔主义者们会谈论一种“自然几何学”。表观大小与辐合的含义，即距离，还不能够被展示出来并且被主题化。表观大小和辐合本身不能够被当作各种客观关系的一个系统中的因素 298
被给出。在柏拉图主义的意义上，“自然几何学”或“自然判断”是被用来形象地表现一个含义在一些符号中的包含或“蕴含”的神

① 马勒伯朗士：《真理的探求》，第一卷，第九章。

② 同上。

③ 帕利亚尔：《塞因德顿错觉与知觉蕴含问题》，第 383 页。

话：这些符号还没有被设定和思考，含义尤其没有；而这就是我们通过重新回到知觉经验应该理解的东西。不应该像科学知识所认识的那样，而应该像我们从内部抓住的那样去描述表观大小和辐合。完形心理学[1]已经指出，它们在知觉本身中并没有被明确地认识到——当我远距离地知觉时，我没有明确地意识到我的双眼的辐合或表观大小，它们并不作为被知觉的事实处在我面前；但是，正如立体镜和透视错觉充分表明的那样，它们在距离知觉中起作用。心理学家从中得出结论说：它们不是符号，而是深度的一些条件或原因。我们发现，当视网膜形象的某种大小或辐合的某种程度客观地在身体中表现出来时，深度构造就出现了；这是一个与物理学定律相类似的定律；只记录它就行了，不需要别的什么。但是，心理学家在这里是在逃避自己的任务：当他承认表观大小和辐合不是作为一些客观事实被呈现在知觉本身中时，他向我们提醒的是先于客观世界的关于各种现象的纯粹描述，他使我们隐约地看到了在整个几何学之外被亲历的深度。只是在这个时候，他才中止描述以便重新回到世界之中，并且从客观事实的链条中引出深度构造。我们能够因此限定描述吗？而且，一旦承认现象秩序是一种原本的秩序，我们能够把现象深度的生产归于经验只记载其结果的大脑炼金术吗？只能是两种情形之一：我们要么附和行为主义，拒绝给予经验一词以任何意义，并且尝试着把知觉建构为科学世界的一个产物，要么我们承认经验也能够为我们提供存在
299 的通道，这样我们就不能把它看作是存在的副产品。经验要么什

① 考夫卡：《空间知觉的某些问题》；纪尧姆：《论心理学》，第九章。

么都不是，要么就应该是全部。让我们尝试着想象一下一种由脑生理学展示的深度构造会是什么。就给定的一种表观大小和一种辐合而言，在大脑的某个地方出现了一种与深度构造对应的功能结构。然而，这无论如何只不过是一种给定的深度，一种实际的深度，仍然有待于意识到它。经验到一种结构，这不是被动地把它接受为在己的：这是亲历它，恢复它，承担它，重新发现它的内在意义。因此，一种经验永远不能像与它的原因联系在一起那样与某些实际条件联系在一起；[①]而如果说距离意识是由于这样的辐合值、这样的视网膜形象大小而产生的，那么它之所以取决于这些因素，只是因为它们出现在它那里。既然我们对它们没有任何明确的经验，就应该得出结论说：我们对它们有一种非论题的经验。辐合和表观大小既不是深度的符号，也不是深度的原因：它们被呈现在深度经验中，就像动机——甚至在它还没有被联系起来并且被单独设定的时候——被呈现在决定中一样。我们如何理解一个"动机"？当我们说比如旅行是有动机的时，我们想说的是什么呢？我们对此的理解是，它在某些给定的事实中有其起源，不是因为这些事实独自有产生它的物理力量，而是就它们提供了进行它的一些理由而言的。动机是只有通过其意义才起作用的一个先例，甚至应该补充说，正是决定确认这一共同意义是有价值的，并给予它以力量和实效。动机和决定是一个处境的两个元素：前者是作为事实的处境，后者是被承担的处境。因此，一场丧事促成了我的旅

① 换言之，一种意识行为不可能有原因。但是，我们宁可不引入完形心理学可能会反对、而我们也并非毫无保留地接受的意识概念，我们坚持用"经验"这一无可置疑的概念。

行，*因为*这是要么为了安慰一个悲痛的家庭、要么为了向死者“告别”而需要我到场的一种处境；通过决定进行这次旅行，我使酝酿中的这个动机生效了，我接受了这一处境。因此，推动者与被推动
300 者的关系是相互的。这确实是实存于辐合或表观大小的经验与深度的经验之间的关系。它们并不是作为“原因”使深度构造奇迹般地显现出来了，但是，只要它们已经把它包含在它们的意义中，只要它们两者都是某种有距离地注视的方式，它们就沉默地促成了它。我们已经看到，双眼辐合不是深度的原因，它本身预设了一个朝着远处客体的定向。现在，我们要着重强调表观大小的概念。如果我们长时间地注视将在其后面留下一个连续形象的一个被照亮的客体，如果我们随后凝视被放在不同距离的一些屏幕，那么后像依据随着屏幕趋远而相应变大的一种表观直径而投射到它们上面。[①] 长期以来，我们用大量间隔物的存在——它们使距离更容易被感觉到，并因此加大了表观直径——来说明地平线上的月亮特别大这一现象。这意味着“表观大小”现象和距离现象是场域的整体构造中的两个环节，意味着前者与后者既不处于符号与含义的关系中、也不处于原因与结果的关系中，就像推动者和被推动者那样，它们通过它们的意义进行沟通。被亲历的表观大小并不是一种自身不可见的深度的符号或标记，它不外是表达我们的深度视觉的一种方式。完形理论刚好有助于表明一个正远离的客体的表观大小并不像视网膜形象那样变化，一张绕着其直径之一旋转的圆盘的表观形状也不像我们期待的那样依据几何透视而变化。

① 凯尔西：《幻觉研究》，第二卷《临床》，第154页及以下。

对我的知觉来说，正在远离的客体的变小、正在趋近的客体的变大分别慢于物理形象在我的视网膜上的变小和变大。这就是为什么在电影中向我们开来的火车要比在现实中向我们开来的火车变得更大。这就是为什么在我们看来显得很高的山峰在照片上却变得毫不起眼。最终说来，这就是像塞尚和其他画家通过表现其内部 301
保持可见的一个剖面汤盘所表明的那样，为什么相对我们的脸被斜放的圆盘不受几何透视的影响。我们已经有理由说，如果透视变形是明确地呈现给我们的，那我们就没有必要学习透视法了。但是，按完形理论的表达：斜放的盘子的变形似乎是正面看到的盘子形状与几何透视之间的一种折中，正在远离的客体的表观大小似乎是其可触距离范围内的表观大小和由几何透视指定给它的微小得多的表观大小之间的一种折中。按照人们的说法，形状或大小的恒常性似乎是一种实在的恒常性，除了客体在视网膜上的物理形象之外，似乎还存在着同一客体的“心理形象”（它在前者变化时能够相对保持不变）。实际上，这个烟灰缸的“心理形象”比起同一客体在我的视网膜上的物理形象来说，既不更大也不更小：因为不存在我们能够把它当作一个事物来与物理形象对比的心理形象：物理形象相对于它有一个确定的大小，并且构成为我和事物之间的屏幕。我的知觉不是指向一种意识内容：它指向烟灰缸本身。被知觉的烟灰缸的表观大小不是一个可测量的大小。当有人问我在何种直径范围内看到了它时，我只要保持双眼睁开，就无法回答这个问题。我自动地眯上一只眼睛，抓起一件测量工具，比如一支处在我手臂末端的铅笔，用铅笔标出被烟灰缸所隔断的大小。在这样做的时候，不应该仅仅说我把被知觉的透视归结为几何透视，

说我已经改变了场景的各种比例，说我已经使处在远处的客体变小，说我已经使处在近处的客体变大，而毋宁应该说，通过分割知觉场、通过抽离出烟灰缸、通过设定它是为它自己的，我已经使大小呈现在那种到那时为止还不包括大小的东西之中。一个正在远离的客体的表观大小的恒常性，并不是能够经受住各种透视变形的客体（就像一个能够抗压的坚硬的客体）的某种心理形象的实际持久性。一个盘子的圆形恒常性并不是圆对透视扁度的抗力，而这就是为什么只用一条实际的轮廓线就能在一块真实的画布上形象地描绘盘子的画家会使观众惊讶不已，尽管他寻求提供的是被亲历的透视。当我注视在我面前伸展至地平线的一条道路时，既
302 不应该说道路的两边向我呈现为辐合的，也不应该说它们向我呈现为平行的：它们是**在深度上平行的**。透视的显象不是被设定的，平行更不是。透过其虚拟的变形，**我朝向道路本身**，深度就是既不设定道路的透视投影、也不设定“真实”道路的意向本身。——可是，难道一个在二百步远的人不是比在五步处的人**更小**吗？——如果我把他从被知觉背景中隔离出来、如果我测度表观大小，那么他就会变得如此。否则，他既不会更小，也不会在大小上相等：他先于相等与不相等，他是**从更远处被看到的同一个人**。我们只能说，处于二百步远的人是一个连接得不很好的图形，他提供给我的目光的镜头数量较少、更不准确，他与我的探索能力不那么严格相合。我们还可以说，只要想起视觉场本身并不是一个可测量的区域，他就远没有完全占有我的视觉场。说一个客体占据了我的视觉场的少许部分，归根结底是说它没有提供一个丰富的构形来穷尽我的清晰的视觉能力。我的视觉场没有固定的容量，它包含的

事物或多或少，完全取决于我是“从远处”还是“从近处”看它们。因此，表观大小是不能撇开距离来界定的：它被距离所蕴含，它也蕴含着距离。辐合、表观大小和距离一个在另一个中被辨识出来，它们自然地相互象征或相互意指，它们是一个处境中的一些抽象因素，它们在它那里是相互等价的；这不是因为知觉主体在它们之间设定了一些客观关系，相反地是因为他并没有单独地设定这些关系，因此也就不需要明确地把它们联系起来。我们来考虑一个正在远离的客体的各种不同的“表观大小”，如果其中没有任何一种成为一个论题的对象，那就没必要通过一种综合把它们联系起来。我们“有”远离的客体，我们一直在“留住”它、掌握它，逐渐增加的距离不像宽度看起来那样是一种逐渐增大的外在性，它表达的仅仅是：事物开始滑脱我们目光的把握，我们的目光不那么紧密地贴合它。距离是把这种初步的把握与完全的把握（或接近）区分开来的东西。因此，就像在前面定义“正”和“斜”那样，我们通过客 303
体相对于把握能力而言的处境来定义距离。

那些涉及深度的错觉尤其使我们习惯于把它看作是知性的一种建构。通过向双眼施加某种程度的辐合（比如戴上立体镜），或者通过向被试呈现一幅透视画，我们就可以引起深度错觉。既然在这里我以为看到了深度，而实际上并不存在深度，那么，难道不是因为那些骗人的符号已经成了一种假设的契机？而且一般说来，难道不是因为所谓的距离视觉总是对符号的一种解释？然而，前提是显而易见的；我们假设不可能看到不存在的东西，因此，我们用感觉印象来定义视觉，我们缺失动机的原本的关系，我们用一种含义关系取而代之。我们已经看到，引起辐合运动的视网膜形

象的差异并非在己地实存着；只是对于寻求融合同一结构的单目现象、倾向于协同作用的一个被试来说，才会存在差异。因此，从单目形象呈现出“差异”的时刻开始，双目视觉的统一性以及与之相伴的深度（如果没有深度，这种统一性是不可实现的）就在那里了。当我处在立体镜面前时，一个整体就在可能的次序开始显示、处境开始显露的地方出现了。我的运动反应承受了这个处境。塞尚说，面对自己的“素材”的画家将“把自然的那些游移的手结合在一起”。[①] 凝视立体镜的活动也是对各种所予提出的问题的一种回应，而且这种回应被包含在问题中了。正是场域本身朝向了一种尽可能完美的对称，而深度只不过是对一个独一无二的事物的知觉信念的一个环节。透视画并不是首先被知觉为在一个平面上的一幅画，随后才在深度中被加以组织。那些消失在地平线上的线条并非首先作为斜线被给予，随后才被认为是一些水平线。画的整体通过根据深度形成凹陷来寻求其平衡。被画得比一个人要小的路边柏杨，只有通过退向地平线才能成功地真正成为一棵树。正是画本身在趋向于深度，就像一块坠落的石头在向下而趋。如
304 果对称、完满性和规定性可以通过多种方式得到，那么构造将不会是稳定的，就像我们在各种含混的图中看到的那样。在图形 1 中就是这样：我们可以把它知觉为要么是一个从下面看到的、以 ABCD 为正面的立方体，要么是一个从上面看到的、以 EFGH 为正面的立方体，最后，要么是一个由十个三角形和一个正方形组成的花样拼贴。相反，图形 2 差不多不可避免地将被看成是一个立

① 加斯凯：《塞尚》，第 81 页。

方体，因为它在那里是唯一使得图形完全对称的构造。[①] 深度在我的目光下诞生了，因为我的目光寻求看到*某种东西*。但是，在我们的视觉场中运作的、总是趋向于最确定的东西的这一知觉精灵是什么呢？我们不是又回到了实在论吗？让我们考虑一个例子。如果我们在含混的图中添加的不是一些无论什么样的线条（图形3完好地保持为一个立方体），而是一些能使同一平面的诸因素分离、使不同平面的诸因素汇合的线条（图形1），那么深度构造就被破坏了。[②] 当我们说这些线条自己造成了深度的瓦解时，我们想说什么呢？难道我们不是像联想主义那样在谈论吗？我们并不想说，作为一个原因起作用的线条EH（图形1）瓦解了它被引入其中的立方体，而是想说，它引进了一种不再是深度把握的整体把握。

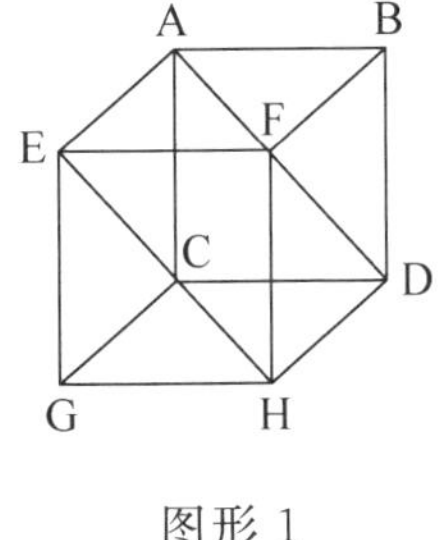

图形 1

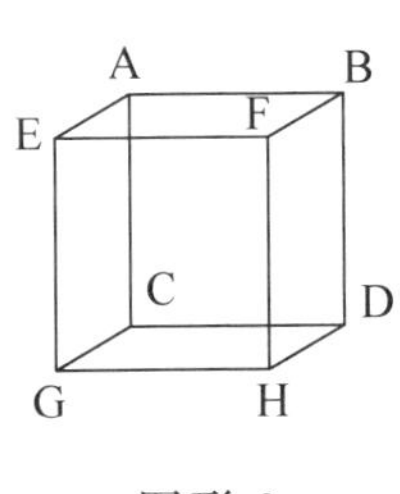

图形 2

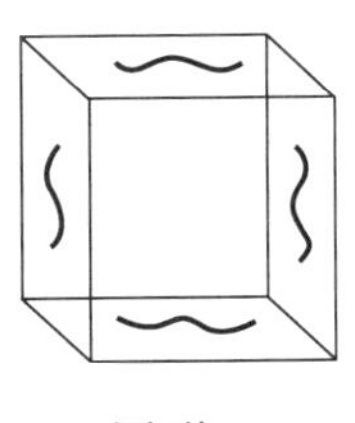

图形 3

可以这样来理解：只有我以如此方式把握它、只有我扫视它并亲自画出它，线条EH本身才拥有一种个体性。但这一把握和这一扫视不是任意的。它们是由现象所指定和推荐的。这里的要求不是蛮横的，因为涉及的是一个含混的图形；但是，在一个正常的视觉

① 考夫卡：《空间知觉的某些问题》，第164页及以下。

② 同上。

场中，平面和轮廓的分离是难以抗拒的，比如，当我在大街上散步
305 时，我最终不至于把树木之间的间距看成事物，把树木本身看成背景。当然是我拥有关于景致的经验，但我在这种经验中有意识地接受一种实际的处境、把分散在各种现象中的意义集中起来并且说出它们自己想说的东西。即使在构造是含混的并且我能够使之变化的那些情形中，我也不可能直接做到：立方体诸面中的一面要成为第一平面，除非我首先注视它，除非我的目光以它为起点以便顺着那些棱边，并且最终找到作为不确定背景的第二面。如果我要把图形 1 看作是一个花样拼贴，只需我首先把我的目光指向中心，然后均等地把目光同时分散到整个图形上面。正如柏格森期待糖块融化一样，我有时也不得不期待构造自己形成。更不用说，在正常知觉中，被知觉的客体的意义在我看来是在它那里被确立的，而不是由我构造的；目光就像是一种认识机器，它在各种事物为了成为场景而应该被把握的地方把握它们，或者根据它们的自然关节来分割它们。或许直线 EH 只有在我扫视它的时候才能有作为直线的价值，但问题不在于一种精神审视，而在于一种目光审视，也就是说，我的行为不是原本的或构造的，它是被引发的或被推动的。任何凝视始终都是对将自己呈现为有待去凝视的东西的某物的凝视。当我凝视立方体的 ABCD 面时，这并不只是想说我使这个面进入到了明晰的视觉状态，而且也想说我使它有作为图形的价值，有作为比其他的面更靠近我的面的价值，总之，想说我构造了这个立方体，而目光就是在思维主体（它知道如何把那些事物为了能够在我们面前实存而期待的正确反应给予它们）之下的这一知觉精灵。——那么，到底什么是看到一个立方体呢？经验

主义说，这是由一系列其他的显象——立方体从近处、从侧面和从各个不同角度看所呈现的那些显象——联想到图形的实际外观。但是，当我看一个立方体时，我没有在我这里找到这些形象中的任何一个：这些形象是那使它们得以可能却不来自于它们的深度知觉的残余物。那么，我借以抓住全部显象的可能性的唯一行为是什么呢？理智主义说，这是对作为由六个相等面和十二条以直角相交的相等棱边组成的固体的立方体的思维；——深度不外是这些相等的面和相等的棱边的共存。但在这里，人们仍然把只不过 306
是深度的一个结论的东西作为深度的定义给予我们。相等的六个面和十二条棱边并不构成深度的全部意义，相反，如果没有深度，这一定义就没有任何意义。对于我来说，除非依据深度排列，相等的六个面和十二条棱边才能既共存又保持为相等。这种纠正显象、把直角价值给予锐角或钝角、把正方形的价值给予变形的边的行为，不是关于相等的各种几何关系以及它们所属的几何存在的思维——这是客体为我的目光所包围——我的目光渗透客体、赋予之以生机、使那些侧影直接有作为“斜看的正方形”的价值，以致我们甚至不能从它们的菱形视角来看它们。相互排斥的这些经验的同时在场、一种经验在另一种经验中的这一蕴含、整个可能的过程在一个唯一的知觉活动中的这种浓缩，构成了深度的原本性：深度是各种事物或事物的各种元素据以彼此包含的维度，而宽度和高度则是它们据此被并置的维度。

因此，我们不能谈论深度综合，因为综合假定了，或至少——比如说康德式的综合——设定了一些离散的项，因为深度没有设定分析将会说明的那些透视显象的多样性，而只是在稳定的事物

的背景上隐约地预感到了它。如果我们把这种准-综合理解为时间性的，那它就能够获得阐明。当我说我看见了远处的一个客体时，我要说的是我已经掌握了它，或我仍然掌握着它，它在空间之中的同时，也在将来或过去之中。[①] 有人也许会说，这只对我来说是这样：我知觉到的电灯在己地和我同时实存，距离存在于那些同时的客体之间，而这种同时性被包含在知觉的意义本身之中。无疑是这样。但是，对空间进行实际界定的共存并不外在于时间，它是两个现象隶属于相同的时间波段。至于被知觉的客体与我的知觉的关系，它并不是在空间之中且在时间之外把两者联系在一起：
307 它们是*同时代的*。“共存者的次序”不可能与“持续者的次序”分离，或毋宁说，时间不仅仅是对一种持续的意识。知觉提供给我一个依据两个维度（这里-那里-下面的维度和过去-现在-将来的维度）展开的广义的“在场之场”。[②] 后一个维度使前一个维度得以理解。我“掌握”或“拥有”没有明确设定空间透视（表观大小和表观形状）的远处客体，就像我把没有任何变形、没有居间“回忆”的最近过去“仍然掌握在手中”一样。[③] 如果我们还想谈论综合，那么就像胡塞尔所说的，这将是一种“过渡综合”：它不是把一些离散的透视联系在一起，而是实现从一种透视向另一种的“过渡”。当心理学想把记忆建立在对某些内容或回忆，即对已经消逝的过去在身体中或无意识中的当前痕迹的拥有之上时，它就陷入到一些

① 作为时空维度的深度的观念是由斯特劳斯指出的：《论感官的感觉》，第 302 页和第 306 页。

② 胡塞尔的 Präsenzfeld（在场之场），它在《时间意识》中获得规定（第 32－35 页）。

③ 同上。

没完没了的困难之中了，因为从这些痕迹出发，我们永远不能理解对作为过去的过去之认识。同样，如果我们从某些在世界的一种等距离中或一种平面投影（就像回忆是过去在现在中的投影）中被给予的内容出发，我们永远不可能理解距离知觉。我们只能把记忆理解为对过去的一种直接拥有而不需要各种居间内容，同样，我们只能把距离知觉理解为一种在过去出现的地方返回过去的远处的存在。记忆逐步被建立在从一个瞬间向另一个瞬间的连续过渡之上，建立在每一瞬间连同它的整个视域在下一瞬间的厚度中的嵌入之上。同样的连续过渡意味着在那边的连同其"真实"大小的那样的客体，总之意味着如果我在它旁边，我就会在我从这里对它的知觉中看到的那样的客体。不存在有待于提出的关于"记忆的保留"的讨论，只存在某种使过去显示为意识的不可剥夺的维度的注视时间的方式；同样，也不存在距离问题，只要我们知道恢复距离在其中得以被构成的活的现在，它就是直接可见的。

正如我们一开始就指出的，应该在作为事物之间甚或平面之间的关系的深度（它是被客观化的、脱离于经验的、被转变成了宽度的深度）下面，重新发现一种原初深度（它把自己的意义给予前者，它是一种无物的媒质的厚度）。当我们让自己处在世界之内而不主动地承担世界时，或者当我们让自己处在各种滋长了这种态度的疾病中时，平面就不再一些区别于另一些，颜色就不再浓缩为表面颜色，它们围绕一些客体发散开来并且成为氛围颜色，例如，在一张纸上写字的病人在他用笔触到纸之前，必须先穿过某种白色厚度。这种容积度随着所考虑的颜色而发生变化，它就像是其 308

定性本质的表达。[①] 因此，存在着一种还没有在客体之间形成的，尤其是还没有对一个客体与另一个客体的距离进行估测的，只是作为向一个几乎还没有被定性的事物幽灵开放的深度。即使在正常的知觉中，深度也不是首先适用于各种事物。正如上和下、左和右并不是随同那些被知觉的内容一道被给予主体的，而是每时每刻都随同各种事物相对于它而定位的空间水平面一道被构成的，同样，深度和大小也是从各种事物相对于各种距离和各种大小的一个水平面——它在任何作为方位标的客体之前就已经规定了近和远、大和小——所处的位置而来到那些事物之中的。[②] 当我们说一个客体是巨大的或微小的，是近的或远的时，通常没有与任何其他客体、甚或与我们的本己身体的大小和客观位置作任何哪怕不言明的比较，而只是相对于我们的各种姿势的某个“幅度”、相对于现象身体对其周围环境的某种“把握”而言的。如果我们不想承认各种大小和各种距离的这种扎根，那么我们就会从参照一个方位标客体转向参照另一个，却永远不明白为何对我们来说会存在着一些大小或一些距离。视物显小症或视物显大症的病理学经验由于改变了场中所有客体的表观大小，所以就没有留下客体相对于它显得比平常更大或更小的任何方位标，所以只有相对于各种
309 距离和各种大小的一种前客观的标准才能够获得理解。这样一来，深度不能被理解为一个无世界的主体的思维，而应当被理解为一个介入的主体的可能性。

① 盖尔布和戈尔德斯坦：《论表面颜色知觉的丧失》。

② 韦特海默：《实验研究》附录，第 259－261 页。

这一深度分析与我们已经尝试进行的高度和宽度分析会合了。我们在这一节之所以开始于把深度和其他维度对立起来,这只是因为它们乍看起来涉及的是诸事物之间的各种关系,而深度直接揭示了主体与空间的关联。但是,我们实际上在前面就已经看到,垂直线和水平线归根结底也是依据我们的身体对世界的最佳把握而被规定的。作为客体之间关系的宽度和高度是派生的,它们在其原本的意义上也是“实存的”维度。不应该仅仅附和拉缪和阿兰说高度和宽度**预设了**深度,因为在一个唯一平面上的一个场景假设了它的所有部分与我的脸平面之间的等距:这一分析只涉及已经被客观化了的宽度、高度和深度,而没有涉及为我们打开这些维度的经验。垂直和水平、近和远都是对于一个在处境中的单一存在而言的抽象规定,并且假定了主体与世界的相同的“面对面”。

运动即使不能由此获得界定,仍然是位置的一种移动或改变。正如我们一开始就已碰到的用客观空间中的关系来定义位置的位置思维一样,也存在着关于运动的客观概念,它通过把关于世界的经验视为既得的,用一些世界内的关系来定义运动。正如我们必须在专注于其环境的主体的前客观处境或位置中重新找到空间位置的起源一样,我们不得不在关于运动的客观思维下面重新发现它从那里获得其意义的前客观的经验,而运动(它仍然与知觉它的人联系在一起)在那里则是主体把握自己的世界的一种变量。当我们打算思考运动,形成关于运动的哲学时,我们立刻就把自己置于批判的态度或证实的态度中了,我们问自己在运动中什么东西

310 确切地被给予了我们，我们准备抛弃各种显象以便抵达运动的真理，我们没有觉察到，正是这种态度化约了现象，并且将妨碍我们抵达现象本身，因为它借助在己真理的概念引入了能够向我掩盖运动为我而诞生的一些预设。我投出一块石头。它穿过我的花园。它在某一片刻成为一颗模糊的火流星，直到在某个远处落到地上时才重新变回石头。如果我想“清楚地”思考该现象，就应该分解它。我会说，石头本身实际上并没有被运动改变。我最初握在手里的和我在运行结束后在地上重新找回的是同一块石头，因此，正是同一块石头穿过空中。运动只不过是运动物体的一种偶然属性，在某种程度上，它并不是在石头中被看到的。它只能是石头与周围的各种关系的一种改变。只有正是同一块石头在与周围的各种不同关系中继续存在，我们才能谈论改变。相反，如果我假定石头在到达 P 点时消失了，而另一块同样的石头无中生有地涌现在如我们所愿那样地邻近 P 点的 P’点上，那么我们就不是有一个唯一的运动，而是有两个运动。因此，不存在没有一个不间断地从起点到终点支撑着运动的运动物体的运动。既然运动绝不是运动物体所固有的，而是整个地取决于运动物体与周围的各种关系，那么，没有一个外在的方位标，运动将不会进行，最终也就没有任何办法能把运动本身归属于“运动物体”而不是方位标。运动物体和运动的区分一旦形成，也就不存在无运动物体的运动，不存在无客观方位标的运动，不存在绝对的运动。然而，这种关于运动的思考事实上是对运动的否定：严格地区分运动和运动物体，这意味着“运动物体”严格地说并不*运动*。如果运动中的石头不以某种方式有别于静止的石头，那么它永远就不*是*在运动之中(此外也不是在静止之中)。我们一旦引进关于一个在其整个运动过程中保持不变的运动物体的概念,芝诺的那些论证就重新成为有效的了。有人会徒劳地反驳它们说:不应该把运动看作是在一系列不连续的瞬间中被依次占据的一系列不连续位置,而空间和时间不是由一些离散要素的堆积形成的。这是因为,即使他只考虑两个极限瞬 311
间和两个极限位置(其差异可以缩小到任何给定的数量之下,其区分处于初始状态),历经各个运动阶段仍保持同一的一个运动物体的概念也排斥了作为单纯显象的“移动”现象,并带来了关于一个始终在己地(尽管并不是为我们地)可视为同一的时空位置的观念,因而带来了一块始终在那里、永远不会消失的石头的观念。这是因为,即使有人发明了一种能够计算位置和瞬间的无限多样性的数学工具,他也不能在一个同一的运动物体中构想始终处在两个瞬间和两个位置之间(不管他选择它们之间有多么接近)的过渡行为本身。因此,清楚地思考运动,我并不能理解它竟然能够为我而开始,并且作为现象被给予我。

然而,不管明晰思维的各种要求和各种二者择一是什么,我都在行走,我都有关于运动的经验,这有违一切理由地引起的是:我知觉到一些没有相同的运动物体、没有外在的方位标和没有任何的相对性的运动。如果我们向一个被试交替地呈现两条光线 A 和 B,那么被试将看到一个从 A 到 B,随后从 B 到 A,然后又从 A 到 B 并因此持续下去的连续运动,没有任何中间位置、甚至没有两端位置被提供给它们本身,我们将会有唯一一条不停地往复运动的线。相反,通过加快或减缓

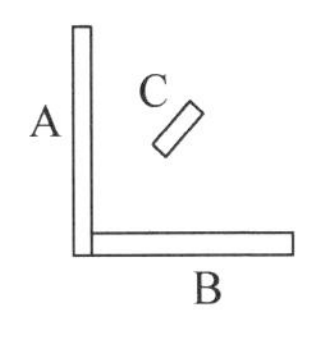

图形 1

呈现的速率，我们可以使两端的位置分明地呈现出来。频闪观察运动于是趋于分解：线条看起来首先停留在位置 A，然后突然离开这个位置并跳到位置 B。如果我们继续加快或减缓呈现的速率，则频闪观察运动就会终止，我们将会有两条同时的线或两条相继的线。[①] 因此，位置知觉与运动知觉是成反比的。我们甚至可以证明，运动从来都不是一个运动物体相继地占据在两端之间的所有位置。就算我们利用黑色背景上的有色图形或白色图形来产生频闪观察运动，运动得以展开的空间在任何时刻都不会因为运动
312 而变得明亮或带上色彩。如果我们在两端位置 A 和 B 之间插入一根小棍 C，那么小棍不会在任何时候因为经过它的运动而变得完整(图形 1)。我们看到的不是一种“线条的经过”，而是一种纯粹“经过”。如果我们使用一个视速仪，则被试通常能够知觉到运动，却不能说出什么在运动。当涉及实际运动时，情况也没有什么不同：如果我注视那些正卸载一辆卡车并且一个向另一个传递砖头的工人，那么我在手臂的最初位置和最终位置看到手臂，我没有在任何中间位置看到它，然而，我对它的运动有一个生动的知觉。如果我快速地让一支铅笔在一张我在上面标有一个方位点的白纸面前经过，那么我不会在任何时刻意识到铅笔正好处在方位点的上方，我没有看到中间位置中的任何一个，然而我有运动的经验。反过来，如果我放慢运动，如果我最终能够不让铅笔消失在视点之外，那么正是在这一时刻，运动印象就消失了。[②] 运动是在它最符

① 韦特海默：《实验研究》，第 212－214 页。

② 韦特海默：《实验研究》，第 221－233 页。

合客观思维对它下的定义时消失的。因此，我们能够获得运动物体在那里看起来只处在运动中的一些现象。对于运动物体来说，在运动不是依次经由一系列的不定位置，它只被认为是在开启、继续和完成它的运动。因此，即使在一个运动物体是可见的那些例子中，运动对它来说也不是一种外部命名、它与外在物的一种关系；我们能够有一些没有方位标的运动。事实上，假如我们把某一运动的连续形象投射在一个没有任何客体、没有任何轮廓的同质场中，运动将占据整个空间，正是整个视觉场在移动，就像在鬼屋中的集市里那样。假如我们在银幕上投射围绕其中心旋转的一条螺旋线的后像，在缺少任何固定框架的情况下，产生振动并且从中心向四周弥散的正是空间本身。[①] 最后，既然运动不再是外在于运动物体本身的一种关系系统，那么就没有什么东西阻止我们现在承认知觉每时每刻实际呈现给我们的那样的一些绝对运动。

但是，有人总是反对这种描述，说它不打算说出任何东西。心 313
理学家拒绝关于运动的理性分析，当我们向他指出，任何运动要成为运动首先应该是某物的运动时，他回答说“这种看法并不是建立在心理学描述的基础之上的”。[②] 但是，如果这是心理学家所描述的运动，那么它就应该与一种无论什么样的在运动的同一事物相关联。假如我把我的手表放在房间的桌子上，并且假如它突然消

① 同上书，第254－255页。

② 同上书，第245页。

失后不久重新出现在隔壁房间的桌子上，我不会说有运动发生过；[①]除非那些居间的位置曾经实际地被手表占据过，才会有运动。心理学家确实可以指出，频闪观察运动无需两端位置之间的中间**刺激**就能发生；甚至可以指出，光线 A 并没有进入到把它与 B 分割开来的空间中；在频闪观察运动期间没有任何光线在 A 和 B 之间被知觉到；最后，我没有看见在两端位置之间的铅笔或工人的手臂，但为了运动能够呈现，运动物体应该已经以这种或那种方式出现在轨迹的每一个点上，而它之所以没有明显地出现在那些点上，是因为它被认为是在那里。运动是这样，变化也是这样：当我说骗子把一个鸡蛋变成手帕或魔法师变成了自己宫殿屋顶上的一只鸟儿时，[②]我并不只是想说一个客体或一个存在消失了，并且立即被另一个客体或存在取代了。在消失的东西和出现的东西之间应该有一种内在联系；两者应该是依次以两种形式呈现自己的同一个某物的两种显示或两个显象、两个阶段。[③] 同样，运动在一个点的到达应该与它从"接邻"点的出发合为一体；除非存在着一下子离开一个点并占据另一个点的某一运动物体，这种情况才会发生。"'圆形'环节或所有直径的相等(这对于圆来说是最重要的)一停止呈现在那里，作为圆被抓住的一个某物对我们来说就不再有作为圆的价值。不管这个圆是被知觉的，还是被想象的，都没
314 有什么分别；无论如何，应该有一种共同的规定性被呈现出来，它迫使我们在这两种情况下都把向我们呈现的东西刻画为圆，并且

---

① 林克：《现象学与运动理解问题中的实验》，第 653 页。

② 同上书，第 656－657 页。

③ 同上。

把它和所有其他现象区别开来。”[①]同样，当我们谈论关于运动的感觉，或谈论对于运动的自成一类的(sui generis)意识，或像完形理论那样谈论整体运动，谈论没有任何的运动物体或运动物体的任何特殊位置在那里被给定的 φ 现象时，如果我们没有说“在这一感觉或这一现象中被给予的东西，或者透过它们被把握的东西”是如何“直接作为运动指示的(dokumentiert)”，[②]那么这一切就都只是空谈。对运动的知觉只有借助运动的含义、借助作为运动的构成成分的所有环节、特别是借助运动物体的同一性来理解运动，才可能是对运动的知觉，才可能认识到运动是这样的。心理学家回答说，运动是“这些‘心理现象’中的一种，它们以与给定的感觉内容(如颜色和形状)相同的资格与客体相联系，呈现为客观的而非主观的，但与其他心理所予不同，它们从本性上说不是静态的，而是动态的。例如，有特色的、特别的‘过渡’乃是运动的血和肉，它不可能由基于日常视觉内容的组合而形成。”[③]实际上，不可能用一些静态的知觉来组合成运动。然而，这不是问题之所在，我们不想把运动重新引回到静止。静止的客体本身也需要视为同一。如果它每时每刻都在消失和重新产生，如果它并不透过自己的那些不同的即刻呈现而继续存在，它就不能被说成处于静止之中。因此，我们所谈论的同一性先于运动与静止的区分。没有一个描述运动并且形成其统一性的运动物体，运动就什么都不是。动态现象的隐喻在这里愚弄了心理学家：在我们看来一种力量自己确

① 林克：《现象学与运动理解问题中的实验》，第 660 页。

② 同上书，第 661 页。

③ 韦特海默，前引著作，第 227 页。

保自己的统一性，但这是因为我们总是假定有某个人在它的各种效果的展开中视它为同一的。各种“动态现象”从亲历它们、扫视它们、对它们进行综合的我这里获得它们的统一性。我们于是从
315 一种破坏了运动的运动思维过渡到一种寻求为它奠基的运动经验，但也从这一经验过渡到它无之不会意味着任何东西的一种思维。

因此，我们既不认为心理学家有理，也不认为逻辑学家有理，毋宁说，应该认为两者都有理，应该找到承认正题和反题两者都为真的办法。当逻辑学家要求对“动态现象”本身进行构造，要求借助我们在其轨迹中追随之的运动物体来描述运动时，他是有道理的；但是，当他把运动物体的同一性表述为一种明确的同一性时，他是错的，而且他自己不得不承认这一点。在心理学家这一边，当他切近地描述现象时，他违心地被导向把运动物体置于运动之中，但是，他通过自己借以构想这个运动物体的具体方式恢复了优势。在我们刚才追踪的、我们用来说明心理学和逻辑学之间的永久争论的讨论中，韦特海默究竟想要说什么呢？他想要说，对运动的知觉相对于对运动物体的知觉不是第二位的，我们并不拥有一种对先是在这里然后是在那里的运动物体的知觉，接下来拥有一种把这些处于连续中的位置联系起来的视为同一；[①]它们的多样性不能被归在一种超越的统一性之下；最终说来，运动物体的同一性直

① 韦特海默说，运动物体的同一性不是通过一种猜想获得的：“应该是同一个物体在这里或那里。”第 187 页。

接“自经验”喷发出来。[①] 换言之，当心理学家把运动说成是包含了起点 A 和终点 B 的一种现象(AB)时，他并不是要说不存在运动的主体，而是说无论如何运动的主体都不是一开始就出现在其位置上的、静态的一个给定的客体 A：在存在着运动的范围内，运动物体被卷入运动之中了。心理学家或许会赞同，在任何运动中，即使不存在一个运动物体，至少也存在一个推动者，前提条件是我们不能把这一推动者与我们通过在轨迹的无论哪个点上中断运动 316
所获得的那些静态图形中的一个相混淆。正是在这里，他取得了胜过逻辑学家的优势。由于没有能够在任何涉及世界的成见之外恢复与运动经验的联系，逻辑学家只能谈论在己的运动，以存在的措词来提出运动的问题，这最终使它得不到解决。他说，不管在轨迹的不同点上的那些不同的显现(Erscheinungen)如何，它们只有是同一个运动物体的、同一个被显现者(Erscheinende)的、同一个透过所有这些显现自身显现(darstellt)的某物的显现时，才是同一个运动的显现。但是，除非运动物体在其轨迹的不同点上的显现本身是作为一些离散的透视获得实现的，否则运动物体就不需要被设定为一种单独的存在。原则上，逻辑学家只知道论题意识，正是对一个完全确定的世界，对一种纯粹的存在的这一假定、这一设定限制了他关于杂多的概念，并因此限制了他关于综合的概念。运动物体或毋宁说我们已经谈到过的推动者，并非在运动的各个阶段的下面是同一的，它在它们那里是同一的。不是因为我在地

① 事实上，韦特海默没有肯定地说对运动的知觉包含了这种直接的同一性。只是在指责一种把运动和判断联系在一起的理智主义观点给予我们一种“并非直接来自经验”(第 187 页)的同一性时，他才不言明地说到这一点。

上重新找到了同一块石头，我才相信石头在运动过程中是同一的。恰恰相反，是因为我已经知觉到它在整个运动过程中是同一的——一种不言明的、仍有待于去描述的同一性——，我才去捡起它，我才重新找到了它。我们不应该在运动着的石头中实现我们在其他地方知道的关于石头的一切。逻辑学家说，如果这是一个我知觉到的圆，那么它的所有直径都是相等的。但是，按照这种看法，也应该把几何学家在圆中已经能够发现和将能够发现的全部属性都放到被知觉的圆中。然而，正是作为世界之事物的圆预先且在己地拥有分析将在其中发现的一切属性。在欧几里得之前，圆形树干就已经具有欧几里得所发现的各种属性。但是，在向欧几里得之前的希腊人显现的作为现象的圆中，正切的平方并不等于整个正割和它的外面部分的乘积：这个平方和这个乘积并不在现象中出现，同样，那些相等的半径并不必然在现象中出现。作为一个未定系列的明确而协调一致的知觉的客体，运动物体具有一些属性，而推动者只具有一种样式。被知觉的圆有一些不相等的直径是不可能的，或者运动没有任何的推动者是不可能的。但是，
317 被知觉的圆更没有一些相等的直径，因为它根本就没有直径：它向我呈现，它通过其圆形外貌，而不是通过论题思维后来可以在它那里发现的“属性”的任何一种让自己被认识，并区别于其他图形。同样，运动并不必然地假定一个运动物体，即由一组属性来规定的一个客体，它只需要含有一个“在运动的某物”，至多包含一个“有色的”或“有光的某物”就行了，不需要实际的颜色或光亮。逻辑学家排除如下这一排中假设：圆的诸半径必定要么相等要么不相等，运动必定要么有要么没有运动物体。但是，只有把圆看作是在己

的事物或在己的运动，他才能这样做。然而，我们已经看到，这最终会使运动变成不可能的。如果不存在一种先于客观世界的运动（它是我们涉及运动的全部断言的源泉），如果不存在一些先于存在的现象（我们可以认识、辨别它们，我们可以谈论它们，简言之，它们有一种意义，尽管它们还没有被主题化），那么逻辑学家就没有任何可思考的东西，哪怕是运动的某种显象。[①] 心理学家要把我们带回到的正是这一现象层。我们不会说它是非理性的或反逻辑的。只有关于一种无运动物体的运动的设定才会是这样的。只有对运动物体的明确否定才会违反排中律。只应该说现象层是完全前逻辑的，并将始终停留为这样。我们的世界形象只能部分地由存在组成，应该承认在它那里有从所有部分包围存在的现象。我们不要求逻辑学家考虑一些在理性看来等于无意义或伪意义的经验，我们只是想把在我们看来有意义的东西的界限往后推移，并把主题意义的狭窄区域放回到包含它的非主题意义的区域之中。运动的主题化导致了同一的运动物体、导致了运动的相对性，也就是说破坏了它。如果我们想要严肃地看待运动现象，我们就应该构想一个不仅仅由一些事物，而且也由一些纯粹过渡构成的世界。 318

① 林克最终同意（前引著作，第 664 - 665 页），运动的主体可能是不确定的（比如，当我们在频闪观察的演示中看到一个三角形向着一个圆移动并变成了圆时），运动物体不需要被一个明确的知觉活动所设定，它只是在对运动的知觉中被“共同瞄向”或“共同抓住”，它只是作为那些客体的背面或我后面的空间被看到，最后，运动物体的同一性作为被知觉的事物的统一性是通过一种范畴知觉（胡塞尔）而被抓住的，范畴在这里能起作用，但不被认为是因为它自己。但是，范畴知觉的概念会再次质疑前面的整个分析。因为它等于要把非论题意识引入运动知觉中，也就是说，正如我们已指出的，等于不仅要抛弃作为本质必然性的先天，而且还抛弃康德式的综合概念。林克的工作典型地属于胡塞尔现象学的第二个时期，处在本质的方法或开初的逻辑主义与后期的实存主义之间的过渡期。

过渡中的某物(我们认为它对于一种变化的构成来说是必要的)只能通过它的特殊的“经过”方式来界定。比如说,飞过我的花园的鸟儿在运动时只不过是一种浅灰色的飞行力量;更一般地说,我们将看到,各种事物最初是通过它们的“行为”,而不是一些静态“属性”来得到界定的。并不是我在鸟儿经过的每个点和每一瞬间都认出了由一些明显特性来界定的同一只鸟儿,而是飞行中的鸟儿形成了自己的运动的统一性,是它在移动,是刚才还在这里的这团乱哄哄的羽毛以一种无所不在的方式,就像拖着尾巴的彗星那样已经到了那里。前客观的存在或非主题化的推动者没有提出我们已经谈到过的蕴含的空间和时间问题之外的问题。我们已经说过,从宽度、高度或深度来看,空间的各个部分不是并置的,它们共存,因为它们都被包含在我们的身体对世界的一种独特把握中;而且,当我们指出这种关系在是空间性的之前是时间性的时,它就已经得到了阐明。各种事物在空间中共存,因为它们被*呈现*给同一个知觉主体,并且被包含在同一时间波里。但是,每一时间波只有被挤压在前一时间波和后一时间波之间,只有使它涌现的同一时间脉冲仍然留住前一时间波并且预先掌握后一时间波,它的统一性和个别性才是可能的。这是由一些相继的瞬间构成的客观的时间。被亲历的现在把一个过去和一个将来包含在自己的厚度之
319 中。运动现象只是使空间性和时间性的蕴含以一种更明显的方式显示出来。我们不需要对客观位置有任何意识就能够知道一种运动和一个推动者,就像我们无需任何的解释就能知道一个在远处的客体及其真实大小,就像我们每时每刻无需任何明确的回想就能知道一个事件在我们过去的厚度中的位置。运动是一个已经熟

悉的环境的一种变化，它再一次把我们带回到我们的中心问题：知道充作一切意识行为之基础的这个环境是如何被构成的。①

对一个同一的运动物体的设定导致了运动的相对性。既然我 320

① 如果不是已经超越了实在论以及比如说柏格森的著名描述，我们就不可能提出这个问题。柏格森让意识的“融合和相互渗透的多样性”对立于各种外部事物的并置的多样性。他从稀释开始。他谈到意识就像各个瞬间和各个位置都消融于其中的一种液体，他在它那里寻找它们的弥散在其中确实被取消了的一种元素。与我的移动的手臂不可分的姿势为我提供了我在外部空间找不到的动作，因为被放回我的内部生活的我的动作在这种姿势中重新发现了非广延的统一性。柏格森认为他使之对立于被思考者的被亲历者已获得了证实，它是一种直接“所予”。——这乃是在模棱两可中寻找一种解决方案。通过发现一种使空间、运动和时间的多样性确实被取消了和消除了的“内在”经验层，我们并没有使它们获得理解。这是因为，如果出现这种情形的话，就不再有空间、运动和时间了。我的姿势意识——如果它真的是一种未分化的意识状态——不再是对某一运动的意识，而是一种不会把运动告诉我们的不可言喻的性质。正如康德所说的，外部经验对内部经验来说是必不可少的，内部经验确实是无法表达的，但只是因为它不意味着任何东西。如果根据连续性原则，过去仍然属于现在，而现在已经成为过去，那么就既不再存在着过去也不存在着现在；如果意识自己滚雪球，那么它就像雪球和其他所有事物一样，整个地处在现在之中。如果运动的各个阶段逐渐趋于同一，那么没有哪个部分能够移动。时间、空间和运动的统一性不能通过混合而获得，只有通过真正的活动，我们才能理解这种统一性。如果意识是多样性，那么谁将接受这种多样性以便正好把它作为多样性来亲历呢？如果意识是融合，它如何知道它所融合的那些环节的多样性呢？康德式的综合观念可以有效地反对柏格森的实在论，作为这一综合的施动者的意识不可能与任何哪怕流动的事物相混淆。对我们而言的最初的、直接的东西，乃是一种不像液体那样分散的流动，它在主动的意义上自行流逝，它因此不能流逝着却不知道自己在流逝、却不集中在它借以自行流逝的同一种行为中——这就是康德在某个地方谈到的“不流逝的时间”。因此，在我们看来，运动的统一性不是一种真实的统一性。多样性更不是真实的多样性，而我们对于康德的和胡塞尔的某些康德主义文本中的综合观念所要指责的，恰恰是它至少在观念上假定了它必须克服的一种真实的多样性。对我们来说的原本意识的东西，并不是在它自己面前自由地设定一种在己的多样性并从头到尾地构成这种多样性的一个先验之**我**，而是一个只有借助时间才能支配杂多的**我**，自由本身对它来说是一种命运，以致我从来都不会意识到要去作时间的绝对作者，要去构成我所亲历的运动。在我看来，正是推动者本身在移动、在实现从一个瞬间或位置到另一个瞬间或位置的过渡。这个奠基了运动现象、并且一般而言奠基了实在物之现象的相对的、前个人的**我**，显然要求获得一些阐明。让我们暂时这样说：我们更喜欢尚未指出杂多的明确位置的“综观”概念而不是综合概念。

们已经重新把运动引入运动物体中，那么运动就只能在一种意义上获得解读：它是在运动物体中开始的，并且由此在场域中展开。我没有能力把石头看成不动的，而花园和我自己在运动。运动不是一种其概率可以被测定的假说，就像物理学理论的概率可以由理论协调的事实的数目来测定一样。这只能提供一种可能的运动。运动是一个事实。石头不是被思考为在运动，而是被看到在运动。这是因为，如果运动真正地且对于反思而言被归结为某些关系的单纯的变化，那么“正是石头在运动”这一假设就没有任何自身的含义，根本无法区别于“正是花园在运动”这一假设。因此，运动寓于石头之中。然而，我们会认为心理学家的实在论有理吗？我们会把运动作为一种性质放到石头之中吗？它没有假定与一个被明确地知觉到的客体的关系，并且在一个完全同质的场域中保持为可能的。进而言之，任何运动物体都是在一个场域中被给定的。正如我们在运动中需要一个推动者一样，我们也需要一个运动背景。说视觉场的那些边界总是能够提供一个客观的方位标是
321 错误的。[①] 再说一遍，视觉场的边界并不是一条实线。我们的视觉场没有在我们的客观世界中被切割出来，它不是具有完整边界的一个部分，如同被框在窗户中的景致那样。我们的目光在那里对事物的把握能延伸多远，我们就能够看多远——远远超出清晰视觉的区域，甚至延伸到我们背后。当我们到达视觉场的界限时，我们不是从视觉转入非视觉：在隔壁房间里转动的，我不能明确看见的留声机仍然算在我的视觉场内；反过来说，我们看到的东西在

① 韦特海默，前引著作，第255－256页。

某些方面总是没有被看到：如果应该存在着一些事物的“正面”，应该存在着“在我们前面”的一些事物，总之存在着知觉，那么就应该存在着事物的一些被隐藏的面和一些“在我们后面”的事物。视觉场的界限是世界构造的一个必要环节，而不是一个客观的轮廓。但说到底，的确有一个客体穿过我们的视觉场，它在那里移动，运动在这一关系之外没有任何意义。根据我们是把图形的价值还是背景的价值给予这部分场域，它就相应地向我们呈现为运动的或静止的。如果我们坐在一条沿着岸边划行的小船上，那么就如同莱布尼茨所说的，我们确实能够看到河岸在我们前面掠过，或者，我们能够把河岸当作固定点并感觉到船在运动。那么我们会认为逻辑学家有理吗？根本不会，因为说运动是一种结构现象，并不等于说它是“相对的”。构成运动的那种非常特殊的关系不是**存在于客体之间**；对于这种关系，心理学家并没有忽视，他对它的描述远远好于逻辑学家。如果我们的眼睛盯着船舷，那么河岸就在我们眼前掠过，如果我们注视河岸，那么是船在移动。如果黑暗中有两个亮点，一个是不动的，另一个在运动，那么我们眼睛凝视的那个看起来是在移动。[①] 如果我们注视的是云和河，那么云在钟楼上飘过，河在桥下流淌。如果我们注视的是钟楼和桥，那么钟楼穿过 322
天空而下坠，桥则在不动的河上划过。把运动物体的价值给予场域的一个部分，把“背景”的价值给予另一个部分，这是我们通过注视行为与它们建立关系的方式。除了我们停留并锚定在花园中的

① 因此，现象的规律有待于明确规定：可以肯定的是，存在着一些规律，而且运动的知觉——即使在它是含混的之时——不是随意的，它取决于凝视的点。参敦克：《论感应活动》。

目光受到了石头的吸引并因此可以说从锚定物中抽离出来了，石头在天空中飞过这句话还表示什么意思呢？运动物体和其背景的关系经由我们的身体。如何构想这一身体媒介呢？客体和它的关系如何能够把客体规定为运动的或静止的呢？我们的身体不也是一个客体吗？它不也需要在静止和运动的关系下面获得规定吗？我们常说，眼睛在运动时，客体对我们来说保持不动，因为我们考虑到了眼睛的移动，因为通过发现这一移动与那些显象的变化是完全成比例的，我们得出了客体不动的结论。事实上，如果我们没有意识到眼睛的移动，就像在被动运动中，那么客体看起来就在动；如果就像在动眼肌肉轻度麻痹的情况下，我们有眼睛运动的错觉，而客体与我们眼睛的关系看起来没有变，那么我们就相信看到了客体的运动。乍看起来，客体与我们眼睛的就像被记录在视网膜上那样的关系一旦被呈现给意识，通过考虑我们的眼睛的移动和静止，我们通过排除就能得出客体运动的停顿或程度。实际上，这种分析完全是人为的，适合于用来向我们隐瞒身体和场景的真正关系。当我把目光从一个客体移到另一个客体时，我并没有意识到我的作为客体、作为悬在眼眶里的眼球的眼睛，没有意识到它在客观空间里的移动或静止，也没有意识到在视网膜上产生出来的东西。所假定的那些计算因素并没有被提供给我。事物的静止不是从注视行为中推断出来的，而是完全与之同时的；这两种现象相互包含：它们不是一个代数和的两个因素，而是包含它们的一个构造的两个环节。对我来说，我的眼睛是与各种事物汇合的某种能力，而不是它们投射自己于其上的屏幕。我的眼睛和客体的关系不是以客体在眼睛中的几何投影形式，而是作为我的眼睛对客体的某种把握被呈现给我的，它在边缘视觉的情况下还是模糊的，而当我凝视客体时则较为紧密和明确。在眼睛处于被动运动的情 323
况下，我缺少的不是在任何情况下都不会向我呈现的眼球在眼眶里移动的客观表象，而是我的目光与客体的完全啮合，缺少这一点，客体就不再能有固定性，也不再能够有真正的运动：因为当我压迫我的眼球时，我知觉不到一种真正的运动，在移动的不是那些事物本身，而只是它们表面的一个薄层。最后，在动眼肌肉轻度麻痹的情况下，我不能借助客体的运动来说明视网膜形象的恒常性，但是，我感到我的目光对客体的把握没有松弛，我的目光负载着客体，在移动时移动客体。因此，我的眼睛在知觉中绝不是一个客体。如果说我们能够谈论无运动物体的运动，这当然是在本己身体的情形中。我的眼睛向着它将要凝视的客体的运动，不是一个客体向另一个客体移动，而是通向实在。我的眼睛相对于它正在接近的或正要离开它的一个客体来说处于运动或静止之中。如果说身体为运动知觉提供它的确立所必需的基础或背景，它是作为一种知觉能力来做到的，因为它是在某个领域中确立的，并且与世界相啮合。静止和运动在一个客体和我的身体之间显现，客体自身并不依据静止和运动而获得规定，而我的身体在它作为客体被锚定在某些客体中时更不会被如此规定。同上和下一样，运动也是一种水平面现象，任何运动都假定了某种可能会改变的锚定。这就是当有人含糊地谈论运动的相对性时想要说出的有价值的东西。不过，锚定到底是什么呢？它如何构成为一个处在静止中的背景呢？这不是一种明确的知觉。那些锚定点在我们凝视它们时并不是客体。只是在我把天空留给边缘视觉时，钟楼才开始运动。

对那些所谓的运动方位标来说，最重要的不是在一种现时的认识中被设定，而是始终“已经在此”。它们不是正面呈现给知觉的，它们通过一种其结果在我们看来是既成事实的前意识的运作，迷惑和萦绕着知觉。我们在其中能够随意地选择我们的锚定点的那些含混知觉的情形，就是我们的知觉在其中被人为地与它的背景和它的过去割裂开来的情形，我们在其中不会通过我们的整个存在
324 来知觉的情形，我们在其中运转我们的身体、运转这种总是让它能够中断任何的历史介入并且为其自身而运作的一般性的情形。但是，即使我们能够与人类世界中断联系，我们也不能阻止我们的眼睛凝视——这意味着只要我们活着，我们就仍然介入到一个即使不是人的环境，至少也是自然的环境之中——，对于目光的某一给定的凝视来说，知觉不是随意的。在身体的生命融入到了我们的具体实存之中时，它就更不是随意的了。无论我是无所事事，还是想要考问各种运动错觉，我都能够随意地看正在行驶中的我的火车或旁边的火车。但是，“当我在车厢隔间里玩牌时，我看到旁边的火车在移动，尽管实际上是我坐的火车开动了；当我注视另一列火车，并且在那里寻找某个人时，只是在这个时候，我坐的火车才开动了。”[①]我们已经选为住处的车厢隔间处在“静止”中，它的隔板是“垂直的”，景致在我们面前鱼贯而行，在某一边，通过车窗看到的那些冷杉在我们看来是倾斜的。如果我们站在车门边，我们重新回到了我们的小世界之外的大世界，这时那些冷杉又重新变直了，而且保持不动，列车依据坡度倾斜行驶，并且飞逝般地穿过

① 考夫卡:《知觉》，第 578 页。

田野。运动的相对性可归结为我们在大世界内变换区域的能力。一旦进入到一个环境中，我们就会看见运动作为一种绝对出现在我们面前。只要我们不仅仅考虑一些明确的认识行为，一些我思活动，而且也考虑一个世界借以被给予我们的更隐蔽的、始终朝向过去的行为，只要我们认识到一种非论题意识，我们就可以承认心理学家称之为“绝对运动”的东西而不会陷入实在论的种种困境，就能理解运动现象而不会让我们的逻辑破坏它。

* * *

到此为止，就如同古典的哲学和心理学所做的那样，我们考虑的只是**空间知觉**，也就是一个不偏不倚的主体可能对客体之间的一些空间关系以及它们的几何特性所能具有的认识。不过，即使在分析这种确实远不能涵盖我们的整个空间经验的抽象功能时， 325 我们也已经达到让主体在一个环境里的扎根以及他最终内在于世界的特性作为空间性的条件呈现出来，换句话说，我们应该认识到空间知觉是一种结构现象，并且只能在一个知觉场——它通过向具体的主体提议一个可能的锚定点而整体上有助于推动空间知觉——的内部获得理解。关于空间知觉、更一般地说关于知觉的古典问题应该被重新整合到一个更大范围的问题之中。问我们如何能够在一种明确的行为中确定一些空间关系、一些带着其“属性”的客体，这是提出第二个问题，是把一种只出现在一个已经熟悉的世界的背景上的行为看作是原本的，是承认我们还没有意识到世界经验。在自然态度中，我并不拥有**一些知觉**，我并没有设定

这个客体在另一个客体的边上以及它们的客观关系，我有在同时性和相继性中彼此蕴含和相互说明的经验之流。对我来说，巴黎不是有千幅面貌的一个客体，不是诸知觉的一个总和，也不是全部这些知觉的规律。正如一个人在他的各种手势、在他的步伐和他的嗓音中显示出相同的情感本质一样，我在游览巴黎——那些咖啡馆，人们的各种面孔，码头边的那些杨树，塞纳河的那些弯道——时的每一个鲜明知觉也是从巴黎的整体存在中切分出来的，它只不过确认了巴黎的某种风格或某种意义。当我第一次来到巴黎时，我在火车站出口最先看到的那些街道，就如同一个不认识的人最初的那些话语，只不过是一种仍然含混但已经无法比较的本质的各种显示。我们几乎知觉不到任何客体，正如我们看不到一张熟悉面孔上的眼睛，而是看到它的目光和表达一样。在那里，有一种潜在的、透过景致或城市弥散开来的意义，我们无需对它进行界定就在一种特别的明证中发现了它。唯有那些作为明确行为的含混知觉涌现出来，也就是那些我们通过我们采取的态度借以给予我们自己一种意义的知觉，或那些回答我们提出的某些问题的知觉。它们不能用于对知觉场的分析，因为它们是从它那里提取出来的，因为它们必须以它为前提，因为我们是通过利用我们在与世界打交道时所获得的各种各样的组合而得到它们的。没
326 有任何背景的最初知觉是不可思议的。任何知觉都假定了进行知觉的主体的某种过去，而抽象的知觉功能作为与客体的相遇，隐含了一种我们借以转化我们的环境的更隐蔽的行为。在麦司卡林毒

品的作用下，会有这样的感觉：正在接近的客体变小了。身体的一个肢体或一个部分，如手、嘴巴或舌头看起来变大了，而身体的其余部分则只是其附属。[①] 房间的墙壁彼此相距有 150 米远，在这些墙壁之外只是巨大的荒漠。伸出的手和墙壁一般高。外部空间和身体空间相互分离了，以致被试产生了“一个维度被另一个维度”吞噬的印象。[②] 在某些时刻，运动不再被看到，各种人物以某种奇异的方式从一点移到另一点。[③] 被试孤单地被抛在一片空荡荡的空间里，“他抱怨只能看清客体之间的空间，而且这个空间是空的。客体还是以某种方式在那儿，但不像它们应该的那样……”[④]人们看起来像玩偶，他们的动作像梦境那样飘渺缓慢。树叶失去了自己的骨架构造：叶子的每一斑点和其他斑点都具有相同的价值。[⑤] 一个精神分裂症患者说：“一只鸟在花园里鸣叫。我听到鸟叫，而且我知道它在鸣叫，但这是一只鸟和它在鸣叫彼此是这般遥远的两回事……隔着一条深渊……就像鸟和鸣叫相互之间没任何关系一样。”[⑥]另一个精神分裂症患者不再能“理解”摆钟，也就是说，首先是不能理解指针从一个到另一个位置的移动，尤其是不能理解这种移动和机械推力的关系，即摆钟的“走动”。[⑦] 这些障碍并不涉及作为世界认识的知觉：身体的那些异乎寻常的部

① 梅耶-格罗斯和斯坦因：《麦司卡林毒品作用下感觉活动的一些变化》，第 375 页。

② 梅耶-格罗斯和斯坦因：《麦司卡林毒品作用下感觉活动的一些变化》，第 377 页。

③ 同上书，第 381 页。

④ 费舍：《时间结构与精神分裂症》，第 572 页。

⑤ 梅耶-格罗斯，前引著作，第 380 页。

⑥ 费舍，前引著作，第 558－559 页。

⑦ 费舍：《精神分裂症的时空结构和思维障碍》，第 247 页及以下。

327 分、那些太小的近处客体不是这样被设定的；房间墙壁彼此之间的距离对病人来说并不像正常人眼中的足球场的两端那样遥远。被试清楚地知道那些食物和他的本己身体都在同一个空间里，因为他用自己的手拿到了食物。空间是“空的”，然而知觉的所有对象都在那里。障碍没有影响我们可以从知觉中获取的那些信息，它揭示了“知觉”下面的一种更深刻的意识生命。即使存在着不能知觉，就像在运动方面出现的那样，知觉的缺陷看来也只不过是涉及一些现象与另一些现象的关联的更一般障碍的极端情形。有一只鸟儿，有一阵鸣叫，但鸟儿不再鸣叫了。有那些指针的移动，有一根发条，但摆钟不再“走动”了。同样，身体的某些部分异乎寻常地变大，而近处的那些客体却变得特别小，这是因为整体不再构成为一个系统。然而，世界之所以破碎了或解体了，是因为本己身体不再是能认知的身体，不再能够在一种独特的把握中囊括所有客体。从身体到机体的这种退化本身必定与时间的塌陷有关：时间不再趋向一个将来，而是沉陷在它自身之中。“以前，我是一个人，有一个心灵和一个活的身体（corps vivant, Leib）……现在，我只不过是一个存在（un être, Wesen）……现在，这里只存在机体（organisme, Körper），心灵已经死了……我在听，我在看，但我不再知道任何东西，生命现在对我来说是一个问题……现在我在永恒中继续存在……树上的枝叶在摆动，其他人在房间里来回走动，但对我来说，时间不再流动……思想已改变，不再有风格……将来是什么呢？我们不能期待将来……一切都成了问号……一切都是

如此单调，早晨，中午，晚上，过去，现在，将来。周而复始。”[①]空间知觉不是“意识状态”或“行为”的一个特殊类别，它的那些样式总是表达被试的整体生命，表达被试借以透过他的身体和他的世界通向未来的能量。[②]

因此，我们发现我们被导向扩大自己的研究范围：一旦关于空间性的经验与我们在世界之中的定居有关，就会有一种对这种定居的每一种样式来说的原本空间性。比如，当那些明晰却相关联的客体的世界碰巧被取消时，我们的从其世界中被切割出来的知觉存在就会勾勒出一种没了那些事物的空间性。这乃是发生在黑夜中的事情。黑夜不是在我面前的一个客体，它包围我，它渗透我的所有感官，它窒息我的各种回忆，它几乎抹去我的个人同一性。我不再撤回到我的知觉岗位，以便从那里看到客体的轮廓在远处鱼贯而行。黑夜没有轮廓，它本身触摸着我，它的统一性是法力(mana)的神秘统一性。即使一些喊叫声或远处的一抹光线只是隐隐约约地充斥在黑夜之中，它也整个地被激活了，它是一种没有平面、没有表面、没有它与我之间的距离的纯粹深度。[③]对反思来说，任何空间都是由一种连接了它的各个部分的思维支撑的，但这种思维并不是不从任何部分中形成的。相反，我正是在黑暗空间的中心与它结合在一起。神经病患者在黑夜中的焦虑来自于黑夜使我们感受到我们的偶然性、那种毫无根据却又不知疲倦的运动： 328

① 费舍：《时间结构与精神分裂症》，第560页。

② “精神分裂症症状从来都只不过是通向精神分裂症患者的人格的一条道路。”克龙菲德，转引自费舍：《论空间体验的临床与心理学》，第61页。

③ 闵可夫斯基：《被亲历的时间》，第394页。

我们寻求通过这种运动在一些事物中锚定自己和超越自己，却始终不具有找到这些事物的任何保障。——但是，黑夜还不是我们关于非实在的最惊人的经验：我能够把白天的组合保存到那里，就像当我在我的寓所里摸索行走时那样，黑夜无论如何都处在自然的一般框架下，即使在黑暗的空间里，也有某种令人放心的、尘世的东西。相反，在睡眠中，我把世界保留在当前只是为了与它保持距离，我转向我的实存的主观根源，梦中的各种幻景甚至更好地揭示了明晰空间和那些可观察的客体都被嵌入那里的一般空间性。让我们通过例子来考察在梦中，还有在神话和在诗歌中经常发生的那些关于上升和坠落的主题。我们知道，这些主题在梦中的出现可能与一些呼吸并发症状及一些性冲动有关，认识到上和下的生命含义和性含义乃是第一步。然而，这些说明无法推进太远，因为梦中的上升和坠落不像那些对于欲望和呼吸运动的清醒知觉那

329 样处在可见的空间之中。应该弄明白做梦者为何在一个给定的时刻完全听从呼吸和欲望的身体事实，并因此为它们注入一种一般的、象征的含义，以致只能看到它们以一种形象——例如，一只在飞翔、被子弹击中、坠落后化为一小堆黑纸的巨鸟的形象——的形式呈现在梦中。应该弄明白在客观空间里有其位置的那些呼吸和性欲事件是如何在梦中脱离其位置，并在另一个舞台上确立自身的。如果我们不给予哪怕是处在醒觉状态的身体一种象征的价值，那么我们是不可能做到这一点的。在我们的各种情绪、欲望和身体姿态之间，不仅仅存在一种偶然关联或一种类比的关系：我之所以说我在失望中从高处跌落，这不仅仅是因为按照神经机制的规律，失望是与消沉的姿势相伴的，或不仅仅是因为我在自己的欲

望对象与自己的欲望本身之间发现了那种在一个放在高处的客体和我趋向它的姿势之间的相同关系；物理空间中向着高处方向的运动和欲望向着其目标的运动可以互相象征，因为它们两者都表达了处在与一个环境的关系中的我们的存在之相同的本质结构，我们已经看到，这一结构独自把一种意义赋予给了物理世界中的上和下的方向。当我们谈论一种崇高或卑下的道德时，我们不是把一种只在物理世界才有充分意义的关系扩展到了心理之中，我们利用了“一种可以说渗透了各种不同的区域范围，并在每一区域都获得了一种特殊的（空间的、听觉的、精神的、心理的等等）含义的含义方向”。[①] 梦中的各种幻景、神话中的各种幻景、每个人特别喜欢的那些形象或最后还有诗歌的形象，不是通过一种符号和含义的关系（如同电话号码和电话用户姓名之间存在的那种关系）与它们的意义联系在一起的；它们的确包含着它们的意义，但这不是一种概念意义，而是我们的实存的一个方向。当我梦见我在飞行或坠落时，如果我不把它们归结为它们在醒觉世界中的物理显象，如果我以它们的全部实存蕴含来看待它们，那么这个梦的全部意义就包含在这种飞行或这种坠落中了。飞翔、坠落并且化为一 330
团灰烬的鸟儿并不是在物理空间中飞翔和坠落，它伴随着贯穿了它的实存浪潮而上升和下降，或者说，它就是我的实存的脉搏，就是它的收缩和舒张。这个实存浪潮的水平面每时每刻都规定了各种幻景的一个空间，就像在醒觉生活中，我们与显现出来的世界的交流规定了一些实在的一个空间。存在着一种先于“知觉”的关于

① 宾斯万格：《梦与实存》，第674页。

上和下，以及一般地关于场所的规定性。生命和性欲萦绕着它们的世界和它们的空间。那些原始人就其生活在神话中而言，不能超越这一实存空间，这就是为什么梦对他们来说与知觉同等重要。存在一种神话空间，方向和位置在那里是由一些崇高的情感实体的寓所来确定的。对一个原始人来说，知道氏族营地在哪里，不是依据它与某个方位标客体的关系来确定的它：它本身就是所有方位标的方位标，——走向营地就像是走向某种和平或某种喜乐的自然场所；同样，对我来说，知道我的手在哪里，就是我与这种暂时处于蛰眠状态、但我能把它作为我的能力来接受和恢复的灵巧能力相契合。在占卜者看来，右和左是吉凶所自出的渊源，正如在我看来，我的右手和我的左手是我的灵巧和我的笨拙的体现。在梦中就像在神话中一样，我们通过体验到我们的欲望所向、我们的内心所惧和我们的生命所依而知道现象在*何处*。即使在醒觉生活中，情况也没有什么两样。我来到一个乡村度假，庆幸能够抛开自己的工作和日常在自己身边的人。我在乡村安顿下来。它成了我生活的中心。河水的干涸、玉米或胡桃的收获对我来说都成了一些事件。然而，如果有一位朋友来看我，带给我一些巴黎的消息，或者如果我从收音机和报纸中得知出现了一些战争威胁，我就会觉得自己被流放到了乡村，被排除在了真实生活之外，闭居在了远离众人的地方。我们的身体和我们的知觉总是要求我们把它们呈现给我们的景致视作世界的中心。但是，这一景致不一定就是我们的生活的景致。我在停留此处时可以“在别处”，如果有人让我远离了我之所爱，那么我就感到自己远离了真实生活的中心。包法利主义和某些形式的乡土情结是离心生活的具体例子。相反，躁狂症患者处处都以自己为中心，“他的心理空间宏大而明亮，他的对一切呈现给他的客体都很敏感的思想，从一个客体逃逸到另一个客体，并被它们的运动带走”。[①] 除了在我和所有事物之间实存着的物理或几何距离之外，还有一种被亲历的距离把我和那些对我具有重要性、为我而实存的事物联系在一起，并且把它们全都联系在一起。这个距离每时每刻都在衡量着我的生活的“广度”。[②] 有时，在我和那些事件之间存在着迁就我的自由而事件又总是涉及到我的某种回旋余地（Spielraum）。有时则相反，被亲历的距离既太短又太长：大多数事件对我来说已不再重要，而最接近的那些事件则纠缠着我。它们像黑夜那样包围我，剥夺了我的个体性和自由。严格地说，我不再能够呼吸。我被鬼魂附体了。[③] 同时，各种事件堆积起来。一位病人感觉到一阵阵寒战、一股栗子气味以及雨水的清爽。他说，可能“恰恰就在这个时候，一个像我这样在接受催眠暗示的人正冒雨从一位卖爆炒栗子的小贩面前走过”。[④] 一位得到闵可夫斯基照料、也得到村本堂神父照料的精神分裂症患者，总以为他们碰在一起就是为了谈论他。[⑤] 一位年老 331

① 宾斯万格：《论思想逃逸》，第78页及以下。

② 闵可夫斯基：“被亲历距离和生活广度的概念以及它们在心理生理学中的应用”，参《被亲历的时间》，第七章。

③ “……在街上，就像有某种窃窃私语整个儿地包围着他；同样，他感到自己被剥夺了自由，仿佛总有一些在场的人围绕着他；在咖啡馆里，好像有某种云雾状的东西围绕着他，他感到一阵颤栗；当声音特别频繁喧嚣时，围绕着他的氛围好像充满了火焰，这在心肺里面好像引起了一阵压抑，围绕头脑好像引起了一团雾。”闵可夫斯基：《幻觉问题与空间问题》，第69页。

④ 同上。

⑤ 《被亲历的时间》，第376页。

的女精神分裂症患者认为一个很像另一个人的人一定已经认识后者。[1] 不再给病人留下任何余地的被亲历空间之压缩，不再会让偶然性产生任何作用。同空间一样，在成为一种客体间的关系之前，因果关系是建立在我与各种事物的关系之上的。就像有条不
332 紊的思维的那些漫长因果链条一样，谵妄性的因果关系的各种“短路”[2]表达了一些实存方式[3]：“空间经验……与所有其他的经验方式以及所有其他的心理所予交织在一起。”[4]明亮的空间，所有客体在其中都有同样的重要性和同样的实存权利的这一适中的空间，不仅被各种疾病变异揭示的另一种空间性所围绕，而且被它贯穿地渗透。一位在山上的精神分裂症患者在一道景致面前停了下来。过了一会儿，他觉得似乎受到了威胁。他对围绕着他的一切产生了一种特别的兴趣，就像曾经有一个问题从外面向他提出，而他未能找到任何答案一样。突然，景致被一种外来的力量从他那里掠走了。这仿佛就像另一个无边无际的黑暗天空渗入了夜晚的蓝色天空。这个新的天空是“精微的、不可见的、可怕的”虚空。时而它在秋天的景致中活动，时而景致本身也在活动。病人说：在这期间，“一个持久的问题向我提了出来，这就像一道要我安息或死亡，或走得更远的命令”。[5] 这个透过可见空间的另一空间，就是每时每刻构成我们自己的筹划世界之方式的空间，精神分裂症患

① 同上书，第 379 页。

② 《被亲历的时间》，第 381 页。

③ 这就是为什么我们可以附和舍勒(《观念论-实在论》，第 298 页)说，牛顿的空间表达了“内心的空虚”。

④ 费舍：《论空间体验的临床与心理学》，第 70 页。

⑤ 费舍：《精神分裂症的时空结构和思维障碍》，第 253 页。

者的障碍仅仅在于，这种持久的筹划与知觉所提供的那样的客观世界脱节了，可以说退回到它自身之中了。这位精神分裂症患者已不再生活在共同世界之中，而是生活在一个私人世界之中，他不再进入到地理空间之中：他停留在“景致的空间”之中，[①]而一旦从共同世界之中被分割出来，这一景致本身就变得极其贫乏了。由此就有了精神分裂症的问题：一切都是令人惊奇的、荒诞的或不真实的，因为朝向事物的实存运动不再有其能量，因为它在其偶然性中出现，因为世界不再是自然而然的。相反地，古典心理学谈论的自然空间之所以是令人放心的和显而易见的，是因为实存沉淀在它那里却没有被知道。

关于人类学空间的描述能够被无限地进行下去。[②] 我们可以 333
清楚地看到客观思维总是会对它提出的异议：这些描述有哲学价值吗？也就是说：它们会告诉我们有关意识结构本身的某种东西呢，还是说它们只能给予我们人类经验的内容？梦想空间、神话空间和精神分裂症空间是一些真实存在的，可以通过它们自身而存在并且被思考的空间呢，还是说它们预设了作为它们的可能性之条件的几何空间连同展开几何空间的纯粹构造意识？对原始人来说作为不祥和凶兆区域的左边（或在我的身体中作为我的笨拙一

① 斯特劳斯：《论感官的感觉》，第 290 页。

② 比如，有人可能会指出，审美知觉也开启了一种新的空间性，作为艺术作品的绘画并不像自然物和着色的画布那样处在它所寓于的空间之中，——舞蹈在一个没有目标、没有方向的空间里展开，它是对我们的历史的一种悬置，主体和他的世界在舞蹈中不再彼此对立，不再相互疏离，因此，身体的各个部分在舞蹈中不再像在自然经验中那样获得强调：躯干不再是各种动作产生于斯和它们一旦完成就消逝于斯的基础，正是它在指挥舞蹈，而四肢的动作则为它服务。

边的左边),只有当我首先能想到它和右边的关系时,才能被确定为方向,而正是这种关系最终把空间意义给予了它在其中得以被建立起来的各个关系项。在某种程度上,原始人不是由于他的焦虑或喜悦才瞄向一个空间的,正如我不是由于疼痛才知道我受伤的脚在哪里:被亲历的焦虑、喜悦和疼痛与它们的经验条件所处的客观空间的某个位置联系在一起。没有相对于所有内容来说的这一灵活而自由的意识(它在空间中展开那些内容),内容就不可能在任何地方。如果我们反思关于空间的神秘经验,如果我们问自己它意味着什么,那么我们必然会发现它依赖于对客观而唯一的空间的意识,因为一个不客观、不唯一的空间不是一个空间:对空间来说,最重要的不就是成为一个绝对的“外部”(相关于主体性,

334 但也是其否定)吗?既然我们想在它之外设定的一切仍然与它有关,因而也在它里面,那么,对它来说,最重要的不就是包纳我们能够构想的一切存在吗?做梦者在做梦,这就是为什么他的那些呼吸运动和性冲动不是被看作它们之所是,它们切断了把它们维系于世界的缆绳,并以梦的形式浮现在他面前。然而,他最终究竟看到了什么呢?我们将会相信他口头所说吗?如果他想知道自己看到的东西,并且想亲自理解自己的梦,他就必须醒过来。性欲一回到他的生殖窦,焦虑及其幻觉就再次变成它们始终之所是:在胸廓的一个点上的呼吸困难。只有与明晰的空间联系起来,侵入精神分裂症患者世界的黑暗空间才能证明自己是空间、才能有其空间性资格。如果病人声称有第二个空间围绕着他,我们就要问他:它在*哪里*呢?在试图安置这一幻觉时,他使它作为幻觉消失了。正如他自己所承认的,既然那些客体始终在那里,他就始终保留着依

靠明晰空间来驱逐幻觉并重返共同世界的办法。那些幻觉是明晰世界的一些残余，它们从它那里借来它们能够拥有的任何幻术。同样，最终说来，当我们寻求把几何空间以及它的那些世内关系建立在实存的原本空间性之上时，有人可能会回应我们说，思维只能认识它自己或一些事物，一种主体空间性是不可思议的，因此我们的命题严格说来是没有意义的。我们将回答说，它没有主题的或明显的意义，它在客观思维面前消失了。然而，它有一种非主题的或不言明的意义，而且这并不是一种**微不足道的意义**，因为客观思维本身也从未经反思者中获得滋养，并且作为对未经反思的意识生命的一种说明出现，以致彻底的反思不可能在于平行地使世界或空间和思考它们的非时间的主体主题化，而应该重新抓住这一主题化本身连同赋予它以意义的那些蕴含视域。如果进行反思就是去探寻剩余的东西据以能够存在和能够被思考的原本的东西，那么反思就不能自闭于客观思维之中，它应该明确地思考客观思维的各种主题化行为，并恢复它们的背景。换句话说，客观思维拒绝了那些所谓的梦现象、神话现象，以及一般地说实存现象，因为它发现它们是不可思议的，因为它们不想说任何它能够主题化的 335
东西。它以可能和明证的名义拒绝接受事实或实在。但是，它没有看到明证本身也是建立在一个事实之上的。反思分析以为比做梦者或精神分裂症患者本人更了解做梦者和精神分裂症患者所亲历的东西；更有甚者，哲学家相信他在反思中比他在知觉中更加知道他所知觉的东西。只是在这种情况下，他才能把各种人类学空间当作真实、唯一和客观的空间的一些混乱的显象加以拒绝。但是，通过怀疑他人对他自身的证明或他自己的知觉对它自身的证

明时，他失去了把他明证地抓住的东西断定为绝对真实的权利，尽管在这种明证中，他意识到了要充分地理解做梦者、疯子或知觉。二者中择一：要么亲历了某物的人同时知道他亲历了什么，于是，疯子、做梦者或知觉主体应该凭言语而被相信，而我们只应该确信他们的语言确实表达了他们所亲历的东西；要么亲历某物的人并不是他所亲历的东西的评判者，于是，明证性的体验就可能是一种错觉。为了废除神秘的经验、梦的经验或知觉经验中一切积极的价值，为了把这些空间重新整合到几何空间之中，应该最终否认一个人会做梦，否认一个人会是疯子，或否认一个人确实在知觉。只要我们承认梦、疯癫或知觉至少是反思的缺乏——如果我们想要为任何真理缺了它都没有可能的意识的证据保留一种价值，为什么不承认呢？——我们就没有权利把全部经验拉平到一个唯一的世界之中，把全部实存样式拉平到一个唯一意识之中。为了这样做，应该有一个我们可以让知觉意识和幻觉意识服从之的高级机构，应该有一个比我更内在于我本身的自我：当我局限于做梦或知觉时，它思考我的梦或我的知觉，当我只拥有我的梦和知觉的显象时，它却拥有它们的真正实体。但是，显象和实在的这一区分本身既不是在神话世界中，也不是在病人和儿童的世界中做出的。神话在显象**之中**维持本质，神话现象不是一种表象，而是一种真正的在场。雨神出现在祈祷后落下的每一滴雨水中，正如心灵出现在
336 身体的每一部分中一样。任何“显现”在这里都是一种肉身化，[①]而存在既不是通过一些“属性”，也不是通过一些外观特征获得界

① 卡西尔：《符号形式的哲学》，第三卷，第 80 页。

定的。这就是人们通过谈论一种幼稚的、原始的万物有灵论想要谈到的有价值的东西：不是因为儿童和原始人知觉到了他们寻求就像孔德所说的那样用一些意图或意识来解释的一些客体（作为客体的意识属于论题思维），而是因为事物被当作他们所表达的东西的肉身化，它们的人性含义压缩在它们那里，并且严格地呈现为它们想要表示的东西。一个消逝的影子或一棵树的断裂，都有一种意义；到处都存在着一些警告，却没有发出警告的人。[①] 既然神话意识还不具有关于事物的概念或关于一个客观真理的概念，它如何能够对它以为体验到了的东西进行批判呢？它到哪里去找一个固定点以便停顿下来，洞察到自己是纯粹意识，并在幻觉之外洞察到真实的世界呢？一位精神分裂症患者觉得放在他窗边的一把刷子正在靠近他并进入他的脑袋，然而，他每时每刻都一直不断地知道刷子就在那边。[②] 如果他朝着窗户看，他还会瞧见它。作为一种明确知觉的可辨认项，刷子并不像一堆物质那样处在病人的脑袋之中。然而，对病人来说，他的脑袋不是每个人都能看到、他自己也能在镜子中看到的这一客体：它是他感觉到在其身体的最高点的在聆听和警戒的岗位，是这一通过视觉和听觉到达全部客体的能力。同样，落入感官的刷子只不过是一个外壳或一个幻影；真正的刷子，通过各种显象获得体现的僵硬而刺人的存在，被聚集在目光之下，它已经离开了窗户，留在那里的只是它那没有活力的空壳。对清楚知觉的任何求助都不可能把病人从这一梦幻中唤醒，因为他并不怀疑清楚知觉，只是坚持它对于他体验到的东西并

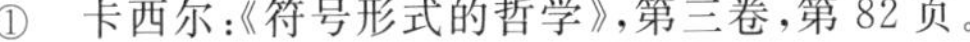

① 卡西尔：《符号形式的哲学》，第三卷，第 82 页。

② 宾斯万格：《心理学中的空间问题》，第 630 页。

没有任何不利的证明。一位女病人对医生说："您没有听到我的声音吗？"她最后平静地得出结论说："那么，我独自听到了那些声
337 音。"[①]使健全的人免于谵妄和幻觉的不是他的批判，而是他的空间结构：那些客体在他面前维持着，它们保持着它们的距离，正如马勒伯朗士在谈到亚当时所说的，它们只不过带着尊敬接触他。造成幻觉以及神话的原因，是被亲历空间的压缩，是事物在我们身体中的扎根，是客体的令人眩晕的接近，是人与世界的相互联系（它不是被日复一日的知觉或客观思维取消了，而是被压抑了，哲学意识将重新发现它）。或许，如果我反思在神话中、在梦中和在知觉中关于位置与方向的意识，如果我依照客观思维的方法设定并规定它们，那么我将在它们那里重新发现几何空间的各种关系。不应该由此得出结论说：这些关系已经在那里了，恰恰相反，真正的反思不是那种反思。为了知道神话的或精神分裂症的空间意味着什么，除了在我们自身中、在我们的现实知觉中唤醒被反思分析取消的主体与其世界的关系外，别无他法。应该在理论思维和论题思维的那些"含义行为"（Bedeutungsgebende Akten）之前认识到各种"表达经验"（Ausdruckserlebnisse），应该在"所指意义"（Zeichen-Sinn）之前认识到"表达意义"（Ausdrucks-Sinn），应该在内容归入形式之前认识到在内容中的形式的象征的"完整倾向"。[②]

这是想说我们认为心理主义有理吗？既然有同样多的空间和不同的空间经验，既然我们没有权利在儿童、病人或原始人的经验

① 闵可夫斯基：《幻觉问题与空间问题》，第 64 页。

② 卡西尔，前引著作，第 80 页。

中预先实现成人、正常人和文明人的经验构形，难道我们不是把主体性的每种类型、在非常情况下把每一意识都封闭在其私人生活之中了吗？难道我们不是用保持在其不可交流的生活之体验中的心理学家的我思，取代了那种在我这里重新发现一种普遍构造意识的理性主义的我思吗？难道我们不是在用每个人与它同时发生来定义主体性吗？对空间以及一般地说对初始状态的经验（在它 338
们被客观化之前）的研究，向经验本身要求它自己的意义的决定，总之，现象学，难道不是以存在的否定和意义的否定而告终吗？难道它不是以现象的名义重新回到了显象和意见吗？难道它不是把一种就像将疯子禁闭在疯癫中的决定一样难以获得辩护的决定算作了精确知识的起源吗？这种智慧的最后判词难道不是重新导向了自满自得而分离的主体性的焦虑吗？这些乃是仍然有待于我们去消除的模糊不清。处在它们的差异中的神话或梦幻意识、疯癫、知觉没有被封闭在它们自身之中，它们并不是没有交流的、我们不能从中走出的经验的孤岛。我们已经拒绝使几何空间内在于神话空间，以及一般地，拒绝使任何经验隶属于把这一经验定位在真理整体中的关于它的一种绝对意识，因为被如此理解的经验的统一性将使它的多样性难以理解。但是，神话意识向各种可能的客观化的视域开放。原始人在一个相当明晰地连接起来的知觉背景中亲历自己的神话，从而日常生活的各种行为、捕鱼、狩猎、与各种文明人的那些联系是可能的。不管神话本身如何散乱，它对于原始人来说都始终有一种可辨认的意义，这恰恰因为它形成了一个世界，也就是说，每一个要素在其中都与其他要素有意义关系的一个整体。神话意识或许不是关于物的意识，也就是说，从主观方面看，它是一种流，它还没有被固化，还不认识它自己；从客观方面看，它没有在自己面前设定由一定数量的可以分离却又彼此关联的属性来界定的一些项。但是，它本身没有被卷入到它的任何一种脉动之中，否则它根本就意识不到任何东西。它并不与它的各种意向对象保持距离，但是，如果它随同它们中的每一个消逝，如果它没有预备客观化运动，它就不会凝结成各种神话。我们已经寻求避免神话意识的各种早熟的理性化，比如像在孔德那里，它们使神话变得难以理解，因为它们试图在这一意识中寻找对世界的一种说明和对科学的一种预示，然而神话是实存的一种投射，是人的状况的一种表达。理解神话并不是相信神话，之所以所有神话都是真

339 实的，是因为它们能够被重新放回精神现象学——它指出了它们在意识觉醒中的功能，并最终把它们的意义建立在对于哲学家来说的它们的意义之上。同样，我要求我昨夜所是的那个做梦者叙述那个梦，但最终说来，做梦者本人并没有讲述任何东西，讲述的人是已经醒过来的人。如果没有醒觉，那些梦就只不过是转瞬即逝的一些变化，甚至对我们来说并没有实存过。在做梦期间，我们并没有离开世界：梦的空间退出明晰的空间，但利用了它所有的联系，世界甚至在睡梦中也缠绕着我们，我们梦到的正是世界。同样，疯癫在围绕着世界转。更不用说试图用大宇宙的各种剩余物来建造一片私人领地的一些病态幻想或一些谵妄了；病人在那里待在死亡之中、可以说在死亡中安置其家的最严重的抑郁状态，仍然利用了在世存在的结构，并向世界假借了他为否定在世存在所必需的东西。这种已经实存于神话意识或儿童意识之中、始终维持在睡梦或疯癫之中的主观性和客观性之间的联系，我们更加能

够在正常人的经验之中找到。我从来都不是完全生活在各种各样的人类学空间之中，我始终通过我的根基依附于一个自然的或非人的空间。当我穿过协和广场并且相信自己完全被巴黎接纳了时，我可以把目光停留在杜伊勒里公园的一块墙石上，协和广场消失了，只剩下这块没有历史的石头；我还能让我的目光消失在这一颗粒状的、淡黄色的表面上，这样甚至石头也不复存在，留下的只是光线在一团未定质料上的闪烁。我的整体知觉不是由这些分析的知觉构成的，但它总是可以分解成它们；我的身体通过我的习惯确保我进入到人类世界之中，但只有通过首先把我投射到一个自然世界（它总是在人类世界之下隐约闪现，就像画布在画之下隐约闪现并且赋予它一种脆弱的样子）之中，它才能这样做。即使存在着一种对被欲求所欲求者、被爱所爱者、被恨所恨者的知觉，它也总是围绕着一个可感的内核形成的（不管这个内核是多么微小），而且它正是在可感者中获得其验证和其充实的。我们已经说过，空间是实存性的；我们也可以说，实存是空间性的，也就是说，由于一种内在的必然性，它向一个“外部”开放，以致我们可以谈论一种 340
心理空间、谈论一个“各种含义以及在这些含义中形成的各种思想客体的世界”。[1] 各种人类学空间本身表现为是建立在自然空间上面的，就像胡塞尔所说的，“非客观化行为”是建立在“客观化行为”之上的。[2] 现象学的新颖性不在于否认经验的统一性，而是以不同于古典理性主义的方式确立它。因为客观化行为并不是一些表象。自然而原初的空间不是几何空间，相应地，经验的统一性不

① 宾斯万格：《心理学中的空间问题》，第 617 页。

② 《逻辑研究》，第二卷，第 387 页及以下。

是由在我面前展示它的各种内容、并保证我对于它有全部知识和全部能力的一个普遍思想者来保证的。它只能通过可能的客观化的各个视域获得揭示，它之所以能够使我摆脱每一特殊的环境，只是因为它把我与包含它们全部的自然世界或在己世界联系在一起。应该明白实存怎么一下子就能够在其周围投射一些向我掩盖了客观性的世界，并通过在一个唯一的自然世界的背景上突出这些“世界”而把这种客观性作为目标提供给意识的目的论。

如果神话、梦想、幻觉应该是可能的，那么显现的东西和实在的东西在主体中和在客体中都应该停留为含混的。我们经常说，按定义，意识不承认显象和实在的分离，而我们是从显象在关于我们自己的认识中就是实在这一意义上来理解这一点的：如果我认为在看或在感觉，那么我毋庸置疑地在看或在感觉，不管外部客体是什么。在这里，实在整个儿显现出来；是实在的与显现出来是一回事，除了显现之外别无实在。如果这是事实，那么就应排除错觉和知觉有同样的显象，排除我的错觉是一些无客体的知觉或我的知觉是一些真实的幻觉。知觉的真实和幻觉的虚假应该通过某种内在的特性被标记在它们那里，因为否则的话，来自其他感官、后来的经验或他人的见证（这种见证仍然是唯一可能的标准）也成为

341 不确定的，我们将不会有对知觉和错觉本身的意识。如果我的知觉的整个存在和我的错觉的整个存在处在它们的显现方式之中，那么界定前者的真实和界定后者的虚假也应该向我显现。因此，在它们之间将会有一种结构上的差异。真实的知觉将完全单纯地是一种真实的知觉。错觉将不是一种真实的知觉，确定性应该从作为思维的视觉或感觉延伸至作为一个客体的构成成分的知觉。

意识的透明性导致了客体的内在性和绝对确定性。不过，不把自身显示为错觉正好是错觉的特性，在这里，我应该能够即使不知觉到一个非实在的客体，也至少忽视它的非实在性；至少应该有一种关于非知觉的无意识，错觉应该不是它看起来所是的东西，一种意识行为的实在性应该仅此一次超越其显象。那么我们将要在主体中割裂显象和实在吗？但是，断裂一旦形成就无法修复：最清晰的显象可能从此以后是骗人的，这一次，正是真理的现象成为不可能的了。——我们不需要在一种关于内在性的哲学或一种理性主义（它只说明知觉和真理）和一种关于超越性或荒诞的哲学（它只说明错觉或错误）之间进行选择。我们之所以知道存在着一些错误，是因为我们拥有一些真理，我们以它们的名义来纠正错误，将其作为错误来认识。反之，对一种真理的明确认识确实远远超出一种不容置疑的观念在我们这里的单纯实存，远远超出对呈现出来的东西的直接信念：它假定了对直接的考问、怀疑和中止，它是对一种可能的错误的纠正。任何理性主义都至少承认一种荒诞性，即它应该在论题中获得表达。任何关于荒诞的哲学都至少在对荒诞的肯定中承认了一种意义。只有我悬置一切肯定，只有我就像蒙田或精神分裂症患者那样把自己限定在一种甚至不应该加以表述的考问中（在表述这一考问时，我把它变成了一个像任何确定的问题那样包含了一个答案的问题），最后，只有我不是把真理的否定，而是把一种单纯非真理的或模棱两可的状态，即我的实存的实际

的不透明性对立于真理，我才会停留在荒诞之中。同样，只有我排除任何的断定，只有没有什么东西对我来说是不言而喻的，只有我
342 就像胡塞尔所希望的那样在世界前面感到惊奇，[①]并且停止与世界共谋，以便使大量把我安置在世界之中的动机显现出来，以便整个地唤醒和明确我的生活，我才会停留在绝对的明证之中。当我想从这一考问过渡到一种肯定时，更不必说当我想表达自己时，我就把一个不定系列的动机凝结在一种意识行为中了，我再次进入到了不言明的东西之中，也就是模棱两可的东西之中、世界的运作之中。[②] 自我与自我的绝对联系、存在和显现的同一性是不可能被设定的，只能在未及任何的肯定之前被亲历。因此，这从一方面和另一方面来看都是同样的沉默和同样的空无。对荒诞的体验和对绝对明证的体验相互蕴含，而且是同样难以分辨的。只有绝对意识的一种要求每时每刻都瓦解着充满世界的含义，或者反过来，只有这一要求是由这些含义的冲突促成的，世界才会显得是荒诞的。绝对明证和荒诞不仅作为哲学断言是等价的，作为经验也是。理性主义和怀疑主义沉浸在它们两者都虚伪地暗示的一种实际的意识生命中，没有它，它们就不能被思考，甚至也不能被亲历；而且在它那里，我们不能说**一切都有一种意义**或**一切都没有意义**，而只能说**存在着意义**。正如帕斯卡尔所说的，这些学说只要被我们稍微紧逼一下，就充满各种矛盾，可是，它们貌似明晰，它们乍看有一种意义。以荒诞性为背景的真理，意识的目的论推定能够将之转

① 芬克：《当前批评中的胡塞尔现象学哲学》，第 350 页。

② 表达问题是由芬克揭示出来的，参前引著作，第 382 页。

化为真理的荒诞性，这就是原本现象。说在意识中显象和实在只不过是合一的，或者说它们是分离的，这都会使关于不管什么样的某物的意识（即使以显象的名义）成为不可能的。然而（如此乃是真正的我思），存在着关于某物——自身显示的某物——的意识，存在着现象。意识既不是对自身的设定，也不是对自身的无视，它**没有**被**掩饰**给它自己，也就是说在它那里没有什么东西不以某种方式被宣告给自己，尽管它没有必要明确地认识之。在意识中，显现不是存在，而是现象。这种新的我思因为先于被揭示的真理和 343
错误，所以使它们两者都得以可能。被亲历者当然是被我亲历的，我并非不知道我所抑制的那些感受，在这一意义上，不存在无意识。但是，我能够更多地亲历事物而不是向自己表象它们，我的存在不能被归结为从我自己那里向我明确地显现的东西。那只能被亲历的东西是双重性的；在我这里有一些我难以说出其名的感受，也有一些我并非完全沉浸于其中的虚假幸福。错觉和知觉之间的差别是内在的，知觉的真理只能在它本身那里被释读出来。在一条凹陷的道路上，如果我以为自己远远地看见了地面上的一块扁平大石头，而那实际上是一片阳光，那么我不能在我走近时看见了一片阳光的意义上说我曾经看见扁平的石头。就像所有那些远处之物一样，扁平的石头只能出现在各种联系还没有清晰地被建立起来的一个结构混乱的场域中。在这个意义上，作为形象的错觉是观察不到的；也就是说，我的身体与它没有关联，我不能通过一些探索的活动把它展开在我面前。然而，我能够忽略这种区别，我能够产生错觉。如下这样说并不正确：如果我坚持我真实看到的东西，那么我就永远不会犯错误，而且感觉至少是无可怀疑的。任何感觉都已经饱含一种被嵌入到一个或混乱或清晰的构形中的意义，当我从错觉中的石头过渡到真实的那片阳光时，不存在任何保持原样的感性所予。感觉的明证引起了知觉的明证，并使错觉成为不可能的。在我的整个知觉的和运动的场域把“在路上的石头”的意义给予了那片明亮的阳光这一意义上，我看到了错觉中的石头。我已经准备去感受在我脚下的这一平滑而坚硬的表面。这是因为，正确的视觉和引起错觉的视觉并不像恰当的思维和不恰当的思维那样，即不像一种绝对充实的思维和一种不完全的思维那样被区分开来。我说当我的身体对场景有一种精确的把握时我就能够正确地知觉，但是，这并不意味着我的把握从来都是完整的；只有我能够把客体的所有内外视域还原为有关联的知觉状态（这在原则上是不可能的），它才可能是完整的。在有关知觉真理的经验中，我假定迄今为止体会到的一致性对更细致的观察来说将维持下去；我信任这个世界。去知觉，就是把经验的整个将来一下子
344 就托付给严格说来并不能为将来担保的一个现在，这就是去相信一个世界。正是向一个世界的这种开放使知觉的真理、使一种接受-真理（Wahr-Nehmung）的实际实现成为可能，并且让我们能够“避免”先在的错觉，把它看作是完全无效的。我在自己的视觉场边缘、在某一远处看到一片移动的巨大阴影，我把目光转向这一边，幻影缩小了，回复其原位：它只不过是一只靠近我眼旁的苍蝇。我刚才意识到看见了一个影子，我现在意识到看到的**只不过是一只苍蝇**。我对世界的黏附让我能够补偿我思的各种波动，让我能够为了另一个我思而移走一个我思，让我能够超越我的思想的显象而回到其真理。在产生错觉的那一时刻本身，这种纠正对我表

现为可能的，因为错觉自身也利用了对世界的相同的信念，只是由于这一补充浓缩成了坚实的显象；因此，由于始终向着各种推定的证实的一个视域开放，它并没有使我与真理分开。但是，由于同样的理由，我没有被保证不犯错误，因为我透过每一个显象瞄向的、不管是对是错都把真理的分量给予这一显象的世界从来都不必然地要求这一显象。存在着关于世界一般的，而非任何特殊事物的绝对确定性。意识疏离了存在和它自己的存在，与此同时又通过世界的厚度与它们联系在一起。真正的我思不是思维与关于这一思维之思维的面对面：它们只能透过世界接合在一起。世界意识并不建立在自我意识之上，但它们是完全同时的：对我来说存在着一个世界，因为我不能无视自己；我没有被掩饰给我自己，因为我有一个世界。仍有待于分析在前反思的我思中对世界的这种前意识的拥有。

345 # 第三章　事物与自然世界

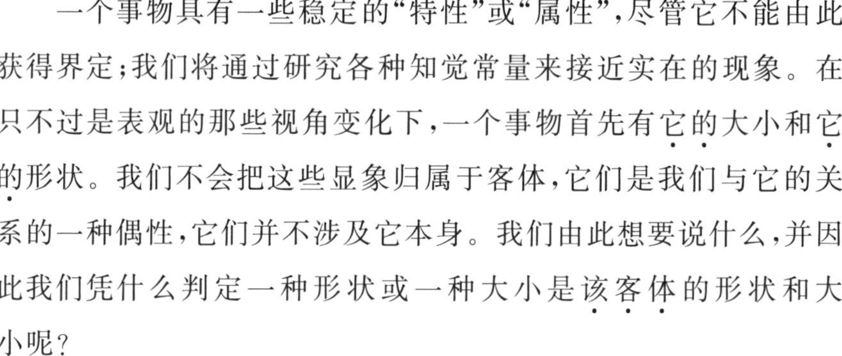

一个事物具有一些稳定的“特性”或“属性”，尽管它不能由此获得界定；我们将通过研究各种知觉常量来接近实在的现象。在只不过是表观的那些视角变化下，一个事物首先有**它的**大小和**它的**形状。我们不会把这些显象归属于客体，它们是我们与它的关系的一种偶性，它们并不涉及它本身。我们由此想要说什么，并因此我们凭什么判定一种形状或一种大小是**该客体**的形状和大小呢？

心理学家会说，每个客体被给予我们的东西，是依据视角始终可变的一些大小和形状，我们同意把我们在触觉距离内获得的大小或客体在它处在一个平行于正面的平面中时呈现的形状看作是真实的。尽管它们并不比其他大小和形状更真实，但是，既然这一距离和这一典型定向是借助作为始终给定的方位标的我们的身体而获得界定的，我们就始终拥有认识它们的手段，它们本身为我们提供了一个方位标：我们能够相对于它最终确定那些流变不居的显象，把它们彼此区分开来，简言之，能够建构一种客观性：斜看的正方形差不多是一个菱形，只有我们考虑了定向，只有比如说我们选择把正面呈现的显象看作是唯一决定性的，只有我们把任何给定的显象与它在这些条件中可能变成的样子联系起来，它才能与

真正的菱形区别开来。但是，对客观的大小或形状的这种心理重构给出的是需要加以说明的东西：一系列**确定的**大小和形状，在它们中间只需要选择一种就够了，它成了真实的大小或形状。我们已经说过，对同一个正在远去或围绕它自己旋转的客体，我并不拥有我能够在其中进行一种习惯性选择的越来越小、越来越扭曲的一系列“心理形象”。我之所以考虑了我的知觉的这些项，是因为 346
我已经把世界连同它的那些客观的大小和形状引入我的知觉中了。问题不仅仅在于知道，为何在所有的表观大小或表观形状中的一种大小或一种形状被看作是恒常的，更为根本的是：要弄明白为何一种真正确定的、甚或表观确定的形状或者大小能够被展示在我面前，能够被凝结在我的各种经验的流动中，并最终被给予我，简言之，为何存在着客观。

至少初看起来，确实存在着一种回避该问题的方式，这种方式或许是承认大小和形状归根结底并不是被知觉为一个个别客体的属性，它们只不过是用来指称现象场的各个部分之间的那些关系的名称。真实的大小或真实的形状透过各种视角变化的恒常性，只不过是现象与其呈现的诸条件之间的那些关系的恒常性。比如说，我的笔杆的真实大小并不像一种性质那样内在于我对笔杆的各种知觉的这一种之中，它不像红、热或甜那样是在一种知觉中被给予或被观察到的；它之所以保持为恒常的，不是因为我保留着有关我曾经观察过它的一种先前经验的回忆。它是视觉显象及其表观距离的各种相应变化的不变量或规律。实在不是一种占优势的、停留在其他显象之下的显象，它是所有显象都满足的那些关系的框架。如果我把自己的笔杆靠近自己的双眼，就算它差不多挡

住了我的整个景致，它的实际大小仍然是通常的，因为这支遮挡了一切的笔杆也是一支**从近处被看到的**笔杆，这一总是在我的知觉中被提到的条件使显象恢复为通常的尺寸。某人斜着呈示给我的正方形保持为一个正方形，不是因为我就这一表面的菱形想起了正面正方形的非常熟悉的形状，而是因为倾斜地呈示的菱形显象与正面呈示的正方形显象是直接同一的，因为，随同这些构形的每一个一道被给予我的是使它得以可能的客体的定向，而这些构型出现在使那些不同的视角呈示先天地等价的那些关系的某种背景中。其各个面因为视角而变了形的立方体保持为一个立方体，不
347 是因为我想象——如果我在自己手中使立方体转动——它的六个面相继呈现的外观，而是因为那些视角变形不是原始的所予，此外面对着我的那一面的完美形状同样不是。如果我们展开立方体的被知觉的整个意义，那么它的每一个因素都会提示观察者对于它的现实视点。一种仅仅表观的形状或大小是还没有被定位在由各种现象和我的身体一起构成的严密系统中的形状或大小。它在该系统中一获得位置，就会恢复其真实，视角变形不再被承受，而是被理解。只有当显象是不确定的时，它才是骗人的，才是严格意义上的显象。知道为何对我们来说存在着一些真实的、客观的或实在的形状或大小的问题，被还原为知道为何对我们来说存在着一些确定的形状的问题；而且存在着一些确定的形状，某种像“一个正方形”、“一个菱形”、一种实际的空间构形的东西，因为作为针对事物之视点的我们的身体和作为一个唯一世界的一些抽象因素的事物形成了一个系统，每一环节在这里都直接意指所有其他环节。我的目光相对于客体的某种定向意指客体的某种显象，那些邻近

客体的某种显象。客体在它的所有显现中都维持着一些不变的特性，它本身停留为不变的；它是客体，因为它在形状和大小那里能够获得的所有可能的价值已经预先被包含在关于它与背景的各种关系的表述中了。借助作为确定的存在的客体，我们要断定的实际上是不会发生变化的整个宇宙的表面，客体的全部显现的等值和它的存在的同一性正是建立在它那里的。遵循客观的大小和形状的逻辑，我们将和康德一道看到，这一表面求助于对于作为严格联结的系统的世界的设定，我们从来没有被封闭在显象中，最终说来，只有客体能够充分地*显现*。

这样，我们一开始就置自己于客体之中，我们忽视了心理学家的那些问题，但我们真的超越它们了吗？当有人说真正的大小或形状只不过是显象、距离和定向据以变化的恒常性法则时，他暗示它们可被当作一些可测量的变量或大小，因此，它们已经被确定了，而问题恰恰在于知道它们是如何被确定的。康德有理由说知
觉自然而然地被吸引到客体之上了。但是，在他那里，恰恰是显象 348
作为显象变得难以理解了。假如对于客体的那些视角一上来就被放回到了世界的客观系统之中，那么主体与其说是在知觉，不如说是在思考自己的知觉和自己的知觉之真理。知觉意识没有把知觉作为一门科学、把客体的大小和形状作为法则提供给我们，科学的各种数字规定沿着虚线回到了在它们之前已经完成的一种世界构造之中。作为科学家的康德把这种前科学的经验的种种结果看作是既得的，他之所以对它保持沉默，是因为他利用它们。当我注视自己面前的在我房间里的家具时，桌子连同形状和大小对我来说不是有关各种现象之展开的法则或规则，不是一种不变的关系：正

因为我知觉到了桌子及其确定的形状和大小，我才为距离和定向的任何变化推定了大小和形状的相应的变化，而不是相反。远不是事物被归结为一些恒常性关系，而是相反，各种关系的恒常性建立在事物的明证性上。对于科学和客观思维而言，以一个微小的表观大小在百步之处被看到的客体，无法区别于以一个更大的角度在十步之处被看到的同一客体，客体只是距离和表观大小的定值乘积而不是别的任何东西。但是，对于在进行知觉的我来说，在一百步开外的客体并不在它在十步开外的意义上是在场的、实在的，我在它的所有位置中、在它的所有距离上、在它的所有显象下面辨识它，因为所有的视角都朝着我在某一特定的距离和某个典型的定向上获得的知觉汇聚。这一优势知觉保证了知觉过程的统一性，把所有其他的显象都汇聚在它那里了。对每一个客体来说，就像对一家画廊里的每一幅画那样，存在着一个它要求从之被看到的最佳距离、一个它借以更多地给出它自己的定向：在它们下面和外面，我们只能有一种要么由于过度要么由于贫乏的混乱知觉；于是，我们倾向于达到最佳的可见性，就像我们在使用显微镜时寻求一种最佳的对焦一样，[①]这是通过内部视域和外部视域的某种
349 平衡得到的：过于靠近地，而且没有它可以在上面突出自己的任何背景地被看到，一个活物就不再是一个活物，而是和月球景致一样奇特的一个物质团，就像我们在放大镜下看一块皮肤时看到的那样；若是过远地被看到，它仍会丧失其活的价值，它只是一个玩具娃娃或一个自动木偶。当活物的微观结构既不是过于可见的，也

① 夏普：《知觉现象学论稿》，第 59 页及随后部分。

不是过于不太可见的，它本身就显现出来了，而这一时刻也确定了它的实际形状和大小。从我到客体的距离不是一种在增大或在减小的大小，而是一种围绕着一个标准摇摆的张力；客体相对于我的倾斜定向并不是按照它与我的脸平面形成的角度来测量的，而是被体验为一种不平衡，被体验为它对我的各种影响的一种不均衡分布；显象的变化不是一些或更大或更小的大小改变，不是一些实在的扭曲：只是，时而它的各个部分相互混杂、彼此融合，时而它们一个与另一个清晰地衔接起来并且显露出它们的丰富性。在我的知觉那里存在着同时满足这三条标准、整个知觉过程都向之而趋的一个成熟点。我之所以使客体靠近我，或者我之所以为了“更清楚地看它”而用我的手指转动它，是因为我的身体的每一姿态一开始对我来说就是某种针对场景的能力，每一场景对我来说都是我的身体在某种运动处境中之所是，换句话说，我的身体为了知觉各种事物而永久地停留在它们面前，反过来，各种显象对我来说始终被包含在某种身体姿态中。如果说我认识一些显象与运动处境的关系，这并不是通过一个法则并借助一种程式，而是就我有一个身体、就我通过这一身体与世界相联系而言的。正如知觉姿态不是一个一个地被我认识的，而是作为引向最佳姿态的姿势中的某些阶段被不言明地给出的，相应地，对应于它们的那些视角不是一个接一个地在我面前被设定的，而是只能作为向事物本身及其大小和形状的一些过渡被提供出来。康德已经清楚地看到这一点，这不是一个知道确定的形状和大小如何在我的经验中显现出来的问题，因为要不然的话我的经验就会是对乌有的经验，因为任何内部经验都只是在外部经验的基础之上才有可能。但是，康德从中得

350 出结论说我是一个倾注并构造世界的意识，而在这一反思活动中，他越过了身体现象和事物现象。相反，如果我们想描述这些现象，就应该说我的经验出现在各种事物之中，并且在它们那里超越自己，因为它总是在相对于世界（世界是对我的身体的限定）的某种组合框架内获得实现的。各种各样的大小和形状只不过形成了对世界的全面把握的多种样式。如果我的目光不能覆盖某物，那么该物就是大的，相反，如果它能绰绰有余地覆盖之，那么该物就是小的，至于各种中等大小，则依据它们处于相同距离时扩张我的目光的多或少，或者依据它们处于不同距离时同等地扩张了我的目光而彼此区别开来。如果客体（其所有的面同等地靠近我）没有让我的目光移动承受任何曲率变化，或者，如果它让其接受的那些曲率变化根据关于世界（它和我的身体一道被提供给我）的科学可归因于倾斜呈现，那么它就是圆形的。[①] 因此，对一个事物、一个形状或一个真实大小的任何知觉，以及任何的知觉恒常性，都确实真的让我们诉诸于对一个世界和一个经验系统（我的身体和各种现象在这一系统中密切地联系在一起）的设定。但是，经验系统不是被展现在我面前的，仿佛我是神一样，它是被我从某个视点亲历到的，我不是它的旁观者，而是它的一部分；正是我对一个视点的内

① 因此，知觉中的那些形状和那些大小的恒常性不是一种理智功能，而是一种实存功能，也就是说，它应该与主体借以把自己安顿在其世界中的前逻辑行为联系在一起。把一个人类被试放入一个在它上面固定着一些直径相等的圆盘的球体之中心，我们将发现，恒常性基于水平线远远比基于垂直线要完美。月亮在地平线上非常大，而在天顶上比较小，这只不过是同一个法则的一个特例。相反，那些猴子在树木上的垂直移动和我们在地面上的水平移动一样自然，基于垂直线的恒常性也是很完美的。考夫卡：《格式塔心理学原理》，第 94 页及以下。

在性，使我的知觉的有限性和它向作为任何知觉之视域的整个世界的开放同时成为可能的。之所以我知道地平线上的一棵树保持为它在邻近知觉中之所是、维持着它的实际形状和大小，只是因为该地平线是我的直接周围人群的地平线，是因为它包含的对各种事物的知觉占有逐步为我提供了保证；换言之，各种知觉经验相互
链接、相互推动、相互蕴含，世界知觉只不过是我的在场之场的一 351
种扩展，它没有超越其最重要的那些结构，身体在那里保持为施动者，从来都不会变成客体。就像康德在先验辩证论中指出的，但在先验分析中似乎忘记了的那样，世界是我定位于其中的一个开放的、未定的统一体。

事物的性质，比如它的颜色、它的硬度、它的重量，就事物告诉我们的远多于其几何属性。在全部光线作用和全部亮度下，桌子是且仍然是棕色的。那么，作为开始，这种实在的颜色是什么呢？我们如何通达它呢？我们想要回答说，它就是我最经常看见桌子呈现的颜色，桌子在日光下、在近距离、在“正常”条件下呈现的，即最经常呈现的颜色。当距离太远，或当亮度具有一种固有色时，如在日落时或在电灯光下，我为了记忆中的一种颜色[①]而移走了实际看到的颜色，前者是占优势的颜色，因为它已经由众多的经验铭刻在我这里。因此颜色的恒常性可能是一种实在的恒常性。但是，我们在这里只有对现象的一种人为的重构。因为在考虑知觉本身时，我们不能说桌子的棕色在所有亮度下都呈现为同一种棕色，呈现为由记忆实际地给予的同一种性质。一张在阴影中的白

① 海林所说的记忆颜色。

纸——我们将它认作是这样的——并不完全是白的，它“并不以一种令人满意的方式处在黑-白系列之中”。[1] 假如有在阴影中的一面白墙和在光线下的一张灰纸，我们不能说墙壁保持为白色的，纸张保持为灰色的：纸张给予目光的印象更强烈，[2]它比较明亮，比较清晰，而墙壁比较阴暗，比较黯淡，可以说在各种亮度变化之下保持不变的只不过是“颜色实质”。[3] 所谓的颜色恒常性不能阻止“一种不容置疑的变化，我们在这一变化过程中继续在我们的视觉
352 中接受基本的性质，接受可以说是基本性质那里的实质性的东西”。[4] 这一相同的理由也将阻止我们把颜色恒常性看作是一种理想的恒常性，并且把它与判断联系在一起。因为区分出一个给定的显象中明亮部分的判断，只有通过将客体的固有色视为同一才能得出结论，而我们刚才已经看到，客体的固有色并不保持为同一的。经验主义以及理智主义的缺陷就是，除了出现在反思的态度中的那些固定性质之外，不承认其他颜色，然而生动的知觉中的颜色是通向事物的一个导引。应该忘掉物理学所支持的这一错觉：被知觉世界是由一些颜色-性质构成的。正如一些画家已经指出的，在自然中存在的颜色非常少。在儿童那里，颜色知觉是后来才形成的，无论如何都晚于对世界的构造。毛利人有 3000 个颜色名词，这不是因为他们知觉到很多的颜色，相反，是因为当它们属于不同结构的一些客体时，他们不能识别它们。[5] 如舍勒说过的

① 盖尔布：《视觉事物的颜色恒常性》，第 613 页。

② 它是强烈的（eindringlicher）。

③ 施通普夫，转引自盖尔布，同上书，第 598 页。

④ 同上书，第 671 页。

⑤ 卡茨：《颜色世界的构造》，第 4－5 页。

那样，知觉不需要经由颜色就能直接通达事物，就像它不需要确定眼睛的颜色就能领会目光表达了什么一样。只有通过考虑甚至在性质的显象发生变化时也能保持不变的一种颜色-功能，我们才能理解知觉。我说我的钢笔是黑色的，而且我在阳光下看到它是黑色的。但是，这一黑色与其说是黑色的感性性质，不如说是从客体——即使在它被反光覆盖的时候——散发出来的一种阴暗的力量，这一作为阴暗力量的黑色只有在类似于道德阴暗的意义上才是可见的。实在的颜色仍然在各种显象之下延续，就像背景在图形之下持续一样，也就是说，不是作为被看到或被思考的性质，而是处在一种非感觉的在场之中。物理学以及心理学给颜色下了一个随意的定义，它实际上只适合于颜色的一种显现方式，长期以来，它向我们掩盖了颜色的所有其他显现方式。海林要求我们在研究和比较各种颜色时只使用纯粹的颜色，要求我们把所有外部状况从它们那里排除掉。应该“不是针对属于一个确定的客体的各种颜色，而是针对一种感受质”进行操作，“不管它是平面的还是充满空间，它不需要确定的载体就能够为己地继续存在”。[1] 353
光谱的各种颜色差不多能满足这些条件。但是，这些色彩区域(Flächenfarben)实际上只不过是颜色的可能结构之一，一张纸的颜色或表面颜色已经不再遵循同样的规律。各种差异阈限在表面颜色中比在色彩区域中要更低一些。[2] 色彩区域是被远距离但不那么精确地定位的；它们有一个海绵状的外观，而表面颜色则是浓厚的，能让目光停留在它们的表面；它们始终是平行于正面的，而

---

① 转引自卡茨，《颜色世界的构造》，第 67 页。

② 阿克曼：《颜色阈限与场结构》。

表面颜色则能够呈现出全部的定向；最后，它们始终模模糊糊地是平的，不能结合成一种特殊的形状，不能在一个表面上呈现为是弯曲的和延展的而不丧失自己的色彩区域性质。[①] 然而颜色的这两种显现方式都出现在心理学家们的实验中，另外它们在那里通常是混在一起的。不过，颜色还有心理学家们长期以来未曾谈到过的许多别的显现方式：那些占据空间三维的透明物体的颜色（Raumfarbe），反光（Glanz），炽热色（Glühen），闪光色（Leuchten），一般而言的亮光色（它很少与光源的颜色相混淆，以致画家能通过阴影和光线在客体上的分布来表现前者，而不用表现后者）。[②] 成见在于相信这里涉及对关于自身不变的颜色的知觉的一些不同排列，涉及被给予同一种感性质料的一些不同形式。事实上，我们有所谓的质料完全消失于其中的各种不同的颜色功能，因为赋予形式是要通过感性属性本身的一种变化来实现的。

 354 尤其是，客体的亮度和固有色的区分并不来自于一种理智的分析，这不是把一些概念含义强加给一种感性质料；如果我们想要理解固有色的恒常性，我们应该更仔细地加以描述的东西是颜色本身的某种构造，是一种亮度-被照亮物结构的建立。[③]

---

① 卡茨：《颜色世界的构造》，第 8－21 页。

② 同上书，第 47－48 页。亮度是与表面颜色一样直接的一种现象所予。儿童把它知觉为一条穿过视觉场的力线，而这就是在各种客体后面与它对应的阴影一开始就和它处在一种生动的关系中的原因。儿童说，阴影“躲过了光线”。皮亚杰：《儿童的物理因果概念》，第八章，第 21 页。

③ 确实，有人已经指出（盖尔布和戈尔德斯坦：《脑疾病病例的心理学分析》、《论表面颜色知觉的消除》），颜色恒常性可以在那些既不再有各个表面的颜色，也不再有亮度知觉的被试那里存在。恒常性可能是一种远为基本的现象。它出现在那些有着比眼睛更简单的感觉器官的动物身上。因此，亮度-被照亮物这种结构是一种特殊的、高度组织化的恒常性类型。但是，对于一种客观而精确的恒常性来说、对于一种针对事物的知觉来说，它保持为必不可少的（盖尔布：《视觉事物的颜色恒常性》，第 677 页）。

一张蓝色的纸在煤气灯光下呈蓝色。然而,如果用光度计来测量它,我们就会惊奇地发现,它就像在日光下的一张棕色纸那样呈送给眼睛以相同的混合光。[1] 如果我们透过向我们遮住了光源的屏幕的开口去看,一面在不受约束的视觉中呈现为白色(保留前述的限制条件)的被微微照亮的白色墙壁,呈现为蓝灰色。画家不用屏幕就能达到同样的效果,并且能看到反射光的数量和性质所决定的那样的各种颜色,条件是比如通过眯起眼睛把它们与周围环境隔离开来。这种外观的改变与颜色的一种结构改变是分不开的:当我们将屏幕放置在我们的眼睛和场景之间时,当我们眯起眼睛时,我们就使颜色摆脱了物体表面的客观性,我们把它们重新带回到发光平面的单纯状态中。我们不再看到带着一种确定颜色并处在它们在世界之中的位置上的一些实在物:那面墙、那纸张,我们看到的是一些全都模糊地处于同一个“虚构”平面上的色斑。[2]

屏障究竟是如何起作用的?通过观察在不同条件下的同一种现象,我们对此能有更好的理解。如果我们依次透过目镜看两个大盒子(一个被涂成白色,另一个被涂成黑色,一个被强烈地照亮,一 355
个被微微地照亮,以致眼睛在这两种情况下接收的光量相等)的内部,如果我们设法让盒子内部没有任何阴影、没有涂料方面的任何不规则,那么它们是难以分辨的,我们在两者那里看到的都只是一个弥漫着灰色的空的空间。如果我们在黑盒子里放入一张白纸,或在白盒子里放入一张黑纸,那么一切都变了。前者立刻呈现为

① 这一实验已经由海林(《光觉学基础》,第 15 页)报告过了。

② 盖尔布:《颜色恒常性》,第 600 页。

黑色，并且被强烈地照亮，后者呈现为白色，并且被微微地照亮。为了亮度-被照亮物结构可以出现，至少应该有其反射能力并不相同的两个表面。[①] 如果我们设法使弧光灯的光束准确地照在一个黑色圆盘上，如果我们转动圆盘以消除其表面总是具有的凹凸不平的影响，那么圆盘就和房间的其余部分一样，看上去被微微地照亮了，而光束则成了圆盘构成为其底部的一个浅白色固体。如果我们把一片白纸放在圆盘前面，"在这同一时刻，我们将看到'黑色的'圆盘、'白色的'纸以及被强烈地照亮的两者"。[②] 转换是如此完全，以致我们会有看见一个新的圆盘出现的印象。屏幕不在其中起作用的这些实验使我们理解了它在其中起作用的实验：在恒常性现象中屏幕能使之失效的、在不受约束的视觉能够起作用的决定性因素，乃是整个场域的连接，乃是场域包含的那些结构的丰
424 富性和精微性。当被试通过屏幕的开口看时，他不再能"综览"各种亮度关系，也就是说，不再能在可见空间中知觉到所有附属部分以及它们各自的互相映衬的亮度。[③] 当画家眯起眼睛时，他破坏了场域的深度构造以及与之伴随的亮度的各种精确对比；不再存在带着其固有色的各种确定的客体。如果我们重新开始做处在阴影中的白纸和被照亮的灰纸的实验，如果我们把这两种知觉的各种负后像投射在屏幕上，我们就可以观察到，恒常性现象没有被保持在那里，仿佛恒常性和亮度-被照亮物结构只能在事物中、而不

① 盖尔布：《颜色恒常性》，第673页。

② 同上书，第674页。

③ 同上书，第675页。

能在后像的扩散空间中产生一样。[①] 通过承认这些结构取决于场域的构造，我们一下子就理解了恒常性现象的所有经验规律[②]：它与场景投射其上的视网膜区域的大小成正比，而且投射到所涉视网膜空间中的越是一个更宽广、更富有关联的世界部分，它就越明显；——它在边缘视觉中不如在中心视觉中完满，在单目视觉中不如在双目视觉中完满，在短时视觉中不如在长时视觉中完满，它在远距离上变弱，它随各个个体及其知觉世界的丰富性而变化，最后，它对于抹去了客体的表面结构并抹平了不同表面的反射能力的彩色照明来说不如对于遵守这些结构差异的无色照明来说完满。[③] 因此，在恒常性现象、场域连接和亮度现象之间的联系可以被看作是一个既成事实。

但是，这种功能性的关系还不能使我们理解它所连接的那些项，也因此不能使我们理解它们的具体联系，如果我们仅限于对在通常意义上理解的这三个项之间的一种相应变化进行简单的确认，那么这个发现所带来的最大好处也就丧失了。应该在何种意义上说客体的颜色保持为恒常的呢？什么是场景的构造以及它在其中得以构造的场域呢？最后，什么是亮度呢？如果我们不能成功地把心理学归纳所包含的这三个变量集中在一个唯一的现象中，如果心理学归纳不能仿佛用手那样把我们引向一种直觉（恒常性现象的那些所谓的“原因”或“条件”将作为该现象的一些环节出现，并与之保持在一种本质的关系中），那么这种归纳就停留为盲

① 盖尔布：《颜色恒常性》，第 677 页。

② 这些就是卡茨的规律（《颜色世界》）。

③ 盖尔布：《颜色恒常性》，第 677 页。

357 目的。[①] 因此，让我们反思刚刚被揭示给我们的那些现象，并尝试着去弄明白它们在整体知觉中是如何相互推动的。让我们首先考察一下我们称为一种亮度的光线或颜色的这种特殊显现方式。这里有什么特殊之处吗？当某个光斑被当作亮度而不是从它本身来考虑时，发生了什么呢？需要历经几个世纪的绘画，我们才察觉到眼睛上的反光——绘画没有这种反光将保持为无生气而盲目的，就像在原始人的绘画中那样。[②] 既然反光可以长期以来不被人觉察到，那它就不是因其自身而被看到的；然而，它在知觉中有其作用，因为只要缺少反光，客体和面孔就没了生命和表达力。反光只能从眼角被看到。它不是作为一个目标呈现给我们的知觉，它是我们的知觉的辅助或介质。它本身没有被看到，但是，它使我们看到其他的东西。照片上的反光和亮度常常失真，因为它们已经被转变成事物，比如说，如果电影里的一个人物手持一盏灯走进一个地窖，那么我们看不见作为照亮了黑暗并使某些客体呈现出来的非物质存在的光束，它被固化了，不再能够向我们展现在其尽头的客体，光线在墙壁上的经过只不过产生了一些晃眼的亮洼，它们不

① 事实上，无论心理学家想保持为多么实证的，他自己也完全感受到了，归纳研究的全部价值就在于把我们引向了一种关于现象的视点，而且他从来都不能完全抵挡至少指出这种新的觉醒的诱惑。因此，纪尧姆(《心理学论》，第 175 页)在阐述颜色恒常性的规律时写道：眼睛“考虑了光线”。在某种意义上，我们的研究只不过是对这个短句的展开。在严格实证性的层面，它并不意味着任何东西。眼睛不是精神，它是一个物质器官。它如何能够“考虑”无论什么样的某种东西呢？只有当我们在客观身体之外还引入现象身体时，只有当我们把客观身体变成一个认识的身体时，最后，作为知觉主体，只有当我们用实存，也就是说，用通过一个身体而在世存在来取代意识时，眼睛才能这样。

② 夏普：《知觉现象学论稿》，第 91 页。

是位于墙壁上，而是位于银幕表面。因此，亮度和反光只有在作为不引人注目的中介消失了时，只有在**引导**而不是抑制我们的目光时，才能发挥其作用。[①] 但是，应该对此作何种理解呢？当有人在一套我不熟悉的公寓中领着我走向房子的主人时，有某个代替我知道的人（视觉场景的展开为他提供了一种意义）走向一个目标，358
而我信赖或接受了这种我所没有的知识。当某人在一个景致中使我看到了我独自一人没能分辨出的一个细节时，这里有某个已经看到了它的人，他已经知道该从何处着手，该从何处看才能看到。亮度引导我的目光，使我看到那个客体，因此在某种意义上，它**知道且看到了**那个客体。假如我想象幕布在被照亮的布景上徐徐拉开的一个没有观众的舞台，在我看来，场景**本身是可见的**，或已经准备好被看到，而探索舞台的前后景、勾勒出了各种阴影并且完全渗透整个场景的光线，先于我们实现了一种视觉。反过来说，我们自己的视觉只不过以自己的方式重新实现这一视觉，并经由布光为它开辟的道路来进行场景的投注，就像在听到一句话时，我们惊奇地发现了一种外来思想的印迹。我们根据光线来知觉，就像我们在言语交流中根据他人而思考。交流假设了（尽管在一种新的、本真的言语的情形中，将超越交流并使它变得丰富）一个意义借以能够寓于词中的某种语言组合，同样，知觉在我们这里假设了一个装置，它能够根据光线的各种吸引的方向/意义（也就是既根据其方向，也根据其含义，两者是一回事）来响应它们，能够集中分散的

① 为了描述亮度的最重要的功能，卡茨从画家们那里借来了光线引导（Lichtführung）这个术语（《颜色世界》，第 379－381 页）。

可见性，能够完成在场景中已经有了雏形的东西。这个装置就是目光，换言之，就是各种显象和我们的各种运动觉进程的自然相关：它不是在一个规律中被认识的，而是被亲历为我们的身体在一个世界的各种典型结构中的介入。亮度和作为其关联物的被照亮物的恒常性，直接取决于我们的身体处境。在一个非常明亮的房间里，如果我们观察一个被放在一个阴暗角落中的白色圆盘，那么白色的恒常性是不完满的。当我们走近圆盘所在的那个阴影区时，恒常性就得到了改善。当我们进入阴影区时，恒常性就变得完满了。[①] 只有当阴影不再作为有待于去看的某物处在我们面前时，当它包围着我们时，当它成为我们的环境时，当我们把自己安置在它那里时，它才真正地成为阴影（相应地，圆盘才被认作是白
359 色的）。只有当场景远不是一些客体的总和，即不是展现在一个无世界的主体面前的一些性质的一个组合，而是为主体划定范围并向他提出一个约定时，我们才能理解这一现象。亮度不是来自客体方面，它是当被照亮的事物突出在我们面前并且让我们面对时，我们所接受的东西、我们当作正常状态的东西。亮度既不是颜色，甚至也不是在它自身中的光线，它先于各种颜色和各种光度的区分。而这就是为什么它在我们看来总是倾向于成为“中性的”。我们停留其中的微光对于我们来说变得如此自然，以至它不再被知觉为微光。在我们离开日光时呈现为黄色的电灯光，马上就不再对我们有任何确定的颜色，而如果还有剩余的日光进入房间，那么

① 盖尔布：《颜色的恒常性》，第 633 页。

这种“客观上中性的”光对我们呈现为带有蓝色。[①] 不应该说由于电灯的黄色光被知觉为黄色的，所以我们在估量那些显象时考虑到了它，并因此理想地恢复了那些客体的固有色。不应该说黄色光随着其扩展是从日光的角度被看到的，而其他客体的颜色因此实际上保持为恒常的。应该说黄色光在承担照明的功能时，趋向于先于任何一种颜色而获得定位，趋向于颜色的零度，客体则根据它们对这一新气氛的抵抗程度和方式相应地被分配光谱的颜色。因此，任何一种颜色-感受质都以一种颜色-功能为中介，并相对于一个可变的标准而获得规定。当我们开始生活在占优势的氛围中，并根据这一基本的惯例给客体重新分配光谱颜色时，这一标准以及取决于它的全部颜色值也就确立起来了。我们在某种颜色环境中的安顿以及它带来的全部颜色关系的变换，是一种身体活动；我只有通过*进入*这一新的氛围中，才能实现这种活动，因为我的身体是我寓居于世界的所有环境中的一般能力，是把它维持在恒常中的所有变换和所有等值的关键。因此，亮度只不过是一种复杂结构中的一个环节，这一结构的其他环节则是像我们的身体实现 360 的那样的场域构造和在其恒常性中被照亮的事物。我们能够在这三种现象之间发现的各种功能相关只不过是它们的“本质性的共存”[②]的一种显示。

让我们通过强调后两种现象来更好地表明这一点。应该把场域的构造理解成什么呢？我们已经看到，如果我们把一张白纸放

① 考夫卡：《格式塔心理学原理》，第 255 页及以下，参《行为的结构》，第 108 页及以下。

② 本质性的共实存（Wesenskoexistenz），盖尔布：《颜色的恒常性》，第 671 页。

入一盏弧光灯的光束中，直至光束与它照在其上的圆盘相混，并且被知觉为一个圆锥形固体，这时光束和圆盘立刻就分离了，亮度获得了作为亮度的资格。将白纸放入光束中，通过清楚地显明光锥的“非固体性”，改变了光束相对于它照在其上的圆盘的意义，并使它有了作为亮度的价值。事情的发生仿佛是在对被照亮纸张的视觉和对一个固体圆锥的视觉之间有一种亲历的不相容性，仿佛场景的一部分的意义引起了整体意义的重组。同样，我们已经看到，在被孤立地看待的视觉场各个部分中，我们不能区分客体的固有色和亮度的固有色，但是，在视觉场整体中，通过每一部分都在其中受益于其他部分的构形的相互作用，一种赋予每一局部颜色以其“真”值的一般亮度散发出来了。在这里，一切的发生仿佛仍然是，被孤立看待的无力引起亮度的视觉的场景诸部分，通过它们的结合使亮度视觉成为可能的，仿佛透过分散在场域中的颜色值，某个人看出了一种系统的转变的可能性。当一个画家想再现一个明亮的客体时，他与其说是通过在客体上涂抹一种鲜艳的颜色，不如说是通过给周围的那些客体适当地分配反光和阴影来达到的。[①] 如果我们能够暂时把一个凹刻的图案看作是凸刻的，如一枚印章，我们就会突然感觉到一种来自客体内部的神奇亮度。这是因为，考虑到所在地的亮度，各种光线和各种阴影在印章上的那些关系正好与它们应该是的关系相反。如果我们让一盏灯保持恒定距离围绕一尊半身雕像转动，那么即使在灯本身不可见的时候，我们也
361 能够在唯一被给出的亮度和颜色的那些变化的复合物中知觉到光

① 卡茨：《颜色世界》，第 36 页。

源的转动。[①] 因此,存在着一种“亮度的逻辑”,[②]或者还有一种“亮度的综合”,[③]即视觉场各部分的共存的可能性;它当然可以通过选言命题来加以说明,比如,如果画家想在艺术批评家面前为自己的绘画作辩护的话,但是,它首先被亲历为画的坚实性或场景的实在性。进而言之,存在着绘画或场景的整体逻辑,存在着被体验到的客体的一些颜色、一些空间形式和方向/意义的一致性。画廊里的一幅画,从适当的距离看,有其内在的亮度,这不仅赋予每一色斑以其颜色价值,而且还赋予其某种表象价值。过近地看,它就落入画廊中的支配性亮度之下了,颜色“不再表象地起作用,它们不再给予我们某些客体的形象,它们作为石灰浆在一块画布上起作用”。[④] 在一处山景面前,如果我们持一种把场域的一部分孤立出来的批判态度,那么颜色本身就会改变,而原本是草原绿的这种绿色,一旦从其背景中被孤立出来,就会在丧失其表象价值的同时,也丧失其厚度和色彩。[⑤] 一种颜色从来都不仅是颜色,而且是某个客体的颜色,一张地毯的蓝色如果不是羊毛的蓝色的话,那就不是相同的蓝色。就像我们刚刚看到的,视觉场的各种颜色构成了一个围绕某个主导色(它就是作为标准的亮度)而排列的系统。我们现在隐约地洞见到了场域构造的一种更深刻的意义:形成一个系统的东西不仅有各种颜色,而且还有各种几何特性、所有的感觉

① 卡茨:《颜色世界》,第 379－381 页。
② 同上书,第 213 页。
③ 同上书,第 456 页。
④ 同上书,第 382 页。
⑤ 同上书,第 261 页。

所予以及各种客体的意义；我们的知觉整个地是被一种逻辑（它根据其他客体的那些规定性分配给每一个客体以其全部规定性，它把任何反常的所予都作为非实在的予以“清除”）激活的，它整个地
362 暗含在世界的确定性中了。从这一视点看，我们最终发现了各种知觉恒常性的真正含义。颜色的恒常性只不过是各种事物的恒常性的一个抽象环节，而各种事物的恒常性建立在对作为我们全部经验的视域的世界的初始意识之上。因此，不是因为我在各种各样的亮度下面知觉到了一些恒常的颜色我才相信一些事物，而且事物将不是各种恒常的特性的一个总和，相反，正是在我的知觉本身向一个世界和一些事物开放的范围内，我才重新发现了一些恒常的颜色。

恒常性现象是很普遍的。我们已经可以谈论一些声音的[1]、一些温度的、一些重量的[2]，以及最后严格意义上的一些触觉所予的恒常性，它也以这些感觉场的每一个中的一些现象的某些结构、某些“显现方式”为中介。关于各种重量的知觉总是保持为相同的，不管促成它的肌肉是哪些，不管这些肌肉的初始位置何在。当我们闭着双眼提起一个物品时，它的重量并没有差别，不管手有没有承受一种附加的重量（而且不管这种重量本身是通过对手背的压力还是通过对手掌的拉力起作用的）；不管手是不受约束地活动，还是相反地如此地受到束缚，以至只有手指可以活动；不管是一个手指还是几个手指执行任务；不管用手还是用头，用脚还是用

① 冯·霍恩波斯特尔：《空间听觉》。

② 韦尔纳：《紧张心理学的基本问题》，第 68 页及以下；费舍尔：《提起重量的变化现象》，第 342 页及以下。

牙齿来提起物品；最后不管在空气中还是在水中提起物品。因此，触觉印象是通过考虑被调动的那些器官的本性和数量、甚至它得以在其中显现的一些物理环境而获得“解释”的；这样，一些在它们自己那里非常不同的印象，如对前额皮肤的压力和对手的压力，以相同的重量知觉为中介。在这里不可能假定，解释建立在一种明确的归纳之上，而且被试在前述实验中已经能够测出不同的变量对物品的实际重量的影响：他可能从来都没有机会用重量来解释一些前额压力，或为了重新发现重量的通常梯度而把部分手臂因浸入水中而隐藏了的重量添加到手指的局部印象中。即使我们承 363
认，通过运用他的身体，被试逐渐获得了重量等值的计算表，并且知道由手指肌肉提供的这种印象等值于由整只手提供的那种印象，这样一些归纳——既然他把它们运用到了其身体的永远不会有助于提起重量的那些部分——至少应该在系统地包含了身体的所有部分的一种全面知识的框架内展开。重量的恒常性不是一种实在的恒常性，即由最常用的那些器官提供的、在其他情形中由联想重建的一种“重量印象”在我们这里的不变性。因此，物品的重量将会是一种理想的不变量而重量知觉是一种判断（借助它，通过在每一种情况下都把印象与印象得以在其中呈现的那些身体的、物理的条件联系起来，我们由自然物理学识别出这两个变量之间的一种恒常关系）吗？但这或许只不过是一种说法：我们并不像一位工程师认识他逐件组装起来的机器那样认识我们的身体，我们的器官的能力、重量和可及范围。当我们比较我们的手的工作和我们的手指的工作时，正是基于我们前肢的一种整体能力，它们才被相互区分或视为同一的，正是在一种“我能”的统一性中，不同的

器官的活动才看起来是等价的。相应地,它们中的每一个提供的那些“印象”实际上是没有区别的,只是通过一种明确的解释才联系在一起的;它们一开始是作为“实际”重量的不同显示而被给出的,事物的前客观统一性是身体的前客观统一性的相关项。这样,在作为各种等价姿势之系统的我们身体的背景上,重量作为一个客体的可辨认的属性显现出来。对重量知觉的这种分析阐明了所有触知觉:本己身体的运动对于触觉就如同亮度对于视觉。[①] 任何触知觉在它向一种客观“属性”敞开的同时,包含着一种身体构成成分,比如一个物品的触觉定位是相应于身体图式的一些基点来确定的。这种乍看之下绝对区分了触觉和视觉的属性,反而使
364 它们接近了。可见的物品无疑在我们面前,而不是在我们的眼睛上,但我们已经看到,可见的位置、大小或形状最终又是由定向、广度和我们的目光对它们的把握所决定的。被动触觉(比如,经由耳朵或鼻子内部的触觉,或一般说来经由通常被掩盖的身体部分的触觉)无疑几乎只向我们提供我们的本己身体的状态,差不多与物品没有什么关系。即使在我们的触觉表面最敏锐的那些部分,一种没有任何运动的压力也只能产生一种勉强可辨认出的现象。[②]但是,也存在着一种没有注视的被动视觉,比如,一束眩目光线情况下的视觉,它不再在我们面前展开一个客观空间,而且光线在那里因为引起疼痛并且侵入我们的眼睛本身而不再是光线。就如真正的视觉的探索性目光一样,“能认识的触觉”[③]通过运动把我们

① 参卡茨:《触觉世界的构造》,第 58 页。

② 同上书,第 62 页。

③ 同上书,第 20 页。

投到我们的身体之外。当我的一只手触摸另一只手时,活动的手充当主体,另一只手充当客体。[①] 存在着一些触觉现象、一些像粗糙和光滑之类的所谓的触觉性质,如果我们取消探索它们的活动,它们就会完全消失。运动和时间不仅仅是能认识的触觉的客观条件,而且也是触觉所予的现象成分。它们实现了触觉现象的成形,就像光线勾画出一个可见的表面的构形一样。[②] 光滑不是一些同类压力的总和,而是一个表面利用我们的触觉探索的时间或者调节我们的手的活动的方式。这些调节方式规定了触觉现象大量的显现方式,它们不能相互化约,也不能从一种基本的触感觉中推导出来。存在着一些“表面触觉现象”(Oberflächentastungen),一个二维的触觉对象在它们那里被提供给触觉,并且或多或少坚决地对抗渗透;存在着可以与各种色彩区域相类比的一些三维触觉环境,比如我们在那里能够让自己的手被拽的一股气流或水流;存在着一种触觉的透明(Durchtastete Flächen)。潮湿、油质和黏性属 365
于那些更复杂的结构的一个层次。[③] 在我们触摸的一块被雕刻过的木头中,我们立即区分出了作为其自然结构的木纹和由雕刻匠赋予给它的人工结构,就像耳朵能在嘈杂的环境中区分出一个声音一样。[④] 在这里,存在着探索活动的各种不同的结构,我们不能把那些相应的现象看作是一些基本触觉印象的组合,因为那些所谓的组合印象甚至没有被给予主体:如果我触摸一块亚麻布或一

① 卡茨:《触觉世界的构造》,第 20 页。

② 同上书,第 58 页。

③ 同上书,第 24－35 页。

④ 同上书,第 38－39 页。

把刷子，在刷子的那些刺之间或亚麻的那些丝线之间，并不存在一种触觉的虚无，而是存在一个无质料的触觉的空间，一种触觉的背景。[①] 如果复合的触觉现象实际上是不可分解的，那么出于同样的一些理由，它在观念中也将是不可分解的，而如果我们想把硬或软，粗糙或光滑，沙子似的或蜂蜜似的界定为许多展示触觉经验的法则或规则，那么我们还应该把法则所协调的那些要素的知识归到触觉经验那里。触摸和辨识粗糙或光滑的人既没有设定它们的各种因素，也没有设定这些因素之间的各种关系，他不能贯穿地思考它们。不是意识而是手在触摸或触诊，手就像康德所说的是“人的一个外部大脑”。[②] 在比触觉经验还要把客观化推进得更远的视觉经验中，至少乍看起来我们能以构造了世界而自矜，因为它向我们呈现了一种有距离地展现在我们面前的场景，使我们产生了能够立即出现在所有地方并且不被定位在任何地方的错觉。但是，触觉黏附在我们身体的表面，我们不能把它展现在我们面前，它不可能完全成为客体。相应地，作为触觉主体，我不能自以为到处都在又无处在，我在这里不能忘记，我正是通过自己的身体走向了世界，触觉经验“在”我“前面”形成，而不是集中在我这里。不是我而是我的身体在触摸；当我触摸时，我并没有想到多样性，我的双手重新发现了构成它们的运动可能性的某种风格，而这就是当
366 我们谈论一个知觉场时想要说的东西：只有当现象在我这里遇到了一种回响，只有当它与我的意识的某种本性相一致，只有当要和它相遇的器官与它同步时，我才能有效地触摸。触觉现象的统一

① 卡茨：《触觉世界的构造》，第 42 页。

② 转引自卡茨没有注明的参考。同上书，第 4 页。

性和同一性不是通过在概念中的认知的综合获得实现的，它们建立在作为协同整体的身体的统一性和同一性之上。“一旦儿童把自己的手当作一种独特的抓握工具来使用，它就成了一种独特的触觉工具。”[①]我不仅像使用一个唯一器官那样来使用我的手指和我的整个身体，而且由于身体的这种统一性，通过一个器官获得的各种触知觉马上就被转译成了其他器官的语言，比如，我们的背部或胸部与亚麻或羊毛的接触就以一种手触的形式保留在记忆中，[②]而且更一般地说，我们能在记忆中用实际上未曾触摸过一个物品的一些身体部分去触摸它。[③] 因此，一个物品与我们的客观身体的一个部分的每一次接触，实际上是与现实的或可能的现象身体的整体的接触。这就是为什么一个触觉对象的恒常性能够透过它的各种不同的显示而获得实现。这是一种为-我的-身体-的-恒常性，是我的身体的整体行为的不变量。我的身体同时通过其全部表面和全部器官涌向触觉经验，并藉此拥有了某种类型的“触觉”世界。

我们现在能够着手分析感觉间事物了。经过一系列实验后还对我们保持为同一的视觉事物（月亮的银白色圆盘）或触觉事物（我通过触摸感觉到的我的头颅），既不是一种实际地持续存在的感受质，也不是这样一种客观属性的概念或意识，而是被我们的注视或我们的活动重新发现或恢复的东西，是它们要对之准确回答

① 卡茨：《触觉世界的构造》，第 160 页。

② 同上书，第 46 页。

③ 同上书，第 51 页。

的一个问题。被提供给注视或触摸的客体唤醒了某种运动意向（它不仅瞄向本己身体的各种动作，而且还瞄向它们似乎将取决于
367 的事物本身）。我的手之所以知道硬和软，我的目光之所以知道月光，这是因为它们是我与现象相关联并与之交流的某种方式。在我们记忆中的硬和软、粗糙和光滑、月光和日光，首先不是作为一些感觉内容被给予的，而是作为某种共生的方式、外部具有的入侵我们的某种方式、我们具有的接受它的某种方式而被给予的，而记忆在这里只不过使它由之而出的知觉框架突显出来了。如果每一种感官的恒常的东西都可以被如此理解，那么问题可能不在于用那些稳定属性的一个集合或这一集合的概念来界定这些恒常的东西得以在其中统一起来的感觉间事物。一个事物的各种感觉“属性”共同构成了同一个事物，就像我的视觉、我的触觉和我的所有其他感觉共同构成了同一个身体的整合成了一个唯一行动的各种能力一样。当我模模糊糊地看桌子时，我将把它作为桌子表面来认识的那个表面已经吸引我对它进行调焦，并唤起了把它的“真正”外观给予它的那些凝视活动。同样，被呈现给一个感官的任何客体都唤起针对它的所有其他感官的一致活动。我看见一种表观颜色，因为我有一个视觉场，场域的排列把我的目光一直引导到它，——我知觉一个事物，因为我有一个实存场，因为显现出来的每一现象都把作为一系列知觉能力的我的整个身体吸引到了实存场。当我的经验处于其最高的清晰度时，我穿透了各种显象，我通达了实在的颜色或者实在的形状；而贝克莱完全有可能反驳我说，一只苍蝇或许会不一样地看相同的客体，或者说一架高分辨率的显微镜会改变它：这些不同的显象对于我来说是某个真实场景的，

即被知觉的构形在那里对于一种充分的清晰度来说已达到了其最大丰富性的场景的显象。[①] 我有一些视觉对象，因为我有一个丰富性和清晰性在那里成反比的视觉场，因为被单独考虑每一个都趋向于无限的这两种要求一旦结合在一起，就会在知觉过程中确定一个成熟点和一个最大值。同样，我把关于事物或实在（不再只是一种对视觉而言的或对触觉而言的实在，而是一种绝对的实在）的经验称为我与现象的完全共存，称为现象在所有关系中都处于 368
其最高程度的关联中的时刻；而那些“不同感官的所予”都被引导到这个唯一的极，就像我的那些瞄向在显微镜下都围绕着一个优先的瞄向摇摆一样。我不会把一种现象——就像那些色彩区域一样，它没有透过我对它具有的各种不同经验而提供任何最大程度的可见性，或者就像在地平线上遥远而细小、在天顶上定位混乱而且分散的天空一样，它听任自己被那些最靠近自己的结构所污染，而不以自己的任何构形对抗它们——称为视觉事物。如果一个现象（比如一束反光或一阵微风）只向我的五官之一呈现，那么它就是一个幽灵；它只有当碰巧也能对我的其他感官诉说时——比如就像当风在景致的摇动中既猛烈又让自己可见时那样——，才会接近实在的实存。塞尚说过，一幅画在它自己那里甚至包含了景致的味道。[②] 他想要说的是，颜色在事物上面（以及在完全重新抓住了事物的艺术作品中）的排列由其自身意味着它对其他感官提出的考问给出的全部回答；意味着一个事物如果没有这种形状、这些触觉属性、这种音色、这种气味，它也就没有这种颜色；意味着事

① 夏普：《知觉现象学论稿》，第 59 页及随后部分。

② 加斯凯：《塞尚》，第 81 页。

物是我的不可分割的实存投射在它自己面前的绝对完满性。事物的超出自己的所有固定属性的统一性不是一种基质、一个空的X、一个内在的主项，而是在每一属性中都可以找到的这一独特腔调，是各种属性为其第二位表达的这一独特的实存方式。比如，一只玻璃杯的易碎性、硬度、透明性和清脆的声音表达了一种独一无二的存在方式。如果一位病人看到了魔鬼，那么他也看到了它的气味、它的火焰和它的烟雾，因为魔鬼的含义统一性就是这种辛辣的、硫化的和灼热的本质。在事物中有一种把每一感性性质与其他感性性质联系起来的象征。热作为事物的一种振动被给予经验，颜色则似乎是事物逸出自身之外，一个极热的物体发红乃是先天必然的，正是它的过度振动使它发出了光芒。[①] 感性所予在我
369 们的目光下或在我们的手下的展开就如同一种自己教自己的语言，含义在那里是由符号的结构本身分泌出来的，这就是为什么我们可以严格地说我们的感官考问各种事物，而后者则对前者做出回应。“感性显象是那在显示的东西(kundgibt)，它把它自己所不是的东西表达为如此这般的。”[②]我们就像理解一种新的行为那样理解事物，也就是说，不是通过一种理智的归类活动，而是通过我们自己重新开始那些可观察的符号在我们面前勾勒的实存方式。一种行为可以勾画出对待世界的某种方式。同样，在事物的相互

① 各种感觉经验的这一统一性取决于它们在它们是其可见的证明和标记的一种单一生活中的整合。被知觉世界不仅仅是关于处在其他感官的词语之中的一个感官的一套符号系统，也是关于人的生活的一套符号系统，就像激情的“火焰”、精神的“光芒”以及大量的隐喻或神话所证明的那样。康拉德-马齐乌斯：《实在存在论》，第302页。

② 康拉德-马齐乌斯，同上书，第196页。这同一个作者(《论实在的外部世界的存在论与显象学》)谈到了客体的一种自我显示，第371页。

作用中，每一事物都通过它在与外部的全部相遇中所遵循的一种先天获得刻画。一个事物的意义就像心灵寓于身体中那样寓于这一事物：它并不在显象的后面；烟灰缸的意义（至少它的就像其在知觉中被给出的那样的整体的、个体的意义）并不是关于烟灰缸与它的各种感觉外观相协调的、并且唯有知性能够通达的某种观念，它赋予烟灰缸以生机，它明显地在烟灰缸那里获得体现。这就是为什么我们说在知觉中事物“亲自”或“有血有肉地”被给予了我们。在他人之前，事物实现了这一表达的奇迹：一个向外部显示的内部，一种下降到世界中并在那里开始实存的、我们只有通过在它所在之处用目光寻找它才能充分理解的含义。因此，事物是我的身体，更一般地说我的实存（我的身体只不过是其稳定结构）的相关项，它是在我的身体对它的把握中被构造的，它并不首先是对于知性而言的一种含义，而是可以被身体的审视所通达的一种结构；如果我们想要如同实在在知觉经验中向我们显现的那样描述实在，那么我们将发现它充满了各种人类学谓词。鉴于在各种事物之间或在各种事物的外观之间的那些关系总是以我们的身体为中 370
介，整个自然就是我们自己的生活的演出，或者是在某一种对话中的我们的对话者。这就是为什么归根结底我们无法构想没有被知觉的或不可能被知觉的客体。正如贝克莱说过的，即使一片从来没有人造访的沙漠也至少有一个目击者，而当我们想到它的时候，也就是当我们进行知觉它的思想实验的时候，那个目击者就是我们。事物从来都不可能与某个知觉它的人相分离，它实际上从来都不可能是在己的，因为它的各种连接就是我们的实存的那些连

接本身，因为它是在一种目光的末端或者一种赋予它以人性的感觉探索的尽头存在的。在这一范围内，任何知觉都是一种交流或一种相通，是一种陌生意向经由我们而获得恢复或者得以完成，或者相反，是在我们的各种知觉能力之外的、作为我们的身体与各种事物的配对的实现。我们之所以没有更早地觉察到这一点，是因为对被知觉世界的意识觉醒由于客观思维的各种成见而变得困难了。它的不变职能是还原所有证实主体与世界的结合的现象，并且用作为在己的客体和作为纯粹意识的主体的明晰观念替代它们。因此，它切断了把事物和肉身化主体统一起来的那些联系，它只让感性性质（排除了我们已经描述过的那些显现方式），尤其是视觉性质继续存在以便来构成我们的世界，因为它们有一种自主性的表面现象，因为它们不那么直接地与身体联系在一起，它们把一个客体呈现给我们而不是把我们带进一种氛围之中。但实际上，所有事物都是一个环境的一些凝结，对于一个事物的任何明晰的知觉都亲历了与某种氛围的一种预先交流。我们不是"双眼、双耳、各种触觉器官以及它们的大脑投射的一种组合……，正如所有的文学作品……都只不过是构成语言的那些声音以及它们的文字符号的各种可能排列的一些特例，同样，各种性质或各种感觉代表了构成我们的世界的伟大诗歌的要素。一个只认识声音和字母的人绝不了解文学，不能抓住它的终极存在，绝对抓不住任何东西，同样肯定的是，世界不会被给予那些对他们来说各种‘感觉’已经被给定了的人，没有任何关于世界的东西是他们可以通达的”。[1] 371
被知觉者不一定是作为有待认识的项被呈现在我面前的一个客体，它可能是只在实践中被呈现给我的一种“价值统一体”。如果有人拿走了我们居住的一个房间里的一幅画，我们会知觉到一种变化，但不知道是何种变化。构成我的环境的一部分的一切都被知觉到了，而我的环境包括了“其实存或非实存、其本性或改变对我来说都具有实际重要性的一切”[2]：我甚至还不能列举它的种种征象、我甚至还不能预见它，但我已经对它“信心满满”并做好了准备的尚未出现的暴风雨；癔症患者没有能够明确抓住的、不过却共同决定了他的各种活动和他的定向的视觉场四周；我甚至不再能够觉察到、但对我来说仍然在那里的对其他人的尊重或忠诚的友谊（因为当它们被抛弃时，它们就会让我立足不稳）。[3] 爱情既在费利克斯·德·旺德耐斯为德·莫尔索夫人准备的花束中**存在**，也明显地在抚爱中**存在**：“我认为，那些颜色和叶子产生了一种赏心悦目的和谐和诗意，犹如一些音乐短句在爱者和被爱者的内心深处唤醒了千百种回忆。如果颜色是有组织的光线，它难道就不应该像乐曲的那些组合有其意义那样有一种意义吗？……爱情有其纹章，伯爵夫人暗中把它破解了。她向我投来就像一位病人被触及创伤时发出的喊叫那样的尖锐目光：她是又羞愧又欣喜。”花束显然是爱情的花束，但又不可能说出花束中究竟什么意味着爱

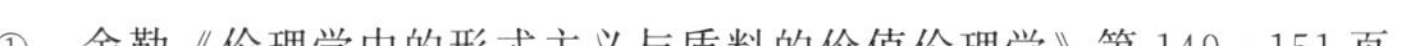

① 舍勒：《伦理学中的形式主义与质料的价值伦理学》，第 149－151 页。

② 同上书，第 140 页。

③ 同上。

情，这甚至就是为什么莫尔索夫人可以接受它却没有违背她的种种誓言。除了注视它，没有理解它的其他方式；而这样一来，它就说出了它要说的东西。它的含义对于另一种实存来说是一种可读的、可理解的实存的痕迹。自然的知觉不是一门科学，它没有设定它所指向的那些事物，它没有远离它们以便观察它们，它亲历它们，它是就像把我们与我们的祖国联系在一起那样把我们与世界
372 联系在一起的"意见"或"原本信念"，被知觉者的存在是我们的整体实存朝着它而被极化的前述谓的存在。

不过，把事物界定为我们的身体和我们的生命的相关项，我们并没有穷尽它的意义。毕竟，我们只能在事物的统一性中才能抓住我们的身体的统一性，而且正是从一些事物出发，我们的双手、我们的双眼、我们的所有感觉器官才向我们显现为同样的可替代的工具。就其自身而言的身体，静态的身体，只不过是晦暗的一团；当它向着一个事物移动时，就它意向性地向外投射自身而言，我们把它知觉为一个精确的、可视为同一的存在，此外，这种知觉从来都只是在眼角处、在意识的边缘，其中心已经被各种事物和世界所占据。我们要说，如果没有某个在知觉它的人，我们就不能构想被知觉的事物。然而，仍然是事物将自己呈现给了那个把它知觉为在己事物的人，仍然是它提出了关于一个真正的为我们的在己的问题。我们通常没有考虑到这个问题，因为在我们日常关注的语境中，我们的知觉如此落在事物上面，刚好足以找到它们的熟悉的在场，而不足以重新发现隐藏在其中的非人的东西。但事物不知道我们，它停留在自身那里。如果我们悬置自己的日常关注，向事物投射一种形而上的、不偏不倚的注意，我们将会看到这一

点。这时，事物是敌对的和外来的，它对我们来说不再是一个对话者，而是一个绝对沉默的**他者**，是一个和一个外来意识的亲密性一样逃避我们的**自身**。我们要说，事物和世界就像一张其表情立刻就可以被理解的熟悉面孔那样把自己提供给知觉的交流。但是，一张面孔恰恰只有通过构成它的那些颜色和光线的安排才能表达某种东西，目光的意义不是在双眼后面，而是在它们上面，一抹或多点或少点的颜色就足以让画家改变一幅肖像的目光。在塞尚年轻时的那些作品中，他首先寻求画出表情，这就是为什么他反而没能画出它来。他逐渐懂得表情就是事物本身的语言，它来自于它的构形。他的画是通过对一些事物和面孔的感性构形进行整体重建来达到它们的外貌的一种尝试。这就是自然每时每刻无需费力就能做到的事情。这就是为什么塞尚的那些风景画是“在那里还
不存在着人的一个前世界的风景画”。[1] 事物刚才是作为一种身 373
体目的论的终点、作为我们的心理生理组合的正常状态向我们呈现的。然而，这只不过是一种心理学的定义，它没有阐明被定义者的完整意义，它把事物归结为我们在其中与它相遇的一些经验。我们现在发现了实在性的核心：一个事物之所以是事物，是因为不管它向我们说了什么，它都是通过它的那些感性外观的构造本身向我们说的。“实在”是这一环境：每一环节在这里不仅与其他环节是不可分离的，而且在某种程度上是其他环节的同义词，各个“外观”在这里在一种绝对的等值中相互意指；这是不可超越的完满：如果不说这是一条地毯、一条羊毛地毯，如果不将某种触觉值、

① 诺沃特尼：《作为人的塞尚与其艺术的关系问题》，第 275 页。

某种重量、对声音的某种抗力包含在地毯的颜色中，就不可能完整地描绘地毯的颜色。事物是这种类型的存在：对一种属性的完整界定在它那里要求对主体的完整界定，因此意义在它那里不可能与整体显象区别开来。塞尚还说："轮廓和颜色不再是有分别的；随着我们描绘、我们勾画，颜色越来越协调，轮廓越来越精确……当颜色臻于其丰富时，形式也达至其完满。"[①]伴随亮度-被照亮物结构，可能会存在一些平面。伴随事物的显现，最终会存在一些单义的形状和位置。显象的系统和前空间的场域锚定自己，最终变成了一个空间。然而，不只是各种几何特性与颜色混合在一起了。事物的意义本身是在我们的眼前被构造的，（这是）一种任何言语分析都不能穷尽的、在其明证性中与事物的展示混合在一起的意义。正如贝尔纳所说的，塞尚画颜色的每一笔触都应该"包含空气、光线、物体、平面、特性、轮廓、风格"。[②] 一个可见场景的每一部分都要满足无限多的条件，而把无限多的关系浓缩在它的众环节的每一个之中乃是实在的特性。同事物一样，绘画让人去看，而不是让人去定义，但最终说来，如果绘画似乎是在另一个世界被打
374 开的一个小世界，那它就不可能奢望有同样的坚实性。我们确实觉得它是被有意制作出来的，在它那里，意义先于实存，只包含它为了交流所必不可少的最低限度的质料。相反，实在世界的奇迹就在于，在这里意义只能与实存合而为一，我们看到它真正处在实存中了。在想象物中，我刚抱有去看的意向，我就已经相信看到了。想象物是没有深度的，它不会回应我们变换我们的视点的努

① 加斯凯：《塞尚》，第 123 页。

② 贝尔纳：《塞尚的方法》，第 298 页。

力,它不会把自己交给我们的观察。[①] 我们从来都不与它接触。相反,在每一知觉中,正是质料获得了意义和形式。如果我在灯光昏暗的一条马路边的一幢房子的门口等某人,经过门口的每一个人都在一个瞬间呈现为一个模糊的形状。某人出来了,我还不知道我是否能够把他认作为我所等待的那位。非常熟悉的轮廓来自这团迷雾,就像地球出自它的星云。实在区别于我们的各种虚构,因为在它那里,意义包围并深深地渗透质料。绘画一旦被撕碎,我们手里就只有涂上颜色的画布的碎片。如果我们打碎一块石头及这块石头的碎块,那么我们得到的碎片还是石块。实在适合于一种无限的探索,它是不可穷尽的。这就是为什么各种人类物品、各种用具在我们看来是被安置在世界上的,各种事物则生根在非人类的自然的背景之中。对于我们的实存来说,事物与其说是一个吸引极,不如说是一个排斥极。我们在事物中忽略了自己,而正是这一点使事物成其为事物。我们不是由认识事物的各个透视外观开始的;它不以我们的各个感官、我们的各种感觉、我们的那些视角为中介,我们直接通向它,其次才意识到我们的认识以及作为认知者的我们本身的各种界限。这里有一个骰子,让我们就它在自然的态度中呈现给一个从来没有考问过知觉并且生活在事物之中的主体的样子考虑它。骰子在那里,它处在世界之中;如果主体围绕着它转一圈,那么不是骰子的一些迹象而是它的一些面呈现出来了,主体没有知觉到骰子的一些投影甚至一些轮廓,但是,他时而从这边、时而从那边看到了骰子本身,尚未固定下来的各个显象

① 萨特:《想象物》,第 19 页。

375 互相交流，彼此过渡，它们全都从就是其神秘纽带的中心立体黏附性(Würfelhaftigkeit)[①]中辐散开来。从我们着手考虑知觉主体那一刻起，一系列的还原就发生作用了。首先，我注意到这个骰子只不过是为我的。毕竟我的邻人可能没有看到它，而单凭这一注意，它就已经失去了其实在性的某种东西；它停止作为在己的，以便成为一个私人故事的极点。接着，我注意到骰子严格说来只能通过视觉被给予我，而且，我同一次得到的只是整个骰子的外壳，它失去了它的物质性，它被掏空了，它被还原为一种视觉结构、形状和颜色、阴影和光。至少，形状、颜色、阴影和光不是在空无中，它们还有一个支撑点：那就是视觉事物。尤其是视觉事物还有一个为它的各种定性属性规定了一种特殊价值的空间结构：如果有人告诉我这个骰子只不过是一个勉强的仿制品，那么它的颜色一下子就变了。它不再有同样的变换空间的方式。我们可以通过说明在骰子中发现的全部空间关系——比如从它的前面到它的后面的距离，各个角的“实际”值，或各个面的“实际”方向——在可见的骰子的存在中都是不可分割的。正是通过第三次还原，我们从视觉事物过渡到了透视外观，我注意到不是骰子所有的面都能同时进入我的眼睛，它们中的某一些经历了变形。通过最后一次还原，我最终达至了不再是事物的一种属性，甚至不再是透视外观的一种属性，而是我的身体的一种变化的感觉。[②] 事物的经验并不经由所有这些中介，因此，事物并不把自己呈现给一个精神(它把每一构

① 舍勒：《伦理学中的形式主义》，第 52 页。

② 同上书，第 51－54 页。

造层次都领会为更高层次的代表并贯穿地建构之)。它首先处在自己的明证中;想把它界定为要么是我的身体生活之极点、要么是各种感觉的持久可能性、要么是各种显象之综合的任何尝试,都是借助一些主观的碎片,用事物的不完满的重构来取代处于其原本存在中的事物本身。如何同时理解事物是我的认识的身体之相关项和事物否定这一身体呢?

被给予的东西并不只有事物,还有关于事物的经验、在主体性 376
足迹中的超越,透过历史而闪现的自然。如果我们愿意附和实在论,把知觉当作与事物的相符,那么我们甚至不再理解什么是知觉事件,主体如何能够同化事物,他如何在与事物相符后把事物纳入到他的历史之中,因为按照假设他不会对它有任何的占有。为了能够知觉各种事物,我们必须亲历它们。然而,我们也拒绝综合的观念论,因为它也扭曲了我们与各种事物的亲历关系。如果知觉主体对被知觉者进行综合,那么他应该支配并思考知觉质料,他自己应该从内部组织并连接事物的所有外观,也就是说,知觉应该丧失它对于一个个体主体和一个视点的内在性,事物则应该丧失它的超越性和它的不透明性。亲历一个事物,既不是与它相符,也不是贯穿地思考它。因此,我们看清了自己的问题。知觉主体应该不离开自己的位置和自己的视点,在感觉活动的不透明性中走向尽管他事先并不拥有它们的钥匙、但他在自己那里怀有它们的规划的一些事物,向着他在自己最深处预备好了的一个绝对**他者**开放。事物不是一个整块,那些透视外观、诸显象之流即使没有被明确地设定,至少也准备好了在非论题意识那里被知觉和被给予,而这恰好在我能够在事物中逃离它们所必须的范围之内。当我知觉

一个石子时，我并没有明确地意识到我只是通过双眼认识它的，我得到的只是它的某些透视外观；然而，这种分析——如果我做出它的话——不会使我感到惊讶。我暗中知道，全面知觉透过并利用我的目光进行，石子在充分的光明中呈现在塞满我的身体器官的各种晦暗面前。只要我稍微有闭上一只眼睛或按照视角来思考的念头，我就会猜测到在事物的坚硬整块中的一些可能的裂隙。这就是为什么的确可以说事物是在那些主观显象之流中被构造出来的。不过，我并没有实际地构造它，也就是说，我没有主动地、通过一种精神审视去设定所有感觉侧面彼此之间以及它们与我的各种感觉器官之间的关系。这就是当我们说我通过我的身体进行知觉时所表达的东西。当我的目光追随场景的各种指引，把在那里的
377 各种分散的光亮和阴影集中起来，到达被照亮的表面和光线所显示的东西时，视觉事物就显现出来了。我的目光“知道”在这一背景中的这一亮斑意味着什么，它理解亮度逻辑。更一般地说，存在着我的整个身体与之结合在一起的、一些感觉间事物借以对我们来说成为可能的一种世界逻辑。我的身体在它能够有协同作用的范围内知道这种颜色或多或少对我的经验整体来说意味着什么，它一开始就抓住了颜色对于客体的呈现和意义的影响。具有一些感觉，比如说具有视觉，就是拥有这种一般的装配，拥有这种类型的各种可能的视觉关系（我们借助它能够接受任何给定的视觉群集）。具有一个身体，就是拥有一种普遍的装配，拥有在我们实际地知觉到的世界部分之外的所有知觉展开和所有感觉间对应的一种类型。因此，一个事物实际上并不是在知觉中被*给予的*，就它与一个我们随身带着其基本结构的世界相联系，以及它只不过是其

可能的凝结之一而言，它被我们内在地恢复、被我们重构和亲历。尽管被我们亲历，它仍然超越于我们的生活，因为人的身体，连同它的那些围绕它划出一个人类圈子的习性，被一种朝向世界本身的运动所贯穿。动物的行为瞄向一种动物环境和一些抵抗（Widerstand）中枢。当我们想让它接受没有具体含义的一些自然刺激时，我们就会诱发一些神经官能症。[①] 人的行为在他所制造的那些工具之外向一个世界和一个物体（Gegenstand）敞开，他甚至会把本己身体当作一个物体。人类生活是由它在客观思维中所具有的这种自我否定的能力来界定的，而这种能力是从它对世界本身的原初黏附中获得的。人类生活不仅“理解”这种确定的环境，还“理解”可能的无数环境，而它理解它自己，因为它被投向了一个自然世界。

＊　＊　＊

因此，应该澄清的是对世界的这种原本的理解。我们要说，自然世界属于感觉间关系的类型。我们不想以康德主义的方式说，378
它是任何应该可以被认识的实存者都要服从的不变关系的系统。它不是像其全部所有可能的呈现都通过自己的构成规律而得以构想，甚至让自己的那些藏在其实际透明中的面被看到的一个结晶立方体。世界有其统一性，不需要精神来把它的各个方面关联起来并把它们整合到一个实测图的概念之中。它类似于我在能够成功地表述他的性格之前就已经以一种不容置疑的明证认出了的一个个体的统一性，因为他在自己全部的言谈中和整个的举止中都

① 参《行为的结构》，第 72 页及以下。

保持着同样的风格，即使他改变了环境或一些观念。风格就是我通过一种模仿而为自己所采取的、在一个个体或一位作家那里辨认出或理解到的某种对待各式处境的方式，尽管我不能对它进行界定；而不管关于它的界定是多么准确，它也从来都不可能提供精确的等同物，只是那些已经对它有经验的人才会对它有兴趣。我像认出一种风格那样体验到世界的统一性。还有，一个人、一个城市的风格在我看来并不是恒常的。在十年的友情之后，甚至不用考虑年龄的变化，我就好像在与另一个人打交道了；居住十年之后，我就好像在与另一个街区打交道了。完全相反，发生变化的只不过是**对各种事物的认识**。这种在我最初看来几乎毫无价值的认识是通过知觉的展开而被改变的。在我的整个一生中，世界本身保持为同一个世界，因为它恰恰就是这种持久的存在，我在它的内部对认识进行所有的修正，它不会因为它们而在其统一性方面受到影响，它的明证吸引我的透过显象和错误而通向真理的运动。它处在儿童的最初知觉的边缘，就像认识随后将予以规定和充实的一种尚未被认识、却不容置疑的在场一样。我搞错了，我应该修正我的那些确信，我应该把我的那些错觉从存在中排除出去，但是，我没有哪一时刻怀疑事物在它们自己那里是相容的、是可以共同可能的，因为我从一开始就已经在与一个唯一的存在、一个巨大的个体（我的经验是从它那里提取的，它保持在我的生命视域中，如同一个大城市的喧嚣是我们在那里所做的一切的背景一样）交流。我们说声音或颜色属于一个感觉场，因为一些声音一旦被知
379 觉就只能被另一些声音或被沉默（它不是听觉的虚无，而是声音的不在场，因此，它仍然维持着我们与有声存在的交流）所伴随。如

果我反思，如果在此期间我不再聆听，那么在我重新接触到声音的时候，它们向我显现为已经在那里了，我重新找到了我已经放弃、但并没有中断的一条线索。场域是我为了某种类型的经验而具有的一种装配，它一旦被建立就不可能被取消。我们对世界的拥有属于相同的类型，只是我们能构想一个没有听觉场的主体，而不能构想一个没有世界的主体。① 在一个能听的被试那里，声音的不在场并不会中断与有声世界的交流，同样，对一个天生的聋子和盲人来说，视觉世界和听觉世界的不在场并没有中断与一般世界的交流，总是有在他面前的、有待于他去破解的某物，一种实在的全体(omnitudo realitis)，而这种可能性被最初的感觉经验永远地确立起来了，即使它可能是非常有限、非常不完美的。除了重复每时每刻都在我们这里做出的这种肯定之外，我们没有其他方式来知道世界是什么；如果我们还没有理解被界定者，如果我们只是因为我们存在而知道它，那么关于世界的任何界定都只不过是什么都不会向我们说的一种抽象的指示。我们对于含义的全部逻辑运算都应该被建立在世界经验之上，而世界本身因此不是共同于我们的全部经验的某种含义(我们透过它们辨识出它)，不是将会激活认识的质料的观念。我们对于世界并不拥有一个意识将在我们这里把它们关联起来的一系列侧影。世界无疑首先空间地显示出其侧影：我只能看到大街的南面，如果我穿过马路，我就能看到它的北面；我只能看到巴黎，而我刚刚离开的乡村又重新回到了蛰伏的生命中；从更深层次来说，空间性的侧影也是时间性的：别处始终

① 斯坦因：《论心理学和人文科学的现象学根据》，第10页及以下。

是我们看到过的或能够看到的某种东西;即使我把它知觉为是与现在同时的,这也只是因为它构成为同一个时间波的一部分。城市随着我的接近而改变外观,就像当我的眼睛离开它一会儿又重

380 新看它时我所体验到的那样。但是,各个侧影并不相继出现或彼此并置在我的面前。我的经验在不同的时刻以如此方式与它自身联系在一起,以致我并不拥有由一个不变量的概念联系起来的一些不同的视点。知觉的身体并不在一个思考这些不同视点的不占场所的意识的目光之下依次占据它们。正是反思客观化了各个视点或各个视角,当我知觉时,我通过我的视点处在整个世界之中,我甚至不知道我的视觉场的界限。只有由于一种难以觉察的滑动、由于显象的某种"抖动",视点的多样性才会被猜测到。如果各个相继的侧影实际上彼此区分开来,就像在我坐在车里接近一个城市并且只能断断续续地看到它的情形中那样,那么就不再有对这个城市的知觉,我突然来到与前一个物体没有共通尺度的另一个物体面前。我最终判断:"这就是沙特尔。"我把两种显象合在了一起,但这是因为它们两者都是从对世界的唯一知觉中提取出来的,因此,这一知觉不可能承认相同的不连续。就像不能从两个单目形象出发构成一个对象的双目视觉一样,我们不能从不同的侧影出发构成对物体和世界的知觉,我关于世界的各种经验融入一个唯一的世界,就像当我的手指不再摁压我的眼球时,双重形象就消失在单一的事物中一样。我不是先有一个视点,然后有另一个视点,并且有一种它们之间的知性连接,而是每一个视角都**进入**到另一个视角之中;而如果我们还可以谈论综合的话,那么涉及的是一种"过渡综合"。尤其是,现时的视觉并不局限于我的视觉场实

际地提供给我的东西，而隔壁的房间、这个山丘背后的景致、这个物体的里面或背面则没有被想起或表象。我的视点对我而言与其说是我的经验的一种限制，不如说是让我悄悄进入整个世界的一种方式。当我注视地平线时，它并没有使我**想到**如果我在那里就可能看到的另一道景致、该景致又使我想起第三道景致，依此类推，我并没有**表象**任何东西，但所有的景致在那里都已经进入其视角的协调链条和开放无限之中了。当我注视塞尚所画的一个花瓶的发亮绿色时，它没有让我**想到**陶器，它将其呈现给我，陶器带着其薄而光滑的表皮和多孔的内部，以绿色产生细微变化的方式就在那里。在事物或景致的内部视域和外部视域中，存在着透过空 381
间和时间而结成的各个侧影的一种共同在场或共存。自然世界是全部视域的视域，是全部风格的风格，在我的个人生活和历史生活的所有裂隙下面，它为我的各种经验保证了一种给定的、并非有意的统一性，它的相关项在我这里就是我的各种感觉功能的给定的、一般的和前个人的实存（我们已经在这里找到了身体的界定）。

但是，既然我对世界采取的视点中的任何一个都不能穷尽它，既然各种视域始终是开放的，既然另一方面，任何一种知识，甚至科学的知识都不能给予我们关于整个宇宙表面的不变的表达式，那么我又如何能够有对作为一个现实地实存着的个体的世界的经验呢？既然事物的综合永远不能完成，既然我总是可以期待看到它闪现并进入单纯的错觉之列，那么某种事物为何还真的**呈现**给我们了呢？然而，存在着某物而不是什么都没有。存在着确定的东西，至少在某种相对性的程度上。即使最终我并不绝对地知道这块石头，即使涉及它的认识逐渐趋于无限且永远不能完成，但被

知觉的石头仍然在那里，我仍然能认出它，我仍然能命名它，我们仍然能够理解以它为主题的一定数量的陈述。这样一来，我们似乎被导向了一种矛盾：对事物和世界的相信只能意味着对一种已经完成的综合的推断，——然而，这一完成由于有待连接的那些视角的本性本身而变成不可能的，因为它们中的每一个都通过它的那些视域不定地参照其他视角。事实上，只要我们在存在中活动，就会有矛盾，但是，如果我们在时间中活动，如果我们成功地把时间理解为存在的尺度，那么矛盾就会中止，或毋宁说它会被一般化，它会与我们的经验的各种最终条件联系在一起，它会与生活和思考的可能性相融合。视域的综合本质上是时间性的，也即，它并非服从于时间，它并非忍受时间，它并非必须克服时间，它与时间借以流逝的运动本身相融。通过我的知觉场及其空间视域，我被呈现给我的周围，我与延伸到远处的所有其他景致共存，而所有这些视角共同形成了一道单一的时间世波、世界的一个瞬间；通过我的知觉场及其时间视域，我被呈现给我的现在，呈现给在它之前的
382 整个过去，呈现给将来。与此同时，这种无所不在不是实际的，它显然只不过是意向的。我在眼中拥有的景致的确可以向我宣告隐藏在山丘背面的景致的外形，但它只能以某种程度的不确定性来宣告：这里是一些草地，那边可能会是一些树木；无论如何，在邻近的视域外面，我只知道要么有陆地要么有大海，在更外面的地方，可能有畅通的大海或冰冻的大海，在还要外面的地方，要么是陆地要么是天空，而在地球大气层的边缘，我只知道那儿有可知觉的某种一般的东西，对于这些遥远的东西，我拥有的只是抽象的类型。同样，尽管借助一些意向性的嵌合，每一过去都整个地逐渐被包含

进直接随之而来的最近过去之中，但是过去仍然在降级，我最初的
那些岁月消失在我的身体(我仅仅知道它曾经面对过一些颜色、一
些声音和一种与我现在看到的自然相类似的自然)的一般实存之
中。因此，就像对将来的拥有一样，我对远处和过去的拥有只不过
是原则上的；我的生命从所有方面逃离我，它被一些非个人的区域
所限制。我们在世界的实在性和它的未完成之间发现的矛盾，乃
是在意识的无所不在和它在一个在场之场中的介入之间的矛盾。
但是，让我们好好瞧瞧，在这里确实有一种矛盾和一种二者择一
吗？如果我说我被封闭在我的现在之中，既然我们毕竟经由了从
现在到过去、从近处到远处的难以觉察的转变，既然不可能严格地
把现在和只能被附现的东西区分开来，那么远处的超越性就会浸

入我的现在，并把对于非实在性的猜测引入我以为与之一致的那
些经验中。如果我在此地此时，那么我就既不在此地也不在此时。 457
如果相反地我把我与过去和别处的那些意向关系看作是过去和别
处的一些构成成分，如果我想使意识摆脱任何地点性和任何时间
性，如果我处在我的知觉和我的记忆把我引向的所有地方，那么我
就不能寓居于任何时间之中，我以前的那些现在或我可能的那些
现在的实在性和界定我的现时现在的占优势的实在性一道消失
了。如果综合能够是有效的，如果我的经验形成了一个封闭的系
统，如果事物和世界可以被一劳永逸地界定，如果各种时空视域能
够甚至在观念中被阐明、世界能够无视点地被思考，那么将没有什
么东西实存，我将飞越这个世界；所有地点和所有时间非但没有同 383
时变成实在的，而且它们还全都停止成为实在的，因为我不寓居于
它们任何一个之中、不介入任何地方。如果我始终在且无处不在，

那么我也就从来不在且无处在。因此，不需要在世界的未完成与它的实存之间、在意识的介入与意识的无处不在之间、在超越性和内在性之间进行选择，因为这些项中的任何一个在其被单独肯定时都会使对立面出现。应该明白的是，同一个理由使我既在此地和此时在场，又在别处并始终在场，既在此地和此时不在场，又在任何地点和任何时间都不在场。这种含混性不是意识或实存的不完满，而是它们定义。广义上的时间(各种共存的次序和各种连续的次序)是一种环境，只有当我们在其中占据一个位置，并透过其各个视域整个地抓住它时，才能通达并且理解它。作为时间之纽结的世界，只有通过既把附现者与现在分离开来、又把它们组合在一起的这一独特运动才会继续存在，而被看作是明晰性的场所的意识相反地是模糊性的场所本身。在这些情况下，如果我们愿意，我们确实可以说没有任何东西绝对地实存；而在事实上，说没有任何东西实存、说一切都被时间化了可能更加确切。但是，时间性不是一种减弱的实存。客观的存在不是充实的实存。它的范例是由在我们面前的这些乍看起来似乎绝对确定的事物提供给我们的：这块石头是白色的、坚硬的和微温的，世界看起来凝结在它那里了，它似乎不需要时间就能实存，它似乎整个地在瞬间之中展开，实存的任何剩余对它来说似乎都是一种新的诞生；有人曾一度打算相信，世界(如果它是某种事物的话)只可能是类似于这块石头的一些事物的一个总和，时间则只可能是一些完满的瞬间的一个总和。如此乃是笛卡尔主义的世界和时间，确实，这种存在概念似乎是不可避免的，因为我有一个带着一些受限制的客体的视觉场，一个可感的现在，因为任何“别处”都作为另一个这里被给予，任何过去和任何未来都作为先前的现在或将来的现在被给予。对一个单个的事物的知觉永远地确立了古典逻辑学展开的那种客观的或明晰的认识之理想。但是，一旦我们依靠这些确定性，一旦我们唤起了产生它们的意向生活，我们就会觉察到客观存在在时间的各 384
种含混性中有其根基。我们不能把世界构想为各种事物的一个总和，也不能把时间构想为各种点状“现在”的一个总和，因为只有当其他事物退入到远景的模糊中去时，每一事物才会带着它的各种充分的规定性呈现，只有排除那些以前的现在和以后的现在的同时在场，每一个现在才能在其实在性中呈现，这样的话，各种事物的一个总和或各个现在的一个总和也就毫无意义了。只有透过我们称为主体性的这种含混的存在，各种事物和各个瞬间才能被连接起来，从而形成一个世界；只有从某个视点并且在意向中，它们才能成为共同在场的。一点一点地流逝和实存的客观时间如果不被包含在从活的现在向过去和将来投射的历史的时间中的话，甚至是不会被猜测到的。客体和瞬间的所谓充实性从来都只涌现在意向存在的不完满性面前。一个没有将来的现在或一个永恒的现在恰恰是死亡的定义，活的现在在它恢复的一个过去和它投射的一个未来之间被撕裂了。因此，对事物和世界来说，最重要的是表现为“开放的”，是把我们投放到它们的各种确定的显示之外，是始终向我们承诺“有待去看的他物”。这就是我们有时说事物和世界是神秘的所要表达的东西。实际上，只要我们不局限于它们的客观的外观，只要我们把它们放回主体性的环境中，它们就是神秘的。它们甚至是一种不允许任何澄清的绝对神秘，这不是由于我们认识的暂时缺陷（因为要是这样的话，它就会重新落入简单的难题之列)，而是因为它不属于有一些答案可寻的客观思维的秩序。在我们的视域之外，除了其他景致和其他视域，没有任何可看的东西；在事物之内，除了其他更小的事物，没有任何东西。客观思维的理想同时被时间性奠定和毁坏。完全意义上的世界不是一个客体，它有由各种客观规定性构成的外壳，但也有各种主体性借以寓居其中的、更确切地说就是主体性本身的一些裂缝和空隙。我们现在明白了，为什么事物(它们的意义应归功于世界)不是呈现给理智的一些含义，而是一些不透明的结构，为什么它们的最后意义保持为模糊的。只是由于被我或一些像我一样的主体亲历，事物
385 和世界才实存，因为它们是我们的各种视角的链接，但它们又超越于所有的视角，因为这一链接是暂时的、未完成的。在我看来，世界在我之外存在着，就像那些不在场的景致在我的视觉场之外持续存在着一样，就像我的过去先于我的现在在以前存在过一样。

* * *

幻觉瓦解了我们眼中的实在，它用一种准实在取而代之；通过两种方式，幻觉现象把我们带回到我们的认识的各种前逻辑基础，并且肯定了我们刚才就事物和世界所说的东西。首要的事实是，病人在大部分时间里能区分他们的各种幻觉和各种知觉。一些有针刺或“电流”的触觉幻觉的精神分裂症患者，在人们向他们注射氯乙烷或施加真的电流时会惊跳。他们对医生说：“这一次来自于您，是为了给我动手术……”说自己看见花园里有一个人躲在他的窗户下，并且指出了那人所在的地方、衣着和姿态的另一个精神分裂症患者，在人们真的让某人以他说的同样的衣服，同样的姿态处在他所指的花园中的那个地方时，却惊呆了。他专注地看了一下：

“是的，那里有一个人，但那是另一个人。”他拒绝考虑花园里有两
个人。一个从不怀疑自己的声音的女病人，当人们让她听到留声
机里与她相似的声音时，会中断自己的工作，没转身地抬起头，并
且看见一位白衣天使显现，就像每当她听到自己的声音时发生的
那样，但她并没有把这一经验算作是当天“声音”的经验：这一次的
声音不是同一回事，这是一种“直接的”声音，可能是医生的声音。
一位抱怨在自己床上发现了粉末的女老年痴呆症患者，当她真的
在那里找到了一层薄薄的米粉时，会惊跳起来：“这是什么？这种
粉末是湿的，另一种是干的。”在一种由酒精中毒引起的谵妄中，把
医生的手看作一只天竺鼠的被试，立刻注意到有人把一只真的天
竺鼠放到了医生的另一只手里。[①] 如果病人经常说有人通过电话
和无线电同他们讲话，这正好说明疾病的世界是人为的，它需要某
种东西以便成为一种“实在”。那些声音是一些没有教养者或“一 386
些假装成没有教养者的人”的声音，这是一个年轻人在模仿老年人
的声音，这“仿佛是一个德国人在试图说意第绪语”。[②] “这就像一
个人对某个人说某件事，却没有能够用声音说出时一样”。[③] 这些
招认不能终止关于幻觉的任何争论吗？既然幻觉不是一种感觉内
容，那就只剩下认为它是一种判断，是一种解释或一种信念。但
是，如果病人并不是在我们相信被知觉的客体的意义上相信幻觉，
那么一种理智主义的幻觉理论也是不可能的。阿兰引用了蒙田关

① 朱克：《感官幻觉实验》，第 706－764 页。

② 闵可夫斯基：《幻觉问题与空间问题》，第 66 页。

③ 施罗德：《幻觉》，第 606 页。

于那些“相信看到了他们实际上并没有看到的东西”[①]的疯子的话。但是，疯子恰恰并不**相信**他们**看到了**，或者，只要我们稍微考问他们，他们就会纠正他们在这方面的种种宣称。幻觉不是一种轻率的判断或信念，其理由与阻碍它成为感觉内容的理由相同：判断或信念只能在于设定幻觉是真实的，而这恰恰是病人不会做的事情。在判断的层面上，他们能够区分幻觉和知觉，总之，他们提出论据来反驳他们的幻觉：那些老鼠不可能从嘴里出来，又重新进入胃里；[②]一位听到一些声音的医生，登上小船，划向外海，以便完全说服自己真的没有人对他说话。[③] 当幻觉突然发作时，老鼠和声音**仍然在那里**。

为什么经验主义和理智主义没有能够理解幻觉，我们通过什么别的方法有机会成功理解呢？经验主义尝试着把幻觉**解释**为知觉：借助某些生理原因的结果，比如一些神经中枢的紧张，一些感性所予显现了，就像它们在知觉中由一些物理刺激作用于相同的一些神经中枢而显现一样。乍看起来，这些生理学假说与理智主
387 义的概念之间没有任何共同之处。实际上，就像我们将要看到的那样，存在着如下这一共同之处：两种学说都假定了客观思维的优先性，都只掌握了唯一一种存在模式，即客观存在，而且都试图把幻觉现象强行纳入客观存在之中。由此，它们都歪曲了幻觉现象，它们都没有注意到幻觉现象特有的确定性模式和内在意义，因为按照病人自己的看法，幻觉在客观存在中没有位置。对经验主义

① 《美术体系》，第 15 页。

② 斯佩西：《论病理性错觉的现象学与形态学》，第 15 页。

③ 雅斯贝尔斯：《论感官错觉》，第 471 页。

来说，幻觉是从刺激到意识状态的事件链条中的一个事件。在理智主义那里，人们寻求清除幻觉，寻求建构它，寻求从某种关于意识的观念出发推断它可能是什么。我思告诉我们，意识的实存与实存的意识相互混合，因此，在意识中不可能有任何它不知道的东西，反过来说，它确定地知道的一切，它都能够在它自己那里找到，因此，经验的真实和虚假必定不在于经验与外部实在的关系，而是必定根据一些内在名称在它那里可以看出来，要不然的话，真实和虚假就永远不可能被认识。因此，虚假知觉并不来自于真实知觉。有幻觉者不能在听和看的本义上听或看。他进行判断，他相信他在看或听，但他实际上并没有看或听。这个结论甚至不能挽救我思：实际上，还有待于知道在一个被试其实并没有听时，他怎么会认为自己在听。如果我们说这种信念仅仅是断定性的，是一种最初类型的认识，是我们对之并不具有完全意义上的相信并且只是由于缺少批判才继续存在的这些漂浮不定的显象之一，总之，是我们的认识的一种单纯的事实状态，那么问题就在于知道一种意识如何能够处在这种不完全的状态中而对此并不知道，或者，如果它对此有知，那么它如何还会黏附在这一状态中。[1] 理智主义的我思在它自己面前留下的只不过是一个它完整地拥有和构造的完全纯粹的我思对象。要理解它怎么会在一个它构造的客体上出错，这是一个毫无解决希望的困难。因此，的确正是从我们的经验向 388

① 由此产生了阿兰的种种犹豫：如果意识始终认识自己，那它应该直接把被知觉者与想象物区别开来，而他会说，想象物是不可见的（《美术体系》，第 15 页及以下）。但如果有一种幻觉的冒充，那么想象物就应当会被看作被知觉者，而他会说，判断夺走了视觉（《论精神和激情八十一章》，第 18 页）。

一些客体的还原，即客观思维的优先性，在这里也让目光看不到幻觉现象。在经验主义的说明和理智主义的反思之间存在着一种深层的相似，即它们对一些现象的共有的无知。两者都建构幻觉现象，而不是亲历它。即使在理智主义那里有一点新的、有价值的东西——它所确立的知觉和幻觉的本性的不同——也受到了客观思维的优先性的损害：如果有幻觉的被试客观地知道或认为他的幻觉是如此这般的，那么幻觉的冒充是如何可能的呢？一切都源于这一点：客观思维，即从被亲历的事物到各种客体、从主体性向我思活动的还原，没有为主体对于一些前客观现象的模棱两可的依附留出任何位置。因此，结论是明确的。不再应该根据幻觉或意识本身的某种本质或观念来建构幻觉，或更一般地说来建构意识，本质或观念会迫使我们用一种绝对一致来定义它，从而使其开展中的那些停顿成为难以想象的。我们要学会把意识认作为完全不同的东西。当有幻觉者说他在看和他在听时，不应该相信他，[①]因为他也说相反的话。但是，应该理解他。我们不应该局限于健全意识对于有幻觉的意识的那些意见并且把我们自己当作幻觉特有意义的唯一裁决者。对此，我们无疑会回答说，我不可能达到如它对于它自身而言的那样的幻觉。那个或思考幻觉、或思考他人、或思考自己的过去的人，从来都不可能与幻觉、与他人、与他曾经所是的其过去相一致。认识从来都不可能超越这种人为性的限制。这是真的，但这一点不应该用来为各种任意的构造作辩护。如果我们只能谈论一些我们与之相一致的经验，那我们确实没有任何

① 就像阿兰指责心理学家所做的那样。

东西可谈，因为言语已经是一种分离。进而言之，并不存在无言语的经验，纯粹的亲历甚至不在人的言语生命之中。但是，言语的首要意义却是在它试图说出的这种经验文本之中。被寻求的不是自
我与他人、现在的自我与它的过去、医生与病人的虚幻的相一致； 389
我们不能担负起他人的处境，不能在过去的实在中重新亲历过去、重新亲历病人亲历的疾病。他人的意识、过去、疾病在它们的实存中永远不可能被归结为我就它们之所知。但是，我自己的意识，只要它实存着、只要它有所介入，就更不能被归结为我就它之所知。如果哲学家通过注射麦司卡林毒品而让自己产生了幻觉，那么他或者顺从幻觉的发作，于是他将亲历幻觉，将不能认识到它；或者他还保留了一点自己的反思能力，而我们就总是会否认他的见证，因为这不是一个“陷入”幻觉中的有幻觉者的见证。因此，不存在自我认识的优先性，他人并不比我自己更难以识透。那被给予的不是我和在别处的他人、不是我的现在和在别处的我的过去、不是健全意识及其我思和在别处的幻觉意识（前者是后者的唯一裁决者，并且将其还原为它的各种内部猜测），而是医生**连同**病人、自我**连同**他人、**在**我的现在**视域之中**的我的过去。在把我的过去召回到现在时，我扭曲了它，但是，我可以把这些扭曲考虑在内，它们通过存在于我所瞄向的已逝的过去和我的各种任意解释之间的张力而被指示给我。我在他人方面搞错了，因为我从自己的视点看他，但我听到他提出异议，我最后有了他人作为一些视角的中心的观念。在我自己的处境内部，我考问的病人的处境向我显现出来了，在这一有两极的现象中，我学会了既认识自己，也认识他人。应该把我们放回到一些幻觉和“实在”在那里被呈现给我们的实际处境

中，应该在它们的具体分化通过与病人的交流而产生作用的那一时刻抓住这一分化。我坐在我的被试面前，我和他说话，他试图向我描述他“看到”的东西、他“听到”的东西；问题既不在于在字面上相信他，也不在于把他的经验归结为我的，既不在于与他相一致，也不在于坚持我的观点，而在于阐明我的经验和他的如其在我的经验中所显示的那样的经验，阐明他的幻觉信念和我的真实信念，在于通过一个理解另一个。

我之所以把我的对话者的那些声音和视觉归类为各种幻觉，
390 是因为我在其中没有发现任何类似于我的视觉或听觉世界中的东西。因此，我有意识通过听觉，尤其是通过视觉抓住一个现象系统，它不只是构成了一个私人场景，而且它对我、甚至对他人来说是唯一可能的现象系统，而这就是我们所谓的实在。被知觉世界不仅仅是**我的**世界，正是在它那里我看到他人的各种举止呈现出来，它们本身也指向它；它不仅仅是我的意识的相关项，而且是**我能遇到的**任何意识的相关项。我通过我的眼睛看到的东西对我来说穷尽了视觉的各种可能性。或许我只能从某个角度去看它，我承认一个处于其他位置的观察者能够看到我只能猜测的东西。但是，这些其他场景已经现实地隐含在我的场景之中，如同客体的背面或底面和它们的可见面同时被知觉到，或如同隔壁房间在我进入并实际地知觉它之前就预先实存着一样；他人的各种经验或我通过移动自己获得的各种经验，只是展开了被我的现时经验的视域指示出来的东西，而没有为之增加任何东西。我的知觉使不定数量的知觉系列共存，它们从所有方面证实它，并使它与它们协调一致。我的目光和我的手知道，任何实际的移动都能引起一种精

确地符合我的期待的感性回应,我感觉到比我预先坚持并已经有所把握的更详尽的无限数量的知觉麇集在我的目光之下。因此,我意识到自己知觉到了只“容忍”已经在我的知觉中被写下来或被揭示出来的东西的一个环境,我现在与一种不可超越的充实性进行交流。[①] 有幻觉者对此并不那么相信:幻觉现象不构成世界的一部分,也就是说,它不是*可通达的*,不存在从它通向有幻觉的被试的所有其他经验或通向健全被试的经验的确定道路。“您没有听到我的声音吗?”病人说,“那么我独自一人听到了它们。”[②]那些幻觉在一个不同于被知觉世界的舞台上演出,它们似乎是相叠在一起的。“您瞧”,一位病人说,“当我们在谈话的时候,有人对我说
这说那,这是从哪里冒出来的呢?”[③]幻觉之所以在稳定的、主体间 391
的世界中没有获得位置,是因为它缺乏能够让真实的事物保持为“在己”,并通过它自身而活动和实存的那种充实性与内在关联。幻觉事物不像真实事物那样充斥着一些把它带入实存中的微知觉。它是一种不言明的、没有表达出来的含义。面对真实事物,我们的行为感觉到自己是由一些满足它、为它的意向做辩护的“刺激”引起的。如果涉及的是一种幻想,那么主动性来自我们,没有任何东西从外部回应它。[④] 幻觉事物不像真实事物那样是一种把绵延的厚度浓缩在自己那里的深度存在;幻觉不像知觉一样是我在一个活的现在中对时间的具体把握。它忽略时间,就像忽略世

① 闵可夫斯基:《幻觉问题与空间问题》,第 66 页。

② 同上书,第 64 页。

③ 同上书,第 66 页。

④ 这就是为什么帕拉格依会说知觉是一种“正向的幻想”,而幻觉则是一种“逆向的幻想”。朔尔施:《幻觉理论》,第 64 页。

界一样。在梦里同我讲话的女人甚至没有开过口，她的思想奇迹般地与我交流，甚至在她说任何东西之前，我就已经知道她要对我说些什么。幻觉不是在世界之中，而是“在”它“面前”，因为有幻觉者的身体已经不再融入显象的系统之中。任何幻觉首先都是本己身体的幻觉。病人说：“就好像我用我的嘴在听。”“那个说话的人紧贴着我的嘴唇。”[①] 在各种各样的“在场感 ”(leibhaften Bewusztheiten)中，病人直接感受到了他们从来没有见过的某个人在他们旁边、在他们后面或在他们上面的在场，他们感觉到他正在靠近或正在离去。一位女精神分裂症患者一直觉得自己赤身裸体被人从背后看到。乔治·桑有一个她从来没有见过却经常看到她、并且用她的声音呼唤其名的酷似她的人。[②] 人格解体和身体图式障碍直接通过一种外部幻觉表现出来，因为对我们来说，知觉我们的身体和知觉我们在某个自然的、人类的环境中的处境是同一回事，因为我们的身体只不过是这种已经获得实现的、实际的处
392 境本身。在域外幻觉中，病人相信看到了一个在他后面的人，相信看到了在他周围的方方面面，相信他能够通过他背后的一扇窗户去看。[③] 因此，视看幻觉与其说是一个虚幻物体的呈现，不如说是从此没有了感觉对应物的一种视觉能力的展开，而且可以说是其失调。之所以会存在一些幻觉，是因为我们通过现象身体与现象身体投射自己于其中的一个环境保持一种恒定的关系，因为一旦与实际环境分离，身体仍然能够通过它自己的各种装配唤起这一

① 施罗德：《幻觉》，第 606 页。

② 门宁格-莱辛塔尔：《自身形象的错觉》，第 76 页及以下。

③ 同上书，第 147 页。

环境的一种准在场。在这一范围内，幻觉事物是永远不可能被看到的，也是不可见的。一个受麦司卡林毒品影响的被试把一个仪器上的螺栓知觉为一个玻璃灯泡或橡胶气球的一个鼓泡。然而，他究竟看到了什么呢？“我知觉到一个膨胀的世界……仿佛某人突然改变了我的知觉密钥、仿佛某人使我在膨胀中知觉，就像某人用 C 调或降 B 调演奏一段乐曲一样……这一瞬间，我的整个知觉都被改变了，随即我就知觉到了一个橡胶灯泡。这等于说我没有看到任何另外的东西吗？不。但是，我感觉到自己如此‘被装配’，以至我不能以别的方式知觉。我产生了世界就是如此的信念……此后，另一种变化发生了……一切在我看来既是黏糊糊的又是鳞片状的，就像我在柏林动物园里看到某些巨蛇盘绕成环状一样。这时，身处一个被蛇包围的小岛的恐惧向我袭来。”[1]幻觉没有把那些膨胀、那些鳞片、那些言语作为逐渐显示其意义的一些沉甸甸的实在给予我。它只是再现了这些实在在我的感性存在或语言存在中到达我的方式。当病人把一道菜作为“有毒的”扔掉时，我们应该明白，这个词对他而言不具有它对化学家而言的意义[2]：病人并不认为食物在客观身体中实际上具有一些有毒的属性。毒药在这里是一种情感实体，一种像疾病和不幸的在场那样的神奇在场。大多数幻觉不是出自那些有多个面的事物，而是出自那些转瞬即
逝的现象，如刺痛、惊悸、爆炸、气流、寒潮、热浪、火花、亮点、微光、 393
侧影。[3] 当涉及一些真实的事物，比如一只老鼠时，它们只能通过它们的风格或外貌获得表象。这些没有关联的现象不接受它们之

① 萨特的未刊稿《自身观察》。

② 斯特劳斯：《论感官的感觉》，第 290 页。

③ 闵可夫斯基：《幻觉问题与空间问题》，第 67 页。

间有明确的因果关系。它们唯一的关系是共存关系——对病人来说始终具有一种意义的共存，因为关于偶然性的意识假定了一些确定的和分明的因果系列，因为我们在这里处于一个被毁灭了的世界的各种碎片之中。“鼻涕的流出成了一种特别的流出，在地铁里打盹的事实获得了一种独特的含义。”[1]只是在每一感觉场都为实存的变化提供了一些特殊的表达可能性的范围内，幻觉才被归属于某个感觉领域。精神分裂症患者尤其有一些听觉和触觉方面的幻觉，因为听觉和触觉的世界由于其自然的结构，比其他的世界更能形象地表现一种着魔的、有危险的和被拉平的实存。酗酒者尤其有视幻觉，因为谵妄活动在视觉中找到了唤起他必须面对的一个对手或一项任务的可能性。[2] 有幻觉者不是在正常人的意义上看和听，他利用他的各种感觉场和他在一个世界中的自然融入，以便用这个世界的各种碎片来构造与其存在的整体意向相一致的一个人为环境。

但是，如果说幻觉不是感觉上的，那么它更不是一种判断，它不是作为一种构造被给予主体的；它不是在“地理世界”之中，也即不是在我们加以认识并予以判断的存在之中，不是在服从各种规律的那些事实的组织之中，而是在世界借以触及我们、我们借以与
394 它进行生命交流的个体“景致”[3]之中占有位置。一位女病人说，

[1] 闵可夫斯基：《幻觉问题与空间问题》，第 68 页。

[2] 斯特劳斯，前引著作，第 288 页。

[3] 同上。病人“生活在他的景致的视域中，受到一些没有动机、没有根据的单值印象的支配，这些印象不再被纳入到事物世界的普遍秩序之中、语言的普遍意义之间的那些关系之中。病人用我们熟悉的名称指称的那些事物，对于他们和对于我们却不再是相同的事物。他们在自己的景致中维护和引入的只不过是我们的世界中的一些碎片，同样，这些碎片并不保持为它们作为整体的一些部分之所是。”精神分裂症患者的事物是凝固的和惰性的，相反，谵妄症患者的事物比我们的更富有表现力、更加生动。“如果病情发展，那么思想的脱节和言语的消失就会显示出地理空间的丧失，感情的迟钝则会显示景致的贫乏。”（同上书，第 291 页）

在商场里有某个人注视过她，她觉得对她的这一注视是一次打击，却无法说出这从何处而来。她并不想说，在人人都可见的那个空间中，一个有血有肉的人在那里，把目光朝向了她——这就是为什么我们用来反驳她的论证没有对她产生影响的原因。对她来说，问题不在于发生在客观世界中的事情，而是在于她所遭遇的事情，在于触及她或影响她的事情。有幻觉者排斥的食物只对于他来说是有毒的，但它是不容置疑地有毒的。幻觉不是一种知觉，但它具有作为实在的价值，它只对有幻觉者有价值。被知觉世界已经失去了自己的表达力量，[1]幻觉系统已经篡夺了它。虽然幻觉不是知觉，但存在着幻觉性的欺骗，这就是当我们把幻觉当作一种理智活动时，我们永远不会理解的东西。尽管它是如此地不同于知觉，但它应该能够替代知觉，并且比病人固有的那些知觉更加是为他而实存的。只有当幻觉和知觉是一种单一的原初功能（我们借助它在我们的周围设置一个有某个确定结构的环境，我们借助它时而处在世界的中心、时而处在世界的边缘）的样式时，这才是可能的。病人的实存是离心的，它不再能够通过与无视我们的一个恶劣的、抗拒的、不顺从的世界的交往而获得实现，它只能在一个虚构的环境的孤独构造中耗尽自己。但是，这种虚构之所以具有作为实在的价值，只是因为在正常被试那里，实在本身也是在一种类似的活动中达到的。正常人因为有一些感觉场和一个身体，所以也带有错觉乘机而入的这种裂开的伤口；他的世界表象是脆弱的。如果说我们相信自己看到的东西，那么这是先于任何证实的；有关

① 克拉格斯说，幻觉假定了显象世界的表达内容的减少，转引自朔尔施：《幻觉理论》，第 71 页。

395 知觉的古典理论的错误就在于把理智活动和对感觉证据(只有在直接知觉停留在含混性中时,我们才会求助于它们)的批判引入到了知觉本身之中。在正常人那里,不需要任何明确的证实,私人经验就能与它自身以及陌生的经验建立联系,景致向着一个地理世界开放,它趋向于绝对的丰富性。正常人并不享有主体性,他逃离它,他是真正地在世的,他对时间有一种不受约束的、素朴的把握,而有幻觉者则利用在世存在,以便在共同世界中获得一个私人环境,并始终碰到时间的超越性。因此,在我借以在自己面前设定一个客体(它是有距离的,处在与其他客体的确定的关系中并具有我们能够观察到的一些确定特征)的一些明确活动下面,在一些严格意义上的知觉下面,存在着一种支撑它们的更深层次的功能,没有这种功能,那些被知觉的客体就会缺乏实在性的标记,就像精神分裂症患者缺乏之那样;而借助这种功能,它们开始对我们具有重要性或具有价值。是运动把我们带到主体性之外,是运动通过某种"信念"或"原初意见"[①]把我们安置在任何科学和任何证实之前的世界中,——或者相反,它陷入到我们的各种私人显象中。在这个原本意见的领域中,尽管幻觉从来都不是一种知觉,尽管真实的世界在病人背离它时总是受到他的怀疑,但幻觉性的错觉还是可能的,因为我们仍然处在前述谓的存在之中,因为显现和整体经验之间的联系即使在真实知觉的情形中也只是不言明的、推定的。儿童把他的梦就像他的知觉一样算到世界的账上,他相信梦发生在他的房间里,他的床下,正因为此,仅仅只对那些睡着的人是可见

① 胡塞尔的原意见(Urdoxa)或原信念(Urglaube)。

的。[1] 世界仍然是所有经验的模糊场所。它混杂地容纳真实的客体和个人的、转瞬即逝的幻想，——因为它是一个包含一切的个体，而不是通过一些因果关系连接起来的客体的一个集合。拥有一些幻觉，或一般地说在想象，就是在利用前述谓世界的这种宽容，就是在利用我们在混合经验中与整个存在的令人眩晕的邻近。

因此，只有通过清除知觉的绝然的确定性，清除知觉意识的完全自身拥有，我们才能成功说明幻觉的欺骗。被知觉者的实存从 396
来都不是必然的，因为知觉假定了一种无限推进的，不在一方面有所失、不让自己冒时间的风险就不能在另一方面有所得的阐释。但是，不能由此得出结论说，被知觉者只不过是可能的或或然的，比如它被归结为知觉的一种持久的可能性。可能性和或然性假定了对于错误的预先经验，并且对应于怀疑的处境。尽管有整个的批判性训练，被知觉者都仍在并且保持在怀疑和证明的层次之下。太阳“升起”对于学者和对于无知者是一样的，我们关于太阳系的那些科学表象停留为传说，就像月亮上的那些景致，我们从来都不在我们相信太阳升起的意义上相信它们。太阳的升起、一般地说被知觉者是“实在的”，我们一开始就把这算在世界的账上。每一知觉（尽管它总是有可能“受阻”并被归入错觉之列）都只是为了让位给能够纠正它的另一知觉才消失的。每一事物确实都可能在事后看起来是不确定的，但是，至少对我们来说可以肯定的是存在着一些事物，即存在着一个世界。问世界是不是实在的，这是不理解我们在说什么，因为世界恰恰不是我们始终能加以怀疑的那些事

① 皮亚杰：《儿童的世界表象》，第69页及以下。

物的总和，而是各种事物从中被抽取的不可穷竭的储藏所。被整体地把握的被知觉者，*连同一并宣告了其可能的脱节和其被另一个知觉可能替代的世界视域*，并没有绝对地欺骗我们。在尚无真理却有实在性，尚无必然性却有人为性的地方，不会有错误。相应地，我们确实应该否认知觉意识的完全自身拥有和排除了一切错觉的内在性。如果各种幻觉确实是可能的，那么意识在某个时刻确实必定不再知道自己在干什么，否则它就会意识到它构成了一个错觉，它就不会坚持之，因此就不再会有错觉，——确切地说，正如我们已经说过的，如果错觉事物和真实事物不具有同样的结构，那么病人为了接受错觉，就应该忘记或抑制真实的世界，就应该不再参照它，他至少应该有能力重新回到最初的真假不分。然而，我们不能把意识与其自身割裂开来，这将会阻碍知识超越于原本意
397 见的任何进步，尤其是阻碍从哲学上承认原本意见是全部知识的基础。只是，自我与自我的相一致——就像它在我思中获得实现的那样——从来都不应该是一种实在的相一致，而仅仅是一种意向的和推定的相一致。事实上，在刚才思考这一点的我自己与认为我已经思考过这一点的自我之间，一种绵延的厚度已经被插入了，我总是可以怀疑这种已经流逝的思想真的就是我现在看到的它那样。进而言之，既然除了现在的这些证据之外，我没有关于我的过去的其他证据，既然我与此同时有关于一个过去的观念，我就没有理由把未经反思者作为一种不可认识者对立于我针对它进行的反思。但是，我对反思的信任最终回到接受时间性的事实和世界是一切错觉和一切幻灭的不变框架的事实：我只能在我对于时间和世界的内在性中，即在含混性中认识自己。

第四章　他人与人类世界 398

我被抛到某一自然中，而自然不只是呈现在外在于我的、没有历史的各种客体中，它在主体性的中心也是可见的。个人生活的各种理论的和实践的决定确实能够远距离地抓住我的过去和我的将来，通过让过去依循某个未来（我们事后可以说过去是将来的准备）而赋予我的过去连同其全部的偶然性一种确定的意义，能够把历史性引入我的生活：这种秩序始终有某种人为性的东西。正是在现在，我把我最初的25年理解为一段延长了的童年期，紧接着的是为了最后通向自主而必须经历的一段艰难的断奶期。如果我回顾这些岁月，就像我亲历它们那样，就像我在自己这里承载它们那样，那么它们的幸福是不能用在父母的环境中受保护的氛围来说明的；那是更美好的世界，那是更迷人的各种事物，我永远不能确定我对自己的过去的理解会比它在我亲历它时的自我理解更好，我也不能对它的抗议保持沉默。我现在对它进行的解释与我对精神分析的信任相关联着；明天，由于有更多的经验和远见，我可能对它有不一样的理解，并因此不一样地建构我的过去。无论如何，我反过来要解释我现在的各种解释，我将发现它们的潜在内容，而且，为了最终评价它们的真实价值，我应该把这些发现考虑在内。我对过去和将来的把握是滑动的，我对我的时间的拥有始

终迟延到我能完整地理解自己时为止，但这个时刻不可能来到，因为它又将是一个处在某一未来视域的边缘的时刻，它反过来需要一些进一步的展开，以便获得理解。我的志愿而合理的生命由此知道自身混杂着另一种能力，后者妨碍它实现自身，总是提供给它一种处于开端的气氛。自然的时间始终在那里。时间的各个时刻
399 的超越性既奠基又损害了我的历史的合理性：说它奠基了，是因为它向我开启了一个我可以在那里反思自己的现在中具有的不透明处的全新将来，说它损害了，因为我不可能从这个将来那里抓住我以一种绝然的确定性亲历的现在，因为被亲历者从来都不是完全可理解的，而我所理解的东西从来都不会与我的生活精确地契合，总之，是因为我永远不能与我自身合一。这是一个已经诞生的存在，即一个已经一劳永逸地把自己作为某种有待理解的东西给予自己的存在的命运。既然自然的时间保持在我的历史的中心，我也就看到自己被它所环绕。如果说我的最初岁月像一块未知的土地那样处在我的身后，这不是由于记忆的一种偶然衰退，不是由于缺乏一次完整的探索：在这些未被探索的土地上，没有任何有待于认识的东西。例如，在子宫内的生活中，未曾有任何东西被知觉过，这就是为什么没有任何东西需要想起。除了一个自然的我和一段自然的时间的粗胚，未曾有过任何东西。这段匿名的生活只不过是始终威胁着历史之现在的时间性离散之极限。为了猜到这种先在于我的历史并将结束它的未定型的实存，我只需要在自己这里瞧瞧这种完全独自运行、我的个人生命加以利用却没有完全遮掩的时间。因为我被一种我并没有进行构造的时间带入到了个人实存之中，所以我的所有知觉都在一个自然的背景上显示其轮

廓。在我进行知觉期间，即使对自己的知觉的器官状况没有任何认识，我也意识到要把一些梦想的和离散的“意识”，即视觉、听觉、触觉连同它们的那些先在的，仍然外在于我的个人生活的场域整合起来。自然客体是这种一般化了的实存的痕迹。从某一方面说，任何客体首先都是一个自然客体，如果它应该能够进入我的生活，那么它将由一些颜色，一些触觉的和声音的性质构成。

自然一直渗透到我的个人生活的中心并且与之交织，同样，各种行为也深入到自然中并且以一种文化世界的形式积淀在那里。我不仅仅有一个物理世界，我不仅仅生活在大地、空气和水的环境之中，我周围还有一些公路、一些种植园、一些村庄、一些街道、一些教堂、一些器具、一个电铃、一个勺子、一只烟斗。这些客体中的每一个都带有它所服务的人类活动的印记。每一个都散发出一种 400
人性的氛围，如果只是涉及沙滩上的某些脚印，这种氛围或许不是那么确定，相反，如果我里里外外探访一座刚被搬空的房子，它就是非常确定的。可是，即使各种感觉和知觉功能把一个自然世界带到它们面前并不令人意外（因为它们都是前个人的），我们还是会惊奇于人借以表达其生活的那些自发行为在外面积淀了下来，并在那里像事物一样匿名地实存。我参与其中的文明在它向我提供的各种器具中显然地为我而实存着。如果涉及一种未知的或外来的文明，那么在那些废墟上面、在我找到的那些破损用具上面或者我游历过的景致上面，许多的存在方式或生活方式都可能停留过。于是，文化世界是含混的，但它已经呈现出来了。在那里有一个有待认识的社会。一种**客观精神**寓于那些遗迹和景致之中。这是如何可能的呢？在文化客体中，我体验到了他人戴着一张无名

面纱的邻近在场。人们用烟斗吸烟，用勺子吃饭，用电铃叫人，正是通过对一个人类行为和另一个人的知觉，对文化世界的知觉获得了证实。既然它原则上是一种第一人称的、与一个**我**分不开的活动，那么一个人类行动或一种人类思想如何能够以“人们”的方式被抓住？对此可以轻松地回答说，不定代词在这里只不过是一个用来指称多个**我**或某个一般的**我**的含糊方式。人们会说，我有对某种文化环境以及那些与它相应的行为的经验；在一种已经消失的文明的那些遗迹面前，我通过类比构想曾在那里生活过的人类。但是，首先应该知道我如何能够有对我自己的文化世界、对我的文明的经验。人们会再次回答说，我看见在我周围的其他人对围绕着我的用具进行了某种使用，我通过类比我的举止、通过我的告诉我那些被知觉的姿势的意义和意图的内心经验来解释他们的举止。说到底，他人的活动总是要通过我的活动获得理解；“人们”或“我们”始终要通过**我**获得理解。但是，问题恰恰是在这里：**我**这个词如何能够变成复数？人们如何能形成关于**我**的一般观念？我如何能谈论不同于我的**我**的另一个**我**？我如何能够知道还存在着其他的**我**？原则上并且作为对自身的认识而处在**我**的方式中的意
401 识，如何能够以**你**的方式被抓住，并由此进入“**人们**”的世界之中？文化客体中的第一个客体、它们全都藉之而得以实存的那一个客体，乃是作为某一行为的承载者的他人的身体。不管涉及的是一些遗迹还是他人的身体，问题都在于知道空间里的一个客体如何能够成为一种实存的富有表现力的痕迹，反过来说，一个意向、一种思想、一个筹划如何能够脱离个人主体，超出于他，在他的身体中，在他为自己建构的环境中成为可见的。他人构造并不能完全

说明社会构造：后者并不是两个甚或三个意识的实存，而是与无数个意识的共存。然而，关于他人知觉的分析遇到了文化世界所提出的原则性困难，因为它应该解决一个从外面被看到的意识的悖谬，一种寓居在外部，因而从我的思想看来已经没有主体而且匿名的思想的悖谬。

我们已经就身体谈论过的为这个问题提供了解决的开端。他人的实存对客观思维来说构成为困难和耻辱。用拉舍利埃的话来说，如果世界上的各种事件是一些一般属性的交织并且处在原则上能够对它们进行分析的一些功能关系的交叉处，如果身体实际上是世界的一个区域，如果它是生物学家向我谈论的客体、是我在生理学著作中找到关于它们的分析的一些过程的结合、是我在各种解剖图中找到关于它们的描绘的一堆器官，那么我的经验就不是别的，只能是一个赤裸的意识与它所思考的客观相关项的系统的面对面对话。如同我的本己身体一样，他人的身体没有被寓居，它是在思考它或构造它的意识面前的客体；作为经验存在的各种人和我自己，我们只不过是由发条转动的一些机器，真正的主体是独一无二的；这一藏在一块血肉中的意识是各种神秘性质中最荒诞的性质，与那种可能为我存在的东西共外延的，作为整个经验系统的相关项的我的意识不可能在血肉中遇到另一个意识，这另一个意识能够使它自己的各种现象的不为我知的背景立即显现在世界之中。有且只有两种存在方式：在己的存在，即展现在空间中的客体的存在，和为己的存在，即意识的存在。然而，他人可能是我 402
面前的一个在己，而与此同时他为己地实存着；为了被知觉，他向我要求一种矛盾的活动，因为我既应该把他与我自己区分开来，由

此把他定位在客体的世界之中，又应该把他认作是意识，也就是这种没有外部和部分的存在——我能够进入这种存在，只是因为它就是我，因为思考者和被思考者在它那里合为一体了。因此，在客观思维中，没有他人和多个意识的位置。如果我构造了世界，我就不能思考另一个意识，因为它也应该构造世界，至少从这个对于世界的另外的视点看，我不可能是构造者。即使我最终认为它也在构造世界，仍然是我将它构造为如此这般地，又一次地，只有我是构造者。但是，我们正好已经学会对客观思维提出怀疑，我们在关于世界和身体的科学表象下面，已经开始与它们不能消除的关于身体和世界的经验进行接触。我的身体和世界不再是由物理学所建立的那类功能来相互协调的客体。它们在其中进行交流的经验系统不再被展现在我面前并被一个构造意识所扫视。**我**透过我的作为这个世界的能力的身体**拥有**作为未完成的个体的世界，我通过我的身体的位置拥有客体的位置，或者相反，我通过客体的位置拥有我的身体的位置，这不是按照一种逻辑的蕴含，并且就像我们通过一种未知的大小与某些给定的大小之间的各种客观关系来确定这一未知的大小那样，而是根据一种真实的蕴含，并且因为我的身体是朝向世界的运动，世界则是我的身体的支撑点。客观思维的理想——作为一束数理关联的经验系统——是建立在我对作为与自身协调一致的个体的世界的知觉之上的，当科学试图把我的身体整合到客观世界的关系之中时，它其实是在尽力以自己的方式表达我的现象身体与原初世界的缝合。在身体从客观的世界退回并且将要在纯粹的主体和客体之间形成一个第三种类的存在时，主体失去了它的纯粹性和透明性。客体在我面前，它们在我的视网膜上呈现它们自身的某种投影，而我知觉到了它们。问题不再可能是在我对现象的生理学表象中，把视网膜印象以及它们的 403
大脑对应物从它们在那里显现的现实的和潜在的整体场域中孤立出来。生理事件只不过是知觉事件的抽象轮廓。[①] 我们不可能进而在心理形象的名义下认识清楚与连续的视网膜印象对应的一些不连续的视点，最后也不可能引入在引起变形的视角之外来恢复客体的“精神审视”。我们应该把这些视角和这个视点构想为我们融入个体-世界之中，不再把知觉构想成真实客体的一种构造，而是构想为我们内在于各种事物之中。借助于各种感觉场、借助于作为全部场域之场域的世界，意识在它自己那里发现了一个原本的过去的不透明性。如果我体验到我的意识对于它的身体以及它的世界的这种内在性，那么他人知觉和多个意识就不再有困难。如果对于在反思知觉的我来说，知觉主体看起来具有关于世界的原初装配，他在其后拖带着这一身体事物（如果没有它，对他来说就不会有其他事物），那么我所知觉到的其他身体为什么不会相应地被某些意识所寓居呢？如果我的意识有一个身体，那么其他身体为什么不“会有”意识呢？显然，这假定身体的概念和意识的概念已被深刻地改造过了。就涉及身体，甚至他人的身体而言，我们应该学会把它与生理学著作描述的客观身体区别开来。可能被一个意识所寓居的不是那样的身体。我们应该在那些可见的身体上面重新抓住在那里显露、在那里使自己显现却不被实在地包含在

① 《行为的结构》，第 125 页。

那里的各种行为。[1] 我们永远搞不明白含义和意向性如何能够寓居在一些分子结构或一些细胞团中，笛卡尔主义就此而言是有道理的。但是，仍然不存在如此一种荒谬举动的问题。问题仅仅在于认识到，作为化学结构或组织组合的身体，是从客观思维将之包含在内，但没有必要对之进行完备分析的为我们的身体、人类经验
404 的身体或被知觉的身体的原初现象出发，通过贫化而形成的。就涉及意识而言，我们应该不再把它构想成一种构造意识和一个纯粹的为己存在，而是构想为一种知觉意识、某一行为的主体、在世的存在或实存，因为只有这样，他人才能在其现象身体的顶峰出现，并且接受一种“地点性”。在这些条件下，客观思维的那些二律背反就消失了。借助现象学的反思，我发觉看不是笛卡尔所说的“关于看的思想”，而是与可见世界相联系的目光，这就是为什么对我来说会有他人的目光，我们称为面孔的这种表达工具能够支撑一种实存，正如我的实存被我的身体所是的认识器官支撑一样。当我转向自己的知觉时，当我从直接知觉转向对这一知觉的思想时，我再度实现了它，我重新发现了在我的各个知觉器官中运作的，知觉器官只是其痕迹的比我更久远的一种思维。我正是以同样的方式来理解他人的。在这里也一样，我只拥有在其现实性中逃离我的一种意识的痕迹，当我的目光和另一个目光交错时，我在一种反思中再度实现了陌生的实存。在这里没有任何“类比推理”这样的东西。舍勒说得好，类比推理预设了它应该加以说明的东西。只有在他人的情绪表达和我的情绪表达获得比较并且被视

① 我们在别处已经尝试进行的正是这一工作（《行为的结构》，第一章和第二章）。

为同一之后，只有在我的姿势模仿与我的各种“心理事实”之间的一些明确的关联得到承认之后，他人意识才能被推断出来。然而，他人知觉先于这样的一些确认并使它们得以可能，它们并不构成它。一个15个月大的婴儿，在我游戏性地把他的一根手指放在我的牙齿之间并做出咬它的样子时，张开了嘴巴。不过，他几乎不看自己在镜子中的脸，他的牙齿并不同于我的牙齿。这是因为，他自己的嘴和他的牙齿（就像他从内部感觉到的那样）对他来说从一开始就是咬的器官，而我的下颌（就像他从外面看到的那样）对他来说则从一开始就能够有一些同样的意向。“咬”对他来说直接就有一种主体间的含义。他知觉到他的在自己身体中的各种意向，他用他的身体知觉到我的身体，并由此知觉到我的在他身体中的意
向。在我的姿势模仿与他人的姿势模仿之间、我的意向与我的姿 405

势模仿之间被观察到的相关性，确实能够在关于他人的系统认识中、并且在直接知觉受挫时提供一条引导线索，但它们并没有告知我他人的实存。在我的意识和我所亲历的我的身体之间，在这个现象身体和我从外面看到的他人身体之间，实存着一种使他人作为系统的完成而呈现的内在关系。他人的明证是可能的，因为我对我自己来说不是透明的，因为我的主体性在它后面拖着自己的身体。我们刚才说过：在他人居住在世界之中、他在世界之中是可见的、他构成我的场域的一部分的范围内，他人永远不是我乃一个对我自己而言的**自我**的意义上的一个**自我**。为了把他人构想为一个真正的**我**，我应该把自己构想为对他而言的单纯客体，我这样做受到了我拥有的关于我自己的知识的阻止。但是，如果他人的身体不是一个对我而言的客体，我的身体也不是一个对他而言的客

体，如果它们都是一些行为，那么他人的立场就不会把我还原为处于他的场域中的客体状态，我的他人知觉不会把他还原为我的场域中的客体状态。如果我自己绝对地是一个人格的存在，如果我在一种绝然的明证中抓住了自己，那么他人永远不会完全是一个人格的存在。但是，如果我通过反思在我自己这里发现了连同知觉主体被给予它自己的一个前个人主体，如果我的知觉相对于作为各种首创性和各种判断的中心的自我来说保持为离心的，如果被知觉世界保持为一种中性状态（既没有被证实为客体，也没有因此被认为是梦幻），那么在世界之中呈现出来的一切就不会立即展现在我面前，而他人的行为可以出现在那里。这个世界可以在我的知觉和他人的知觉之间保持为共有的，进行知觉的我并不具有使一个被知觉的我变成不可能的特殊优势，这两者都不是被封闭在其内在性中的我思活动，而是被他们的世界所超越、因而也能被相互超越的存在者。对一个面对我的意识的陌生意识的断定，立刻能把我的经验转变为一种私人场景，因为它将不再是与存在共外延的。他人的我思取消了我自己的我思的一切价值，使我丧失了我本来在孤独中具有的那种通达对我来说可以构想的独一无二的存在、通达被我瞄向和构成的那样的存在的确信。但是，我们在个体知觉中已经学会不能彼此孤立地实现我们的各种视点；我们
406 知道，它们一个滑移到另一个之中并且被汇合在事物之中。同样，我们也应该学会恢复各种意识在同一个世界中的交流。实际上，他人没有被封闭在我对于世界的视角之中，因为这种视角本身并没有一些确定的界限，因为它自发地滑移到他人的视角之中，因为它们都被汇合在我们全都作为匿名的知觉主体参与其中的一个唯

一世界之中。

只要我有一些感觉功能，有一个视觉、听觉、触觉的场域，我就已经与也被视为心理物理主体的他人进行交流了。我的目光落在一个正在行动的活的身体上，围绕着它的那些客体就立即获得了一个新的含义层：它们不再仅仅是我自己能使之成为的东西，而且也是这一行为将使之成为的东西。围绕这个被知觉的身体形成了一个我的世界受到它的吸引并且似乎被它吸入的旋涡：在这一范围内，我的世界不再仅仅是我的，它不再仅仅面向我在场，它也面向X在场，面向在他那里开始显现出来的这另一种举止在场。这另一个身体已不再是世界的一个单纯片断，而是某种转化以及某种世界“观”的场所。它在那边对直到那时还属于我的一些事物进行了某种处理。某个人在利用我所熟悉的一些客体。但那是谁呢？我说那是另一个人，另外一个我自己，而且我一开始就知道这一点，因为这个活的身体具有与我的身体同样的结构。我把自己的身体体验为某些举止和某个世界的能力，我只是作为世界上的某个把手才被给予我自己的；然而，恰恰是我的身体在知觉他人的身体，并且在那里似乎发现了它自己的各种意向的神奇的延伸，发现了一种熟悉的对待世界的方式；从此以后，就像我的身体的各部分共同形成了一个系统一样，他人的身体和我的身体属于一个唯一的全体，是一个唯一的现象的反面和正面，而我的身体每时每刻都是其痕迹的匿名实存从此以后同时寓居于这两个身体之中。[①]

① 这就是为什么通过要求一个被试在医生的身体上指出他自己身体上被医生触摸的部位，医生就能发现他的身体图式的紊乱。

这只不过构成了另一个有生命者，还没有构成另一个人。但是，这一陌生的生命，就像它与之交流的我的生命一样，是一个开放的生命。它不会被一定数量的生物功能或感觉功能所耗尽。它通过使
407 一些自然客体偏离它们的直接方向/意义而把它们占为己有，它自己制造一些用具、一些工具，把自己投射到一些文化客体的环境之中。儿童在像来自另一个行星的一些陨石那样诞生时，在自己的周围发现了它们。他占有它们，他学会像其他人使用它们那样使用它们，因为身体图式确保了他看到他人之所为与他自己之所为之间的直接对应，因为用具由此才被明确为一种可操作之物、他人才被明确为人的行动的一个中心。在他人知觉中，有一个文化客体尤其将扮演一种最重要的角色：这就是语言。在对话的经验中，它在他人和我之间构成了一个公共地带，我的思想和他人的思想只不过形成了一个唯一的组织，我说的那些话和对话者说的那些话都是由讨论的状态引起的，它们融入到了我们中的每一个都不是其创造者的一种公共活动之中。那里有一种为我们两个人共享的存在，他人对我来说不再是在我的先验场中的一种单纯的行为，而我也不再是他的先验场中的一种单纯的行为。在一种完美的相互性中，我们彼此是对方的协作者，我们的视角相互滑移到对方中，我们透过同一个世界共存。在当前的对话中，我解放了我自己，他人的那些思想确实是他自己的思想；并不是我形成了它们，尽管它们一产生我就能够抓住它们，或者我还能够预料到它们；甚至对话者对我提出的异议从我这里得出了一些我不知道我拥有的思想，以至于，如果说我把一些思想给予了他的话，他反过来也以促使我思考。只是在事后，当我退出对话并回想起它时，我才能把

它重新整合到我的生活中，使它成为我的私人历史的一段插曲，而他人重新回到其不在场，或者说，在他仍然面对我在场的范围内，他被感觉到是对我的一种威胁。他人知觉和主体间世界只是对于一些成人来说才成为问题。儿童生活在他一开始就相信能够为所有围绕着他的人所通达的一个世界之中，他对作为私人主体性的自身和他人都没有任何意识，他也不会想到我们全体以及他自己受对于世界的某个视点的限制。这就是为什么他既不对自己的那些想法（他随着它们呈现出来而相信它们，不会寻求把它们联系起来），也不对我们的各种言语进行批判。他不具有关于那些视点的知识。在他看来，人们就是一些被引向一个显然唯一的世界的空心脑袋；一切都发生在这个世界里，哪怕是各种梦幻（他相信它们出现在他的卧室里），哪怕是思想（因为它无法与言语区分开来）。
他人对于他来说就是一些在审视各种事物的目光，它们有一种差 408
不多是物质的实存，以致一个儿童要问：为什么目光交错时没有破碎。[1] 皮亚杰说，快到 12 岁时，儿童开始实现我思，并且通达理性主义的那些真理。他发现自己既是感性意识，又是理智意识，既是对于世界的视点，又被要求超越这个视点、被要求建构判断层次上的客观性。皮亚杰引导儿童直至理智之年，仿佛成人的思想自给自足，消除了所有的矛盾。但在实际上，儿童在某种方式上有理由反驳成人或反驳皮亚杰，而且，如果对成人来说应该有一个唯一的、主体间的世界的话，那么早年的那些粗野的思维应该作为一种必不可少的获得物保留在成年的思维之中。如果在我的判断之

① 皮亚杰：《儿童的世界表象》，第 21 页。

下，我没有那种触及存在本身的原初确定性，如果我在*采取*任何自愿*立场*之前不是已经*处在*一个主体间世界之中，如果科学不依靠这种原初意见（ὶαξδ），那么正如笛卡尔借助恶灵假说非常清楚地表达的那样，我所具有的建构一种客观真理的意识永远都只提供给我一种为我的客观真理，我对于公正性的最大努力也不可能让我克服主观性。伴随着我思，意识之间的竞争开始了，正如黑格尔所说的，每一个意识都追求另一个意识的死亡。为了这种竞争能够开始，为了每个意识能够猜测到它所否认的那些陌生的在场，它们应该有一个公共地带，它们应该回想起它们在儿童世界中的宁静的共存。

但是，我们由此达到的确实就是他人吗？我们总的来说在一种几个人的经验中把**我**和**你**拉平了，我们把非个人的东西引入到了主体性的核心，我们抹去了各个视角的个体性，但是，在这种普遍的混杂之中，我们难道没有让别的**自我**连同**自我**一块消失了吗？我们在前面说过，它们是相互排斥的。但它们之所以相互排斥，恰恰是因为它们有同样的要求，因为别的**自我**遵从**自我**的所有变化：如果在知觉的**我**真的是一个**我**，那么它就不能将别的自我知觉为一个他者；如果在知觉的主体是匿名的，那么它所知觉到的他者本
409 身也是匿名的，而当我们打算使多个意识从这种集体意识中呈现出来时，我们将重新发现我们以为已经摆脱了的那些困难。我把他人知觉为行为，比如说，我在他的举止中，在他的脸上及在他的手上知觉到了他人的哀痛或愤怒，而完全不需借助痛苦或愤怒的“内在”经验，因为哀痛和愤怒是在世存在的一些变式，它们在身体和意识之间是没有分化的，而且它们既存在于他人的举止中（在他

的现象身体中是可见的)，也存在于我自己的举止中(就如同它呈现给我的那样)。但最终说来，他人的行为，甚至他人的各种言语都不是他人。他人的哀痛和愤怒对他和对我来说从来都不会具有完全相同的意义。对他来说，这是一些被亲历的处境，对我来说，则是一些被附现的处境。或者，由于友谊的促动，我可以分担这种哀痛或愤怒，但它们仍然是我的朋友保尔的哀痛和愤怒：保尔遭受痛苦，因为他失去了妻子，或者保尔感到愤怒，因为有人偷了他的手表；我感到痛苦，因为保尔在遭受痛苦，我感到愤怒，因为保尔感到愤怒。这两种处境是不可叠合的。最后，即使我们制定了某个共同计划，这个共同计划也不是一个唯一的计划，它不会以相同的角度被提供给我和保尔；我们两人不会同等看重这个计划，无论如何不会以同样的方式看待这个计划，仅仅因为保尔是保尔，我是我。我们的意识透过我们自己的各种处境，徒劳地建构它们可以在其中交流的一种共同处境，但我们每一个人都从其主体性的深处投射这个"唯一的"世界。他人知觉的各种困难并不完全由于客观思维，它们也不会随着行为的发现而完全消失，或毋宁说，客观思维和作为其结论的我思的唯一性并不是虚构，它们是有充分根据的、我们应该探究其基础的现象。我和他人的冲突不仅仅开始于我们寻求思考他人的时候，而且，即使我们把思维重新纳入到了非论题意识和未经反思的生活之中，它也不会消失：比如说，当我试图在牺牲的盲目中亲历他人时，冲突就已经在那里了。我和他人达成一个协议，我决定生活在一个我将给他和给自己留出同样多的位置的一个交互世界之中。但这一交互世界仍然是我的一个筹划，相信我期望他人的幸福就像期望我自己的一样可能是虚伪

410 的，因为甚至这种对他人幸福的喜好仍然来自于我。没有相互性，就没有别的自我，因为这样一来，一个人的世界就会包含另一个人的世界，一个人就会感到自己为了另一个人的利益而被异化了。这就是出现在双方的爱情不对等的一对夫妇那里的情形：一方深陷这一爱情之中，把自己的生命都押在上面了，另一方保持为自由的，这一爱情对他来说只是一种偶然的生活方式。前者感到他的存在和实体消失在这一横亘在他面前的全然不为所动的自由中了。即使后者或出于对诺言的忠诚，或出于慷慨，也愿意让自己变成在前者世界中的单纯现象，愿意通过他人的眼光来看自己，他仍然是通过对其生活的扩展才做到的，因此，他假设性地否定了他最初想论题性地肯定的他人和自身的对等。共存无论如何应该被其中的每一个都亲历到。如果我们两者都不是构造意识，那么在我们进入交流并发现一个共同世界之际，有人就会问谁在交流、这个世界为谁而实存。如果某个人和某个人进行交流，如果交互世界不是一种难以想象的在己，如果它应该为我们两者而实存，那么交流就会再次中断，我们两者中的每一个都在自己的私人世界里活动，就像两个棋手在相距 100 公里的两个棋盘上对弈。这两个棋手仍然能够通过电话或信件交流他们的决定，这等于说他们成了相同世界的部分。相反，我严格说来与他人没有任何共同的地带，对他人以及他的世界的设定与对我自己以及我的世界的设定构成为一种二者择一。一旦他人被设定，一旦他人投向我的目光通过把我纳入他的视觉场而剥夺了我的存在的一部分，我们就完全明白了，只有通过与他人建立一些关系、通过让我自由地得到他的承认，我才能收回那一部分存在，而我的自由为其他人要求同样的自由。但是，首先应该知道我如何能够设定他人。正如我们前面已经说明过的，只要我已经出生了，只要我有一个身体和一个自然世界，我就能够在这个世界中发现我的行为与之交织的其他一些行为。但是，同样的是，只要我已经出生了，只要我的实存已经展开、知道它被给予了它自己，我的实存就保持在它想要参与的一些行为之下——它们永远都只不过是它的一些样式，它的无法克服的一般性的一些特例。我思要确证的正是这种被给定的实存基础：任何肯定，任何介入，甚至任何否定，任何怀疑，都在一个预先开放 411
的场域中占有位置，都证实了一个自我——它先于它在其中丧失了与自身的接触的那些特殊行为而触及自身。这个自我——它是任何实际的交流的见证者，没了它，交流是不可能的，因而也就不成其为交流——似乎阻止对于他人问题的任何解决。在这里，存在着并非可以超越的一种被亲历的唯我论。无疑我既没有觉得自己构造了自然世界，也没有觉得自己构造了文化世界：在每一知觉中，在每一判断中，我都要么让一些感觉功能、要么让一些现实地并非属于我的文化装配起作用。我在各个方面都被自己的一些行为所超越，被淹没在一般性之中，然而我是那个它们由之被亲历的人，伴随着我的最初知觉，一个难以满足的存在已经产生了：它把它能够遇到的一切都占为己有，没有任何东西是完全被给予它的，因为它已经接受了这个天生的世界；它从此以后在自己那里就携带着任何可能存在的筹划，因为该筹划已经一劳永逸地被封印在它的经验场中了。身体的一般性将不会让我们明白无性、数、格变化的**我**如何能够为了他人而让渡自己，因为它完全被我的无法让渡的主体性的这一其他一般性所补偿。另外我如何能够在我的知觉场发现这样一种自身对自身的在场呢？我们可以说他人的实存在我看来是一个简单的事实吗？但是，这无论如何是一个*为我的*事实，它应该被列入我自己的那些可能性之中，它应该以某种方式被我理解或亲历，以便它能够有作为事实的价值。

由于不能从外面限定唯我论，我们能够尝试着从里面超越它吗？我无疑只能认识一个**自我**，但是，作为普遍主体，我停止成为一个有限的我，我成为一个不偏不倚的旁观者：在它面前，他人和作为经验存在的我自己都处在平等的地位上，我没有任何有利的优势。至于我通过反思发现的、一切在它面前都是客体的那个意识，我们不能说它就是自我：我的自我如同任何事物一样被展现在它面前，它构造之，但它并不局限于这一点，因此，它能够毫无困难地构造其他自我。在神那里，我能够像意识到我自己那样意识到他人，就像爱我自己那样爱他人。——但是，我们遇见过的主体性不能被叫作神。如果反思把我向我自己揭示为无限的主体，那么确实也应该至少在表面上承认，我从前不知道比我所是的自我更
412 是我自己的这一自我。我们要说，我从前知道它，因为我那时知觉他人和我自己、因为这一知觉只有通过它才正好是可能的。但是，如果我已经知道了它，那么所有的哲学著作都是无用的了。不过，真理需要被揭示出来。因此，正是这个有限且无知的自我在它自己那里认识到了神，而神总是在各种现象的后面思考着自己。自负的光线正是通过这一阴影最终照亮了某物，因此，使阴影消失在光线中确实是不可能的，不假设性地否定我想论题性地肯定的东西，我永远不能*认识到自己是*神。我可以在神那里爱他人如同爱我自己，但我对神的爱仍然必定不来自于我，就像斯宾诺莎所说

的，它实际上是神通过我而爱他自己的那种爱。因而，最终说来，既无处有他人之爱，也无处有他人，只有一种唯一的自身之爱，它在我们的生命之外与它自己联系在一起，它与我们无涉，我们也不能通达它。通往神的反思和爱的运动使该运动想通往的神成为不可能的。

因此，我们确实被带回到了唯我论，而问题现在呈现在其整个困难中。我不是神，我只不过对神性有一种奢望。我避开任何介入，我超越他人，因为任何处境和任何他者为了在我的眼前存在都应该被我亲历。不过，他人最初看来至少对我有一种意义。我应该像多神论中的诸神那样，考虑其他神，或者像亚里士多德的神那样，把不是由我创造的一个世界极化。各种意识表现出了一种多人唯我论的滑稽可笑，这乃是应该明白的处境。既然我们亲历了这种处境，就应该有阐明它的办法。孤独和交流不应该是一种二者择一的两个选项，而应该是一个唯一现象的两个环节，因为事实上他人为我而实存着。应该援引我们在别处关于反思的话来谈论他人经验：它的客体不可能绝对脱离它，因为我们只有通过它才会有其客体的观念。反思的确应该以某种方式给出未经反思者，因为要不然的话，我们就没有什么东西对立于它，它对我们来说也就不会成为问题。同样，我的经验也应该以某种方式把他人给予我，因为，如果它不这样做的话，我甚至不能谈论孤独，我甚至不能宣称他人是难以通达的。开始时就给定的、就真实的东西，是一种向 413
未经反思者开放的反思，是对未经反思者的反思性把握；同样，还是我的向着一个他者开放的经验的张力（在我的生活的视域中，他的实存是毋庸置疑的，即便我对他的认识是不完全的）。在这两个

问题之间，存在的不止是一种含糊的类比，问题在两者那里都在于知道，我如何能够突然冲出到我自身之外，并且把未经反思者亲历为如此这般的。那么我，在知觉的、并因此把自己断定为普遍主体的我，如何能够知觉到一个立刻就会取消我的这种普遍性的他者？同时奠基我的主体性和我的朝向他人的超越性的中心现象，就在于我被给予我自己这一点。**我被给予**，就是说我发现自己已经被处境化了、已经被卷入到了一个自然的和社会的世界之中了；**我被给予我自身**，就是说这个处境从来都不是对我隐瞒的，它从来不是像一种外来的必然性那样围绕着我，我实际上从来都没有像盒子里的一个物品那样被封闭在处境中。我的自由、我具有的成为我的全部经验之主体的基本能力，与我在世界之中的融入并不是分开的。成为自由的、不能将自己还原为亲历到的任何东西、对任何实际处境都保持一种拉开距离的能力，这是我的一种命运；在我的先验场被开放之际，在我作为视觉和知识诞生之际，在我被抛到世上之际，这种命运就已经被确认了。对抗社会世界，我总是可以运用我的感性自然，闭上眼睛，塞住耳朵，作为局外人生活在社会之中，把他人、各种仪式和各种遗迹看作是颜色和光线的一些单纯排列，剥夺它们的人性的含义。对抗自然世界，我总是可以诉诸能思维的自然，对每一个被单独把握的知觉予以怀疑。唯我论的真理就在于此。任何经验都将向我始终显现为一种不能穷尽我的存在的一般性的特殊性，而且就像马勒伯朗士所说的，我总是有走得更远的冲动。但是，我只能在存在中逃避存在，比如说，我在自然中逃避社会，或在由实在的一些碎片构成的一个想象世界中逃避实在世界。自然和社会的世界始终作为我的反应之刺激起作用，不管这些反应是积极的还是消极的。我只能以一种将纠正它的更真实的知觉的名义才能对这一知觉提出怀疑；我之所以能够否定每一个事物，是因为我始终在断定存在着某种一般之物，而这就是为 414
什么我们说，思维是一种能思维的自然，是透过否定各种存在而对存在的一种肯定。我能够建构一种唯我论的哲学，但在这样做的时候，我假定了说话的人的一个共同体，而且我对它说话。甚至“对成为不管什么东西的一概拒绝”[①]也假设了某种将要被拒绝、主体将与之保持距离的东西。有人说，必须做出要么是他人、要么是我的选择。但是，我们是**对比**另一个来选择这一个的，因此，我们肯定了这两者。有人说，他人把我变成客体并否定我，我把他人变成客体并否定他。实际上，只有当我们两者都退回到我们的能思维的自然之深处时，只有当我们两者都进行一种非人性的注视时，只有其中每一个都觉得他的行动不是被重复和理解，而是被当作一只昆虫的行为来观察时，他人的目光才会把我变成客体，我的目光才会把他人变成客体。这就是比如当我承受一个不认识者的目光时发生的情况。但即便如此，一个人被另一个人的目光客观化，也只是因为占据了一种可能的交流的位置才被感觉到是让人难受的。注视我的一条狗的目光不会让我觉得不舒服。因此，拒绝交流仍然是一种交流方式。不断变化形态的自由、能思维的自然、不可让渡的内心深处、未被定性的实存——它们在我这里和在他人那里标划出了任何同情的界限——确实都悬置了交流，但没有取消它。如果我与一个还没有说过一句话的不认识者打交道，

① 瓦莱里：《莱奥纳多·达·芬奇方法引论》(杂集)，第200页。

我可以认为他生活在我的行动和我的思想不值得在那里出现的另一个世界之中。但是，只要他说出一句话，或只是做了一个不耐烦的姿势，他就已经停止超越我了：那就是他的声音，那就是他的各种思想，因此这就是我认为无法进入的领域。只有在停留为自满自得的、处在其自然的差异之中时，每一实存才会确定地超越其他实存。甚至普遍的沉思（它使哲学家摆脱了他的国家、他的友谊、他的立场采取、他的经验存在，总之，摆脱了世界，而且似乎让他绝对地孤单）实际上也是行为、言语，并因此是对话。只是对某个什么都不是而且什么都不干、沉默地验证自己的实存的人来说，唯我论才是严格真实的，但这是完全不可能的，因为实存就是在世界之
415 中存在。在其反思的退隐中，哲学家不可能不让其他人卷入，因为在世界的昏暗不明中，他已经知道要永远把他们当作同伙，因为他的任何知识都建立在意见的这种所予之上。先验的主体性是一种被揭示的主体性，被揭示给它自身和他人的主体性，而以此为由，它是一种主体间性。只要实存被汇聚到、被投入到一种举止之中，它就会落入知觉之中。同任何其他知觉一样，这种知觉显示的东西要比它抓住的东西多：当我说我看见了烟灰缸并且它在那里时，我假定了趋于无限的经验的一种完成了的展开，我保证了整个知觉的未来。同样，当我说我认识某个人或者说我爱他时，我指向的是他的各种性质以外的、有一天可能会粉碎我形成的他的形象的不可穷尽的内心深处。正是以此为代价，对我们来说才存在着一些事物和一些“他者”，这不是由于一种错觉，而是由于知觉本身所是的一种暴力行为。

因此，我们应该在自然世界之后，重新发现社会世界——它不

是客体或一些客体的总和，而是实存的永久场域或维度：我确实可以离开它，但不会停止相关于它而处于某处。我们与社会的关系就像我们与世界的关系那样，比任何明确的知觉或任何判断都更加深刻。像把一个客体放到其他客体当中那样把我们放到社会中和把社会作为思维的客体置于我们之中是同样错误的，两方面的错误都在于把社会当作了一个客体。我们应该重新回到我们只是由于自己实存着就与它处于联系中的，我们在任何客观化之前就把它与我们绑在一起的社会中。对于过去和各种文明，如果我不借助于我的社会、借助我的文化世界、借助它们的视域与它们保有一种至少潜在的交流，如果雅典共和国或罗马帝国的位置没有被标记在我自己的历史边界的某个地方，如果它们不是像大量有待被认识的、不确定的，但预先实存的个体那样被安顿在那里，如果我不能在我的生活中发现历史的基本结构，那么关于它们的客观而科学的意识就将是不可能的。当我们对其进行认识和评判时，社会已经在那里了。一种个人主义的或社会学主义的哲学是对系统化的、已经被阐明的共存的某种知觉。在意识觉醒之前，社会暗
中作为诱惑而实存着。贝玑在《我们的祖国》的结尾恢复了一种已 416
被隐藏却从未停止言说的声音，就像我们在醒来时清楚地知道客体在夜间没有停止存在或有人已经敲了我们的门好长时间一样。虽然有文化、道德、职业和意识形态的差异，1917 年的俄罗斯农民还是加入到了彼得格勒和莫斯科工人的斗争中，因为他们感到他们的命运是相同的；在成为一种坚定意志的客体之前，阶级已经被具体地亲历到了。社会原本地不是作为客体并且以第三人称的形式实存的。想把它作为客体对待是好奇者、“大人物”和历史学家

的共同错误。法布里斯想要像我们看一道景致那样看滑铁卢战役，他只能发现一些混乱的插曲。皇帝真的在他的地图上看到了这场战役吗？但它对他来说被归结为一张并非没有罅漏的简表：为什么这个兵团停滞不前？为什么那些预备部队没有到达？历史学家——他没有卷入到战役之中，他全方位看它，他搜集了大量的证据，而且他知道它是如何结束的——最终以为弄清了它的真相。然而，这只不过是他为我们提供的它的一种表象，他没有触及战役本身，因为当它发生的时候，其结局还是偶然的，而当历史学家讲述它时，这一结局不再是偶然的，因为战败的各种深层原因以及使它们起作用的那些意外事件，在滑铁卢战役这一独特事件中是同样的决定性因素，因为历史学家把这一独特事件放回到了帝国衰亡的总线索之中。真实的滑铁卢战役不在法布里斯看到的东西之中，不在皇帝看到的东西之中，也不在历史学家看到的东西之中，它不是一个可以确定的客体，而是**突然发生**在所有这些视角的边缘的、它们全都依据它而被提取出来的那个东西。[①] 历史学家和
417 哲学家寻求关于阶级或国家的客观定义：国家是建立在共同语言基础之上的呢，还是建立在各种生活观念基础之上的？阶级是建立在收入水平基础之上的呢，还是建立在生产流通中人们所处地

① 因此，应该用现在时写历史。这就是比如说于勒·罗曼在《凡尔登》中所做的。当然，客观思维即使不能穷尽一个当前的历史处境，也没有必要由此得出结论说，我们应该闭上眼睛把历史亲历为一种个体的历险，我们应该拒绝采取任何视角，并且应该把我们投入到没有引导线索的行动之中。法布里斯没能理解滑铁卢战役，但报道已经比较贴近该事件。冒险精神比客观思维使我们更加远离它。存在着一种与该事件相联系并寻找其具体结构的思维。一场革命（如果它真的处在历史的方向上）在被亲历的同时，可以被思考。

位基础之上的？我们知道，这些标准中的任何一个事实上都不能让我们认识到一个人是否属于一个国家或一个阶级。在所有的革命中，都有一些特权阶层的人加入到革命阶级之中，也有一些被压迫者效忠于特权阶层。每个国家都有叛国者。这是因为，国家或阶级既不是从外面使个体服从的一些天命，也不是个体从内部设定的一些价值。它们是一些激励着个体的共存方式。在和平时期，国家和阶级就像我只需以漫不经心或含糊其辞的方式对之作出回应的一些刺激而在那里，它们是潜在的。一种革命的处境或一种国家危机的处境使那些只是直到那时才被亲历到的与阶级和国家的前意识关系变成了有意识立场的采取，默认的介入变成明确的了。但是，介入向自己呈现为是先于决断的。

社会的实存形态的问题在这里与所有的超越性问题会合了。无论涉及的是我的身体、自然世界、过去，还是生或死，问题始终在于知道我如何能够向一些超越于我，然而只在我恢复它们、亲历它们时才会实存的现象开放，规定我并制约着任何陌生的在场的面向我自己的在场（Urpräsenz）如何与此同时是一种消除呈现（Entgegenwärtigung）[①]并把我投射到了我之外。使外部内在于我的观念论和使我服从因果作用的实在论，都曲解了在外部和内部之间实存着的那些动机关系，使这种关系变成不可理解的。比如我们的个体的过去既不是由意识状态或大脑痕迹的实际残余给予我们的，也不是由构造它并且直接到达它的过去意识给予我们的：在这两种情形中，我们都错失了过去的意义，因为确切说来，过

① 胡塞尔：《欧洲科学的危机与先验现象学》，第三卷（未刊稿）。

418 去是面向我们在场的。如果过去应该是为我们的，那么它在任何明确的回忆之前只能处在一种含混的在场中，就像一个我们向之开放的场域一样。即使我们没有想到过去，即使我们的全部回忆都是从这一不透明的团块中抽取出来的，过去也应该为我们而实存着。同样，如果我拥有的只是作为各种事物之总和的世界和作为各种属性之总和的事物，那么我就没有获得确定性，而只获得了一些或然性，没有获得毋庸置疑的实在性，而只获得了一些有条件的真理。如果过去和世界实存着，那么它们应该有一种原则上的内在性（它们只能是我在我后面和我周围看到的东西）和一种事实上的超越性（它们在作为我的一些明确行为的对象呈现之前就已经在我的生活中实存着了）。同样，我的出生和我的死亡对于我来说不可能是思维的客体。处于生命之中，依靠着我的能思维的自然，嵌入到这一先验场（它自从我的第一次知觉起就已经开放，任何不在场在其中都只不过是在场的反面，任何沉默都只不过是有声存在的一种方式）中，我有一种原则上的无所不在性和永恒性，我感到自己投入到了我既不能构想其开端，也不能构想其结束的不可穷尽的生命之流中，因为仍然是有生命的我在构想它们，因为这样的话，我的生命总是既领先于自身又在自身之后继续存在。然而，用存在填塞我的这同一种能思维的自然透过某一视角为我打开了世界，我由于这一视角获得了关于我的偶然性的感受、被超越的焦虑，以致即使我没有思考我的死亡，我也生活在一般死亡的氛围中，就像有一种死亡的本质始终处在我的各种思维的视域中。总之，由于我的死亡的瞬间对我来说是一个不可通达的未来，所以我完全确信永远不会亲历到他人面向他自己的在场。不过，每一个他者都作为不可撤销的共存的方式或环境而为我实存着，我的生命有一种社会氛围，就像它有一种死亡的气息一样。

依靠自然世界和社会世界，我们已经发现了真正的先验，它不是一个没有阴影、没有晦暗的透明世界由之得以在一个无偏无倚的旁观者面前展现出来的那些构造活动的集合，而是各种超越物的开端（Ursprung）在它那里得以形成的含混的生命，它通过一种基本的矛盾使我与它们进行交流，并在这一基础上使认识得以可 419
能。[1] 人或许会说，一种矛盾不可能被置于哲学的中心，而我们的最终说来不可思议的全部描述根本就没有打算说出任何东西。如果我们局限于在现象或现象场的名下重新发现一层前逻辑的或神奇的经验，那么反驳可能是有效的。于是就应该选择要么相信那些描述并放弃思考，要么了解人们所说的东西并放弃那些描述。那些描述对于我们来说应该是界定比客观思维更彻底的理解和反思的契机。被理解为直接描述的现象学应该补充上一种现象学的现象学。我们应该重新回到我思，以便在那里寻找一种比客观思维的逻各斯更根本的、赋予客观思维以相对权利，同时把它置于其位置上的逻各斯。在存在的层面上，我们将永远不能理解主体既

① 胡塞尔在其后期哲学中承认，任何反思都应该开始于重新回到对生活世界的描述。但是，他补充说，通过另外一种“还原”，生活世界的结构应该被放回到一种普遍构造的先验之流中，世界的全部晦暗都将在那里获得澄清。不过，显而易见的是，这是从两件事情中择一：要么构造使世界变得透明，但这样一来，我们就不明白为什么反思还需要经由生活世界；要么它保留了生活世界的某种东西，而这就是为什么它永远不可能消除世界的不透明性。透过对逻辑主义时期的大量无意识借用，胡塞尔的思想越来越处在第二个方向上——正像在他使合理性成了一个问题时，在他承认一些归根结底“流变的”含义（《经验与判断》，第428页）时，在他把认识奠基于一种原本的信念之上时，我们所看到的那样。

是原生自然的又是顺生自然的、既是无限的又是有限的。但是,如果我们能够重新发现在主体之下的时间,如果我们把身体、世界、事物和他人的悖谬与时间的悖谬联系起来,那么我们就将明白,不存在有待于理解的任何在此之外的东西。

第三部分

为己存在与在世存在

第一章　我思 423

我想到笛卡尔式的我思，我期望结束这一工作，我感到手底下的稿纸有些清凉，我透过窗户知觉到大道边上的各种树木。我的生命每时每刻都投入到一些超越的事物之中，它整个地发生在外部。我思要么是在三个世纪之前在笛卡尔的头脑中形成的思想，要么是他留给我们的那些文本的意义，最后，要么是透过这些文本显露出来的永恒真理；无论如何，它是我的思维与其说已经包含还不如说向之而趋的一种文化存在，就像我的身体在一个熟悉的环境中定下方向，缓慢行进在各种事物之中而毋须我明确地表象它们一样。这本业已开始的书并不是一些观念的某种汇集，对我来说，它构成一种开放的处境：我不能够对这一处境给出复杂的说法，我在其中盲目挣扎，直到仿佛出现奇迹，各种思想和各个词自行组织起来了。尤其是，那些围绕在我周围的感性存在、我手底下的稿纸、我眼前的那些树木，并没有向我透露它们的秘密，我的意识在它们那里逃离了自己、忽视了自己。这就是实在论通过肯定世界以及一些观念的实际超越性和在己实存，试图进行分析的最初处境。

然而，问题不在于为实在论提供理由，而且在笛卡尔式的从各种事物或各种观念向我的回归中有一种确定的真理。只有当我承

受超越的事物的时候、只有当我在我自身中发现关于它们的筹划的时候，关于它们的经验本身才是可能的。事物是超越的，当我这样说的时候，意味着我并没有拥有它们，我没有绕它们一圈；在我不知道它们是什么的范围内、在我盲目地肯定它们的赤裸裸的实
424 存的范围内，它们是超越的。不过，肯定那种我们对之一无所知的实存有什么意义呢？在这一肯定中之所以会有某种真理，是因为我隐约看出了它涉及的本性或者本质；是因为比如说，我对树木的视觉作为在一个个体事物中的沉默绽出，已经包含了某种关于看的思想和某种关于树木的思想；最后，是因为我并没有遇到树，我并不是简单地与它形成对照，而且因为我在面对着我的这一实存者中找到了我主动形成其观念的某种本性。如果说我在我的周围发现了某些事物，这不会是由于它们实际上就在那里，因为我对假设的这种实际实存一无所知。我之所以能够认识它，是因为与事物的实际接触在我这里唤醒了一种关于全部事物的最初科学，是因为我的各种有限而确定的知觉是与世界同外延并贯穿地展示世界的认识能力的一些局部表现。如果我们想象知觉主体将会与之相一致的一个在己的空间，例如，如果我想象我的手通过贴合两点之间的距离而知觉到这一距离，那么我的手指形成的、代表这一距离的特征的角度——如果它似乎不是被一种既不寓于这一事物中，也不寓于那一事物中，并因此变成能够认识它们的关系或毋宁说能够实现它们的关系的能力内在地回想起来的——如何能够被估量呢？如果我们希望"我的拇指的感觉"和我的食指的感觉至少是距离的一些"符号"，那么这些感觉——如果它们不是已经依据从一点到另一点的一个轨迹获得定位，如果这一轨迹不只是被我

张开的那些手指所经过，而且也在其可知的轮廓中被我的思维所瞄向——如何在它们自身中拥有能够意指空间中的那些点之间关系的东西呢？“精神如何能够认识它自己没有将之作为符号来构造的一个符号的意义呢？”[①]似乎应该把我们通过描述处在其世界中的主体而获得的认识形象替换成主体据以建构或构造这一世界本身的另一个形象，它比认识形象更本真，因为要与那些围绕着他的事物打交道，主体必须首先使它们为了他而实存、围绕他而得到安排并且从他自己的深处引出它们。在自发思维的各种行为中，尤其是如此。成为我的各种反思之主题的笛卡尔式的我思，始终 425

处在我现时地向自己表象的东西之外，它拥有我在阅读笛卡尔时所获得的而非现时地在场的大量思想以及我预期到的、我能够拥有的、我从未展开过的其他思想所形成的一种意义视域。然而，最终说来，人们在我面前发出这三个音节之所以足以使我立刻让自己朝向某种观念秩序，是因为全部可能的阐明以某一方式一下子被呈现给我了。“期望把精神之光限定在被表象的现实性之内的人总是会遇到苏格拉底的问题：‘你用什么方式去寻找你绝对不知道其本性的东西？你期望在你不认识的那些东西中寻找哪个东西？如果你恰好偶然地遇到了那个东西，你如何知道要寻找的正好是它，是你并不认识的它呢？’（《美诺篇》，80，D）。”[②]一种真正被自己的客体所超越的思维会看到它们按照它们的步伐发展，但永远不能抓住它们的各种关系、不能深入了解它们的真理。正是我

① 拉歇兹-雷：《关于精神的构造活动的反思》，第134页。

② 拉歇兹-雷：《康德式的观念论》，第17－18页。

重构了历史的我思，正是我阅读了笛卡尔的文本，正是我在其中认识到了一种不朽的真理，而且最终说来，笛卡尔式的我思只是由于我自己的我思才具有意义，如果我在我自己这里没有为了想出它所必需的一切，那么我对它就不会有任何思考。正是我为我的思维指定了恢复我思的活动的目标，正是我每时每刻在证实我的思维在朝向这一目标，因此，我的思维本身应该在该目标中先于自己，而且应该已经找到它所寻找的东西，否则，就不会去寻找之。我们应该用它具有的这种先于自己和投入自己、到处都能找到其家的奇特能力，总之，用它的自主性来定义它。如果思维本身没有把它后来在事物中发现的东西放入它们之中，那么它就不能把握事物，它就不能思考它们，它就会是一种“思维的错觉”。[①] 一种感性知觉或一种推理不可能是在我这里出现并由我证实的事实。当我事后考虑它们时，它们各自分布和分散在自己的位置上。但是，在这里只有推理和知觉的痕迹，从它们的现实性来把握，它们应该
426 一下子就包括了它们的实现所必需的、也因此在一种未经分化的意向中没有距离地向它们本身显现出来的一切，要不然它们就会瓦解。任何对于某物的思维同时也是自我意识，否则它就不可能有对象。因此，在我们的所有经验和我们的所有反思的根基中，我们找到了一种直接自己认识自己的存在（因为它是它关于自身和所有东西的知识）；它不是通过确认并且作为一个给定的事实，或者通过从关于它自己的一个观念出发的推理，而是通过与自己的实存的直接接触来认识自己的实存。自我意识是正在运行的精神

① 拉歇兹-雷：《关于精神的构造活动的反思》，第 25 页。

的存在本身。我借以意识到某种东西的行为本身在它得以实现的同时获得理解，否则它就会被中断。既然我们不能构想该行为可以被无论什么东西发动或引起，它就应该是自因的(causa sui)。[①]和笛卡尔一道从事物回到关于事物的思想，这要么是把经验还原为**我**只不过是其共同名称或假定原因的一些心理事件的总和，但我们不明白为什么我的实存会比任何一个事物的实存都更加确定，因为它除了在某个难以捕捉到的瞬间外并不更加直接；要么是承认在这些事件下面有既不受制于时间也不受制于任何限定的思想场和思想体系，一种绝不依靠事件而且就是作为意识而实存的实存方式，一种有距离地抓住它所瞄向的一切并将其缩合到它自身的精神行为，一个由于它自身而无需任何附加就是一个“我在”的“我思”。[②] “因此，笛卡尔式的我思学说应当逻辑地导向对精神的无时间性的肯定，对一种关于永恒的意识的承认：我们体验到我们是永恒的(Experimur nos aeternos esse)。”[③]被理解为在一种单一意向中涵括和预期各种时间进展之能力的永恒性就是主体性的定义本身。[④]

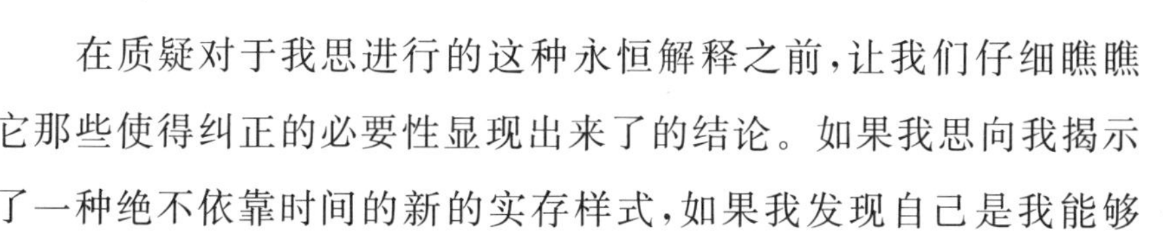

在质疑对于我思进行的这种永恒解释之前，让我们仔细瞧瞧它那些使得纠正的必要性显现出来了的结论。如果我思向我揭示了一种绝不依靠时间的新的实存样式，如果我发现自己是我能够 427
理解的一切存在的普遍构造者、是没有皱褶和外部的一个先验场，

① 拉歇兹-雷：《关于精神的构造活动的反思》，第 55 页。

② 同上书，第 184 页。

③ 同上书，第 17－18 页。

④ 拉歇兹-雷：《自我，世界与神》，第 68 页。

那么就不应该仅仅说，我的精神“在其涉及所有感官对象的形式时……是斯宾诺莎的神”[①]——因为形式和质料的区分不再能够获得最大的价值，我们也看不出对自己进行反思的精神如何能够最终找到接受性概念的任何意义，并且认为自己有效地受到了感动；如果是它认为自己受到了感动，那么它就不能认为自己受到了感动，因为在它看起来限制自己的主动性的时候它又重新肯定了自己的主动性；如果正是它把自己安置到世界之中，那么它就不在世界之中，而且自我设定是一种错觉。因此，应该毫无保留地说，我的精神就是神。我们看不出拉歇兹-雷先生如何能够避开这一结论。“假定我已经停止思考，如果我重新开始思考，那么我就复活了，我在精神的不可分中、通过把自己重新置于我所延伸的运动由之产生出来的源泉中来重建这一运动(……)。因此，每当主体思考的时候，它就在它自己那里获得支撑点，它在自己的各种各样的表象的外面和后面，把自己安置在这种作为一切认识的本原而不需要被认识的统一性之中，而且它重新成为绝对，因为它永恒地是绝对。”[②]但是，怎么会有许多的绝对呢？首先我如何能够认识其他自我呢？如果主体的唯一经验是我在与它相一致时获得的经验，如果精神按照定义避开了“陌生的旁观者”并且只能内在地被认识，那么我的我思原则上就是独一无二的，它不是能被一个他者“分有的”。有人要说，它对于他者是“可迁移的”吗？[③] 但是，如此

---

① 康德：《过渡》，阿迪克斯版，第756页，转引自拉歇兹-雷：《康德式的观念论》，第464页。

② 拉歇兹-雷：《关于精神的构造活动的反思》，第145页。

③ 拉歇兹-雷：《康德式的观念论》，第477页。

一种迁移如何能够被引发呢？何种场景可以有效地引起我在我自己之外提出这种其意义要求它内在地获得领会的实存模式呢？如果我没有在我自己这里学会认识为己和在己的汇合，那么——假定我没有外部，他人没有内部——其他身体所是的机械没有哪一 428
个能够获得生机。如果我对我自己有绝对意识，那么意识的多元性就是不可能的。甚至不可能推测在我的思维之绝对后面有一个神圣的绝对。我的思维与它自己的联系——如果这一联系是完满的——把我封闭在我自己这里，并阻止我感觉到自己会被超越；对于建构了存在的整体以及它自己在世界之中的在场、通过“自身拥有”[①]而获得界定、并且在外部从来都只能找到它置于其中的东西的这一自我而言，不存在对一个**他者**的开放和“向往”[②]。这个被完全封闭起来的自我不再是一个有限的自我。“只是借助于对构造——就这一词的积极意义来说——的预先意识，然后最终说来，只是通过与神性的活动本身的内在相通，它才会有……对宇宙的意识。”[③]归根结底，我思要让我与神相一致。如果我的经验的可知的、可辨识的结构——当我在我思中认识它时——能够让我摆脱事件并在永恒性中确立我，那么它与此同时就会让我摆脱全部限制以及我的个人实存所是的这一基础事件，而迫使从事件过渡到行为、从各种思维过渡到**我**的那些相同的理由，也迫使**我**的多样性过渡到一个孤独的构造意识，并且为了在万不得已的情况下(in

① 拉歇兹-雷：《康德式的观念论》，第 472 页。

② 同上书，第 477 页；《自我、世界和神》，第 83 页。

③ 《自我，世界与神》，第 33 页。

extremis)拯救主体的有限性而禁止我把它界定为“单子”。[①] 构造意识原则上是独一无二的和普遍的。如果我们想要坚持认为它在我们每一个那里构成的只是一个小宇宙,如果我们为我思保留一种“实存的检验”[②]的意义,如果它向我揭示的不是完全拥有自身的某一思维的绝对透明性,而是我借以重新开始并且继续进行我的能思维的自然之命运的盲目活动,那么它将是另一种不会让我们走出时间的哲学。我们在此证实,有必要在永恒和经验主义的被分割的时间之间找到一条道路并且重新对我思进行解释和对时间进行解释。我们已经一劳永逸地认识到了,我们与各种事物的关系不可能是一些外在关系,我们对我们自己的意识也不是一些
429 心理事件的简单标记。只有当这个世界和这一知觉在成为被证实的事实之前属于我们的思维,我们才能知觉一个世界。还需要准确地理解世界对于主体和主体对于它自己的隶属、使经验得以可能的我思活动、我们对于各种事物和我们的各种“意识状态”的把握。我们将会看到:它并非不在乎事件和时间;它毋宁是事件和历史(Geschichte)的基础模式(那些客观的、非个人的事件只是其派生形式);总之,只有借助一种客观的时间概念,诉诸于永恒性才是必要的。

因此,我在思考是不可怀疑的。我不确信那里有一只烟灰缸或一只烟斗,但我确信我认为自己看到了一只烟灰缸或一只烟斗。把这两个断言分开,并且在涉及被看到的东西的任何判断之外坚

---

① 拉歇兹-雷中就是如此说的(《自我,世界与神》,第 69 – 70 页)。

② 同上书,第 72 页。

持关于我的“看的思想”的明证，这像我们相信的一样容易吗？相反，这是不可能的。知觉正是如下这样的行为，其中不存在把行为本身与它指向的项区分开来的问题。知觉和被知觉者必然有相同的实存样式，因为我们不可能把知觉所具有的意识或毋宁说知觉在达到事物本身时所是的意识与知觉区分开来。不能通过否认被知觉事物的确定性来维护知觉的确定性。如果我*在看这个词的充分意义上*看到了一只烟灰缸，那么在那里应该有一只烟灰缸，而且我不可能压制这一断言。看，就是看某个东西。看红色，就是看现实地实存着的红色。只有把视觉描述为对一种飘忽无根的感受质的凝视，我们才能把它归结为对看的单纯推测。但是，正如我们前面已经说过的，如果性质本身在其特定的组织中是被给予我们的、我们只要具有一些感觉场就会以某种实存方式对之做出反应的暗示，如果在一个场所或者在要么精确要么模糊的一段距离对具有确定结构的一种颜色（表面颜色或色彩区域）的知觉假定了我们向一种实在或一个世界的开放，那么我们如何能够区分自己的知觉的实存之确定性和其外部合作者的确定性呢？对我的视觉来说，最重要的是不仅参照一个所谓的可见者，而且还要参照一个被现实地看见的存在。反之，如果我对事物的在场提出怀疑，那么这一怀疑也指向视觉本身；如果那里没有红色或蓝色，那么我就会说我 430
并没有*真正看见*它，我就会承认，我的各种视觉意向与可见者之间的这种相符合——这乃是现实的视觉——没有在任何时刻发生过。因此，这是在两件事情中择一：要么关于事物本身我没有任何的确定性，但这样一来，我更不能确定我自己的被把握为单纯思想的知觉，这是因为，即便被把握为单纯思想，它也包含了对一个事

物的断言；要么我确定地抓住了我的思想，但这假定我同时接受了我的思想所瞄向的那些实存。当笛卡尔对我们说，可见事物的实存是可疑的，而我们的被视为看的单纯思想的视觉并不可疑的时候，这种立场是站不住脚的。因为关于看的思想可能有两种意义。我们可以首先把它理解为狭义的所谓的视觉或者把它理解为“看的印象”，这样，我们通过它只能有关于一种可能或一种或然的确定性，而“看的思想”意味着，我们在某些情形中已经有了关于一种本真的或实际的视觉的经验，看的思想与它相似，而且事物的确定性这一次也包含在它那里。一种可能性的确定性只不过是一种确定性的可能性，看的思想只不过是观念中的视觉，如果我们没有在别处拥有实在中的视觉，那么我们就不可能拥有它。现在，我们可以把“看的思想”理解为我们对我们的构造能力的意识。不管我们的经验知觉怎么样（它们可能是真的，也可能是假的），它们只有在被一个能在我们面前认识、辨别和维护它们的意向对象的精神所寓居时，才是可能的。但是，如果这种构造能力不是一种神话，如果知觉真的是我可以与之一致的一种内在活力的单纯延伸，那么我对世界的各种先验前提具有的确定性应当被扩展到世界本身，而且，由于我的视觉贯穿地是关于看的思想，所以在自身中被看到的事物就是我认为它所是的事物，先验观念论就是一种绝对的实在论。同时断定[①]世界是由我构造的和我由这一构造活动只能抓

① 比如就像胡塞尔在承认任何先验还原同时也是一种本质还原时所做的那样。经由各种本质的必要性、各种实存确定的不透明性不能被理解为一些不言而喻的事实，它们有助于确定我思以及后来的主体性的意义。如果我不能通过思想匹配世界的具体丰富性并且消除人为性的话，我就不会是一个构造的思想，而且我的我思就不会是一个我在。

住轮廓和那些最重要的结构，这将是矛盾的；在构造工作结束时， 431
我应该看到实存着的世界而不仅仅是观念中的世界显现出来，要不然，我拥有的只是一种抽象建构，而不是对世界的具体意识。因此，在某种我们理解它的意义上，“看的思想”只有在实际视觉也是确定的时才是确定的。被还原到它自身的感觉始终是真实的，而错误是由判断给予它的超越的解释引入的——当笛卡尔这样对我们说的时候，他做了一种错误的区分：在我看来，知道我是否感觉到了某种东西与我知道在那里是否有某种东西同样困难，癔症患者能感觉而不知道他感觉到的东西，因为他知觉到了一些外部客体，却无法描述这一知觉。相反，当我确信我已经感觉到了时，一个外部事物的确定性已经包含在其感觉在我面前获得表述和展开的方式本身之中：这是小腿的某种疼痛，或者这是红色（比如说，在一个单独平面上的深红色，或者相反，一个三维的浅红色环境）。我给予自己的各种感觉的“解释”应该是有充分动机的，它只有借助这些感觉的结构本身才能是有充分动机的，因此我们可以不加区别地说：不存在超越的解释，不存在不从现象的构形本身中涌现出来的判断，以及不存在内在性的领域，不存在我的意识在那里处于在家状态、确定不会犯错的领地。**我**的各种行为出自这样一种本性，以致它们超越于它们自己，而且不存在意识的私密性。意识贯穿地就是超越性，不是受动的超越性（我们曾经说过，如此一种超越性乃是意识的中止），而是主动的超越性。我对于看的活动或感觉活动的意识，并不是一个封闭在它自身中的，让我在涉及被看到或被感觉到的东西之实在性方面处于不确定状态的心理事件的被动标记，它更不是卓越而永恒地把一切可能的视觉或感觉包含

在它那里的、契合客体却毋须离开自己的一种构造能力的展现，它432 乃是视觉的实现本身。通过看这看那，或至少通过在我周围唤醒一个视觉环境，我确信自己看到了一个最终只能通过看某一特殊事物才能获得证实的可见的世界。视觉是一种行动，也就是说，不是一种永恒的活动(这种表达是矛盾的)，而是一种坚持得比它原来承诺的要久的、总是超越其前提而且只有通过我向一个超越场的原初开放，即通过一种绽出才能内在地被预备好的活动。视觉在被看到的事物中达到它自身、回到它自身。对它来说最重要的当然是抓住自身，如果它没有能够做到，它就不会是什么视觉；但是，对它来说最重要的是在一种含混和晦暗中抓住自身，因为它并不拥有自身，相反，它消失在被看到的事物之中。我通过我思发现和认识的不是心理的内在性、不是所有现象内在于一些“私人意识状态”、不是感觉与它自己的盲目接触——甚至不是先验的内在性、不是所有现象隶属于一种构造意识、不是清楚的思想被它自己拥有——，而是作为我的存在本身的超越性的深层运动，是与我的存在以及与世界的存在的同时接触。

然而，知觉的情况难道不是特殊的吗？它为我开启了一个世界，它只能通过超越我并超越自己才能做到这样，知觉的“综合”应该是未完成的，它只有通过冒着犯错误的危险才能为我提供一个“实在”；事物——如果它必定是一个事物的话——必须拥有一些对我而言的被隐藏的面，而这就是为什么显象和实在的区分一开始就在知觉的“综合”中占有其位置。相反，如果我考虑我对“心理事实”的意识，意识似乎就恢复了它的权利和对它自身的充分拥有。例如，爱和意志属于内部活动，它们产生了自己的对象；而我

们完全明白，当它们这样做的时候，它们会偏离实在，并且在这个意义上会欺骗我们；但是，它们似乎不可能就它们本身欺骗我们：从我体验到爱、快乐、忧伤的那一时刻开始，我确实爱着，我确实是快乐的或忧伤的，尽管那个对象实际上不具有——即对于其他人或另一个时刻的我自己来说——我现在给予它的价值。显象是在自我中的实在，意识的存在就是自己显现。除了意识到一个对象 433
是有价值的（或者在邪恶的意志中，恰恰在它是没有价值的范围内意识到它是有价值的），意欲还会是什么呢？除了意识到一个对象是可爱的，爱还会是什么呢？既然对一个对象的意识必然包含了对意识自己的认识（不然的话，它就会消失，甚至无法抓住其对象），那么意欲和知道我们在意欲、爱和知道我们在爱只不过是同一个行为，爱就是爱的意识，意志就是意欲的意识。没有意识到自身的一种爱或一种意志将是一种不爱的爱，一种不意欲的意志，就像一种无意识的思维将是一种不思维的思维一样。不管其对象是虚假的还是实在的，意志或爱都是相同的；不用参照它们事实上指向的对象来考虑，它们构造了真理在那里不会逃离我们的一个绝对确定性的领域。一切在意识中都是真理。从来都只存在着对于外部客体的错觉。在它自己那里被考虑的感情，从被感受到的时刻起，就始终是真实的。不过，还是让我们更仔细地瞧瞧吧。

首先很明显的是，我们能够在我们自己这里区分“真实的”感情和“虚假的”感情；由于这一事实，在我们自己这里被我们感受到的一切并不是被安置在了一个唯一的实存平面上，或者说以同样名义是真实的；在我们这里存在着不同程度的实在性，正像在我们之外存在着一些“映像”、一些“幻影”和一些“事物”一样。除真实

的爱之外，还有一种虚假的或虚幻的爱。后面这种情形应当区别于一些解释的错误，以及一些我出于自欺把爱这一名称给予了配不上它的各种情绪的错误。因为在这种情况下从来都不曾有过勉强算得上的爱，所以我从来没有在一个瞬间相信过我的生命被卷入了这一感情之中，我为了回避自己已经知道的答案从而暗中回避了提出这一问题，我的“爱”只不过是由奉承或自欺构成的。相反，在虚假或虚幻的爱中，我愿意与所爱的人结合，她在一段时间里真的成了我与世界的各种关系的中介，当我说我爱她的时候，我并不“解释”，我的生命已经真的被卷入到一种就像一个旋律那样要求有一个后续的形式之中。确实，在幻灭之后（在我**对我自己**的错觉显示出来之后），并且当我尝试理解我遇到的事情的时候，我在这一所谓的爱下面重新找到的是有别于爱的**其他东西**：“所爱
434 的”女人与另一个人的相似、烦恼、习惯、共同的利益或信念；而且这恰恰是那种使我能够谈论错觉的东西。我爱的只是一些**性质**（与另一微笑相似的这一微笑，作为一个事实让人接受的这种美，一些姿势和某一举止的这种朝气）而不是那个人本身所是的独特的实存方式。相应地，我并没有完全受到支配，我的过去生活和未来生活的一些区域没被侵入，我在自己这里保持着一些保留给其他东西的位置。于是，有人会说，我要么不知道这一点，在这种情形中涉及的不是一种虚假的爱，而是一种已经结束的真实的爱；要么我知道这一点，在这种情形中从来都没有存在过爱，哪怕是“虚假的”爱。然而，两种情形都不是。我们不能说这种爱在其存在期间与一种真实的爱是无法分辨的，也不能说在我否认它的时候这种爱变成了“虚假的爱”。我们不能说十五岁时的一次神秘的危机

本身缺乏意义，并且由于我在自己后来的生活中随意地更看重它而*成为*青春期的偶然之事或者一种宗教使命的最初迹象。即使我把我的全部生活都建立在这一青春期偶然之事之上，这一偶然之事也会保持其偶然特征，并且正是我的整个生活成了“虚假的”。在我经历过的那样的神秘危机本身之中，我们应当找到把使命与偶然之事区别开来的某种特征：在第一种情形中，神秘的态度附着在我与世界、与他人的基本关系之中，在第二种情形中，它是主体内部的一种非个人的、没有内在必然性的行为，是“青春期”。同样，真实的爱唤起主体的全部精力，整个地引起他的关心；虚假的爱只涉及他的角色之一：“四十岁男人”（如果涉及一种迟到的爱情），“旅游者”（如果涉及异国之恋），“鳏夫”（如果虚假的爱是由一种回忆支撑的），“儿童”（如果虚假的爱是由关于母亲的回忆支撑的）。当我有了变化或者当所爱之人有了变化，真实的爱就结束了；当我回归自我时，虚假的爱就显示为虚假的了。区别是内在的。但是，由于它涉及感情在我的整个在世存在中的位置，由于虚假的爱关系到我实际经历它时我相信自己所是的角色，而且由于为了辨识其虚假性我需要一种恰恰只能通过幻灭才能获得的对我自己的认识，所以含混性得以延续，而这就是为什么错觉是可能 435
的。让我们再来考虑一下癔症患者的例子。我们习惯于立即就把他看作是一个装病者，但他欺骗的首先是他自己，而这一可塑性重新提出了我们想要摆脱的问题：癔症患者怎么会不能感觉到他感觉的东西、怎么会能够感觉到他没有感觉的东西？他并非*假装*痛苦、悲伤和愤怒，然而他的“痛苦”、他的“悲伤”和他的“愤怒”区别于“实在的”痛苦、悲伤和愤怒，因为他并非完全是这样的；在他自

己的内心,一个平静的区域继续存在着。那些虚幻的或想象的感情确实被亲历过,但可以说是在我们自己的外围被亲历的。[①] 儿童和许多成人都受到一些向他们掩盖其实际感情的“处境价值”的支配,——他们因为有人赠送自己一件礼物而高兴,他们因为参加一次葬礼而悲伤,他们随着景致而高兴或悲伤,在这些感情下面,则是冷漠和空虚。“我们确实感觉到了感情本身,但以一种非本真的方式。它就好像是一种本真感情的阴影。”我们的自然态度并不是要体验我们自己的各种感情或者忠实于我们自己的各种愉悦,而是根据关于环境的那些感情范畴而生活。“那位被爱的少女并没有把她的感情投射在伊索尔达或朱丽叶身上,她从这些诗意般的幻想中体验到各种感情,并且悄悄地把它们塞进自己的生活之中。或许只是在后来,一种个人的、本真的感情才会中断这些感情幻想之网。”[②]但是,只要这一感情没有产生,那位少女就没有任何办法识别在其爱中存在的虚幻的和矫揉造作的东西。正是她的未来感情的真实性会使她的现在感情的虚假性显现出来,这些现在的感情当然被亲历了,那位少女在它们那里就像演员在其角色中那样“非实在化”自己。[③] 我们在此拥有的不是激起一些真正情绪的一些表象或观念,而是一些虚假的情绪和一些想象的感情。因此,我们并非在我们全部实在性的每时每刻都拥有自己,而且我们有权利谈论一种内在知觉,一种内部感官,一个在我们与我们自己之间的“分析者”(在每时每刻,它或多或少都在关于我们的生命和

① 舍勒:《自身认识的偶像》,第 63 页及以下。

② 同上书,第 89－95 页。

③ 萨特:《想象物》,第 243 页。

存在的认识中运行)。停留在内在知觉之下的、没有让内部感官产生印象的东西并不是一种无意识。“我的生命”、我的“整体存在”在那里并不像柏格森的“深层自我”那样是一些有争议的建构,而是一些带着明证性被给予反思的现象。这涉及的只是我们所做的东西而非别的东西。我发现我处在恋爱中。我的现在向着我的将来的最生动的运动,让我处于无言状态的情绪,等待约会日的着急,我不会忘记这些目前对我来说构成见证的事实的任何一种。但最终说来,我并没有把它们汇总在一起,或者,就算我这样做过,我也不认为这涉及一种非常重要的感情,而我现在发现,没有这种爱,我不再能够想象我的生命。回顾那些既往岁月,我确认我的行为和我的思想被吸引了,我重新找到了一种构造的、一种自行产生的综合的各种印迹。我不可能声称总是已经知道我现在知道的东西,我不可能在过去岁月里实现刚才获得的对于我自己的认识。一般说来,我不可能否认我对于我自己有许多东西需要去知道,也不可能预先在我自己的中心设定一种自我认识——在阅读了一些书籍和经历了我甚至在目前也无法臆测的一些事件之后得到的关于我自己的一切都事先包含在这里了。关于一种意识(它对它自己来说是透明的,它的实存被归结为它对实存的意识)的观念并不与无意识的概念有非常大的不同:它们是相同的回顾性错觉的两个方面,我们把我后来对我自己所能够知道的一切以明确的客体的名义引入到我这里了。那种透过我而遵循其辩证法的、我刚才发现的爱,从一开始就不是一种隐藏在一个无意识中的东西,更不是一个在我的意识面前的客体,它是我借以朝向某个人的运动,是我的各种思想和举止的转变,——我并非不知道它,因为正是我实 436

际经历了一次约会之前的无聊的几小时，正是我体验到了约会来到时的快乐，它从头到尾被亲历了，而非被认识了。爱恋者可以与做梦者相比。梦的“潜在内容”和“性意义”完全被呈现给做梦者了，因为正是他在做自己的梦；但是，正因为性欲是梦的一般氛围，
437 所以，“潜在内容”和“性意义”由于缺少能够在其上突显出来的一个非性欲的背景，就不能够被主题化为性欲的。当我们想问做梦者是否意识到其梦的性内容时，我们没有提对问题。就像我们在前面已经说明的，如果性欲是我们拥有的把我们与世界联系起来的方式之一，那么，就像在梦中出现的那样，当我们的元性欲的存在消失时，它就无处不在而又无处在，它当然地是含混的，并且不能被确定为性欲。对做梦者来说，梦中出现的火灾并不是用一个可以接受的象征来掩饰性冲动的一种方式，正是对于醒着的人，它才成为一种象征；在梦的语言中，火灾是性冲动的标识，因为脱离物理世界和清醒生活的严格语境的做梦者只是由于那些形象的情感价值才使用它们。梦的性含义不是无意识的，更不是“有意识的”，因为梦不像清醒生活那样通过把一类事实与另一类事实联系起来而“意指”，而且当我们将性欲凝结为一些“无意识表象”、把一种用它的名字称呼它的意识置于做梦者的深处时，我们也搞错了。同样，对于亲历爱的爱恋者来说，爱没有名字，它不是一种我们能够确定和指称的东西，它不是各类书刊杂志谈论的同一种爱，因为它是他与世界建立关系的方式，它是一种实存的含义。犯人没有看到其犯罪，背叛者没有看到其背叛，不是因为它们以无意识的表象或倾向的名义实存于他们的内心深处，而是因为它们属于同样的一些相对封闭的世界，属于同样的一些处境。如果我们处在处

境之中，我们就会被划定范围，我们就不会对于我们自己是透明的，我们与我们自己的联系就必定只会在模棱两可中形成。

但是，我们这样不是放弃目标了吗？如果错觉有时候在意识中是可能的，那么它将始终是可能的吗？我们要说，存在着一些想象的感情，我们相当充分地介入其中以便它们能够被亲历到，没有充分地介入其中以便它们成为本真的。但是，存在着绝对的介入吗？难道介入最重要的不是让那个介入的人的自主性继续存在，在这一意义上它永远不会是完整的，并因此任何手段都不会剥夺我们把某些感情定性为本真的吗？用实存、也就是用主体在其中自我超越的运动来定义主体，难道不同时是让他必定产生错觉（因 438
为他永远不会是乌有）吗？由于没有在意识中用显象来定义实在性，我们难道没有割断我们与我们自己之间的各种联系并且把意识还原为一种难以把握的实在性的单纯显象之条件？难道我们不是面对着要么一种绝对意识要么一种无止境的怀疑的二者择一？拒绝第一种解决方案的话，我们难道不是让我思成为不可能的了？——反对意见让我们进入到关键的论点。我的实存并非真的是自我拥有的，也并非真的是外在于它自己的，因为它是一种行为或作为，而且因为按照定义，一种行为是从我拥有的东西到我瞄向的东西、从我之所是到我有意所是的剧烈转变。只要我首先实际地意愿、喜欢或相信，只要我实现了我自己的实存，我就可以实现我思，就可以有信心真正去意愿、去爱或去相信。如果我没有这样做，那么一种无法克服的怀疑就针对世界，但也针对我自己的思想蔓延开来。我们不断地问自己，我的各种“趣味”，我的各种“意志”，我的各种“心愿”，我的各种“冒险”是否真的是我的，它们在我

看来始终是虚假的、不实在的和有欠缺的。但是，由于不是实际的怀疑，这一怀疑本身甚至不再能够达至怀疑的确定性。[①] 只有通过预先消除这些顾虑、通过在“作为”中闭上双眼，我们才能走出这种状况，我们才能达致“真诚”。由此，不是**因为**我思考存在，我才确实实存着，而是相反，我具有的我的各种思想的确定性来自它们的实际实存。我的爱、我的恨、我的意志并非作为爱、恨或意愿的单纯思想是确定的，而是相反，这些思想的任何确定性都来自爱、恨和意愿的行为的确定性——我对此确信无疑，因为我**做出**这些行为。任何内在知觉都是不适当的，因为我不是人们能够知觉的一个客体，因为我造成我的实在性并且只能在行为中返回到自己。
439 “我怀疑”：除了实际地怀疑、投入到怀疑的经验中并因此让这一怀疑作为怀疑的确定性存在之外，没有其他方式使得针对这一命题的任何怀疑停止下来。怀疑始终是对某物的怀疑，即使我们“怀疑一切”。我确实在怀疑，因为我恰恰将这种或那种东西，甚或一切东西和我自己的实存假定为可疑的。我正是在我与一些“东西”的关系中认识到了自己，内在知觉随后到来，而且，如果我还没有通过在我的怀疑之对象中实际进行怀疑从而与我的怀疑建立联系，那么内在知觉是不可能的。我们可以将我们已对外部知觉所谈论的东西用于谈论内部知觉：它包含无限，它是一种从来没有完成，而且尽管没有完成却自我肯定的综合。如果我期望证实我对于烟

① “……那么，这种面对其角色的犬儒主义厌恶，也是故意做出来的吗？这种对她正在做出的厌恶的蔑视难道不也是可笑的举动吗？这种面对这一蔑视的怀疑本身……这会变得让人疯狂；如果我们开始成为真诚的，我们就因此不再能够停下来吗？”德·波伏瓦：《女宾》，第 232 页。

灰缸的知觉，我永远也不能完成，因为我的知觉所推定的要多于我通过清楚的科学所知道的。同样，如果我期望证实我的怀疑的实在性，我也永远不能完成，因为这样一来必须质疑我的怀疑的思想，这一思想的思想，并无限地延续下去。确定性来自作为行为的怀疑本身，而不是来自这些思想，因为事物和世界的确定性先于对它们的属性的论题认识。正如我们已经说过的，知道，确实就是知道我们知道，不是因为知道的这种派生能力确立了知道本身，相反地是因为知道确立了这种派生能力。我不能重构事物，可是存在着一些被知觉的事物；同样，我永远不能与我流逝的生命相一致，可是存在着一些内在知觉。同一种原因使我能够产生关于我自己的错觉和真理：也就是说存在着一些我借以自我集中以便自我超越的行为。我思是对这一基本事实的认识。在命题“我思故我在”中，两个断言是完全等值的，要不然的话，就不会有我思。但还应该明确这一等值的意义：并不是我思卓越地包含了我在，并不是我的实存被归结为了我对我的实存的意识，相反，是我思被重新整合到了我在的超越的运动之中，是意识被重新整合到了实存之中。

似乎确实有必要承认，即使不是在意志和感情的情形之中，至少在各种“纯粹思维”行为之中存在着我与我的某种绝对一致。如果是这样，那么我们刚才所说的一切就要重新受到质疑，远不是思维作为一种实存方式呈现，而是我们真的只能从属于思维。因此， 440
我们现在应该考察知性。我思考三角形、它被假定所属的三维空间、它的三条边之一的延伸、我们从三个顶点之一引出的对边的平行线，我发觉这一顶点和这些线构成的各个角之和等于三角形的三角之和，同时也等于两个直角。我确信这种我认为得到了证明

的结果。这意味着，我的作图不同于儿童任意添加到其画上的、并且每一次都会搞乱其含义的那些线条（“这是一座房子；不，这是一条船；不，这是一个娃娃”），也不是偶然出自我手的一些线条的一个组合。这一操作从头到尾涉及的都是三角形。作图的发生不仅是一种实在的发生，而且是一种理智的发生，我按照一些规则作图，我让各种属性，也就是取决于三角形的本质的各种关系而不是（像在儿童那里）实际实存在纸上的未被界定的图形所暗示的全部关系出现在图形上。我有意识地进行证明，因为我发觉了在构成假说的那些所予的集合与我从中得出的结论之间的一种必然联系。正是这种必然性确保我能够对数量不定的经验图形进行反复操作，而这种必然性本身来自于，我在我的证明的每一步，在我引进新关系的每一次都始终意识到它们所规定的、并且不会使之消失的作为一个稳定结构的三角形。这就是为什么，如果我们愿意的话，我们可以说，证明就在于使作出来的角之和进入到两个不同组合中，就在于依次把它看作是等于三角形三角之和和等于两个直角[1]之和；但必须补充说[2]，我们在那里并不仅仅有相继出现的和彼此排斥的两个构形（就像在爱幻想的儿童的绘画里那样）；在第二个构形被确立时，第一个构形对我来说继续存在着，我使它等于
441 两个直角的那些角之和与我在别处使它等于三角形的三角之和是相同的；只有当我超越现象或显象的秩序以便进入到本质或存在的秩序时，这才是可能的。如果没有在主动思维中的绝对的自身拥

① 韦特海默：《关于格式塔理论的三篇论文：生产性思维中的结论推导》。

② 古尔维奇：《完形理论的几个方面和几点展开》，第 460 页。

有，真理似乎是不可能的；要不然的话，它就不能成功地在一系列连续的操作中展开，就不能成功地构思一种永远有效的结论。

如果没有一种我借以克服思维诸阶段的时间分散和我自己的各种心理事件的单纯实际实存的行为，就不会存在思想和真理，但是，重要的事情是充分理解这一行为。证明的必然性并不是分析的必然性：使我们能够得出结论的作图并不实在地包含在三角形的本质中，它只有从这一本质出发才是可能的。并不存在一个预先包含了我们随后将予以证明的各种属性以及人们为了达到这一证明将经由的各种中间阶段的关于三角形的定义。延长一条边，通过一个顶点引出一条对边的平行线，使涉及平行线及其割线的定理起作用，这些只有在我考虑画在纸上、画布上或在想象中的三角形本身，它的外貌，它的线条的具体排列，它的格式塔的时候，才是可能的。这难道不恰恰是三角形的本质或观念吗？——让我们从抛弃三角形的形式本质的观念开始。不管我们应当如何看待形式化的各种尝试，但无论如何确定的是，它们并不企图提供一种发明的逻辑，而且我们不能建构三角形的逻辑定义——这种逻辑定义与图形视觉具有同等的丰产性，并且使我们能够借助一系列的形式操作，达到一些最初不会借助直观而被确立起来的结论。有人或许要说，这涉及的不过是发现的各种心理情势，而且事后在假说和结论之间建立一种对直观没有任何依赖的联系之所以是可能的，是因为直观不是思维的必要的介质，而且它在逻辑上没有任何地位。但是形式化始终是回顾性的，这证明它从来都只在表面上是完整的，而且形式思维依靠直观思维。它揭示人们认为推理所依靠的那些没有明确表述出来的公理，它似乎为推理提供了一种

严格的补充，它似乎表明了我们的确定性的各种基础，但实际上，
442 确定性得以在那里形成的、一种真理得以在那里呈现的地方始终是直观思维，尽管各种原理在那里被心照不宣地接受了或者说**恰恰出于这一理由**被接受了。如果我们依靠形式(vi formœ)来思考，如果各种形式关系首先并不是凝聚在某种特殊的东西中被提供给我们，那么就不存在对于真理的见证，就没有任何东西能够打断“我们精神的滔滔不绝”。如果我们不是一开始就视一个假说为正确的，我们甚至不能确定它以便推演出它的各种结论。一个假说就是我们假定其为正确的东西，而假说的思想预设了关于事实真理的经验。因此，作图涉及三角形的构形、涉及它占据空间的方式、涉及在“在上面”、“通过”、“顶点”、“延长”这些词中获得表达的各种关系。这些关系构造了三角形的一种质料本质吗？“在上面”、“通过”等词之所以保持了一种意义，是因为我对一个可感的或想象的(即至少虚拟地定位在我的知觉场中的，由与“上”和“下”、与“右”和“左”的关系定向的，而且再次就像我们前面已经表明的，暗含在我对世界的一般把握中的)三角形进行操作。作图不是依据它的定义并作为观念，而是依据它的构形并作为我的各种运动的极点来阐明被考虑的三角形的各种可能性。结论必然地产生自假说，因为在作图的行为中，几何学家已经见证了转变的可能性。让我们努力更好地描述一下这一行为。我们已经看到这明显不仅仅是一种手工操作——我的手和我的笔在纸上的移动，因为那时在一种作图与一幅无论什么样的素描之间没有任何差别，而且没有任何证明产生自作图。作图是一种姿势，即实际的划线在外部表达了一种意图。但这一意图又是什么呢？我“考虑”三角

形，它对于我来说是一些定向线条的一个系统；“角”或“方向”之类的词对于我来说之所以有一种意义，是因为我自己处在一个点上并因此趋向另一个点，是因为空间位置的系统对于我来说是各种可能运动的一个场域。我就是这样抓住了三角形的具体本质：它不是一些客观“特征”的一个集合，而是一种态度的样式，我把握世界的某种样态，一种结构。通过作图，我使三角形进入另一个结构之中，即“平行线和割线”结构之中。这是如何可能的呢？这是因 443 
为我对三角形的知觉可以说并不是凝固的、僵死的，纸上的三角形轮廓只不过是其外壳，它被一些力线所经过，它那里的所有部分都萌发出了一些没有被勾画出来的、可能的方向。只要三角形被暗含在我对世界的把握中，它就以无限的可能性（已经实现的作图只不过是它的一个特例）增长。作图具有一种例证的价值，因为我使它从三角形的运动样式中涌现出来。它表达了我拥有的使某种对事物的把握（此即我对三角形结构的知觉）的各种感性标识显现出来的能力。这是一种生产性想象行为而不是向三角形的永恒观念的回归。依据康德本人的看法，对各种客体在空间中定位并不仅仅是一种精神活动，它利用了身体的运动机能[①]：在各种感觉产生时，运动在自己所处的轨迹范围内支配它们；同样，从总体上研究定位的各种客观法则的几何学家，只有通过借助其身体至少虚拟地描述影响他的关系，才能认识这些关系。几何学的主体是一个运动主体。这首先意指我们的身体不是一个客体，其运动也不是

① 拉歇兹-雷：《康德图式论对一种知觉理论的可能运用以及对于精神的构造活动的反思》。

在客观空间中的一种简单移动，要不然的话，问题只不过被转移了，而本己身体的运动没有为事物的定位问题带来任何的澄清，因为它自己是事物之一。正像康德承认的，应该存在着与作为各种事物和我们的被动身体之运动的“在空间中的运动”相区别的一种是我们的意向运动的“空间的生成运动”。[1] 但远不止于此：如果运动是空间的生成者，那就排除了身体的运动性只不过是构造意识的一种“工具”。[2] 如果有一种构造意识，那么只是在它认为身
444 体运动是如此运动的范围内，身体运动才是运动；[3]建构能力在身体运动那里找到的不过是它已经置于其中的东西，而身体从它那方面来说甚至不是一个工具：它是诸客体中的一个客体。在一种关于构造意识的哲学中不存在心理学，或至少不再有任何有价值的东西要心理学去说，心理学只能把反思分析的各种结论应用到每一特殊内容中去，而且还是通过曲解它们，因为它消除了它们的先验含义。身体运动本身只有在是一种原本意向性、一种把自己与认识有别的客体联系起来的方式时，才能在世界知觉中扮演一个角色。世界应该是围绕我们的，不是作为我们对之进行综合的一些客体的一个系统，而是作为我们向之投射自己的一些事物的一个开放的集合。“空间的生成运动”不是从在世界上没有其位置的某个形而上学点，而是从通向某个那里的某个这里（另外，它们原则上是可替换的）出发来展开其轨迹。运动筹划是一种行为，即

① 拉歇兹-雷：《关于精神的构造活动的反思》，第 132 页。

② 拉歇兹-雷：《康德图式论对一种知觉理论的可能运用以及对于精神的构造活动的反思》，第 7 页。

③ “它应该内在地包含一种空间轨迹的内在性，唯有这一轨迹会容许把它作为运动来思考。”拉歇兹-雷，同上书，第 6 页。

它通过跨越时空距离而勾勒出时空距离。因此，几何学家的思想——在它必然依赖于这一行为的范围内——并不与它自己相一致：它乃是超越性本身。我之所以能够借助一种作图使三角形的一些属性显现出来，如此被改变的图形之所以没有停止是我以之为起点的相同的图形，最后，我之所以能够进行一种维护必然性的特征的综合，不是因为我的作图以一个关于三角形的概念(三角形的全部属性都被包含在这里了)为基础，也不是因为我从知觉意识出发达到了本质，而是因为我借助身体实现了新属性的综合——身体一下子就把我纳入到了空间之中，而且其自主运动使我能够通过一系列准确的步骤重新回到这一对于空间的全面视点。远不是几何学思想超越知觉意识，而是我从知觉世界借用了本质的概念。我相信三角形总是已经有，而且总是会有等于两直角的三角之和以及几何学赋予它的不那么明显的全部其他属性，因为我有一个实在的三角形的经验，而且作为一个物理的东西，它必然在它 445
自己那里**拥有**它已经能够或将能够显示的一切。如果被知觉的事物没有在我们这里永久地奠定存在(它是其所是)的理想，就不会有存在的现象，而数学思想就会向我们呈现为一种创造。我称为三角形的本质的东西不是任何别的什么，而是我们已经借以定义事物的一种已经完成的综合的推定。

我们的身体就它自己运动，即就它与一种世界视点不可分割，就它是这一已实现的视点本身来说，不仅是几何学综合的可能性之条件，而且还是构成文化世界的全部表达活动以及全部所得的可能性之条件。我们在说思维是自发的时，并不是想说它与它自身相一致，相反，想说的是，它超越自己，而言语恰恰是它借以使自

己在真理中永恒化的行为。实际上很明显的是，言语不能被看作是思想的一件单纯外衣，表达也不能被看作是一个已经为己地明确的含义在一个任意的符号系统中的译文。人们反复说，各种声音和各种音素自身并不意味任何东西，而我们的意识在语言中只能找到它已经置于其中的东西。但由此可以得出，语言不能教给我们任何新东西，它最多只能在我们这里引起对于我们已经拥有的一些含义的一些新的组合。这正是语言经验所要驳斥的东西。交流确实预设了一个联系系统（比如由词典提供的那样的系统），但它要跨越，而正是句子给予每个单词以意义，正是为了能够被用到不同的语境中，词才逐步承载了一种不可能绝对地固定下来的意义。一句重要的话，一本好书规定了它们的意义。因此，它们以某种方式在它们那里承载着意义。于那个说话的主体，表达行为当然应该使他能够也超越他从前所思考的东西，他应该在他自己的言语中找到不止于他认为置于其中的东西，否则的话，我们就无法看到哪怕孤独的思维也如此坚定地在寻求表达。因此，言语是我们在那里借助一些其意义已经给定的词、借助一些已经可以自由使用的含义，尝试着达到某一意向的悖谬活动，而这一意向本身原则上将超越并改变、最终说来将固定它借以获得表达的那些词
446 的意义。已经被构成的语言只能像各种颜料在绘画中那样在表达活动中扮演一个角色：如果我们没有眼睛或一般地说没有感官，对于我们来说就没有绘画，然而这一图画“说出”的东西远远多于我们感官的简单操练就它告诉我们的。因此，在感官所予之外的图画、在已经被构成的语言的所予之外的言语，必定会由于它们自己而具有一种含义的功效，而不用参照一种在观众或听众的精神中

为己地实存的含义。“就像画家借助颜料和音乐家借助音符一样，我们借助词，期望用一个场景或一种情绪甚或一种抽象观念构造出一种可以融入到精神之中的等价物或类别。在这里，表达成了主要的东西。我们告知读者，我们让他参与我们的创造活动或诗意活动，我们在其精神的秘密入口安放了关于这一客体或那一感情的一种陈述。”[①]在画家或说话主体那里，图画和言语并不是一种已经完成的思想的例证，而是把这一思想本身占为己有。这就是为什么我们已经被导向区分表达已经获得的思想的一种次级言语和使思想首先为我们自己以及为他人而实存的一种原本言语。然而，已经成为某一单义思想的各种单纯标记的所有的词，只是因为它们首先作为原本言语起作用才做到了这一点，而当我们正在“习得”它们的时候、当它们还在发挥表达的原初功能的时候，我们仍然可以想起它们具有的、就像一道未知的景致一样的珍贵的外观。因此，自身拥有、与自身相一致并不是思想的定义：在获得物的明晰性取决于实质上模糊的活动（我们通过这种活动已经在我们这里永恒化了逐渐消失的生命的某一时刻）的范围内，它相反地是表达的一个结果，而且它始终是一种错觉。我们被敦促在那种享用其各种获得物的、只不过是在表达的未定进程中的一个暂停的思想下面，去重新发现一种寻求确立自己并且只有通过让已经被构成的语言的各种资源服从于一种新颖用法才能达到这一点的思想。这一活动应当被看作是一种最后的事实，因为人们想要给 447
予它的任何说明——要么是把各种新含义还原为已经给定的含义

① 克洛岱尔：《对于法国韵文的反思、立场与建议》，第 11－12 页。

的经验主义说明，要么是设定内在于知识的各种原始形式的一种绝对知识的观念主义说明——，总体上说就在于否定它。语言超越我们，不仅因为言语的用法总是假定了并非现实的、每个词都将概括的大量思想，而且还因为另一个更深刻的理由：这些思想在它们的现实性中从来都不曾是、也不再是一些“纯粹”思想，在它们那里已经有所指对于能指的超出，已经有了被思维的思维为了赶上在思维的思维而做出的相同的努力，已经有构成表达的全部神秘的这两者的相同的暂时连接。我们所谓的观念必然与一种表达行为联系在一起，并且把其自主性的显象归因于它。它是一种文化客体，就像教堂、街道、铅笔或第九交响乐一样。人们会回应说教堂可能被烧掉，道路和铅笔可能被毁掉，而如果第九交响乐的全部乐谱、如果全部的乐器都被化为灰烬，它就只能在那些听过它的人的记忆中再短暂地实存几年；然而相反地，三角形及其属性的观念是不朽的。实际上，三角形及其属性的观念、二次方程的观念有它们历史的和地理的区域，如果我们从中接受它们的传统、传载它们的文化工具碰巧被毁灭了，就需要一些新的创造性表达行为使它们在世界之中显现出来。唯一真实的是，最初的显现一旦被给定，后来的“显现”不会为二次方程——它在我们之间保持为一种不可穷尽的财富——添加任何东西（即使它们成功）和减少任何东西（即使它们失败）。但是，人们同样可以谈论第九交响乐，正像普鲁斯特说过的，不管演奏得好还是坏，它都在其理智的场所中继续存在，或毋宁说它在一种比自然时间更隐秘的时间中驾驭其实存。观念的时间不能被混同于书本在其间出现和消失、乐谱在其间被铭记或被抹去的时间：总是被重印的一本书有朝一日停止被阅读，

只剩下几个复本的一曲乐谱突然被探究，观念的实存不能与表达手段的经验实存相混淆，但观念要么持续要么消失，理智的天空向着另一种色彩变化。我们已经区分了可以没有思想而自行产生的 448
经验的言语（作为声音现象的词、某个词在某个时刻被某人说出来的事实）和先验的或本真的言语（一种观念借以开始实存的言语）。但是，如果不存在一个带有发声或发音的器官以及呼吸器官，或至少带有一个身体以及移动他自己的能力的人，就不会有言语、不会有各种观念。仍然真实的是，思想似乎在言语中比在乐谱或绘画中更能摆脱其物质工具并且永恒地具有价值。在某种意义上说，从来都因为与物理因果关系的交汇而实存的所有三角形总是有一个等于两直角的三角之和，即使人们已经忘记了几何学，即使没有留下一个知道它的人。但这是因为在这个例子中，言语被应用于一种自然；而乐谱和绘画就像诗歌那样自己创造它们自己的对象，并且只要它们充分意识到自己，它们就会有意地把自己限制在文化世界之中。平庸散文式的言语，尤其是科学的言语是一种文化存在，它有表达一种关于在己自然的真理之抱负。我们知道它绝不是这样，而且对各门科学的现代批评很好地表明了它们建设性地拥有的东西。如果被亲历的空间同等抵触各种非欧几里得度量和欧几里得度量的话，那么“实在的”三角形，即那些被知觉到的三角形并不必然永久拥有等于两直角的三角之和。因此在那些表达样式之间并不存在根本的不同，我们不能给予它们中的一个以一种特权，仿佛它表达了一种在己的真理似的。言语和乐谱一样是缄默的，乐谱和言语一样是会说话的。表达处处都是创造性的，而被表达者与它始终是不可分的。不存在能够让语言变得明晰并且

把它作为一个客体展开在我们面前的分析。言语行为只是对于实际在说或在听的那个人来说才是明晰的，一旦我们想说明使我们这样理解而不是那样理解的各种理由，它就变成模糊的了。我们可以用我们已经就知觉所谈论的、帕斯卡尔就各种意见所谈论的来谈论它：在三种情况下，一旦我们想把最初被看到的明晰性还原为我们认为这些构成元素所是的东西，它的相同奇迹就消失了。我说话并且不带任何含混性，我理解自己而且被人理解，我重新抓
449 住我的生命并且其他人重新抓住它。我说“我期待很久了”或某人“死了”，而且我认为知道自己在说什么。然而，如果我考问暗含在我的话语中的时间或死亡经验，那么在我的精神中就只有晦暗不明了。这是因为我想要谈论言语，想要不断重复已经给予死亡这个词和给予时间这个词一种意义的表达行为，想要扩展它们向我保证的对我的经验的粗略把握，这些第二位或第三位的表达行为，就像其他行为一样，在每一种情况下都完全拥有它们的令人信服的明晰性，但我永远不能消除被表达者的根本的晦暗不明，也不能把我的思想与它自己之间的距离化为乌有。应该由此得出结论说[①]，在晦暗不明中诞生和展开，同时能够具有明晰性的语言只不过是一种无限**思想**的背面以及它吐露给我们的信息？这将丧失与我们刚才进行的分析的联系并且在结论中颠覆我们在进展中已经确立的东西。语言超越我们，而我们却在说话。如果我们由此得出结论说存在着我们的言语所拼读的一种超越的思想，那么我们就在假定我们刚才还说是永远不会完成的一种表达之尝试已经完

① 就像帕兰所做的那样，《语言的本性与功能研究》，第十一章。

成了，那么在我们刚才证明一种绝对的思想对于我们来说是难以想象的时候却诉诸于这一思想。这是帕斯卡尔式的护教论的原则；但是，我们越是证明人没有绝对力量，我们越是不让关于一个绝对的断言成为可能的，而是相反让它成为可疑的。事实上，分析表明，不是在语言后面有一种超越的思想，而是思想在言语中自我超越，言语自己**形成了**我们想要把言语建立在其上的我与我、我与他人的一致。如果我们为它增加一种超越的思想，那么在最初事实和奇迹双重意义上的语言现象不是获得了说明，而是被取消了，因为它是由这一点构成的：一种思想行为因为被表达，从之以后就具有了继续存在的能力。这并不是因为，就像人们通常就它所说的，语言表达为我们充当了记忆术的手段：被写在纸上或被托付给记忆的语言表达——如果我们没有一劳永逸地获得去解释它的内在能力的话——什么助益也没有。进行表达，并不是用一系列的稳定符号（一些确定的思想与它们联系在一起）来替代新的思想， 450
而是借助一些已经使用过的词来确保新意向接管过去的遗产，是以单一的姿态把过去合并到现在中并把这一现在与一个将来连接起来，开启整个一个时间周期，——“获得的”思想在这一期间将以维度的名义保持为在场的，不需要我们从此以后回想它或再现它。我们所谓的思想中的非时间的东西，是那种为了如此地接管过去并且介入到未来中而推定地出自于全部时间、并因此绝不超越于时间的东西。非时间的东西是已得的东西。

时间本身为我们提供了这种永久获得的最初范例。如果时间是各种事件据以彼此排挤的维度，那么它也是它们中的每一个据以获得一个不可让渡的位置的维度。说一个事件**已经发生**，这就

是说，它已经发生将永远是真的。时间的每一时刻都根据其本质设定了时间的其他时刻对之一无所能的一种实存。在作图之后，几何学关系被获得了；即使我忘记了证明的各种细节，数学行为也已经确立了一种传统。凡·高的绘画已经永久地占据我心，我无法回头的一步已经走出，而且，即使我不能对我看过的那些绘画保有任何精确的记忆，我的所有审美经验从此以后也将是某个已经知道凡·高的绘画的人的经验，这完全就像一个成了工人的资本家，直至在其作为工人的方式中都永远保持为一个成了工人的资本家，或者就像一个永久地定性我们的行为，即使我们随后不承认它并且改变了一些信念。实存总是承担着其过去，不管是通过接受它还是拒绝它。就像普鲁斯特说过的，我们被置于过去的金字塔的上面，我们之所以不能看见它，是因为我们受到客观思维的困扰。我们相信自己的过去为我们自己而化为了我们可以沉思的明确记忆。我们把自己的实存与过去本身割断，我们只容许它重新抓住这一过去的一些在场的痕迹。但是，如果我们不从别的途径拥有朝向这一过去的一个直接进口的话，这些痕迹如何作为过去的痕迹被认识呢？应该承认获得是一种不可化约的现象。我们已经亲历的东西是为我们的，并且持久地保持为我们的，老人保持着与其童年的联系。发生的每一现在都作为楔子插入时间之中并企
451 求永恒。永恒不是超越于时间的另一秩序，它乃是时间的氛围。或许一种虚假的思想和一种真实的思想一样拥有这种永恒：如果我现在弄错了，那么我弄错过就永久地是真实的。因此，在真实的思想中一定有另一种丰富性，它一定保持为真实的，不仅作为被实际地经历过的过去，而且还作为在时间的延续中总是被恢复的永

久的现在。然而,这并没有使事实真理和理性真理之间有一种实质性的差异。这是因为,从我赞同它的那一刻起,我的各种行动中就没有一种、我的哪怕错误的各种思想中就没有一种不瞄向某一价值或某一真理,并因此不在我生命的延续中把其现时性不仅保持为不可抹去的事实,而且保持为通向我在随后认识到的那些更全面的真理或价值的必要阶段。我的各种真理伴随这些错误被建构起来,并且把它们带到其永恒性之中。相反,没有一种理性真理不保持一种人为性的协同因素:欧几里得几何学的所谓的透明性有朝一日将表现为对于人类精神的一定历史时期而言的透明性,它仅仅意味着人类已经能够在一个时期把一种三维同质空间视作他们的思想的“土壤”,并且毫无疑问地承担起普遍科学将视之为空间的偶然规定的东西。因此任何事实真理都是理性真理,任何理性真理都是事实真理。理性与事实、永恒与时间的关系,就如同反思与未经反思者、思想与语言或思想与知觉的关系,乃是现象学称为奠基(Fundierung)的双重意义的关系:奠基者这一端——时间、未经反思者、事实、语言、知觉——在被奠基者作为奠基者的一种规定或一种说明被给出这一意义上是首要的,这阻止被奠基者永远消除奠基者,然而奠基者并非在经验主义意义上是首要的,被奠基者也并不简单地是从中派生的,因为奠基者正是透过被奠基者才得以显示出来。正因为如此,我们可以不加区分地说现在是永恒的粗坯,而真实的永恒只不过是现在的一种升华。我们将无法越过这种模棱两可,但是,通过重新发现对真正时间的直观(它维持一切并且处在证明以及表达之核心),我们将可以把它理解成确定的。布伦茨威格说:“对于精神创造力的反思暗示经验的任何 452

确定性中都有这种感情：在我们成功地证明的一种确定的真理中，实存着一种超越它、摆脱它的真理心灵，一种能够摆脱这一真理的特殊表达以便走向一种更全面、更深刻的表达的心灵，但这一进展并没有为真实之永恒性带来损害。”[①]这种任何人都不拥有的永恒真实是什么呢？这种超越于任何表达的被表达者是什么呢？如果我们有权利提出这一问题，为什么我们始终如一关心的是获得一种更精确的表达呢？什么是我们围绕之安排各种精神和各种真理的这个**一**（仿佛它们都趋向于它，同时保持它们不趋向任何先定的项）呢？一种超越的**存在**的观念至少具有不会使行动无效的优势（每一意识和主体间性本身在一种始终困难的恢复中借助这些行为来形成它们的统一）。确实，如果这些行动是我们能够抓住的最内在于自己的东西，那么设定神在阐明我们的生命方面就不会有任何贡献。我们具有的不是关于一种永恒真实或者关于一种分有**一**的经验，而是一些具体行为（在时间的偶然之中，我们借助它们与我们自己、与他人建立关系）重新开始的经验，一句话，一种分有世界的经验，“在真理之中存在”与在世界之中存在没有什么区别。

我们现在能够在明证问题上采取立场并且描述关于真理的经验。存在着一些真理，正像存在着一些知觉一样：这不是因为我们从来都能够完全地在我们面前展示任何断言的各种理由（在此只存在一些动机，我们只拥有对时间的把握，而不是对时间的占有），而是因为，在流逝的同时重新抓住自己并且把自己浓缩为一些可见的事物或一些原初明证，对于时间来说是本质性的。任何意识

① 布伦茨威格：《西方哲学中的意识的进展》，第794页。

在一定程度上都是知觉意识。在我在每时每刻称为我的理性或我
的各种观念的东西中，如果我们能够展开其全部预设，我们就总是
能找到一些还没有获得说明的经验，过去和现在提供的大量的东
西，一种不仅涉及我的思想之**发生**，而且决定其**意义**的整个“积淀 453
的历史”。[①] 为了一种绝对的、无任何预设的明证性成为可能的，
为了我的思想能够自我渗透、自我回返、达到一种纯粹的“自身对
自身的同意”，就像康德主义者所说的那样，我的思想就应该不再
是一个事件，它就应该是贯穿的行为；就像经院哲学所说的那样，
它的形式的实在性就必须被包括在其客观的实在性中；就像马勒
伯朗士所说的那样，它就应该不再是“知觉”、“感情”或与真理的
“接触”，以便成为真理的纯粹“观念”和“视觉”。换言之，与其说我
应该成为我自己，不如说我应该成为我自己的一个纯粹认识者，而
世界必须不再围绕我而实存，以便成为我面前的纯粹客体。对于
我们因为自己的各种获得和因为这一预先实存的世界而成为的，
我们当然有一种中止的能力，而这足以让我们不被决定。我可以
闭上眼睛，塞住耳朵，但我不能停止看，就算看到的只是眼前的黑
暗，不能停止听，就算听到的只是沉默；以同样的方式，我可以把我
既有的各种意见或信念放在括号里，但不管我思考什么或不管我
做出何种决定，始终都是以我从前相信过或做过的东西为基础的。
我们拥有一种真观念（Habemus ideam veram），只是在我们能够
把它的全部动机都主题化，即我们不再被处境化时，这种真理的检
验才会是绝对知识。真实观念的实际拥有不会给予我们任何权利

① 胡塞尔：《形式的与先验的逻辑》，第 221 页。

为符合的思想和绝对的生产性断定一个理智的场所，它仅仅确立了意识的“目的论”，[①]意识将借助这一最初的工具从中锻造出一些更完美的工具，并借助后者锻造一些还要更加完美的工具，以至无穷。胡塞尔说：“只有通过一种本质直观，本质直观的本质才可以被阐明。”[②]对某种特殊本质的直观在我们的经验中必然先于直观的本质。思考思想的唯一方式，首先是去思考某物，因此这一思想不把它自己当作客体是最重要的。思考思想，这乃是对它采取
454 一种我们首先相关于“事物”而学会的态度，这从来都不是消除思想对于它自己而言的不透明性，而仅仅是把这一不透明性转移到更高层次。意识活动中的任何停止，客体的任何固定，一个“某物”或一个观念的任何显现都假定了一个至少依据这一关系而停止自我考问的主体。这就是为什么如同笛卡尔说过的那样，如下两个方面都是正确的：某些观念带着事实上无法抗拒的某种明证性向我呈现；一旦我们不再面对着观念，这一事实就永远不会理当有价值，就不能消除怀疑的可能性。明证性本身可受到怀疑并不是偶然的，这是因为，作为对我不放弃对之进行说明就不能被凝结为明显“真理”的思想传统的恢复，**确定性是可疑的**。正是由于相同的理由，一种明证性是事实上无法抗拒的，又始终是可拒绝的；这是说一个唯一东西的两种方式：它是无法抗拒的，因为我似乎不言而喻地接受了某种经验的获得、某种思想场，而且正由于这个理由，它作为对于某种能思维的自然——我享有这种自然，我延续它，但它保持为偶然的并且被给予它自己——而言的明证性向我显现出

① 这一概念经常重新出现在胡塞尔最后那些作品中。

② 胡塞尔：《形式的与先验的逻辑》，第220页。

来。只有当我停止到处寻找阐明、只有当我信任它时，一个被知觉事物、一种几何关系或一个观念的可靠性才能被获得。一旦进入到游戏中，介入到某种思想秩序中，比如说欧几里得空间或某个社会的各种实存条件中，我就会找到一些明证，但这不是一些最终的明证，因为这一空间或这个社会或许并不是唯一可能的。因此，对于确定性来说经过核实而确立自身是最重要的；存在着一种**意见**，它不是知识的一种暂时的、注定要被一种绝对知识取代的形式，相反地是知识的既最古老或最基础又最有意识或最成熟的形式——在“最初的”和“根本的”双重意义上的原本意见。正是它使**某种一般的东西**在我面前涌现出来，论题思维——怀疑或证明——随后可以与之联系起来，以便肯定它或否定它。存在着意义、某种东西，而不是什么都没有，存在着一些协调一致的经验的无限系列，在这里处于其持久性中的烟灰缸、我昨天已经意识到而且我相信今天能够重新回到的真理证明了这一切。我们无论在寻求不经由现象而达到存在时，即在使存在成为必然的时，还是在割裂现象与存在时、在把现象贬低到单纯显象或单纯可能物之列时，都误解了现象的或者还有“世界”的这种明证。第一种看法是斯宾诺莎的看 455
法。原本意见在此服从于绝对的明证，混杂了存在与虚无的“存在着某种东西”服从于“存在存在”。人们把任何涉及存在的考问都作为缺乏意义的而加以拒绝：不可能问为什么存在着某种东西而不是什么都没有、为什么是这一世界而不是另一世界，因为这一世界的外表和一个世界的实存本身只不过是必然的存在的一些结果。第二个看法把明证还原为显象：我的全部真理终究不过是一些对于我以及对于像我的思想一样而形成的思想来说的明证，它

们与我的心理生理构造、与这一世界的实存是相互关联的。人们可以构想其他一些根据其他规则运作的思想，以及其他一些与这一世界理由相同的可能世界。在这里，问题的提出确实是想知道，为什么存在着某种东西而不是什么都没有、为什么这一世界已经获得了实现，而答案原则上在我们的把握之外，因为我们被封闭在我们的心理生理构造之中，这是与我们的面孔形状或我们的牙齿数量之事实理由相同的一个单纯事实。这第二个看法并不像看起来那样非常不同于第一个看法：它假定了对于绝对知识和绝对存在（相对于它们，我们的那些事实的明证被认为是不相符的）的一种缄默的参照。在现象学的看法中，这一独断论和这一怀疑论同时被超越了。我们的思维和我们的明证的各种规则当然是一些事实，但与我们是不可分割的，暗含在我们可以就存在和可能物形成的任何看法之中。问题不在于通过在表面的存在之外保留另一种存在的可能性来把我们限定在各种现象之中、把意识封闭在它自己的各种状态之中，也不在于把我们的思维当作各种事实中的一个事实，而在于把存在定义为那向我们显现的东西，把意识定义为普遍事实。我思考，而这种或那种思想向我显示为真实的；我完全知道它并不是无条件真实的，而整体阐明将是一个无尽的任务；但这并不妨碍我在我思考的时候思考某种东西，而我想以之为名贬
456 低这一真理的任何其他真理，如果它对于我来说可以被称为真理，那它就必定与我对之有经验的"真实的"思想相一致。假定我尝试想象一些火星人或一些天使或一种其逻辑不是我的逻辑的神圣思想，这种火星人的、天使的或神圣的思想就一定会出现在我的宇宙

之中，并且不会使之爆炸。[1] 我的思维、我的明证并不是其他事实中的一个事实，而是一个包含并制约着任何其他可能事实的价值事实。在世界是我的世界的意义上，不存在其他可能的世界，这不是因为我的世界就像斯宾诺莎相信的那样是必然的，而是因为我想要构想的任何“其他世界”都将限制它，都将遇到其边界并因此只能与它合而为一。意识，如果它不是绝对真理或绝对无蔽(a-lētheia)，至少也排除任何绝对的虚假。我们的各种错误、我们的各种错觉和我们的各种问题当然是错误、错觉和问题。错误不是错误意识，它甚至排斥错误意识。我们的问题并非总是包含着回答，附和马克思说人只会提出他能够解决的那些问题，这乃是重新恢复神学的乐观主义并假设了世界的完成。只有被认识，我们的错误才会变成真理，而且在它们的公开的真理内容与它们的潜在的真理内容之间、在它们自称的含义与它们实际的含义之间，一种差异继续存在着。真实的东西就在于：不管错误还是怀疑都不会把我们与真理割裂，因为它们被一个世界视域所环绕（意识的目的论在这一视域中敦促我们为其寻找解决方案）。最后，世界的偶然性不应当被理解成存在的不足、必然存在的组织中的一条缝隙、对于合理性的一种威胁，也不应当被理解成一个需要通过发现某种更深刻的必然性来尽可能早点解决的难题。这是在世界之内的存在者状态的偶然性。相反，根本的存在论的偶然性或世界本身的偶然性就是那种一劳永逸地奠基了我们的真理观念的东西。世

① 参《逻辑研究》，第一卷，第 117 页。我们有时候称为胡塞尔的理性主义的东西实际上是对作为不可转让之事实的主体性以及它将其作为实在的全体来瞄向的世界的承认。

界就是实在，必然和可能只不过是其辖区。

总之，我们把一种时间厚度还给我思。之所以不存在没完没
457 了的怀疑，之所以“我在思考”，是因为我把自己投射到了一些暂时的思想之中，而且是因为我通过这个事实克服了时间的种种不连续性。因此视觉蜷缩在一个先于它并且在它之后继续存在的被看到的东西之中。我们走出困境了吗？我们已经承认视觉的确定性和被看到的事物的确定性是相互关联的；是否应该由此得出结论说，由于就像我们通过各种错觉看到的那样，被看到的事物永远不会是绝对确定的，因而视觉被带入到了不确定性之中，或者相反地，由于视觉在己地是绝对确定的，因而被看到的事物也是这样，因而我确实永远都不会搞错？第二种解决方案最终要恢复我们已经排除了的内在性。但是，如果我们采纳第一种，思维就会与它自身相分离，就只会存在一些我们依据唯名论的定义可以称为内在的、但对于我来说也与一些事物一样不透明的“意识事实”，既不再有内在性，也不再有意识，我思的经验将再一次被遗忘。当我们描述意识（它通过其身体介入到一个空间之中、通过其语言介入到一种历史之中、通过其成见介入到一种具体的思维形式之中）的时候，把它放回到一系列客观事件中（即使它涉及一些“心理”事件）和世界的因果关系中是没有问题的。那进行怀疑者在怀疑时不能怀疑自己在怀疑。怀疑（即使是普遍的）不是消灭我的思维，它只不过是一种伪虚无，我不可能摆脱存在，我的怀疑行为本身确立了一种确定性的可能性，它在那里是为我的，它使我全神贯注，我被卷入其中，我不能在我实现它的时候假装什么都不是。远离所有事物的反思至少发现自己——在它不能自认为被消灭了，不能自

认为与它自己保持着距离这一意义上——被给予了它自己。但是，这并不意味着反思、思维是一些被简单地证明了的原始事实。正像蒙田清楚地看到的那样，我们仍然可以质疑这种完全被一些历史积淀所充满、并且充塞着它自己的存在的思想，我们可以怀疑被视为思维的确定样式和被视为对一个可疑对象的意识的怀疑本身，彻底反思的提法不是“我什么都不知道”——一种很容易被当场揭穿的矛盾提法，而是笛卡尔并没有忘记掉的“我知道什么？”我们通常说是他通过把怀疑当作一种方法、一种行为而超越了只不过是一种状态的怀疑之怀疑，并因此为意识找到了一个确定的点
并恢复了确定性。然而，真正说来，笛卡尔没有在怀疑本身的确定 458
性面前停止怀疑，仿佛怀疑的行为足以让怀疑消失并引起确定性一样。他把怀疑引向更远处。他说的不是“我疑，故我在”，而是“我思，故我在”，这意味着怀疑本身并非作为实际的怀疑是确定的，而是作为怀疑的单纯思想是确定的；既然我们接下来可以对这一思想说相同的东西，那么唯一绝对确定的、怀疑在它面前停止了的命题（因为它被怀疑所包含）就是：“我思”，或者还有“某种东西向我显现”。不存在任何准确地充实了我的意识并且束缚了我的自由的特殊行为、特殊经验，“不存在根除了思考能力、结束了思考能力的思想，即某种最终闭合了锁的锁闩的状态。不，绝没有什么思想对于思想来说是一种从其展开本身中诞生出来的解决方案，并且是与这种永久不一致的一种最终一致。”[①]没有哪种特殊的思想能够击中我们的思想的核心，没有作为其见证的另一种可能的

① 瓦莱里：《莱奥纳多·达·芬奇方法引论》（杂集），第 194 页。

思想，特殊的思想就是不可构想的。这并不是一种我们能够从中想象被解放的意识的不完满。如果它正好应该对此有意识，如果某种东西应该向某人显现，那么在我们全部的特殊思想背后就必然形成非存在的一个隐蔽处、一个**自我**。我不应该把自己归结为一系列“意识”，它们中的每一个都应该带着它的那些充满自身的历史积淀和感性蕴含向一个永久的不在场者呈现自己。我们的处境因此如下：为了知道我们在思维，我们首先应该实际地思维。然而，这一介入并没有克服全部怀疑，我的各种思想并没有遏制我的考问能力；被视为我的历史中的一些事件的一个词、一个观念要对于我有一种意义，除非我从内部恢复这一意义。我知道我通过我拥有的这些或那些特别的思想而思考，我知道我拥有这些思想，因为我担负它们，即因为我知道我一般地思考。对一个超越项的瞄向与我自己瞄向它的视点、对被联结者的意识与对联结的意识处在一种循环关系之中。问题在于理解我怎么会是我的一般思维的
459 构造者，要不然它就不能被任何人思考，就会不知不觉地流逝，并因此不会成其为一种思想——永远不会成为我的特殊思想中的任何一种，因为我从来都没有完全清楚地看到它们诞生，而且我只有透过它们才能认识自己。问题在于理解主体性怎么会既是从属的又是无性、数、格变化的。

让我们尝试着以语言为例来理解。存在着对使用语言并且喋喋不休地发出词音的我自己的意识。我阅读第二“沉思”。这里涉及的当然是自我，但这是观念中的一个自我，它确切地说既不是我的自我，此外也不是笛卡尔的自我，而是任何进行反思的人的自我。依据词的意义和观念的联系，我得出这一结论：实际上，因为

我思想，所以我存在，但这是一种凭借言语的我思，我只有透过语言的介质才能抓住我的思想和我的实存，而这一我思的真正表达应该是："我们思，故我们在"（On pense，on est）。语言的奇迹就在于它让自己被遗忘：我通过眼睛追随纸上的一行行文字，从我被它们所意指的东西缠住的那一时刻起，我就不再看到它们了。纸、纸上的那些文字、我的眼睛和身体只是因为对某种不可见的活动必要的最低程度的编排才出现在那里。表达在被表达者面前消失了，这就是为什么它的媒介角色会不被觉察到，这就是为什么笛卡尔没有在任何地方谈到它。笛卡尔，更不必说他的读者，在一个已经说话的宇宙中开始沉思。我们具有的超出表达而达到与它分离的、它只不过是其外衣和偶然显示的真理的这种确定性，正是通过语言被安顿在了我们这里。语言只有在给出了一个含义的时候，才作为单纯符号出现，而意识觉醒要成为完整的，应该恢复符号和含义最初得以在那里显现的表达的统一性。一名儿童在不会说话或还不会说成人语言的时候，围绕他展开的语言仪式对他还不起作用，他就像剧场里一位座位不好的观众那样在我们边上，他完全看到了我们在笑，我们在做手势，他听见了带鼻音的旋律，但对于他来说，在这些姿势之后、在这些词的后面什么都没有，什么都没有**发生**。语言在对儿童**构成为处境**时才对他有意义。在一部儿童读物中，有人转述了一个小男孩的失望：他带上他奶奶的眼镜，翻开她的书，相信他能够自己找到她给他讲述的那些故事。寓言以 460
这两行话结束：

哎，完啦！故事究竟在哪儿呀？

除了白纸黑字我什么都没有看到。

对于儿童来说，“故事”和被表达者并不是一些“观念”或“含义”，不管言说还是阅读都不是一种“理智活动”。故事是他带上眼镜、埋头于一本书中就有办法使之神奇地显现出来的一个世界。语言具有的使被表达者实存，开辟通向思想的一些道路、一些新维度、一些新景致的能力，最终说来对于成人和儿童是同样模糊不清的。引入到读者精神中的意义在任何成功的作品中，都超出已经被构成的语言和思想，它通过语言的魔力不可思议地展示出来，就像故事从奶奶的那本书中走出来一样。我们之所以相信能够通过思想直接地与一个真理领域沟通、并且在它那里再度与他人相遇，我们之所以觉得笛卡尔的文本只是在我们这里唤醒了一些已经形成的思想、并且我们从来都没有从外部学到什么东西，最后，一个哲学家之所以在一种应该是彻底的沉思中没有提到语言是被读出的我思的条件、并且没有更明确地敦促我们从我思的观念过渡到实践，是因为对于我们来说表达活动是不言而喻的，因为它被包括在了我们的那些获得之中。因此，我们通过阅读笛卡尔获得的我思（甚至还有笛卡尔为了表达，并且在他通过转向他自己的生活来确定它、客观化它、把它“刻画为”不可怀疑的时所实现的我思）是一个被言说的、处于一些词中的、依据一些词而获得理解的我思；由于这一相同的理由，它没有达到其目标，因为我们的实存的一部分，即忙碌于概念地规定我们的生活、忙碌于将它作为不可怀疑的来思考的那一部分，摆脱了规定和思想。我们将由此得出结论说：

语言包裹着我们，我们被它支配（就像实在论者相信被外部世界决
定或神学家相信被天意引导一样）？这将会忘记一半的真理。因
为最终说来，一些词，比如“我思”这个词、“我在”这个词确实可以
有一种经验的和统计学的意义，它们确实并不直接瞄向我的经验，
而且建立了一种无名的、一般的思想，但是，如果我没有在任何言
说之前与我自己的生活、我自己的思想处在联系中，如果被言说的 461
我思没有在我这里遇见沉默的我思，我就不能为它们找到任何意
义，哪怕次级的、非本真的意义，而且我甚至不能阅读笛卡尔的文
本。笛卡尔通过写作《沉思》瞄向的正是这一沉默的我思，它赋予
全部表达活动（它们依据定义总是缺乏其目标，因为它们在笛卡尔
的实存和他对这一实存获得的认识之间放置了某些文化获得物的
全部厚度，但是，如果笛卡尔不首先对他的实存有一个视点的话，
这些表达活动甚至不会被尝试）以生机并且引导它们。全部问题
在于恰当地理解沉默的我思，就在于只把真正处在那里的东西安
置在它那里，就在于不以意识不是语言的产物为借口把语言当成
意识的产物。

其实，不管词还是词的意义都不是由意识**构造的**。让我们来进行说明。肯定的是，词从来都不能被还原为它的那些化身中的随便哪一个，比如“雪子”一词既不是我刚才写在纸上的这个文字，也不是某一天我在一个文本中第一次读到的这另一符号，更不是当我说它时穿过空气的这个声音。这些都只不过是该词的复制品，我在它们全部那里认识到它，而它并不在它们那里被穷尽。因此我可以说雪子一词是这些显示的理想的统一，它只是对于我的意识而言且借助一种视为同一的综合才存在吗？这就忘记了心理

学就语言告诉我们的东西。我们已经知道，言谈并不是根据想象的模型想起某些言语形象并且清楚地发出一些词的音来。通过批评言语形象，通过证明说话主体将自己投射到言语中却没有表象他将要说出的那些词，现代心理学取消了作为表象、作为意识的客体的词，并且揭示了词的并不是词的知识的运动性在场。当我知道“雪子”这个词的时候，它并不是我通过视为同一的综合认识到的一个客体，它是我的发音器官的某种运用，我的作为在世存在的身体的某种调制，它的一般性并不是观念的一般性，而是我的身体——在它是一种制造一些行为，尤其是一些音素的能力的范围内——所“理解”的一种举止方式的一般性。有一天我就像我们模仿一个姿势一样“逮住了”雪子这个词，即不是通过对它进行分解并且使一个发声和发音的动作对应于听到的词的每一部分，而是
462 通过将它听作声音世界的一个唯一调制；因为这一声音实体按照我的各种知觉可能性和我的各种运动可能性（它们是我的不可分的、开放的实存的一些元素）之间存在的全面一致，作为“某种要说出来的东西”呈现出来。词从来都没有被一种说话能力——最终说来，被一种与对我的身体及其知觉场和实践场的最初经验一起给予我的运动能力——审视、分析、认识、构造，而是被它捉住和接受。至于词的意义，我通过看到它在某种处境的情况下的运用而理解它，就像我学会使用一个工具一样。词的意义不是由客体的一定数量的物理特征构成的，它首先是它在人类经验中呈现的外观，比如我面对这些成型地从天上落下来的坚硬、易碎和易融的颗粒的惊讶的经验。这是人和非人的一次相遇，这似乎是世界的一种行为，是它的风格的某种改变，而意义的一般性以及词的一般性

不是概念的一般性，而是作为典型的世界的一般性。因此，语言确实必须以语言意识、必须以意识的沉默（它笼罩着言说的世界，而且各个词首先在它那里获得构形和意义）为前提。正是这使得意识从来都不服从于这样或那样的经验语言，使得各种语言能够相互翻译、相互学习，最后，使得语言不是社会学家意义上的一种外来的东西。在被言说的我思之外，在被转变成陈述、被转变成本质的真理的我思之外，确实存在着沉默的我思、存在着我对我的体验。但这种无性、数、格变化的主体性对于它自己和世界只有一种不确定的把握。它并没有构造世界，它猜测自己周围的世界不是它给予的场域；它没有构造词，它就像我们因为高兴而歌唱那样说话；它没有构造词的意义，意义在它与世界、与寓居于世界的其他人的交往中向它涌现，意义处在多种行为的交叉处，它即使在是“获得的”时，也与一种姿势的意义一样是准确的，一样是不那么容易界定的。作为实存本身，沉默的我思、自身对自身的在场是先于任何哲学的，但它只有在那些它在那里受到威胁的极限处境中才能被认识：比如在对死亡的焦虑中或者在对他人对我的注视的焦虑中。我们相信是思想之思想的东西，就如对自身的纯粹感情一样，仍然不能被思考，需要被揭示。制约着语言的意识只不过是对 463
世界的一种全面的、未表达出来的领会，就像第一次呼吸的儿童或将要淹死、拼命挣扎的人的意识；如果任何特殊的知识都真的是建立在这种最初视点之上的，那么这一最初视点同样真的会等待着被知觉的探索，被言语所征服、确定和说明。沉默的意识只能作为在一个“有待于思考”的混乱世界面前的一般的我思被抓住。任何特殊的抓住，甚至哲学对这种一般筹划的重新获得，都要求主体发

挥它并不拥有其秘密的一些力量，尤其要求它让自己成为说话主体。只是在它已经自己表达自己的时候，沉默的我思才会是我思。

这些说法可能呈现为谜一般的：如果最新的主体性没有在它一开始存在之时就自我思考，那么它将来如何会自我思考呢？那不思考者如何能够开始思考、主体性如何没有被恢复为一个事物或一种力量（它在外面产生其各种效果，却又不能知道这一点）的状况？——我们不想说原初的**我**不知道自己。如果它不知道自己，那它事实上是一个事物，没有任何东西使得它随后变成为意识。我们只是拒绝它是客观思维、是对于世界和它自己的论题意识。我们由此理解的是什么呢？要么这些话什么都不打算说，要么它们打算说我们禁止假设一种明确的意识（它重复和暗含了原本主体性对它自己和对其世界的模糊的把握）。比如，如果我们由此打算说我的视觉并不像消化或呼吸那样单纯是一种功能，并不是在一个碰巧具有一种意义的全体中被分割出来的一束进程，相反，它本身就是这一全体和这一意义，是未来针对现在、全体针对部分的在先性，那么我的视觉确实是“看的思想”。只有借助预期和意向才会有视觉；因为任何意向都不可能真的是意向（如果它以之为目标的客体完全现成地、没有动机地被给予它的话），所以任何视觉最终确实都真的在其主体性的核心中预设了各种经验知觉规定的、它们不能产生的一种整体筹划或一种世界逻辑。但是，如果我们由此理解的是视觉自己形成与其客体的关联，意识到自己在一种绝对透明中并且是它自己在可见世界中的在场的作者，那么视觉就不是看的思想。最关键的地方确实在于抓住我们所是的

464 世界筹划。我们前面就世界与关于世界的视点不可分割所说的

话，在这里应该有助于我们把主体性理解为在世界中的内在性。不存在质料，不存在不与各种其他感觉或其他人的各种感觉相沟通的感觉，而且由于这一相同的理由，不存在形式，不存在负责给予无意义的方式以一种意义、并且确保我的经验与主体间经验的先天统一的统握或统觉。我们——我的朋友保罗和我——正在看一道风景。确切地说发生了什么呢？是否应该说我们两人有一些私人感觉，一种永远不可能沟通的认识质料？就涉及纯粹被亲历的东西而言，我们被封闭在一些不同的视角之中？风景对于我们两个来说不是数量上的同一(idem numero)，它涉及的只是一种特殊的同一性？先于任何客观化反思去考虑我的知觉本身，我在任何时刻都没意识到去发现我被封闭在我的各种感觉之中。我的朋友保罗和我用手指指着风景的某些细节，保罗的向我指示钟楼的手指，并不是我认为的指向一座为我的钟楼的一根为我的手指，而是向我指示了保罗看到的钟楼的保罗的手指，就像反过来说，在我对我看到的风景的一个点做姿势时，我觉得不是我依据某种先定和谐在保罗那里引发了仅仅类似于我的那些内在视觉的一些内在视觉：我相反地觉得，我的那些姿势侵入保罗的世界并且引导着他的注视。当我想到保罗的时候，我想到的不是通过一些中介符号而与我的私人感觉之流处于间接关系中的私人感觉之流，而是和我经历相同的世界、相同的历史，我通过这一世界和这一历史与之沟通的某个人。这样，我们是否会说：这里涉及的是一种理想的统一、我的世界与保罗的世界是相同的(就像人们在东京谈论的二次方程和人们在巴黎谈的二次方式是相同的一样)，总之，世界的理想性确保了它的主体间性价值？但是，理想的统一并没有让我

们更加满意，因为它也实存于希腊人看到的海曼特山和我看到的海曼特山之间。然而，我在考虑这些橙黄色的山坡时，对自己说希腊人已经看到过它们是徒劳的，我并不能让自己信服它们是相同的。相反，保罗和我，我们“一起”看风景，我们和它是共同在场的，
465 它不仅作为理智的含义，而且作为某种独特的世界风格，直至其此性，对于我们两个人来说都是相同的。随着理想的统一（原则上）没有任何耗损地穿过的时间和空间距离，世界的统一降级了、瓦解了。正因为风景触动我、感动我，因为它在我的最独特的存在中抵达我，因为它是我关于风景的视点，所以我拥有风景本身，我拥有作为对于保罗和我而言同等地是风景的风景。普遍性和世界处在个体性和主体的核心之中。只要我们把世界当作一个客-体，我们就永远不能理解它。如果世界是我们的经验的场域，如果我们只是世界的一个视点而非别的什么，我们立刻就能理解它，因为那样一来我们的心理物理存在的最秘密的颤动已经宣告了世界，性质是一个事物的轮廓，而事物是世界的轮廓。像马勒伯朗士所说的那样，世界从来都只不过是一部“未完成作品”，或者根据胡塞尔用于身体的话来说，它是“从来都没有被完全构成的”，它并不要求、甚至排斥一个构造主体。应当有主体性的一种开放的、未定的统一对应于存在的这一粗坯（它在我的本己的和主体间的经验的各种协调中隐约显示出来，我透过一些不定的视域推测其可能的完成，仅仅因为我的各种现象凝固了一个事物、仅仅因为它们在自己的展开中遵守某种恒常的风格），对应于世界的这一开放的统一。就像世界的统一一样，每当我要实现一种知觉、每当我要获得一个明证的时候，**我**的统一与其说被体验到了，不如说被作为理由援引

了;普遍的**我**是各种引人注目的图形在其上清楚地显现出来的背景,我正是透过一种在场的思想才形成了我的思想的统一。在我的各种特殊思想下面,还剩下什么来构造沉默的我思和原初的世界筹划呢?最终说来,在我能够在一切特殊行为之外隐约看出自己的范围内,我是什么呢?我是一个场域,我是一种经验。某种东西有一天且一劳永逸地被启动了,它甚至在睡眠期间也不再能够停止看或不看、感觉或不感觉、遭受痛苦或是幸运的、思考或休息,一句话,不再能够停止用世界来"说明"自己。出现的并不是新的一些感觉或意识状态,甚至不是一个新单子或一个新视角,因为我没有被固着于任何一个,因为我可以改变视点——只是必须始终关心其中的一个、每一次只关心其中单一的一个;我们要说出现的 466
是**诸种处境**的新的**可能性**。我的诞生这个事件还没有过去,它还没有以客观世界的一个事件的方式坠入虚无,它担保了一个将来,不是像原因决定其结果那样,而是像一种处境那样,一旦被打了结,就不可避免地要把结打开。从此以后就有了一个新"环境",世界会获得一个新的含义层。在一个小孩诞生的房子里,全部客体都改变了意义,它们都开始从他那里等待一种尚没有确定的处置,某个其他的、另外的人到了那里,一种或短暂或漫长的新历史刚刚被确立了,一本新的登记簿打开了。我最初的知觉连同围绕它的那些视域是一个始终在场的事件,一个永远不会忘记的传统;即使作为思维主体,我仍然是这一最初的知觉,是它已经开创的同一生命的后续。从某种意义上讲,在一个生命中存在的不同的意识行为或体验行为,不会多于在世界之中存在的各种分离的事物。我们已经看到,当我围绕一个客体转时,我没有从它获得我随后通过

一个单一实测图的观念而协调起来的一系列视点，我只发现在自然地跨越了时间的事物中的一点点“抖动”；同样，我既不是一系列心理行为，此外也不是把它们集中在一种综合统一中的一个中心之**我**，而是与它自己不可分的一种单一的经验，一种单一的“生命的内聚性”，[①]一种以其诞生为起点获得阐明并且在每一现在中证实这一诞生的单一的时间性。我思恢复的正是这一降临或者还有这一先验事件。第一真理确实是“我思”，但以我们在世界之中时由此理解“我属于自己”[②]为条件。当我们想更加渗入到主体性中的时候，如果我们质疑全部事物、悬置我们的全部信念，我们只能成功地隐约看到作为我们的某些特殊介入之视域的、作为某种一般东西之潜力（它乃是世界的幻觉）的非人性背景——用兰波的话来说，通过它，“我们并不属于世界”。内部和外部是不可分的。世
467 界完全在内部，而我完全在自己之外。当我知觉这张桌子时，对桌面的知觉确实不应该不知道对桌脚的知觉，否则客体就会解体。当我听一首旋律时，每一时刻确实应该与下一时刻相连，否则就不存在旋律。然而桌子伴随它的各个外在部分而在那里。持续对于旋律是最重要的。汇聚的行为远离并保持距离，我只有通过逃离自己才能接触自己。在某一著名思想中，帕斯卡尔指出，从一种关系看，我理解世界，从另一种关系看，世界理解我。应该说这是从同一种关系看：我理解世界，因为对于我来说存在着近和远、存在着一些近景和一些视域，因为它以这种方式在我面前形成了一幅图画并且获得了一种意义，也即，最终说来，因为我在它那里被处

---

① 生命的内聚性（Zusammenhang des Lebens），海德格尔：《存在与时间》，第 388 页。

② 同上书，第 124－125 页。

境化，因为它理解我。我们并不说世界的*概念*与主体的概念是不可分割的，并不说主体*自认为*与身体的观念、与世界的观念是不可分割的，这是因为，如果这涉及的只是一种被思考的关系，那么由于这一事实本身，关系就会让作为思想者的主体的绝对独立性继续存在下去，而主体则不会被处境化。主体之所以是有处境的，它之所以甚至只是某些处境的一种可能性而非别的什么，是因为，只有实际地作为身体并且通过这一身体进入到世界之中，它才能实现它的自身性。对主体性的本质进行反思，我发现它之所以与身体的本质、与世界的本质联系在一起，是因为我的作为主体性的实存只能是与我的作为身体的实存、与世界的实存合而为一的，因为最后我所是的、被具体把握到的主体与这一身体和这一世界是不可分割的。我们在主体的核心中恢复的存在论的世界和存在论的身体并不是观念中的世界或观念中的身体，而是凝缩在一种全面把握中的世界本身，是作为认识的身体之身体本身。

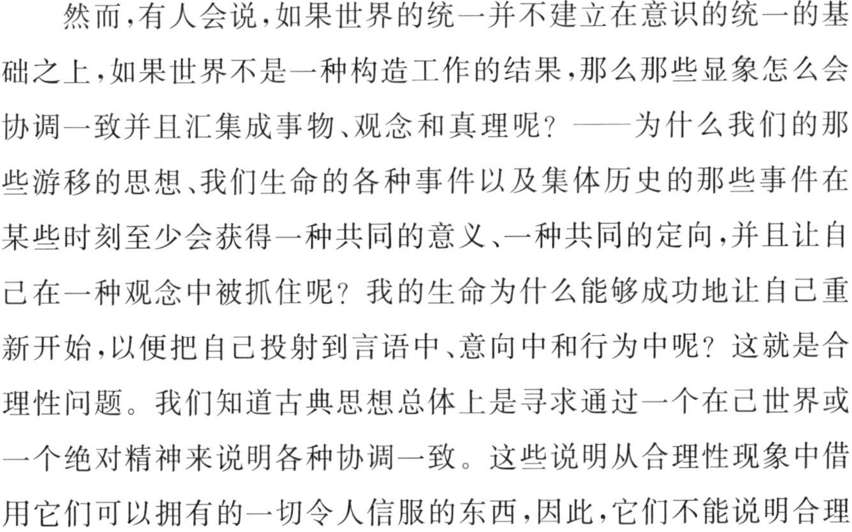

然而，有人会说，如果世界的统一并不建立在意识的统一的基础之上，如果世界不是一种构造工作的结果，那么那些显象怎么会协调一致并且汇集成事物、观念和真理呢？——为什么我们的那些游移的思想、我们生命的各种事件以及集体历史的那些事件在某些时刻至少会获得一种共同的意义、一种共同的定向，并且让自己在一种观念中被抓住呢？我的生命为什么能够成功地让自己重新开始，以便把自己投射到言语中、意向中和行为中呢？这就是合理性问题。我们知道古典思想总体上是寻求通过一个在己世界或 468
一个绝对精神来说明各种协调一致。这些说明从合理性现象中借用它们可以拥有的一切令人信服的东西，因此，它们不能说明合理

性并且永远不可能比它更明晰。绝对**思维**对于我来说并不比我的有限精神更明晰，因为我恰恰是通过我的有限精神来思考它的。我们是在世的，即：一些事物显示自己，一个巨大的个体肯定自己，每一实存理解自己并理解他者。只需认识这些奠基了我们的全部确定性的现象。对一个绝对精神或一个脱离了我们的在己世界的相信只不过是这一原初信仰的一种合理化。

第二章　时间性 469

时间乃是生命的方向/意义（方向/意义：就像我们谈论水流的方向，一句话的意义，一块布料的方向，嗅觉的意义）。

——克洛岱尔：《诗歌艺术》

此在/方向的意义是时间性。

——海德格尔：《存在与时间》，第331页。

在前面的那些篇幅中，我们之所以已经在把我们引向主体性的道路上遇到了时间，首先是因为我们的全部经验，只要是我们的经验，就是依据先后来排列的，因为时间性用康德的语言来说是内感官的形式，而且它是各种“心理事实”的最一般的特征。但实际上，并且不用预判时间分析将给我们带来的东西，我们已经在时间与主体性之间找到了一种更内在的关系。我们刚才看到，主体不可能是一系列心理事件，同时不可能是永恒的。无论如何它是时间的，这不是由于人的体质的某种偶然性，而是由于一种内在的必然性。我们被敦促为自己就主体和时间形成一个就像它们从内部沟通那样的概念。我们可以从现在起就像我们前面比如谈论性和空间性那样谈论时间性：实存不会有外部属性或偶然属性。实存

不可能是(空间的、性的、时间的)无论什么东西,除非整个地就是这种东西,除非恢复和承受这种东西的各种属性并且使它们成为其存在的一些维度(以至对它们中的每一个的一种稍微精确的分析实际上都涉及主体性本身)。不存在一些是主宰性的问题,一些是从属性的问题,全部问题都是同心的。分析时间,并不是从一个先定的主体性概念中引出各种结论,而是透过时间进入到其具体
470 结构之中。如果我们要成功地理解主体,这将不是在其纯粹的形式中,而是在它的一些维度的交叉处寻找它。因此,我们应该就时间本身来考虑时间,并且正是通过遵循其内在的辩证法,我们将被引导到重铸我们的主体观念。

我们说时间消逝了或流逝了。我们谈论时间之流。我看到在流逝的水是几天前冰川在山中融化时所预备的;它目前在我面前,它流向它将要注入的大海。如果时间类似于一条河,那它就从过去流向现在和将来。现在是过去的结果,而将来是现在的结果。这一著名的隐喻实际上太过含糊。因为,**就物本身来看**,雪的融化以及由此产生的东西并不是一些连续的事件,或毋宁说事件的概念本身在客观世界中没有位置。当我说冰川前天产生了目前在流逝的水时,我暗示了被固定在世界之中的某一位置的一个目击者,而且我比较他的连续的视点:他在那边看见了雪的融化,而且他顺水而下,或者他在两天的等待之后在河边看到了他投到源头的那些木块流过。各种"事件"是被一个处在客观世界的时空整体中的有限观察者切割出来的。但是,如果就这一世界本身来看,那就只存在着一个唯一的不可分割的、不会变化的存在。变化假设了我被安置在那里、我从那里看到一些事物鱼贯而去的某个驿站。没

有一些事件突然在他那里发生、他的有限视角奠定了这些事件的个体性的某个人，就不会有这些事件。时间假设了一个针对时间的视点。因此，它并不像一条小河，它不是一种流动的实体。这一隐喻之所以能够从赫拉克利特一直保留到我们时代，是因为我们偷偷地把河流的一个目击者放到小河中了。当我们说小河在流淌时，我们已经这样做了，因为这等于在只存在着完全外在于它自身的东西的地方，设想向外面展示自己的小河有一种个体性或一种内在。然而，一旦我引入了观察者，不论他是顺流而下，还是在河岸观察河水的流逝，时间关系就被颠倒了。在第二种情形中，大量已经流逝的河水不是流向未来，而是沉入过去；将-来在源头的那边，而时间并不出自过去。既不是过去把现在，也不是现在把未来推进到了存在中；将来并不是在观察者后面被准备的，而是在他面 471
前被事先筹划出来的，就像地平线上的暴风雨一样。如果被安置在一条小船上的观察者顺水而流，我们确实可以说他与水一起向下流向其将来，但将来乃是那些在港湾等待着他的新景致，而时间之流不再是小河本身：它乃是对于运动中的观察者来说的那些景致的展开。因此，时间不是我只能记录下来的一个实在的进程、一种实际的持续。它从**我**与各种事物**的**关系中诞生。在事物本身中，将来与过去处在一种永恒的预先实存和继续存在中；明天将要流逝的水此刻**处在**其源头，刚刚流逝的水现在**处在**稍微远的下游，在山谷中。对于我来说是过去或未来的东西在世界之中是现在。我们经常说，在各种事物本身中，将来尚不存在，过去不再存在，而现在严格地说只不过是一个界线，以致时间崩塌了。这就是莱布尼茨为什么可以把客观世界定义为瞬间的心灵（mens momentanea），

奥古斯丁为了构造时间，为什么在现在的在场之外要求过去的在场和将来的在场。让我们清楚地理解他们想要说些什么。客观世界之所以不能承载时间，并不是因为它在某种程度上太过狭小，并不是因为我们不得不为它增补一个过去面和一个将来面。过去和未来只是多余地实存于世界之中了，它们实存于现在；存在本身要成为时间性的，欠缺的乃是别处、以前和明天的非存在。客观世界过分充实，以致不能有时间。过去和将来自行从存在中退出并且过渡到主体性那边，以便在那里不是寻找某种实在的支持，相反地是寻找与它们的本性相一致的一种非存在的可能性。如果我们让客观世界摆脱那些朝向它的有限视角，如果我们设定它是在己的，那么我们在其所有部分中都只能找到一些“现在”。进而言之，这些不面对任何人在场的现在，不具有任何时间特征，不会相继而来。暗含在常识的各种比较中的、可以被表述为

472 “现在的连续”[①]的时间定义不只是错误地把过去和将来看作是现在：它不是融贯的，因为它摧毁了“现在”的概念本身和连续的概念本身。

如果我们“在意识中”恢复把时间定义为现在的连续的错误，那么我们不会通过把各种事物的时间移转到我们这里而获得任何东西。然而这是心理学家在寻求用记忆来“说明”关于过去的意识、用这些记忆在我们面前的投射来说明关于将来的意识时所做的事情。对记忆的“生理学理论”的批驳，比如在柏格森那里，就发

① 现在点的连续（Nacheinander der Jetztpunkte），海德格尔：《存在与时间》，例如第422页。

生在因果说明的领域；它在于证明：那些大脑痕迹和其他身体装置并不是各种记忆现象的充分的原因；比如我们在身体中找不到说明进行性失语症病例中记忆消失的顺序的东西。这样进行的讨论确实让身体保存过去的观念声誉扫地了：身体不再是一个痕迹储藏库，它是一个负责确保意识的各种“意向”[①]的直观实现的表意动作器官。但是，这些意向附着于一些被保留“在无意识之中”的记忆，过去在意识之中的在场保持为一种单纯的事实在场；人们还没有看到我们拒绝过去的生理保存的最好理由也是拒绝“心理保存”的理由，而这一理由就是：过去的任何生理的或心理的保存、任何的“痕迹”都不会让过去的意识获得理解。这张桌子带有我过去生活的各种痕迹，我在上面刻上了我姓名的首字母，我在上面留下了一些墨迹。但是，这些痕迹并不会通过它们自己而反映过去：它们是现在的；而且，我之所以能够在它们那里找到某个“先前”事件的一些迹象，是因为我从另外的途径拥有了过去的意义，是因为我在我自己这里承载着这一含义。如果我的大脑保存了伴随我的诸种知觉之一的身体进程的各种痕迹，如果神经冲动又一次经过已经被开辟出来的这些路径，那么我的知觉将重新出现，我将有一种——如果我们愿意说的话——弱化的、非实在的新知觉，但在任何情形中，这种在场的知觉都不能向我揭示一个过去了的事件，除非我对我的过去有另一个视点，它使我能够把它作为记忆来认识，但这是有悖于该假说的。如果现在我们用一种“心理痕迹”取代生 473
理痕迹，如果我们的知觉停留在无意识之中，那么困难将是一样

① 柏格森：《物质与记忆》，第 137 页注释 1，第 139 页。

的：一种被保存下来的知觉是一种知觉，它继续实存，它始终在现在，它没有在我们后面开启过去所是的这一流逝和不在场的维度，一个被保存下来的被亲历的过去的片断最多只能是思考过去的一个契机，并不是它使自己获得了认识；认识——当我们使之从无论什么样的某种内容中产生出来的时候——总是已经先于它自己。再现预设了认识，只有在我首先与在其自身位置中的过去有了一种直接的联系之后，它才能被如此理解。更不必说我们不能用意识内容来建构将来：没有任何实际的内容可以被视为将来的一种见证，哪怕以一种含糊不清为代价，因为将来甚至还没有存在，并且不能像过去那样把其标记留在我们这里。因此，我们要想说明将来与现在的关系，只能通过将其同化到现在与过去的关系之中。在考虑我漫长的过去状态时，我看出我的现在总是在流逝，我能够走在这一流逝的前面，把我最近的过去当作遥远的过去、我的实际的现在当作过去：将来是那个时候在它前面形成的凹陷。前瞻实际上是一种回顾，将来是过去的一种投射。但是，即便万一我能够用一些废弃的现在建构过去的意识，它们也肯定不能向我开启一个将来。实际上，即使我们在我们已经看到的东西的帮助下向自己表象将来，为了把将来投-射在我们面前，我们还是应该首先拥有将来的意义。如果前瞻是一种回顾，它无论如何是一种预期的回顾，而如果我们不拥有关于将来的方向/意义，我们如何能够预期呢？有人会说，我们“借助类比”推测这一无法比较的现在就像全部其他现在一样将会流逝。但是，为了在已经过去了的现在和实际的现在之间有类比，后者不应该只是作为现在给出自己，它也应该已经作为一个立马的过去预示自己，我们根据它感觉到了一个寻求废除它的将来的压力，总之，时间之流在原本名义上不仅仅是从现在向过去的流逝，而且还是从未来向现在的流逝。如果我们可以说任何的前瞻都是一种预期的回顾，那么我们也可以说任何回顾都是一种反向的前瞻：我知道我战前在科西嘉，因为我知道 474
战争发生在我的科西嘉之旅的不久的将来。过去和将来不会是我们通过抽象作用从我们的知觉和记忆出发形成的一些单纯概念，不是用来指示实际的“心理事实”系列的一些单纯名称。时间被我们认为是先于时间的各个部分的，各种时间关系使得时间中的那些事件得以可能。因此相应地，为了主体能够在意向中面向过去以及面向将来而在场，他本身就应该不被定位在时间中。让我们不再说时间是一种“意识的所予”，而是更准确地说意识展开或构造时间。借助于时间的理想性，意识最终停止被封闭在现在之中。

但是，意识有朝向过去和未来的开口吗？它不再被现在和各种“内容”所困扰，它从并不远离它的过去和将来（因为它在过去和将来构造它们、因为它们是它的内在对象）自由地走向一个并不接近它的现在（因为只是借助于意识在现在、过去和将来之间设定的各种关系，现在才会是现在）。然而，以这种方式不受约束的意识难道没有正好丧失掉关于将来、过去甚至现在可能是的东西的整个概念吗？它构造的时间难道不是在全部点上都相似于我们已经让其不可能性已被看到的实在的时间吗？难道它不仍然是一系列“现在”（它不会把自己呈现给任何人，因为没有人被卷入其中）吗？我们难道不也是始终远远没有理解将来、过去、现在以及从一个向另一个流逝会是什么吗？作为意识的内在对象的时间是一种被拉平的时间，换言之，不再是时间。只有在它不被完全展示出来的时

候，只有在过去、现在和将来不是处在相同的意义上的时候，才会有时间。对于时间来说，自我形成、不存在、从来都不被完全构造是最重要的。被构造的时间、依据先与后的各种可能关系的系列并不是时间本身，它是时间的最后记载，是客观思维始终预设而且未能成功抓住的时间之流逝的结果。它出自空间，因为它的各个时刻在思想面前共存，①它出自现在，因为意识与所有的时间是同
475 时代的。这是一个不同于我的、不动的环境，没有任何东西在这里流逝、在这里发生。应该有另一种时间，真实的时间，我在这一时间中会学到什么是流逝或者中转本身。完全真实的是，没有先和后，我不能知觉到时间位置；为了觉察到三项之间的关系，我应该不把自己与它们中的任何一项相混，而且时间最终需要一种综合。但同样真实的是，这一综合总是有待重新开始，而且人们假定它在某个地方已经完成就相当于否定了时间。哲学家确实梦想构设一种超出持续和变化的“生命的永恒”——时间的生产性被卓越地包含在内，但支配和包含时间的关于时间的论题意识破坏了时间现象。如果我们必定遇到永恒，那它将处在我们的时间经验的核心之中而不是处在负责思考它和设定它的一个非时间的主体之中。现在，问题在于阐明这一处在诞生状态的、正在呈现的、总是被时

① 为了重新回到本真的时间，像柏格森所做的那样宣布废除时间的空间化既不是必要的，也不是充分的。不是必要的，因为只是在我们考虑一种预先客观化了的空间，而不是我们已经尝试描述的、作为我们面向世界在场的抽象形式的原初空间性时，时间才会排斥空间。不是充分的，因为即使用空间术语对时间的系统表达被宣布废除了，我们可能仍然远没有对时间的本真直观。这乃是发生在柏格森那里的事情。当他说绵延形成了“自己滚雪球”时，当他把一些在己的记忆堆积在无意识中时，他用保存下来的现在形成时间，用已演化成的东西形成演化。

间的**概念**所暗示的时间，它不是我们的知识的一个对象，而是我们的存在的一个维度。

正是在广义的我的“在场之场”之中——这是这样一时刻，我借助在它后面流逝了的白昼视域和在其前面的傍晚与夜间视域开始工作的时刻——，我接触到了时间，我学会了认识时间之流。最遥远的过去本身也有其时间次序、一个相对于我的现在的时间位置，但这只是就它本身曾经是现在而言，就它曾经“在它的时间那里”被我的生命所渗透而言，就它持续到现在而言。当我回想起一个遥远的过去时，我重新开启了时间，我把自己重新置于一个时刻——时间在这一时刻仍然包含一个在今天已经被关闭了的将来视域、一个在今天已经很遥远的最近的过去视域。因此一切都让

我求助于在场之场，犹如求助于原本经验——时间及其诸维度在 476
这里没有中间距离地、在最后的明证中**亲自**显现。正是在那里我们看到一个将来滑向现在、滑向过去。这三个维度并不是通过一些离散行为被给予我们的：我并没有向自己表象我的白昼，它以其全部分量对我产生影响，它仍然在那里，我没有回想起它的任何细节，但我有这样做的临近的能力，我把它“仍然”掌控“在手里”。[1]同样，我没有想到将要来到的傍晚及其后续，然而它“在那儿”，就像我看到其正面的一幢房子的后面，或者就像图形下面的背景。我们的将来并不仅仅是由猜测和幻想构成的。在我看到的东西和我知觉到的东西之前，或许没有任何可见的东西，但我的世界通过

① 持存于抓住之中（Noch im Griff Behalte），胡塞尔：《内时间意识现象学讲座》，第 390 页及其后。

一些意向性线索延伸出去，这些线索至少预先描绘出了将要来到的东西的风格（尽管我们总是、或许直至到死为止都期待着看到别的东西呈现）。严格意义上的现在本身没有被设定。纸和我的笔对我来说在那里，但是，我并没有清楚地知觉到它们，我与其说在知觉一些客体，不如说在考虑一个环境，我依靠我的各种工具，我在我的任务之中，而不是在它面前。胡塞尔把前摄和滞留称为把我锚定在一个环境中的意向性。前摄和滞留并不是出自一个中心的**我**，而是可以说出自我的知觉场本身——它在自己后面拖着它的滞留视域并且通过其前摄咬住将来。我并没有经由我保留其形象的、首尾相接形成一条线的一系列现在。在即将来到的每一时刻，前一个时刻都经受了一种变化：我仍然把它掌握在手中，它仍然在那里，然而它已经下沉，它下降到那些现在的线条之下；为了保持它，我应当伸出手穿过一个薄薄的时间层。确实还是它，而我有能力追上它刚才所是那样的它，我没有与它分开；但最终说来，如果什么都没有变化，它就不会是过去，它开始向我的现在显示其侧影或投射自己，尽管它刚才还是我的现在。当一个第三时刻突然出现时，第二个时刻经受一种新的变化，它从它刚才所是的滞留变成了
477 滞留的滞留，在它和我之间的时间层变厚了。正像胡塞尔所做的那样，我们可以通过一个图表来表象该现象，为了完整，必须把前摄的对称视角补充给它。时间不是一条线，而是诸意向性的一个网络。

有人或许会说这一描述和这一图表并没有让我们前进一步。当我们从 A 到 B 再到 C 时，A 先在 A′然后在 A″投射自己或显示自己的侧影。为了 A′能被认作 A 的滞留或映射、A″能被认作 A′的滞留或映射，甚至为了 A 到 A′的转换能够被体验为是如此的，

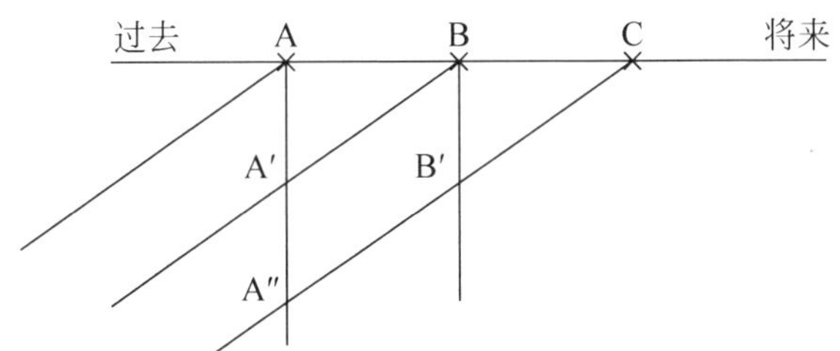

依据胡塞尔(《时间意识》,第 22 页)

横线:“现在”系列。各条斜线:从一个后来的“现在”来看的一些相同的“现在”之映射(Abschattungen)。各条竖线:同一个“现在”之持续映射。

难道不需要一种把 A、A′、A″以及全部其他可能的映射统一起来的视为同一的综合,而且这难道不等于像康德所希望的那样将 A 变成一种理想的统一？可是,由于这一理智的综合,我们知道将不再有时间 A 并且时间的全部先前时刻对于我来说将完全是可视为同一的,我可以说将避开使它们悄然滑行并且搞乱它们的时间;但同时,我丧失掉了只能由这一悄然滑行给予的先与后的意义本身,而且不再有任何东西能够把时间系列与空间多样性区别开来。胡塞尔引入了滞留概念而且说过我仍然把直接的过去握在手中,恰恰是为了表达我不设定过去或者不从一种实在地区别于它的映射出发并通过一种明确的行为来建构它,我是在其最近却已经过去了的此性中达到它。被给予我的并不首先是 A′、A″或 A″,而且我不会像人们从符号走向含义那样从这些“侧影”追溯到它们的原本的 A。被给予我的乃是透过 A′被透明地看到的 A,然后是透过 478
A″被透明地看到的这一集合,以此类推,这就像我透过掠过鹅卵石的大量的水看到了鹅卵石本身一样。确实存在着一些视为同一的综合,但只是在遥远过去的明确的记忆和有意识的回想中,即在

过去意识的各种次级样式中。比如，我对一个记忆的日期有点犹豫，我有某种场景在我面前，我不知道把它与哪个时间点联系起来，记忆丧失了其锚定，不过我是可以获得一种比如建立在一些事件的因果次序之上的理智的可视为同一：我是在停战前让人做了这件衣服，因为从那以后我们不再找得到英格兰布料了。但在这个例子中，我所达到的并不是过去本身。相反，我重新找到了记忆的具体起源，是因为它被放回到某种从慕尼黑到战争的害怕和希望的过程中，是因为我重返逝去了的时间，是因为自被考虑的那一时刻起到我的现在，滞留的链条和持续视域的嵌套确保了一种持续的流逝。各种客观标记——我相对于它们通过间接的视为同一安置我的记忆——以及一般地说理智的综合，它们本身有一种时间意义，因为统握的综合逐渐把我与我的全部实际的过去联系起

572 来了。因此不能把后者归结为前者。映射 A′和 A″之所以在我看起来是 A 的映射，并不是因为它们全都分有了作为它们的共同原因的理想统一 A，而是因为，我通过它们拥有了处在其不容置疑的个体性中、一劳永逸地被其在现在中的流逝所奠基的 A 点本身，因为我看到从它涌现出了映射 A′、A″……。用胡塞尔的语言来说，我们应该认识到在“行为的意向性”（它是对一个客体的论题意识，比如它在理智的回忆中把这件事转变成了观念）的下面，有一种使前者得以可能的、海德格尔称为超越性的东西的“作用的”意向性。[①] 我的现在向着一个将来、向着一个最近的过去自我超越，

① 胡塞尔：《时间意识》，第 430 页。《形式的与先验的逻辑》，第 208 页。参芬克：《埃德蒙德·胡塞尔现象学问题》，第 266 页。

在它们所在的地方、在过去和将来本身中触及它们。如果我们只 479
是在明确的记忆形式中才有过去，那么我们就会想在每一瞬间回想起它以便证实其实存，就像舍勒谈到的、回头以便确信客体确实在那里的那个病人一样，尽管我们感觉到它就像一种不容置疑的获得物处在我们后面。为了有一个过去或将来，我们没有必要通过一种理智活动把一系列映射统一起来，它们似乎有一种自然而原初的统一性，而且透过它们宣告的正是过去或将来本身。如此乃是我们可以和胡塞尔一道称为时间的“被动综合”[①]（这个字眼显然不是问题的一种解决，而是指明一个问题的索引）的东西的悖谬。

如果我们提醒自己我们的图表表象了时间的一个瞬间切面，那么问题就开始获得澄清。实际存在的东西，并不是一个过去、一个现在、一个将来，它们并不是一些分散的瞬间 A，B，C，不是一些实在地相区别的映射 A′，A″，B′，并非一方面是许多的滞留，另一个方面是许多的前摄。一个新的现在的涌现不会**引发**过去的一种沉降和未来的一种震动，但新的现在**是**从一个未来向现在以及从旧的现在向过去的流逝，时间把自己从一端移动到另一端出自一个唯一的运动。瞬间 A，B，C 并不**是**相继的，它们彼此**区分**，相应地 A 流逝到 A′并从那里流逝到 A″。最后，滞留系统在每一瞬间都在它自己那里汇集更早一个瞬间属于前摄系统的东西。在那里存在的不是许多关联的现象，而是一个唯一的流动现象。时间是在它的所有部分都和它自身相一致的独一无二的运动，就像一个

① 参比如《形式的与先验的逻辑》，第 256－257 页。

姿势包含了实现它所必需的全部肌肉收缩一样。当我们从 B 过渡到 C 时，似乎存在着 B 在 B′中、A′在 A″中的解体这样的破裂，C 本身在它将要来到时，通过映射的持续发射而宣告自己，它一来到实存就已经开始失去其实体。“时间是被提供给为了不再存在而将要存在的任何东西的手段”。[1] 它是在**自身**之外的一般流逝而
480 非其他东西，是这些离心运动的独一无二的法则，甚或像海德格尔说的那样，是一种“绽-出”。当 B 变成 C 时，它也变成了 B′；而同时，在变成 B 时也变成了 A′的 A 变成了 A″。一方面是 A，A′，A″，另一方面是 B 和 B′，这两方面不是通过把它们凝结为一个时间点的一种视为同一的综合，而是通过一种过渡综合（Uebergangssynthesis）联系起来的，因为它们一个出自另一个，而且这些投射中的每一个都只不过是整体的破裂或崩裂的一个方面。这就是为什么在我们对于它的原初经验中的时间，对于我们来说不是我们穿过的客观位置的一个系统，而是一个在远离我们的移动的环境，就如同车窗外的景致一样。可是，我们并不真的相信景致在移动，不真的相信道口看守工像一阵风似地穿行，而那边的山丘几乎不动；同样，如果说我白天的开端已经远去了，我一周的开端却是一个固定点；一种客观的时间在不久的将来显露出来，并因此应当在我的直接过去中开始显露。这是如何可能的呢？时间的绽-出如何能够不是一些时刻的个体性消失于其中的一种绝对解体呢？这是因为解体瓦解了从未来向现在过渡已经形成的东西：C 处在已经把它导向成熟的一种缓慢集中的终点；随着它预备好了，它通过数量始终不多的

---

[1] 克洛岱尔：《诗歌艺术》，第 57 页。

一些映射显示自己，它**亲自**走近。当它来到现在的时候，它把自己的它只不过是其界限的发生以及那种应该在它之后来到的东西的临近在场带给了现在。因此，当后来者获得实现并且把C推入过去时，它并没有粗暴地剥夺C的存在；它的解体永远是其成熟的反面或后果。一句话，既然在时间中存在和流逝是同义的，事件在变成过去时并没有停止存在。客观时间的起源及其在我们的注视下的各种固定位置，不应该在一种永恒的综合中，而应该透过现在在过去与将来的一致和重叠中、在时间的流逝本身中去寻找。时间正好在它把某一东西从存在中驱逐出去的时刻，保持它曾经使之存在的这一东西，因为新存在已经被先前的存在宣布为应当存在，因为成为现在和注定流逝对于后者来说是同一回事。“时间化并不是那些绽出的连续。将来并不后于过去，过去并不先于现在。时间性作为通过来到现在而走向过去的将来而自身时间化。”[1]柏 481
格森用时间的连续性来**说明**时间的统一性是错的，因为这等于借口我们通过感觉不到的转变从一个走向了另一个来混淆过去、现在和将来，最后说来，这等于否定时间。但他把时间的连续性作为一种最重要现象来把握是有道理的。只是必须对此进行阐明。瞬间C和瞬间D，尽管我们最初希望它们非常接近，但它们并不是不可分辨的，因为不然就不会有时间，但它们一个流逝在另一个中，并且C变成了D，因为C从来都是对于作为现在的D以及它自己向过去的流逝的预期而不是别的东西。这等于说每一现在重新肯定了它所驱逐的整个过去的在场并且预测了整个将-来的在场，等

① 海德格尔：《存在与时间》，第350页。

于说现在按定义没有被封闭在它自己那里，而是向着一个将来和一个过去自我超越。存在着的东西，并不是一个现在、然后是在存在中延续第一个现在的另一个现在，甚至不是带着一些过去和将来视角的、被另外一个现在(这些视角在此会被打乱，以致需要一个同一的旁观者来实施各种连续视角的综合)所尾随的一个现在：存在着一种唯一的时间，它确认它自己，它不会把任何东西——如果它还没有把它作为现在、作为将到来的过去建立起来——带向实存，它一下子就确立了自己。

因此过去并不是过去，未来也并不是未来。只有当一种主体性要破坏在己存在的充满、在那里形成一个视角、把非存在引入到那里时，时间才会实存。当我走向一个过去和一个将来时，它们才涌现出来。对于我自己来说，我并不处在现在所是的时刻，我也处

在今天早上或即将来临的晚上，而我的现在，你爱这么说也行，就是这一瞬间，但它也是今天、今年、我的整个生命。并不需要一种从外部把诸多时间统一为一个唯一的时间的综合，因为诸时间中的每一时间都已经在它自己之外包含了其他时间的开放系列，并内在地与它们交流，因为“一个生命的内聚性”[①]是随着其绽出被给予的。我不思考从现在向着另一个现在的流逝，我不是其旁观者，我实现它，我已经指向将要来到的现在，正如我的姿势已经指向其目标一样，我自己就是时间，一种就像康德在某些文本中所说的
482 的“延续着”的、既不“流逝”也不“变化”的时间。[②] 常识以自己的

① 海德格尔：《存在与时间》，第 373 页。

② 转引自海德格尔：《康德与形而上学问题》，第 183－184 页。

方式觉察到了这种先行于自身的时间之观念。所有人都在谈时间,但不是像动物学家在集体名词的意义上谈一条狗或一匹马那样,而是在一个专有名词意义上谈论它。我们偶尔甚至将它拟人化。所有人都认为时间中有一个具体的、整个地呈现在其每一显示中的单一存在,就像一个人处在其每一言谈中一样。我们说存在着一种时间,就像我们说存在着一个喷泉一样:水在变化而喷泉保持不变,因为形式保留下来了;形式获得了保留,因为每一后来的波浪都重复前一波浪的各种功能。相对于它推动的波浪而言的起推动作用的波浪本身又成了相对于一个其他波浪的被推动的波浪;而这本身最终来自于这一点:从源泉直到喷射,那些波浪并没有被分开,只存在一种单一的推力,而且流动中的单独一个空隙就足以中断喷射。正是在这里,河流的隐喻获得了证明,这不是就河流在流动,而是就它只不过与它自己合而为一来说的。只是,对时间的持久性的这种直观在常识那里受到了损害,因为常识将它主题化或客观化,这恰恰是无视它的最可靠的方式。比起以科学的方式将时间观念看作是在己自然的一种变量,或者以康德的方式将之看作是与其质料可以理想地分离的形式的时间观念,在时间的神秘的拟人化中有更多的真理。存在着世界的时间样式,而且时间保持为相同的,因为过去是一个从前的将来和一个最近的现在,现在是一个临近的过去和一个最近的将来;最终说来,将来是一个现在,甚至是一个将要来临的过去,即因为每一时间维度都作为有别于它自己的东西被对待或瞄向——即最终因为在时间的核心中有一种注视,或像海德格尔所说的,一种眨-眼(Augenblick),有作为这个词通过他能够具有一种意义的某个人。我们

不说时间是对于某个人而言的：这将会是重新展示它、固定它。我们说时间就是某个人，即时间的各个维度在永久地相互覆盖的范围内，彼此确证，并且它们所做的从来都不过是让那种已经暗含在每一个中的东西获得说明，它们全都表达主体性本身所是的一次
483 唯一的破裂或一种唯一的推力。应该把时间理解为主体，把主体理解为时间。非常明显，这种原本时间性并不是一些外部事件的并置，因为它是通过使它们彼此疏远来把它们维系在一起的力量。最后的主体性并不在经验意义上是时间性的：如果时间意识是由一些相继的意识状态构成的，那么要意识到这一相继，就必需有一个新的意识，并如此持续下去。我们确实应该承认"一种不再在其后面有任何意识从而意识到其自身的意识"[①]——这种意识因此不被展示在时间中，而且在它那里"存在与为己存在相一致"。[②]我们可以说，最后的意识在它不是内时间的这一意义上是"无时间的"(Zeitlose)。[③]"在"我的现在"之中"，如果我重新抓住了仍然生动的它及其暗含的一切，那就有一种向着将来、向着过去的绽出，这一绽出使时间的各个维度不是显现为敌对的，而是显现为无法分割的：现在存在，就是始终存在，永远存在。主体性并不处在时间中，因为它承受时间或亲历时间，并且与某一生命的内聚性相融合。

这样一来，我们回到了一种永恒性吗？我面向过去，而且，通

① 胡塞尔：《时间意识》，第 442 页：在它自己后面不再有它在其中被意识到的任何意识的……初始意识(primäres Bewusztsein)。

② 同上书，第 471 页：存在与内在地被意识到的存在确实相一致。

③ 同上书，第 464 页。

过各种滞留的持续嵌套，我保持着我的那些更久远的经验，我不是拥有它们的某种复本或某种形象，我完全就像它们曾经所是的那样持有它们本身。但是，那些在场之场的持续连接（我对过去本身的这一通达藉此获得了保证）的本质特征是只能一点点地、逐步地获得实现；由于其现在的本质本身，每一现在都排斥了与其他现在的并置，甚至在遥远的过去，我也只有通过依据我生命自己的节奏重新展开我的生命，才能拥抱我生命的某种绵延。时间的视角、各种远景的相混、遗忘是其极限的过去的这种“蜷缩”不是记忆的一些偶然之事，并不表达原则上是整体的时间意识在经验实存中的退化，它们表达了它的最初的含混性：重新持有就是持有，不过是 484
有距离地。再说一遍，时间的“综合”是一种过渡综合，它是自我展开的一种生命的运动，而且除了亲历这一生命之外不存在其他实现生命的方式，不存在时间的场域；正是时间在承载自己、在投射自己。作为未分化的推力、作为过渡，时间独自能够使作为持续多样性的时间得以可能，而我们置于内时间性的起源处的东西，乃是一种构造的时间。当我们刚才描述时间的被它自身覆盖时，我们只有通过补充一种将要来临的过去，才能成功地把未来看作一种过去；只有通过补充一种已经到来的将来，才能成功地把过去看作一种将来；也就是说，在拉平时间的时候，应该重新肯定每一视角的原本性，应该把这种准永恒性建立在事件之上。在时间中没有流逝的东西乃是时间的流逝本身。时间重新开始：昨天、今天、明天，这一循环的节奏、这一恒常的形式确实会给予我们一下子就完全占有了它的那种错觉，就像喷泉给予我们一种永恒感一样。但是，时间的一般性只不过是它的一种第二位的属性，只不过给予它

一种非本真的视点，因为我们不能仅仅构想一个循环而不从时间上区分终点和起点。永恒感是虚假的，永恒性是由时间汇集而成的。喷泉只是由于水的连续推力才保持为相同的。永恒性是梦幻的时间，而梦幻反照清醒，它向清醒借用了它全部的结构。那么什么是永恒性扎根于其中的这种清醒的时间呢？它是带有其原本的过去和将来双重视域的广义的在场之场，以及一些已经过去了的或可能的在场之场的开放的无限性。对我来说，之所以存在着时间，只是因为我已经位于时间中，即因为我发现自己已经介入到时间中，因为并不是全部存在都亲自被给予我，最后，因为存在的一个区域是如此接近我，以致它甚至在我面前不能形成一幅图画，以致我不能看它，就像我不能看我的面孔一样。对于我来说，之所以存在着时间，是因为我有一个现在。正是通过出现在现在，时间的一个时刻才获得了使它能够随后穿越时间、并且给予我们永恒性之错觉的无法消除的个体性，那种“一劳永逸”。没有哪个时间维度能够从其他维度中推演出来。但广义的带有其原本的过去和将
485 来视域的现在却有一种优势，因为它是存在和意识在其中同时发生的区域。当我回忆起一个久远的知觉时，当我想象一次拜访我在巴西的朋友保罗时，我确实真的适时地瞄向了过去本身、在世界之中的保罗本身，而不是居间的某种心理客体。但最终说来，与被表象的各种经验不同的我的表象行为被实际地呈现给我，一个被知觉到，其他的只不过恰好被表象了。一次久远的经验、一次或然的经验为了向我呈现出来，需要被一种原初意识——它在这里是我对于回忆或想象的内在知觉——带到存在之中。我们在前面说过，完全应该达到这样一种意识：它在自己的后面不再有其他意

识、它因此抓住了它自己的存在，并且最终说来存在和成为有意识的在它那里只不过合而为一。这种最后的意识并不是在一种绝对的透明中进行统觉的一个永恒主体，因为这样一个主体最终不能下降到时间中，因此与我们的经验没有任何共同之处，——它是对现在的意识。在现在中，在知觉中，我的存在和我的意识只不过合而为一，这不是因为我的存在被还原为我对它的认识并且被明晰地展示在我面前（完全相反，知觉是不透明的，在我认识的东西下面，它对我的各种感觉场、对我与世界的各种原始默契提出了怀疑），而是因为“有意识”在此不外是“面向……存在”，是因为我的实存意识与“实-存”①的实际姿势相融。我们正是通过与世界交流才毫无疑问地与我们自己交流。我们整个地掌握时间，而且我们面向我们自己在场，因为我们面向世界在场。

如果情况就是这样，如果意识通过在存在和时间之中承担一种处境而扎根在存在和时间之中，那么我们如何能够描述它呢？它应该是一种全面的投射或一种关于时间和世界的视点——为了显现出来，为了明确地成为它不言明地所是的东西，即意识，这一投射或视点需要在杂多中展开自己。我们既不应该单独实现未分化的能力，也不应该单独实现它的各种不同的显示，意识不是其一或另一，它是它们两者，它是时间化的和胡塞尔所说的“流数”的运 486
动本身，一种预期自身的运动，一种不会离开自身的流动。让我们用一个例子更清楚地描述它。小说家（或不回溯到起源并且视时间化为完全既定的心理学家）把意识视为他尝试在它们之间建立

① 我们从科尔班所译《什么是形而上学？》中借用了这一表达，第14页。

起因果关系的大量的心理事实。例如[1]，普鲁斯特显示了斯万对奥戴特的爱怎么引起了嫉妒，嫉妒反过来又改变了这一爱，因为始终关心把她从任何他人那里夺走的斯万没有空闲凝思奥戴特。实际上，斯万的意识并不是一些心理事实在其中外在地相互引发的一个毫无生气的中心。在其中存在的并不是由爱引起、接下来又改变爱的嫉妒，而是这一爱的整个命运在其中一下子就流露出来了的爱的某种方式。斯万喜欢奥戴特的人格，喜欢她所属的这一"场景"，喜欢她具有的这种看、发笑和调整自己声音的方式。但什么是喜欢某人呢？普鲁斯特就另一种爱谈到了这一点：这就是感觉到自己被排除在这一生命之外，渴望进入它，并且整个地占有它。斯万的爱并没有引起嫉妒。它已经是嫉妒，而且从一开始就是。嫉妒并没有引起爱的某种变化：斯万通过凝思奥戴特而获得的愉快自身中带着爱的变化，这是因为，成为唯一这样做的人就是愉快。心理事实和因果关系的系列只是在外面表达了斯万针对奥戴特的某种视点、某种面向他人的存在方式。斯万的嫉妒之爱此外应该被置于与他的其他举止的关系中，或许它本身由此呈现为还要更一般的某一实存结构——此即斯万的人格——的显示。相应地，作为全面投射的每一个意识都在它自认的一些行为、一些经验、一些"心理事实"中显示出轮廓或者向它自己显示自身。正是在这里，时间性澄清了主体性。我们永远都不会理解一个思维主体或一个构造主体如何能够在时间中设定自身或者统觉自身。如果**我**是康德的先验之**我**，那么我们永远既不能理解它在任何情况

① 这个例子是让-保罗·萨特给出的，《存在与虚无》，第216页。

下都能与它的在内部感官中的痕迹相融，也不能理解经验自我仍然是一个自我。但是，如果主体是时间性，那么自我设定就停止是 487 一种矛盾，因为它准确地表达了活的时间之本质。时间是“自身被自身感动”[①]：产生感动的那个是作为推力以及向着一个将来流逝的时间，被感动的那个是作为一些现在的一个展开系列的时间，感动者和被感动者只不过合而为一了，因为时间的推力不外是从一个现在向另一个现在的过渡。一种未分化的能力在对它而言是现在的一个项中的这种绽出、这种投射，就是主体性。胡塞尔说，原本的流动并不仅仅存在：它应当必然地呈现为一种“自身的显示”(Selbsterscheinung)，无需我们在它后面安置一个其他的流动来意识到它。它“在它自己那里把自己构造为现象”，[②]对于时间来说，不仅仅是实际的或流逝的时间，而且还是知道自己的时间，这是十分重要的。因为现在朝向将来的破裂或崩裂是**自己与自己的关系**之原型，并且勾勒了一种内在性或自身性。[③] 光明[④]在此涌现出来，我们在此不再与一种依赖于自身的存在，而是与一种其全部本质就像光明的本质一样在于**让我们去看**的存在打交道。正是通过时间性，才会无矛盾地存在着自身性、意义和理性。这一点甚至可以在通常的时间概念中看到。我们将我们的生命划分为一些时期或阶段，我们把比如一切与我们此刻的各种事务有意义关系的

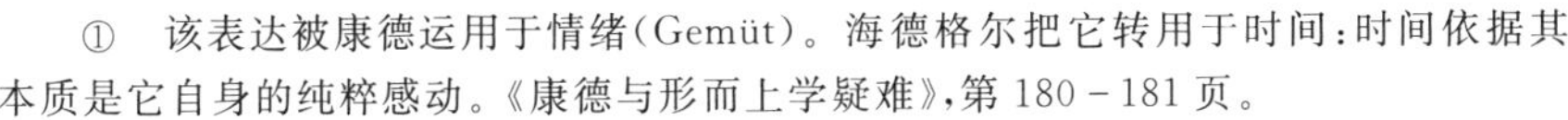

① 该表达被康德运用于情绪(Gemüt)。海德格尔把它转用于时间：时间依据其本质是它自身的纯粹感动。《康德与形而上学疑难》，第180－181页。

② 胡塞尔：《时间意识》，第436页。

③ 海德格尔：《康德与形而上学疑难》，第181页：作为纯粹自身感动，(时间)在一种原初方式中形成有限的自我，以至自身能够成为某种类似于自我意识的东西。

④ 海德格尔在某个地方谈到此在的“澄明”(Gelichtetheit)。

东西都视为构成我们的现在的一部分;因此我们不言明地认识到时间与意义只不过合而为一。主体性并不是与自身的不变的同一性:对于自身来说——就像对于时间来说一样——为了成为主体性,最重要的是向一个**他者**开放并且走出自身。我们不应该把主体表象为构造者并且把他的大量经验或经历表象为被构造者;不
488 应该把先验之**我**当作真正的主体并且把经验自我看成它的阴影或痕迹。如果它们之间是这样的关系,那么我们将退入到构造者中,并且这种反思将让时间裂开,将没有场所、没有日期。事实上,之所以哪怕我们的那些最纯粹的反思也在时间中回溯地呈现给我们,之所以我们对流①的各种反思插入了流之中,是因为我们能够进行的最准确的意识始终被它自身所感动或被给予它自身,是因为意识这个词在这种二元性之外没有任何意义。

人们就主体之所说没有什么是错的:作为绝对向自身在场的主体确实是严格无性数格变化的,确实它自身不带有其雏形的东西会不向它而来;它也确实能够在连续与多样性中自己给出它自身的一些标识,而且这些标识也确实是它,因为没有它们的话,它就会似乎是一种发音含糊的叫声,不能达到自我意识。那个我们暂时称为被动综合的东西在此得到了阐明。如果综合就是构成、如果被动性就在于接受一种多样性而不是构成它,那么被动综合就是矛盾的。人们通过谈论被动综合想说的是,杂多被我们深入理解,同时并不是我们实现了其综合。然而时间化就其本质本身而言满足了这两个条件:实际上很明显的是,我并不是时间的作

① 胡塞尔在那些未刊稿中称之为流入(Einströmen)。

者,就像我不是我的心脏搏动的作者一样,并不是我是时间化的首创者;我没有选择过出生,一旦我出生了,无论我做什么,时间都透过我而喷发出来。可是,时间的这种涌现并不是我所经受的一个简单事实,我能在它那里找到一种对抗它本身的办法,正如在牵涉到我的一个决定中或在一种确定概念的行为中发生的那样。时间把我从我的过去所是中拔出来,但同时给予我有距离地抓住我自己、并且实现我自己的方式。人们称为被动性的东西不是我们对于外来现实或对我们的外部因果作用的接受:它是一种倾注,一种处境中的存在,在它之前我们并不实存,我们永远重复它,它构成我们自己。这种一劳永逸地“获得的”“依据既得而在存在中永久持续的”自发性,[1]就是时间,就是主体性。它是时间,因为一种在 489
现在中没有其根、并因此在过去中没有其根的时间不再是时间,而是永恒。海德格尔的历史时间——它从将来流出、通过果断的决定预先拥有其将来并且一劳永逸地逃离分散——依据海德格尔思想本身是不可能的:因为,如果时间是一种绽-出,如果现在和过去是这一绽出的两个结果,那么我们如何一下子就停止从现在的视点看时间呢?我们最终如何走出非本真状态呢?我们总是把中心定在现在,我们的各种决定总是从它出发;因此它们总是可以与我们的过去联系起来,它们从来都不是没有动机的,如果它们在我们的生命中开启了一个全新的周期,那么它们应该会在随后被恢复,它们只是在某一时期让我们免于分散。因此把时间从自发性中推演出来是没有问题的。我们不是时间性的,因为我们是自发的,因

① 萨特:《存在与虚无》,第 195 页。作者只是为了拒绝怪物的观念才提及怪物。

为我们作为意识摆脱了我们自己；相反，时间是我们的自发性的基础与尺度，是那种向外超越和“虚无化”的力量（这一力量寓于我们，就是我们自己，它本身伴随时间性和生命而被给予我们）。我们的诞生或者就像胡塞尔在其未刊稿中所说的我们的“发生性”同时奠基了我们的主动性或我们的个体性，我们的被动性或我们的普遍性——这种永远阻碍我们获得一个绝对个体的密度的内在脆弱。我们并非是以某种难以理解的方式附在被动性上的主动性，配有意志的自动性，配有判断的知觉；我们是完全主动的和完全被动的，因为我们是时间的涌现。

*　*　*

对于我们来说[①]，问题在于理解意识与自然、内在与外在的关系。或者，问题在于连接观念论视角（在它看来，任何东西都不过是意识的对象）与实在论视角（在它看来，意识融入在客观世界和
490 各种在己事件的组织之中）。或者最终说来，问题在于知道世界与人是如何可为两类研究——一类是说明的，另一类是反思的——所达至的。在另一部著作中，我们已经用另一种语言表述这些古典问题，它把这些问题归并为最重要的问题：最终说来，这一问题在于懂得*意义*与*无意义*在我们这里以及在世界之中的关系是什么。那种在世界之中具有意义的东西是由某些独立事实的组合或相遇提供的、产生的吗？或者相反，它只不过是一种绝对理性的表达？人们说各种事件在向我们显现为一种唯一目标的实现或表达时具有一种意义。当我们的诸意向之一得到充实，或者相反，当许

① 参《行为的结构》导论。

多事实或符号以我们的名义被提供给一种理解它们的重新把握时，无论如何，当某一项或许多项**作为**它们之外的另一事物的表象者或表达而实存时，对我们来说就存在着意义。观念主义的本义是承认任何含义都是离心的、都是一种含义行为或意义给予行为，[①]是承认不存在自然符号。理解最终说来始终是建构、构造、现时地进行对客体的综合。对本己身体和知觉的分析向我们揭示了一种与客体的关系、一种比这一含义更深刻的含义。事物只不过是一种含义，即含义“事物”。就算是这样吧！但是，当我理解一个事物，比如一幅图画时，我并没有现时地对它进行综合，相反，我带着我的各种感觉场、我的知觉场，最终说来带着任何可能存在的一种模式和对于世界的一种普遍组合，我来到它的面前。在主体本身的窟窿中，我们发现了世界的在场，因此主体不应再被理解为综合的主动性，而应被理解为绽出；相对于含义在可以界定世界的符号中的孕育，所有含义或意义给予的主动活动都显得是派生的、第二位的。我们在行为意向性或论题意向性之下，并且作为它的可能性之条件重新发现了一种已经在任何论题或任何判断之前开始运作的作用的意向性、一种“感性世界的逻各斯”，[②]一种“隐藏
在人类心灵深处的艺术”，它就像任何艺术一样，只能在它的各种 491
成果中获得认识。我们在别的地方[③]做出的结构与含义之间的区分从此获得了阐明：使得圆的格式塔和圆的含义不同的东西就是，

① 这一表达仍然经常为胡塞尔所使用，例如《观念》，第 107 页。

② 胡塞尔：《形式的与先验的逻辑》，第 257 页。当然，“感性”是在“先验感性”的广义上来把握的。

③ 《行为的结构》，第 302 页。

后者能够被一种知性（它将圆构成为与一个中心的等距点的场所）所认知，前者被一个熟悉其世界，能够把圆的格式塔作为该世界的一种调制、作为圆的面貌抓住的主体所认知。除了注视，我们没有其他方式知道一幅画或一个事物是什么；只有当我们从某个视点、某一距离、并且在某个方向上注视它们时，简言之，只有当我们让我们与世界的默契服务于场景时，它们的含义才能被揭示。如果我并没有假定一个从某一地方向另一地方注视的主体，那么某一水流的方向这句话不会说出任何东西来。在在己的世界中，所有方向和所有运动都是相对的，这就等于说没有任何方向或运动。如果在知觉中我没有把作为全部静止和全部运动的"土壤"的大地[1]置于运动和静止之下，那么就不会有现实的运动，我也不会有运动的概念，因为我寓居于大地；同样，如果没有一个寓居于世、并通过其注视在世界之中划定原初方位标的存在，那么就不会有方向；同样，只是对于一个能够从某一角度或另一角度靠近一件织品的主体而言，该织品的意义才是可以理解的，正是通过我在世界之中的涌现，织品才有了一种意义；依然同样的是，一个句子的意义在于它的意图或它的意向，而这又假定了一个起点和一个终点，一个瞄向，一个视点；最终同样的是，视觉的意义是为逻辑、为多彩世界所做的某种准备。在 sens 这个词的全部词义之下，我们找到了被指引到或吸引到它所不是的东西的一个存在的相同的基本概念，因此，我们总是被引向一个作为绽出的主体的概念、一种在主体与世界之间的主动超越的关系。世界与主体是不可分割的，但

① 土壤（Boden），胡塞尔：《哥白尼理论的倒转》（未刊稿）。

这个主体无非是对世界的筹划;主体与世界是不可分割的,但这个世界是他本身在筹划的一个世界。主体是在世的,而世界保持为“主观的”,[①]因为其质地和各种连接都是由主体的超越运动勾勒 492
的。因此,借助作为各种含义之摇篮、全部意义之意义、全部思想之土壤的世界,我们将发现超越实在论与观念论、偶然性与绝对理性、无意义与意义的二者择一的办法。作为我们的处于我们生活视域中的全部经验的原初统一、作为我们全部筹划的唯一项目,我们已经尝试指出的那样的世界,不再是一种构造**思维**的可见展开,不是一些部分的偶然组合,当然也不是一种指导**思维**对一种惰性质料的操作,而是整个合理性的故乡。

时间分析首先确认了这一关于意义和理解的新概念。如果要把时间看作为无论什么样的一个客体,就应该像我们谈其他客体那样谈论它:只是因为我们“是它”,它才对我们来说具有意义。只是因为我们在过去、在现在、在将来,我们才能把某物置于该词之下。它严格地是我们的生活的意义,而且就像世界一样,只能为那个在它那里处境化、并且符合其方向的人所通达。但时间分析不仅仅是重复我们已经就世界谈论过的东西的一个契机。它阐明了之前的那些分析,因为它使主体和客体作为一个独一无二的结构(它就是*在场*)的两个抽象环节呈现出来。我们正是通过时间来思考存在,因为正是通过时间主体和时间客体的各种关系,我们才能理解主体与世界的各种关系。让我们把作为时间性的主体性的观

① 海德格尔,《存在与时间》,第366页:如果“主体”从本体论角度被构想为实存着的此在,它的存在奠基于时间性中,那么我们必须说世界是“主观的”。但这个“主观的”世界,既然在时间上是超越的,就比任何可能的“客体”都“更客观”。

念应用到我们借以开始的那些问题中。例如，我们要问如何构想心灵和身体的关系，而把为己与某种它不得不承受其因果作用的在己客体联系起来是一个毫无希望的尝试。但是如果为己，自身向自身的揭示只不过是时间发生于其中的窟窿，如果“在己”世界只不过是我的现在的视域，那么问题就等于得知道一个将要来到和已经过去的存在如何也有一个现在，——这意味着问题自行消
493 失，因为将来、过去和现在在时间化运动中是联系在一起的。有一个身体对我而言和成为某个现在的将来对于将来而言是同样重要的。因此，科学的主题化与客观的思维不能找到一种严格独立于某些实存结构的单独的身体功能；[①]相应地，也不能找到一种不依赖于一种身体基础的单独的“精神”行为。进而言之，重要的是我不仅仅有一个身体，而且甚至有这个身体。不仅身体的概念透过现在的概念与为己的概念必然地联系在一起，而且我的身体的实际实存对于我的“意识”的实存是必不可少的。最终来说，如果我知道为己能为一个身体加冕，那么只有通过经验到一个独特的身体和一个独特的为己，即体验到我的面对世界的在场，这才有可能。人们会回应说，我可以拥有别样地构成的指甲、耳朵或肺，而我的实存并不因此被改变。但我的指甲、耳朵和肺单独来看并不拥有任何实存。正是科学让我们习惯于将身体看作诸部分的组合，身体死亡时解体的经验也让我们如此认为。然而准确地说，解体的身体不再是一个身体。如果我把我的耳朵、指甲和肺重新放回到我的活的身体之中，它们就不再呈现为一些偶然的细节。它

① 这一点我们在《行为的结构》中已做了详尽论述。

们不会对他人形成的关于我的观念漠不关心，它们给予我的面貌或我的风度；或许科学明天会以一些客观关联的形式显示，如果我应该以另外的方式变得灵巧或迟钝、冷静或紧张、聪明或愚蠢，即如果我应该成为自己的话，我将拥有这般构成的耳朵、指甲和肺的必然性。换言之，正如我们已经在别处指出的，客观身体不是现象身体的真理，即我们亲历的身体那样的身体的真理，客观身体只不过是现象身体的一种贫乏的形象，而心灵与身体的关系问题关涉的不是只有概念实存的客观身体，而是现象身体。唯一正确的是，我们的开放的个人实存依赖于获得的、固定的实存的最初基底。
但是，如果我们就是时间性，那么它就不会以别的方式出现，因为 494
获得与将来的辩证法构成了时间。

我们以同样的方式回应人们会就先于人的世界所提的问题。当我们在前面说世界缺了支撑其结构的**实存**就不会存在的时候，有人可能会反驳我们说：可是，世界是先于人的，根据整个显象，地球是唯一有人居住的，因此哲学观点表现出与各种最可靠的事实不相容。实际上，与被误解的“事实”不相容的只是理智主义的抽象反思。因为在说世界先于各种人类意识而实存时，人们究竟想说什么呢？例如，人们想说地球起源于生命的各种条件在那里还不具备的一团原始星云。但是，就像物理公式中的每一个一样，这些词中的每一个都预设了**我们的**前科学的世界经验，而对于**生活世界**的这一参照有助于为它构造有价值的含义。永远不会有什么东西使我们理解一团没有被任何人看到过的星云可能是什么。拉普拉斯星云并不是在我们后面，处于我们的起点，它在我们面前，处于文化世界之中。而另一方面，当我们说不存在没有一个在世

存在的世界时，我们想说什么呢？不是想说世界是由意识构造的，而是想说意识已经在世界之中运行了。总体上说，真实的因此是，存在着一个自然，不是各门科学的自然，而是知觉向我展示的自然；而且，甚至意识之光就像海德格尔所说的是被给予它本身的自然之光（lumen naturale）。

无论如何，我们会说世界在我之后将依旧延续，当我不再在世上时，其他人会知觉到它。然而，如果我的面向世界的在场真的是这个世界的可能性的条件，那么我是否不可能构想——要么在我生命之后，要么在我活着期间——其他人在世界之中呢？在时间化的视角中，我们前面已经给出的关于他者问题的那些指征获得了阐明。我们要说，在他人知觉中，我在意向中跨越了总是把我的主体性与另一个主体性分开的无限距离，我克服了一个为己的他者对于我来说的概念上的不可能性，因为我确认了一个其他的行为，一种其他的面向世界的在场。既然我们已经很好地分析了在场的概念、已经把面向自身在场与面向世界在场联系起来，并且把
495 我思与介入到世界之中视为同一的，我们就很好地理解了我们如何能够在他人的各种可见行为的潜在起点处发现他。他人或许永远不会像我们自己一样为我们而实存，他始终是一个小兄弟，我们在他那里永远不会像在我们自己这里一样目击到时间化的推力。但两种时间性并不像两种意识那样相互排斥，因为每一种都只有通过将自身投射到现在中才能认识自身，因为它们能够交织在现在中。正像我的活的现在向一种我不再实际地经历的过去，向一种我还没有实际地经历的、也许永远不会实际地经历的将来开放一样，它也能向一些我没有实际地经历的时间性开放，并拥有一个

社会视域，以致我的世界与我的私人实存所恢复和承担的集体历史成比例地获得扩大。全部超越性问题的解决都处在前客观的现在的厚度中。在这一厚度中，我们将找到我们的身体性、我们的社会性、世界的预先实存，即找到在它们有其合法性的方面的那些“说明”的触发点，与此同时，找到我们的自由的基础。

496

第三章　自由

再说一遍，很显然的是，主体与其身体、其世界或其社会之间的任何因果关系都是难以设想的。我不能质疑自己的面向自身在场告诉我的东西，否则就会丧失我的全部确定性的基础。然而，在我转向自身以便描述我自己的那一瞬间，我隐约看到了一种匿名的流动，[①]一种全面的筹划，在其中还没有“意识状态”，更不用说任何类型的定性。对于我本身来说，我不是“妒忌者”，不是“好奇者”，不是“驼背”，也不是“公务员”。我们常常惊奇于残疾人或病人能够受得了自己。这是因为他们对于他们自己来说不是残疾的或垂死的。直至昏迷的那一时刻，垂死的人仍然被一种意识所居有，他是他看到的一切，他有这种逃避的办法。意识永远不会把自己客观化为病态意识或残疾意识；即使老人抱怨自己的年老，或残疾人抱怨自己的残疾，也只是在比较自己与其他人的时候，或者在他们通过其他人的眼光来看自己的时候，也就是说，当他们以一种统计的或客观的视点看待自己的时候，他们才会这样，而且这些抱怨从来都不完全出于真诚：回到自己的意识深处，每一个人都觉得自己处在自己的那些定性之外，并且突然就服从于它们。它们是

① 在我们认同胡塞尔给予该词的意义上的。

我们为了在世存在甚至想都没想就付出的代价，一种理所当然的程序。因此，我们可以谈我们面孔的缺陷，然而却不愿意为了一个他者而改变它。对于意识的不可克服的一般性，任何特殊性似乎都不可能被附在其上，对于这一过度的逃避能力，没有任何限制加于其上。为了某种外在事物能够决定（在这个词的两种意义上）我，我应该是一个事物。我的自由和我的普遍性不会接受消失。难以构想我在我的某些行动中是自由的，在另一些行动中是被决定的：这一让各种决定论起作用的自满自得的自由会是什么呢？497
如果我们假定，自由在其不起作用时就被取消了，那么它在什么地方重生呢？万一我们能够将**自己变成**事物，随后我如何将自己重新变成意识呢？我之所以哪怕只有一次是自由的，是因为我不能被算在事物之列，而且我应该永不停息地是自由的。如果我的行动哪怕只有一次停止是我的，它们就永远不会重新变成我的，如果我丧失了我对世界的把握，我就不再会恢复对它的把握。同样难以设想，我的自由可以被减少；我们不能是稍微自由的，而且，如果就像我们常说的那样，一些动机使我倾向于一个方向，那么这出于两种情况：它们要么具有让我行动的力量，那就没有自由，要么它们没有这种力量，那自由就是完全的，处于最苦难的折磨中和处于在家的安宁之中有着同样多的自由。因此，我们不仅应该放弃因果的观念，而且还要放弃动机的观念。[1] 所谓的动机对于我的决定不重要，相反，我的决定给予动机以力量。我由于自然或历史的事实所“是”的一切，如驼背、漂亮或犹太人，从来都不完全对我自己而

① 参萨特：《存在与虚无》，第 508 页及以下。

言是这样的，就像我们刚才说明的那样。或许，我是对于他人而言才这样的，但我仍然可以自由地设定他人是一个意识，其视觉直达我的存在，或者相反地，设定他是一个单纯的客体。然而真实的是，这种二者择一本身仍然是强制的：如果我是丑的，我可以选择成为一个受排斥者或选择排斥其他人；人们让我自由地选择受虐狂和施虐狂，而不是自由地忽视其他人。然而，这一二者择一（它是人类状况的一个给定者）不是对于作为纯粹意识的我的一个二者择一：仍然是我使他人为我而存在，仍然是我使得两者都作为人而存在。另外，即使人的存在是被加于我的，只有存在的方式留给我来选择，考虑这一选择本身而不考虑那些小数量的可能，这仍然是一种自由的选择。如果我们说我的性情使我更倾向于施虐狂，或更倾向于受虐狂，这仍然是一种说话方式，因为只是对于我在通过他人的眼睛看自己时就我自己获得的另外一种认识来说，而且在我承认它、提升其价值，并在这个意义上选择它的范围内，我的性情才实存着。我们会在这上面犯错，因为我们常常在自愿的慎
498 思（它轮番检查各种动机，而且看起来使自己更强大或更有说服力）中寻找自由。实际上，慎思是紧随决定而来的，使那些动机显现出来的正是我的秘密决定，而如果没有一个动机与之相符或与之相反的决定，我们甚至无法设想它的力量会是什么。当我放弃一个筹划的时候，我认为应该与它联系在一起的那些动机突然无力地减退了。为了重新让它们具有力量，我应该努力地重新开启时间、让自己重新回到决定尚未做出的时刻。甚至在我慎思的时候，通过一种努力，我已经成功地悬置了时间，并且让那我感觉到被一个已经存在且我要抵制的决定关闭了的处境保持为开放的。这就是为

什么在放弃一个筹划后，我常常会感到如释重负："我终于不用如此坚持那一筹划了"，只是出于形式才存在争论，慎思成了一种滑稽模仿，我已经决定反对它。人们常常将意志薄弱当作反对自由的一个证据来援引。实际上，就算我能够自愿地采取一种举止，能够让自己临时充当战士或诱惑者，自如地或"自然地"成为战士或诱惑者，也即真正成为战士或诱惑者，并不取决于我。然而，我们也不应该在自愿行为——按其意义本身，它是一种欠缺行为——中寻找自由。只是为了反对我们的真正决定，从而打算证明我们的无能为力，我们才会诉诸自愿行为。如果我们已经真正接受了战士或诱惑者的举止，我们就会是战士或诱惑者。实际上，甚至我们称为自由的种种障碍的东西也是通过它才表现出来的。一块或大或小、或垂直或倾斜的不可攀越的悬岩，只是对于某个想攀越它

的人，对于其筹划将大小、垂直、倾斜这些限定清晰地呈现在在己 597
的不变全体中，并且使一个定向了的世界、诸事物的一种意义涌现出来的一个主体才有意义。因此最终来说，除了自由以其主动性确定的界限，没有任何东西能限制自由，而且主体只拥有它给予自己的外部。由于正是主体在涌现的时候使意义和价值呈现在事物中，由于任何事物都只有通过主体产生意义和价值才能触及主体，因此不存在事物对主体的作用，只存在一种（主动意义上的）含义，一种离心的意义给予。选择似乎处在与我们关于我们自己的意识不相容的一种科学主义因果概念和对没有外在的一种绝对自由的肯定之间。标出各种事物在它之外不再依赖于我们（έφ' ήμιν）的
一个点是不可能的。要么全都在我们的能力范围之内，要么全都 499
不在我们的能力范围之内。

然而，对自由的这一初步反思却有可能产生使自由变得不可能的结果。如果自由实际上在我们的所有行动中直至在我们的各种激情中都是一样的，如果它与我们的举止没有共同的尺度，如果奴隶生活在恐惧中时和砸碎其锁链时表现出同等的自由，那么我们就只能说，不存在任何的自由行动，自由还处在全部行动的下面；在任何情况下我们都不能说："自由在这里出现了"，因为自由行动如果要成为可辨识的，就必须突出在一种不是自由的或几乎不是自由的生活背景之上。如果我们愿意说的话，自由无处不在，但又无处在。以自由的名义，人们拒绝关于某种获得的观念，然而这样一来，正是自由变成了一种原初获得，并且就像我们的自然状态一样。既然我们并非必须产生它，那么它是已经为我们产生的不具有天赋的那种天赋，是就在于没有什么本性的意识的这种本性；在任何情况下，它都不能外在地获得表达，也不能出现在我们的生活之中。因此，行动的观念消失了：没有任何东西能够从我们向世界过渡，因为我们绝不是可让渡的，因为构成我们的非存在不会渗入到世界的充实之中。只存在一些直接为结果所跟随的意向；对于意向，我们的看法与康德的看法非常接近：它相当于行为，舍勒已经对此反驳说：一个想救溺水者的残疾人和一个实际地救了溺水者的游泳高手并不具有相同的自主经验。选择的观念本身消失了，因为选择就是选择自由在那里至少暂时看到了它自身的一个标记的某个东西。只有当自由在自己的决定中起作用、并且把它选择的处境设定为自由的处境时，才存在着自由选择。一种因为是获得的而没有必要实现自身的自由不会这样约束自己：它完全知道，随后的瞬间无论如何都会发现它是同样自由的、同样不那么确定的。自由的观念本身要求我们的决定进入未来的深处，要求某种东西已经通过它而形成了，要求随后的瞬间受益于前面的瞬间(尽管不是必然的，至少是由它引起的)。如果自由就是有所作为，那么它的所作所为就不应该立刻被一个新的自由废弃掉。因此，每一瞬间不应该是一个封闭的世界，一个瞬间应该能够约束随后的那些瞬间，而且决定一旦做出，行动一旦开始，我就拥有了 500
一种获得，我就会得益于我的冲动，我就会倾向于继续下去，就应该存在着一种精神的倾向。正是笛卡尔说过：保存和创造要求一种同样强大的力量，而这假定了一种关于瞬间的实在论观念。瞬间确实不是哲学家们的一种虚构。它是一个筹划完成和另一筹划开始的点[①]——我的目光从一个目标转向另一个目标的那个点，它就是眨-眼。然而，只是在至少两个片段之中的每一个都构成为一个整块时，时间中的这一裂缝才会呈现出来。人们会说，意识尽管没有被破碎为无数瞬间，但至少也被它应该不断地通过一种自由的行为驱除掉的瞬间的幽灵缠绕着。我们马上就会看到，我们实际上总是具有中断的能力，然而这无论如何假定了一种开始的能力；如果自由不在任何地方被赋予、没有准备好被固定在别处，那就不存在剥夺。如果不存在行为的各种循环、不存在种种开放的处境(它们要求某种完成，它们能够要么充作确认它们的某个决定的基础，要么充作一个改变它们的决定的基础)，自由就永远不会发生。理智特性的选择被排除，不仅因为不存在时间之前的时间，而且还因为这种选择假定了一种预先的介入，因为关于一个第

① 萨特：《存在与虚无》，第 544 页。

一选择的观念是自相矛盾的。如果自由应该有*场域*，如果它应该能够把自己表现为自由，那么就应该有某种东西把它与它的各种目的分离开来，因此，它就应该有*一个场域*，即对于它来说，就应该有一些优先的可能或一些倾向于在存在中持续下去的实在性。就像萨特本人注意到的那样，梦排斥自由，因为在想象物中，我们刚一瞄向一种含义，我们就相信我们已经掌握了其直观的实现，最终因为在想象中不存在各种障碍，不需要任何*作为*。[①] 人们一致确认，自由不能被混淆于意志的与动机或激情相冲突的各种抽象决定；古典的慎思图式只不过适用于一种自欺的自由，这种自由秘密地孕育了一些对抗的动机，却不想承担它们，而且自己为自己的无能为力制造了各种所谓的证据。在为了“构造”我们而进行的这些

501 喧闹论辩和徒劳努力下面，我们觉察到了各种沉默的决定（我们已
600 经通过它们在自己周围确定各种可能事物之场域）；只要我们维护这些规定，确实什么都做不成，而一旦我们已经起锚，一切就非常容易了。这就是为什么我们的自由不应该在各种不真诚的讨论中寻找，一种我们不想质疑的生活方式与一些向我们提议另一种生活方式的环境在这些讨论中相互冲突：真正的选择是我们的整个特性和我们的在世方式的选择。然而，要么这一整体的选择从来都没有说出来，它是我们的在世界之中存在的沉默涌现，在这种情况下，我们看不出在什么意义上它可以被说成是我们的，这种自由不对它自己产生影响，它是一种命运的等价物，——要么我们为自己做出的选择真的是一种选择，是我们的实存的一种转变，于是它

① 萨特：《存在与虚无》，第562页。

就假设了它全力以赴去改变的一种预先的获得，它就建立了一个新的传统，以致我们必须问自己：我们借以开始界定自由的永久剥夺是否不仅仅是我们在世界之中的普遍介入的消极方面，我们漠然对待每一确定的事物是否不仅仅表达了我们对全部事物的倾注，我们以之为起点的完全既成的自由是否不能被归结为一种首创的能力（不重新采用某种关于世界的命题，它就不能被转变成**有所作为**），最后，具体的、实际的自由是否并不处在这一变化之中。确实，任何东西都只是对于**我**且通过我才有**意义**和价值，但是，只要我们还没有明确我们如何理解意义和自我，这一命题就保持为不确定的，它就仍然混同于康德关于意识的看法（意识只能在事物中找到它放入其中的东西）、混同于对实在论的观念论驳斥。通过把我们定义为意义给予的普遍能力，我们又回到了“那要不然”的方法，回到了寻找可能性的条件却不关心实在性的条件的古典类型的反思分析。因此，我们应该恢复对意义给予的分析，并且表明它如何能够既是离心的又是向心的，因为可以肯定的是，不存在没有场域的自由。

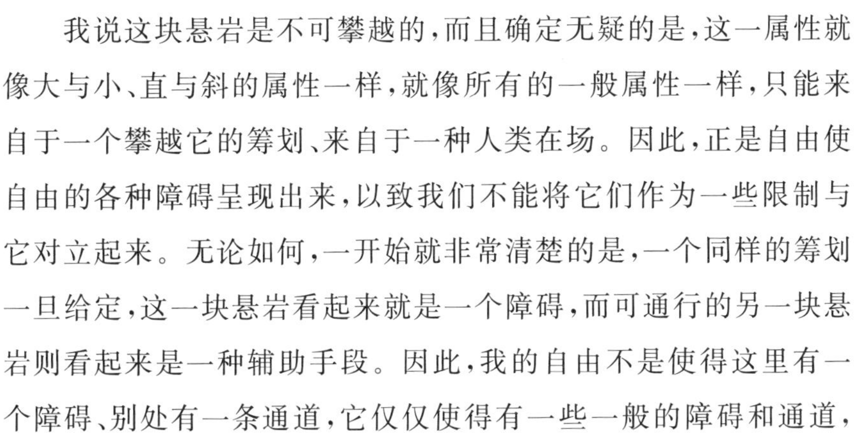

我说这块悬岩是不可攀越的，而且确定无疑的是，这一属性就像大与小、直与斜的属性一样，就像所有的一般属性一样，只能来自于一个攀越它的筹划、来自于一种人类在场。因此，正是自由使自由的各种障碍呈现出来，以致我们不能将它们作为一些限制与 502
它对立起来。无论如何，一开始就非常清楚的是，一个同样的筹划一旦给定，这一块悬岩看起来就是一个障碍，而可通行的另一块悬岩则看起来是一种辅助手段。因此，我的自由不是使得这里有一个障碍、别处有一条通道，它仅仅使得有一些一般的障碍和通道，

它并不勾勒这一世界的特殊形状，它只为它设定各种一般结构。人们会回应说，这是一回事；如果我的自由限定了“有”的结构、“这里”的结构、“那里”的结构，那么它在这些结构获得实现的各个地方就都是在场的，我们也就不能把“障碍”的性质与障碍本身区分开来，不能把一个与自由、另一个与在己的世界联系起来（没有前者，后者只不过是没有形态、不可命名的一团）。因此，我并不能在我之外找到我的自由的一个限度。但是，我也不能在我这里找到它吗？实际上，应该把我的各种明确意向，比如我今天制定的攀越这些山脉的筹划，与一些潜在地提升我的周围的价值的一般意向区分开来。不论我是否已经决定攀登这些山脉，它们在我看来都是高大的，因为它们超出我的身体的掌控，而且，即使我刚刚读过《微型巨人》，我也不能使它们对我来说是低矮的。因此，在作为思维主体的我（它可以按照我的意愿将我置于天狼星上或者地球表面）的下面，似乎有一个自然的我（它不能脱离其地球的处境，而且它不停地勾勒出一些绝对的评估）。进而言之，我作为思考者的那些筹划显然被建立在这些评估之上；就算我决定从天狼星的角度观看各种事物，我仍然是借助于我在地球上的经验来看的：例如，我说阿尔卑斯山脉是一个**鼹鼠窝**。在我有双手、双脚、一个身体、一个世界的范围内，我围绕自己提供了一些并非终结性的、以某些我并没有选择的特性来影响我的周围的意向。这些意向在双重意义上是普遍的。首先在它们构成了所有可能的对象一下子就被包含在其中的一个系统这一意义上：如果山在我看来是高而直的，那么树在我看来就是矮且斜的；其次在它们并不是我特有的这一意义上，它们来自于我之外的远处，而且我对在那些其构造与我的构造相似的心理物理主体那里重新找到它们并不感到惊奇。就像格式塔理论已经表明的那样，这正是使得对于我来说存在着一些优先形式的东西，它们也是对于所有其他人来说的优先形式，而且它 503
们会引出一门心理科学和一些严格的规律。下面这些点的集合：

‥　‥　‥　‥　‥　‥

总是被知觉为“间隔两毫米的六对点”，这个图形总是被知觉为一个立方体，另一个图形总是被知觉为平面镶嵌图。[①] 一切的发生仿佛是，先于我们的判断和我们的自由，某个人将这样的意义指派给了这样一个给定的群集。确实，各种知觉结构并不总是强制规定的，在它们那里存在着一些含混。但是，它们仍然很好地向我们揭示了一种自发的评估在我们这里的在场：因为它们是一些流动的、依次提出不同含义的形状。然而，除了不能忽视自己的各种意向，一个纯粹意识什么都能，而一种绝对的自由不会把自己选择为犹豫不决的，因为这等于让自己受到多方面的吸引，而且按照假设，各种可能强行拥有的一切都归因于自由，自由给予其中一种可能的分量由此是从其他可能夺来的。我们当然可以通过反向地注视一个形式而使之瓦解，不过，这是因为自由利用了注视及其各种自发的评估。没有这些评估，我们就不会有一个世界，即通过向我们的身体呈现为“有待被触摸的”、“有待被把握的”、“有待被跨越的”而从无形的东西中涌现出来的各种事物的集合；我们就永远不会意识到要与各种事物相一致、要在它们在我们之外的所在之处通达它们，我们就会仅仅意识到要严格地设想我们的诸意向的

① 参前面第 304 页(中文版参前面第 363 页——译者)。

各种内在对象；我们就不会是在世的、被牵连在场景之中的并因此可以说与各种事物相混杂的，我们就仅仅拥有关于一个宇宙的表象。因此，确实不存在各种在己的障碍，然而，把它们定性为障碍的那个自我并不是一个无世界的主体：它在一些事物边上不断超出自己，以便赋予它们以事物的外形。存在着世界的一种本地意义，它是在我们的肉身化实存与世界打交道时构成的，而且它形成了任何决定性的意义给予的土壤。

这并非仅仅对于像“外部知觉”那样的非个人的、总体上抽象的功能是真的。在全部的评估中都有某种相似的东西。我们已经
504 深刻地注意到：疼痛和疲劳从来不会被看作是一些“作用于”我的自由的原因，而且，如果我在一个给定的时刻感到了疼痛或疲劳，它们并不来自于外部，它们总是有一种意义，它们表达的是我对于世界的态度。疼痛使我屈服、使我说出我应该对之保持沉默的东西，疲劳使我中断我的旅行，我们全都知道我们决定不再忍受疼痛和疲劳的那个时刻和那个它们转眼就变得真的难以忍受的时刻。疲劳没有使我的同伴停下来，因为他喜欢自己的身体出汗，喜欢道路和太阳的灼热，最终说来，因为他喜欢感觉自己处在事物的中心，喜欢汇聚它们的光芒，喜欢让自己被这一光线注视、被那一树皮触摸。疲劳使我停了下来，因为我不喜欢疲劳，因为我不一样地选择我的在世的方式，因为，比如说，我并不寻求处在自然之中，而是更愿意让自己获得他人的承认。我相对于疲劳来说是自由的，而且这完全与我相对于我的在世是自由的，与我能改变我的在世

从而能自由地走自己的路是一样的。[①] 然而，恰恰又是在这里，我们必须再次认识到我们的生活的某种类型的积淀：一种对待世界的态度由于经常得到肯定，因而对我们来说是有特殊地位的。如果自由在这种态度面前不能容忍任何动机，那么，我习惯的在世存在每一刻也是脆弱的，我多年来由于好客培育出的各种情结也始终保持为无足轻重的，自由的举动能够不费吹灰之力使它们瞬间变得粉碎。然而，当我们把我们的生活建立在二十年中总是持续重复的自卑感之上后，我们鲜有**可能**发生改变。我们清楚地知道，粗浅的理性主义为反驳这一折中看法所要说的：可能是没有程度差别的；要么自由行为不再是自由行为，要么它仍然是，这样一来，自由就是完全的。可能从总体上看不打算说任何东西。这一观念隶属于并不是一种思维的统计思维，因为它不涉及任何现实地实存着的特殊事物、任何时间环节、任何具体事件。“保罗鲜有可能放弃写那些糟糕的书”，这没有打算说出任何东西，因为在任何一个时刻，保罗都有可能决定不再写它们。可能无处不在，又无处在，它是一种已经实现的虚构，它具有的只是心理的实存，它并不 505
是世界的一个成分。——然而，我们刚才在被知觉的**世界**中已经遇到了它；就其作为被知觉者，处在我的各种潜在行为的场域中并且相对于一个水平线（它不仅是我的个人生活的水平线，而且是“任何人”的水平线）而言，山是或大或小的。普遍性和或然性并不是虚构，而是现象，因此，我们应该找出统计思维的现象学基础。统计思维必然隶属于一个被固定、被定位、被倾注在世界之中的存

① 萨特：《存在与虚无》，第 531 页及以下。

在。我要立即消除我二十年来耽于其中的自卑感“是不太可能的”。这意味着我陷入到自卑之中；我已经选择它为我的居所；这一过去即使不是命运，至少也有一种特殊的分量；它不是远离我的、在那边的事件的总和，而是我的现在的氛围。理性主义的二者择一——要么自由的行为是可能的，要么它是不可能的；要么事件来自于我，要么它是由外部强加的——不适用于我们与世界、与我们的过去的关系。我们的自由并没有消除我们的处境，而是与之相合：只要我们活着，我们的处境就是开放的，这既意味着它要求一些优先的解决方式，也意味着它本身对获得其中任何一种方式都是无能为力的。

通过考虑我们与历史的关系，我们将会得出同样的结论。如果我在自己的完全固化中，而且按照反思向我呈现的我那样来把握自己，那么我就是一种还没有被定性为比如“工人”或“资产者”的匿名的、前人类的流动。即使随后我将自己看作是人群中的一个、资产阶级中的一个，这似乎也只能是对于我的另一种视点；我的核心从来都不是工人或资产者，我是一个自由地将自己评估为资产阶级意识或无产阶级意识的意识。而且实际上，我在生产过程中的客观位置不足以引起阶级觉悟。早在有革命者之前，就有了被剥削者。工人运动并不总是在经济危机期间才会有发展。因此，反抗不是一些客观条件的产物，相反，工人采取的想进行革命
506 的决定使他成了一个无产者。现在的评估是由对将来的自由谋划形成的。我们由此可以得出：历史自身没有意义，它具有我们通过我们的意志给予它的那种意义。然而，我们在这里又重新回到了“那要不然”的方法：我们用使决定论取决于主体的构造活动的观

念论反思来对抗把主体包含在决定论的网络中的客观思维。然而，我们已经看到，客观思维和反思分析是同一个错误的两个方面，是不理解各种现象的两种方式。客观思维从无产者的客观状况中推断出阶级意识。观念论反思将无产者的状况还原为无产者对这种状况抱有的意识。前者从由一些客观特征所确定的阶级那里引出阶级意识，后者相反地把“成为工人”还原为成为工人的意识。在两种情况下，人们都是在抽象，因为人们停留在在己和为己的二者择一之中。如果我们重新考虑这一问题，不是想发现觉悟的各种原因（因为没有能够从外部作用于意识的原因）、不是想发现其可能性的各种条件（因为这些使之有效的条件对于我们来说是必需的），而是阶级意识本身，如果我们最终实践的是一种真正实存的方法，那么我们会发现什么呢？我没有意识到我是工人或资产者，因为我实际上是在出卖我的劳动，或者因为我实际上与资本主义机构是相互关联的，而且，在我决定用阶级斗争的视角看历史的那一天，我并没有更加变成工人或资产者：然而，首先“我作为工人实存着”或“我作为资产者实存着”，而且正是这种与世界和社会的交往方式既推动了我的各种革命的或保守的筹划，又推动了我的各种明确判断：“我是一个工人”或“我是一个资产者”，不过，我们不能从这些筹划推断出这些判断，也不能从这些判断推出这些筹划。将我定性为无产者的并不是被视为各种非个人力量之系统的经济或社会，而是像我在我这里承载它们那样的、像我亲历到它们那样的经济或社会，——更不是没有动机的理智活动，而是我在这一制度框架中在世存在的方式。我有某种生活方式，我受制于失业和幸运，我不能支配我的生活，我按周领取工资，我既不能

控制我的劳动条件，也不能控制我的劳动产品，因此，我在我的工
507 厂、我的国家和我的生活中感到自己是一个局外人。我习惯于考虑我不尊重，却必须小心对待的**命运**。或者，我作为一个短工在劳作，我没有属于自己的农场，甚至没有劳动工具，我在收割季节从一个农场到另一个农场出卖劳力，即使在我很想安定下来的时候，我也感到在我之上有一种无名的力量让我成为一个流民。或者最终说来，我是其主人还没有给它通电的一个农场的佃农，尽管电就在不到两百米远的地方。我和自己的家人只有一个可以居住的单间，虽然可以很容易地在这座房子里整理出其他房间。我的那些工厂同伴或收割季同伴，或其他佃农在一些相似的条件下干着和我相同的活，我们在同样的处境中共存，我们不是通过比较(好像每个人最初都在己地生活着)，而是以我们的工作和我们的姿势为起点感觉到我们是同类。这些处境没有假定任何明确的评价，如果说存在着一种不言明的评价，这乃是自由的冲动，这种自由没有克服未知障碍的筹划，在这三种情形中我们都不能谈论选择，我出生了、我实存着是为了把自己的生命体验为艰难的和受约束的就足够了，我并没有选择那样做。然而，我用不着投入阶级意识、用不着明白自己是无产者、用不着成为革命者，事情就能够总是那个样子。那么，怎么会发生这样的转变呢？工人了解到，其他行业的工人在罢工之后，涨了工资，并且注意到，自己工厂的工资随后也涨了。这样他与之做斗争的**命运**开始逐步明确了。不经常见到工人，不同于他们，不大喜欢他们的打短工者看到物品价格上涨了、生活成本增加了，发现人们生活不下去了。他在这个时候有可能会指责城里的工人，阶级意识也就没能产生。假如这种意识产生

了，这不是因为打短工者已经决定成为一个革命者，并因此评估其实际状况，而是因为他具体地感觉到了自己的生活与工人们的生活的同步，感觉到了他们的命运的一致。不愿意混同于打短工者、更不愿意混同于城市工人的小佃农（各种习俗和各种价值评判构成的世界把他们分离开来），在付给打短工者一份微薄的工资时， 508
会感觉到自己和他们是站在一边的，在知道自己的农场主掌控着许多工业企业的董事会时，甚至会感觉到自己与城里的工人们是利害一致的。社会空间开始分化，人们看到由被剥削者构成的一个区域出现了。在来自社会视域的无论哪一个点的推动下，超越各种不同的意识形态和职业的重新组合明朗起来了。阶级获得了实现，而且我们要说，当客观地存在于无产者各派别之间的关联（即一个绝对的观察者在它们之间认识到的关联），最终在对共同于每一派别的实存的某个障碍的知觉中被亲历时，一个处境就是革命性的。革命**表征**在某一时刻的出现根本不是必然的。比如，说俄罗斯农民在 1917 年明确打算革命和改变所有制，这是值得怀疑的。革命日复一日地从一些临近的目标与一些不那么临近的目标的关联中产生出来。不是每一个无产者都需要将自己看作是马克思主义理论家所说的意义上的无产者。只要打短工者或佃农感觉到自己正在走向城里的工人的道路也正通向的某个十字路口就足够了。他们全都通向如果事先向他们描述或描绘出来，就会让他们感到害怕的革命。我们最多可以说，革命处在他们的步伐的尽头，且以“这种状况应该改变”的形式处在他们的筹划中，这是每个人在自己的各种艰辛中、在自己的某些特殊成见的背景中具体地体验到的。不管**命运**还是打破它的自由行为都不是被表象出来

的，它们是模糊地被亲历到的。这不是想说工人和农民在不知不觉中进行革命，不是想说他们那里有被有意识的鼓动者巧妙利用的一些“基本的”、盲目的“力量”。警察局长或许真的是这样看待历史的。但是，这样一些看法使其在面对真正的革命处境时毫无应对的办法：在这一处境中，就像借助了预定和谐一样，鼓动者的各种口号立即获得了理解，并且到处都可以找到一些同谋，因为它们使潜存于所有生产者生活之中的东西明确起来。革命运动就像艺术家的工作一样，是一种自己创造其各种表达工具和手段的意向。革命的筹划不是审慎判断的结果，不是一个目标的明确设定。
509 它在宣传家那里是这样的，因为宣传家是由知识分子培育的；或者它在知识分子那里是这样的，因为知识分子是按照某些思想来调整自己的生活的。革命筹划只有是在各种人际关系中、在人与其职业的各种关联中制定出来的时候，才会停止成为一个思想者的抽象决定，才会变成一种历史现实。因此，完全真实的是，我是在面对一场可能的革命采取立场时，认识到了自己是工人或资产者；这一立场的采取不是机械因果地来自我的工人身份或资产者身份（这就是为什么所有的阶级都有其叛徒），更不是一种无原由的、没深思的和无根据的评估，而是由一种细微的过程酝酿出来的，且在表现为言语并与一些客观目的关联起来之前就已经成熟于共存之中。人们有理由评论说，造就最有觉悟的革命者的不是极度的贫困，但人们忘了问一问，为什么繁荣的恢复常常引发群众的极端化。这是因为生活压力的减轻使社会空间的一种新的结构成为可能：人们的视野不再局限于那些最直接的担忧，而是有了新的生活筹划的活动和空间。因此，这一事实并没有证明工人是*无缘无故*

地(ex nihilo)成为工人或革命者的，相反，他是在某种共存的基石之上成为的。我们讨论的看法的错误总体来说在于，它仅仅考虑理智的筹划，而没有考虑实存的筹划：实存的筹划集中于一种生活，这种生活通向生活对之没有任何的表象，只有在达到的时刻才有认识的一个既确定又不确定的目标。人们把意向性归并为某些客观化行为的特例，人们将无产阶级的状况当作思维的对象，而且人们依据观念论的通常方法，可以毫不费力地证明，无产阶级的状况就像思维的任何对象一样，只有在将其构成为对象的意识面前，且通过这个意识，才会继续存在。观念论(就像客观思维一样)把朝向其对象而不是设定其对象的真正意向性放在一边。观念论无视这些意识方式的疑问式、虚拟式、愿望、期待、肯定的不确定性，它只认识到现在或将来的直陈意识，而这就是为什么它没有能够成功地说明阶级。因为阶级既没有被确认，也没有被宣告；就像资本主义机制的命运一样，就像革命一样，阶级在被思考之前就已经
作为不断的在场、可能性、谜和神话被亲历到了。说阶级意识是一 510
个决定和一个选择的结果，这等于说问题在它们被提出的时候就被解决了，任何问题都已经包含了它所期待的回答，这归根结底等于回到内在性并放弃理解历史。实际上，理智筹划和目标设定只是对一个实存筹划的完善。是我给予我的生活以意义和未来，然而这并不意味着这一意义和这个未来是被构想出来的，相反，它们是从我的现在和过去，尤其是从我的现在和过去的共存方式中涌现出来的。甚至在将自己变成革命者的知识分子那里，决定也不是无缘无故地产生的，它有时是继长期的孤独而来的：知识分子寻找一种非常需要他并治愈其主体性的学说；他有时听从马克思主

义的历史解释可能带来的启示，在这种情况下，他把认识置于其生活的中心，而这本身只有根据他的过去和他的童年才能获得理解。甚至那种无动机地、通过一种纯粹自由的行为成为革命者的决定，仍然表达了某种在自然的和社会的世界中存在的方式，这种方式是典型的知识分子的方式。知识分子只是从其知识分子的处境出发“加入工人阶级的”（这就是为什么甚至他那里的信仰主义也完全可被怀疑）。更何况工人的决定是在生活中做出的。这一次，某一特定生活的视域与革命目标的一致不再是由于一种误解：革命对工人来说比对知识分子来说是更直接的、更切近的可能性，因为他在自己的生活中与经济机制做斗争。因此，这就是为什么从统计学上看，在一个革命党中工人要比资产者更多。当然，动机并没有取消自由。那些最纯粹的工人党的领导人也有许多是知识分子，而且很可能一个像列宁这样的人会把自己与革命等同起来，并最终超越知识分子和工人的区分。但这些是行动和介入的特有德行；从一开始我就不是一个处在阶级之外的个体，我是社会地定位的，而我的自由即使有能力使我介入到别处，仍然没有能力使我立即成为我决定成为的东西。因此，成为资产者或工人并不仅仅是有成为资产者或工人的意识，而是要通过一个不言明的或实存的
511 筹划——它与我们给世界赋形并和他者共存的方式相融合——把自己评估为工人或资产者。我的决定再现了它可以认可或宣布无效，却无法取消的我的生活的一种自发意义。观念论和客观思维同等地错失了阶级意识的觉醒。前者是因为从意识中推断出实际的实存，后者则是因为从事实的实存中抽取意识，两者同等错失还因为都忽视了动机关系。

人们可能会从观念论的角度回应说，我对于我自己来说不是一个特殊的筹划，而是一个纯粹意识；只有当我把自己置于他者中间，只有当我以他们的眼光、从外部、作为一个“他者”看自己时，资产者或工人的属性才属于我。这些是**为他**的而非**为己**的范畴。但是，如果存在两类范畴，我如何能有关于他人，即关于一个别的自我的经验？这一经验假定，我对我自己的视点中已经出现了我的可能的“他者”性质，在我对他人采取的视点中已经暗含了他人的自我性质。人们可能还会回应说，他人是作为一个事实，而不是作为我自己的存在的一种可能性被给予我的。人们由此想说什么呢？人们想说，如果在地面上没有其他人，我就不会有关于其他人的经验吗？这一命题是明证的，但并不能解决我们的问题，因为就像康德已经说过的那样，我们不能从“任何知识都始于经验”过渡到“任何知识都来自于经验”。如果经验地实存着的其他人对我来说应该是其他人，那么，我就应该有认识他们所必需的东西，因此各种**为他**的结构必须已经是**为己**的维度。此外，不可能从**为他**那里得到我们谈论的全部规定。他人并不必然是，甚至从来都不完全是对于我而言的客体。比如在同情中，我能够把他人知觉为或多或少和我一样的无遮掩的实存和自由。作为客体的他人只不过是他人的一种不真诚的样态，就像绝对主体性只不过是关于我自己的一个抽象概念一样。因此，在最彻底的反思中，我必定已经在我的绝对个体性周围抓住了像一般性的晕或像“社会性”的氛围之类的东西。如果“一个资产者”和“一个人”这些词以后要能够获得 512
一种对于我而言的意义的话，那么这就是必然的。我应该一下子就把我领会为是对自己离心的，而且我的单独实存可以说在自己

的周围散布一种作为性质的实存。各种**为己**(为我自己的我,为他自己的他人)必定突出显现在**为他**(为他的我和为我自己的他人)的背景之上。我的生活必定有一种不是我构造出来的意义,严格地说必定有一种主体间性,我们中的每一个都必定既是绝对个体性意义上的一个匿名者,也是绝对一般性意义上的一个匿名者。我们的在世存在是这种双重匿名的具体承担者。

在这种情况下,可能会存在一些处境、一种历史意义、一种历史真理:它们是谈论同一个事物的三种方式。如果我实际上是通过一种绝对主动性使自己成为工人或资产者的,如果一般地说没有任何东西能够引起自由,那么历史就不会包含任何结构,我们就不能看到任何事件在历史中显示出来,任何东西都可能来自任何东西。就不会有我们可以给它一个名称,并且认出它的某些可能的属性的作为相对稳定的历史形式的大英帝国。在社会运动的历史中就不会有一些革命处境或一些衰退时期。一场社会革命就会在任何时候以相同的名义成为可能,我们就会合理地期待一个独裁者接受无政府主义。历史不会走向任何地方,甚至考虑一段短的时期,我们也永远不能说,各种事件一起促成了一个结果。政治家始终是冒险者,也就是说,他通过给予各种事件以它们不具有的意义来利用事件。然而,历史之所以确实不能独立于意识(它再现历史并决定历史)完成任何事情,历史之所以永远都不能作为利用我们达到自己的目的的外在力量而摆脱我们,恰恰因为它始终是被亲历的历史,是我们不能拒绝给予它至少一种零散意义的历史。有些可能没有任何结果但暂时符合现在的情势的事情在酝酿着。在 1799 年的法国,没有任何事情能够让“超越各阶级”的军事政权

在革命退潮时不出现、让军事独裁者的角色在那时不是一个“要起作用的角色”。使我们做出这样判断的是波拿巴的计划，这一计划由于其实现已为我们所知。但在波拿巴之前，迪穆里埃、居斯蒂纳 513 以及其他一些人已经制定过这一计划，因而我们确实应该说明这种一致。我们称为事件之意义的东西并不是产生这些事件的观念，也不是它们的汇合的偶然结果。正是关于一个未来的具体计划在社会共存中、在先于任何个人决定之前的**常人**中被制定出来了。大革命在其历史的关键处(各个阶级的原动力于1799年在此出现)，既不能被延续，也不能被取消，个体的自由建立，他们中的每一个都通过使其成为历史主体的功能性的、一般化的实存，倾向于依赖既得的东西。在这个时候，建议他们或者重新采取革命政府的那些方法，或者回到1789年的社会状况，都会是一种历史的错误，这不是因为存在着一种独立于我们的始终灵活的计划和评价的历史真理，而是因为这些计划有一种平均的、统计的含义。这等于说我们给予历史以其意义，但并非无需历史为我们提供意义。意义给予不仅仅是离心的，而这就是为什么历史的主体并不是个体。在一般实存和个别实存之间存在着转换，每一个都既接受又给予。有这样一个时刻，在**常人**那里出现的、只是受到历史的偶然性威胁的一种不可靠的可能之意义，通过一个个体而得以恢复。于是，由于已经抓住历史，他就能至少暂时地把历史完全引向看起来是其意义的东西之外，并且通过一种新的辩证法介入其中，就像波拿巴把自己从执政官变成皇帝和征服者时那样。我们并不断定历史自始至终都只有一种唯一的意义，就像一个人的生活那样。我们想说的是，无论如何，自由只有通过重新把握历史在所涉及的

那一时刻以逐渐的方式**提供**的意义，才能改变意义。与这一关于现在的命题相关联，我们可以把冒险家与政治家、历史的诡计与时代的真相区分开来，如此一来，就算我们关于过去的看法从来都没有获得绝对的客观性，它也永远无权是任意的。

因此，我们认识到，围绕我们的各种首创性，围绕属于我们的这一严格的个人筹划，存在着一般化的实存的，一些已经形成的筹划的，一些总是处在我们和事物之间并且把我们定性为人、资产者或工人的含义的区域。只要自然的或社会的集合不再是一个未成形的这个并且凝结为一种处境，只要它具有一种意义，总而言之，只要我们实存，一般性就已经在起作用，我们面向我们自己的在场
514 就已经以一般性为中介了，我们就不再是纯粹意识。任何事物都通过一个中介呈现给我们，这一中介是事物将其基本性质给予了它的中介；这一块木头不是一些颜色和一些触觉所予的组合，甚至也不是它们的整体格式塔，它是木头的本质由之出现的东西；这些“感觉所予”调整某个主题或例证某种风格（它就是木头本身，它围绕就在这里的这块木头以及我对它产生的知觉形成了一种意义视域）。就像我们已经看到的那样，自然世界不外是所有可能的主题和风格的所在之处。它不可分割地是一个没有同类的个体和是一种意义。相应地，主体的一般性和个体性、定性的主体性和纯粹的主体性、**常人**的匿名和意识的匿名并不是哲学必须在其中进行选择的两种主体概念，而是具体主体所是的一个唯一结构的两个环节。我们考虑一下比如说感觉活动。我对我面前的这一红色茫然失神，一点也不能定性它，这一经验似乎确实让我与一个前人类的主体建立起了联系。谁在知觉这一红色呢？这不是我们可以命名

的、我们可以将之放入其他知觉主体之列的一个人。因为在我具有的这一红色经验和其他人向我讲述的这一红色经验之间，任何直接的对比都永远是不可能的。我在这里处于我自己的视点之中，而且因为任何经验——在它是印象的范围内——都以同样的方式严格地是我的经验，所以似乎是一个独一无二的主体包含了所有经验。我形成一种思想，比如，我思考斯宾诺莎的神；这一思想（就像我亲历的那样）是某种永远没有人能够进入的景致，即使我成功地与一个朋友就斯宾诺莎的神的问题进行了一番讨论。然而，这些经验的个体性本身并不是纯粹的。因为这一红色的厚度、它的此性、它具有的充实我和影响我的能力，来自于它引发并且从我的注视中获得了某种振动，并且假定我对红色是其一种特殊变化的颜色世界是熟悉的。因此，具体的红色突出在一个一般性的背景之上，这就是为什么，甚至不用转入他人的视点，我就在知觉中把自己领会成**一个**知觉主体，而非独一无二的意识。在我的红 515
色知觉的周围，我感觉到了知觉没有达到的我的存在的全部区域，以及保留给颜色和视觉的区域，而知觉就是通过它们达到我的。同样，我关于斯宾诺莎的神的思想只在表面上是一种严格独一无二的经验：它是某个文化世界（即斯宾诺莎哲学）具体化的，或者某种哲学风格（我从其中立即认出了“斯宾诺莎主义”的观念）的具体化。因此，我们没有必要问思维主体或意识为什么觉察到自己或是人或是肉身化的主体或是历史的主体，而且我们不应该把这一觉察看作是思维主体从其绝对实存出发进行的另一种运作：绝对的流在它自己的目光之下或是显现为“**一种**意识”或是显现为人或是显现为肉身化的主体，这是因为它是一个在场之场——面对自

身、面对他人和面对世界在场，这是因为这一在场把它投入到它以之为起点而获得理解的文化世界和自然世界之中。我们不应该把它表象为与自身的绝对接触、一种没有任何内在裂缝的绝对密度，而是相反地把它表象为一种在外部继续进行的存在。如果主体使自己及其各种存在方式成为一种持续的、始终独特的选择，我们就可以问，为什么他的经验与经验自身相关联并且向他提供一些对象、一些确定的历史阶段，为什么我们有一个对所有时间都有效的一般时间概念，最后，为什么每个主体的经验都与其他主体的经验相联系。但是，这一问题本身却是应被质疑：因为被给予的不是时间的一段、然后是另一段，不是某一个体之流、然后是另一个体之流，而是每一主体性通过它本身、一些主体性通过彼此在自然的一般性中、在主体间生命与世界的内聚中的重新开始。现在实现了**为己**和**为他**、个体性和一般性的调和。真正的反思不是把我作为自满自得的且不可通达的主体性，而是作为与我的面对世界和他人的在场的同一的自我而给予我自己，就如同我现在所实现的那样：我就是我看到的一切，我就是一个主体间的场域，这并非不顾及我的身体和我的历史处境，相反通过成为这一身体和这一处境，以及透过它们成为全部其他东西。

那么，从这一视点看，我们开始时所谈论的自由变成什么了呢？我不再能够假装自己是虚无，并且从乌有出发不断地选择自
516 己。如果虚无是通过主体性才出现在世界之中的，我们或许也可以说，虚无正是通过世界才存在的。我是对成为无论什么东西的总拒绝，暗中伴随的却是对这种定性的存在形式的继续接受。*因为甚至这种总拒绝仍然处在存在的方式之列，并且出现在世界之*

中。确实，我每一时刻都能够中断我的各种筹划。但这种能力是什么呢？它是开始另一件事情的能力，因为我们不会始终处在虚无之中。我们始终处在充满之中、存在之中，就像一张即使在休息的、即使属于死者的面孔也注定要表达某种东西一样（有一些惊愕的、安详的、稳重的死者），就像沉默仍然是声音世界的一个样态一样。我能够破坏一切形式，我能够嘲笑一切，不存在我在其中整个地受到支配的情形：这不是因为我退隐到了我的自由之中，而是因为我介入到了别处。我不去想我的悲伤，而是去瞧瞧自己的指甲，去吃午饭，或者去关心政治。我的自由远非始终是独自的，它绝不是没有同谋的，其持久的脱离能力依赖于我在世界之中的普遍介入。我的实际自由不在我的存在这边，而是在我的面前，在各种事物之中。不应该说我以我能够不断地拒绝我之所是为借口不断地选择自己。不拒绝不是选择。只有通过消除现象价值的任何隐含，并且每时每刻都在一种完全的透明中把世界展现在我们前面，也就是说，通过消除世界的“世界性”，我们才能够把让某人有所作为和有所作为等同起来。意识自认为可以为一切负责，它承担一切，但它没有任何自有的东西，而且它在世界之中安排其生活。只要我们没有引入一种自然的或一般化的时间的概念，我们就会被引导去构想自由是一种不断更新的选择。我们已经看到，如果我们把自然的时间理解为没有主体性的事物的时间的话，那么就不存在自然的时间。然而，至少存在着一般化的时间，通常的时间指向的正是这一时间。它是过去、现在、将来之连续的永恒的重复。它就像是反复的失望和反复的失败。这就是在我们说时间是连续的时候所表达的东西：它带给我们的现在从来都不真的是现在，因

为它在出现的时候就已经成为过去了；将来只不过在表面上拥有我们走向的一个目标的方向，因为它很快就成为现在，于是我们就
517 会转向另一个将来。这一时间是我们的各种身体机能——它们就像它一样是循环的——的时间，它也是我们与之共存的自然的时间。它只为我们提供了一种介入的雏形和抽象形式，因为它持续地吞噬它自己，并且瓦解它刚刚形成的东西。只要我们设定**为己**和**在己**没有介质地彼此面对，只要我们没有在我们和世界之间觉察到主体性的这一自然的雏形，这种取决于它自己的前个人时间，那就需要一些行为来促使时间的涌现；而一切都是相同名义下的选择：呼吸反射和道德决定、守成和创造。对于我们来说，意识只有回避构成其基础并且就是其诞生的事件，才能够赋予自己这一普遍构造的能力。意识——世界对它来说是“理所当然的”，它发现世界是“已经被构成的”且甚至在它那里是在场的——没有绝对地选择不管其存在还是其存在方式。

那么，自由是什么呢？出生，这既是出生自世界，也是向着世界出生。世界是已经被构成的，但它从来没有被完全构成。在前一关系中，我们是被引起的，在后一关系中，我们向无限多的可能开放。但是，这一分析仍然是抽象的，因为我们同时实存于这两种关系之中。因此，从来不存在决定论，也从来不存在绝对选择；我从来不是事物，也从来不是纯粹意识。尤其是，即使我们的首创性，即使我们已经选择的处境，一旦仿佛借助某种神佑被接收下来，就会引领我们。“角色”和处境的一般性将帮助做出决定，在处境和接受这一处境的人之间的交流中，要划定“处境部分”和“自由部分”是不可能的。比如，人们为了让一个人说出某些东西而折磨

他。如果他拒绝说出人们想从他那里得到的人名和地址，那不是
由于一种孤独无依的决定。他仍然觉得自己与同志们是在一起
的，仍然参与到共同的战斗中，他好像是不能说出来。或者几个月
或几年以来，他在思想中已经正视了这种考验，并且将自己的全部
生命都置于其中了。或者最后，他想通过战胜考验来证明他对自
由的一贯看法和说法。这些动机没有消除自由，但它们至少使得
它不处在存在中就不成其为自由。最终说来，经受痛苦的不是一
种纯粹意识，而是那个和他的同志们在一起，或者和他所爱的并且
他在其目光下生活的人在一起的被捕者，或者最终说来是带着其 518
骄傲地要求的孤独的意识，即仍然是某种共存的方式。当然是那
个在其监狱中的个体每天重新激活着这些幻想，它们把他给予它
们的力量还给了他，但反过来说，他之所以沉入到这一行动中，他
之所以与这些同志们联系在一起或者说依恋于这种道德，是因为
历史的处境、同志们、他周围的世界似乎在期待着他的如此举止。
我们可以没有止境地继续这样分析下去。我们选择我们的世界，
世界也选择我们。确实，我们无论如何不可能在我们自身中保留
一处存在无法渗透的避难所，而不会使得这一自由只是由于被亲
历到，就立刻具有存在的端倪，并且成为动机和支撑。具体地获得
把握，自由始终是外在和内在的一种相遇，甚至我们藉之开始的前
人类的、前历史的自由也是如此；随着对我们生活的身体方面和制
度方面的某些既定的东西的*容忍*的减少，自由会降低，但永远不会
变成没有。就像胡塞尔所说的，有一个“自由的场域”和一种“有条

件的自由”，[①]这不是因为它在这个场域的各个边界之内是绝对的，在场域外就什么也不是（就像知觉场一样，这个场域是没有线性边界的），而是因为我有一些临近的可能性和一些遥远的可能性。我们的介入维系着我们的力量，不存在没有某种力量的自由。有人说，我们的自由要么就是全部，要么就什么都不是。这种两难困境是客观思维和作为其同谋的反思分析所陷入的困境。如果我们实际地处在存在之中，那么，我们的各种行动就应该必然地来自于外部，如果我们回到构造意识，它们就应该来自于内部。但是，我们已经正确地学会了认识各种现象的秩序。我们在一种错综复杂的相混中与世界和他者结合在一起。处境的观念在我们的各种介入的起点就排除了绝对自由，另外它同样在它们的终点排除绝对自由。没有一种介入，哪怕是在黑格尔式的国家中的介入，能够使我超越所有的差异，能够使我对于一切都是自由的。这一普遍性本身，只是因为它要被亲历，就将作为一种特殊性突显在世界的
519 背景上，实存既一般化又特殊化它所指向的一切东西，并且不会成为完整的。

然而，实现了黑格尔式的自由的**在己**和**为己**之综合有其真理。在某种意义上说，它是实存的定义本身，它每时每刻都在我的目光下，在在场的现象中产生，只是它需要立即重新开始，而且它不会消除我们的有限性。通过接受一个现在，我重新抓住和改变我的过去，我改变它的意义，我摆脱它，我从它那里脱身。不过，我只有通过介入到别处才能做到这些。精神分析的治疗不是通过唤起对

① 芬克：《形象化与图像》，第285页。

过去的意识觉醒，而是首先通过一些新的实存关系将被试和医生关联起来才起到治愈作用的。问题不在于给予精神分析的解释一种科学的赞同，并且发现关于过去的一种概念意义，而在于把它重新体验为意指这或那；病人只有在他与医生的共存的视角中观看其过去，才能达到这一点。情结不是通过不借助工具的自由来解除的，而是通过时间的一种新的脉动(它有它的各种根据和动机)得以解开的。在全部的意识觉醒中都同样如此：它们只有在被一种新的介入所承载时，才是实际的。然而，这一介入也是不言明地进行的，因此，它只是对一个时间周期来说才有效。我们对我们的生活做出的选择总是建立在某种给定的东西的基础之上。我的自由可以让我的生活偏离其自发的方向，但这要借助一系列先是赞同它的逐渐改变，而不是借助任何的绝对创造。因此，借助于我的过去、我的性情、我的环境对我的举止所做的全部说明都是真实的，前提是我们把它们看作不是一些可分开提供的东西，而是我的完整存在的一些环节，我被允许从不同方向说明它们的意义，但人们从来不会说是不是我给予它们以意义或是不是我从它们那里获得了意义。我是一个心理的和历史的结构。我由于实存已经获得了一种实存的方式、一种风格。我的所有行动和思想都与这一结构相关联，甚至一个哲学家的思想也只是说明他对世界的把握的方式，这就是他之所是。与此同时，我并非不管这些动机或先于这些动机而是自由的，我是以它们为手段而为自由的。因为这种含义生活，这种我所是的自然和历史的确定含义，并没有限制我进入世界，它相反地是我与世界交流的手段。正是由于我没有限制、没 520
有保留地是我目前之所是，我才有机会进步；正是由于亲历我的时

间，我才能理解其他时间；正是由于深入到现在和世界之中、坚决地接受我偶然之所是、想要我所想要、做我所做，我才能超出范围。我只有通过一开始就拒绝接受自己的自然的和社会的处境以寻求超越它，而不是透过它来融入自然世界和人类世界，我才会错失自由。没有任何东西从外部决定我，这不是因为没有任何东西可以吸引我，相反地是因为我一开始就处在我的外面并向世界开放。我们贯穿地是真实的，我们只是因为是朝向世界的而不仅仅像一些事物那样是在世界之中的，就拥有超越我们所必需的一切。我们不必担心我们的选择或行动会限制我们的自由，因为只有选择和行动才能使我们摆脱自己的锚定。就像反思从使一种东西得以显现的知觉那里借用了其绝对符合的愿望一样，就像观念论因此无言地利用了它想要将之当作意见而消除掉的"原初意见"一样，自由在介入的各种矛盾之中进退维谷，没有意识到，如果没有它在世界之中推进的那些根基，它就不成其为自由。我要做出这一承诺吗？我要为如此小事去冒生命危险吗？我要为拯救自由而献出我的自由吗？这些问题没有理论的答案。然而，存在着这些获得表象的、不容置疑的事物，存在着这个在你面前的所爱的人，存在着这些围绕你周围作为奴隶而实存的人，而你的自由不可能不走出其独特性地、不谋求一般自由地被谋求。不管涉及一些事物还是一些历史处境，哲学除了教会我们好好地看它们之外没有其他功能，确实可以说哲学是通过摧毁作为独立哲学的自身而实现自身的。但正是在这里我们应该保持沉默，因为只有英雄一直到最后都在亲历他与人、与世界的关系，另一个人以他的名义说话是不合适的。"你的儿子陷入火海之中，你会去救他。……如果有什么障碍，你会不惜一切代价去克服。你寓于你的行为本身之中。你的行为就是你。……你交换自己。……你的含义展示出来，令人注目。这是你的义务、你的恨、你的爱、你的忠诚、你的创造……人只不过是各种关系的组结，这些关系只是对于人来说才有重要性。”①

① 圣-埃克絮佩里:《作战飞行员》，第171页和174页。

引用的著作

Ackermann. —*Farbschwelle und Feldstruktur*, Psychologische Forschung, 1924.

Alain. —*Quatre-vingt-un chapitres sur l'esprit et les passions*, Paris, Bloch, 1917. Réimprimé sous le titre *Eléments de Philosophie*, Paris, Gallimard, 1941.

—*Système des Beaux-Arts*, éd. nouvelle (3 éd.), Paris, Gallimard, 1926.

Becker. —*Beiträge zur phänomenologischen Begründung der Geometrie und ihrer physikalischen Anwendungen*, Jahrbuch für philosophie und phänomenologische Forschung, VI, Halle, Niemeyer.

Bergson. —*Matière et Mémoire*, Paris, Alcan, 1896.

—*L'Energie spirituelle*, Paris, Alcan, 1919.

Bernard. —*La Méthode de Cézanne*, Mercure de France, 1920.

Binswanger. —*Traum und Existenz*, Neue Schweizer. Rundschau, 1930.

—*Ueber Ideenflucht*, Schweizer Archiv. f. Neurologie u. Psy chiatrie, 1931 et 1932.

—*Das Raumproblem in der Psychopathologie*, Ztschr. f. d. ges. Neurologie und Psychiatrie, 1933.

—*Ueber Psychotherapie*, Nervenarzt, 1935.

Van Bogaert. —*Sur la Pathologie de l'Image de Soi (études anatomocliniques)*. Annales médico-psychologiques, Nov. et Déc. 1934.

Brunschvicg. —*L'Expérience humaine et la Causalité physique*, Paris, Alcan, 1922.

—*Le Progrès de la Conscience dans la Philosophie occidentale*, Paris, Alcan, 1927.

Buytendijk et Plessner. —*Die Deutung des mimischen Ausdrucks*, Philosophischer

Anzeiger, 1925.

Cassirer. —*Philosophie der Symbolischen Formen*, *III*, *Phänomenologie der Erkenntnis*, Berlin, Bruno Cassirer, 1929.

Chevalier. —*L'Habitude*, Paris, Boivin, 1929.

Conrad-Martius. —*Zur Ontologie und Erscheinungslehre der realen Auszenwelt*, Jahrbuch für Philosophie und phänomenologische Forschung, III.

—*Realontologie*, ibid. VI.

Corbin, traducteur de Heidegger. —*Qu'est-ce que la Métaphysique*? Paris, Gallimard, 1938.

Déjean. —*Etude psychologique de la 《distance》 dans la vision*, Paris, Presses Universitaires de France, 1926.

—*Les Conditions objectives de la Perception visuelle*, Paris, Presses Universitaires de France, s. d.

Duncker. —*Ueber induzierte Bewegung*, Psychologische Forschung, 1929.

Ebbinghaus. —*Abrisz der Psychologie*, 9 Aufl. Berlin, Leipzig, 1932.

Fink (E.). —*Vergegenwärtigung und Bild*, *Beiträge zur Phänomenologie der Unwirklichkeit*, Jahrb. f. Philo. u. phän. Forschung, XI.

—*Die phänomenologische Philosophie Husserls in der gegenwärtigen Kritik*, Kantstudien, 1933.

—*Das Problem der Phänomenologie Edmund Husserls*, Revue internationale de Philosophie, n° 2 Janv. 1939.

Fischel. —*Transformationserscheinungen bei Gewichtshebungen*, Ztschr. f. Psychologie, 1926.

Fischer (F.). — Zeitstruktur und Schizophrenie, Ztschr. f. d. ges. Neurologie und Psychiatrie, 1929.

—*Raum-Zeitstruktur und Denkstörung in der Schizophrenie*, ibid. 1930.

—*Zur Klinik und Psychologie des Raumerlebens*, Schweizer Archiv für Neurologie und Psychiatrie, 1932-1933.

Freud. —*Introduction à la Psychanalyse*, Paris, Payot, 1922.

—*Cinq psychanalyses*, Paris, Denoël et Steele, 1935.

Gasquet. —*Cézanne*, Paris, Bernheim Jeune, 1926.

Gelb et Goldstein. —*Psychologische Analysen hirnpathologischer Fälle*,

Leipzig, Barth, 1920.

—*Ueber Farbennamenamnesie* Psychologische Forschung 1925.

hgg von Gelb und Goldstein.— Benary, *Studien zur Untersuchung der Intelligenz bei einem Fall von Seelenblindheit*, Psychologische Forschung 1922.

—Hochheimer, *Analyse eines Seelenblinden von der Sprache aus*, ibid. 1932.

—Steinfeld, *Ein Beitrag zur Analyse der Sexualfunktion* Zeitschr. f. d. ges. Neurologie u. Psychiatrie 1927.

Gelb.—*Die psychologische Bedeutung pathologischer Störungen der Raumwahrnehmung*, Bericht über den IX Kongresz für experimentelle Psychologie im München, Jena, Fischer, 1926.

—*Die Farbenkonstanz der Sehdinge*, in *Handbuch der normalen und pathologischen Physiologie* hgg von Bethe, XII/1, Berlin, Springer, 1927 sqq.

Goldstein.—*Ueber die Abhängigkeit der Bewegungen von optischen Vorgängen*, Monatschrift für Psychiatrie und Neurologie Festschrift Liepmann, 1923.

—*Zeigen und Greifen*, Nervenarzt, 1931.

—*L'analyse de l'aphasie et l'essence du langage*, Journal de Psychologie, 1933.

Goldstein et Rosenthal.—*Zur Problem der Wirkung der Farben auf den Organismus*, Schweizer Archiv für Neurologie und Psychiatrie, 1930.

Gottschaldt.—*Ueber den Einflusz der Erfahrung auf die Wahrnehmung von Figuren*, Psychologische Forschung, 1926 et 1929.

Grunbaum.—*Aphasie und Motorik*, Ztschr. f. d. ges. Neurologie und Psychiatrie, 1930.

Guillaume (P.).—*L'objectivité en Psychologie*, Journal de Psychologie, 1932.

—*Psychologie*, Paris, Presses Universitaires de France, nouvelle édition 1943.

Gurwitsch (A.).—*Récension du Nachwort zu meinen Ideen de Husserl*, Deutsche Litteraturzeitung, 28 Février 1932.

—*Quelques aspects et quelques développements de la psychologie de la*

Forme, Journal de Psychologie, 1936.

Head. —*On disturbances of sensation with especial reference to the pain of visceral disease*, Brain, 1893.

—*Sensory disturbances from cerebral lesion*, Brain, 1911-1912.

Heidegger. —*Sein und Zeit*, Jahrb. f. Philo, u. phänomen. Forschung, VIII.

—*Kant und das Problem der Metaphysik*, Frankfurt a. M. Verlag G. Schulte Bulmke, 1934.

Von Hornbostel. —*Das räumliche Hören, Hdbch der normalen und pathologischen Physiologie*, hgg von Bethe, XI, Berlin, 1926.

Husserl. —*Logische Untersuchungen*, I, II/I et II/2, 4 éd. Halle Niemeyer 1928.

—*Ideen zu einer reinen Phänomenologie und phänomenologischen Philosophie*, I, Jahrb. f. Philo. u. Phänomenol. Forschung I, 1913.

—*Vorlesungen zur Phänomenologie des inneren Zeitbewusztseins*, ibid. IX 1928.

—*Nachwort zu meinen* 《 *Ideen* 》, ibid. XI, 1930.

—*Méditations cartésiennes*, Paris, Colin, 1931.

—*Die Krisis der europäischen, Wissenschaften und die transzendentale Phänomenologie*, I, Belgrade, Philosophia, 1936.

—*Erfahrung und Urteil, Untersuchungen zur Genealogie der Logik* hgg von L. Landgrebe, Prag, Academia Verlagsbuchhandlung 1939.

—*Die Frage nach der Ursprung der Geometrie als intentionalhistorisches Problem*, Revue Internationale de Philosophie, Janvier 1939.

—*Ideen zu einer reinen Phänomenologie und phänomenologischen Philosophie*, II (inédit).

—*Umsturz der kopernikanischen Lehre: die Erde als Ur-Arche bewegt sich nicht* (inédit).

—*Die Krisis der europäischen Wissenschaften und die transzendentale Phänomenologie*, II et III (inédit).

Ces trois derniers textes consultés avec l'aimable autorisation de Mgr Noël et de l'Institut Supérieur de Philosophie de Louvain.

Janet. —*De l'Angoisse à l'Extase*, II, Paris, Alcan, 1928.

Jaspers. —*Zur Analyse der Trugwahrnehmungen*, Zeitschrift f. d. gesamt.

Neurologie und Psychiatrie, 1911.

Kant. —*Critique du Jugement*, traduction Gibelin, Paris, Vrin, 1928.

Katz. —*Der Aufbau der Tastwelt*, Zeitschr. f. Psychologie, Ergbd XI, Leipzig, 1925.

—*Der Aufbau der Farbwelt*, Zeitschr. f. Psychologie Ergbd 7, 2 éd. 1930.

Koehler. —*Ueber unbemerkte Empfindungen und Urteilstäuschungen*, Zeitschr. f. Psychologie 1913.

—*Die physischen Gestalten im Ruhe und in stationären Zustand*, Erlangen Braunchweig 1920.

—*Gestalt Psychology*, London, G. Bell, 1930.

Koffka. —*The Growth of the Mind*, London, Kegan Paul, Trench. Trubner and C°, New-York, Harcourt, Brace and C°, 1925.

—*Mental Development*, in Murchison, *Psychologies of* 1925, Worcester, Massachusets, Clark University Press, 1928.

—*Some Problems of Space Perception*, in Murchison, *Psychologies of 1930*, Ibid. 1930.

—*Perception, an Introduction to the Gestalt theory*, Psychological Bulletin 1922.

—*Psychologie, in Lehrbuch der Philosophie* hgg von M. Dessoir, II Partie, *Die Philosophie in ihren Einzelgebieten*, Berlin, Ullstein, 1925.

—*Principles of Gestalt Psychology* London, Kegan Paul, Trench Trubner and C°, New-York, Harcourt Brace and C° 1935.

Konrad. —*Das Körperschema, eine kritische Studie und der Versuch einer Revision*, *Zeitschr.* f. d. ges. Neurologie und Psychiatrie, 1933.

Lachièze-Rey. —*L'Idéalisme kantien*, Paris, Alcan, 1932.

—*Réflexions sur l'activité spirituelle constituante*, Recherches Philosophiques 1933-1934.

—*Le Moi, le Monde et Dieu*. Paris, Boivin, 1938.

—*Utilisation possible du schématisme kantien pour une théorie de la perception*, Marseille, 1938.

Laforgue. —*L'Echec de Baudelaire*, Denoël et Steele, 1931.

Lagneau. —*Célèbres Leçons*, Nîmes 1926.

Lewin. —*Vorbemerkungen über die psychische Kräfte und Energien und über die Struktur der Seele*, Psychologische Forschung 1926.

Lhermitte, Lévy et Kyriako. —*Les Perturbations de la Pensée spatiale chez les apraxiques, à propos de deux cas cliniques d'apraxie*, Revue Neurologique 1925.

Lhermitte, De Massary et Kyriako. —*Le Rôle de la pensée spatiale dans l'apraxie*, Revue Neurologique, 1928.

Lhermitte et Trelles. — *Sur l'apraxie pure constructive, les troubles de la pensée spatiale et de la somatognosie dans l'apraxie*. Encéphale, 1933.

Lhermitte. —*L'Image de notre corps*, Paris, Nouvelle Revue Critique, 1939.

Liepmann. —*Ueber Störungen des Handelns bei Gehirnkranken*, Berlin, 1905.

Linke. —*Phänomenologie und Experiment in der Frage der Bewegungsauffassung*, Jahrbuch für Philosophie und phänomenologische Forschung, II.

Marcel. —*Etre et Avoir*, Paris, Aubier, 1935.

Mayer-Gross et Stein. —*Ueber einige Abänderungen der Sinnestätigkeit im Meskalinrausch*, Ztschr. f. d. ges. Neurologie und Psychiatrie, 1926.

Menninger-Lerchenthal. —*Das Truggebilde der eigenen Gestalt*, Berlin, Karger, 1934.

Merleau-Ponty. —*La structure du Comportement*, Paris, Presses Universitaires de France, 1942.

Minkowski. —*Les notions de distance vécue et d'ampleur de la vie et leur application en psychopathologie*, Journal de Psychologie, 1930.

—*Le problème des hallucinations et le problème de l'espace*, Evolution psychiatrique, 1932.

—*Le temps vécu*, Paris, d'Artrey, 1933.

Novotny. —*Das Problem des Menschen Cézanne im Verhältnis zu seiner Kunst*, Zeitschr. f. Aesthetik und allgemeine Kunstwissenschaft, n° 26, 1932.

Paliard. —*L'illusion de Sinnsteden et le problème de l'implication perceptive*, Revue philosophique, 1930.

Parain. —*Recherches sur la nature et les fonctions du langage*, Paris, Gallimard, 1942.

Peters. —*Zur Entwicklung der Farbenwahrnehmung*, Fortschritte der Psychologie, 1915.

Piaget. —*La représentation du monde chez l'enfant*, Paris, Alcan, 1926.

—*La causalité physique chez l'enfant*, Paris, Alcan, 1927.

Pick. —*Störungen der Orientierung am eigenen Körper*, Psychologische Forschung, 1922.

Politzer. —*Critique des fondements de la psychologie*, Paris, Rieder, 1929.

Pradines. —*Philosophie de la sensation*, I, Les Belles-Lettres, 1928.

Quercy. —*Etudes sur l'hallucination*, II, la Clinique, Paris, Alcan, 1930.

Rubin. —*Die Nichtexistenz der Aufmerksamkeit*, Psychologische Forschung, 1925.

Sartre. —*L'Imagination*, Paris, Alcan, 1930.

—*Esquisse d'une théorie de l'émotion*, Paris, Hermann, 1939.

—*L'Imaginaire*, Paris, Gallimard, 1940.

—*L'Etre et le Néant*, Paris, Gallimard, 1943.

Schapp. —*Beiträge zur Phänomenologie der Wahrnehmung*, Inaugural Dissertation, Göttingen, Kaestner, 1910, et Erlangen, 1925.

Scheler. —*Die Wissensformen und die Gesellschaft*, Leipzig, der Neue Geist, 1926.

—*Der Formalismus in der Ethik und die materiale Werthethik*, Jahrbuch, f. Philo, und phän. Forschung, I-II, Halle, Niemeyer, 1927.

—*Die Idole der Selbsterkenntnis*, *in Vom Umsturz der Werte*, II, Leipzig, Der Neue Geist, 1919.

—*Idealismus-Realismus*, Philosophischer Anzeiger, 1927.

—*Nature et formes de la sympathie*, Paris, Payot, 1928.

Schilder. —*Das Körperschema*, Berlin, Springer, 1923.

Schroder. —*Das Halluzinieren*, Zeitschr. f. d. ges. Neurologie u. Psychiatrie, 1926.

Von Senden. —*Raum- und Gestaltauffassung bei operierten Blindgeborenen, vor und nach der Opération*, Leipzig, Barth, 1932.

Sittig. —*Ueber Apraxie, eine klinische Studie*, Berlin, Karger, 1931.

Specht. —*Zur Phänomenologie und Morphologie der pathologischen Wahrnehmungstäuschungen*, Ztschr. für Pathopsychologie, 1912-1913.

Steckel. —*La femme frigide*, Paris, Gallimard, 1937.

Stein (Edith). —*Beiträge zur philosophischen Begründung der Psychologie und der Geisteswissenschaften*, I, Psychische Kausalität. Jahrb. f. Philo, u. phän. Forschung V.

Stein (J.). —*Ueber die Veränderung der Sinnesleistungen und die Entstehung von Trugwahrnehmungen*, in *Pathologie der Wahrnehmung*, *Handbuch der Geisteskrankheiten* hgg von O. Bumke, Bd I, Allgemeiner Teil I, Berlin, Springer, 1928.

Stratton. —*Some preliminary experiments on vision without inversion of the retinal image* Psychological Review, 1896.

—*Vision without inversion of the retinal image*, ibid, 1897.

—*The spatial harmony of touch and sight*, Mind, 1899.

Straus (E.). —*Vom Sinn der Sinne*, Berlin, Springer, 1935.

Werner. —*Grundfragen der Intensitätspsychologie*, Ztschr. f. Psychologie, Ergzbd, 10, 1922.

—*Ueber die Ausprägung von Tongestalten*, Ztschr. f. Psychologie, 1926.

—*Untersuchungen über Empfindung und Empfinden*, I, et II : *Die Rolle der Sprachempfindung im Prozess der Gestaltung ausdrücksmässig erlebter Wörter*, ibid, 1930.

Werner et Zietz. —*Die dynamische Struktur der Bewegung*, ibid, 1927.

Wertheimer. —*Experimentelle Studien über das Sehen von Bewegung*, Ztschr. f. Ps. 1912.

—*Ueber das Denken der Naturvölker und die Schluszprozesse im produktiven Denken*, in *Drei Abhandlungen zur Gestalttheorie*, Erlangen, 1925.

Van Woerkom. —*Sur la notion de l'espace* (*le sens géométrique*), Revue Neurologique, 1910.

Wolff (W.). —*Selbstbeurteilung und Fremdbeurteilung in wissentlichen und unwissentlichen Versuch*, Psychologische Forschung, 1932.

Young (P.-T.). —*Auditory localization with acoustical transposition of the ears*, Journal of experimental Psychology, 1928.

Zucker. —*Experimentelles über Sinnestäuschungen*, Archiv. f. Psychiatrie und Nervenkrankheiten, 1928.

中西姓名对照表

阿克曼　Ackermann
阿兰　Alain
艾宾浩斯　Ebbinghaus
奥戴特　Odette
巴尔扎克　Balzac
柏格森　Bergson
柏拉图　Platon
伯特兰　Bertrand
拜顿迪克　Buytendijk
保罗　Paul
贝尔纳　Bernard
贝尔热　Berger
贝玑　Péguy
贝克　Becker
贝纳里　Benary
比尔格-普林茨　Bürger-Prinz
宾斯万格　Binswanger
波拿巴　Bonaparte
布伦茨威格　Brunschvicg
布罗卡　Broca
布曼　Bouman
达尔文　Darwin
德·马萨里　de Massary
德·莫尔索　de Mortsauf
德·旺德耐斯　Félix de Vandenesse
德让　Déjean
狄德罗　Diderot
迪穆里埃　Dumouriez
笛卡尔　Descartes
法布里斯　Fabrice
凡·博加特　van Bogaert
凡·布雷达　van Bréda
凡·沃尔康姆　van Woerkom
凡·高　van Gogh
菲德拉　Phédre
费利克斯　Félix
费舍　Fischer
费舍尔　Fischel
芬克　Fink
冯·霍恩波斯特尔　von Hornbostel
弗洛伊德　Freud
盖尔布　Gelb
戈尔德斯坦　Goldstein
戈特沙尔特　Gottschaldt
歌德　Gœthe
格林鲍姆　Grünbaum
古尔维奇　Gurwitsch
古斯道夫　Gusdorf

海德　Head
海德格尔　Heidegger
海林　Hering
海伦　Helen
赫尔德　Herder
赫尔姆霍茨　Helmholtz
赫拉克利特　Héraclite
黑格尔　Hegel
胡塞尔　Husserl
华尔　Wahl
霍布斯　Hobbes
霍尔姆斯　Holmes
霍赫海默　Hocheimer
基里亚科　Kyriako
纪尧姆　Guillaume
加斯凯　Gasquet
居斯蒂纳　Custine
卡茨　Katz
卡萨诺瓦　Casanova
卡西尔　Cassirer
凯拉　Kaila
凯勒　Keller
康德　Kant
康定斯基　Kandinsky
康拉德-马齐乌斯　Conrad-Martius
考夫卡　Koffka
苛勒　Kœhler
科尔班　Corbin
科纳德　Konard
克尔凯郭尔　Kierkeggard
克拉格斯　Klages
克龙菲德　Kronfeld
克洛岱尔　Claudel
拉夫尔格　Laforgue
拉缪　Lagneau
拉普拉斯　Laplace
拉舍利埃　Lachelier
拉歇兹-雷　Lachièze-Rey
莱布尼茨　Leibnitz
莱密特　Lhermitte
劳伦斯　Lawrence
勒萨乌罗　Le Savoureux
勒温　Lewin
利普曼　Liepmann
列维　Lévy
林克　Linke
鲁宾　Rubin
罗曼　Romains
罗森塔尔　Rosenthal
罗素　Russell
马克思　Marx
马林诺夫斯基　Malinowski
马塞尔　Marcel
玛丽　Marie
梅耶-格罗斯　Mayer-Gross
门宁格-莱辛塔尔　Menninger-Lerchenthal
蒙田　Montaigne
密尔　Mill
闵可夫斯基　Minkowski
穆罕默德　Mohammed
内格尔　Nagel
尼采　Nietzsche
牛顿　Newton

诺埃尔　Noël
欧根　Eugen
帕拉格依　Palagyi
帕兰　Parain
帕利亚尔　Paliard
帕斯卡尔　Pascal
皮埃尔　Pierre
皮克　Pick
皮特斯　Peters
皮亚杰　Piaget
普拉蒂纳　Pradines
普莱西纳　Plessner
普鲁斯特　Proust
齐茨　Zietz
乔治　George
切尔马克　Czermak
萨特　Sartre
塞尚　Cézanne
桑　Sand
舍勒　Scheler
圣·奥古斯丁　Saint Augustin
圣-埃克絮佩里　Saint-Exupéry
施尔德　Schilder
施罗德　Schröder
施耐德　Schneider
施通普夫　Stumpf
朔尔施　Schorsch
司汤达　Stendhal
斯宾诺莎　Spinoza
斯佩西　Specht
斯坦因　Stein
斯坦因费尔德　Steinfeld
斯特克尔　Steckel
斯特拉顿　Stratton
斯特劳斯　Strauss
斯万　Swann
塔斯特万　Tastevin
特雷尔　Trelles
瓦莱里　Valéry
韦尔纳　Werner
韦特海默　Wertheimer
魏茨泽克　Weizsacker
沃尔夫　Wolff
西蒂希　Sittig
夏普　Schapp
谢瓦利埃　Chevalier
休谟　Hume
雅内　Janet
雅斯贝尔斯　Jaspers
亚当　Adam
扬　Young
杨施　Jaensch
伊丽莎白　Elisabeth
伊索尔达　Isolde
于勒　Jules
詹姆士　James
芝诺　Zénon
朱克　Zucher
朱丽叶　Juliette

西中姓名对照表

Ackermann　阿克曼
Adam　亚当
Alain　阿兰
Balzac　巴尔扎克
Becker　贝克
Benary　贝纳里
Berger　贝尔热
Bergson　柏格森
Bernard　贝尔纳
Bertrand　柏特兰
Binswanger　宾斯万格
Bonaparte　波拿巴
Bouman　布曼
Broca　布罗卡
Brunschvicg　布伦茨威格
Bürger-Prinz　比尔格-普林茨
Buytendijk　拜顿迪克
Casanova　卡萨诺瓦
Cassirer　卡西尔
Cézanne　塞尚
Chevalier　谢瓦利埃
Claudel　克洛岱尔
Conrad-Martius　康拉德-马齐乌斯
Corbin　科尔班
Custine　居斯蒂纳
Czermak　切尔马克
Darwin　达尔文
de Massary　德·马萨里
de Mortsauf　德·莫尔索
de Vandenesse　德·旺德耐斯
Déjean　德让
Descartes　笛卡尔
Diderot　狄德罗
Dumouriez　迪穆里埃
Ebbinghaus　艾宾浩斯
Elisabeth　伊丽莎白
Eugen　欧根
Fabrice　法布里斯
Félix　费利克斯
Fink　芬克
Fischel　费舍尔
Fischer　费舍
Freud　弗洛伊德
Gasquet　加斯凯
Gelb　盖尔布
George　乔治
Gœthe　歌德
Goldstein　戈尔德斯坦

Gottschaldt　戈特沙尔特
Grünbaum　格林鲍姆
Guillaume　纪尧姆
Gurwitsch　古尔维奇
Gusdorf　古斯道夫
Head　海德
Hegel　黑格尔
Heidegger　海德格尔
Helen　海伦
Helmholtz　赫尔姆霍茨
Héraclite　赫拉克利特
Herder　赫尔德
Hering　海林
Hobbes　霍布斯
Hocheimer　霍赫海默
Holmes　霍尔姆斯
Hume　休谟
Husserl　胡塞尔
Isolde　伊索尔达
Jaensch　杨施
James　詹姆士
Janet　雅内
Jaspers　雅斯贝尔斯
Jules　于勒
Juliette　朱丽叶
Kaila　凯拉
Kandinsky　康定斯基
Kant　康德
Katz　卡茨
Keller　凯勒
Kierkeggard　克尔凯郭尔
Klages　克拉格斯
Kœhler　苛勒
Koffka　考夫卡
Konard　科纳德
Kronfeld　克龙菲德
Kyriako　基里亚科
Lachelier　拉舍利埃
Lachièze-Rey　拉歇兹-雷
Laforgue　拉夫尔格
Lagneau　拉缪
Laplace　拉普拉斯
Lawrence　劳伦斯
Le Savoureux　勒萨乌罗
Leibnitz　莱布尼茨
Lévy　列维
Lewin　勒温
Lhermitte　莱密特
Liepmann　利普曼
Linke　林克
Malinowski　马林诺夫斯基
Marcel　马塞尔
Marie　玛丽
Marx　马克思
Mayer-Gross　梅耶-格罗斯
Menninger-Lerchenthal　门宁格-莱辛塔尔
Mill　密尔
Minkowski　闵可夫斯基
Mohammed　穆罕默德
Montaigne　蒙田
Nagel　内格尔
Newton　牛顿
Nietzsche　尼采

Noël 诺埃尔
Odette 奥戴特
Palagyi 帕拉格依
Paliard 帕利亚尔
Parain 帕兰
Pascal 帕斯卡尔
Paul 保罗
Péguy 贝玑
Peters 皮特斯
Phédre 菲德拉
Piaget 皮亚杰
Pick 皮克
Pierre 皮埃尔
Platon 柏拉图
Plessner 普莱西纳
Pradines 普拉蒂纳
Proust 普鲁斯特
Romains 罗曼
Rosenthal 罗森塔尔
Rubin 鲁宾
Russell 罗素
Saint Augustin 圣・奥古斯丁
Saint-Exupéry 圣-埃克絮佩里
Sand 桑
Sartre 萨特
Schapp 夏普
Scheler 舍勒
Schilder 施尔德
Schneider 施耐德
Schorsch 朔尔施
Schröder 施罗德
Sittig 西蒂希
Specht 斯佩西
Spinoza 斯宾诺莎
Steckel 斯特克尔
Steinfeld 斯坦因费尔德
Stein 斯坦因
Stendhal 司汤达
Stratton 斯特拉顿
Strauss 斯特劳斯
Stumpf 施通普夫
Swann 斯万
Tastevin 塔斯特万
Trelles 特雷尔
Valéry 瓦莱里
van Bogaert 凡・博加特
van Bréda 凡・布雷达
van Gogh 凡・高
van Woerkom 凡・沃尔康姆
von Hornbostel 冯・霍恩波斯特尔
Wahl 华尔
Weizsacker 魏茨泽克
Werner 韦尔纳
Wertheimer 韦特海默
Wolff 沃尔夫
Young 扬
Zénon 芝诺
Zietz 齐茨
Zucher 朱克

中法主要术语对照表[①]

爱洛斯　Eros
暗示病　pithiatisme
把手/把握　prise
包法利主义　bovarysme
背景　context, fond
悖谬　paradoxe
被奠基(者)　fondé
被动触觉　toucher passive
被动视觉　vision passif
被动性　passivité
被动知觉　perception passif
被动综合　synthèse passif
被感动(者)　affecté
被感觉(者)　senti
被构造(者)　constitué
被构造的时间　temps constitué
被空间化的空间　espace spatialisé
被联结(者)　lié
被亲历(者)　vécu
被试　sujet
被统觉　aperçu
被言说的我思　cogito parlé
被言说的言语　parole parlée
本地的　autochtone
本己身体　corps propre
本体感受性　proprioceptivité
本性　nature
本质　eidos, essence
本质的　eidétique
本质还原　reduction eidétique
必然(的)　nécessaire
必然性　nécessité
变形　métamorphose
辩证法/辩证的　dialectique
辩证唯物主义　matérialisme dialectique
标记　indice
标识/标志　emblème
标准　niveau
表达/表情　expression
表观大小　grandeur apparente
表观距离　distance apparente

① 这里列出的为中法术语对照，个别希腊文、德文、英文术语在该词首次出现时已经附在中译后面。

表观颜色　couleur apparente
表面　surface
表面颜色　couleur superficielle, couleur de surface
表象　représentation
表意动作器官　organe de pantomime
别的自我　alter ego
禀性　disposition
不透明存在　être opaque
不透明性　opacité
部门　instance
操作　opération
层次　niveau
层面　couche
常人　On
场(域)　champ
场景　spectacle
场面　scène
场所　lieu, localité
超越(性)　transcendance
沉默的我思　cogito silencieux, cogito tacite
沉思　contemplation, méditation
沉思的自我　ego méditant
成见　préjugé
程式　formule
持久性　permanenence
筹划　projet
初生状态　état naissant
初始(的)　primaire, commençante, ébauché
触觉/触摸　toucher
触觉场　camp tactile
触觉经验　expérience tactile
触觉身体　corps tactile
触觉身体场　camp tactilo-corporel
触觉事物　chose tactile
触觉印象　impression tactile
触觉主体　sujet du toucher
传导器　transmetteur, Uebermittler
垂直(线)　vertical
纯粹性　pureté
纯粹意识　pure conscience
此性　eccéité
次级言语　parole secondaire
刺激　stimulus
存在　être
存在论　ontologie
存在物　entité
存在者状态的　ontique
错觉　illusion
错视　phantasme
错误　fausseté
大家　on
大小　grandeur
单色性　monochromasie
单子　monade
笛卡尔主义　cartésianisme
地带　terrain
地点性　localité
地理环境　milieu géographique
地理空间　espace géographique
地理世界　monde géographique

地平线　horizon
第三空间性　troisième spatialité
第三人称过程　processus en troisième personne
点状对应　correspondance ponctuelle
奠基　fondation
奠基者　fondant
定居　fixation，installation
定位　localisation，situation
定向　orientation
定性　qualification
定性本质　essence qualitative
动机　motif，motivation
动力　dynamique
动力因　cause efficiente
动眼肌肉　muscle oculo-moteur
动作　mouvement
独断论　dogmatisme
对象　objet
多论题的　polythetique
多样性　pluralité，variété
二分法　dichotomie
二色视　dichromasie
二者择一　alternative
发生的现象学　phénoménologie génétique
反射　réflexe
反射弧理论　théorie de l'arc
反思　réflexion
反思分析　analyse réflexive
反题　anti-thèse
反意义　contre-sense
反应　réaction
范畴活动　activité catégorial
范畴态度　attitude catégorial
方位标　repère
方向　direction，sens，orientation
非存在　non-être
非客观化行为　acte non objectivant
非论题意识　conscience non-thétique
非时间的（东西）　intemporel
非时间主体　subjet intemporel
非实在（物）　irréel
非实在性　irréalité
非知觉　imperception
分析　analyse
分有　participation
氛围颜色　couleur atmosphérique
符号　signe，symbole
辐合　convergence
附现（者）　apprésente
复合设定　composition
复视　diplopie
副现象　épiphénomène
赋形　mise en forme
感动　affection
感动者　affectant
感官　sens
感觉　sensation，sentir
感觉场　champ sensoriel
感觉功能　fonction sensorielle
感觉活动　sentir
感觉间关系　relations

intersensorielles
感觉间事物　chose intersensorielle
感觉经验　expérience sensorielle
感觉缺失　anesthésie
感觉-运动过程　processus sensori-moteurs
感觉者　sentant
感觉中枢　sensorium
感觉主体　sujet de la sensation, sujet sentant
感觉主义　sensualisme
感觉左右倒错　allochirie
感情/感受　sentiment
感受性　sensibilité, sensorialité
感受质　quale
感性存在　être sensible
感性经验　expérience sensible
感性世界　monde sensible
感性所予　donnée sensible
感性意识　conscience sensible
感性质料　matériel sensible
感性自然　nature sensible
高度　hauteur
格式塔理论　Gestalttheorie
个体性　individualité
各向同性的　isotrope
各向同性空间　espace isotrope
共存　coexistence
共生　symbiose
共同世界　monde commun
共同在场　co-présence
共自然性　connaturalité
构成　formation
构形　configuration
构造　constitution, organisation
构造(的)意识　conscience constituante
构造(的)主体　sujet constituant
构造的精神　esprit constituant
构造的时间　temps constituant
构造的思想　pensée constituante
固有性　inhérence
观念论　idéalisme
观念论哲学　philosophie idéaliste
观念性　idéalité
观念学　idéologie
光/光线　lumière, éclairage
广延　étendu
规定　fixation, determination
规定性　determination
过渡综合　synthèse de transition
过去(的)　passé
还原的提问法　problématique de la réduction
含混性　ambiguïté
含义　signification
含义行为　acte de signification
行为　acte, comportement
行为的意向性　intentionnalité acte
行为环境　milieu du comportement
合理性　rationalité
痕迹储藏库　receptacle engrammes
恒常性　constance
恒常性规律　loi de constance

恒常性假说　hypothèse de constance
厚度　épaisseur
护教论　apologétique
化身　incarnation
怀疑主义　scepticisme
环节　moment
环境　milieu
幻觉　hallucination
幻觉事物　chose hallucinatoire
幻觉现象　phénomène hallucinatoire
荒谬/荒诞　absurde
回顾　rétrospection
活的身体　corps vivant
活的主体　sujet vivant
活动　mouvement, acte, action, activité, opération
活物　corps vivant
或然(的)　probable
或然性　probabilité
获得(物)　acquisition, acquis
机体　organisme
基础结构　infrastructure
基质　substrat
极限观念　idée-limite
疾病感缺失　anosognosie
疾病感缺失患者　anosognosique
集合　ensemble
几何空间　espace géométrique
计划　projet
记录　compte-rendu
记忆术的　mnémotechnique
迹象　sign
既得(物)　acquisition, acquis
假定　presomption
检验　épreuve
见证　preuve
建构　construction
建构的现象学　phénoménologie constructive
将来　avenir
降临　avènement
交互世界　intermonde
焦虑　angoisse
角度　côté
觉醒　prise de conscience
接收器　récepteur
揭示　révélation
结构　structure, texture
解剖学通道　trajet anatomique
解释　interprétation
介入　engagement
介入的主体　sujet engagé
进行性失语症　aphasie progressive
经验　expérience
经验论/经验主义　empiricisme
经验主义心理学　psychologie empiriste
经验自我　moi empirique
精神　esprit
精神分裂症　schizophrénie
精神分析(学)　psychanalyse
精神审视　inspection de l'esprit
精神现象学　phénoménologie de l'esprit

精神性盲　cécité psychique
精神之光　lumière spirituelle
精神主义　spiritualisme
局部记号　local signe
举止　conduite
距离　distance
决定论　déterminisme
绝对(的)　absolu
绝对的明证　évidence absolue
绝对精神　esprit absolu
绝对真理　vérité absolue
绝对主体性　subjectivité absolue
绝对自由　liberté absolue
绝然的明证　évidence apodictique
绝然的确定性　certitude apodictique
康德主义　kantisme
可感(者)　sensible
可见(者)　visible
可能(的)　possible, probable
可能性　possibilité, probabilité
可知(者)　intelligble
刻板症　stéréotype
客观(的)　objectif
客观化　objectivation
客观化行为　acte objectivant
客观精神　esprit objectif
客观身体　corps objectif
客观思维/思想　pensée objective
客观性　objectivité
客观主义　objectivisme
客体　objet
空间　espace
空间化的空间　espace spatialisant
空间视域　horizon spatial
空间水平面　niveau spatial
空间性　spatialité
空间主体　sujet d'espace
空无　vide
宽度　larguer
类比　analogie
类比推理　raisonnement par analogie
类型　typique
理解　compréhension
理据　raison
理念　Idée
理想性　idéalité
理性　raison
理性真理　vérité de raison
理性主义　rationalisme
理知　intellection
理智　intelligence
理智性　intelligibilité
理智意识　conscience intellectuelle
理智主义　intellectualisme
理智主义心理学　psychologie intellectualiste
力比多　Libido
历史　histoire
历史的主体　sujet historique
历史唯物主义　matérialisme historique
历史性　historicité
立场　position

联觉 synesthésie
联结 connexion, liaison
联想 association
联想主义 associationnisme
良心 conscience
亮度 éclairage
临界实验 expérience critique
领会 saisie saisir
领圣体 communion
领域 univers
论题 thèse
论题化 thématisation
论题思维 pensée thétique
逻各斯 logos
逻辑 logique
逻辑实证主义 positivisme logique
逻辑主义 logicisme
密度 densité
面孔 visage
面貌 physionomie
描述 description, décrire
描述的心理学 psychologie descriptive
瞄向 visée
明证(性) évidence
谬误 fausseté
缪勒-莱耶错觉 illusion de Müller-Lyer
模仿 imitation, mimique, mimétisme
目的论 téléologie
目光 regard
目光审视 inspection du regard
内部世界 monde intérieur
内部视域 horizon intérieur
内部知觉 perception intérieur
内感受性 intéroceptivité
内聚性 cohésion
内容 contenu
内省 introspection
内时间性 intratemporalité
内收 adduction
内在的人 homme intérieur
内在性 immanence, inhérence, intériorité
内在知觉 perception intérieure
能指 signifiant
凝视 contemplation, fixation
偶然性 contingence
偶性/偶然之事 accident
排中律 princip de tiers exclu
判断 jugement
判决性实验 expérience cruciale
旁观者 spectateur
批判思维 pensée critique
皮质性发音困难 anarthrie
偏差 dérivation
平面(图) plan
普遍(的) universel
普遍性 universalité
普遍主体 sujet universel
气味 odeur
器官 appareil, organe
器质性抑制 refoulement organique
迁移 transfert

前个人的　prépersonnelle
前客观的　préobjectif
前历史　préhistoire
前摄　pretension
前述谓的　antéprédicative
前述谓的存在　être antéprédicative
前述谓世界　monde antéprédicative
前意识的　préconscient
前瞻　prospection
嵌套　emboîtement
亲合性　affinité
亲历　vécu, vivre
情感　affection
情感实体　entité affective
情感性　affectivité
情感意向性　intentionalité affective
情结　complexe
情景　circonstance
情境　situation
情绪　émotion
去分化　dédifférenciation
缺陷　déficience
确定性　certitude
群/群集　constellation
人　homme
人格　personne, personnalité
人格解体　dépersonnalisation
人类世界　monde humain
人类学　anthropologie
人类学空间　espace anthropologique
人们　on
人为环境　milieu factice
人为性　facticité
人性　humanité
认识　connaissance, reconnaissance
认识的理论　théorie de connaissance
认识的身体　corps connaissant
认知　recognition
容积度　voluminosité
融入　insertion
肉身化　incarnation
肉身化主体　sujet incarné
色彩区域　plage colorée
上层结构　superstructure
上手的　maniable
设定　position
社会　social, société
社会世界　monde social
身体　corps
身体空间　espace corporel
身体空间性　spatialité corporel
身体目的论　téléologie corporelle
身体图式　schéma corporel
身体性　corporéité
身体装置　dispositif corporel
深度　profondeur
神　Dieu
神话　mythe
神话故事　paramythia
神话空间　espace mythique
神话意识　conscience mythique
神经病患者　névropathe
神经冲动　influx nerveux
神经机能　fonctionnemant nerveux

神经物质　substance nerveuse
神性　divinité
生活/生命　vie
生命的内聚性　cohésion de vie
生命过程　processus vital
声音　son
失读症　alexie
失认症　agnosie
失音症　aphonie
失用症　apraxie
失语症　aphasie
施动者　agent
时间　temps
时间化　temporalisation
时间视域　horizon temporel
时间性　temporalité
时间主体　sujet de temps
时刻　moment
时空视域　horizon spatio-temporel
实测平面图　géométral
实存　existence
实存(论)的　existentiel
实存场　champ d'existence
实存哲学　philosophie existentielle
实存主义　existentialisme
实际身体　corps effetif
实体　substance, entité
实体性　substantialité
实验　expérience, expérimentation
实在(物)　réel, réalité
实在的空间　espace réel
实在的身体　corp réel
实在论　réalisme
实在性　réalité
实证性　positivité
实质　substance
始动状态　allure inchoative
世界　monde
世界性　mondalité
世内的　intra-mondaine
事件　événement
事实　fait
事实真理　vérité de fait
事物/事情　chose
事物本身　chose même
试验　épreuve
视垂直线　vertical apparente
视点　vue, point de vue, vue perspectif
视角　perspective
视角性　perspectivisme
视觉　vue, vision
视觉场　champ visuel
视觉经验　expérience visuel
视觉身体　corps visuel
视觉世界　monde visuel
视觉事物　chose visuelle
视为同一　identification
视物显大症　macropsie
视物显小症　micropsie
视域　horizon
是　être
手势(表达)　mimique
首创性　initiative
属性　attribut, propriété

述谓 prédication
水平面 niveau
顺生自然(的) naturé
瞬间 instant
说法 formule
说话主体 sujet parlant
说明 explicitation, expliquer
私人世界 monde privé
私人主体性 subjectivité privé
思维/思想 pensée
素材 motif
素朴性 naïveté
损伤 lésion
所予 donnée
所指 signifié
他人 autrui, autre
他者 autre
特定的 spécifique
特殊(的) particular
特殊性 particularité
特性 caractère
提法 formule
体验 épreuve
天生色盲 daltonisme
条件制约 conditionnement
听觉 ouïe, audition
听觉场 camp auditif
听觉经验 expérience auditif
听觉世界 monde auditif
统觉 aperception, apercevoir
统握 appréhension, appréhender
统一 unification
统一性 unité
投射 projection
透明 transparence
透视/透视法/透视图 perspective
透视外观 aspect perspective
凸起 relief
图形 figure
推动 motiver
推动者 mouvant
推理 raisonnement
外表 apparence
外部经验 expérience externe
外部世界 monde extérieur
外部视域 horizon extérieur
外部知觉 perception extérieur
外感受性 extéroceptivité
外观 aspect
外形 profil
外展 abduction
完形 form
完形理论 théorie de la forme
完形心理学 la psychologie de la forme
完整倾向 prégnance
万物有灵论 animisme
为己 pour soi
为己存在 être pour soi
为神 pour Dieu
为他 pour autrui
为我 pour moi
为我存在 être pour moi
为我们的在己 en-soi-pour-nous

唯名论　dominalisme
唯我论　solipsisme
唯物主义　matérialisme
维也纳学派　école de vienne
未经反思者　irréfléchi
位置　emplacement, place, position, situation, lieu
味道　saveur
谓词　prédicat
文化世界　monde culturel
我能　je peux
我思　je pense
我思活动　cogitation
我在　je suis
乌有　rien
无世界的主体　sujet acosmique
无所不在　ubiquité
无限主体　sujet infinie
无意识　inconscience
无意识的心理　psychisme inconscient
无意义　non-sense
物理空间　espace physique
物品/物体　objet, corps
物质器官　organe matériel
物质性　materialité
习惯的身体　corps habituel
戏剧　drame
先天(的)　a priori
先验(的)　transcendantal
先验场　champ transcendantal
先验观念论/先验观念主义　idealisme transcendental
先验主体　sujet transcendantal
先验主体性　subjectivité transcendantale
先验自我　ego transcendantal
先在性　antériorité
显示　manifestation
显现　apparition, apparaître, paraître
显象　apparence
现时的/现实的　actuel
现时性/现实性　actuelité
现象　phénomène
现象场　champ phénoménal
现象空间　espace phénoménal
现象身体　corps phénoménal
现象学　phénoménologie
现象学的现象学　phénoménologie de la phénoménologie
现象学方法　méthode phénoménologique
现象学还原　réduction phénoménologique
现象学实证主义　positivism phénoménologique
现在(的)　present
相关项　corrélatif
想象(力)　imagination
想象物　imaginaire
项　terme
消色差的　achromatique
小脑性共济失调患者　cérébelleuse
协调　coordination

心理 psychisme
心理力 force psychique
心理盲 cécité mentale
心理物理事件 événement psychophysique
心理物理主体 sujet psychophysique
心理主义 psychologisme
心灵 âme
心灵机能 faculté de l'âme
信念 croyance
形式/形状 forme
形式化 formalisation
形式主义 formalisme
形体 corps
形象 image
兴奋 excitation
性欲 sexualité
嗅觉 odorat
虚假 fausseté
虚拟的身体 corps virtuel
虚拟空间 espace virtuel
虚无 néant
选择 choix
压抑 répression
言说的言语 parole parlante
言语 parole
言语形象 image verbale
颜色 couleur
厌食症 anorexie
一 Un
一般肌体觉 cénesthésie
一般性 généralité
遗忘症 amnésie
意识 conscience
意识目的论 téléologie de la conscience
意识生命 vie de conscience
意识形态 idéologie
意识之光 lumière de la conscience
意识状态 état de la conscience
意向 intention
意向对象 noème
意向对象反思 réflexion noématique
意向活动分析 analyse noétique
意向极 pôle intentionnel
意向性 intentionnalité
意向之线 fil intentionnel
意象 imago
意义 sens
意欲 vouloir
癔症患者 hystérique
因果关系 causalité
音素 phonème
隐含 implication
印象 impression
永恒(性) éternité
涌现 jaillissement
有 il y a
有感觉的 sensible
有幻觉(者) halluciné
有灵事件 événement animique
有生命的存在 être vivant
有限主体 sujet finie
有限主体性 subjectivité finie

有向空间　espace orienté
宇宙　univers
语言　langage
语言错乱　paraphasie
域外幻觉　hallucination extracampine
元素　élément
元性欲的存在　être méta-sexuel
原本(的)　originaire, original
原本空间性　spatialité originare
原本信念　foi originaire
原本性　originalité
原本言语　parole originaire
原本意见　opinion originaire
原本意向性　intentionalité original
原初的　primordial
原初意见　opinion primordiale
原初意识　conscience primordiale
原创性　originalité
原发性的　primaire
原来的　originel
原生自然(的)　naturant
原始的　primitif
原子主义　atomism
运动　mouvement
运动机能　motricité
运动觉　sensation kinesthésique
运动觉的　kinesthésique
运动物体　mobile
运动性　motricité
运动性在场　présence motrice
运动意向　intention motrice
运作　opération
蕴含　implication
杂多　multiple
在场　présence
在场之场　champ de présence
在己　en soi
在己存在　être en soi
在世存在/在世界之中存在　être dans le monde, être au monde
躁狂症患者　maniaque
占为己有　appropriation
绽出　extase
长度　longueur
障碍　obstacle, trouble
真理/真实/真相　vérité
真实(的)　vrai
整合　intégration
正题　thèse
证据　témoignage
支撑点　point d'appui
知觉　perception
知觉场　champ perceptif
知觉的身体　corps percevant
知觉行为　acte perceptif
知觉活动　percevoir
知觉意识　conscience perceptive
知觉主体　subject de la perception, subject percevant
知识　savoir, connaissance
知性　entendement
知性法则　loi de l'entendement
直观　intuition

指示/指征　indication, signalement
制订　élaboration
质料　hylé, matière
质料本质　essence matérielle
质料层　couche hylétique
秩序/次序　ordre
智力　intelligence
滞留　rétention
重构　reconstitution, reconstruction
周界线　périmètre
主动性　initiative
主观(的)　subjectif
主观主义　subjectivisme
主题　théme, sujet, motif
主体　sujet
主体间世界　monde intersubjectif
主体间性　intersubjectivité
主体空间性　spatialité du sujet
主体性/主观性　subjectivité
注视　regard
注意　attention
抓/抓住　saisie
转化　élaboration
装病　simulation
装病者　simulateur
装配　montage
装置　appareil, dispositif, organe, poste
追忆　évocation
准空间　quasi-espace
准实在　quasi-réalité
准在场　quasi-présence
姿势　geste, gesticulation, mimique
自闭　autisme
自闭的　autistique
自存性　aséité
自动性/自动行为　automatisme
自行构造　autoconstitution
自然　nature
自然的知觉　perception naturelle
自然时间　temps naturel
自然世界　monde naturel
自然态度　attitude naturelle
自然之光　lumière naturelle
自身　soi
自身感动　affection de soi
自身性　ipséité
自体幻视　héautoscopie
自我　ego, moi, soi
自我幻视症　autoscopie
自我设定　autoposition
自由　liberté
自主(性)　autonomie
自主主体　subjet autonome
综观　synopsis
综合　synthesis
组合　montage
组织　tissu, organisation
左氏错觉　Zöllner illusion
作图　construction
作用的意向性　intentionnalité opérante

法中主要术语对照表

a priori　先天(的)
abduction　外展
absolu　绝对(的)
absurde　荒谬,荒诞
accident　偶性,偶然之事
achromatique　消色差的
acquis　获得(物),既得(物)
acquisition　获得(物),既得(物)
acte de signification　含义行为
acte non objectivant　非客观化行为
acte objectivant　客观化行为
acte perceptif　知觉行为
acte　行为,活动
action　活动,作用
activité catégorial　范畴活动
activité　活动,活动性,主动性
actuel　现时的,现实的
actuelité　现时性,现实性
adduction　内收
affectant　感动者
affecté　被感动(者)
affection de soi　自身感动
affection　情感,感动
affectivité　情感性
affinité　亲合性
agent　施动者
agnosie　失认症
alexie　失读症
allochirie　感觉左右倒错
allure inchoative　始动状态
alter ego　别的自我
alternative　二者择一
ambiguïté　含混性
âme　心灵
amnésie　遗忘症
analogie　类比
analyse noétique　意向活动分析
analyse réflexive　反思分析
analyse　分析
anarthrie　皮质性发音困难
anesthésie　感觉缺失
angoisse　焦虑
animisme　万物有灵论
anorexie　厌食症
anosognosie　疾病感缺失
anosognosique　疾病感缺失患者
antéprédicative　前述谓的
antériorité　先在性

anthropologie　人类学
anti-thèse　反题
aperception　统觉
aperçu　被统觉
aphasie progressive　进行性失语症
aphasie　失语症
aphonie　失音症
apologétique　护教论
appareil　器官,装置
apparence　外表,显象
apparition　显现
appréhension　统握
apprésente　附现(者)
appropriation　占为己有
apraxie　失用症
aséité　自存性
aspect perspective　透视外观
aspect　外观
association　联想
associationnisme　联想主义
atomism　原子主义
attention　注意
attitude catégorial　范畴态度
attitude naturelle　自然态度
attribut　属性
audition　听觉
autisme　自闭
autistique　自闭的
autochtone　本地的
autoconstitution　自行构造
automatisme　自动性,自动行为
autonomie　自主(性)
autoposition　自我设定
autoscopie　自我幻视症
autre　他者,他人
autrui　他人
avènement　降临
avenir　将来
bovarysme　包法利主义
camp auditif　听觉场
camp tactile　触觉场
camp tactilo-corporel　触觉身体场
caractère　特性,特征
cartésianisme　笛卡尔主义
causalité　因果关系
cause efficiente　动力因
cécité mentale　心理盲
cécité psychique　精神性盲
cénesthésie　一般肌体觉
cérébelleuse　小脑性共济失调患者
certitude apodictique　绝然的确定性
certitude　确定性
champ d'existence　实存场
champ de présence　在场之场
champ perceptif　知觉场
champ phénoménal　现象场
champ sensoriel　感觉场
champ transcendantal　先验场
champ visuel　视觉场
champ　场(域)
choix　选择
chose hallucinatoire　幻觉事物
chose intersensorielle　感觉间事物
chose même　事物本身

chose tactile　触觉事物
chose visuelle　视觉事物
chose　事物，事情
circonstance　情景
coexistence　共存
cogitation　我思活动
cogito parlé　被言说的我思
cogito silencieux　沉默的我思
cogito tacite　沉默的我思
cohésion de vie　生命的内聚性
cohésionw　内聚性
commençante　初始(的)
communion　领圣体
complexe　情结
comportement　行为
composition　复合设定
compréhension　理解
compte-rendu　记录
conditionnement　条件制约
conduite　举止，行为
configuration　构形
connaissance　认识，知识
connaturalité　共自然性
connexion　联结，联系
conscience constituante　构造(的)意识
conscience intellectuelle　理智意识
conscience mythique　神话意识
conscience non-thétique　非论题意识
conscience perceptive　知觉意识
conscience primordiale　原初意识
conscience sensible　感性意识
conscience　意识，良心
constance　恒常性
constellation　群，群集
constitué　被构造(者)
constitution　构造
construction　建构，作图
contemplation　凝视，沉思
contenu　内容
context　背景
contingence　偶然性
contre-sense　反意义
convergence　辐合
coordination　协调
co-présence　共同在场
corp réel　实在的身体
corporéité　身体性
corps connaissant　认识的身体
corps effetif　实际身体
corps habituel　习惯的身体
corps objectif　客观身体
corps percevant　知觉的身体
corps phénoménal　现象身体
corps propre　本己身体
corps tactile　触觉身体
corps virtuel　虚拟的身体
corps visuel　视觉身体
corps vivant　活的身体，活物
corps　身体，形体，物品，物体
corrélatif　相关项
correspondance ponctuelle　点状对应
côté　角度

couche hylétique　质料层
couche　层面
couleur apparente　表观颜色
couleur atmosphérique　氛围颜色
couleur de surface　表面颜色
couleur superficielle　表面颜色
couleur　颜色
croyance　信念
daltonisme　天生色盲
dédifférenciation　去分化
déficience　缺陷
densité　密度
dépersonnalisation　人格解体
dérivation　偏差
description　描述
determination　规定(性)
déterminisme　决定论
dialectique　辩证法,辩证的
dichotomie　二分法
dichromasie　二色视
Dieu　神
diplopie　复视
direction　方向
dispositif corporel　身体装置
dispositif　装置
disposition　禀性
distance apparente　表观距离
distance　距离
divinité　神性
dogmatisme　独断论
dominalisme　唯名论
donnée sensible　感性所予
donnée　所予
drame　戏剧
dynamique　动力(的)
ébauché　初始(的)
eccéité　此性
éclairage　亮度
éclairage　光,光线
école de vienne　维也纳学派
ego méditant　沉思的自我
ego transcendantal　先验自我
ego　自我
eidétique　本质的
eidos　本质
élaboration　制订,转化
élément　元素
emblème　标识,标志
emboîtement　嵌套
émotion　情绪
empiricisme　经验论,经验主义
emplacement　位置
en soi　在己
engagement　介入
ensemble　集合,整体
en-soi-pour-nous　为我们的在己
entendement　知性
entité affective　情感实体
entité　存在物,实体
épaisseur　厚度
épiphénomène　副现象
épreuve　体验,检验,试验
Eros　爱洛斯
espace anthropologique　人类学空间

espace corporel　身体空间
espace géographique　地理空间
espace géométrique　几何空间
espace isotrope　各向同性空间
espace mythique　神话空间
espace orienté　有向空间
espace phénoménal　现象空间
espace physique　物理空间
espace réel　实在的空间
espace spatialisant　空间化的空间
espace spatialisé　被空间化的空间
espace virtuel　虚拟空间
espace　空间
esprit absolu　绝对精神
esprit constituant　构造的精神
esprit objectif　客观精神
esprit　精神
essence matérielle　质料本质
essence qualitative　定性本质
essence　本质
état de la conscience　意识状态
état naissant　初生状态
étendu　广延
éternité　永恒(性)
être antéprédicative　前述谓的存在
être au monde　在世存在，在世界之中存在
être dans le monde　在世存在，在世界之中存在
être en soi　在己存在
être méta-sexuel　元性欲的存在
être opaque　不透明存在
être pour moi　为我存在
être pour soi　为己存在
être sensible　感性存在
être vivant　有生命的存在
être　存在，是
événement animique　有灵事件
événement psychophysique　心理物理事件
événement　事件
évidence absolue　绝对的明证
évidence apodictique　绝然的明证
évidence　明证(性)
évocation　追忆
excitation　兴奋
existence　实存
existentialisme　实存主义
existentiel　实存(论)的
expérience auditif　听觉经验
expérience critique　临界实验
expérience cruciale　判决性实验
expérience externe　外部经验
expérience sensible　感性经验
expérience sensorielle　感觉经验
expérience tactile　触觉经验
expérience visuel　视觉经验
expérience　经验，实验
expérimentation　实验
explicitation　说明
expression　表达，表情
extase　绽出
extéroceptivité　外感受性
facticité　人为性

faculté de l'âme 心灵机能
fait 事实
fausseté 虚假,谬误,错误
figure 图形,形象
fil intentionnel 意向之线
fixation 凝视,规定,定居
foi originaire 原本信念
fonction sensorielle 感觉功能
fonctionnemant nerveux 神经机能
fondant 奠基者
fondation 奠基
fondé 被奠基(者)
fond 背景
force psychique 心理力
formalisation 形式化
formalisme 形式主义
formation 构成
forme 形式,形状,完形
formule 提法,程式,说法
généralité 一般性
géométral 实测平面图
Gestalttheorie 格式塔理论
geste 姿势
gesticulation 姿势
grandeur apparente 表观大小
grandeur 大小
hallucination extracampine 域外幻觉
hallucination 幻觉
halluciné 有幻觉(者)
hauteur 高度
héautoscopie 自体幻视
histoire 历史
historicité 历史性
homme intérieur 内在的人
homme 人
horizon extérieur 外部视域
horizon intérieur 内部视域
horizon spatial 空间视域
horizon spatio-temporel 时空视域
horizon temporel 时间视域
horizon 视域,地平线
humanité 人性
hylé 质料
hypothèse de constance 恒常性假说
hystérique 癔症患者
idea 观念
idealisme transcendental 先验观念论,先验观念主义
idéalisme 观念论,观念主义
idéalité 观念性,理想性
Idée 理念
idée-limite 极限观念
identification 视为同一
idéologie 意识形态,观念学
il y a 有
illusion de Müller-Lyer 缪勒-莱耶错觉
illusion 错觉
image verbale 言语形象
image 形象
imaginaire 想象物
imagination 想象(力)
imago 意象

imitation 模仿
immanence 内在性
imperception 非知觉
implication 蕴含,隐含
impression tactile 触觉印象
impression 印象
incarnation 肉身化,化身
inconscience 无意识
indication 指示,指征
indice 标记
individualité 个体性
influx nerveux 神经冲动
infrastructure 基础结构
inhérence 内在性,固有性
initiative 首创性,主动性
insertion 融入
inspection de l'esprit 精神审视
inspection du regard 目光审视
installation 定居
instance 部门
instant 瞬间
intégration 整合
intellection 理知
intellectualisme 理智主义
intelligble 可知(者)
intelligence 理智,智力
intelligibilité 理智性
intemporel 非时间的(东西)
intention motrice 运动意向
intention 意向
intentionalité affective 情感意向性
intentionalité original 原本意向性
intentionnalité acte 行为的意向性
intentionnalité opérante 作用的意向性
intentionnalité 意向性
intériorité 内在性
intermonde 交互世界
intéroceptivité 内感受性
interprétation 解释
intersubjectivité 主体间性
intra-mondaine 世内的
intratemporalité 内时间性
introspection 内省
intuition 直观
ipséité 自身性
irréalité 非实在性
irréel 非实在(物)
irréfléchi 未经反思者
isotrope 各向同性的
jaillissement 涌现
je pense 我思
je peux 我能
je suis 我在
jugement 判断
kantisme 康德主义
kinesthésique 运动觉的
langage 语言
larguer 宽度
lésion 损伤
liaison 联结,连接
liberté absolue 绝对自由
liberté 自由
Libido 力比多

lié 被联结(者)
lieu 位置,场所
local signe 局部记号
localisation 定位
localité 地点性,场所
logicisme 逻辑主义
logique 逻辑
logos 逻各斯
loi de constance 恒常性规律
loi de l'entendement 知性法则
longueur 长度
lumière de la conscience 意识之光
lumière naturelle 自然之光
lumière spirituelle 精神之光
lumière 光,光线
macropsie 视物显大症
maniable 上手的
maniaque 躁狂症患者
manifestation 显示
matérialisme dialectique 辩证唯物主义
matérialisme historique 历史唯物主义
matérialisme 唯物主义
matérialité 物质性
matériel sensible 感性质料
matière 质料
méditation 沉思
métamorphose 变形
méthode phénoménologique 现象学方法
micropsie 视物显小症
milieu du comportement 行为环境
milieu factice 人为环境
milieu géographique 地理环境
milieu 环境
mimétisme 模仿
mimique 姿势,手势(表达),模仿
mise en forme 赋形
mnémotechnique 记忆术的
mobile 运动物体
moi empirique 经验自我
moi 我,自我
moment 时刻,环节
monade 单子
mondalité 世界性
monde antéprédicative 前述谓世界
monde auditif 听觉世界
monde commun 共同世界
monde culturel 文化世界
monde extérieur 外部世界
monde géographique 地理世界
monde humain 人类世界
monde intérieur 内部世界
monde intersubjectif 主体间世界
monde naturel 自然世界
monde privé 私人世界
monde sensible 感性世界
monde social 社会世界
monde visuel 视觉世界
monde 世界
monochromasie 单色性
montage 组合,装配

motif　动机，主题，素材
motivation　动机
motricité　运动性，运动机能
mouvant　推动者
mouvement　动作，活动，运动
multiple　杂多
muscle oculo-moteur　动眼肌肉
mythe　神话
naïveté　素朴性
naturant　原生自然（的）
nature sensible　感性自然
nature　自然，本性
naturé　顺生自然（的）
néant　虚无
nécessaire　必然（的）
nécessité　必然性
névropathe　神经病患者
niveau spatial　空间水平面
niveau　层次，标准，水平面
noème　意向对象
non-être　非存在
non-sense　无意义
objectif　客观（的）
objectivation　客观化
objectivisme　客观主义
objectivité　客观性
objet　客体，对象，物品，物体
obstacle　障碍
odeur　气味
odorat　嗅觉
On　常人，大家，有人，人们，我们
ontique　存在者状态的
ontologie　存在论
opacité　不透明性
opération　作用，操作，运作，活动，手术
opinion originaire　原本意见
opinion primordiale　原初意见
ordre　秩序，次序
organe de pantomime　表意动作器官
organe matériel　物质器官
organe　器官，装置
organisation　构造，组织
organisme　机体
orientation　定向，方向
originaire　原本（的）
original　原本（的）
originalité　原本性，原创性
originel　原来的
ouïe　听觉
paradoxe　悖谬
paramythia　神话故事
paraphasie　语言错乱
parole originaire　原本言语
parole parlante　言说的言语
parole parlée　被言说的言语
parole secondaire　次级言语
parole　言语
participation　分有
particular　特殊（的）
particularité　特殊性
passé　过去（的）
passivité　被动性

pensée constituante 构造的思想
pénsee critique 批判思维
pensée objective 客观思维,思想
pensée thétique 论题思维
pensée 思维,思想
perception extérieur 外部知觉
perception intérieur 内部知觉
perception naturelle 自然的知觉
perception passif 被动知觉
perception 知觉
percevoir 知觉,知觉活动
périmètre 周界线
permanence 持久性
personnalité 人格
personne 人格
perspective 视角,透视,透视法,透视图
perspectivisme 视角性
phantasme 错视
phénomène hallucinatoire 幻觉现象
phénomène 现象
phénoménologie constructive 建构的现象学
phénoménologie de l'esprit 精神现象学
phénoménologie de la phénoménologie 现象学的现象学
phénoménologie génétique 发生的现象学
phénoménologie 现象学
philosophie existentielle 实存哲学
philosophie idéaliste 观念论哲学
phonème 音素
physionomie 面貌
pithiatisme 暗示病
place 位置
plage colorée 色彩区域
plan 平面(图)
pluralité 多样性
point d'appui 支撑点
point de vue 视点
pôle intentionnel 意向极
polythetique 多论题的
position 位置,立场,设定
positivism phénoménologique 现象学实证主义
positivisme logique 逻辑实证主义
positivité 实证性
possibilité 可能性
possible 可能(的)
poste 装置
pour autrui 为他
pour Dieu 为神
pour moi 为我
pour soi 为己
préconscient 前意识的
prédicat 谓词
prédication 述谓
prégnance 完整倾向
préhistoire 前历史
préjugé 成见
préobjectif 前客观的
prépersonnelle 前个人的
présence motrice 运动性在场

présence　在场
present　现在(的)
presomption　假定
pretension　前摄
preuve　见证
primaire　初始(的),原发性的
primitif　原始的
primordial　原初的
princip de tiers exclu　排中律
prise de conscience　觉醒
prise　把手,把握
probabilité　可能性,或然性
probable　可能(的),或然(的)
problématique de la réduction　还原的提问法
processus en troisième personne　第三人称过程
processus sensori-moteurs　感觉-运动过程
processus vital　生命过程
profil　外形
profondeur　深度
projection　投射
projet　筹划,计划
propriété　属性
proprioceptivité　本体感受性
prospection　前瞻
psychanalyse　精神分析(学)
psychisme inconscient　无意识的心理
psychisme　心理
psychologie de la Forme　完形心理学
psychologie descriptive　描述的心理学
psychologie empiriste　经验主义心理学
psychologie intellectualiste　理智主义心理学
psychologisme　心理主义
pure conscience　纯粹意识
pureté　纯粹性
quale　感受质
qualification　定性
quasi-espace　准空间
quasi-présence　准在场
quasi-réalité　准实在
raison　理性,理据,理由
raisonnement par analogie　类比推理
raisonnement　推理
rationalisme　理性主义
rationalité　合理性
réaction　反应
réalisme　实在论
réalité　实在(物),实在性
receptacle engrammes　痕迹储藏库
récepteur　接收器
recognition　认知
reconnaissance　认识
reconstitution　重构
reconstruction　重构
reduction eidétique　本质还原
réduction phénoménologique　现象学

还原
réel 实在(物)
réflexe 反射
réflexion noématique 意向对象反思
réflexion 反思
refoulement organique 器质性抑制
regard 目光,注视
relations intersensorielles 感觉间关系
relief 凸起
repère 方位标
représentation 表象
répression 压抑
rétention 滞留
rétrospection 回顾
révélation 揭示
rien 乌有
saisie 抓,抓住,领会
saveur 味道
savoir 知识
scène 场面
scepticisme 怀疑主义
schéma corporel 身体图式
schizophrénie 精神分裂症
sens 意义,感官,方向
sensation kinesthésique 运动觉
sensation 感觉
sensibilité 感受性
sensible 可感(者),有感觉的
sensorialité 感受性
sensorium 感觉中枢
sensualisme 感觉主义
sentant 感觉者
senti 被感觉(者)
sentiment 感情,感受
sentir 感觉,感觉活动
sexualité 性欲
signe 符号,迹象
signalement 指示,指征
signifiant 能指
signification 含义
signifié 所指
simulateur 装病者
simulation 装病
situation 定位,处境,情境
social 社会(的)
société 社会
soi 自身,自我
solipsisme 唯我论
son 声音
spatialité corporel 身体空间性
spatialité du sujet 主体空间性
spatialité originare 原本空间性
spatialité 空间性
spécifique 特定的
spectacle 场景
spectateur 旁观者
spiritualisme 精神主义
stéréotype 刻板症
stimulus 刺激
structure 结构
subject de la perception 知觉主体
subject percevant 知觉主体
subjectif 主观(的)

subjectivisme 主观主义
subjectivité absolue 绝对主体性
subjectivitéfinie 有限主体性
subjectivité privé 私人主体性
subjectivité transcendantale 先验主体性
subjectivité 主体性，主观性
subjet autonome 自主主体
subjet intemporel 非时间主体
substance nerveuse 神经物质
substance 实质，实体，物质
substantialité 实体性
substrat 基质
sujet acosmique 无世界的主体
sujet constituant 构造(的)主体
sujet d'espace 空间主体
sujet de la sensation 感觉主体
sujet de temps 时间主体
sujet du toucher 触觉主体
sujet engagé 介入的主体
sujet finie 有限主体
sujet historique 历史的主体
sujet incarné 肉身化主体
sujet infinie 无限主体
sujet parlant 说话主体
sujet psychophysique 心理物理主体
sujet sentant 感觉主体
sujet transcendantal 先验主体
sujet universel 普遍主体
sujet vivant 活的主体
sujet 主体，主题，被试
superstructure 上层结构
surface 表面
symbiose 共生
symbole 符号
synesthésie 联觉
synopsis 综观
synthèse de transition 过渡综合
synthèse passif 被动综合
synthesis 综合
téléologie corporelle 身体目的论
téléologie de la conscience 意识目的论
téléologie 目的论
témoignage 证据
temporalisation 时间化
temporalité 时间性
temps constituant 构造的时间
temps constitué 被构造的时间
temps naturel 自然时间
temps 时间
terme 项
terrain 地带
texture 结构
thématisation 论题化
théme 主题
théorie de connaissance 认识的理论
théorie de l'arc 反射弧理论
théorie de la Forme 完形理论
thèse 正题，论题
tissu 组织
toucher passive 被动触觉
toucher 触觉，触摸

trajet anatomique　解剖学通道
transcendance　超越(性)
transcendantal　先验(的)
transfert　迁移
transmetteur　传导器
transparence　透明
troisième spatialité　第三空间性
trouble　障碍
typique　类型
ubiquité　无所不在
Uebermittler　传导器
Un　一
unification　统一
unité　统一性
univers　领域,宇宙
universalité　普遍性
universel　普遍(的)
variété　多样性
vécu　被亲历(者)
vérité absolue　绝对真理
vérité de fait　事实真理
véritéde raison　理性真理
vérité　真理,真实,真相
vertical apparente　视垂直线
vertical　垂直(线)
vide　空无
vie　生命,生活
vie de conscience　意识生命
visage　面孔
visée　瞄向
visible　可见(者)
vision passif　被动视觉
vision　视觉
voluminosité　容积度
vouloir　意欲
vrai　真实(的)
vue perspectif　视点
vue　视点,视觉
Zöllner illusion　左氏错觉

译者后记

对于梅洛-庞蒂这部最重要的著作,我们希望尽可能保持原书风貌,尽量不误导读者。其实,要实现这样的“善良意愿”是非常困难的。学术翻译理应准确地传达原文的学术思想。然而,学术成见或学识欠缺却难免导致“偏航”。我们至少在形式上力求做到“客观”:比如,没有像英译本那样为了方便读者阅读而添加注释,没有拆分长段落,没有附上各节小标题,尤其没有撰写长篇译者导论,而且尽可能采取了直译的方式。梅洛-庞蒂哲学无论在思想和表达方面都以含混著称,在翻译时要达到“信”已经非常困难,“雅”、“达”尤其超出我们的能力之外。他在晚年谈到哲学现状时表示,“可能会成形的东西要么是结结巴巴的,要么是半沉默的,甚至明确地把自己表达为非哲学”。如此一来,我们可以把所谓的“译不准”和“不可译”作为某种方便的借口。尽管如此,我们还是尽了最大的努力,可以说是知其不可而为之。

这部译稿是张尧均博士、关群德博士和我本人合作的成果。我们坚持一种研究性翻译的理念,尽可能通过视域融合回到“梅洛-庞蒂本身”。他们两位都是梅洛-庞蒂研究专家,博士论文均以这位著名的法国现象学家为选题,在法国哲学领域深耕多年,也因此多有研究心得。我本人研究法国哲学近三十载,对梅洛-庞蒂哲

学有所了解，出版过一些相关著译，尤其关注他在法国哲学从现代哲学向当代哲学的转折进程中扮演的重要角色。应该说，我们已经具备了翻译梅洛-庞蒂文本的最基本的条件，尽管如此，翻译的难度还是非常大的。我在学术研究方面一向坚持自主和独立，没有与人合作发表过论文或著作，但对于翻译而言，我却觉得合作至为重要，通过共同努力，可以避免许多的成见和偏误。在本书的翻译过程中，我们大致各自独立完成三分之一的初译任务，然后认真互校，最后由我统校定稿：我在语言表达、术语选择和风格统一等方面花费了相当多的时间和精力。我们真的努力了，但仍然难言达到了令人满意的程度。恳请方家和读者提出建设性的和批评性的建议。需要说明的是，毕竟是由我统稿的，我也因此应该对全书的翻译质量负主要责任。感谢两位的通力合作，希望我们今后继续努力，在学界批评指正的基础上，在时机成熟时修订完善译本。《知觉现象学》已经有一个中译本，它为国内读者了解梅洛-庞蒂思想做出了重要贡献。我们的译本并没有取而代之的想法，只是为读者们提供了又一个选择而已。我们原则上赞成有多个译本，这样可以促进梅洛-庞蒂研究和翻译事业，同时也为读者提供更多的选择机会。

感谢许多学界同仁和青年学生在本书翻译过程中做出的重要贡献。近几年来，我把部分译稿作为浙江大学哲学系研究生课程材料提供给学生阅读和讨论，课程的进行有助于加深我自己对相关内容的理解，同学们的一些反馈则直接被接纳在译稿中。我的博士研究生沈宇彬尤其在部分章节的译校方面提供了有价值的帮助。张尧均也通过他在同济大学的研究生课程教学从同学们那里

获得了许多有益的反馈意思。尤其要提到的是，南开大学贾江鸿教授认真校看过译稿，提出了许多重要的修改意见。浙江大学王俊教授在个别德文术语的翻译方面提供了重要帮助，倪梁康教授的相关著译为本书的统稿提供了重要的参照。

感谢国家社科基金规划办以及相关评审专家为我们提供了集中翻译和研究梅洛-庞蒂著作的机会；感谢冯俊教授、欧阳谦教授、陈小文编审、莫伟民教授、庞学铨教授出席项目开题论证会并提出许多宝贵的建议；感谢学术界许多朋友对项目进展的关心和支持；感谢商务印书馆陈小文先生、关群德先生以及其他相关编辑为出版包括本书在内的《梅洛-庞蒂文集》付出的辛勤劳动。

杨大春

2020年5月

于杭州三墩镇

新版译后记

由张尧均博士、关群德博士和杨大春博士共同翻译的这部译著入选“汉译世界学术名著丛书”，这是一件值得高兴的事情。我们衷心感谢商务印书馆以及相关评审专家的厚爱和支持，我们期待，借助这一平台，有更多的读者能够阅读和了解梅洛-庞蒂的这部现象学名著。非常遗憾的是，此次没有时间和精力进行修订，恳请读者提出批评和建议，供我们今后修订时参考。再次感谢“译者后记”中提到的各位老师和朋友，感谢项目结项评审专家韩震教授、韩水法教授、陈小文编审、王恒教授、孙周兴教授提出的或肯定或批评的意见，感谢责任编辑方婧之女士的大力支持和辛勤工作。

杨大春

2023 年 3 月于杭州